Praktische Funktionenlehre

Von

Professor Dr.-Ing. Dr. ès sc. h. c. F. Tölke

o. Professor an der Technischen Hochschule Stuttgart
Direktor des Otto-Graf-Instituts

Zweiter Band

Theta-Funktionen und spezielle Weierstraßsche Funktionen

Mit 129 Abbildungen

Springer-Verlag
Berlin / Heidelberg / New York
1966

ISBN 978-3-642-51617-7 ISBN 978-3-642-51616-0 (eBook)
DOI 10.1007/978-3-642-51616-0

Softcover reprint of the hardcover 1st edition 1966
Library of Congress Catalog Card Number 51-21615

Titelnummer 1272

Vorwort

Die Bedeutung der Theta-Funktionen liegt für die Anwendung unter anderem darin, daß sie der FOURIERschen Differentialgleichung genügen, die auch als Wärmeleitungs-, Diffusions- oder Konsolidationsgleichung bezeichnet wird. Demzufolge wurden die Theta-Funktionen aus der FOURIERschen Differentialgleichung heraus entwickelt, was in Abweichung von der üblichen Darstellungsweise die Einführung eines reellen, die Zeit repräsentierenden Parameters im Gefolge hatte. Es erwies sich hierbei als zweckmäßig, den vier schon von JACOBI eingeführten Theta-Funktionen noch zwei weitere Theta-Funktionen zur Seite zu stellen. Auf diese Weise ließ sich die Theorie der WEIERSTRASSschen $\wp$-Funktionen auf zwei durch zweite logarithmische Ableitungen von Theta-Funktionen darstellbaren Grundfunktionen aufbauen. Es war naheliegend, entsprechend den sechs Theta-Funktionen sechs spezielle einparametrige WEIERSTRASSsche $\wp$-Funktionen einzuführen. Hierdurch konnte, wie in Band III gezeigt werden wird, die Theorie der JACOBIschen elliptischen Funktionen durch Einbau weiterer Funktionen erweitert werden. Die für die Theorie der elliptischen Funktionen benötigten Parameterfunktionen bilden ebenfalls Gegenstand dieses Buches.

Den Herren Dipl.-Ing. BEEKMANN, Dipl.-Ing. CARL, Dr.-Ing. FEUERLEIN, Dipl.-Ing. FLAMM, Dr.-Ing. GIESECKE, Dipl.-Ing. HAFNER, Dipl.-Ing. HUTH, Dipl.-Ing. KLOPFER, Dipl.-Ing. REINECKE, Dipl.-Ing. RIEDEL, Dipl.-Ing. SCHLENKER, Dipl.-Ing. SCHOLTZ, Dipl.-Ing. SCHÜRGER und Dipl.-Ing. TÖLZEL danke ich für die Unterstützung bei der Anfertigung der Abbildungen. Ferner danke ich Fräulein Dr.-Ing. Dipl.-Math. GOESER für die Durchführung der programmierungstechnischen Arbeiten bei der Darstellung der 35 konformen Abbildungen. Die Herren Priv.-Doz. Dr.-Ing. GIESECKE und Dipl.-Ing. KLOPFER hatten die Freundlichkeit, mich bei der Durchsicht des Manuskriptes zu unterstützen. Herrn Dr.-Ing. BONHAGE danke ich für das Lesen der Korrektur.

Dem Springer-Verlag bin ich für die Langmut, welche er während der Fertigstellung des Manuskriptes bewiesen hat, sowie für die hervorragende Ausstattung des Buches zu großem Dank verpflichtet.

Stuttgart, im Frühjahr 1966

Friedrich Tölke

Vorbemerkungen zum Gesamtwerk

Entsprechend der Zweckbestimmung der Praktischen Funktionenlehre war auch für die Bearbeitung der Bände II bis V der Gesichtspunkt entscheidend, Aufbau und Stoffauswahl in erster Linie auf die Bedürfnisse der angewandten Mathematik, theoretischen Physik und Technik abzustellen. Wenn die dadurch bedingte, über den klassischen Behandlungsstoff hinausgehende Gebietsausweitung auch für die reine Mathematik interessant sein sollte, so würde dies den durch das Buch angesprochenen Personenkreis noch vergrößern.

Das eine Einheit bildende, die Theorie der Theta- und elliptischen Funktionen behandelnde Werk erscheint in fünf Bänden, deren Titel, Kapitel- und Abschnittseinteilung sowie Gleichungs- und Abbildungsnummern unter Einschluß des bereits erschienenen Bandes I folgendermaßen lauten:

	Kapitel	Abschnitte	Gleichungen	Abbildungen
I: Elementare und elementare transzendente Funktionen	—	1— 6	1— 824	1—174
II: Theta-Funktionen und spezielle WEIERSTRASSsche Funktionen	1— 4	1—107	1— 765	1—129
III: JACOBIsche elliptische Funktionen, LEGENDREsche elliptische Normalintegrale und spezielle WEIERSTRASSsche Zeta- und Sigma-Funktionen	5— 9	108—156	766—1082	130—224
IV: Elliptische Integralgruppen und JACOBIsche elliptische Funktionen im Komplexen	10, 11	157—191	1083—1274	225—298
V: Allgemeine WEIERSTRASSsche Funktionen und Ableitungen nach dem Parameter, Integrale der Theta-Funktionen und Bilinear-Entwicklungen	12—17	192—252	1275—1600	299—440

Diesen Bänden wird ein weiterer auf den Stoff der Bände II bis V abgestellter Tafelband VI mit 120 den Gebrauch der Tafeln erläuternden Beispielen aus der Theorie der elliptischen Integrale mit den nachstehend aufgeführten Tafeln folgen

Tafel I: Übergang vom Parametersystem $\varkappa$ auf das Modulsystem k, k', α bzw. k^2, k'^2 und das System der Periodenzahlen K, K'.

Tafel II: 57 Parameterfunktionen, bezogen auf $\varkappa$ bzw. $1/\varkappa$ als Argument.

Tafel III: Sechsstellige Tafel der Theta-Funktionen und ihrer logarithmischen Ableitungen, der JACOBIschen elliptischen Funktionen und ihrer logarithmischen Ableitungen sowie der WEIERSTRASSschen $\mathfrak{z}$-, $\wp$- und $\wp'$-Funktionen einschließlich einiger Parameterfunktionen für $\zeta = \frac{z}{2K}$ als Argument und $\varkappa$ bzw. $\frac{1}{\varkappa}$ als Parameter.

Tafel IV: Neunstellige Tafel der LEGENDREschen Normalintegrale erster und zweiter Gattung sowie der JACOBIschen Zetafunktion und der abgewandelten HEUMANschen Lambda-Funktion.

Tafel V: Sechsstellige Tafel der D-Funktionen erster bis vierter Ordnung für die Charakteristiken 1 bis 4.

Inhaltsverzeichnis

Kapitel 1

Theta-Funktionen

Kapitel 2

Logarithmen der Theta-Funktionen

Kapitel 3

Parameterfunktionen

Kapitel 4

Spezielle Weierstraßsche $\wp$-Funktionen

Kapitel 1

Theta-Funktionen

1. Theta-Funktionen als einfach periodische singuläre Lösungen eindimensionaler homogener Fourierscher Differentialgleichungen

Werden in die eindimensionale, auf kartesische Koordinaten oder auf zonale Kugelkoordinaten bezogene FOURIERsche Differentialgleichung

$$\frac{\partial^2 \vartheta}{\partial s^2} - \frac{1}{\mu}\frac{\partial \vartheta}{\partial t} = -\frac{q(s,t)}{\lambda} \quad \text{bzw.} \quad \frac{\partial^2\left(\frac{\vartheta}{s}\right)}{\partial s^2} + \frac{2}{s}\frac{\partial\left(\frac{\vartheta}{s}\right)}{\partial s} - \frac{1}{\mu}\frac{\partial\left(\frac{\vartheta}{s}\right)}{\partial t} = -\frac{q(s,t)}{\lambda s}, \tag{1}$$

in welcher beispielsweise ϑ als Temperatur, s als lotrechter Abstand von der Oberfläche eines plattigen bzw. kugeligen Körpers mit der Temperaturleitzahl μ und der Wärmeleitzahl λ, t als Zeit und q als Wärmeentwicklungsfunktion gedeutet werden können, dimensionslose Veränderliche ζ und $\varkappa$ in der Form

$$s = l\,\zeta, \quad t = \frac{l^2}{4\pi\,\mu}\varkappa \tag{2}$$

eingeführt, so erhält man die normierten, in ihrem homogenen Teil den Thetafunktionen entsprechenden Differentialgleichungen

$$\frac{\partial^2 \vartheta}{\partial \zeta^2} - 4\pi\frac{\partial \vartheta}{\partial \varkappa} = -\frac{l^2}{\lambda}q(\zeta,\varkappa) \quad \text{bzw.} \quad \frac{\partial^2\left(\frac{\vartheta}{\zeta}\right)}{\partial \zeta^2} + \frac{2}{\zeta}\frac{\partial\left(\frac{\vartheta}{\zeta}\right)}{\partial \zeta} - 4\pi\frac{\partial\left(\frac{\vartheta}{\zeta}\right)}{\partial \varkappa} = -\frac{l^2}{\lambda}\frac{q(\zeta,\varkappa)}{\zeta} \tag{3}$$

die im homogenen Falle, d. h. für $q(\zeta, \varkappa) = 0$, durch Lösungsansätze in der Form

$$\vartheta(\zeta,\varkappa) = u(\zeta)\,v(\varkappa)$$

befriedigt werden können. Wird insbesondere

$$u(\zeta) = \sin(\overline{m}\,\zeta + \alpha)$$

gesetzt und dieser Ansatz in die linke der Gln. (3) eingeführt, so ergibt sich für $q(\zeta, \varkappa) = 0$ die Identitätsgleichung

$$-\left(v\,\overline{m}^2 + 4\pi\frac{dv}{d\varkappa}\right)\sin(\overline{m}\,\zeta + \alpha) = 0,$$

die für beliebige ζ-Werte nur erfüllt wird, wenn man

$$\frac{dv}{d\varkappa} + \frac{\overline{m}^2}{4\pi}v = 0 \quad \text{oder integriert} \quad v(\varkappa) = c_{\overline{m}}\,e^{-\frac{\overline{m}^2}{4\pi}\varkappa}$$

setzt. Hieraus folgt, daß

$$\vartheta(\zeta,\varkappa) = c_{\overline{m}}\,e^{-\frac{\overline{m}^2}{4\pi}\varkappa}\sin(\overline{m}\,\zeta + \alpha)$$

ein für $q(\zeta, \varkappa) = 0$ mit (3) verträgliches Partikularintegral darstellt.

Entsprechend dem für lineare Differentialgleichungen gültigen Superpositionsgesetz lassen sich beliebig viele Partikularintegrale der gefundenen Art unter freier Verfügung über die $\overline{m}$, α und $c_{\overline{m}}$ überlagern. Läßt man $\overline{m}$ insbesondere die Zahlenfolge

$$\overline{m} = 0, \pi, 2\pi, \ldots, m\,\pi, \ldots$$

durchlaufen und werden dabei α die Zahlenwerte $\alpha = 0$ und $\alpha = \pi/2$ zugeordnet, so entsteht der für $q(\zeta, \varkappa) = 0$ mit (3) verträgliche Lösungsatz

$$\vartheta(\zeta,\varkappa) = c_0 + \sum_{1}^{\infty}{}_m\, e^{\frac{1}{4}m^2\pi\varkappa}\left[c_{1m}\cos m\,\pi\,\zeta + c_{2m}\sin m\,\pi\,\zeta\right]. \tag{4}$$

Die vier von JACOBI in die Theorie eingeführten Theta-Funktionen, die hier mit

$$\vartheta_1(\zeta, \varkappa), \ \vartheta_2(\zeta, \varkappa), \ \vartheta_3(\zeta, \varkappa), \ \vartheta_4(\zeta, \varkappa)$$

bezeichnet werden sollen, stellen Sonderfälle der Entwicklung (4) dar, in welcher ζ das Argument, $\varkappa$ der Parameter heißt.

Die beiden Funktionen $\vartheta_2(\zeta, \varkappa)$ und $\vartheta_3(\zeta, \varkappa)$ sind dadurch gekennzeichnet, daß sie für den Parameterwert $\varkappa = 0$ bis auf die Stellen, wo ζ ganzzahlig wird, überall verschwinden und für ganzzahlige Argumentwerte gemäß

$$\vartheta_{\substack{2\\3}}(2n, 0) = \lim_{\Delta\zeta \to 0} \frac{1}{\Delta\zeta}, \quad \vartheta_{\substack{2\\3}}(2n+1, 0) = \mp \lim_{\Delta\zeta \to 0} \frac{1}{\Delta\zeta} \quad (n = 0, \pm 1, \pm 2, \ldots) \tag{5}$$

singulär werden.

Die Funktionen $\vartheta_1(\zeta, \varkappa)$ und $\vartheta_4(\zeta, \varkappa)$ entstehen aus den Funktionen $\vartheta_2(\zeta, \varkappa)$ und $\vartheta_3(\zeta, \varkappa)$ durch Vertauschen von ζ mit $\zeta - \frac{1}{2}$.

Aus Abb. 1 ist das singuläre Verhalten der vier JACOBIschen Theta-Funktionen für den Parameterwert $\varkappa = 0$ ersichtlich.

Nach Gl. 4 sind die vier Theta-Funktionen bezüglich des Arguments periodische Funktionen mit der Periode 2 im Falle von $\vartheta_1(\zeta, \varkappa)$ und $\vartheta_2(\zeta, \varkappa)$ und der Periode 1 im Falle von $\vartheta_3(\zeta, \varkappa)$

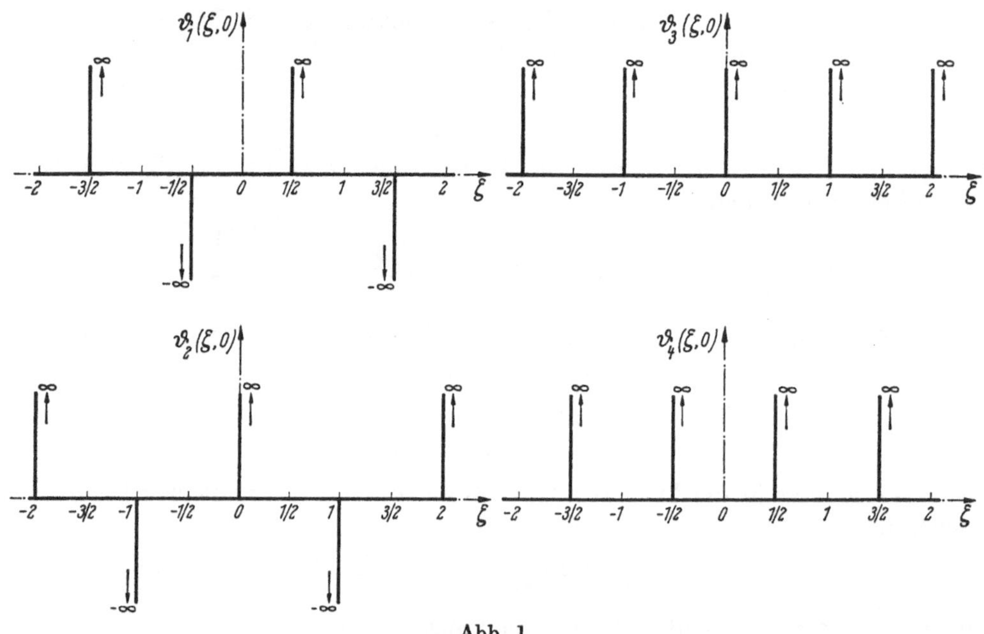

Abb. 1

und $\vartheta_4(\zeta, \varkappa)$. Es muß daher möglich sein, die willkürlichen Konstanten c_0, c_{1m} und c_{2m} in (4) so zu bestimmen, daß sich für den Parameterwert $\varkappa = 0$ der durch Abb. 1 gekennzeichnete Funktionsverlauf einstellt. Hierbei kann in Anpassung an die Perioden und das Antimetrie- bzw. Symmetrieverhalten von den folgenden Entwicklungen ausgegangen werden:

$$\vartheta_1(\zeta, \varkappa) = \sum_{0}^{\infty} {}^{n}\, c_{1,n}\, e^{-\frac{1}{4}(2n+1)^2 \pi \varkappa} \sin(2n+1)\pi\zeta, \qquad \vartheta_1(\zeta, 0) = \sum_{0}^{\infty} {}^{n}\, c_{1,n} \sin(2n+1)\pi\zeta,$$

$$\vartheta_2(\zeta, \varkappa) = \sum_{0}^{\infty} {}^{n}\, c_{2,n}\, e^{-\frac{1}{4}(2n+1)^2 \pi \varkappa} \cos(2n+1)\pi\zeta, \qquad \vartheta_2(\zeta, 0) = \sum_{0}^{\infty} {}^{n}\, c_{2,n} \cos(2n+1)\pi\zeta,$$

$$\vartheta_3(\zeta, \varkappa) = c_{3,0} + \sum_{1}^{\infty} {}^{n}\, c_{3,n}\, e^{-n^2 \pi \varkappa} \cos 2n\pi\zeta, \qquad \vartheta_3(\zeta, 0) = c_{3,0} + \sum_{1}^{\infty} {}^{n}\, c_{3,n} \cos 2n\pi\zeta,$$

$$\vartheta_4(\zeta, \varkappa) = c_{4,0} + \sum_{1}^{\infty} {}^{n}\, c_{4,n}\, e^{-n^2 \pi \varkappa} \cos 2n\pi\zeta, \qquad \vartheta_4(\zeta, 0) = c_{4,0} + \sum_{1}^{\infty} {}^{n}\, c_{4,n} \cos 2n\pi\zeta.$$

Zur Darstellung der FOURIER-Koeffizienten in den zum Parameterwert $\varkappa = 0$ gehörigen Entwicklungen muß anstelle des singulären Funktionsverlaufes der Abb. 1 zunächst von demjenigen

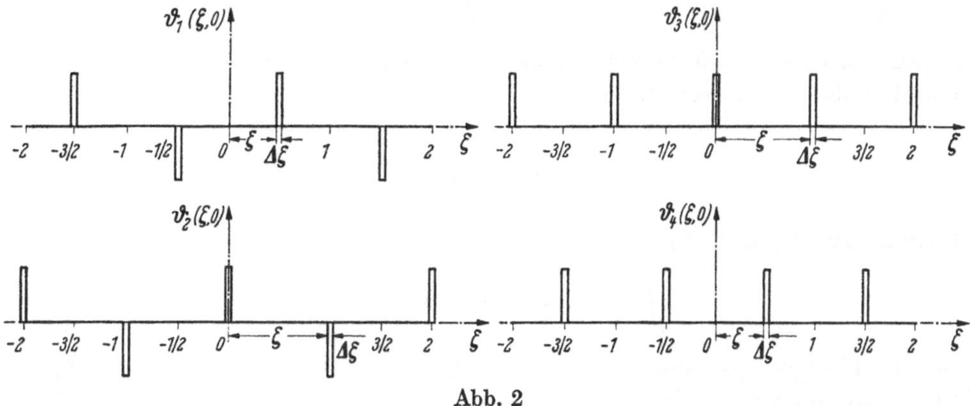

Abb. 2

der Abb. 2 ausgegangen werden, in welchem $\Delta\zeta$ zwar klein, aber noch endlich ist. Hierfür liefert die FOURIER-Analyse:

$$c_{1,n}^{*}\int_{0}^{1}\sin^2(2n+1)\,\pi\,\zeta\,d\zeta=\int_{\frac{1}{2}(1-\Delta\zeta)}^{\frac{1}{2}(1+\Delta\zeta)}\frac{\sin(2n+1)\,\pi\,\zeta}{\Delta\zeta}\,d\zeta,\quad c_{2,n}^{*}\int_{-\frac{1}{2}}^{+\frac{1}{2}}\cos^2(2n+1)\,\pi\,\zeta\,d\zeta=\int_{-\frac{1}{2}\Delta\zeta}^{+\frac{1}{2}\Delta\zeta}\frac{\cos(2n+1)\,\pi\,\zeta}{\Delta\zeta}\,d\zeta,$$

$$c_{3,n}^{*}\int_{-\frac{1}{2}}^{+\frac{1}{2}}\cos^2 2n\,\pi\,\zeta\,d\zeta=\int_{-\frac{1}{2}\Delta\zeta}^{+\frac{1}{2}\Delta\zeta}\frac{\cos 2n\,\pi\,\zeta}{\Delta\zeta}\,d\zeta,\qquad c_{4,n}^{*}\int_{0}^{1}\cos^2 2n\,\pi\,\zeta\,d\zeta=\int_{\frac{1}{2}(1-\Delta\zeta)}^{\frac{1}{2}(1+\Delta\zeta)}\frac{\cos 2n\,\pi\,\zeta}{\Delta\zeta}\,d\zeta,$$

$$c_{3,0}^{*}\int_{-\frac{1}{2}}^{+\frac{1}{2}}d\zeta=\int_{-\frac{1}{2}\Delta\zeta}^{+\frac{1}{2}\Delta\zeta}\frac{1}{\Delta\zeta}\,d\zeta,\qquad c_{4,0}^{*}\int_{0}^{1}d\zeta=\int_{\frac{1}{2}(1-\Delta\zeta)}^{\frac{1}{2}(1+\Delta\zeta)}\frac{1}{\Delta\zeta}\,d\zeta.$$

Die $c_{i,n}^{*}$ gehen in die gesuchten $c_{i,n}$ über, wenn nach Auswertung der Integrale der Grenzübergang für $\Delta\zeta \to 0$ vollzogen wird. Man erhält zunächst

$$\vartheta_1(\zeta,\varkappa)=\lim_{\Delta\zeta\to 0}\sum_{0}^{\infty}{}_{n}\,2(-1)^n\frac{\sin\frac{1}{2}(2n+1)\,\pi\,\Delta\zeta}{\frac{1}{2}(2n+1)\,\pi\,\Delta\zeta}\,e^{-\frac{1}{4}(2n+1)^2\pi\varkappa}\sin(2n+1)\,\pi\,\zeta,$$

$$\vartheta_2(\zeta,\varkappa)=\lim_{\Delta\zeta\to 0}\sum_{0}^{\infty}{}_{n}\,2\,\frac{\sin\frac{1}{2}(2n+1)\,\pi\,\Delta\zeta}{\frac{1}{2}(2n+1)\,\pi\,\Delta\zeta}\,e^{-\frac{1}{4}(2n+1)^2\pi\varkappa}\cos(2n+1)\,\pi\,\zeta,$$

$$\vartheta_3(\zeta,\varkappa)=1+\lim_{\Delta\zeta\to 0}\sum_{1}^{\infty}{}_{n}\,2\,\frac{\sin n\,\pi\,\Delta\zeta}{n\,\pi\,\Delta\zeta}\,e^{-n^2\pi\varkappa}\cos 2n\,\pi\,\zeta,$$

$$\vartheta_4(\zeta,\varkappa)=1+\lim_{\Delta\zeta\to 0}\sum_{1}^{\infty}{}_{n}\,2(-1)^n\frac{\sin n\,\pi\,\Delta\zeta}{n\,\pi\,\Delta\zeta}\,e^{-n^2\pi\varkappa}\cos 2n\,\pi\,\zeta$$

und nach Vollzug der Grenzübergänge

$$\left.\begin{aligned}
\vartheta_1(\zeta,\varkappa)&=2\sum_{0}^{\infty}{}_{n}(-1)^n e^{-(n+\frac{1}{2})^2\pi\varkappa}\sin(2n+1)\,\pi\,\zeta,\\
\vartheta_2(\zeta,\varkappa)&=2\sum_{0}^{\infty}{}_{n}\,e^{-(n+\frac{1}{2})^2\pi\varkappa}\cos(2n+1)\,\pi\,\zeta,\\
\vartheta_3(\zeta,\varkappa)&=1+2\sum_{1}^{\infty}{}_{n}\,e^{-n^2\pi\varkappa}\cos 2n\,\pi\,\zeta,\\
\vartheta_4(\zeta,\varkappa)&=1+2\sum_{1}^{\infty}{}_{n}(-1)^n e^{-n^2\pi\varkappa}\cos 2n\,\pi\,\zeta.
\end{aligned}\right\}\qquad(9)$$

Für die vier JACOBIschen Theta-Funktionen gilt nach (1)

$$\frac{\partial^2}{\partial \zeta^2}\vartheta_{\substack{1\\2\\3\\4}} - 4\pi\frac{\partial}{\partial \varkappa}\vartheta_{\substack{1\\2\\3\\4}} = 0 \quad \text{bzw.} \quad \frac{\partial^2}{\partial \zeta^2}\left(\frac{1}{\zeta}\vartheta_{\substack{1\\2\\3\\4}}\right) + \frac{2}{\zeta}\frac{\partial}{\partial \zeta}\left(\frac{1}{\zeta}\vartheta_{\substack{1\\2\\3\\4}}\right) - 4\pi\frac{\partial}{\partial \varkappa}\left(\frac{1}{\zeta}\vartheta_{\substack{1\\2\\3\\4}}\right) = 0. \tag{7}$$

Für den Parameterwert $\varkappa = 0$ besteht noch eine wichtige Integralbeziehung. In Verbindung mit Gl. (5) und Abb. 1 und Abb. 2 folgt

$$\int_{-\frac{1}{2}}^{+\frac{1}{2}} \vartheta_{\substack{2\\3}}(\zeta, 0)\, d\zeta = \lim_{\Delta\zeta \to 0} \Delta\zeta \frac{1}{\Delta\zeta} = 1 \tag{8}$$

und entsprechend für ϑ_1 und ϑ_4

$$\int_{0}^{1} \vartheta_{\substack{1\\4}}(\zeta, 0)\, d\zeta = \lim_{\Delta\zeta \to 0} \Delta\zeta \frac{1}{\Delta\zeta} = 1. \tag{8'}$$

Die Reihenentwicklungen (6) sind für $\varkappa > 0$ und $-\infty < \zeta < +\infty$ gleichmäßig konvergent, was wie folgt bewiesen werden kann:

In (6) sind die Exponentialfunktionen beständig positiv, während die trigonometrischen Funktionen für reelle ζ-Werte zwischen -1 und $+1$ schwanken. Demgemäß sind die Reihen

$$\vartheta_2(0, \varkappa) = 2\sum_{0}^{\infty}{}_n\, e^{-(n+\frac{1}{2})^2 \pi\varkappa} \quad \text{und} \quad \vartheta_3(0, \varkappa) = 1 + 2\sum_{1}^{\infty}{}_n\, e^{-n^2\pi\varkappa} \tag{9}$$

Majoranten der Reihen von $\vartheta_1(\zeta, \varkappa)$, $\vartheta_2(\zeta, \varkappa)$ und $\vartheta_3(\zeta, \varkappa)$, $\vartheta_4(\zeta, \varkappa)$. Hieraus folgt, daß die Reihe

$$\vartheta_2(0, \varkappa) + \vartheta_3(0, \varkappa) = 1 + 2\sum_{1}^{\infty}{}_m\, e^{-\frac{1}{4}m^2\pi\varkappa} \tag{10}$$

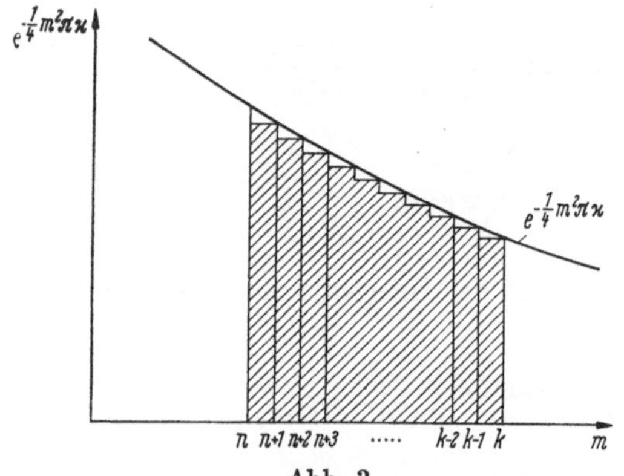

Abb. 3

eine Majorante von $\vartheta_1(\zeta, \varkappa)$, $\vartheta_2(\zeta, \varkappa)$, $\vartheta_3(\zeta, \varkappa)$, $\vartheta_4(\zeta, \varkappa)$ sein muß. Ist daher die gleichmäßige Konvergenz von (10) bewiesen, so müssen auch die Entwicklungen (6) gleichmäßig konvergent sein.

Aus dem monoton abnehmenden Verlauf der Reihenglieder von (10) folgt, daß

$$\left| e^{-\frac{1}{4}(n+1)^2\pi\varkappa} + e^{-\frac{1}{4}(n+2)^2\pi\varkappa} + \cdots + e^{-\frac{1}{4}(n+k)^2\pi\varkappa} \right| < \int_n^\infty e^{-\frac{1}{4}m^2\pi\varkappa}\, dm$$

sein muß, da nach Abb. 3 die der linken Seite entsprechende Stufenkurve stets innerhalb der dem bestimmten Integral entsprechenden Fläche liegt, wie groß auch $k \geqq 1$ gewählt werden möge.

Nun ist aber unter Bezugnahme auf das GAUSSsche Fehlerintegral und eine für dieses bei großen Argumentwerten geltende Entwicklung (man vergleiche hierzu JAHNKE-EMDE-LÖSCH, S. 26)

$$\int_n^\infty e^{-\frac{1}{4}m^2\pi\varkappa}\, dm = \frac{2}{\sqrt{\pi\varkappa}} \int_{\frac{n}{2}\sqrt{\pi\varkappa}}^{\infty} e^{-t^2}\, dt = \frac{1}{\sqrt{\varkappa}}\left[1 - \Phi\left(\frac{n}{2}\sqrt{\pi\varkappa}\right)\right] = \frac{2}{n\pi\varkappa} e^{-\frac{1}{4}n^2\pi\varkappa}\left[1 - \frac{2}{n^2\pi\varkappa} + \frac{12}{n^4\pi^2\varkappa^2} - \cdots\right] \tag{11}$$

Hieraus ist ersichtlich, daß für alle $\varkappa > 0$ stets ein N angegeben werden kann dergestalt, daß für $n > N$

$$\left| e^{-\frac{1}{4}(n+1)^2\pi\varkappa} + e^{-\frac{1}{4}(n+2)^2\pi\varkappa} + \cdots + e^{-\frac{1}{4}(n+k)^2\varkappa\pi} \right| < \int_n^\infty e^{-\frac{1}{4}m^2\pi\varkappa}\, dm < \varepsilon \tag{12}$$

wird, womit die gleichmäßige Konvergenz von (10) und damit auch von (6) bewiesen ist.

Die Reihenentwicklungen (6) konvergieren um so schneller, je größere Werte $\varkappa$ annimmt. Man kann sie daher als Entwicklungen für die Umgebung von $\varkappa \to \infty$ betrachten.

2. Hyperbolische Reihenentwicklungen

Werden von der in Abb. 4 dargestellten Funktion

$$\vartheta_n(\zeta, \varkappa) = \frac{1}{\sqrt{\varkappa}} e^{-\frac{\pi}{\varkappa}(\zeta_n - \zeta)^2} \tag{13}$$

die zweite Ableitung nach ζ und die erste Ableitung nach $\varkappa$ gebildet und in die Diff.-Gl. (3) eingeführt, so wird diese für $q(\zeta, \varkappa) = 0$ befriedigt. Für das von $-\infty$ bis $+\infty$ erstreckte Argument-

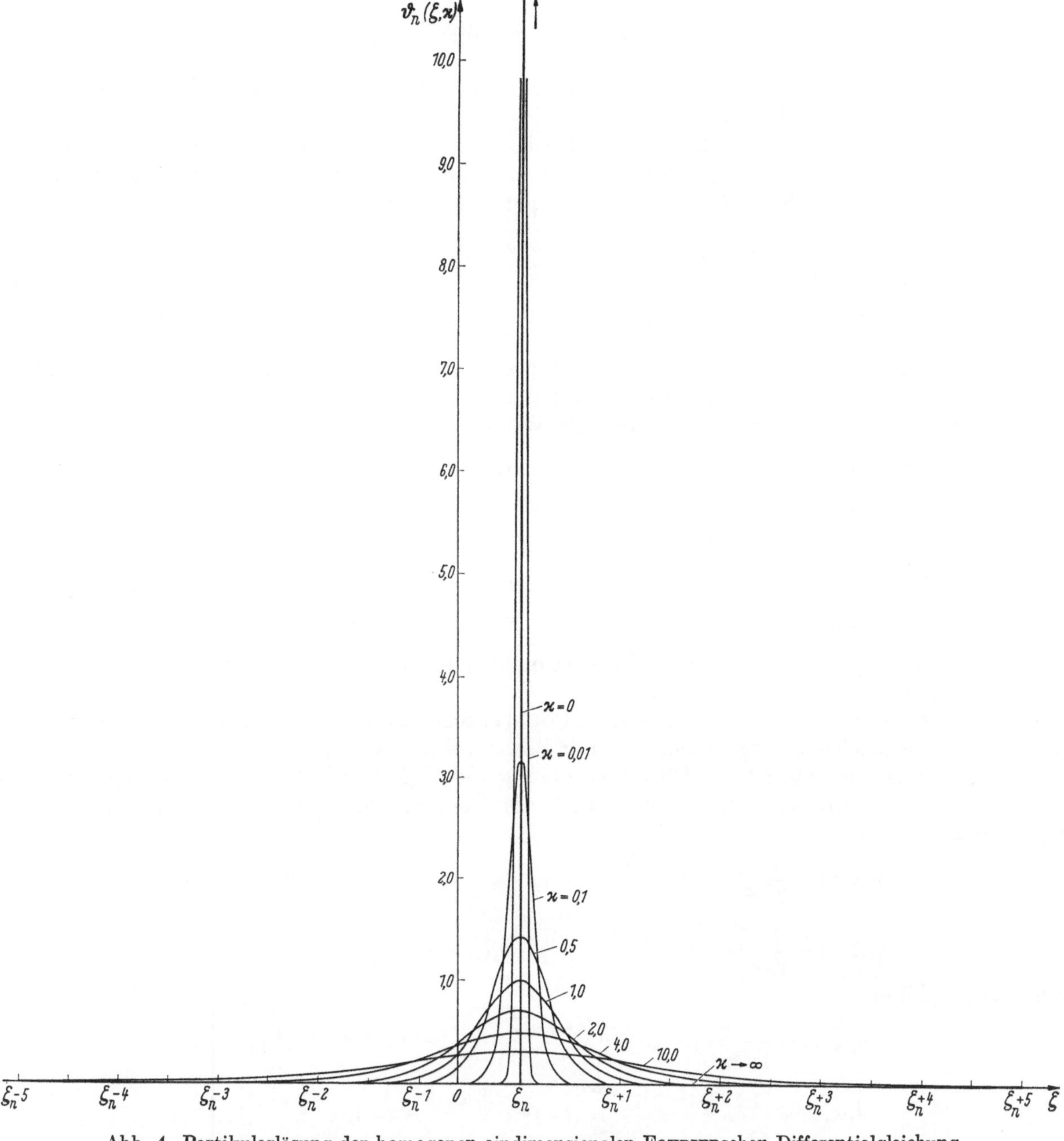

Abb. 4. Partikularlösung der homogenen eindimensionalen FOURIERschen Differentialgleichung

integral folgt unter Bezugnahme auf die GAUSSsche Fehlerfunktion

$$\int_{-\infty}^{+\infty} \vartheta_n(\zeta, \varkappa)\, d\zeta = \frac{1}{\sqrt{\varkappa}} \int_{-\infty}^{+\infty} e^{-\frac{\pi}{\varkappa}(\zeta_n - \zeta)^2} d\zeta = \frac{1}{\sqrt{\varkappa}} \int_{-\infty}^{+\infty} e^{-\frac{\pi}{\varkappa}(\zeta - \zeta_n)^2} d(\zeta - \zeta_n) = \frac{1}{\sqrt{\pi}} \int_{-\infty}^{+\infty} e^{-t^2} dt = 1. \tag{14}$$

Da der Integralwert den Parameter $\varkappa$ nicht mehr enthält, ergibt sich hiernach für alle $\varkappa$-Werte und insbesondere auch für den Parameterwert $\varkappa = 0$ der Integralwert 1. Wie man ferner aus Gl. (13) abliest, verschwindet $\vartheta_n(\zeta, \varkappa)$ für den Parameterwert $\varkappa = 0$ für alle ζ-Werte mit Ausnahme von $\zeta = \zeta_n$. Der Funktionswert an dieser einzigen singulären Stelle kann daher, wenn die Funktion im übrigen Null und das von $-\infty$ bis $+\infty$ erstreckte Integral endlich bleiben und gerade Eins werden soll, nach den Ausführungen des ersten Abschnittes nur den Wert

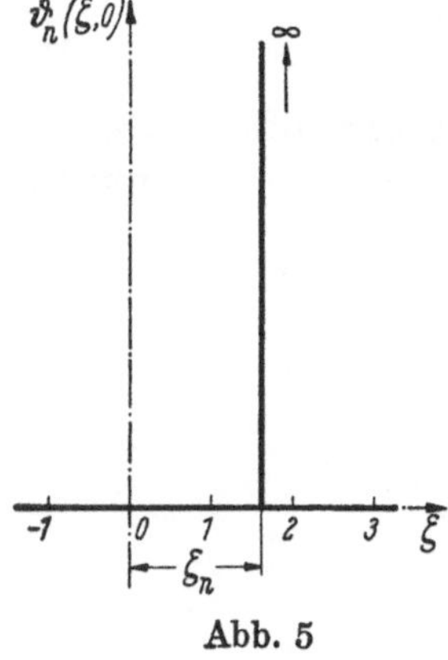

Abb. 5

$$\vartheta_n(\zeta_n, 0) = \lim_{\Delta\zeta \to 0} \frac{1}{\Delta\zeta}$$

besitzen, d. h., es ergibt sich der aus Abb. 5 ersichtliche Verlauf von $\vartheta_n(\zeta, 0)$.

Da die Diff.-Gl. (3) linear ist, wird sie auch durch eine unendliche Folge mit $+1$ oder -1 multiplizierter Funktionen der betrachteten Art befriedigt. Für eine so gebildete Funktion gilt:

$$\begin{gathered}\vartheta(\zeta, \varkappa) = \frac{1}{\sqrt{\varkappa}} \sum_{-\infty}^{+\infty} {}_n (-1)^{\alpha_n} e^{-\frac{\pi}{\varkappa}(\zeta_n - \zeta)^2}, \qquad \frac{\partial^2 \vartheta}{\partial \zeta^2} - 4\pi \frac{\partial \vartheta}{\partial \varkappa} = 0, \\ \vartheta(\zeta_n, 0) = (-1)^{\alpha_n} \lim_{\Delta\zeta \to 0} \frac{1}{\Delta\zeta}, \qquad \vartheta(\zeta, 0) = 0 \quad \text{für} \quad \zeta_n \neq \zeta, \qquad (n = 0, \pm 1, \pm 2, \ldots).\end{gathered} \tag{15}$$

Wird der in (15) eingeflochtene Beiwert $\alpha_n = 0$ gesetzt, so erfolgt die Überlagerung gleichsinnig, während im Falle $\alpha_n = n$ das Vorzeichen wechselt.

Weist man α_n und ζ_n der Reihe nach die Werte

$$\alpha_n = n, \; \zeta_n = n + \tfrac{1}{2}; \qquad \alpha_n = n, \; \zeta_n = n; \qquad \alpha_n = 0, \; \zeta_n = n; \qquad \alpha_n = 0, \; \zeta_n = n + \tfrac{1}{2}$$

zu, so entstehen vier Funktionen

$$\vartheta^{(1)}(\zeta, 0), \; \vartheta^{(2)}(\zeta, 0), \; \vartheta^{(3)}(\zeta, 0), \; \vartheta^{(4)}(\zeta, 0),$$

die für $\varkappa = 0$ gerade den aus Abb. 1 ersichtlichen Verlauf aufweisen. Es gilt daher

$$\vartheta^{(1)}(\zeta, 0) = \vartheta_1(\zeta, 0), \qquad \vartheta^{(2)}(\zeta, 0) = \vartheta_2(\zeta, 0), \qquad \vartheta'^{(3)}(\zeta, 0) = \vartheta_3(\zeta, 0), \qquad \vartheta^{(4)}(\zeta, 0) = \vartheta_4(\zeta, 0).$$

Die vier gemäß Gl. (15) gebildeten Funktionen stimmen also für $\varkappa = 0$ mit den vier Thetafunktionen identisch überein.

Nun ist aber die Lösung einer homogenen Fourierschen Differentialgleichung, da sie physikalisch einen Ausgleichsvorgang beschreibt, mit den Funktionswerten für $\varkappa = 0$ vollständig festgelegt, d. h. aus der identischen Übereinstimmung der $\vartheta(\zeta, 0)$-Werte und der entsprechenden Werte der Theta-Funktionen folgt sofort auch die Übereinstimmung der $\vartheta(\zeta, \varkappa)$-Werte. Somit ergibt sich

$$\begin{aligned}\vartheta_1(\zeta, \varkappa) &= \frac{1}{\sqrt{\varkappa}} \sum_{-\infty}^{+\infty} {}_n (-1)^n e^{-\frac{\pi}{\varkappa}(n + \frac{1}{2} - \zeta)^2}, &\quad \vartheta_2(\zeta, \varkappa) &= \frac{1}{\sqrt{\varkappa}} \sum_{-\infty}^{+\infty} {}_n (-1)^n e^{-\frac{\pi}{\varkappa}(n - \zeta)^2}, \\ \vartheta_4(\zeta, \varkappa) &= \frac{1}{\sqrt{\varkappa}} \sum_{-\infty}^{+\infty} {}_n e^{-\frac{\pi}{\varkappa}(n + \frac{1}{2} - \zeta)^2}, &\quad \vartheta_3(\zeta, \varkappa) &= \frac{1}{\sqrt{\varkappa}} \sum_{-\infty}^{+\infty} {}_n e^{-\frac{\pi}{\varkappa}(n - \zeta)^2}\end{aligned} \tag{16}$$

oder aufgespalten

$$\left.\begin{aligned}\vartheta_1(\zeta, \varkappa) &= \frac{1}{\sqrt{\varkappa}} \sum_{0}^{\infty} {}_n \left[(-1)^n e^{-\frac{\pi}{\varkappa}\left(n + \frac{1}{2} - \zeta\right)^2} + (-1)^{n+1} e^{-\frac{\pi}{\varkappa}\left(n + \frac{1}{2} + \zeta\right)^2}\right], \\ \vartheta_2(\zeta, \varkappa) &= \frac{1}{\sqrt{\varkappa}} e^{-\frac{\pi}{\varkappa}\zeta^2} + \frac{1}{\sqrt{\varkappa}} \sum_{1}^{\infty} {}_n \left[(-1)^n e^{-\frac{\pi}{\varkappa}(n - \zeta)^2} + (-1)^n e^{-\frac{\pi}{\varkappa}(n + \zeta)^2}\right], \\ \vartheta_3(\zeta, \varkappa) &= \frac{1}{\sqrt{\varkappa}} e^{-\frac{\pi}{\varkappa}\zeta^2} + \frac{1}{\sqrt{\varkappa}} \sum_{1}^{\infty} {}_n \left[e^{-\frac{\pi}{\varkappa}(n - \zeta)^2} + e^{-\frac{\pi}{\varkappa}(n + \zeta)^2}\right], \\ \vartheta_4(\zeta, \varkappa) &= \frac{1}{\sqrt{\varkappa}} \sum_{0}^{\infty} {}_n \left[e^{-\frac{\pi}{\varkappa}\left(n + \frac{1}{2} - \zeta\right)^2} + e^{-\frac{\pi}{\varkappa}\left(n + \frac{1}{2} + \zeta\right)^2}\right]\end{aligned}\right\} \tag{17}$$

oder zusammengefaßt

$$\left.\begin{aligned}
\vartheta_1(\zeta,\varkappa) &= \frac{2}{\sqrt{\varkappa}}\,e^{-\frac{\pi}{\varkappa}\zeta^2}\sum_{0}^{\infty}{}_n(-1)^n e^{-\left(n+\frac{1}{2}\right)^2\frac{\pi}{\varkappa}}\sinh\frac{(2n+1)\pi\zeta}{\varkappa},\\
\vartheta_2(\zeta,\varkappa) &= \frac{2}{\sqrt{\varkappa}}\,e^{-\frac{\pi}{\varkappa}\zeta^2}\left[\frac{1}{2}+\sum_{1}^{\infty}{}_n(-1)^n e^{-n^2\frac{\pi}{\varkappa}}\cosh\frac{2n\pi\zeta}{\varkappa}\right],\\
\vartheta_3(\zeta,\varkappa) &= \frac{2}{\sqrt{\varkappa}}\,e^{-\frac{\pi}{\varkappa}\zeta^2}\left[\frac{1}{2}+\sum_{1}^{\infty}{}_n e^{-n^2\frac{\pi}{\varkappa}}\cosh\frac{2n\pi\zeta}{\varkappa}\right],\\
\vartheta_4(\zeta,\varkappa) &= \frac{2}{\sqrt{\varkappa}}\,e^{-\frac{\pi}{\varkappa}\zeta^2}\sum_{0}^{\infty}{}_n e^{-\left(n+\frac{1}{2}\right)^2\frac{\pi}{\varkappa}}\cosh\frac{(2n+1)\pi\zeta}{\varkappa}.
\end{aligned}\right\}\quad(18)$$

Die Reihenentwicklungen (16) bis (18) sind für $\varkappa > 0$ und $-\infty < \zeta < +\infty$ gleichmäßig konvergent. Nach (16) braucht der Beweis hierfür nur für $\vartheta_3(\zeta,\varkappa)$ geführt zu werden, da die Reihen der drei übrigen Theta-Funktionen Minoranten in bezug auf die Reihe von $\vartheta_3(\zeta,\varkappa)$ darstellen. Zerlegt man in der dritten der Gln. (17) die Summe in zwei Teilsummen, so ist, je nachdem ob ζ positiv oder negativ ist, die vordere oder die hintere Reihe eine Majorante der verbleibenden. Es genügt daher, die gleichmäßige Konvergenz der Entwicklung

$$\sum_{1}^{\infty}{}_n e^{-\frac{\pi}{\varkappa}(n-\zeta)^2}$$

zu untersuchen. In dieser läßt sich aber durch passende Verfügung über N stets erreichen, daß in der KNOPPschen Konvergenzschranke $n > N$ so groß wird, daß es genügt, die Entwicklung

$$\sum_{1}^{\infty}{}_n e^{-n^2\frac{\pi}{\varkappa}}$$

zu betrachten, für die aber mit $m = 2n$ die gleichmäßige Konvergenz für $\varkappa > 0$ und damit auch für $1/\varkappa > 0$ bewiesen wurde.

Die Reihenentwicklungen (18) konvergieren um so schneller, je kleinere Werte $\varkappa$ annimmt. Man kann sie daher als Entwicklungen für die Umgebung von $\varkappa = 0$ betrachten.

3. Theta-Funktionen für imaginäres Argument

Werden in (6) die trigonometrischen Funktionen als Summen von Exponentialfunktionen eingeführt, so läßt sich in völlig analoger Weise zu den Betrachtungen in Abschnitt 2 beweisen, daß die Entwicklungen (6) auch für beliebige imaginäre ζ-Werte gleichmäßig konvergent sind. Man darf daher in (6) ζ mit $i\zeta/\varkappa$ und $\varkappa$ mit $1/\varkappa$ vertauschen. Werden hierbei die Gln. (18) beachtet, so ergibt sich

$$\left.\begin{aligned}
\vartheta_1\left(\frac{i\zeta}{\varkappa},\frac{1}{\varkappa}\right) &= 2i\sum_{0}^{\infty}{}_n(-1)^n e^{-\left(n+\frac{1}{2}\right)^2\frac{\pi}{\varkappa}}\sinh\frac{(2n+1)\pi\zeta}{\varkappa} = i\sqrt{\varkappa}\,e^{\frac{\pi}{\varkappa}\zeta^2}\,\vartheta_1(\zeta,\varkappa),\\
\vartheta_2\left(\frac{i\zeta}{\varkappa},\frac{1}{\varkappa}\right) &= 2\sum_{0}^{\infty}{}_n e^{-\left(n+\frac{1}{2}\right)^2\frac{\pi}{\varkappa}}\cosh\frac{(2n+1)\pi\zeta}{\varkappa} = \sqrt{\varkappa}\,e^{\frac{\pi}{\varkappa}\zeta^2}\,\vartheta_4(\zeta,\varkappa),\\
\vartheta_3\left(\frac{i\zeta}{\varkappa},\frac{1}{\varkappa}\right) &= 1+2\sum_{1}^{\infty}{}_n e^{-n^2\frac{\pi}{\varkappa}}\cosh\frac{2n\pi\zeta}{\varkappa} = \sqrt{\varkappa}\,e^{\frac{\pi}{\varkappa}\zeta^2}\,\vartheta_3(\zeta,\varkappa),\\
\vartheta_4\left(\frac{i\zeta}{\varkappa},\frac{1}{\varkappa}\right) &= 1+2\sum_{1}^{\infty}{}_n(-1)^n e^{-n^2\frac{\pi}{\varkappa}}\cosh\frac{2n\pi\zeta}{\varkappa} = \sqrt{\varkappa}\,e^{\frac{\pi}{\varkappa}\zeta^2}\,\vartheta_2(\zeta,\varkappa).
\end{aligned}\right\}\quad(19)$$

Vertauscht man in (19) ζ mit $\zeta/\varkappa$ und $\varkappa$ mit $1/\varkappa$, so folgt

$$\left.\begin{aligned}
\vartheta_1(i\zeta,\varkappa) &= \frac{i}{\sqrt{\varkappa}}\,e^{\frac{\pi}{\varkappa}\zeta^2}\,\vartheta_1\left(\frac{\zeta}{\varkappa},\frac{1}{\varkappa}\right), &\quad \vartheta_2(i\zeta,\varkappa) &= \frac{1}{\sqrt{\varkappa}}\,e^{\frac{\pi}{\varkappa}\zeta^2}\,\vartheta_4\left(\frac{\zeta}{\varkappa},\frac{1}{\varkappa}\right),\\
\vartheta_3(i\zeta,\varkappa) &= \frac{1}{\sqrt{\varkappa}}\,e^{\frac{\pi}{\varkappa}\zeta^2}\,\vartheta_3\left(\frac{\zeta}{\varkappa},\frac{1}{\varkappa}\right), &\quad \vartheta_4(i\zeta,\varkappa) &= \frac{1}{\sqrt{\varkappa}}\,e^{\frac{\pi}{\varkappa}\zeta^2}\,\vartheta_2\left(\frac{\zeta}{\varkappa},\frac{1}{\varkappa}\right).
\end{aligned}\right\}\quad(20)$$

Die hyperbolischen und trigonometrischen Reihenentwicklungen der Theta-Funktionen für imaginäres Argument entstehen aus (6) und (18) durch Vertauschen von ζ mit $i\zeta$.

4. Substitutionen

Wird in den Reihendarstellungen (6) ζ mit $-\zeta$ vertauscht, so erhält man

$$\vartheta_1(-\zeta,\varkappa) = -\vartheta_1(\zeta,\varkappa), \quad \vartheta_{\substack{2\\3\\4}}(-\zeta,\varkappa) = \vartheta_{\substack{2\\3\\4}}(\zeta,\varkappa), \tag{21}$$

d. h., $\vartheta_1(\zeta,\varkappa)$ ist eine ungerade Funktion, während die übrigen Theta-Funktionen gerade Funktionen darstellen.

Aus der Definition der Theta-Funktionen sowie auch aus den Abb. 1 ergibt sich

$$\vartheta_{\substack{1\\2\\3\\4}}(\tfrac{1}{2}-\zeta,\varkappa) = \vartheta_{\substack{2\\1\\4\\3}}(\zeta,\varkappa), \quad \vartheta_{\substack{1\\2\\3\\4}}(\zeta+\tfrac{1}{2},\varkappa) = \substack{-\\-\\+\\+}\,\vartheta_{\substack{1\\2\\3\\4}}(\zeta-\tfrac{1}{2},\varkappa) = \substack{+\\-\\+\\+}\,\vartheta_{\substack{2\\1\\4\\3}}(\zeta,\varkappa). \tag{22}$$

Wird in (20) ζ mit $\varkappa/2 - i\zeta$ vertauscht, so folgt unter Beachtung von (22)

$$\vartheta_1\left(\zeta+\frac{i\varkappa}{2},\varkappa\right) = \frac{i}{\sqrt{\varkappa}}\,e^{\frac{\pi}{\varkappa}\left(\frac{\varkappa}{2}-i\zeta\right)^2}\,\vartheta_1\left(\frac{1}{2}-\frac{i\zeta}{\varkappa},\frac{1}{\varkappa}\right) = \frac{i}{\sqrt{\varkappa}}\,e^{\pi\left(\frac{\varkappa}{4}-i\zeta-\frac{\zeta^2}{\varkappa}\right)}\,\vartheta_2\left(\frac{i\zeta}{\varkappa},\frac{1}{\varkappa}\right),$$

$$\vartheta_2\left(\zeta+\frac{i\varkappa}{2},\varkappa\right) = \frac{1}{\sqrt{\varkappa}}\,e^{\frac{\pi}{\varkappa}\left(\frac{\varkappa}{2}-i\zeta\right)^2}\,\vartheta_4\left(\frac{1}{2}-\frac{i\zeta}{\varkappa},\frac{1}{\varkappa}\right) = \frac{1}{\sqrt{\varkappa}}\,e^{\pi\left(\frac{\varkappa}{4}-i\zeta-\frac{\zeta^2}{\varkappa}\right)}\,\vartheta_3\left(\frac{i\zeta}{\varkappa},\frac{1}{\varkappa}\right),$$

$$\vartheta_3\left(\zeta+\frac{i\varkappa}{2},\varkappa\right) = \frac{1}{\sqrt{\varkappa}}\,e^{\frac{\pi}{\varkappa}\left(\frac{\varkappa}{2}-i\zeta\right)^2}\,\vartheta_3\left(\frac{1}{2}-\frac{i\zeta}{\varkappa},\frac{1}{\varkappa}\right) = \frac{1}{\sqrt{\varkappa}}\,e^{\pi\left(\frac{\varkappa}{4}-i\zeta-\frac{\zeta^2}{\varkappa}\right)}\,\vartheta_4\left(\frac{i\zeta}{\varkappa},\frac{1}{\varkappa}\right),$$

$$\vartheta_4\left(\zeta+\frac{i\varkappa}{2},\varkappa\right) = \frac{1}{\sqrt{\varkappa}}\,e^{\frac{\pi}{\varkappa}\left(\frac{\varkappa}{2}-i\zeta\right)^2}\,\vartheta_2\left(\frac{1}{2}-\frac{i\zeta}{\varkappa},\frac{1}{\varkappa}\right) = \frac{1}{\sqrt{\varkappa}}\,e^{\pi\left(\frac{\varkappa}{4}-i\zeta-\frac{\zeta^2}{\varkappa}\right)}\,\vartheta_1\left(\frac{i\zeta}{\varkappa},\frac{1}{\varkappa}\right)$$

oder in Verbindung mit (19) und bei Vertauschen von i mit $\pm i$

$$\vartheta_{\substack{1\\(4)}}\left(\zeta\pm\frac{i\varkappa}{2},\varkappa\right) = \pm i\,e^{\pi\left(\frac{\varkappa}{4}\mp i\zeta\right)}\,\vartheta_{\substack{4\\(1)}}(\zeta,\varkappa), \quad \vartheta_{\substack{2\\(3)}}\left(\zeta\pm\frac{i\varkappa}{2},\varkappa\right) = e^{\pi\left(\frac{\varkappa}{4}\mp i\zeta\right)}\,\vartheta_{\substack{3\\(2)}}(\zeta,\varkappa). \tag{23}$$

Wird in (23) ζ mit $\zeta+\frac{1}{2}$ und $\zeta-\frac{1}{2}$ vertauscht, so ergeben sich bei Beachtung von (22) und Berücksichtigung der Beziehung

$$e^{\pm\frac{\pi i}{2}} = \pm i \tag{24}$$

die Substitutionsgleichungen

$$\left.\begin{aligned}
\vartheta_1\left(\zeta+\frac{1}{2}\pm\frac{i\varkappa}{2},\varkappa\right) &= +\,e^{\pi\left(\frac{\varkappa}{4}\mp i\zeta\right)}\,\vartheta_3(\zeta,\varkappa), & \vartheta_1\left(\zeta-\frac{1}{2}\pm\frac{i\varkappa}{2},\varkappa\right) &= -\,e^{\pi\left(\frac{\varkappa}{4}\mp i\zeta\right)}\,\vartheta_3(\zeta,\varkappa),\\
\vartheta_2\left(\zeta+\frac{1}{2}\pm\frac{i\varkappa}{2},\varkappa\right) &= \mp i\,e^{\pi\left(\frac{\varkappa}{4}\mp i\zeta\right)}\,\vartheta_4(\zeta,\varkappa), & \vartheta_2\left(\zeta-\frac{1}{2}\pm\frac{i\varkappa}{2},\varkappa\right) &= \pm i\,e^{\pi\left(\frac{\varkappa}{4}\mp i\zeta\right)}\,\vartheta_4(\zeta,\varkappa),\\
\vartheta_3\left(\zeta+\frac{1}{2}\pm\frac{i\varkappa}{2},\varkappa\right) &= \pm i\,e^{\pi\left(\frac{\varkappa}{4}\mp i\zeta\right)}\,\vartheta_1(\zeta,\varkappa), & \vartheta_3\left(\zeta-\frac{1}{2}\pm\frac{i\varkappa}{2},\varkappa\right) &= \pm i\,e^{\pi\left(\frac{\varkappa}{4}\mp i\zeta\right)}\,\vartheta_1(\zeta,\varkappa),\\
\vartheta_4\left(\zeta+\frac{1}{2}\pm\frac{i\varkappa}{2},\varkappa\right) &= +\,e^{\pi\left(\frac{\varkappa}{4}\mp i\zeta\right)}\,\vartheta_2(\zeta,\varkappa); & \vartheta_4\left(\zeta-\frac{1}{2}\pm\frac{i\varkappa}{2},\varkappa\right) &= +\,e^{\pi\left(\frac{\varkappa}{4}\mp i\zeta\right)}\,\vartheta_2(\zeta,\varkappa).
\end{aligned}\right\} \tag{25}$$

Ersetzt man in der dritten und vierten der Gln. (6) ζ durch $\frac{1}{2}\zeta$ und $\varkappa$ durch $\frac{1}{4}\varkappa$, so ergibt sich zunächst

$$\vartheta_3\left(\frac{\zeta}{2},\frac{\varkappa}{4}\right) = 1+2\sum_{1}^{\infty}{}^{n}\,e^{-\frac{1}{4}n^2\pi\varkappa}\cos n\pi\zeta, \quad \vartheta_4\left(\frac{\zeta}{2},\frac{\varkappa}{4}\right) = 1+2\sum_{1}^{\infty}{}^{n}\,(-1)^n\,e^{-\frac{1}{4}n^2\pi\varkappa}\cos n\pi\zeta$$

und nach Aufspaltung in Teilsummen für gerade und ungerade n-Werte

$$\vartheta_{\substack{3\\4}}\left(\frac{\zeta}{2},\frac{\varkappa}{4}\right) = 1+2\sum_{1}^{\infty}{}^{n}\,e^{-n^2\pi\varkappa}\cos 2n\pi\zeta \pm 2\sum_{0}^{\infty}{}^{n}\,e^{-\left(n+\frac{1}{2}\right)^2\pi\varkappa}\cos(2n+1)\pi\zeta.$$

Hieraus folgt in Verbindung mit den beiden mittleren der Gln. (6)

$$\vartheta_{\substack{3\\4}}\left(\frac{\zeta}{2},\frac{\varkappa}{4}\right)=\vartheta_3(\zeta,\varkappa)\pm\vartheta_2(\zeta,\varkappa),\quad \vartheta_{\substack{3\\4}}(\zeta,\varkappa)=\vartheta_3(2\zeta,4\varkappa)\pm\vartheta_2(2\zeta,4\varkappa) \tag{26}$$

und

$$\vartheta_{\substack{3\\4}}\left(\frac{\zeta}{2},\varkappa\right)=\vartheta_3(\zeta,4\varkappa)\pm\vartheta_2(\zeta,4\varkappa),\quad \vartheta_{\substack{3\\4}}\left(\zeta,\frac{\varkappa}{4}\right)=\vartheta_3(2\zeta,\varkappa)\pm\vartheta_2(2\zeta,\varkappa). \tag{27}$$

Wird in diesen Gleichungen ζ mit $\zeta\pm\frac{1}{2}$ unter Beachtung von (22) vertauscht, so erhält man

$$\vartheta_{\substack{3\\4}}\left(\frac{\zeta}{2}+\frac{1}{4},\frac{\varkappa}{4}\right)=\vartheta_4(\zeta,\varkappa)\mp\vartheta_1(\zeta,\varkappa),\quad \vartheta_{\substack{3\\4}}\left(\frac{\zeta}{2}-\frac{1}{4},\frac{\varkappa}{4}\right)=\vartheta_4(\zeta,\varkappa)\pm\vartheta_1(\zeta,\varkappa), \tag{28}$$

$$\vartheta_{\substack{3\\4}}\left(\frac{\zeta}{2}+\frac{1}{4},\varkappa\right)=\vartheta_4(\zeta,4\varkappa)\mp\vartheta_1(\zeta,4\varkappa),\quad \vartheta_{\substack{3\\4}}\left(\frac{\zeta}{2}-\frac{1}{4},\varkappa\right)=\vartheta_4(\zeta,4\varkappa)\pm\vartheta_1(\zeta,4\varkappa), \tag{29}$$

$$\vartheta_{\substack{3\\4}}\left(\zeta+\frac{1}{4},\varkappa\right)=\vartheta_4(2\zeta,4\varkappa)\mp\vartheta_1(2\zeta,4\varkappa),\quad \vartheta_{\substack{3\\4}}\left(\zeta-\frac{1}{4},\varkappa\right)=\vartheta_4(2\zeta,4\varkappa)\pm\vartheta_1(2\zeta,4\varkappa), \tag{30}$$

$$\vartheta_{\substack{3\\4}}\left(\zeta+\frac{1}{4},\frac{\varkappa}{4}\right)=\vartheta_4(2\zeta,\varkappa)\mp\vartheta_1(2\zeta,\varkappa),\quad \vartheta_{\substack{3\\4}}\left(\zeta-\frac{1}{4},\frac{\varkappa}{4}\right)=\vartheta_4(2\zeta,\varkappa)\pm\vartheta_1(2\zeta,\varkappa). \tag{31}$$

Die Auflösung der beiden hinteren der Gln. (27) sowie der Gln. (31) liefert in Verbindung mit (22)

$$\left.\begin{aligned}
\vartheta_1(2\zeta,\varkappa)&=\frac{1}{2}\vartheta_3\left(\zeta-\frac{1}{4},\frac{\varkappa}{4}\right)-\frac{1}{2}\vartheta_4\left(\zeta-\frac{1}{4},\frac{\varkappa}{4}\right)=\frac{1}{2}\vartheta_4\left(\zeta+\frac{1}{4},\frac{\varkappa}{4}\right)-\frac{1}{2}\vartheta_3\left(\zeta+\frac{1}{4},\frac{\varkappa}{4}\right),\\
\vartheta_2(2\zeta,\varkappa)&=\frac{1}{2}\vartheta_3\left(\zeta,\frac{\varkappa}{4}\right)-\frac{1}{2}\vartheta_4\left(\zeta,\frac{\varkappa}{4}\right),\quad \vartheta_3(2\zeta,\varkappa)=\frac{1}{2}\vartheta_3\left(\zeta,\frac{\varkappa}{4}\right)+\frac{1}{2}\vartheta_4\left(\zeta,\frac{\varkappa}{4}\right),\\
\vartheta_4(2\zeta,\varkappa)&=\frac{1}{2}\vartheta_3\left(\zeta-\frac{1}{4},\frac{\varkappa}{4}\right)+\frac{1}{2}\vartheta_4\left(\zeta-\frac{1}{4},\frac{\varkappa}{4}\right)=\frac{1}{2}\vartheta_4\left(\zeta+\frac{1}{4},\frac{\varkappa}{4}\right)+\frac{1}{2}\vartheta_3\left(\zeta+\frac{1}{4},\frac{\varkappa}{4}\right)
\end{aligned}\right\} \tag{32}$$

und

$$\left.\begin{aligned}
\vartheta_1(\zeta,\varkappa)&=\frac{1}{2}\vartheta_3\left(\frac{\zeta}{2}-\frac{1}{4},\frac{\varkappa}{4}\right)-\frac{1}{2}\vartheta_4\left(\frac{\zeta}{2}-\frac{1}{4},\frac{\varkappa}{4}\right)=\frac{1}{2}\vartheta_4\left(\frac{\zeta}{2}+\frac{1}{4},\frac{\varkappa}{4}\right)-\frac{1}{2}\vartheta_3\left(\frac{\zeta}{2}+\frac{1}{4},\frac{\varkappa}{4}\right),\\
\vartheta_2(\zeta,\varkappa)&=\frac{1}{2}\vartheta_3\left(\frac{\zeta}{2},\frac{\varkappa}{4}\right)-\frac{1}{2}\vartheta_4\left(\frac{\zeta}{2},\frac{\varkappa}{4}\right),\quad \vartheta_3(\zeta,\varkappa)=\frac{1}{2}\vartheta_3\left(\frac{\zeta}{2},\frac{\varkappa}{4}\right)+\frac{1}{2}\vartheta_4\left(\frac{\zeta}{2},\frac{\varkappa}{4}\right),\\
\vartheta_4(\zeta,\varkappa)&=\frac{1}{2}\vartheta_3\left(\frac{\zeta}{2}-\frac{1}{4},\frac{\varkappa}{4}\right)+\frac{1}{2}\vartheta_4\left(\frac{\zeta}{2}-\frac{1}{4},\frac{\varkappa}{4}\right)=\frac{1}{2}\vartheta_4\left(\frac{\zeta}{2}+\frac{1}{4},\frac{\varkappa}{4}\right)+\frac{1}{2}\vartheta_3\left(\frac{\zeta}{2}+\frac{1}{4},\frac{\varkappa}{4}\right).
\end{aligned}\right\} \tag{33}$$

Wird in (33) ζ mit $\zeta\pm i\varkappa/4$ vertauscht, so folgt mit (23)

$$\left.\begin{aligned}
\vartheta_1\left(\zeta\pm\frac{i\varkappa}{4},\varkappa\right)&=\frac{\sqrt{\pm i}}{2}e^{\frac{\pi}{2}\left(\frac{\varkappa}{8}\mp i\zeta\right)}\left[\vartheta_2\left(\frac{\zeta}{2}-\frac{1}{4},\frac{\varkappa}{4}\right)\mp i\,\vartheta_1\left(\frac{\zeta}{2}-\frac{1}{4},\frac{\varkappa}{4}\right)\right],\\
\vartheta_2\left(\zeta\pm\frac{i\varkappa}{4},\varkappa\right)&=\frac{1}{2}e^{\frac{\pi}{2}\left(\frac{\varkappa}{8}\mp i\zeta\right)}\left[\vartheta_2\left(\frac{\zeta}{2},\frac{\varkappa}{4}\right)\mp i\,\vartheta_1\left(\frac{\zeta}{2},\frac{\varkappa}{4}\right)\right],\\
\vartheta_3\left(\zeta\pm\frac{i\varkappa}{4},\varkappa\right)&=\frac{1}{2}e^{\frac{\pi}{2}\left(\frac{\varkappa}{8}\mp i\zeta\right)}\left[\vartheta_2\left(\frac{\zeta}{2},\frac{\varkappa}{4}\right)\pm i\,\vartheta_1\left(\frac{\zeta}{2},\frac{\varkappa}{4}\right)\right],\\
\vartheta_4\left(\zeta\pm\frac{i\varkappa}{4},\varkappa\right)&=\frac{\sqrt{\pm i}}{2}e^{\frac{\pi}{2}\left(\frac{\varkappa}{8}\mp i\zeta\right)}\left[\vartheta_2\left(\frac{\zeta}{2}-\frac{1}{4},\frac{\varkappa}{4}\right)\pm i\,\vartheta_1\left(\frac{\zeta}{2}-\frac{1}{4},\frac{\varkappa}{4}\right)\right].
\end{aligned}\right\} \tag{34}$$

Durch Gleichsetzung von $\vartheta_3(\zeta,\varkappa)$ und $\vartheta_4(\zeta,\varkappa)$ nach (26) und (33) folgen die Beziehungen

$$\left.\begin{aligned}
\vartheta_3(2\zeta,4\varkappa)+\vartheta_2(2\zeta,4\varkappa)&=\frac{1}{2}\vartheta_3\left(\frac{\zeta}{2},\frac{\varkappa}{4}\right)+\frac{1}{2}\vartheta_4\left(\frac{\zeta}{2},\frac{\varkappa}{4}\right),\\
\vartheta_3(2\zeta,4\varkappa)-\vartheta_2(2\zeta,4\varkappa)&=\frac{1}{2}\vartheta_3\left(\frac{\zeta}{2}-\frac{1}{4},\frac{\varkappa}{4}\right)+\frac{1}{2}\vartheta_4\left(\frac{\zeta}{2}-\frac{1}{4},\frac{\varkappa}{4}\right).
\end{aligned}\right\} \tag{35}$$

5. Funktionalgleichungen

Durch Anwendung der Substitutionsgleichungen (22) bzw. (23) auf sich selbst erhält man

$$\left.\begin{aligned}
&\vartheta_{\substack{1\\2\\3\\4}}(\zeta\pm1,\varkappa)=\substack{-\\-\\+\\+}\vartheta_{\substack{1\\2\\3\\4}}(\zeta,\varkappa),\qquad \vartheta_{\substack{1\\2\\3\\4}}(\zeta\pm2,\varkappa)=\vartheta_{\substack{1\\2\\3\\4}}(\zeta,\varkappa),\\
&\vartheta_{\substack{1\\2\\3\\4}}(\zeta\pm i\varkappa,\varkappa)=\substack{-\\+\\+\\-}e^{\pi(\varkappa\mp2i\zeta)}\vartheta_{\substack{1\\2\\3\\4}}(\zeta,\varkappa),\quad \vartheta_{\substack{1\\2\\3\\4}}(\zeta\pm2i\varkappa,\varkappa)=e^{4\pi(\varkappa\mp i\zeta)}\vartheta_{\substack{1\\2\\3\\4}}(\zeta,\varkappa).
\end{aligned}\right\} \tag{36}$$

Die Gln. (36) bestätigen, daß die vier Theta-Funktionen einfach periodische Funktionen sind und daß die Funktionen ϑ_3 und ϑ_4 die Periode 1, die Funktionen ϑ_1 und ϑ_2 die Periode 2 besitzen.

Nach einem Satz von HERMITE können sämtliche Lösungen der Funktionalgleichungen (36) aus den Theta-Funktionen durch Multiplikation mit einer willkürlichen Parameterfunktion $c(\varkappa)$ entwickelt werden. Die Beweisführung ist für die vier durch die Vorzeichen bedingten Funktionsgruppen völlig analog und möge daher auf die dritte Gruppe mit positiven Vorzeichen und der reellen Periode 1 beschränkt werden.

Nach der Theorie der einfach periodischen Funktionen ist eine Funktion mit der reellen Periode 1 immer in der Form

$$\vartheta(\zeta, \varkappa) = \sum_{-\infty}^{+\infty}{}^{n} c_{2n}(\varkappa)\, e^{2n\pi i\zeta}$$

darstellbar. Wird diese Entwicklung in die dritte linke Vorzeichengruppe der Funktionalgleichungen (36) eingeführt, so entsteht die Identitätsgleichung

$$\sum_{-\infty}^{+\infty}{}^{n} c_{2n}(\varkappa)\, e^{2n\pi i(\zeta \pm i\varkappa)} \equiv e^{\pi(\varkappa \mp 2i\zeta)} \sum_{-\infty}^{+\infty}{}^{n} c_{2n}(\varkappa)\, e^{2n\pi i\zeta}$$

oder umgeformt

$$\sum_{-\infty}^{+\infty}{}^{n} [c_{2n}(\varkappa)\, e^{\mp 2n\pi\varkappa}]\, e^{2n\pi i\zeta} \equiv \sum_{-\infty}^{+\infty}{}^{n} [c_{2n}(\varkappa)\, e^{\pi\varkappa}]\, e^{(2n \mp 2)\pi i\zeta}.$$

Nun kann, da die beiden Exponentialreihen von $-\infty$ bis $+\infty$ zu erstrecken sind, auf der rechten Seite die Zählzahl n mit $n \mp 1$ vertauscht werden. Dies ergibt

$$\sum_{-\infty}^{+\infty}{}^{n} [c_{2n}(\varkappa)\, e^{\mp 2n\pi\varkappa}]\, e^{2n\pi i\zeta} \equiv \sum_{-\infty}^{+\infty}{}^{n} [c_{2n \mp 2}(\varkappa)\, e^{\pi\varkappa}]\, e^{2n\pi i\zeta}$$

oder

$$\sum_{-\infty}^{+\infty}{}^{n} [c_{2n}(\varkappa)\, e^{\mp 2n\pi\varkappa} - c_{2n \mp 2}(\varkappa)\, e^{\pi\varkappa}]\, e^{2n\pi i\zeta} \equiv 0.$$

Hieraus folgt, daß die eckige Klammer für jedes Reihenglied verschwinden oder

$$c_{2n-2}(\varkappa) = c_{2n}(\varkappa)\, e^{-(2n+1)\pi\varkappa}, \qquad c_{2n+2}(\varkappa) = c_{2n}(\varkappa)\, e^{(2n-1)\pi\varkappa}$$

sein muß. Wird daher von einer willkürlich herausgegriffenen Parameterfunktion $c_{2n}(\varkappa)$ ausgegangen, so tritt diese in sämtlichen Reihengliedern als Faktor auf und kann daher vorgezogen werden. Alle denkbaren Lösungen der Funktionalgleichungen (36) unterscheiden sich also voneinander und damit auch von den Theta-Funktionen nur durch eine multiplikative Parameterfunktion.

6. Funktionsverlauf und spezielle Funktionswerte

Für reelle Argumentwerte ist der Verlauf der vier JACOBIschen Theta-Funktionen aus Abb. 6 bis 10 ersichtlich, und zwar zeigen Abb. 6 bis 9 die Abhängigkeit von ζ mit $\varkappa$ als Parameter, während in Abb. 10 $\varkappa$ als Argument und ζ als Parameter betrachtet wurde. Der durch die FOURIERsche Differentialgleichung (3) bedingte Funktionscharakter physikalischer Ausgleichvorgänge tritt bei allen vier Funktionen deutlich zutage. $\vartheta_1(\zeta, \varkappa)$ und $\vartheta_2(\zeta, \varkappa)$ streben mit wachsendem $\varkappa$ dem Wert 0, $\vartheta_3(\zeta, \varkappa)$ und $\vartheta_4(\zeta, \varkappa)$ dem Wert 1 zu.

Abb. 11 bis 14 zeigt den Verlauf der vier Theta-Funktionen für imaginäre Argumentwerte, für welche nach (20) die Funktionswerte auf solche reeller Argumente zurückgeführt werden können, und zwar ist aus Abb. 11 der Funktionsverlauf in Abhängigkeit von ζ mit $\varkappa$ als Parameter, aus Abb. 12, 13, 14 derjenige in Abhängigkeit von $\varkappa$ mit ζ als Parameter ersichtlich.

Die Funktionen $\vartheta_2(i\,\zeta, \varkappa)$ und $\vartheta_3(i\,\zeta, \varkappa)$ ähneln einander im Charakter; sie verlaufen symmetrisch zur Ordinatenachse und nehmen monoton zu. Der monotone Anstieg erfolgt um so schneller, je kleiner $\varkappa$ wird. Der Charakter von Ausgleichsvorgängen ist auch hier noch voll gewahrt.

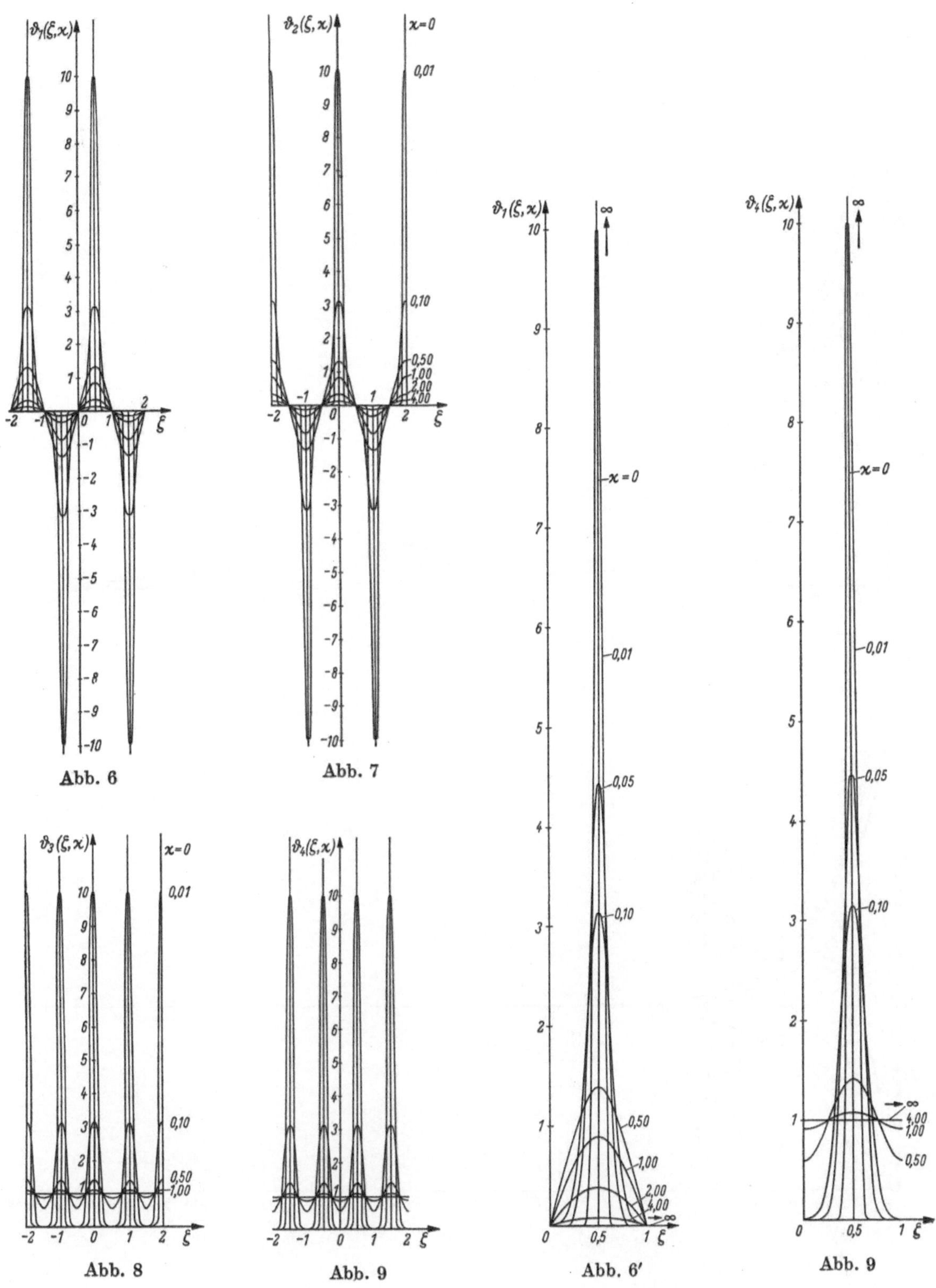

Abb. 6

Abb. 7

Abb. 8

Abb. 9

Abb. 6′

Abb. 9

$\vartheta_1(\xi,\varkappa)$
$[\vartheta_2(\xi,\varkappa)]$
$\xi = 0{,}50\ [0]$
$0{,}45\ [0{,}05]$
$0{,}40\ [0{,}10]$
$0{,}35\ [0{,}15]$
$0{,}30\ [0{,}20]$
$0{,}25\ [0{,}25]$
$0{,}20\ [0{,}30]$
$0{,}15\ [0{,}35]$
$0{,}10\ [0{,}40]$
$0{,}05\ [0{,}45]$
$\xi = 0\ [0{,}50]$
$\varkappa$

$\vartheta_3(\xi,\varkappa)$
$[\vartheta_4(\xi,\varkappa)]$
$\xi = 0\ [0{,}50]$
$0{,}05\ [0{,}45]$
$0{,}10\ [0{,}40]$
$0{,}15\ [0{,}35]$
$0{,}20\ [0{,}30]$
$0{,}25\ [0{,}25]$
$\xi = 0{,}30\ [0{,}20]$
$0{,}35\ [0{,}15]$
$0{,}40\ [0{,}10]$
$0{,}45\ [0{,}05]$
$0{,}50\ [0]$
$\varkappa$

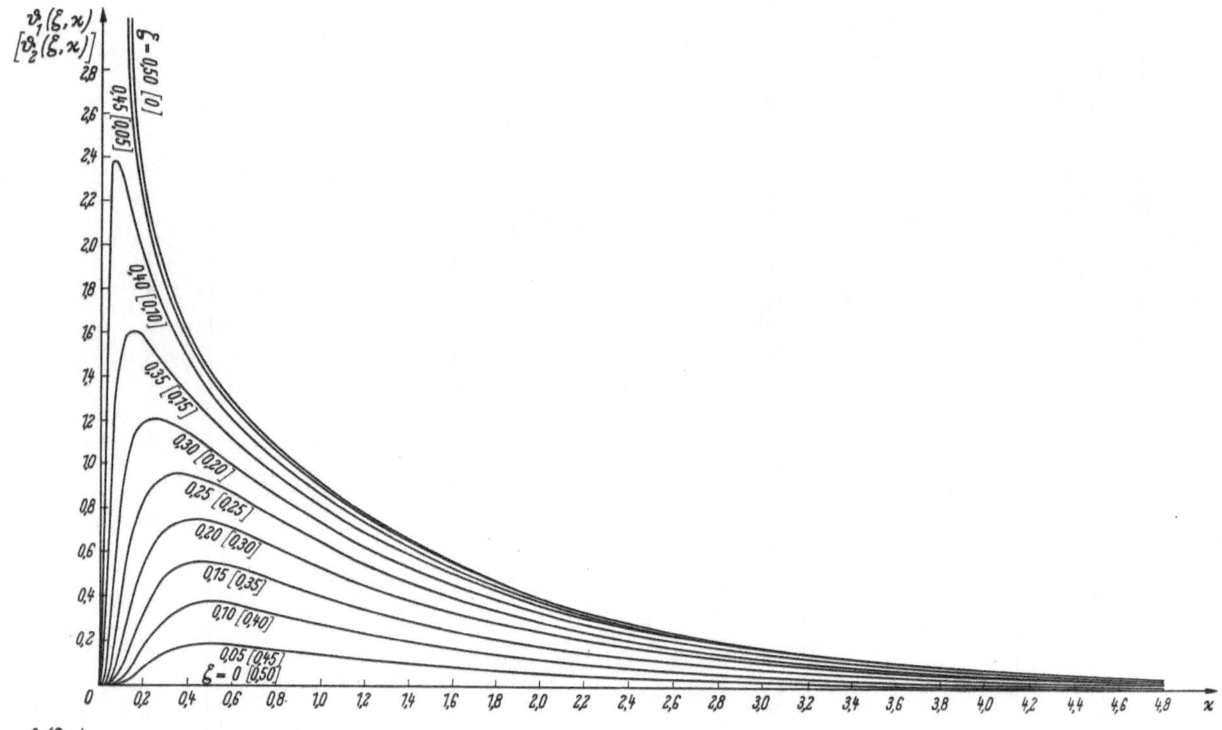

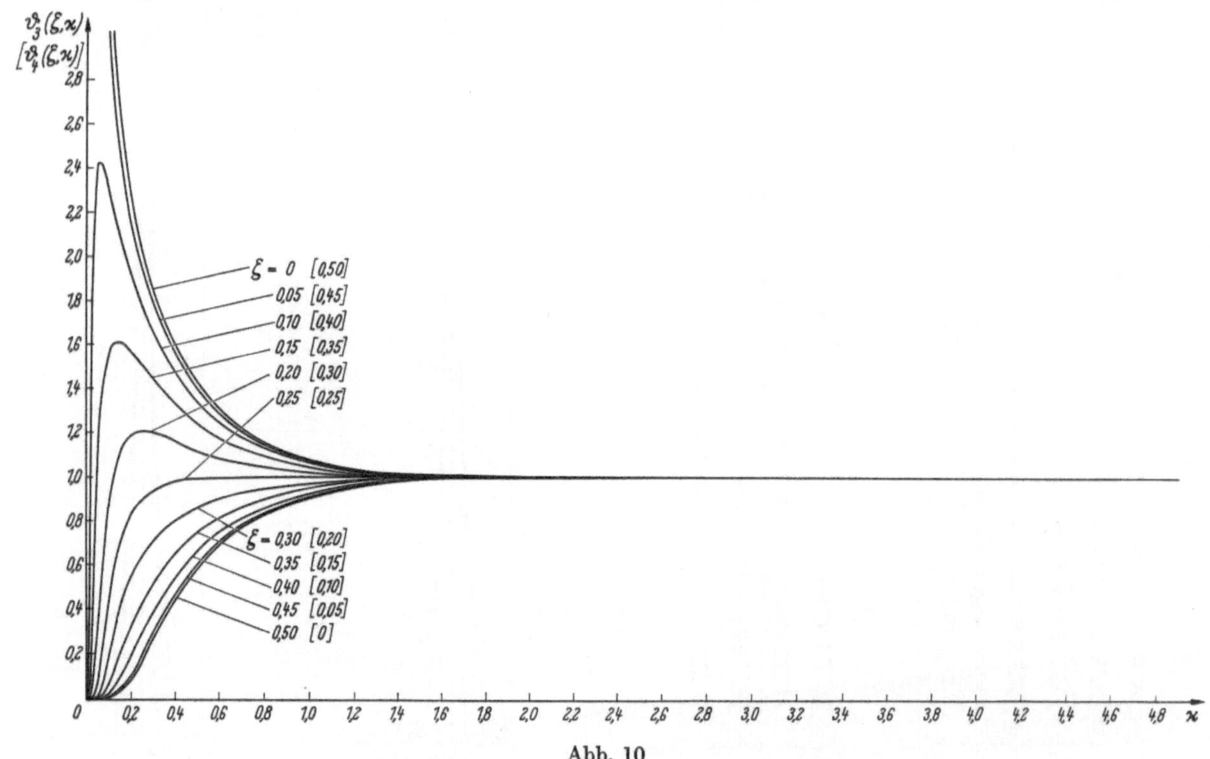

Abb. 10

$\vartheta_2(i\xi, \varkappa)$
$\vartheta_4(i\xi, \varkappa)$
$\frac{1}{i}\vartheta_1(i\xi, \varkappa)$
$\vartheta_3(i\xi, \varkappa)$
ξ
$\varkappa \to \infty$
$\varkappa = 4{,}00; \varkappa \to \infty$
$\varkappa = 0{,}25$
$\varkappa = 0{,}10$
$\varkappa = 1{,}00$
$\varkappa = 4{,}00$

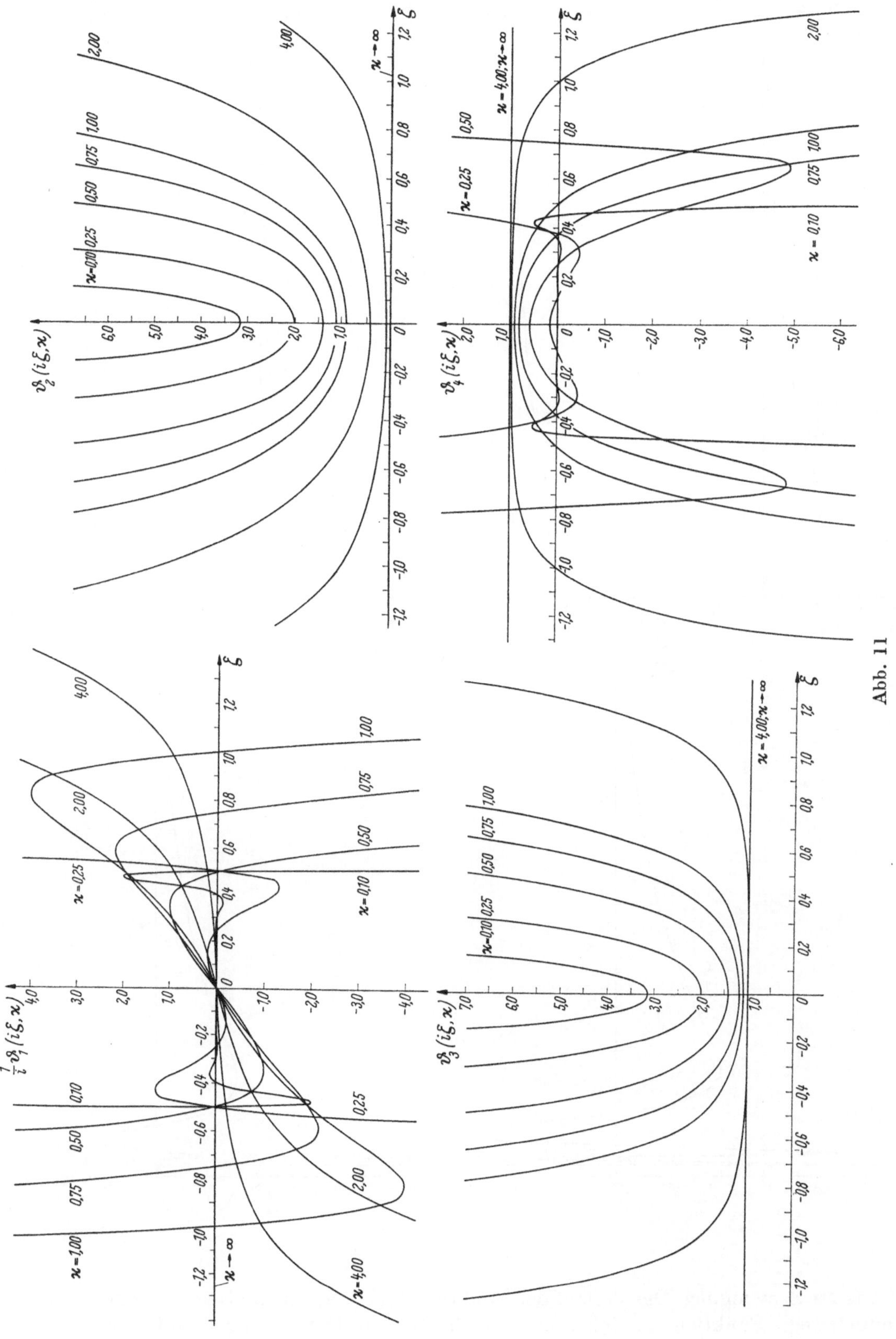

Abb. 11

Die antimetrisch verlaufende Funktion $1/i\vartheta_1(i\,\zeta,\,\varkappa)$ weist erst für höhere ζ-Werte einen monotonen Charakter auf. Für kleinere ζ-Werte verhält sich die Funktion zunächst wie eine

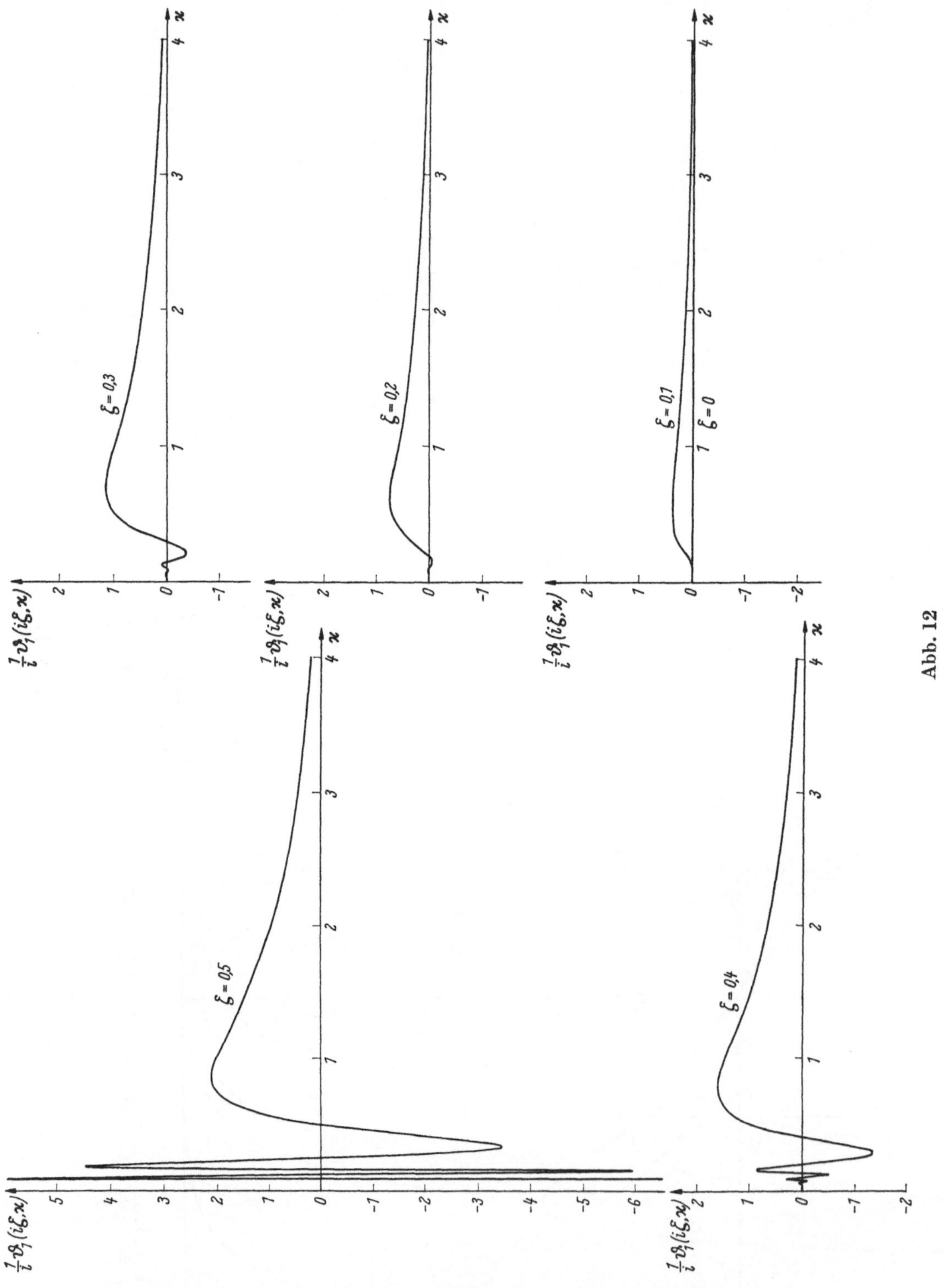

Abb. 12

aufgeschaukelte Schwingung. Der Verlauf der Funktion $\vartheta_4(i\,\zeta,\,\varkappa)$, die im Gegensatz zu $1/i\vartheta_1(i\,\zeta,\,\varkappa)$ eine symmetrische Funktion darstellt, ist ähnlich. In den Darstellungen mit $\varkappa$ als Argument treten ebenfalls starke Oszillationen, und zwar zwischen $\varkappa = 0$ und $\varkappa = 1$ in Erscheinung, wie die Abb. 12 und 14 im einzelnen erkennen lassen.

Für die reellen Argumentwerte $\zeta = 0$, $\zeta = \frac{1}{2}$ und $\zeta = -\frac{1}{2}$ sowie $\zeta = \frac{1}{4}$ ergibt sich

$$\left.\begin{array}{lll}
\vartheta_1(0, \varkappa) = 0, & \vartheta_1(\frac{1}{2}, \varkappa) = \vartheta_2(0, \varkappa), & \vartheta_1(-\frac{1}{2}, \varkappa) = -\vartheta_2(0, \varkappa), \\
\vartheta_1(\frac{1}{4}, \varkappa) = \vartheta_2(\frac{1}{4}, \varkappa), & \vartheta_2(\frac{1}{2}, \varkappa) = 0, & \vartheta_2(-\frac{1}{2}, \varkappa) = 0, \\
\vartheta_3(\frac{1}{4}, \varkappa) = \vartheta_4(0, 4\varkappa), & \vartheta_3(\frac{1}{2}, \varkappa) = \vartheta_4(0, \varkappa), & \vartheta_3(-\frac{1}{2}, \varkappa) = \vartheta_4(0, \varkappa), \\
\vartheta_4(\frac{1}{4}, \varkappa) = \vartheta_4(0, 4\varkappa), & \vartheta_4(\frac{1}{2}, \varkappa) = \vartheta_3(0, \varkappa), & \vartheta_4(-\frac{1}{2}, \varkappa) = \vartheta_3(0, \varkappa).
\end{array}\right\} \quad (37)$$

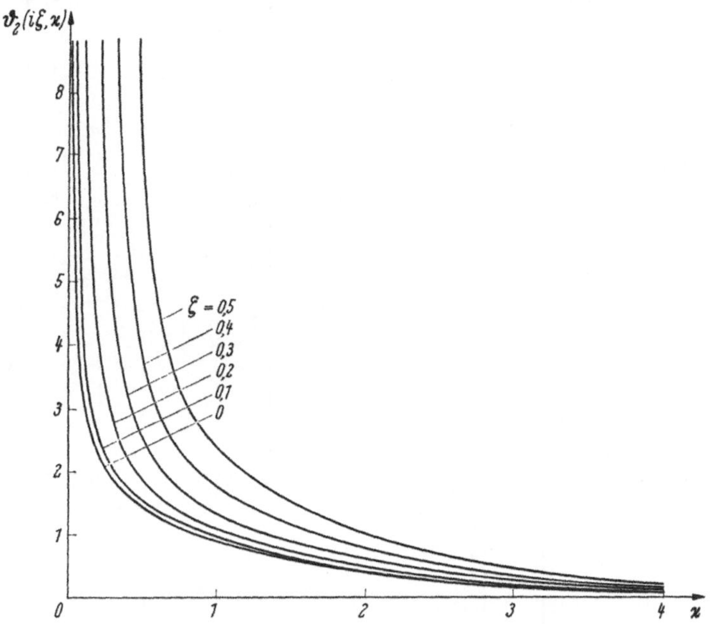

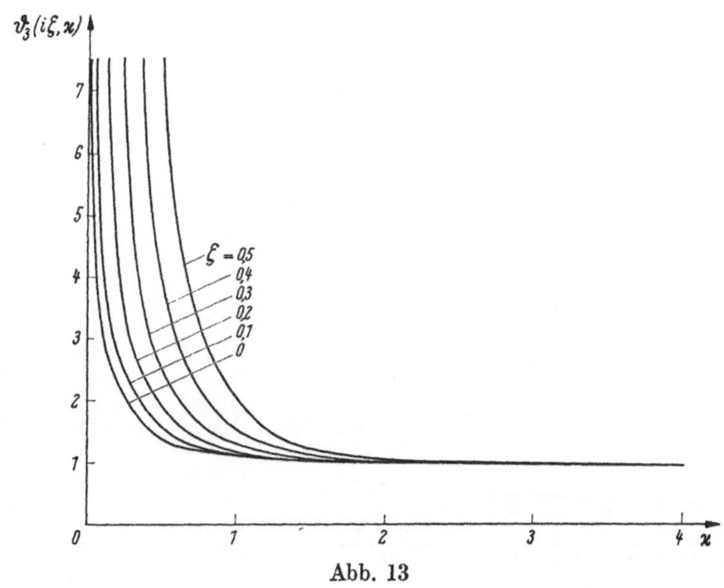

Abb. 13

Für die imaginären Argumentwerte $\zeta = \pm i\,\varkappa/4$ und $\zeta = \pm i\,\varkappa/2$ erhält man

$$\left.\begin{array}{ll}
\vartheta_1\left(\pm\frac{i\varkappa}{4}, \varkappa\right) = \frac{\pm i}{\sqrt{2}}\, e^{\frac{\pi\varkappa}{16}}\, \vartheta_1\left(\frac{1}{4}, \frac{\varkappa}{4}\right) = \frac{\pm i}{\sqrt{2}}\, e^{\frac{\pi\varkappa}{16}}\, \vartheta_2\left(\frac{1}{4}, \frac{\varkappa}{4}\right), & \vartheta_1\left(\pm\frac{i\varkappa}{2}, \varkappa\right) = \pm i\, e^{\frac{\pi\varkappa}{4}}\, \vartheta_4(0, \varkappa), \\
\vartheta_2\left(\pm\frac{i\varkappa}{4}, \varkappa\right) = \frac{1}{2}\, e^{\frac{\pi\varkappa}{16}}\, \vartheta_2\left(0, \frac{\varkappa}{4}\right), & \vartheta_2\left(\pm\frac{i\varkappa}{2}, \varkappa\right) = e^{\frac{\pi\varkappa}{4}}\, \vartheta_3(0, \varkappa), \\
\vartheta_3\left(\pm\frac{i\varkappa}{4}, \varkappa\right) = \frac{1}{2}\, e^{\frac{\pi\varkappa}{16}}\, \vartheta_2\left(0, \frac{\varkappa}{4}\right), & \vartheta_3\left(\pm\frac{i\varkappa}{2}, \varkappa\right) = e^{\frac{\pi\varkappa}{4}}\, \vartheta_2(0, \varkappa), \\
\vartheta_4\left(\pm\frac{i\varkappa}{4}, \varkappa\right) = \frac{1}{\sqrt{2}}\, e^{\frac{\pi\varkappa}{16}}\, \vartheta_1\left(\frac{1}{4}, \frac{\varkappa}{4}\right) = \frac{1}{\sqrt{2}}\, e^{\frac{\pi\varkappa}{16}}\, \vartheta_2\left(\frac{1}{4}, \frac{\varkappa}{4}\right), & \vartheta_4\left(\pm\frac{i\varkappa}{2}, \varkappa\right) = 0.
\end{array}\right\} \quad (38)$$

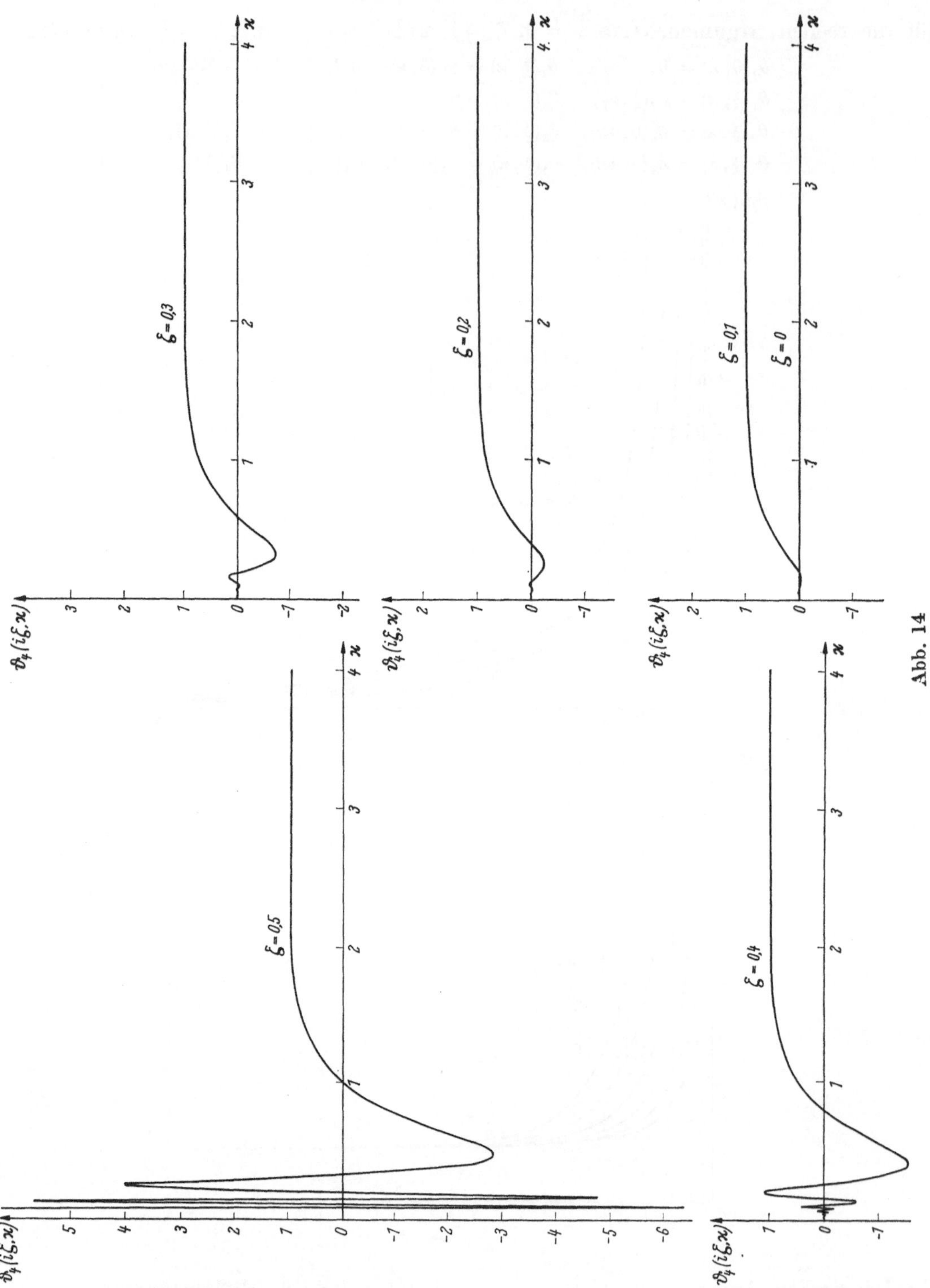

Abb. 14

Im komplexen Bereich folgt zunächst für $\zeta = \pm \frac{1}{2} \pm i\,\varkappa/2$

$$\left.\begin{aligned}
&\vartheta_1\left(\frac{1}{2} \pm \frac{i\varkappa}{2}, \varkappa\right) = +e^{\frac{\pi\varkappa}{4}}\,\vartheta_3(0,\varkappa), && \vartheta_1\left(-\frac{1}{2} \pm \frac{i\varkappa}{2}, \varkappa\right) = -e^{\frac{\varkappa\pi}{4}}\,\vartheta_3(0,\varkappa),\\
&\vartheta_2\left(\frac{1}{2} \pm \frac{i\varkappa}{2}, \varkappa\right) = \mp i\,e^{\frac{\pi\varkappa}{4}}\,\vartheta_4(0,\varkappa), && \vartheta_2\left(-\frac{1}{2} \pm \frac{i\varkappa}{2}, \varkappa\right) = \pm i\,e^{\frac{\pi\varkappa}{4}}\,\vartheta_4(0,\varkappa),\\
&\vartheta_3\left(\frac{1}{2} \pm \frac{i\varkappa}{2}, \varkappa\right) = 0, && \vartheta_3\left(-\frac{1}{2} \pm \frac{i\varkappa}{2}, \varkappa\right) = 0,\\
&\vartheta_4\left(\frac{1}{2} \pm \frac{i\varkappa}{2}, \varkappa\right) = +e^{\frac{\pi\varkappa}{4}}\,\vartheta_2(0,\varkappa), && \vartheta_4\left(-\frac{1}{2} \pm \frac{i\varkappa}{2}, \varkappa\right) = +e^{\frac{\pi\varkappa}{4}}\,\vartheta_2(0,\varkappa).
\end{aligned}\right\} \quad (39)$$

Ferner erhält man für $\zeta = \pm \frac{1}{4} \pm i\,\varkappa/4$

$$\left.\begin{aligned}
&\vartheta_{\substack{1\\2\\3\\4}}\left(\frac{1}{4}+\frac{i\varkappa}{4},\varkappa\right)\\
&=\substack{+\\+\\+\\+}\frac{1}{2}e^{\frac{\pi\varkappa}{16}}\left[\vartheta_2\left(\frac{1}{8},\frac{\varkappa}{4}\right)\cos\frac{\pi}{8}\substack{-\\-\\+\\+}\vartheta_1\left(\frac{1}{8},\frac{\varkappa}{4}\right)\sin\frac{\pi}{8}\right]\substack{+\\-\\-\\+}\frac{i}{2}e^{\frac{\pi\varkappa}{16}}\left[\vartheta_2\left(\frac{1}{8},\frac{\varkappa}{4}\right)\sin\frac{\pi}{8}\substack{+\\+\\-\\-}\vartheta_1\left(\frac{1}{8},\frac{\varkappa}{4}\right)\cos\frac{\pi}{8}\right],\\
&\vartheta_{\substack{1\\2\\3\\4}}\left(\frac{1}{4}-\frac{i\varkappa}{4},\varkappa\right)\\
&=\substack{+\\+\\+\\+}\frac{1}{2}e^{\frac{\pi\varkappa}{16}}\left[\vartheta_2\left(\frac{1}{8},\frac{\varkappa}{4}\right)\cos\frac{\pi}{8}\substack{-\\-\\+\\+}\vartheta_1\left(\frac{1}{8},\frac{\varkappa}{4}\right)\sin\frac{\pi}{8}\right]\substack{-\\+\\+\\-}\frac{i}{2}e^{\frac{\pi\varkappa}{16}}\left[\vartheta_2\left(\frac{1}{8},\frac{\varkappa}{4}\right)\sin\frac{\pi}{8}\substack{+\\+\\-\\-}\vartheta_1\left(\frac{1}{8},\frac{\varkappa}{4}\right)\cos\frac{\pi}{8}\right],\\
&\vartheta_{\substack{1\\2\\3\\4}}\left(-\frac{1}{4}+\frac{i\varkappa}{4},\varkappa\right)\\
&=\substack{-\\+\\+\\+}\frac{1}{2}e^{\frac{\pi\varkappa}{16}}\left[\vartheta_2\left(\frac{1}{8},\frac{\varkappa}{4}\right)\cos\frac{\pi}{8}\substack{-\\-\\+\\+}\vartheta_1\left(\frac{1}{8},\frac{\varkappa}{4}\right)\sin\frac{\pi}{8}\right]\substack{+\\+\\+\\-}\frac{i}{2}e^{\frac{\pi\varkappa}{16}}\left[\vartheta_2\left(\frac{1}{8},\frac{\varkappa}{4}\right)\sin\frac{\pi}{8}\substack{+\\+\\-\\-}\vartheta_1\left(\frac{1}{8},\frac{\varkappa}{4}\right)\cos\frac{\pi}{8}\right],\\
&\vartheta_{\substack{1\\2\\3\\4}}\left(-\frac{1}{4}-\frac{i\varkappa}{4},\varkappa\right)\\
&=\substack{-\\+\\+\\+}\frac{1}{2}e^{\frac{\pi\varkappa}{16}}\left[\vartheta_2\left(\frac{1}{8},\frac{\varkappa}{4}\right)\cos\frac{\pi}{8}\substack{-\\-\\+\\+}\vartheta_1\left(\frac{1}{8},\frac{\varkappa}{4}\right)\sin\frac{\pi}{8}\right]\substack{-\\-\\-\\+}\frac{i}{2}e^{\frac{\pi\varkappa}{16}}\left[\vartheta_2\left(\frac{1}{8},\frac{\varkappa}{4}\right)\sin\frac{\pi}{8}\substack{+\\+\\-\\-}\vartheta_1\left(\frac{1}{8},\frac{\varkappa}{4}\right)\cos\frac{\pi}{8}\right].
\end{aligned}\right\}\quad(40)$$

7. Ableitungen und spezielle Funktionswerte der Ableitungen

Da die Entwicklungen (6) und (18) gleichmäßig konvergent sind, können sie gliedweise differenziert werden. Die Ableitung nach ζ ergibt

$$\left.\begin{aligned}
\frac{\partial\vartheta_1}{\partial\zeta}&=+2\pi\sum_{0}^{\infty}{}_n(-1)^n(2n+1)\,e^{-(n+\frac{1}{2})^2\pi\varkappa}\cos(2n+1)\,\pi\zeta,\\
\frac{\partial\vartheta_2}{\partial\zeta}&=-2\pi\sum_{0}^{\infty}{}_n(2n+1)\,e^{-(n+\frac{1}{2})^2\pi\varkappa}\sin(2n+1)\,\pi\zeta,\\
\frac{\partial\vartheta_3}{\partial\zeta}&=-2\pi\sum_{1}^{\infty}{}_n 2n\,e^{-n^2\pi\varkappa}\sin 2n\pi\zeta,\\
\frac{\partial\vartheta_4}{\partial\zeta}&=-2\pi\sum_{1}^{\infty}{}_n(-1)^n 2n\,e^{-n^2\pi\varkappa}\sin 2n\pi\zeta
\end{aligned}\right\}\quad(41)$$

bzw.

$$\left.\begin{aligned}
\frac{\partial\vartheta_1}{\partial\zeta}&=-\frac{2\pi\zeta}{\varkappa}\vartheta_1(\zeta,\varkappa)+\frac{2\pi}{\varkappa\sqrt{\varkappa}}e^{-\frac{\pi}{\varkappa}\zeta^2}\sum_{0}^{\infty}{}_n(-1)^n(2n+1)\,e^{-\left(n+\frac{1}{2}\right)^2\frac{\pi}{\varkappa}}\cosh\frac{(2n+1)\,\pi\zeta}{\varkappa},\\
\frac{\partial\vartheta_2}{\partial\zeta}&=-\frac{2\pi\zeta}{\varkappa}\vartheta_2(\zeta,\varkappa)+\frac{2\pi}{\varkappa\sqrt{\varkappa}}e^{-\frac{\pi}{\varkappa}\zeta^2}\sum_{1}^{\infty}{}_n(-1)^n 2n\,e^{-n^2\frac{\pi}{\varkappa}}\sinh\frac{2n\pi\zeta}{\varkappa},\\
\frac{\partial\vartheta_3}{\partial\zeta}&=-\frac{2\pi\zeta}{\varkappa}\vartheta_3(\zeta,\varkappa)+\frac{2\pi}{\varkappa\sqrt{\varkappa}}e^{-\frac{\pi}{\varkappa}\zeta^2}\sum_{1}^{\infty}{}_n 2n\,e^{-n^2\frac{\pi}{\varkappa}}\sinh\frac{2n\pi\zeta}{\varkappa},\\
\frac{\partial\vartheta_4}{\partial\zeta}&=-\frac{2\pi\zeta}{\varkappa}\vartheta_4(\zeta,\varkappa)+\frac{2\pi}{\varkappa\sqrt{\varkappa}}e^{-\frac{\pi}{\varkappa}\zeta^2}\sum_{0}^{\infty}{}_n(2n+1)\,e^{-\left(n+\frac{1}{2}\right)^2\frac{\pi}{\varkappa}}\sinh\frac{(2n+1)\,\pi\zeta}{\varkappa}.
\end{aligned}\right\}\quad(42)$$

Auch die Entwicklungen (41) und (42) sind für $\varkappa > 0$ in der gesamten komplexen Zahlenebene gleichmäßig konvergent. Der Beweis ist denjenigen in Abschnitt 1 und 2 analog.

Die Ableitungen der Theta-Funktionen nach dem Parameter stellen gleichzeitig, da die Theta-Funktionen der FOURIERschen Differentialgleichung (3) genügen, die $1/4\pi$-fachen zweiten Ableitungen nach dem Argument dar. Die gliedweise Differentation von (6) und (18) liefert

$$\left.\begin{aligned}
\frac{\partial\vartheta_1}{\partial\varkappa} &= \frac{1}{4\pi}\,\frac{\partial^2\vartheta_1}{\partial\zeta^2} = -\frac{\pi}{2}\sum_0^\infty{}_n\,(-1)^n(2n+1)^2 e^{-(n+\frac{1}{2})^2\pi\varkappa}\sin(2n+1)\,\pi\,\zeta,\\
\frac{\partial\vartheta_2}{\partial\varkappa} &= \frac{1}{4\pi}\,\frac{\vartheta^2\vartheta_2}{\vartheta\zeta^2} = -\frac{\pi}{2}\sum_0^\infty{}_n\,(2n+1)^2 e^{-(n+\frac{1}{2})^2\pi\varkappa}\cos(2n+1)\,\pi\,\zeta,\\
\frac{\partial\vartheta_3}{\partial\varkappa} &= \frac{1}{4\pi}\,\frac{\vartheta^2\vartheta_3}{\partial\zeta^2} = -\frac{\pi}{2}\sum_1^\infty{}_n\,(2n)^2 e^{-n^2\pi\varkappa}\cos 2n\,\pi\,\zeta,\\
\frac{\partial\vartheta_4}{\partial\varkappa} &= \frac{1}{4\pi}\,\frac{\partial^2\vartheta_4}{\partial\zeta^2} = -\frac{\pi}{2}\sum_1^\infty{}_n\,(-1)^n(2n)^2 e^{-n^2\pi\varkappa}\cos 2n\,\pi\,\zeta,
\end{aligned}\right\}\tag{43}$$

bzw.

$$\left.\begin{aligned}
\frac{\partial\vartheta_1}{\partial\varkappa} &= \frac{1}{4\pi}\,\frac{\partial^2\vartheta_1}{\partial\zeta^2} = -\left(1-\frac{2\pi}{\varkappa}\zeta^2\right)\frac{\vartheta_1(\zeta,\varkappa)}{2\varkappa} -\\
&\quad -\frac{\pi}{\varkappa^2\sqrt{\varkappa}}\,e^{-\frac{\pi}{\varkappa}\zeta^2}\sum_0^\infty{}_n\,(-1)^n(2n+1)\,e^{-\left(n+\frac{1}{2}\right)^2\frac{\pi}{\varkappa}}\left[2\zeta\cosh\frac{(2n+1)\,\pi\,\zeta}{\varkappa}-\left(n+\frac{1}{2}\right)\sinh\frac{(2n+1)\,\pi\,\zeta}{\varkappa}\right],\\
\frac{\partial\vartheta_2}{\partial\varkappa} &= \frac{1}{4\pi}\,\frac{\partial^2\vartheta_2}{\partial\zeta^2} = -\left(1-\frac{2\pi}{\varkappa}\zeta^2\right)\frac{\vartheta_2(\zeta,\varkappa)}{2\varkappa} -\\
&\quad -\frac{\pi}{\varkappa^2\sqrt{\varkappa}}\,e^{-\frac{\pi}{\varkappa}\zeta^2}\sum_1^\infty{}_n\,(-1)^n\,2n\,e^{-n^2\frac{\pi}{\varkappa}}\left[2\zeta\sinh\frac{2n\,\pi\,\zeta}{\varkappa}-n\cosh\frac{2n\,\pi\,\zeta}{\varkappa}\right],\\
\frac{\partial\vartheta_3}{\partial\varkappa} &= \frac{1}{4\pi}\,\frac{\partial^2\vartheta_3}{\partial\zeta^2} = -\left(1-\frac{2\pi}{\varkappa}\zeta^2\right)\frac{\vartheta_3(\zeta,\varkappa)}{2\varkappa} -\\
&\quad -\frac{\pi}{\varkappa^2\sqrt{\varkappa}}\,e^{-\frac{\pi}{\varkappa}\zeta^2}\sum_1^\infty{}_n\,2n\,e^{-n^2\frac{\pi}{\varkappa}}\left[2\zeta\sinh\frac{2n\,\pi\,\zeta}{\varkappa}-n\cosh\frac{2n\,\pi\,\zeta}{\varkappa}\right],\\
\frac{\partial\vartheta_4}{\partial\varkappa} &= \frac{1}{4\pi}\,\frac{\partial^2\vartheta_4}{\partial\zeta^2} = -\left(1-\frac{2\pi}{\varkappa}\zeta^2\right)\frac{\vartheta_4(\zeta,\varkappa)}{2\varkappa} -\\
&\quad -\frac{\pi}{\varkappa^2\sqrt{\varkappa}}\,e^{-\frac{\pi}{\varkappa}\zeta^2}\sum_0^\infty{}_n\,(2n+1)\,e^{-\left(n+\frac{1}{2}\right)^2\frac{\pi}{\varkappa}}\left[2\zeta\sinh\frac{(2n+1)\,\pi\,\zeta}{\varkappa}-\left(n+\frac{1}{2}\right)\cosh\frac{(2n+1)\,\pi\,\zeta}{\varkappa}\right].
\end{aligned}\right\}\tag{44}$$

Der gleichmäßige Konvergenzbereich der Entwicklungen (43) und (44) erstreckt sich wiederum für $\varkappa > 0$ auf die gesamte komplexe Zahlenebene.

Für die weiteren Betrachtungen sollen die Ableitungen nach ζ durch einen Strich, diejenigen nach $\varkappa$ durch einen Punkt bezeichnet werden:

$$\frac{\partial}{\partial\zeta}\,\vartheta_{\substack{1\\2\\3\\4}}(\zeta,\varkappa) = \vartheta'_{\substack{1\\2\\3\\4}}(\zeta,\varkappa),\qquad \frac{\partial}{\partial\varkappa}\,\vartheta_{\substack{1\\2\\3\\4}}(\zeta,\varkappa) = \dot\vartheta_{\substack{1\\2\\3\\4}}(\zeta,\varkappa),\qquad \frac{\partial^2}{\partial\zeta^2}\,\vartheta_{\substack{1\\2\\3\\4}}(\zeta,\varkappa) = \vartheta''_{\substack{1\\2\\3\\4}}(\zeta,\varkappa).\tag{45}$$

Die Ableitungen für imaginäre Argumentwerte lassen sich nach (20) durch Ableitungen für reelle Argumentwerte ausdrücken. Man erhält

$$\left.\begin{aligned}
\frac{\partial}{\partial\zeta}\,\vartheta_1(i\,\zeta,\varkappa) &= \frac{i}{\varkappa\sqrt{\varkappa}}\,e^{\frac{\pi}{\varkappa}\zeta^2}\left[2\pi\zeta\,\vartheta_1\left(\frac{\zeta}{\varkappa},\frac{1}{\varkappa}\right)+\vartheta_1'\left(\frac{\zeta}{\varkappa},\frac{1}{\varkappa}\right)\right],\\
\frac{\partial}{\partial\zeta}\,\vartheta_{\substack{2\\3\\4}}(i\,\zeta,\varkappa) &= \frac{1}{\varkappa\sqrt{\varkappa}}\,e^{\frac{\pi}{\varkappa}\zeta^2}\left[2\pi\zeta\,\vartheta_{\substack{4\\3\\2}}\left(\frac{\zeta}{\varkappa},\frac{1}{\varkappa}\right)+\vartheta'_{\substack{4\\3\\2}}\left(\frac{\zeta}{\varkappa},\frac{1}{\varkappa}\right)\right].
\end{aligned}\right\}\tag{46}$$

$$\left.\begin{aligned}
\frac{\partial}{\partial\varkappa}\,\vartheta_1(i\,\zeta,\varkappa) &= -\frac{1}{4\pi}\,\frac{\partial^2}{\partial\zeta^2}\,\vartheta_1(i\,\zeta,\varkappa) = \frac{-i}{\varkappa^2\sqrt{\varkappa}}\,e^{\frac{\pi}{\varkappa}\zeta^2}\left[\left(\frac{\varkappa}{2}+\pi\zeta^2\right)\vartheta_1\left(\frac{\zeta}{\varkappa},\frac{1}{\varkappa}\right)+\zeta\,\vartheta_1'\left(\frac{\zeta}{\varkappa},\frac{1}{\varkappa}\right)+\dot\vartheta_1\left(\frac{\zeta}{\varkappa},\frac{1}{\varkappa}\right)\right],\\
\frac{\partial}{\partial\varkappa}\,\vartheta_{\substack{2\\3\\4}}(i\,\zeta,\varkappa) &= -\frac{1}{4\pi}\,\frac{\partial^2}{\partial\zeta^2}\,\vartheta_{\substack{2\\3\\4}}(i\,\zeta,\varkappa) = \frac{-1}{\varkappa^2\sqrt{\varkappa}}\,e^{\frac{\pi}{\varkappa}\zeta^2}\left[\left(\frac{\varkappa}{2}+\pi\zeta^2\right)\vartheta_{\substack{4\\3\\2}}\left(\frac{\zeta}{\varkappa},\frac{1}{\varkappa}\right)+\zeta\,\vartheta'_{\substack{4\\3\\2}}\left(\frac{\zeta}{\varkappa},\frac{1}{\varkappa}\right)+\dot\vartheta_{\substack{4\\3\\2}}\left(\frac{\zeta}{\varkappa},\frac{1}{\varkappa}\right)\right].
\end{aligned}\right\}\tag{47}$$

Die Reihenentwicklungen der Ableitungen für imaginäres Argument ergeben sich, indem in (41) bis (44) ζ mit $i\zeta$ vertauscht wird. Hierbei ist zu beachten, daß auch in den Differentialquotienten der linken Seiten ζ mit $i\zeta$ vertauscht werden muß.

Für die ersten Ableitungen nach ζ lauten die Substitutions- und Funktionalgleichungen

$$\vartheta_1'(-\zeta,\varkappa) = \vartheta_1'(\zeta,\varkappa), \qquad \vartheta'_{\substack{2\\3\\4}}(-\zeta,\varkappa) = -\vartheta'_{\substack{2\\3\\4}}(\zeta,\varkappa). \tag{48}$$

$$\vartheta'_{\substack{1\\2\\3\\4}}(\tfrac12-\zeta,\varkappa) = -\vartheta'_{\substack{2\\1\\4\\3}}(\zeta,\varkappa), \qquad \vartheta'_{\substack{1\\2\\3\\4}}(\zeta+\tfrac12,\varkappa) = {}_{\substack{-\\-\\+\\+}}\vartheta'_{\substack{1\\2\\3\\4}}(\zeta-\tfrac12,\varkappa) = {}_{\substack{+\\-\\+\\+}}\vartheta'_{\substack{2\\1\\4\\3}}(\zeta,\varkappa). \tag{49}$$

$$\begin{aligned}\vartheta'_{\substack{1\\4}}\left(\zeta\pm\frac{i\varkappa}{2},\varkappa\right) &= e^{\pi\left(\frac{\varkappa}{4}\mp i\zeta\right)}\left[\pm i\,\vartheta'_{\substack{4\\1}}(\zeta,\varkappa)+\pi\,\vartheta_{\substack{4\\1}}(\zeta,\varkappa)\right],\\ \vartheta'_{\substack{2\\3}}\left(\zeta\pm\frac{i\varkappa}{2},\varkappa\right) &= e^{\pi\left(\frac{\varkappa}{4}\mp i\zeta\right)}\left[\vartheta'_{\substack{3\\2}}(\zeta,\varkappa)\mp\pi i\,\vartheta_{\substack{3\\2}}(\zeta,\varkappa)\right].\end{aligned} \tag{50}$$

$$\left.\begin{aligned}\vartheta_1'\left(\zeta+\frac12\pm\frac{i\varkappa}{2},\varkappa\right) &= e^{\pi\left(\frac{\varkappa}{4}\mp i\zeta\right)}[\vartheta_3'(\zeta,\varkappa)\mp\pi i\,\vartheta_3(\zeta,\varkappa)],\\ \vartheta_2'\left(\zeta+\frac12\pm\frac{i\varkappa}{2},\varkappa\right) &= e^{\pi\left(\frac{\varkappa}{4}\mp i\zeta\right)}[\mp i\,\vartheta_4'(\zeta,\varkappa)-\pi\,\vartheta_4(\zeta,\varkappa)],\\ \vartheta_3'\left(\zeta+\frac12\pm\frac{i\varkappa}{2},\varkappa\right) &= e^{\pi\left(\frac{\varkappa}{4}\mp i\zeta\right)}[\pm i\,\vartheta_1'(\zeta,\varkappa)+\pi\,\vartheta_1(\zeta,\varkappa)],\\ \vartheta_4'\left(\zeta+\frac12\pm\frac{i\varkappa}{2},\varkappa\right) &= e^{\pi\left(\frac{\varkappa}{4}\mp i\zeta\right)}[\vartheta_2'(\zeta,\varkappa)\mp\pi i\,\vartheta_2(\zeta,\varkappa)].\end{aligned}\right\} \tag{51}$$

$$\left.\begin{aligned}\vartheta_1'\left(\zeta-\frac12\pm\frac{i\varkappa}{2},\varkappa\right) &= e^{\pi\left(\frac{\varkappa}{4}\mp i\zeta\right)}[-\vartheta_3'(\zeta,\varkappa)\pm\pi i\,\vartheta_3(\zeta,\varkappa)],\\ \vartheta_2'\left(\zeta-\frac12\pm\frac{i\varkappa}{2},\varkappa\right) &= e^{\pi\left(\frac{\varkappa}{4}\mp i\zeta\right)}[\pm i\,\vartheta_4'(\zeta,\varkappa)+\pi\,\vartheta_4(\zeta,\varkappa)],\\ \vartheta_3'\left(\zeta-\frac12\pm\frac{i\varkappa}{2},\varkappa\right) &= e^{\pi\left(\frac{\varkappa}{4}\mp i\zeta\right)}[\pm i\,\vartheta_1'(\zeta,\varkappa)+\pi\,\vartheta_1(\zeta,\varkappa)],\\ \vartheta_4'\left(\zeta-\frac12\pm\frac{i\varkappa}{2},\varkappa\right) &= e^{\pi\left(\frac{\varkappa}{4}\mp i\zeta\right)}[\vartheta_2'(\zeta,\varkappa)\mp\pi i\,\vartheta_2(\zeta,\varkappa)].\end{aligned}\right\} \tag{52}$$

$$\vartheta'_{\substack{1\\2\\3\\4}}(\zeta\pm1,\varkappa) = {}_{\substack{-\\-\\+\\+}}\vartheta'_{\substack{1\\2\\3\\4}}(\zeta,\varkappa), \qquad \vartheta'_{\substack{1\\2\\3\\4}}(\zeta\pm i\varkappa,\varkappa) = {}_{\substack{-\\+\\+\\-}}e^{\pi(\varkappa\mp2i\zeta)}\left[\vartheta'_{\substack{1\\2\\3\\4}}(\zeta,\varkappa)\mp2\pi i\,\vartheta_{\substack{1\\2\\3\\4}}(\zeta,\varkappa)\right]. \tag{53}$$

Für die zweiten Ableitungen nach ζ erhält man

$$\vartheta_1'' = (\zeta_2\varkappa) = -\vartheta_1''(\zeta,\varkappa), \qquad \vartheta''_{\substack{2\\3\\4}}(-\zeta,\varkappa) = \vartheta''_{\substack{2\\3\\4}}(\zeta,\varkappa). \tag{54}$$

$$\vartheta''_{\substack{1\\2\\3\\4}}(\tfrac12-\zeta,\varkappa) = \vartheta''_{\substack{2\\1\\4\\3}}(\zeta,\varkappa), \qquad \vartheta''_{\substack{1\\2\\3\\4}}(\zeta+\tfrac12,\varkappa) = {}_{\substack{-\\-\\+\\+}}\vartheta''_{\substack{1\\2\\3\\4}}(\zeta-\tfrac12,\varkappa) = {}_{\substack{+\\-\\+\\+}}\vartheta''_{\substack{2\\1\\4\\3}}(\zeta,\varkappa) \tag{55}$$

$$\begin{aligned}\vartheta''_{\substack{1\\4}}\left(\zeta\pm\frac{i\varkappa}{2},\varkappa\right) &= e^{\pi\left(\frac{\varkappa}{4}\mp i\zeta\right)}\left[\pm i\,\vartheta''_{\substack{4\\1}}(\zeta,\varkappa)+2\pi\,\vartheta'_{\substack{4\\1}}(\zeta,\varkappa)\mp\pi^2 i\,\vartheta_{\substack{4\\1}}(\zeta,\varkappa)\right],\\ \vartheta''_{\substack{2\\3}}\left(\zeta\pm\frac{i\varkappa}{2},\varkappa\right) &= e^{\pi\left(\frac{\varkappa}{4}\mp i\zeta\right)}\left[\vartheta''_{\substack{3\\2}}(\zeta,\varkappa)\mp2\pi i\,\vartheta'_{\substack{3\\2}}(\zeta,\varkappa)-\pi^2\,\vartheta_{\substack{3\\2}}(\zeta,\varkappa)\right].\end{aligned} \tag{56}$$

$$\left.\begin{aligned}\vartheta_1''\left(\zeta+\frac12\pm\frac{i\varkappa}{2},\varkappa\right) &= e^{\pi\left(\frac{\varkappa}{4}\mp i\zeta\right)}[\vartheta_3''(\zeta,\varkappa)\mp2\pi i\,\vartheta_3'(\zeta,\varkappa)-\pi^2\,\vartheta_3(\zeta,\varkappa)],\\ \vartheta_2''\left(\zeta+\frac12\pm\frac{i\varkappa}{2},\varkappa\right) &= e^{\pi\left(\frac{\varkappa}{4}\mp i\zeta\right)}[\mp i\,\vartheta_4''(\zeta,\varkappa)-2\pi\,\vartheta_4'(\zeta,\varkappa)\pm\pi^2 i\,\vartheta_4(\zeta,\varkappa)],\\ \vartheta_3''\left(\zeta+\frac12\pm\frac{i\varkappa}{2},\varkappa\right) &= e^{\pi\left(\frac{\varkappa}{4}\mp i\zeta\right)}[\pm i\,\vartheta_1''(\zeta,\varkappa)+2\pi\,\vartheta_1'(\zeta,\varkappa)\mp\pi^2 i\,\vartheta_1(\zeta,\varkappa)],\\ \vartheta_4''\left(\zeta+\frac12\pm\frac{i\varkappa}{2},\varkappa\right) &= e^{\pi\left(\frac{\varkappa}{4}\mp i\zeta\right)}[\vartheta_2''(\zeta,\varkappa)\mp2\pi i\,\vartheta_2'(\zeta,\varkappa)-\pi^2\,\vartheta_2(\zeta,\varkappa)].\end{aligned}\right\} \tag{57}$$

$$\left.\begin{aligned}
\vartheta_1''\left(\zeta-\frac{1}{2}\pm\frac{i\varkappa}{2},\varkappa\right) &= e^{\pi\left(\frac{\varkappa}{4}\mp i\zeta\right)}\left[-\vartheta_3''(\zeta,\varkappa)\pm 2\pi i\,\vartheta_3'(\zeta,\varkappa)+\pi^2\,\vartheta_3(\zeta,\varkappa)\right],\\
\vartheta_2''\left(\zeta-\frac{1}{2}\pm\frac{i\varkappa}{2},\varkappa\right) &= e^{\pi\left(\frac{\varkappa}{4}\mp i\zeta\right)}\left[\pm i\,\vartheta_4''(\zeta,\varkappa)+2\pi\,\vartheta_4'(\zeta,\varkappa)\mp\pi^2 i\,\vartheta_4(\zeta,\varkappa)\right],\\
\vartheta_3''\left(\zeta-\frac{1}{2}\pm\frac{i\varkappa}{2},\varkappa\right) &= e^{\pi\left(\frac{\varkappa}{4}\mp i\zeta\right)}\left[\pm i\,\vartheta_1''(\zeta,\varkappa)+2\pi\,\vartheta_1'(\zeta,\varkappa)\mp\pi^2 i\,\vartheta_1(\zeta,\varkappa)\right],\\
\vartheta_4''\left(\zeta-\frac{1}{2}\pm\frac{i\varkappa}{2},\varkappa\right) &= e^{\pi\left(\frac{\varkappa}{4}\mp i\zeta\right)}\left[\vartheta_2''(\zeta,\varkappa)\mp 2\pi i\,\vartheta_2'(\zeta,\varkappa)-\pi^2\,\vartheta_2(\zeta,\varkappa)\right].
\end{aligned}\right\}\quad(58)$$

$$\vartheta''_{\substack{1\\2\\3\\4}}(\zeta\pm 1,\varkappa)=\substack{-\\-\\+\\+}\,\vartheta''_{\substack{1\\2\\3\\4}}(\zeta,\varkappa),\qquad \vartheta''_{\substack{1\\2\\3\\4}}(\zeta\pm i\varkappa,\varkappa)=\substack{-\\+\\+\\-}\,e^{\pi(\varkappa\mp 2i\zeta)}\left[\vartheta''_{\substack{1\\2\\3\\4}}(\zeta,\varkappa)\mp 4\pi i\,\vartheta'_{\substack{1\\2\\3\\4}}(\zeta,\varkappa)-4\pi^2\,\vartheta_{\substack{1\\2\\3\\4}}(\zeta,\varkappa)\right].\quad(59)$$

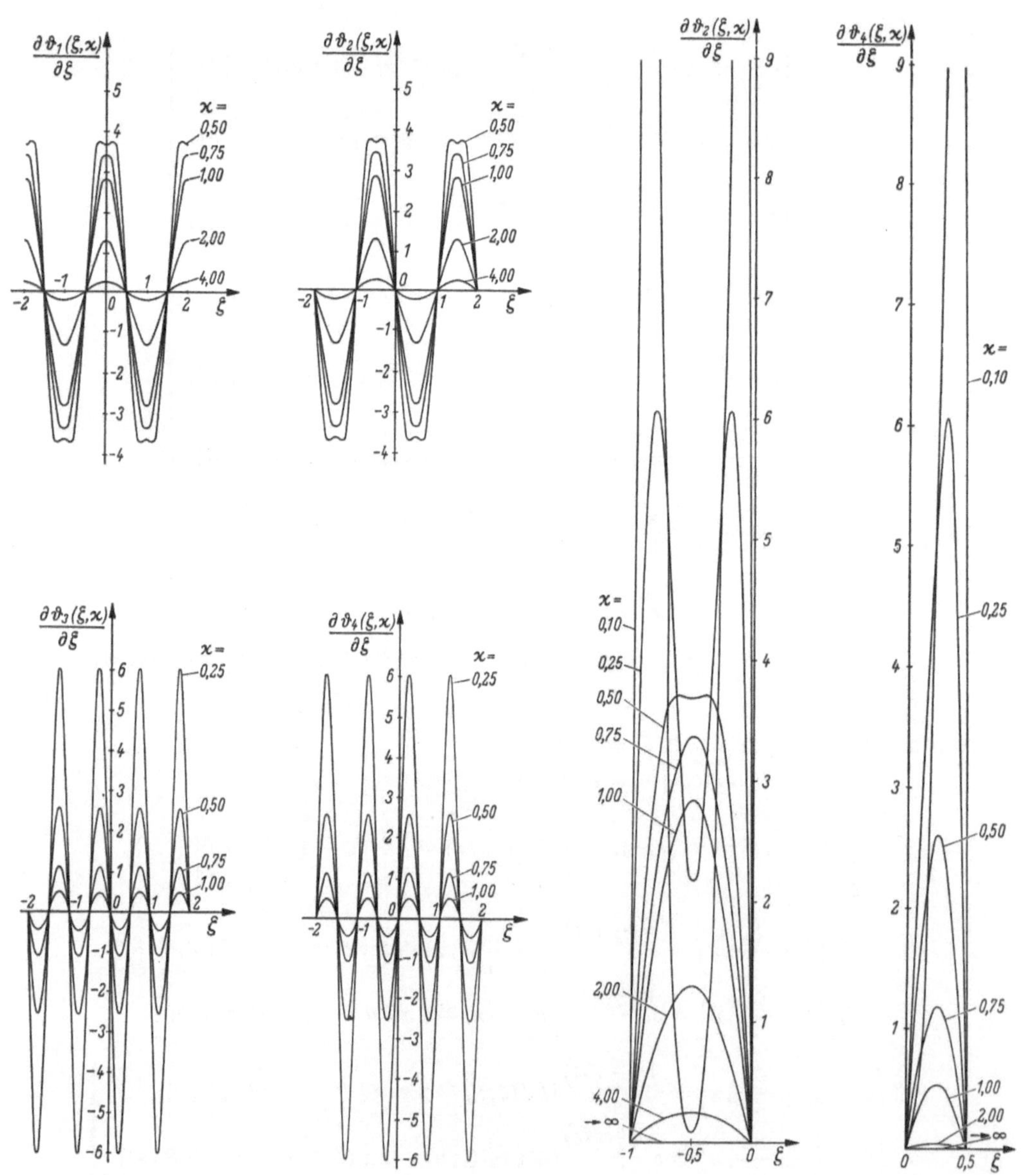

Abb. 15. Ableitungen der Theta-Funktionen nach dem Argument

Aus den Abb. 15 bzw. 16 und 17 ist der Verlauf der ersten und zweiten Ableitungen der Theta-Funktionen nach dem Argument mit $\varkappa$ als Parameter für reelle Argumente ersichtlich. Da beide

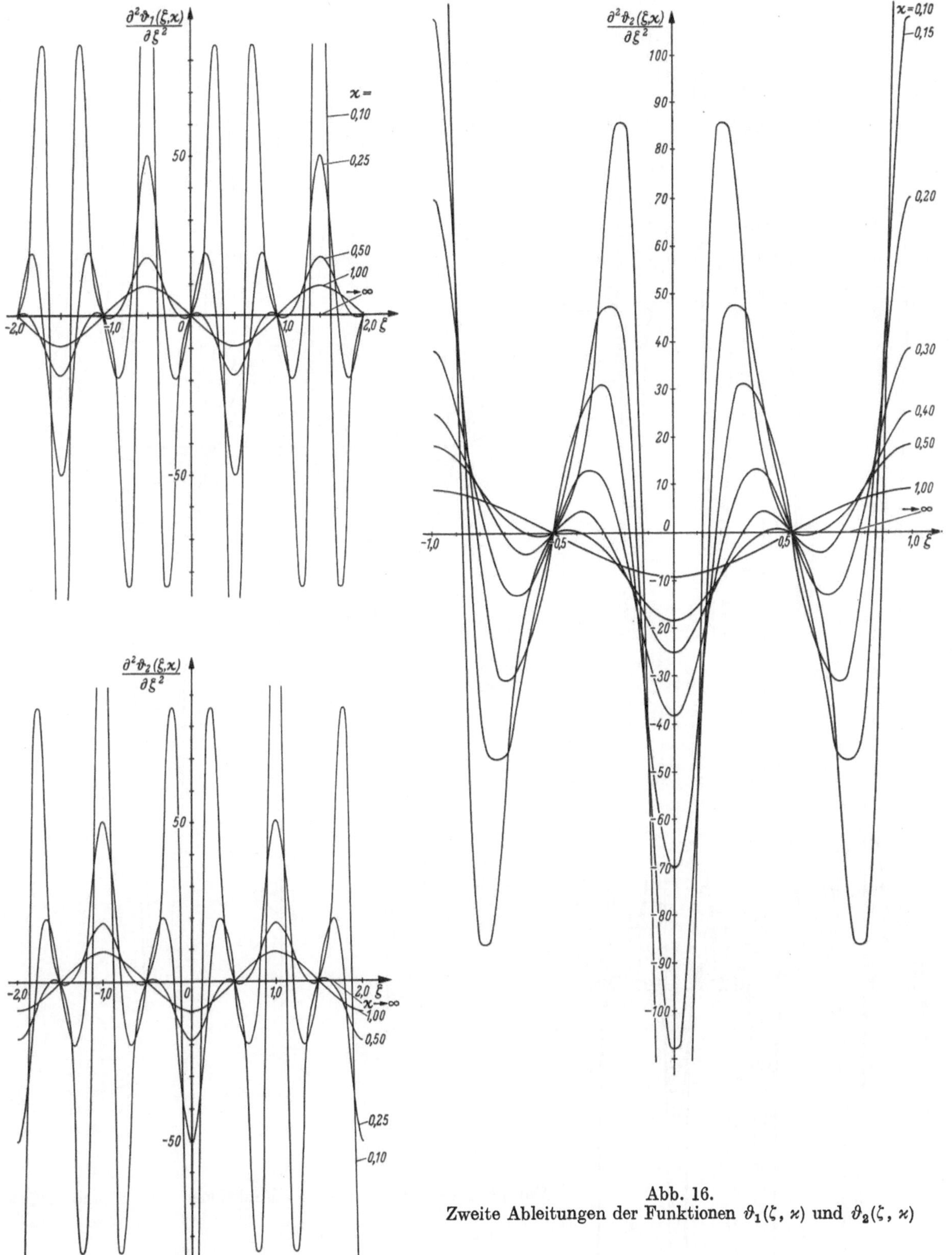

Abb. 16.
Zweite Ableitungen der Funktionen $\vartheta_1(\zeta, \varkappa)$ und $\vartheta_2(\zeta, \varkappa)$

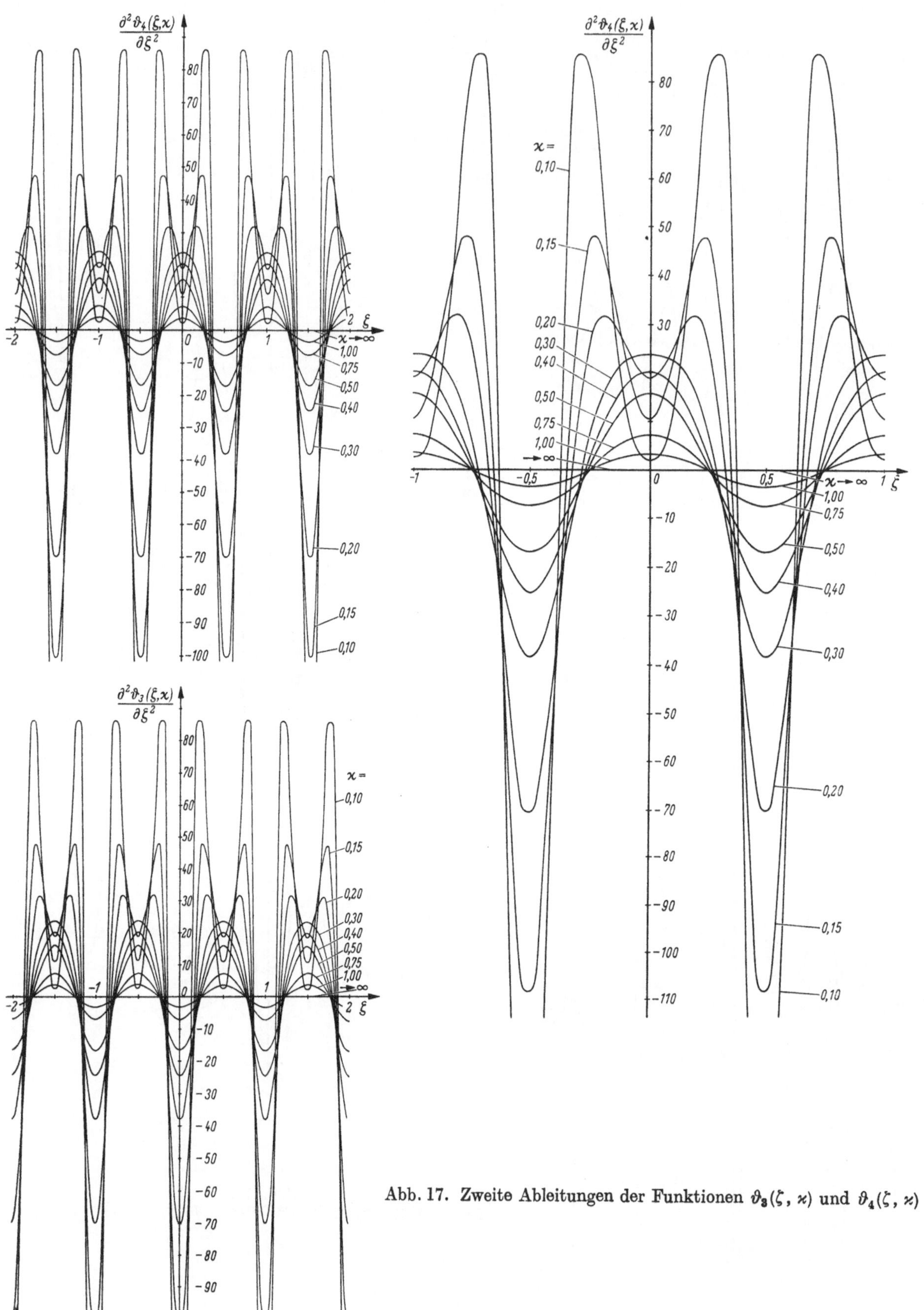

Abb. 17. Zweite Ableitungen der Funktionen $\vartheta_3(\zeta, \varkappa)$ und $\vartheta_4(\zeta, \varkappa)$

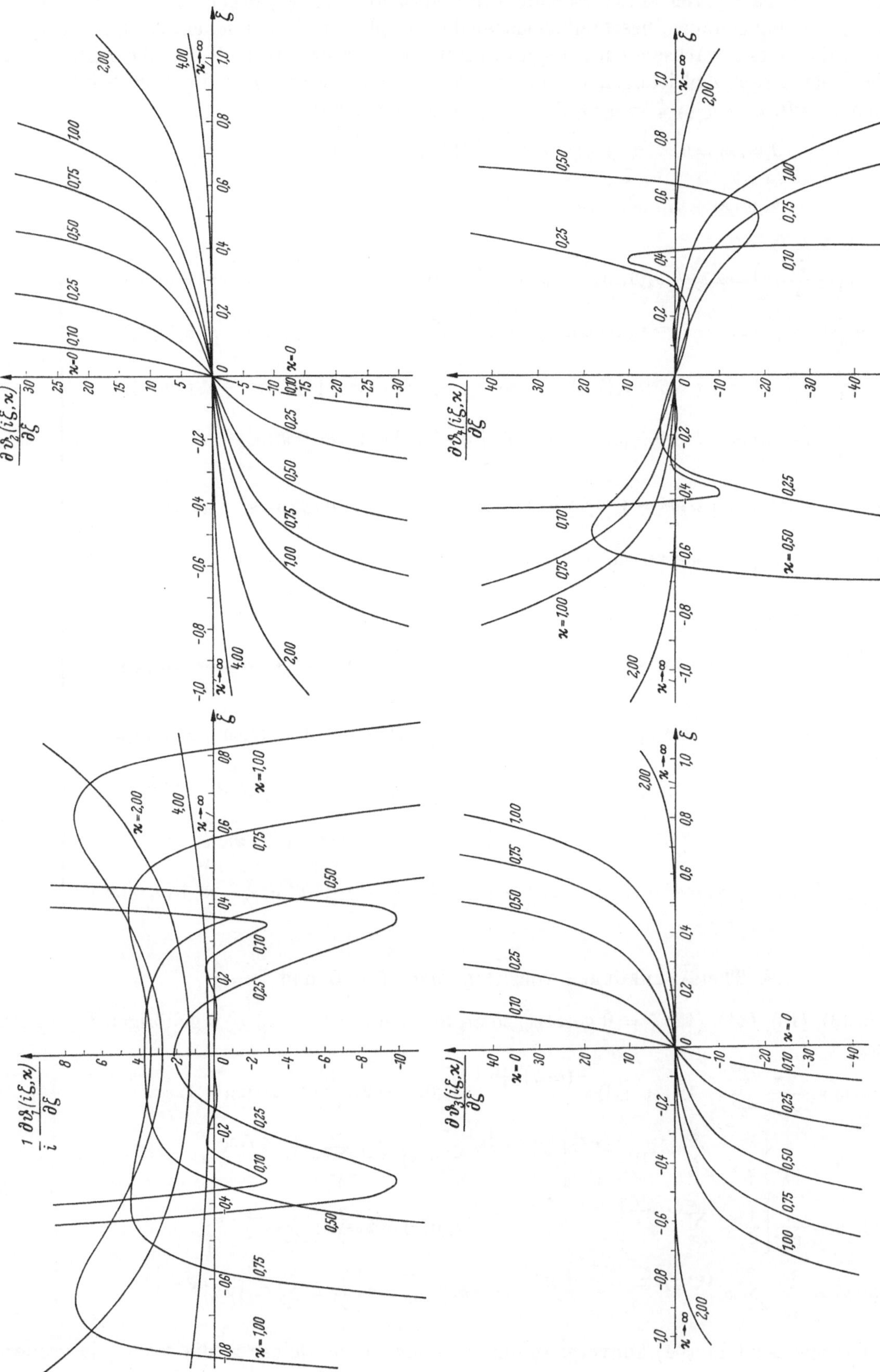

Abb. 18. Ableitungen der Theta-Funktionen für imaginäres Argument

Ableitungen, wie man durch entsprechende Differentiation von (7) erkennt, der Fourierschen Differentialgleichung genügen, beschreiben sie wiederum, physikalisch gesehen, Ausgleichvorgänge und streben daher mit wachsendem $\varkappa$ asymptotisch dem Grenzwert Null zu. Die Abb. 18 zeigt den Verlauf der ersten Ableitungen für imaginäre Argumentwerte. Für die Funktionswerte an den Stellen $\zeta = 0$, $\zeta = \pm\frac{1}{2}$, $\zeta = \pm i\varkappa/2$, $\zeta = \pm\frac{1}{2} + i\varkappa/2$ erhält man

$$\begin{aligned}
&\vartheta'_{\substack{2\\3\\4}}(0,\varkappa) = 0, \quad \vartheta'_{\substack{1\\3\\4}}(\pm\tfrac{1}{2},\varkappa) = 0, \quad \vartheta'_2(\pm\tfrac{1}{2},\varkappa) = \mp\vartheta'_1(0,\varkappa),\\
&\vartheta''_1(0,\varkappa) = 0, \quad \vartheta''_{\substack{1\\3\\4}}(\tfrac{1}{2},\varkappa) = \underset{\substack{+\\+}}{-}\vartheta''_{\substack{1\\3\\4}}(-\tfrac{1}{2},\varkappa) = \vartheta''_{\substack{2\\4\\3}}(0,\varkappa), \quad \vartheta''_2(\pm\tfrac{1}{2},\varkappa) = 0.
\end{aligned} \tag{60}$$

$$\left.\begin{aligned}
\vartheta'_1\left(\pm\frac{i\varkappa}{2},\varkappa\right) &= \pi e^{\pi\varkappa/4}\,\vartheta_4(0,\varkappa), & \vartheta''_1\left(\pm\frac{i\varkappa}{2},\varkappa\right) &= \pm i\,e^{\pi\varkappa/4}\,[\vartheta''_4(0,\varkappa) - \pi^2\,\vartheta_4(0,\varkappa)],\\
\vartheta'_2\left(\pm\frac{i\varkappa}{2},\varkappa\right) &= \mp\pi i\,e^{\pi\varkappa/4}\,\vartheta_3(0,\varkappa), & \vartheta''_2\left(\pm\frac{i\varkappa}{2},\varkappa\right) &= e^{\pi\varkappa/4}\,[\vartheta''_3(0,\varkappa) - \pi^2\,\vartheta_3(0,\varkappa)],\\
\vartheta'_3\left(\pm\frac{i\varkappa}{2},\varkappa\right) &= \mp\pi i\,e^{\pi\varkappa/4}\,\vartheta_2(0,\varkappa), & \vartheta''_3\left(\pm\frac{i\varkappa}{2},\varkappa\right) &= e^{\pi\varkappa/4}\,[\vartheta''_2(0,\varkappa) - \pi^2\,\vartheta_2(0,\varkappa)],\\
\vartheta'_4\left(\pm\frac{i\varkappa}{2},\varkappa\right) &= \pm i\,e^{\pi\varkappa/4}\,\vartheta'_1(0,\varkappa), & \vartheta''_4\left(\pm\frac{i\varkappa}{2},\varkappa\right) &= 2\pi\,e^{\pi\varkappa/4}\,\vartheta'_1(0,\varkappa).
\end{aligned}\right\} \tag{61}$$

$$\left.\begin{aligned}
\vartheta'_1\left(\frac{1}{2}\pm\frac{i\varkappa}{2},\varkappa\right) &= \mp\pi i\,e^{\pi\varkappa/4}\,\vartheta_3(0,\varkappa), & \vartheta''_1\left(\frac{1}{2}\pm\frac{i\varkappa}{2},\varkappa\right) &= e^{\pi\varkappa/4}\,[\vartheta''_3(0,\varkappa) - \pi^2\,\vartheta_3(0,\varkappa)],\\
\vartheta'_2\left(\frac{1}{2}\pm\frac{i\varkappa}{2},\varkappa\right) &= -\pi\,e^{\pi\varkappa/4}\vartheta_4(0,\varkappa), & \vartheta''_2\left(\frac{1}{2}\pm\frac{i\varkappa}{2},\varkappa\right) &= \mp i\,e^{\pi\varkappa/4}\,[\vartheta''_4(0,\varkappa) - \pi^2\,\vartheta_4(0,\varkappa)],\\
\vartheta'_3\left(\frac{1}{2}\pm\frac{i\varkappa}{2},\varkappa\right) &= \pm i\,e^{\pi\varkappa/4}\,\vartheta'_1(0,\varkappa), & \vartheta''_3\left(\frac{1}{2}\pm\frac{i\varkappa}{2},\varkappa\right) &= 2\pi\,e^{\pi\varkappa/4}\,\vartheta'_1(0,\varkappa),\\
\vartheta'_4\left(\frac{1}{2}\pm\frac{i\varkappa}{2},\varkappa\right) &= \mp\pi i\,e^{\pi\varkappa/4}\,\vartheta_2(0,\varkappa), & \vartheta''_4\left(\frac{1}{2}\pm\frac{i\varkappa}{2},\varkappa\right) &= e^{\pi\varkappa/4}\,[\vartheta''_2(0,\varkappa) - \pi^2\,\vartheta_2(0,\varkappa)].
\end{aligned}\right\} \tag{62}$$

$$\left.\begin{aligned}
\vartheta'_1\left(-\frac{1}{2}\pm\frac{i\varkappa}{2},\varkappa\right) &= \pm\pi i\,e^{\pi\varkappa/4}\,\vartheta_3(0,\varkappa), & \vartheta''_1\left(-\frac{1}{2}\pm\frac{i\varkappa}{2},\varkappa\right) &= -e^{\pi\varkappa/4}\,[\vartheta''_3(0,\varkappa) - \pi^2\,\vartheta_3(0,\varkappa)],\\
\vartheta'_2\left(-\frac{1}{2}\pm\frac{i\varkappa}{2},\varkappa\right) &= +\pi\,e^{\pi\varkappa/4}\,\vartheta_4(0,\varkappa), & \vartheta''_2\left(-\frac{1}{2}\pm\frac{i\varkappa}{2},\varkappa\right) &= \pm i\,e^{\pi\varkappa/4}\,[\vartheta''_4(0,\varkappa) - \pi^2\,\vartheta_4(0,\varkappa)],\\
\vartheta'_3\left(-\frac{1}{2}\pm\frac{i\varkappa}{2},\varkappa\right) &= \pm i\,e^{\pi\varkappa/4}\,\vartheta'_1(0,\varkappa), & \vartheta''_3\left(-\frac{1}{2}\pm\frac{i\varkappa}{2},\varkappa\right) &= 2\pi\,e^{\pi\varkappa/4}\,\vartheta'_1(0,\varkappa),\\
\vartheta'_4\left(-\frac{1}{2}\pm\frac{i\varkappa}{2},\varkappa\right) &= \mp\pi i\,e^{\pi\varkappa/4}\,\vartheta_2(0,\varkappa), & \vartheta''_4\left(-\frac{1}{2}\pm\frac{i\varkappa}{2},\varkappa\right) &= e^{\pi\varkappa/4}\,[\vartheta''_2(0,\varkappa) - \pi^2\,\vartheta_2(0,\varkappa)].
\end{aligned}\right\} \tag{63}$$

8. Theta-Funktionen vom Argument $\zeta = 0$ und $\zeta = \frac{1}{4}$

Wird in (6), (18), (41), (42) $\zeta = 0$ gesetzt, so ergibt sich für die zu $\zeta = 0$ gehörigen Parameterfunktionen

$$\left.\begin{aligned}
\vartheta'_1(0,\varkappa) &= \frac{2\pi}{\varkappa\sqrt{\varkappa}}\sum_{0}^{\infty}{}_{n}(-1)^n(2n+1)\,e^{-\left(n+\frac{1}{2}\right)^2\frac{\pi}{\varkappa}}, & \vartheta'_1(0,\varkappa) &= 2\pi\sum_{0}^{\infty}{}_{n}(-1)^n(2n+1)\,e^{-\left(n+\frac{1}{2}\right)^2\pi\varkappa},\\
\vartheta_2(0,\varkappa) &= \frac{2}{\sqrt{\varkappa}}\left[\frac{1}{2}+\sum_{1}^{\infty}{}_{n}(-1)^n\,e^{-n^2\frac{\pi}{\varkappa}}\right], & \vartheta_2(0,\varkappa) &= 2\sum_{0}^{\infty}{}_{n}\,e^{-\left(n+\frac{1}{2}\right)^2\pi\varkappa},\\
\vartheta_3(0,\varkappa) &= \frac{2}{\sqrt{\varkappa}}\left[\frac{1}{2}+\sum_{1}^{\infty}{}_{n}\,e^{-n^2\frac{\pi}{\varkappa}}\right], & \vartheta_3(0,\varkappa) &= 2\left[\frac{1}{2}+\sum_{1}^{\infty}{}_{n}\,e^{-n^2\pi\varkappa}\right],\\
\vartheta_4(0,\varkappa) &= \frac{2}{\sqrt{\varkappa}}\sum_{0}^{\infty}{}_{n}\,e^{-\left(n+\frac{1}{2}\right)^2\frac{\pi}{\varkappa}}, & \vartheta_4(0,\varkappa) &= 2\left[\frac{1}{2}+\sum_{1}^{\infty}{}_{n}(-1)^n\,e^{-n^2\pi\varkappa}\right].
\end{aligned}\right\} \tag{64}$$

Die linke Gruppe der Gln. (64) konvergiert um so schneller, je kleiner $\varkappa$, die rechte, je größer $\varkappa$ wird.

Wird in den drei unteren der Gln. (43) und (44) und in den durch Differentiation der ersten der Gln. (43) und (44) nach ζ entstehenden Entwicklungen $\zeta = 0$ gesetzt, so erhält man

$$\left.\begin{aligned}
\vartheta_1'''(0,\varkappa) &= -\frac{6\pi}{\varkappa}\,\vartheta_1'(0,\varkappa) + \frac{16\pi^3}{\varkappa^3\sqrt{\varkappa}}\sum_0^\infty (-1)^n\left(n+\frac{1}{2}\right)^3 e^{-\left(n+\frac{1}{2}\right)^2\frac{\pi}{\varkappa}}, &
\vartheta_1'''(0,\varkappa) &= -16\pi^3\sum_0^\infty (-1)^n\left(n+\frac{1}{2}\right)^3 e^{-\left(n+\frac{1}{2}\right)^2\pi\varkappa},\\
\vartheta_2''(0,\varkappa) &= -\frac{2\pi}{\varkappa}\,\vartheta_2(0,\varkappa) + \frac{8\pi^2}{\varkappa^2\sqrt{\varkappa}}\sum_1^\infty (-1)^n n^2 e^{-n^2\frac{\pi}{\varkappa}}, &
\vartheta_2''(0,\varkappa) &= -8\pi^2\sum_0^\infty \left(n+\frac{1}{2}\right)^2 e^{-\left(n+\frac{1}{2}\right)^2\pi\varkappa},\\
\vartheta_3''(0,\varkappa) &= -\frac{2\pi}{\varkappa}\,\vartheta_3(0,\varkappa) + \frac{8\pi^2}{\varkappa^2\sqrt{\varkappa}}\sum_1^\infty n^2 e^{-n^2\frac{\pi}{\varkappa}}, &
\vartheta_3''(0,\varkappa) &= -8\pi^2\sum_1^\infty n^2 e^{-n^2\pi\varkappa},\\
\vartheta_4''(0,\varkappa) &= -\frac{2\pi}{\varkappa}\,\vartheta_4(0,\varkappa) + \frac{8\pi^2}{\varkappa^2\sqrt{\varkappa}}\sum_0^\infty \left(n+\frac{1}{2}\right)^2 e^{-\left(n+\frac{1}{2}\right)^2\frac{\pi}{\varkappa}}, &
\vartheta_4''(0,\varkappa) &= -8\pi^2\sum_1^\infty (-1)^n n^2 e^{-n^2\pi\varkappa}.
\end{aligned}\right\} \tag{65}$$

Auch hier konvergiert die linke bzw. rechte Gruppe um so schneller, je kleiner bzw. größer $\varkappa$ wird.

Der Verlauf der acht durch (64) und (65) dargestellten Parameterfunktionen ist aus Abb. 19 und 20 ersichtlich. Hiernach streben mit wachsendem $\varkappa$ die Funktionen $\vartheta_4(0,\varkappa)$ und $\vartheta_3(0,\varkappa)$ asymptotisch dem Grenzwert 1, die übrigen sechs Funktionen asymptotisch dem Grenzwert Null zu.

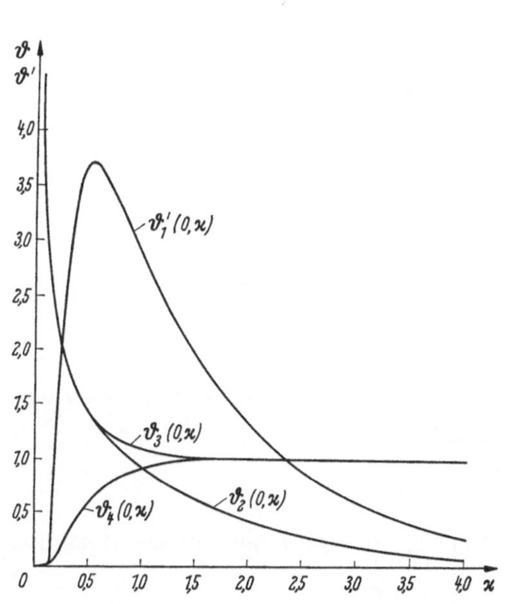

Abb. 19. Theta-Nullwert-Funktionen

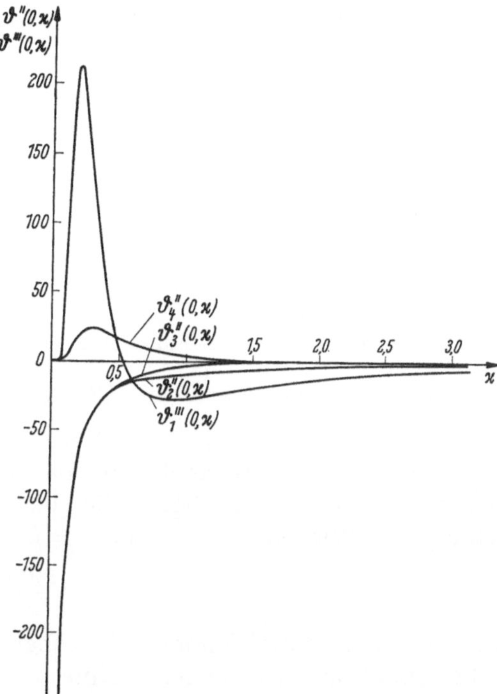

Abb. 20. Ableitungen der Theta-Nullwert-Funktionen

Werden die Entwicklungen (64) und (65) beziehungsweise durcheinander dividiert, was wegen der gleichmäßigen Konvergenz der Entwicklungen erlaubt ist, so lauten die Anfangsglieder der Quotientenentwicklungen

$$\left.\begin{aligned}
\frac{\vartheta_1'''(0,\varkappa)}{\vartheta_1'(0,\varkappa)} &= -\frac{6\pi}{\varkappa} + \frac{\pi^2}{\varkappa^2}\,(1 - 24e^{-2\pi/\varkappa}) + \cdots, &
\frac{\vartheta_1'''(0,\varkappa)}{\vartheta_1'(0,\varkappa)} &= -\pi^2(1 - 24e^{-2\pi\varkappa}) + \cdots,\\
\frac{\vartheta_2''(0,\varkappa)}{\vartheta_2(0,\varkappa)} &= -\frac{2\pi}{\varkappa} - \frac{8\pi^2}{\varkappa^2}\,e^{-\pi/\varkappa}(1 + 2e^{-\pi/\varkappa}) + \cdots, &
\frac{\vartheta_2''(0,\varkappa)}{\vartheta_2(0,\varkappa)} &= -\pi^2(1 + 8e^{-2\pi\varkappa}) + \cdots,\\
\frac{\vartheta_3''(0,\varkappa)}{\vartheta_3(0,\varkappa)} &= -\frac{2\pi}{\varkappa} + \frac{8\pi^2}{\varkappa^2}\,e^{-\pi/\varkappa}(1 - 2e^{-\pi/\varkappa}) + \cdots, &
\frac{\vartheta_3''(0,\varkappa)}{\vartheta_3(0,\varkappa)} &= -8\pi^2 e^{-\pi\varkappa}(1 - 2e^{-\pi\varkappa}) + \cdots,\\
\frac{\vartheta_4''(0,\varkappa)}{\vartheta_4(0,\varkappa)} &= -\frac{2\pi}{\varkappa} + \frac{\pi^2}{\varkappa^2}\,(1 + 8e^{-2\pi/\varkappa}) + \cdots, &
\frac{\vartheta_4''(0,\varkappa)}{\vartheta_4(0,\varkappa)} &= +8\pi^2 e^{-\pi\varkappa}(1 + 2e^{-\pi\varkappa}) + \cdots.
\end{aligned}\right\} \tag{66}$$

Wird die Anwendung der linken Gruppe auf $\varkappa < 1$, die der rechten auf $\varkappa \geqq 1$ beschränkt, so liefern die hingeschriebenen Glieder von (66) die Funktionswerte bereits auf 4 Stellen nach dem Komma genau.

Der Verlauf der vier durch (66) dargestellten Quotientenfunktionen ist nach Abb. 21 monoton, und zwar streben die Funktionen mit den Zeigern 1 und 2 asymptotisch dem Wert $-\pi^2$, diejenigen mit den Zeigern 3 und 4 asymptotisch dem Wert Null zu.

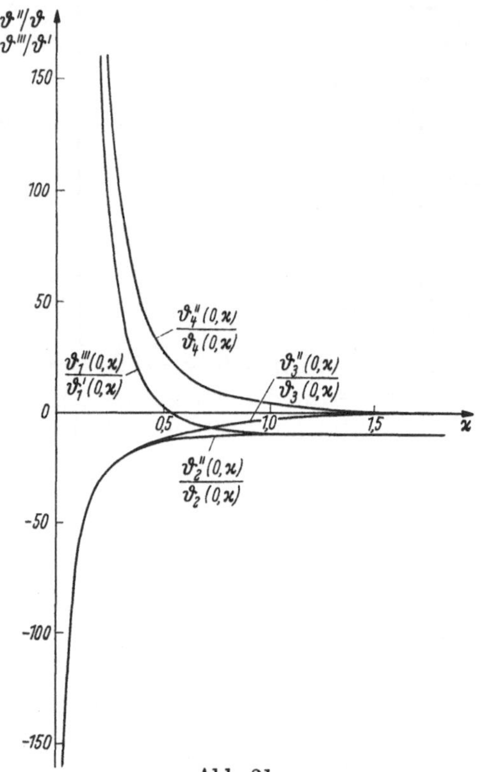

Abb. 21.
Quotienten von Theta-Nullwert-Funktionen

Wird in der durch i dividierten oberen der Gln. (46) und in den Gln. (20) $\zeta = 0$ gesetzt, so ergeben sich die Transformationsgleichungen

$$\vartheta_1'(0,\varkappa) = \frac{1}{\varkappa\sqrt{\varkappa}}\,\vartheta_1'\left(0,\frac{1}{\varkappa}\right), \qquad \vartheta_{\substack{2\\3\\4}}(0,\varkappa) = \frac{1}{\sqrt{\varkappa}}\,\vartheta_{\substack{4\\3\\2}}\left(0,\frac{1}{\varkappa}\right). \tag{67}$$

Multipliziert man die drei rechten Gleichungen miteinander und dividiert man sie anschließend durch die linke, so folgt

$$\frac{\vartheta_2(0,\varkappa)\,\vartheta_3(0,\varkappa)\,\vartheta_4(0,\varkappa)}{\vartheta_1'(0,\varkappa)} = \frac{\vartheta_2\left(0,\frac{1}{\varkappa}\right)\vartheta_3\left(0,\frac{1}{\varkappa}\right)\vartheta_4\left(0,\frac{1}{\varkappa}\right)}{\vartheta_1'\left(0,\frac{1}{\varkappa}\right)}. \tag{68}$$

Da (68) für jeden Wert von $\varkappa$ gelten muß, ist dies nur möglich, wenn die Brüche eine Konstante darstellen. Um deren Wert zu bestimmen, sollen die Grenzwerte von Zähler und Nenner für $\varkappa \to 0$ betrachtet werden. Für diese liefert (64)

$$\lim_{\varkappa\to 0}\vartheta_1'(0,\varkappa) = 2\pi \lim_{\varkappa\to 0}\frac{1}{\varkappa\sqrt{\varkappa}}\,e^{-\pi/4\varkappa},$$

$$\lim_{\varkappa\to 0}\vartheta_2(0,\varkappa)\,\vartheta_3(0,\varkappa)\,\vartheta_4(0,\varkappa) = 2\lim_{\varkappa\to 0}\frac{1}{\varkappa\sqrt{\varkappa}}\,e^{-\pi/4\varkappa}.$$

Hiernach müssen die Brüche in (68) den konstanten Wert $1/\pi$ annehmen, und es ergibt sich

$$\vartheta_1'(0,\varkappa) = \pi\,\vartheta_2(0,\varkappa)\,\vartheta_3(0,\varkappa)\,\vartheta_4(0,\varkappa). \tag{69}$$

Diese wichtige Produktformel wird als „JACOBIsche Identität" bezeichnet.

Nach Abschnitt 1 genügen die vier Theta-Funktionen der FOURIERschen Differentialgleichung (7). Wird in dieser nun $\zeta = 0$ gesetzt, so erhält man

$$\vartheta_{\substack{2\\3\\4}}''(0,\varkappa) = 4\pi\,\dot\vartheta_{\substack{2\\3\\4}}(0,\varkappa). \tag{70}$$

Wird die Differentialgleichung (7) vorher nach ζ abgeleitet, so ergibt sich unter Bezugnahme auf die Funktion $\vartheta_1(\zeta,\varkappa)$ nach Nullsetzen von ζ

$$\vartheta_1'''(0,\varkappa) = 4\pi\,\dot\vartheta_1'(0,\varkappa). \tag{71}$$

Werden die Differentialbeziehungen (70) und (71) auf die durch Ableitung von (69) nach $\varkappa$ entstehende Differentialgleichung

$$\dot\vartheta_1'(0,\varkappa) = \pi\,\dot\vartheta_2(0,\varkappa)\,\vartheta_3(0,\varkappa)\,\vartheta_4(0,\varkappa) + \pi\,\vartheta_2(0,\varkappa)\,\dot\vartheta_3(0,\varkappa)\,\vartheta_4(0,\varkappa) + \pi\,\vartheta_2(0,\varkappa)\,\vartheta_3(0,\varkappa)\,\dot\vartheta_4(0,\varkappa)$$

angewendet, so folgt nach Division mit (69)

$$\frac{\vartheta_1'''(0,\varkappa)}{\vartheta_1'(0,\varkappa)} = \frac{\vartheta_2''(0,\varkappa)}{\vartheta_2(0,\varkappa)} + \frac{\vartheta_3''(0,\varkappa)}{\vartheta_3(0,\varkappa)} + \frac{\vartheta_4''(0,\varkappa)}{\vartheta_4(0,\varkappa)}. \tag{72}$$

Setzt man in der unteren Gruppe der Gln. (47) $\zeta = 0$, so ergibt sich

$$\dot\vartheta_{\substack{2\\3\\4}}(0,\varkappa) = -\frac{1}{\varkappa^2\sqrt{\varkappa}}\left[\frac{\varkappa}{2}\,\vartheta_{\substack{4\\3\\2}}\left(0,\frac{1}{\varkappa}\right) + \dot\vartheta_{\substack{4\\3\\2}}\left(0,\frac{1}{\varkappa}\right)\right] \tag{73}$$

oder bei Beachtung von (70)

$$\vartheta''_{\substack{2\\3\\4}}(0,\varkappa) = -\frac{1}{\varkappa^2\sqrt{\varkappa}}\left[2\pi\varkappa\,\vartheta_{\substack{4\\3\\2}}\left(0,\frac{1}{\varkappa}\right) + \vartheta''_{\substack{4\\3\\2}}\left(0,\frac{1}{\varkappa}\right)\right]. \tag{74}$$

Wird die obere der Gln. (47) nach ζ abgeleitet und anschließend $\zeta = 0$ gesetzt, so erhält man

$$\vartheta_1'^{\cdot}(0,\varkappa) = -\frac{1}{\varkappa^3\sqrt{\varkappa}}\left[\frac{3}{2}\varkappa\,\vartheta_1'\left(0,\frac{1}{\varkappa}\right) + \vartheta_1'^{\cdot}\left(0,\frac{1}{\varkappa}\right)\right] \tag{75}$$

und bei Beachtung von (71)

$$\vartheta_1'''(0,\varkappa) = -\frac{1}{\varkappa^3\sqrt{\varkappa}}\left[6\pi\varkappa\,\vartheta_1'\left(0,\frac{1}{\varkappa}\right) + \vartheta_1'''\left(0,\frac{1}{\varkappa}\right)\right]. \tag{76}$$

Durch Nullsetzen von ζ in einigen Gleichungen von Abschnitt 4 folgt

$$\vartheta_3(0,\varkappa) \pm \vartheta_2(0,\varkappa) = \vartheta_{\substack{3\\4}}\left(0,\frac{\varkappa}{4}\right), \quad \vartheta_{\substack{3\\4}}(0,\varkappa) = \vartheta_3(0,4\varkappa) \pm \vartheta_2(0,4\varkappa). \tag{77}$$

$$\vartheta_3(0,\varkappa) \pm \vartheta_4(0,\varkappa) = 2\,\vartheta_{\substack{3\\2}}(0,4\varkappa), \quad \vartheta_{\substack{3\\2}}(0,\varkappa) = \frac{1}{2}\left[\vartheta_3\left(0,\frac{\varkappa}{4}\right) \pm \vartheta_4\left(0,\frac{\varkappa}{4}\right)\right]. \tag{78}$$

$$\vartheta_3(0,4\varkappa) + \vartheta_2(0,4\varkappa) = \frac{1}{2}\left[\vartheta_3\left(0,\frac{\varkappa}{4}\right) + \vartheta_4\left(0,\frac{\varkappa}{4}\right)\right]. \tag{79}$$

$$\vartheta_3\left(\frac{1}{4},\frac{\varkappa}{4}\right) = \vartheta_4\left(\frac{1}{4},\frac{\varkappa}{4}\right) = \vartheta_4(0,\varkappa), \quad \vartheta_3\left(\frac{1}{4},\varkappa\right) = \vartheta_4\left(\frac{1}{4},\varkappa\right) = \vartheta_4(0,4\varkappa). \tag{80}$$

Hieraus ergibt sich durch Ableitung nach $\varkappa$ bei Beachtung von (70)

$$\vartheta_3''(0,\varkappa) \pm \vartheta_2''(0,\varkappa) = \frac{1}{4}\,\vartheta''_{\substack{3\\4}}\left(0,\frac{\varkappa}{4}\right), \quad \vartheta''_{\substack{3\\4}}(0,\varkappa) = 4\left[\vartheta_3''(0,4\varkappa) \pm \vartheta_2''(0,4\varkappa)\right]. \tag{81}$$

$$\vartheta_3''(0,\varkappa) \pm \vartheta_4''(0,\varkappa) = 8\,\vartheta''_{\substack{3\\2}}(0,4\varkappa), \quad \vartheta''_{\substack{3\\2}}(0,\varkappa) = \frac{1}{8}\left[\vartheta_3''\left(0,\frac{\varkappa}{4}\right) \pm \vartheta_4''\left(0,\frac{\varkappa}{4}\right)\right]. \tag{82}$$

$$\vartheta_3''(0,4\varkappa) + \vartheta_2''(0,4\varkappa) = \frac{1}{32}\left[\vartheta_3''\left(0,\frac{\varkappa}{4}\right) + \vartheta_4''\left(0,\frac{\varkappa}{4}\right)\right]. \tag{83}$$

$$\vartheta_3''\left(\frac{1}{4},\frac{\varkappa}{4}\right) = \vartheta_4''\left(\frac{1}{4},\frac{\varkappa}{4}\right) = 4\,\vartheta_4''(0,\varkappa), \quad \vartheta_3''\left(\frac{1}{4},\varkappa\right) = \vartheta_4''\left(\frac{1}{4},\varkappa\right) = 4\,\vartheta_4''(0,4\varkappa). \tag{84}$$

Wird die linke der Gln. (28) nach ζ abgeleitet und anschließend $\zeta = 0$ gesetzt, so folgt

$$\vartheta_3'\left(\frac{1}{4},\frac{\varkappa}{4}\right) = -\vartheta_4'\left(\frac{1}{4},\frac{\varkappa}{4}\right) = -2\,\vartheta_1'(0,\varkappa), \quad \vartheta_3'\left(\frac{1}{4},\varkappa\right) = -\vartheta_4'\left(\frac{1}{4},\varkappa\right) = -2\,\vartheta_1'(0,4\varkappa). \tag{85}$$

9. Maclaurin-Entwicklungen der Theta-Funktionen

Werden die vier Theta-Funktionen an der Stelle $\zeta = 0$ in Potenzreihen entwickelt, so erhält man

$$\left.\begin{aligned}
\frac{\vartheta_1(\zeta,\varkappa)}{\vartheta_1'(0,\varkappa)} &= \zeta + \frac{\vartheta_1'''(0,\varkappa)}{\vartheta_1'(0,\varkappa)}\frac{\zeta^3}{3!} + \frac{\vartheta_1'''''(0,\varkappa)}{\vartheta_1'(0,\varkappa)}\frac{\zeta^5}{5!} + \cdots,\\
\frac{\vartheta_2(\zeta,\varkappa)}{\vartheta_2(0,\varkappa)} &= 1 + \frac{\vartheta_2''(0,\varkappa)}{\vartheta_2(0,\varkappa)}\frac{\zeta^2}{2!} + \frac{\vartheta_2''''(0,\varkappa)}{\vartheta_2(0,\varkappa)}\frac{\zeta^4}{4!} + \cdots,\\
\frac{\vartheta_3(\zeta,\varkappa)}{\vartheta_3(0,\varkappa)} &= 1 + \frac{\vartheta_3''(0,\varkappa)}{\vartheta_3(0,\varkappa)}\frac{\zeta^2}{2!} + \frac{\vartheta_3''''(0,\varkappa)}{\vartheta_3(0,\varkappa)}\frac{\zeta^4}{4!} + \cdots,\\
\frac{\vartheta_4(\zeta,\varkappa)}{\vartheta_4(0,\varkappa)} &= 1 + \frac{\vartheta_4''(0,\varkappa)}{\vartheta_4(0,\varkappa)}\frac{\zeta^2}{2!} + \frac{\vartheta_4''''(0,\varkappa)}{\vartheta_4(0,\varkappa)}\frac{\zeta^4}{4!} + \cdots.
\end{aligned}\right\} \tag{86}$$

Die Parameterfunktionen in den zweiten Gliedern dieser Entwicklungen sind durch (66) gegeben; die übrigen Nullwert-Funktionen werden im zweiten, dritten und vierten Kapitel des öfteren Gegenstand der Betrachtungen sein. Es sei hier insbesondere auf die Gln. (533) verwiesen.

10. Darstellung der Theta-Funktionen als unendliche Produkte

Es lassen sich unendliche Produkte bilden, welche den Funktionalgleichungen (36) genügen. Nach den Ausführungen in Abschnitt 5 können die entsprechenden Theta-Funktionen sich von solchen Produkten nur durch eine multiplikative Parameterfunktion unterscheiden. Für $\vartheta_2(\zeta,\varkappa)$ gilt z. B. der Ansatz

$$\vartheta_2(\zeta,\varkappa) = c(\varkappa)\,e^{\pi i\zeta}\prod_1^\infty\left(1 + e^{-2n\pi\varkappa + 2\pi i\zeta}\right)\left(1 + e^{-(2n-2)\pi\varkappa - 2\pi i\zeta}\right).$$

Dieser muß nun nach (36) den Funktionalgleichungen

$$\vartheta_2(\zeta \pm 1, \varkappa) = -\vartheta_2(\zeta, \varkappa), \quad \vartheta_2(\zeta \pm i\varkappa, \varkappa) = +e^{\pi(\varkappa \mp 2i\zeta)}\,\vartheta_2(\zeta, \varkappa)$$

genügen. Wird in dem Ausgangsansatz ζ mit $\zeta \pm 1$ vertauscht, so ändert das unendliche Produkt wegen der Periode $2\pi i$ der Exponentialfunktion seinen Wert nicht, während die vor dem Produkt stehende Exponentialfunktion lediglich das Vorzeichen wechselt. Somit ist unmittelbar ersichtlich, daß die linke der beiden Funktionsgleichungen befriedigt wird.

Vertauscht man in dem Ausgangsansatz ζ mit $\zeta \pm i\varkappa$ und schreibt die dabei entstehenden Glieder der unendlichen Produkte explizit an, so folgt zunächst

$$\vartheta_2(\zeta \pm i\varkappa, \varkappa) = c(\varkappa)\,e^{\mp\pi\varkappa + \pi i\zeta} \prod_{\substack{2\\0}}^{\infty} (1 + e^{-2n\pi\varkappa + 2\pi i\zeta}) \prod_{\substack{0\\2}}^{\infty} (1 + e^{-(2n-2)\pi\varkappa - 2\pi i\zeta}),$$

d. h., die unendlichen Produkte sind nicht mehr von 1 bis ∞, sondern von 2 bis ∞ bzw. von 0 bis ∞ zu erstrecken. Um sie daher auf die Ausgangswerte zu bringen, muß im ersten Falle mit dem ersten Produktglied erweitert werden, im zweiten Falle das erste Produktglied vorgezogen werden. So erhält man

$$\vartheta_2(\zeta + i\varkappa, \varkappa) = e^{-\pi\varkappa}\frac{1 + e^{2\pi\varkappa - 2\pi i\zeta}}{1 + e^{-2\pi\varkappa + 2\pi i\zeta}}\,\vartheta_2(\zeta, \varkappa), \quad \vartheta_2(\zeta - i\varkappa, \varkappa) = e^{+\pi\varkappa}\frac{1 + e^{2\pi i\zeta}}{1 + e^{-2\pi i\zeta}}\,\vartheta_2(\zeta, \varkappa)$$

und damit, wenn der linke Ausdruck mit $e^{2\pi\varkappa - 2\pi i\zeta}$, der rechte mit $e^{2\pi i\zeta}$ erweitert wird,

$$\vartheta_2(\zeta + i\varkappa, \varkappa) = e^{\pi\varkappa - 2\pi i\zeta}\,\vartheta_2(\zeta, \varkappa), \quad \vartheta_2(\zeta - i\varkappa, \varkappa) = e^{\pi\varkappa + 2\pi i\zeta}\,\vartheta_2(\zeta, \varkappa).$$

Hiernach ist in der Tat auch die rechte der beiden Funktionalgleichungen für $\vartheta_2(\zeta, \varkappa)$ erfüllt, womit die Zulässigkeit des Ausgangsansatzes bewiesen ist.

Mit Hilfe der Substitutionsgleichungen (22), (23) und (25) kann man unmittelbar zu entsprechenden Produktdarstellungen für die übrigen Theta-Funktionen gelangen. Die Darstellungen lauten:

$$\vartheta_1(\zeta, \varkappa) = -i\,c(\varkappa)\,e^{\pi i\zeta} \prod_1^{\infty} (1 - e^{-2n\pi\varkappa + 2\pi i\zeta})(1 - e^{-(2n-2)\pi\varkappa - 2\pi i\zeta}),$$

$$\vartheta_2(\zeta, \varkappa) = +c(\varkappa)\,e^{\pi i\zeta} \prod_1^{\infty} (1 + e^{-2n\pi\varkappa + 2\pi i\zeta})(1 + e^{-(2n-2)\pi\varkappa - 2\pi i\zeta}),$$

$$\vartheta_3(\zeta, \varkappa) = +c(\varkappa)\,e^{\pi\varkappa/4} \prod_1^{\infty} (1 + e^{-(2n-1)\pi\varkappa + 2\pi i\zeta})(1 + e^{-(2n-1)\pi\varkappa - 2\pi i\zeta}),$$

$$\vartheta_4(\zeta, \varkappa) = +c(\varkappa)\,e^{\pi\varkappa/4} \prod_1^{\infty} (1 - e^{-(2n-1)\pi\varkappa + 2\pi i\zeta})(1 - e^{-(2n-1)\pi\varkappa - 2\pi i\zeta}).$$

Für kleine ζ-Werte nähert sich nach der ersten der Gln. (86) $\vartheta_1(\zeta, \varkappa)$ dem Wert

$$\lim_{\zeta \to 0} \vartheta_1(\zeta, \varkappa) = \zeta\,\vartheta_1'(0, \varkappa).$$

Andererseits liefert die erste der vorstehenden Produktdarstellungen

$$\lim_{\zeta \to 0} \vartheta_1(\zeta, \varkappa) = -i\,c(\varkappa) \prod_1^{\infty} (1 - e^{-2n\pi\varkappa})^2 \lim_{\zeta \to 0} (1 - e^{-2\pi i\zeta}) = 2\pi\,\zeta\,c(\varkappa) \prod_1^{\infty} (1 - e^{-2n\pi\varkappa})^2.$$

Die Gleichsetzung beider Ausdrücke liefert

$$\vartheta_1'(0, \varkappa) = 2\pi\,c(\varkappa) \prod_1^{\infty} (1 - e^{-2n\pi\varkappa})^2.$$

Ferner folgt durch Nullsetzen von ζ in den drei unteren Produktentwicklungen

$$\vartheta_2(0, \varkappa) = c(\varkappa) \prod_1^{\infty} (1 + e^{-2n\pi\varkappa})(1 + e^{-(2n-2)\pi\varkappa}), \quad \vartheta_{\substack{3\\4}}(0, \varkappa) = c(\varkappa)\,e^{\pi\varkappa/4} \prod_1^{\infty} (1 \pm e^{-(2n-1)\pi\varkappa})^2.$$

Durch Einführung der vier Parameterfunktionen in (69) ergibt sich

$$c(\varkappa) = e^{-\pi\varkappa/4} \prod_1^{\infty} \frac{1 - e^{-2n\pi\varkappa}}{(1 - e^{-(4n-2)\pi\varkappa})(1 + e^{-2n\pi\varkappa})}.$$

Nun ist aber

$$\prod_1^{\infty} (1 - e^{-2n\pi\varkappa}) = \prod_1^{\infty} (1 - e^{-(4n-2)\pi\varkappa})(1 - e^{-4n\pi\varkappa})$$
$$= \prod_1^{\infty} (1 - e^{-(4n-2)\pi\varkappa})(1 + e^{-2n\pi\varkappa})(1 - e^{-2n\pi\varkappa}).$$

Damit folgt auch

$$c(\varkappa) = e^{-\pi\varkappa/4} \prod_1^\infty (1 - e^{-2n\pi\varkappa}).$$

Wird dieser Wert von $c(\varkappa)$ in die Produktentwicklungen eingeführt und noch beachtet, daß

$$e^{\pi i\zeta}(1 - e^{-2\pi i\zeta}) = e^{\pi i\zeta} - e^{-\pi i\zeta} = 2i\sin\pi\zeta,$$
$$e^{\pi i\zeta}(1 + e^{-2\pi i\zeta}) = e^{\pi i\zeta} + e^{-\pi i\zeta} = 2\cos\pi\zeta$$

gesetzt werden kann, so lauten die gesuchten Produktdarstellungen

$$\left.\begin{aligned}
\vartheta_1(\zeta,\varkappa) &= 2e^{-\pi\varkappa/4}\sin\pi\zeta \prod_1^\infty (1 - e^{-2n\pi\varkappa})(1 - e^{-2n\pi\varkappa+2\pi i\zeta})(1 - e^{-2n\pi\varkappa-2\pi i\zeta}),\\
\vartheta_2(\zeta,\varkappa) &= 2e^{-\pi\varkappa/4}\cos\pi\zeta \prod_1^\infty (1 - e^{-2n\pi\varkappa})(1 + e^{-2n\pi\varkappa+2\pi i\zeta})(1 + e^{-2n\pi\varkappa-2\pi i\zeta}),\\
\vartheta_{\substack{3\\4}}(\zeta,\varkappa) &= \prod_1^\infty (1 - e^{-2n\pi\varkappa})(1 \pm e^{-(2n-1)\pi\varkappa+2\pi i\zeta})(1 \pm e^{-(2n-1)\pi\varkappa-2\pi i\zeta}).
\end{aligned}\right\} \tag{87}$$

Im Falle $\zeta = 0$ ergibt sich

$$\left.\begin{aligned}
&\vartheta_1'(0,\varkappa) = 2\pi e^{-\pi\varkappa/4} \prod_1^\infty (1 - e^{-2n\pi\varkappa})^3, \quad \vartheta_2(0,\varkappa) = 2e^{-\pi\varkappa/4} \prod_1^\infty (1 - e^{-2n\pi\varkappa})(1 + e^{-2n\pi\varkappa})^2,\\
&\vartheta_{\substack{3\\4}}(0,\varkappa) = \prod_1^\infty (1 - e^{-2n\pi\varkappa})(1 \pm e^{-(2n-1)\pi\varkappa})^2.
\end{aligned}\right. \tag{88}$$

Die Produktentwicklungen (87) und (88) sind für $\varkappa > 0$ in der gesamten komplexen Zahlenebene gleichmäßig konvergent, was nur für $\vartheta_3(\zeta, \varkappa)$ bewiesen zu werden braucht, da die Produktentwicklungen der übrigen Theta-Funktionen Minoranten derjenigen von $\vartheta_3(\zeta, \varkappa)$ darstellen.

Die Produktentwicklung von $\vartheta_3(\zeta, \varkappa)$ enthält nach (87) nur ganze und daher in der gesamten komplexen Zahlenebene reguläre Funktionen. Demgemäß kann der Konvergenzbeweis für $\vartheta_3(\zeta, \varkappa)$ auch für $\ln\vartheta_3(\zeta, \varkappa)$ geführt werden, d. h., anstelle der Produktentwicklung kann die Reihenentwicklung

$$\ln\vartheta_3(\zeta,\varkappa) = \sum_1^\infty{}_n \ln(1 - e^{-2n\pi\varkappa}) + \sum_1^\infty{}_n \ln(1 + e^{-(2n-1)\pi\varkappa+2\pi i\zeta}) + \sum_1^\infty{}_n \ln(1 + e^{-(2n-1)\pi\varkappa-2\pi i\zeta})$$

betrachtet werden, in welcher wiederum nur die mittlere Summe als eine Majorante der beiden übrigen Summen untersucht zu werden braucht.

Wird für jedes Reihenglied der Logarithmus in eine Reihe nach Potenzen von

$$e^{-(2n-1)\pi\varkappa+2\pi i\zeta}$$

entwickelt, so läßt sich bei $\varkappa > 0$ stets ein von ζ unabhängiges N_1 angeben, dergestalt, daß jede der Entwicklungen nach dem ersten Gliede abgebrochen werden kann, ohne daß der Fehler ein vorgegebenes und beliebig klein wählbares ε überschreitet. Für $n > N > N_1$ ist dann

$$\begin{aligned}
&|\ln(1 + e^{-(2n-1)\pi\varkappa+2\pi i\zeta}) + \ln(1 + e^{-(2n+1)\pi\varkappa+2\pi i\zeta}) + \cdots + \ln(1 + e^{-(2n+2k-1)\pi\varkappa+2\pi i\zeta})|\\
&\quad = \sim|e^{-(2n-1)\pi\varkappa+2\pi i\zeta} + e^{-(2n+1)\pi\varkappa+2\pi i\zeta} + \cdots + e^{-(2n+2k-1)\pi\varkappa+2\pi i\zeta}|\\
&\quad = \sim|e^{2\pi i\zeta}|\,|e^{-(2n-1)\pi\varkappa} + e^{-(2n+1)\pi\varkappa} + \cdots + e^{-(2n+2k-1)\pi\varkappa}| < |e^{2\pi i\zeta}| \int_{n-1}^\infty e^{-2n\pi\varkappa}\,dn = \frac{|e^{2\pi i\zeta}|}{2\pi\varkappa} e^{-2(n-1)\pi\varkappa} < \varepsilon,
\end{aligned}$$

da die Exponentialfunktion durch Wahl von $n > N > N_1$ beliebig klein gemacht werden kann. Somit ist die Entwicklung von $\ln\vartheta_3$ und damit diejenige von ϑ_3 gleichmäßig konvergent.

11. Nullstellen der Theta-Funktionen

Die Nullstellen der Theta-Funktionen ergeben sich durch Nullsetzen aller Produktglieder in den Produktdarstellungen (87). Hierbei gilt: Ist in einem Produktglied das Vorzeichen vor der e-Funktion positiv bzw. negativ, so verschwindet es für den Argumentwert $\pm(2m + 1)\pi i$ bzw. $\pm 2m\pi i$, wobei m die Folge aller positiven Zahlen unter Einschluß der Null durchläuft.

Für die Nullstellen der Theta-Funktionen folgt (vgl. auch Abb. 22):

$$\left.\begin{aligned}
\vartheta_1(\zeta,\varkappa) &= 0 \quad \text{für} \quad \zeta = \pm m \pm n i\varkappa,\\
\vartheta_2(\zeta,\varkappa) &= 0 \quad \text{für} \quad \zeta = \pm m + \tfrac12 \pm n i\varkappa,\\
\vartheta_3(\zeta,\varkappa) &= 0 \quad \text{für} \quad \zeta = \pm m + \tfrac12 \pm (n - \tfrac12) i\varkappa,\\
\vartheta_4(\zeta,\varkappa) &= 0 \quad \text{für} \quad \zeta = \pm m \pm (n - \tfrac12) i\varkappa,
\end{aligned}\right\} \quad (m = 0, 1, 2, \ldots,\quad n = 0, 1, 2, \ldots). \tag{89}$$

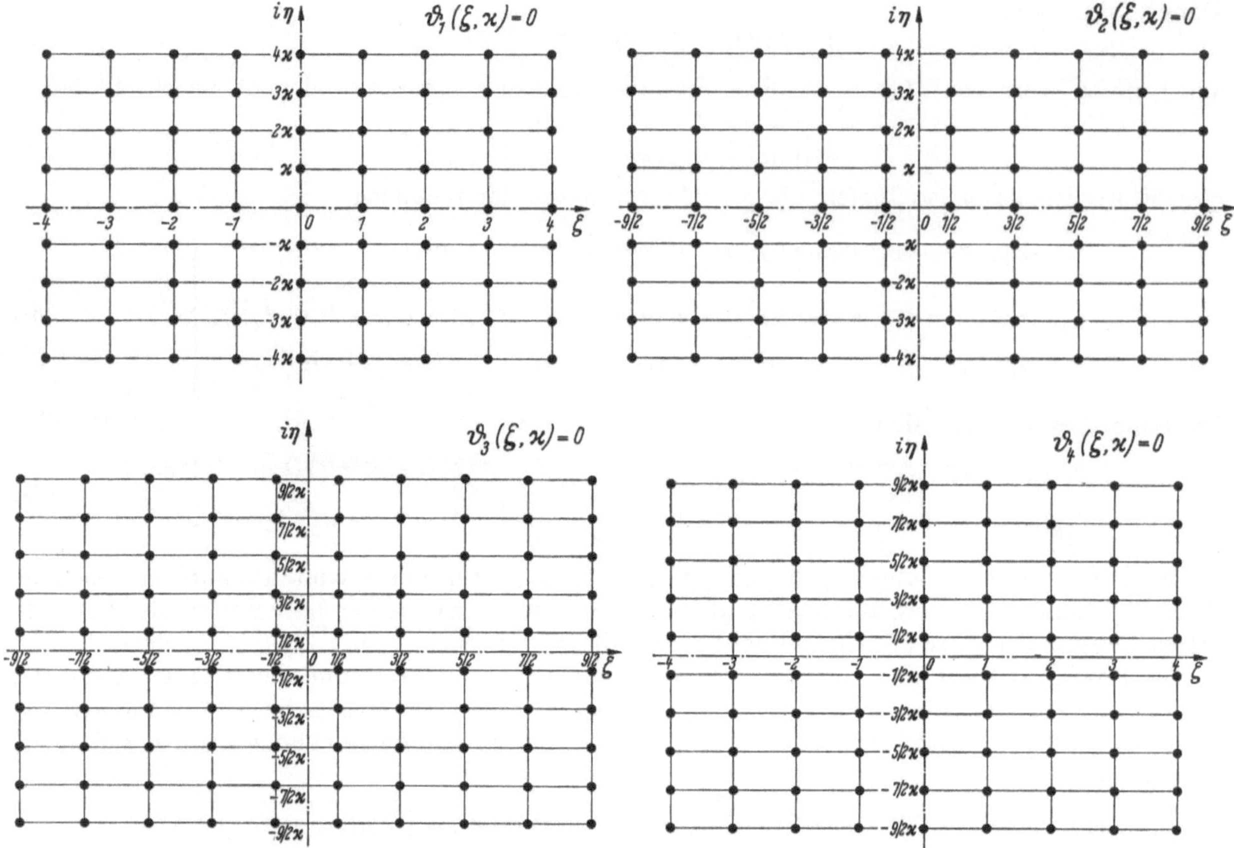

Abb. 22. Nullstellen der Theta-Funktionen

12. Produkte und Quadrate von Theta-Funktionen und Parameterfunktionen

Werden für die Produktfunktionen

$$\vartheta_{\substack{1\\2}}(\zeta,2\varkappa)\,\vartheta_{\substack{4\\3}}(\zeta,2\varkappa)=\vartheta_{\substack{14\\23}}(\zeta,\varkappa),\qquad \vartheta_{\substack{1\\3}}\left(\frac{\zeta}{2},\frac{\varkappa}{2}\right)\vartheta_{\substack{2\\4}}\left(\frac{\zeta}{2},\frac{\varkappa}{2}\right)=\vartheta_{\substack{12\\34}}(\zeta,\varkappa),$$

$$\vartheta_1(\zeta,2\varkappa)\,\vartheta_3(\zeta,2\varkappa)\pm\vartheta_2(\zeta,2\varkappa)\,\vartheta_4(\zeta,2\varkappa)=\vartheta_{\substack{13+24\\13-24}}(\zeta,\varkappa)$$

Funktionalgleichungen in der Form (36) angesetzt, so ergibt sich unter Bezugnahme auf (22), (23) und (36)

$$\begin{aligned}
&\vartheta_{14}(\zeta\pm1,\varkappa)=-\vartheta_{14}(\zeta,\varkappa), &&\vartheta_{23}(\zeta\pm1,\varkappa)=-\vartheta_{23}(\zeta,\varkappa),\\
&\vartheta_{14}(\zeta\pm i\varkappa,\varkappa)=-e^{\pi(\varkappa\mp2i\zeta)}\,\vartheta_{14}(\zeta,\varkappa); &&\vartheta_{23}(\zeta\pm i\varkappa,\varkappa)=+e^{\pi(\varkappa\mp2i\zeta)}\,\vartheta_{23}(\zeta,\varkappa);\\
&\vartheta_{12}(\zeta\pm1,\varkappa)=-\vartheta_{12}(\zeta,\varkappa), &&\vartheta_{34}(\zeta\pm1,\varkappa)=+\vartheta_{34}(\zeta,\varkappa),\\
&\vartheta_{12}(\zeta\pm i\varkappa,\varkappa)=-e^{\pi(\varkappa\mp2i\zeta)}\,\vartheta_{12}(\zeta,\varkappa); &&\vartheta_{34}(\zeta\pm i\varkappa,\varkappa)=-e^{\pi(\varkappa\mp2i\zeta)}\,\vartheta_{34}(\zeta,\varkappa);\\
&\vartheta_{13+24}(\zeta\pm1,\varkappa)=-\vartheta_{13+24}(\zeta,\varkappa), &&\vartheta_{13-24}(\zeta\pm1,\varkappa)=-\vartheta_{13-24}(\zeta,\varkappa),\\
&\vartheta_{13+24}(\zeta\pm i\varkappa,\varkappa)=\pm i\,e^{\pi(\varkappa\mp2i\zeta)}\vartheta_{13+24}(\zeta,\varkappa); &&\vartheta_{13-24}(\zeta\pm i\varkappa,\varkappa)=\mp i\,e^{\pi(\varkappa\mp2i\zeta)}\,\vartheta_{13-24}(\zeta,\varkappa).
\end{aligned}$$

Nach Abschnitt 5, dessen Betrachtungen sofort auch auf die untere Gruppe der vorstehenden Funktionalgleichungen ausgedehnt werden können, unterscheiden sich zwei den gleichen Funktionalgleichungen (36) genügende Funktionen nur durch eine multiplikative Parameterfunktion. Man darf daher von den folgenden Ansätzen ausgehen:

$$\vartheta_1(\zeta,2\varkappa)\,\vartheta_4(\zeta,2\varkappa)=c_{14}(\varkappa)\,\vartheta_1(\zeta,\varkappa),\qquad \vartheta_1\left(\frac{\zeta}{2},\frac{\varkappa}{2}\right)\vartheta_2\left(\frac{\zeta}{2},\frac{\varkappa}{2}\right)=c_{12}(\varkappa)\,\vartheta_1(\zeta,\varkappa),$$

$$\vartheta_2(\zeta,2\varkappa)\,\vartheta_3(\zeta,2\varkappa)=c_{23}(\varkappa)\,\vartheta_2(\zeta,\varkappa);\qquad \vartheta_3\left(\frac{\zeta}{2},\frac{\varkappa}{2}\right)\vartheta_4\left(\frac{\zeta}{2},\frac{\varkappa}{2}\right)=c_{34}(\varkappa)\,\vartheta_4(\zeta,\varkappa);$$

$$\vartheta_1(\zeta,2\varkappa)\,\vartheta_3(\zeta,2\varkappa)+\vartheta_2(\zeta,2\varkappa)\,\vartheta_4(\zeta,2\varkappa)=c_{13+24}(\varkappa)\,\vartheta_1(\zeta+\tfrac14,\varkappa),$$

$$\vartheta_1(\zeta,2\varkappa)\,\vartheta_3(\zeta,2\varkappa)-\vartheta_2(\zeta,2\varkappa)\,\vartheta_4(\zeta,2\varkappa)=c_{13-24}(\varkappa)\,\vartheta_1(\zeta-\tfrac14,\varkappa).$$

Die vier oberen Ansatzgleichungen ergeben sich unmittelbar in Verbindung mit (36). Führt man in die $\vartheta_1(\zeta, \varkappa)$-Gruppe der Gln. (36) $\zeta \pm \frac{1}{4}$ anstelle von ζ ein, so tritt im Exponenten der e-Funktion ein Glied

$$\mp \frac{\pi i}{2} \quad \text{bzw.} \quad \pm \frac{\pi i}{2}$$

hinzu, für welches

$$e^{\mp \pi i/2} = \mp i \quad \text{bzw.} \quad e^{\pm \pi i/2} = \pm i$$

wird, womit dann in der Tat die gleichen Funktionalgleichungen wie im Falle der Funktion

$$\vartheta_{13+24}(\zeta, \varkappa) \quad \text{bzw.} \quad \vartheta_{13-24}(\zeta, \varkappa)$$

anfallen.

Wird in den beiden oberen Ansatzgleichungen $\zeta = \frac{1}{2}$, in allen übrigen $\zeta = 0$ gesetzt, so lassen sich in Verbindung mit (37) die Parameterfunktionen sofort bestimmen, und man erhält

$$\left.\begin{aligned}
\vartheta_{\frac{1}{2}}(\zeta, 2\varkappa)\, \vartheta_{\frac{4}{3}}(\zeta, 2\varkappa) &= \frac{\vartheta_2(0, 2\varkappa)\, \vartheta_3(0, 2\varkappa)}{\vartheta_2(0, \varkappa)}\, \vartheta_{\frac{1}{2}}(\zeta, \varkappa), \\
\vartheta_1\left(\frac{\zeta}{2}, \frac{\varkappa}{2}\right) \vartheta_2\left(\frac{\zeta}{2}, \frac{\varkappa}{2}\right) &= \frac{\vartheta_1\left(\frac{1}{4}, \frac{\varkappa}{2}\right) \vartheta_2\left(\frac{1}{4}, \frac{\varkappa}{2}\right)}{\vartheta_2(0, \varkappa)}\, \vartheta_1(\zeta, \varkappa), \\
\vartheta_3\left(\frac{\zeta}{2}, \frac{\varkappa}{2}\right) \vartheta_4\left(\frac{\zeta}{2}, \frac{\varkappa}{2}\right) &= \frac{\vartheta_3\left(0, \frac{\varkappa}{2}\right) \vartheta_4\left(0, \frac{\varkappa}{2}\right)}{\vartheta_4(0, \varkappa)}\, \vartheta_4(\zeta, \varkappa), \\
\vartheta_1(\zeta, 2\varkappa)\, \vartheta_3(\zeta, 2\varkappa) \pm \vartheta_2(\zeta, 2\varkappa)\, \vartheta_4(\zeta, 2\varkappa) &= \frac{\vartheta_2(0, 2\varkappa)\, \vartheta_4(0, 2\varkappa)}{\vartheta_1(\frac{1}{4}, \varkappa)}\, \vartheta_1\left(\zeta \pm \frac{1}{4}, \varkappa\right).
\end{aligned}\right\} \quad (90)$$

Die vier oberen Produktfunktionen von (90) lassen sich auch über die Entwicklungen (87) bei Beachtung von (88) darstellen. Auf diesem Wege ergibt sich, wenn zunächst nur $\vartheta_1(\zeta, 2\varkappa)\, \vartheta_4(\zeta, 2\varkappa)$ und $\vartheta_1\left(\frac{\zeta}{2}, \frac{\varkappa}{2}\right) \vartheta_2\left(\frac{\zeta}{2}, \frac{\varkappa}{2}\right)$ betrachtet werden:

$$\begin{aligned}
&\vartheta_1(\zeta, 2\varkappa)\, \vartheta_4(\zeta, 2\varkappa) \\
&= 2e^{-\pi\varkappa/2} \sin\pi\zeta \prod_1^\infty (1 - e^{-4n\pi\varkappa})^2 (1 - e^{-(4n-2)\pi\varkappa + 2\pi i\zeta})(1 - e^{-4n\pi\varkappa + 2\pi i\zeta})(1 - e^{-(4n-2)\pi\varkappa - 2\pi i\zeta})(1 - e^{-4n\pi\varkappa - 2\pi i\zeta}),
\end{aligned}$$

$$\vartheta_1\left(\frac{\zeta}{2}, \frac{\varkappa}{2}\right) \vartheta_2\left(\frac{\zeta}{2}, \frac{\varkappa}{2}\right) = 2e^{-\pi\varkappa/4} \sin\pi\zeta \prod_1^\infty (1 - e^{-n\pi\varkappa})^2 (1 - e^{-2n\pi\varkappa + 2\pi i\zeta})(1 - e^{-2n\pi\varkappa - 2\pi i\zeta}).$$

Nun ist aber in bezug auf die obere Entwicklung

$$\prod_1^\infty (1 - e^{-(4n-2)\pi\varkappa \pm 2\pi i\zeta})(1 - e^{-4n\pi\varkappa \pm 2\pi i\zeta}) = \prod_1^\infty (1 - e^{-2n\pi\varkappa \pm 2\pi i\zeta})$$

und bei Beachtung von (88)

$$\begin{aligned}
\prod_1^\infty (1 - e^{-4n\pi\varkappa})^2 &= \prod_1^\infty (1 - e^{-2n\pi\varkappa})^2 (1 + e^{-2n\pi\varkappa})^2 = \tfrac{1}{2} e^{+\pi\varkappa/4}\, \vartheta_2(0, \varkappa) \prod_1^\infty (1 - e^{-2n\pi\varkappa}), \\
\prod_1^\infty (1 - e^{-n\pi\varkappa})^2 &= \prod_1^\infty (1 - e^{-(2n-1)\pi\varkappa})^2 (1 - e^{-2n\pi\varkappa})^2 = \vartheta_4(0, \varkappa) \prod_1^\infty (1 - e^{-2n\pi\varkappa}).
\end{aligned}$$

Die Berücksichtigung dieser Beziehungen liefert

$$\vartheta_1(\zeta, 2\varkappa)\, \vartheta_4(\zeta, 2\varkappa) = e^{-\pi\varkappa/4}\, \vartheta_2(0, \varkappa) \sin\pi\zeta \prod_1^\infty (1 - e^{-2n\pi\varkappa})(1 - e^{-2n\pi\varkappa + 2\pi i\zeta})(1 - e^{-2n\pi\varkappa - 2\pi i\zeta}),$$

$$\vartheta_1\left(\frac{\zeta}{2}, \frac{\varkappa}{2}\right) \vartheta_2\left(\frac{\zeta}{2}, \frac{\varkappa}{2}\right) = 2e^{-\pi\varkappa/4}\, \vartheta_4(0, \varkappa) \sin\pi\zeta \prod_1^\infty (1 - e^{-2n\pi\varkappa})(1 - e^{-2n\pi\varkappa + 2\pi i\zeta})(1 - e^{-2n\pi\varkappa - 2\pi i\zeta}).$$

Der Vergleich mit der ersten der Gln. (87) zeigt, daß in beiden Fällen die rechte Seite, bis auf eine Parameterfunktion, $\vartheta_1(\zeta, \varkappa)$ darstellt, Somit folgt

$$\begin{aligned}
\vartheta_1(\zeta, 2\varkappa)\, \vartheta_4(\zeta, 2\varkappa) &= \frac{1}{2}\, \vartheta_2(0, \varkappa)\, \vartheta_1(\zeta, \varkappa), & & \vartheta_1(\zeta, \varkappa)\, \vartheta_4(\zeta, \varkappa) = \frac{1}{2}\, \vartheta_2\left(0, \frac{\varkappa}{2}\right) \vartheta_1\left(\zeta, \frac{\varkappa}{2}\right) \\
& & \text{bzw.} & \\
\vartheta_1\left(\frac{\zeta}{2}, \frac{\varkappa}{2}\right) \vartheta_2\left(\frac{\zeta}{2}, \frac{\varkappa}{2}\right) &= \vartheta_4(0, \varkappa)\, \vartheta_1(\zeta, \varkappa), & & \vartheta_1(\zeta, \varkappa)\, \vartheta_2(\zeta, \varkappa) = \vartheta_4(0, 2\varkappa)\, \vartheta_1(2\zeta, 2\varkappa).
\end{aligned} \quad (91)$$

Wird in der ersten der Gln. (91) ζ mit $\zeta + \frac{1}{2}$ in der zweiten ζ mit $\zeta + i\varkappa/2$ vertauscht, so erhält man bei Beachtung von (22) und (23)

$$\vartheta_2(\zeta, 2\varkappa)\,\vartheta_3(\zeta, 2\varkappa) = \frac{1}{2}\vartheta_2(0, \varkappa)\,\vartheta_2(\zeta, \varkappa), \qquad \vartheta_2(\zeta, \varkappa)\,\vartheta_3(\zeta, \varkappa) = \frac{1}{2}\vartheta_2\left(0, \frac{\varkappa}{2}\right)\vartheta_2\left(\zeta, \frac{\varkappa}{2}\right)$$
bzw.
$$\vartheta_3\left(\frac{\zeta}{2}, \frac{\varkappa}{2}\right)\vartheta_4\left(\frac{\zeta}{2}, \frac{\varkappa}{2}\right) = \vartheta_4(0, \varkappa)\,\vartheta_4(\zeta, \varkappa), \qquad \vartheta_3(\zeta, \varkappa)\,\vartheta_4(\zeta, \varkappa) = \vartheta_4(0, 2\varkappa)\,\vartheta_4(2\zeta, 2\varkappa). \tag{92}$$

Der Vergleich von (91) und (92) mit (90) liefert in Verbindung mit (80) und bei Beachtung der Beziehungen

$$\vartheta_1(\tfrac{1}{4}, \varkappa) = \vartheta_2(\tfrac{1}{4}, \varkappa), \qquad \vartheta_3(\tfrac{1}{4}, \varkappa) = \vartheta_4(\tfrac{1}{4}, \varkappa)$$

die weiteren Transformationsgleichungen zwischen den Parameterfunktionen:

$$\vartheta_2(0, 2\varkappa)\,\vartheta_3(0, 2\varkappa) = \frac{1}{2}\vartheta_2^2(0, \varkappa), \qquad \vartheta_2(0, 2\varkappa)\,\vartheta_4(0, 2\varkappa) = \vartheta_{\substack{1\\2}}^2\left(\frac{1}{4}, \varkappa\right),$$
$$\vartheta_3\left(0, \frac{\varkappa}{2}\right)\vartheta_4\left(0, \frac{\varkappa}{2}\right) = \vartheta_4^2(0, \varkappa), \qquad \vartheta_3(0, 2\varkappa)\,\vartheta_4(0, 2\varkappa) = \vartheta_{\substack{3\\4}}^2\left(\frac{1}{4}, \varkappa\right). \tag{93}$$

Bei Beachtung der oberen der Gln. (93) läßt sich die letzte der Gln. (90) auch in der Form

$$\vartheta_1(\zeta, 2\varkappa)\,\vartheta_3(\zeta, 2\varkappa) \pm \vartheta_2(\zeta, 2\varkappa)\,\vartheta_4(\zeta, 2\varkappa) = \vartheta_1(\tfrac{1}{4}, \varkappa)\,\vartheta_1(\zeta \pm \tfrac{1}{4}, \varkappa) \tag{94}$$

schreiben. Aus den beiden Gln. (94) folgt durch Auflösen

$$\vartheta_1(\zeta, 2\varkappa)\,\vartheta_3(\zeta, 2\varkappa) = \tfrac{1}{2}\vartheta_1(\tfrac{1}{4}, \varkappa)\,[\vartheta_1(\zeta + \tfrac{1}{4}, \varkappa) + \vartheta_1(\zeta - \tfrac{1}{4}, \varkappa)],$$
$$\vartheta_2(\zeta, 2\varkappa)\,\vartheta_4(\zeta, 2\varkappa) = \tfrac{1}{2}\vartheta_1(\tfrac{1}{4}, \varkappa)\,[\vartheta_1(\zeta + \tfrac{1}{4}, \varkappa) - \vartheta_1(\zeta - \tfrac{1}{4}, \varkappa)]. \tag{95}$$

Weitere Produktdarstellungen ergeben sich durch Bezugnahme auf die in Abschnitt 4 entwickelten Formeln. Zunächst liefern (26) und (28)

$$\vartheta_3\left(\frac{\zeta}{2}, \frac{\varkappa}{2}\right)\vartheta_4\left(\frac{\zeta}{2}, \frac{\varkappa}{2}\right) = \vartheta_3^2(\zeta, 2\varkappa) - \vartheta_2^2(\zeta, 2\varkappa),$$
$$\vartheta_3\left(\frac{\zeta}{2} \pm \frac{1}{4}, \frac{\varkappa}{2}\right)\vartheta_4\left(\frac{\zeta}{2} \pm \frac{1}{4}, \frac{\varkappa}{2}\right) = \vartheta_4^2(\zeta, 2\varkappa) - \vartheta_1^2(\zeta, 2\varkappa). \tag{96}$$

Ferner erhält man aus (33) und (34)

$$\vartheta_1(\zeta, 2\varkappa)\,\vartheta_4(\zeta, 2\varkappa) = \frac{1}{4}\left[\vartheta_3^2\left(\frac{\zeta}{2} - \frac{1}{4}, \frac{\varkappa}{2}\right) - \vartheta_4^2\left(\frac{\zeta}{2} - \frac{1}{4}, \frac{\varkappa}{2}\right)\right],$$
$$\vartheta_2(\zeta, 2\varkappa)\,\vartheta_3(\zeta, 2\varkappa) = \frac{1}{4}\left[\vartheta_3^2\left(\frac{\zeta}{2}, \frac{\varkappa}{2}\right) - \vartheta_4^2\left(\frac{\zeta}{2}, \frac{\varkappa}{2}\right)\right] \tag{97}$$

bzw. unter Vertauschen von ζ mit $\zeta \pm \frac{i\varkappa}{2}$

$$\vartheta_1\left(\zeta \pm \frac{i\varkappa}{2}, 2\varkappa\right)\vartheta_4\left(\zeta \pm \frac{i\varkappa}{2}, 2\varkappa\right) = \pm\frac{i}{4}e^{\pi\left(\frac{\varkappa}{4} \mp i\zeta\right)}\left[\vartheta_1^2\left(\frac{\zeta}{2} - \frac{1}{4}, \frac{\varkappa}{2}\right) + \vartheta_2^2\left(\frac{\zeta}{2} - \frac{1}{4}, \frac{\varkappa}{2}\right)\right],$$
$$\vartheta_2\left(\zeta \pm \frac{i\varkappa}{2}, 2\varkappa\right)\vartheta_3\left(\zeta \pm \frac{i\varkappa}{2}, 2\varkappa\right) = \frac{1}{4}e^{\pi\left(\frac{\varkappa}{4} \mp i\zeta\right)}\left[\vartheta_1^2\left(\frac{\zeta}{2}, \frac{\varkappa}{2}\right) + \vartheta_2^2\left(\frac{\zeta}{2}, \frac{\varkappa}{2}\right)\right]. \tag{98}$$

Wird in der ersten der Gln. (91) und in der ersten der Gln. (92) ζ mit $\zeta + i\varkappa/2$ vertauscht und (23) beachtet, so folgt

$$\vartheta_1\left(\zeta \pm \frac{i\varkappa}{2}, 2\varkappa\right)\vartheta_4\left(\zeta \pm \frac{i\varkappa}{2}, 2\varkappa\right) = \pm\frac{i}{2}e^{\pi\left(\frac{\varkappa}{4} \mp i\zeta\right)}\vartheta_2(0, \varkappa)\,\vartheta_4(\zeta, \varkappa),$$
$$\vartheta_2\left(\zeta \pm \frac{i\varkappa}{2}, 2\varkappa\right)\vartheta_3\left(\zeta \pm \frac{i\varkappa}{2}, 2\varkappa\right) = \frac{1}{2}e^{\pi\left(\frac{\varkappa}{4} \mp i\zeta\right)}\vartheta_2(0, \varkappa)\,\vartheta_3(\zeta, \varkappa). \tag{99}$$

Ferner ergibt sich durch Vertauschen von ζ mit $\zeta \pm \frac{1}{2}$ in der zweiten der Gln. (92)

$$\vartheta_3\left(\frac{\zeta}{2} \pm \frac{1}{4}, \frac{\varkappa}{2}\right)\vartheta_4\left(\frac{\zeta}{2} \pm \frac{1}{4}, \frac{\varkappa}{2}\right) = \vartheta_4(0, \varkappa)\,\vartheta_3(\zeta, \varkappa). \tag{100}$$

Durch Vergleich der oberen der Gln. (91), (97), (98) und (99) erhält man

$$\vartheta_1^2\left(\frac{\zeta}{2} - \frac{1}{4}, \frac{\varkappa}{2}\right) + \vartheta_2^2\left(\frac{\zeta}{2} - \frac{1}{4}, \frac{\varkappa}{2}\right) = 2\,\vartheta_2(0, \varkappa)\,\vartheta_4(\zeta, \varkappa),$$
$$\vartheta_3^2\left(\frac{\zeta}{2} - \frac{1}{4}, \frac{\varkappa}{2}\right) - \vartheta_4^2\left(\frac{\zeta}{2} - \frac{1}{4}, \frac{\varkappa}{2}\right) = 2\,\vartheta_2(0, \varkappa)\,\vartheta_1(\zeta, \varkappa) \tag{101}$$

und durch Vergleich der oberen der Gln. (92) und der unteren der Gln. (97), (98) und (99)

$$\begin{aligned} \vartheta_1^2\left(\frac{\zeta}{2}, \frac{\varkappa}{2}\right) + \vartheta_2^2\left(\frac{\zeta}{2}, \frac{\varkappa}{2}\right) &= 2\,\vartheta_2(0, \varkappa)\, \vartheta_3(\zeta, \varkappa), \\ \vartheta_3^2\left(\frac{\zeta}{2}, \frac{\varkappa}{2}\right) - \vartheta_4^2\left(\frac{\zeta}{2}, \frac{\varkappa}{2}\right) &= 2\,\vartheta_2(0, \varkappa)\, \vartheta_2(\zeta, \varkappa). \end{aligned} \tag{102}$$

Ferner liefert der Vergleich der unteren der Gln. (92) mit den Gln. (96) und (100)

$$\begin{aligned} \vartheta_3^2(\zeta, 2\varkappa) - \vartheta_2^2(\zeta, 2\varkappa) &= \vartheta_4(0, \varkappa)\, \vartheta_4(\zeta, \varkappa), \\ \vartheta_4^2(\zeta, 2\varkappa) - \vartheta_1^2(\zeta, 2\varkappa) &= \vartheta_4(0, \varkappa)\, \vartheta_3(\zeta, \varkappa). \end{aligned} \tag{103}$$

Wird in der zweiten der Gln. (102) und in der ersten der Gln. (103) $\zeta = 0$ gesetzt, so ergibt sich

$$\begin{aligned} \vartheta_3^2\left(0, \frac{\varkappa}{2}\right) - \vartheta_4^2\left(0, \frac{\varkappa}{2}\right) &= 2\,\vartheta_2^2(0, \varkappa), \\ \vartheta_3^2(0, 2\varkappa) - \vartheta_2^2(0, 2\varkappa) &= \vartheta_4^2(0, \varkappa). \end{aligned} \tag{104}$$

Man kann ferner in (102) ζ mit 2ζ und $\varkappa$ mit $2\varkappa$ vertauschen und auf den rechten Seiten $\vartheta_3(2\zeta, 2\varkappa)$ und $\vartheta_2(2\zeta, 2\varkappa)$ unter Bezugnahme auf die zweite der Gln. (32) durch $\vartheta_3\left(\zeta, \frac{\varkappa}{2}\right)$ und $\vartheta_4\left(\zeta, \frac{\varkappa}{2}\right)$ ausdrücken und diese Funktionen durch Quadrate darstellen. Das Ergebnis lautet

$$\vartheta_{\substack{1\\3}}^2(\zeta, \varkappa) \pm \vartheta_{\substack{2\\4}}^2(\zeta, \varkappa) = \frac{\vartheta_2(0, 2\varkappa)}{\vartheta_4\left(0, \frac{\varkappa}{2}\right)}\left[-\vartheta_1^2(\zeta, \varkappa) \mp \vartheta_2^2(\zeta, \varkappa) \pm \vartheta_3^2(\zeta, \varkappa) + \vartheta_4^2(\zeta, \varkappa)\right].$$

Wird in (103) $\varkappa$ mit $\varkappa/2$ vertauscht und werden auf den rechten Seiten (27) und (102) berücksichtigt, so erhält man die Parallelformel

$$\vartheta_{\substack{3\\4}}^2(\zeta, \varkappa) - \vartheta_{\substack{2\\1}}^2(\zeta, \varkappa) = \frac{\vartheta_4\left(0, \frac{\varkappa}{2}\right)}{2\,\vartheta_2(0, 2\varkappa)}\left[\vartheta_1^2(\zeta, \varkappa) + \vartheta_2^2(\zeta, \varkappa) \mp \vartheta_3^2(\zeta, \varkappa) \pm \vartheta_4^2(\zeta, \varkappa)\right].$$

In den vorstehenden Gleichungen treten die Quadratsummen der linken Seiten auch rechts auf. Die entsprechende Zusammenfassung liefert

$$\begin{aligned} \vartheta_{\substack{3\\2}}^2(\zeta, \varkappa) \pm \vartheta_{\substack{4\\1}}^2(\zeta, \varkappa) &= \left[1 + \frac{\vartheta_4\left(0, \frac{\varkappa}{2}\right)}{\vartheta_2(0, 2\varkappa)}\right]\left[\vartheta_{\substack{1\\3}}^2(\zeta, \varkappa) \pm \vartheta_{\substack{2\\4}}^2(\zeta, \varkappa)\right], \\ \vartheta_{\substack{1\\2}}^2(\zeta, \varkappa) + \vartheta_{\substack{4\\3}}^2(\zeta, \varkappa) &= \left[1 + 2\,\frac{\vartheta_2(0, 2\varkappa)}{\vartheta_4\left(0, \frac{\varkappa}{2}\right)}\right]\left[\vartheta_{\substack{3\\4}}^2(\zeta, \varkappa) - \vartheta_{\substack{2\\1}}^2(\zeta, \varkappa)\right]. \end{aligned}$$

Die auf den rechten Seiten auftretenden Parameterfunktionen lassen sich noch einfacher schreiben. Wird in der unteren Gleichung der oberen Gruppe und in der oberen Gleichung der unteren Gruppe $\zeta = 0$ gesetzt, so folgt zunächst

$$1 + \frac{\vartheta_4\left(0, \frac{\varkappa}{2}\right)}{\vartheta_2(0, 2\varkappa)} = \frac{\vartheta_3^2(0, \varkappa)}{\vartheta_3^2(0, \varkappa) - \vartheta_4^2(0, \varkappa)}, \qquad 1 + 2\,\frac{\vartheta_2(0, 2\varkappa)}{\vartheta_4\left(0, \frac{\varkappa}{2}\right)} = \frac{\vartheta_4^2(0, \varkappa)}{\vartheta_3^2(0, \varkappa) - \vartheta_2^2(0, \varkappa)},$$

und wenn hierzu noch (93) und (104) berücksichtigt werden,

$$1 + \frac{\vartheta_4\left(0, \frac{\varkappa}{2}\right)}{\vartheta_2(0, 2\varkappa)} = \frac{\vartheta_3(0, 2\varkappa)}{\vartheta_2(0, 2\varkappa)}, \qquad 1 + 2\,\frac{\vartheta_2(0, 2\varkappa)}{\vartheta_4\left(0, \frac{\varkappa}{2}\right)} = \frac{\vartheta_3\left(0, \frac{\varkappa}{2}\right)}{\vartheta_4\left(0, \frac{\varkappa}{2}\right)}. \tag{105}$$

Damit ergibt sich

$$\begin{aligned} \vartheta_{\substack{1\\3}}^2(\zeta, \varkappa) \pm \vartheta_{\substack{2\\4}}^2(\zeta, \varkappa) &= \frac{\vartheta_2(0, 2\varkappa)}{\vartheta_3(0, 2\varkappa)}\left[\vartheta_{\substack{3\\2}}^2(\zeta, \varkappa) \pm \vartheta_{\substack{4\\1}}^2(\zeta, \varkappa)\right], \\ \vartheta_{\substack{3\\4}}^2(\zeta, \varkappa) - \vartheta_{\substack{2\\1}}^2(\zeta, \varkappa) &= \frac{\vartheta_4\left(0, \frac{\varkappa}{2}\right)}{\vartheta_3\left(0, \frac{\varkappa}{2}\right)}\left[\vartheta_{\substack{1\\2}}^2(\zeta, \varkappa) + \vartheta_{\substack{4\\3}}^2(\zeta, \varkappa)\right]. \end{aligned} \tag{106}$$

Wird in der oberen Gleichung der oberen Gruppe und in der unteren Gleichung der unteren Gruppe $\zeta = 0$ gesetzt, so erhält man bei Beachtung von (93) und unter Vertauschen von $\varkappa$ mit $\varkappa/2$ bzw. von $\varkappa$ mit $2\varkappa$

$$\begin{aligned}\vartheta_3^2\left(0, \frac{\varkappa}{2}\right) + \vartheta_4^2\left(0, \frac{\varkappa}{2}\right) &= 2\,\vartheta_3^2(0, \varkappa),\\ \vartheta_3^2(0, 2\varkappa) + \vartheta_2^2(0, 2\varkappa) &= \vartheta_3^2(0, \varkappa).\end{aligned} \tag{107}$$

In den Gln. (106) treten jeweils alle vier Theta-Funktionen auf. Da sie in den Quadraten homogen sind, läßt sich aus zwei Gleichungen eine der Theta-Funktionen eliminieren, womit Gleichungen zwischen den Quadraten dreier Theta-Funktionen entstehen. Die zwölf auf diese Weise sich ergebenden Gleichungen lauten:

$$\left.\begin{aligned}
\vartheta^2_{\substack{1\\2\\3\\4}}(\zeta, \varkappa) &= \frac{\vartheta_3^2(0, \varkappa)}{\vartheta_2^2(0, \varkappa)}\, \vartheta^2_{\substack{4\\3\\2\\1}}(\zeta, \varkappa) \substack{-\\-\\+\\+} \frac{\vartheta_4^2(0, \varkappa)}{\vartheta_2^2(0, \varkappa)}\, \vartheta^2_{\substack{3\\4\\1\\2}}(\zeta, \varkappa),\\
\vartheta^2_{\substack{1\\2\\3\\4}}(\zeta, \varkappa) &= \frac{\vartheta_2^2(0, \varkappa)}{\vartheta_3^2(0, \varkappa)}\, \vartheta^2_{\substack{4\\3\\2\\1}}(\zeta, \varkappa) \substack{-\\-\\+\\+} \frac{\vartheta_4^2(0, \varkappa)}{\vartheta_3^2(0, \varkappa)}\, \vartheta^2_{\substack{2\\1\\4\\3}}(\zeta, \varkappa),\\
\vartheta^2_{\substack{1\\2\\3\\4}}(\zeta, \varkappa) &= \substack{-\\-\\+\\+} \frac{\vartheta_3^2(0, \varkappa)}{\vartheta_4^2(0, \varkappa)}\, \vartheta^2_{\substack{2\\1\\4\\3}}(\zeta, \varkappa) \substack{+\\+\\-\\-} \frac{\vartheta_2^2(0, \varkappa)}{\vartheta_4^2(0, \varkappa)}\, \vartheta^2_{\substack{3\\4\\1\\2}}(\zeta, \varkappa).
\end{aligned}\right\} \tag{108}$$

Wird in (106) ζ mit $\zeta/2$, $\varkappa$ mit $\varkappa/2$ bzw. $\varkappa$ mit $2\varkappa$ vertauscht und werden dabei die Gln. (102) und (103) berücksichtigt, so ergeben sich entsprechende Beziehungen für die Differenzen bzw. Summen der in (102) und (103) auftretenden Quadrate. Für den vollständigen Satz dieser Beziehungen folgt

$$\begin{aligned}
&\vartheta_2^2\left(\frac{\zeta}{2}, \frac{\varkappa}{2}\right) \pm \vartheta_1^2\left(\frac{\zeta}{2}, \frac{\varkappa}{2}\right) = 2\,\vartheta_{\substack{2\\3}}(0, \varkappa)\, \vartheta_{\substack{3\\2}}(\zeta, \varkappa), \qquad \vartheta_3^2(\zeta, 2\varkappa) \pm \vartheta_2^2(\zeta, 2\varkappa) = \vartheta_{\substack{3\\4}}(0, \varkappa)\, \vartheta_{\substack{3\\4}}(\zeta, \varkappa),\\
&\vartheta_3^2\left(\frac{\zeta}{2}, \frac{\varkappa}{2}\right) \pm \vartheta_4^2\left(\frac{\zeta}{2}, \frac{\varkappa}{2}\right) = 2\,\vartheta_{\substack{3\\2}}(0, \varkappa)\, \vartheta_{\substack{3\\2}}(\zeta, \varkappa), \qquad \vartheta_4^2(\zeta, 2\varkappa) \pm \vartheta_1^2(\zeta, 2\varkappa) = \vartheta_{\substack{3\\4}}(0, \varkappa)\, \vartheta_{\substack{4\\3}}(\zeta, \varkappa).
\end{aligned} \tag{109}$$

Nach (109) lassen sich die Quadrate der Theta-Funktionen auf zweifache Weise linear durch Theta-Funktionen darstellen. Die entsprechenden Beziehungen lauten:

$$\vartheta^2_{\substack{1\\2\\3\\4}}\left(\frac{\zeta}{2}, \frac{\varkappa}{2}\right) = \vartheta_{\substack{2\\2\\3\\3}}(0, \varkappa)\, \vartheta_3(\zeta, \varkappa) \substack{-\\+\\+\\-} \vartheta_{\substack{3\\3\\2\\2}}(0, \varkappa)\, \vartheta_2(\zeta, \varkappa), \qquad \vartheta^2_{\substack{1\\2\\3\\4}}(\zeta, 2\varkappa) = \frac{1}{2}\, \vartheta_3(0, \varkappa)\, \vartheta_{\substack{4\\3\\3\\4}}(\zeta, \varkappa) \substack{-\\-\\+\\+} \frac{1}{2}\, \vartheta_4(0, \varkappa)\, \vartheta_{\substack{3\\4\\4\\3}}(\zeta, \varkappa). \tag{110}$$

Durch Umschreiben der Gln. (106) ergeben sich die weiteren Darstellungen

$$\begin{aligned}
\vartheta_2^2(\zeta, \varkappa) \pm \vartheta_1^2(\zeta, \varkappa) &= \frac{\vartheta_{\substack{2\\3}}(0, 2\varkappa)}{\vartheta_{\substack{3\\2}}(0, 2\varkappa)}\, [\vartheta_3^2(\zeta, \varkappa) \pm \vartheta_4^2(\zeta, \varkappa)],\\
\vartheta_3^2(\zeta, \varkappa) \pm \vartheta_2^2(\zeta, \varkappa) &= \frac{\vartheta_{\substack{3\\4}}\left(0, \frac{\varkappa}{2}\right)}{\vartheta_{\substack{4\\3}}\left(0, \frac{\varkappa}{2}\right)}\, [\vartheta_4^2(\zeta, \varkappa) \mp \vartheta_1^2(\zeta, \varkappa)].
\end{aligned} \tag{111}$$

Schließlich folgt noch aus der mittleren Gruppe der Gln. (108)

$$\begin{aligned}
\vartheta_1^2(\zeta, \varkappa) \pm \vartheta_3^2(\zeta, \varkappa) &= \frac{\vartheta_2^2(0, \varkappa) \pm \vartheta_4^2(0, \varkappa)}{\vartheta_3^2(0, \varkappa)}\, \vartheta_4^2(\zeta, \varkappa) - \frac{\vartheta_4^2(0, \varkappa) \mp \vartheta_2^2(0, \varkappa)}{\vartheta_3^2(0, \varkappa)}\, \vartheta_2^2(\zeta, \varkappa),\\
\vartheta_2^2(\zeta, \varkappa) \pm \vartheta_4^2(\zeta, \varkappa) &= \frac{\vartheta_2^2(0, \varkappa) \pm \vartheta_4^2(0, \varkappa)}{\vartheta_3^2(0, \varkappa)}\, \vartheta_3^2(\zeta, \varkappa) - \frac{\vartheta_4^2(0, \varkappa) \mp \vartheta_2^2(0, \varkappa)}{\vartheta_3^2(0, \varkappa)}\, \vartheta_1^2(\zeta, \varkappa).
\end{aligned} \tag{112}$$

13. Vierfache Produkte und vierte Potenzen

Die Multiplikation der oberen Gleichungen von (91) und (92) liefert

$$\vartheta_1(\zeta, 2\varkappa)\, \vartheta_2(\zeta, 2\varkappa)\, \vartheta_3(\zeta, 2\varkappa)\, \vartheta_4(\zeta, 2\varkappa) = \tfrac{1}{4}\,\vartheta_2^2(0, \varkappa)\, \vartheta_1(\zeta, \varkappa)\, \vartheta_2(\zeta, \varkappa).$$

Hierin kann $\vartheta_2^2(0, \varkappa)$ nach der ersten der Gln. (93) und $\vartheta_1(\zeta, \varkappa)\, \vartheta_2(\zeta, \varkappa)$ nach der zweiten der Gl. (91) umgeschrieben werden. Wird anschließend $2\varkappa$ mit $\varkappa$ vertauscht und noch (69) beachtet, so folgt

$$\vartheta_1(\zeta, \varkappa)\, \vartheta_2(\zeta, \varkappa)\, \vartheta_3(\zeta, \varkappa)\, \vartheta_4(\zeta, \varkappa) = \frac{\vartheta_1'(0, \varkappa)}{2\pi}\, \vartheta_1(2\zeta, \varkappa). \tag{113}$$

Werden die oberen oder die unteren der Gln. (111) miteinander multipliziert, so erhält man

$$\vartheta_1^4(\zeta,\varkappa) - \vartheta_2^4(\zeta,\varkappa) + \vartheta_3^4(\zeta,\varkappa) - \vartheta_4^4(\zeta,\varkappa) = 0. \tag{114}$$

Die Multiplikation der oberen bzw. unteren der Gln. (112) sowie der ersten und dritten bzw. zweiten und vierten der mittleren Gruppe der Gln. (108) liefert

$$\left.\begin{aligned} \vartheta^4_{\substack{1\\2}}(\zeta,\varkappa) - \vartheta^4_{\substack{3\\4}}(\zeta,\varkappa) &= \frac{\vartheta_2^4(0,\varkappa)-\vartheta_4^4(0,\varkappa)}{\vartheta_3^4(0,\varkappa)}\left[\vartheta^4_{\substack{4\\3}}(\zeta,\varkappa) - \vartheta^4_{\substack{2\\1}}(\zeta,\varkappa)\right] - \frac{4\,\vartheta_2^2(0,\varkappa)\,\vartheta_4^2(0,\varkappa)}{\vartheta_3^4(0,\varkappa)}\,\vartheta^2_{\substack{2\\1}}(\zeta,\varkappa)\,\vartheta^2_{\substack{4\\3}}(\zeta,\varkappa),\\ \vartheta^2_{\substack{1\\2}}(\zeta,\varkappa)\,\vartheta^2_{\substack{3\\4}}(\zeta,\varkappa) &= \frac{\vartheta_2^4(0,\varkappa)-\vartheta_4^4(0,\varkappa)}{\vartheta_3^4(0,\varkappa)}\,\vartheta^2_{\substack{2\\1}}(\zeta,\varkappa)\,\vartheta^2_{\substack{4\\3}}(\zeta,\varkappa) + \frac{\vartheta_2^2(0,\varkappa)\,\vartheta_4^2(0,\varkappa)}{\vartheta_3^4(0,\varkappa)}\left[\vartheta^4_{\substack{4\\3}}(\zeta,\varkappa) - \vartheta^4_{\substack{2\\1}}(\zeta,\varkappa)\right]. \end{aligned}\right\} \tag{115}$$

Für den Argumentwert $\zeta = 0$ folgt aus (114)

$$\frac{\vartheta_2^4(0,\varkappa)}{\vartheta_3^4(0,\varkappa)} + \frac{\vartheta_4^4(0,\varkappa)}{\vartheta_3^4(0,\varkappa)} = 1. \tag{116}$$

14. Gaußsche und Landensche Transformation

Durch die Gaussche Transformation werden Theta-Funktionen vom Parameter $\varkappa/2$ in solche mit dem Parameter $\varkappa$ übergeführt, während die Landensche Transformation Theta-Funktionen vom Argument 2ζ und Parameter $2\varkappa$ in solche vom Argument ζ und Parameter $\varkappa$ umwandelt. Die entsprechenden Transformationsgleichungen können unmittelbar aus den in den Abschnitten 4 und 12 entwickelten Formeln abgelesen werden.

Für die Gaussche Transformation liefern die beiden oberen der Gln. (91) und (92) sowie die Gln. (26), (103) und (114)

$$\left.\begin{aligned} &\vartheta_1\left(\zeta,\frac{\varkappa}{2}\right) = \frac{\vartheta_1(\zeta,\varkappa)\,\vartheta_4(\zeta,\varkappa)}{\frac{1}{2}\,\vartheta_2\left(0,\frac{\varkappa}{2}\right)}, \qquad \vartheta_2\left(\zeta,\frac{\varkappa}{2}\right) = \frac{\vartheta_2(\zeta,\varkappa)\,\vartheta_3(\zeta,\varkappa)}{\frac{1}{2}\,\vartheta_2\left(0,\frac{\varkappa}{2}\right)},\\ &\vartheta_3\left(\zeta,\frac{\varkappa}{2}\right) = \frac{\vartheta_4^2(\zeta,\varkappa)-\vartheta_1^2(\zeta,\varkappa)}{\vartheta_4\left(0,\frac{\varkappa}{2}\right)} = \frac{\vartheta_3^2(\zeta,\varkappa)+\vartheta_2^2(\zeta,\varkappa)}{\vartheta_3\left(0,\frac{\varkappa}{2}\right)} = \vartheta_3(2\zeta,2\varkappa) + \vartheta_2(2\zeta,2\varkappa),\\ &\vartheta_4\left(\zeta,\frac{\varkappa}{2}\right) = \frac{\vartheta_3^2(\zeta,\varkappa)-\vartheta_2^2(\zeta,\varkappa)}{\vartheta_4\left(0,\frac{\varkappa}{2}\right)} = \frac{\vartheta_4^2(\zeta,\varkappa)+\vartheta_1^2(\zeta,\varkappa)}{\vartheta_3\left(0,\frac{\varkappa}{2}\right)} = \vartheta_3(2\zeta,2\varkappa) - \vartheta_2(2\zeta,2\varkappa). \end{aligned}\right\} \tag{117}$$

Für die Landensche Transformation folgt aus den beiden unteren der Gln. (91) und (92) sowie den Gln. (32), (102) und (114)

$$\left.\begin{aligned} &\vartheta_1(2\zeta,2\varkappa) = \frac{\vartheta_1(\zeta,\varkappa)\,\vartheta_2(\zeta,\varkappa)}{\vartheta_4(0,2\varkappa)}, \qquad \vartheta_4(2\zeta,2\varkappa) = \frac{\vartheta_3(\zeta,\varkappa)\,\vartheta_4(\zeta,\varkappa)}{\vartheta_4(0,2\varkappa)},\\ &\vartheta_2(2\zeta,2\varkappa) = \frac{\vartheta_3^2(\zeta,\varkappa)-\vartheta_4^2(\zeta,\varkappa)}{2\,\vartheta_2(0,2\varkappa)} = \frac{\vartheta_2^2(\zeta,\varkappa)-\vartheta_1^2(\zeta,\varkappa)}{2\,\vartheta_3(0,2\varkappa)} = \frac{1}{2}\,\vartheta_3\left(\zeta,\frac{\varkappa}{2}\right) - \frac{1}{2}\,\vartheta_4\left(\zeta,\frac{\varkappa}{2}\right),\\ &\vartheta_3(2\zeta,2\varkappa) = \frac{\vartheta_2^2(\zeta,\varkappa)+\vartheta_1^2(\zeta,\varkappa)}{2\,\vartheta_2(0,2\varkappa)} = \frac{\vartheta_3^2(\zeta,\varkappa)+\vartheta_4^2(\zeta,\varkappa)}{2\,\vartheta_3(0,2\varkappa)} = \frac{1}{2}\,\vartheta_3\left(\zeta,\frac{\varkappa}{2}\right) + \frac{1}{2}\,\vartheta_4\left(\zeta,\frac{\varkappa}{2}\right). \end{aligned}\right\} \tag{118}$$

15. Additionstheoreme

Wird eine Theta-Funktion vom Argument $\zeta + \zeta_0$ mit einer solchen vom Argument $\zeta - \zeta_0$ multipliziert, so sind die Produktfunktionen durch Theta-Funktionen der Argumente ζ und ζ_0 darstellbar. Die entsprechenden Beziehungen heißen die Additionstheoreme der Theta-Funktionen.

Wird in den zu Anfang von Abschnitt 12 betrachteten Produktfunktionen $\vartheta_{ik}(\zeta,\varkappa)$ in der linksstehenden Funktion ζ mit $\zeta + \zeta_0$ und in der rechtsstehenden ζ mit $\zeta - \zeta_0$ vertauscht, so werden die zugehörigen Funktionalgleichungen dadurch nicht verändert, da die im Exponenten der e-Funktion hinzutretenden Glieder sich gegenseitig aufheben; es ist jedoch zu beachten, daß in einer der beiden Funktionalgleichungen immer $\vartheta_{ik}(\zeta,\varkappa)$ gegen $\vartheta_{ki}(\zeta,\varkappa)$ ausgetauscht ist. Diese Zeigervertauschung läßt sich jedoch kompensieren, wenn die Summenfunktion

$$\vartheta_{ik}(\zeta,\zeta_0,\varkappa) + \vartheta_{ki}(\zeta,\zeta_0,\varkappa)$$

betrachtet wird, die gemäß ihrem Aufbau beiden Funktionalgleichungen der entsprechenden Theta-Fnnktion genügen muß. Unter Bezugnahme auf die Darlegungen in Abschnitt 5 gelangt man daher zu Ansätzen in der Form

$$\vartheta_{ik}(\zeta,\zeta_0,\varkappa)+\vartheta_{ki}(\zeta,\zeta_0,\varkappa)=\bar{c}_{ik}(\zeta_0,\varkappa)\,\vartheta_\alpha(\zeta,\varkappa).$$

Bei der Gleichrangigkeit der Argumente ζ und ζ_0 können die analogen Betrachtungen unter Zugrundelegung von ζ_0 als Argument angestellt werden. Hierbei ergeben sich Darstellungen in der Form

$$\vartheta_{ik}(\zeta,\zeta_0,\varkappa)+\vartheta_{ki}(\zeta,\zeta_0,\varkappa)=\bar{\bar{c}}_{ik}(\zeta,\varkappa)\,\vartheta_\beta(\zeta_0,\varkappa).$$

Aus den beiden Darstellungen folgt, daß eine weitere Darstellung in der Form

$$\vartheta_{ik}(\zeta,\zeta_0,\varkappa)+\vartheta_{ki}(\zeta,\zeta_0,\varkappa)=c_{ik}(\varkappa)\,\vartheta_\alpha(\zeta,\varkappa)\,\vartheta_\beta(\zeta_0,\varkappa)$$

möglich sein muß.

Auf dem beschriebenen Wege gelangt man zu den folgenden Ansätzen:

$$\vartheta_1\left(\frac{\zeta+\zeta_0}{2},\frac{\varkappa}{2}\right)\vartheta_2\left(\frac{\zeta-\zeta_0}{2},\frac{\varkappa}{2}\right)+\vartheta_2\left(\frac{\zeta+\zeta_0}{2},\frac{\varkappa}{2}\right)\vartheta_1\left(\frac{\zeta-\zeta_0}{2},\frac{\varkappa}{2}\right)=c_{12}(\varkappa)\,\vartheta_1(\zeta,\varkappa)\,\vartheta_4(\zeta_0,\varkappa),$$

$$\begin{aligned}&\vartheta_1(\zeta+\zeta_0,2\varkappa)\,\vartheta_3(\zeta-\zeta_0,2\varkappa)+\vartheta_3(\zeta+\zeta_0,2\varkappa)\,\vartheta_1(\zeta-\zeta_0,2\varkappa)\\&=c_{13}(\varkappa)\,[\vartheta_1(\zeta+\tfrac14,\varkappa)\,\vartheta_2(\zeta_0-\tfrac14,\varkappa)+\vartheta_2(\zeta+\tfrac14,\varkappa)\,\vartheta_1(\zeta_0-\tfrac14,\varkappa)+\vartheta_1(\zeta+\tfrac14,\varkappa)\,\vartheta_2(\zeta_0+\tfrac14,\varkappa)-\vartheta_2(\zeta+\tfrac14,\varkappa)\,\vartheta_1(\zeta_0+\tfrac14,\varkappa)],\end{aligned}$$

$$\vartheta_1(\zeta+\zeta_0,2\varkappa)\,\vartheta_4(\zeta-\zeta_0,2\varkappa)+\vartheta_4(\zeta+\zeta_0,2\varkappa)\,\vartheta_1(\zeta-\zeta_0,2\varkappa)=c_{14}(\varkappa)\,\vartheta_1(\zeta,\varkappa)\,\vartheta_2(\zeta_0,\varkappa).$$

Wird in der ersten dieser Gleichungen $\zeta=\zeta_0$, in der zweiten $\zeta=\frac14$, $\zeta_0=\frac14$, in der dritten $\zeta=\zeta_0$ gesetzt und werden hierbei der Reihe nach die Gln. $(91)^1$, $(93)^1$, $(91)^2$ in Verbindung mit den Gln. (37) berücksichtigt, so ergibt sich

$$c_{12}(\varkappa)=2,\qquad c_{13}(\varkappa)=\tfrac12,\qquad c_{14}(\varkappa)=1$$

und damit

$$\left.\begin{aligned}&\vartheta_1\left(\frac{\zeta+\zeta_0}{2},\frac{\varkappa}{2}\right)\vartheta_2\left(\frac{\zeta-\zeta_0}{2},\frac{\varkappa}{2}\right)+\vartheta_2\left(\frac{\zeta+\zeta_0}{2},\frac{\varkappa}{2}\right)\vartheta_1\left(\frac{\zeta-\zeta_0}{2},\frac{\varkappa}{2}\right)=2\,\vartheta_1(\zeta,\varkappa)\,\vartheta_4(\zeta_0,\varkappa),\\&\vartheta_1(\zeta+\zeta_0,2\varkappa)\,\vartheta_3(\zeta-\zeta_0,2\varkappa)+\vartheta_3(\zeta+\zeta_0,2\varkappa)\,\vartheta_1(\zeta-\zeta_0,2\varkappa)=\tfrac12\,\vartheta_1(\zeta+\tfrac14,\varkappa)\,\vartheta_2(\zeta_0-\tfrac14,\varkappa)+\\&\qquad+\tfrac12\vartheta_2(\zeta+\tfrac14,\varkappa)\,\vartheta_1(\zeta_0-\tfrac14,\varkappa)+\tfrac12\vartheta_1(\zeta+\tfrac14,\varkappa)\,\vartheta_2(\zeta_0+\tfrac14,\varkappa)-\tfrac12\vartheta_2(\zeta+\tfrac14,\varkappa)\,\vartheta_1(\zeta_0+\tfrac14,\varkappa),\\&\vartheta_1(\zeta+\zeta_0,2\varkappa)\,\vartheta_4(\zeta-\zeta_0,2\varkappa)+\vartheta_4(\zeta+\zeta_0,2\varkappa)\,\vartheta_1(\zeta-\zeta_0,2\varkappa)=\vartheta_1(\zeta,\varkappa)\,\vartheta_2(\zeta_0,\varkappa).\end{aligned}\right\}\quad(119)$$

Wird in (119) ζ mit ζ_0 und ζ_0 mit ζ vertauscht, so verändern auf den linken Seiten lediglich die zweiten Glieder das Vorzeichen. Addiert man die so entstehenden Gleichungen zu den entsprechenden Gleichungen von (119), so folgt bei Beachtung von (22)

$$\left.\begin{aligned}&\vartheta_1\left(\frac{\zeta+\zeta_0}{2},\frac{\varkappa}{2}\right)\vartheta_2\left(\frac{\zeta-\zeta_0}{2},\frac{\varkappa}{2}\right)=\vartheta_1(\zeta,\varkappa)\,\vartheta_4(\zeta_0,\varkappa)+\vartheta_4(\zeta,\varkappa)\,\vartheta_1(\zeta_0,\varkappa),\\&\vartheta_1(\zeta+\zeta_0,2\varkappa)\,\vartheta_3(\zeta-\zeta_0,2\varkappa)=\tfrac12\vartheta_1(\zeta+\tfrac14,\varkappa)\,\vartheta_1(\zeta_0+\tfrac14,\varkappa)-\tfrac12\vartheta_1(\zeta-\tfrac14,\varkappa)\,\vartheta_1(\zeta_0-\tfrac14,\varkappa),\\&\vartheta_1(\zeta+\zeta_0,2\varkappa)\,\vartheta_4(\zeta-\zeta_0,2\varkappa)=\tfrac12\vartheta_1(\zeta,\varkappa)\,\vartheta_2(\zeta_0,\varkappa)+\tfrac12\vartheta_2(\zeta,\varkappa)\,\vartheta_1(\zeta_0,\varkappa).\end{aligned}\right\}\quad(120)$$

Wird in (120) in der ersten Gleichung ζ mit $\zeta+i\,\varkappa/2$ und in der zweiten und dritten Gleichung mit $\zeta+\frac12$ vertauscht und dabei (23) bzw. (22) beachtet, so entstehen die weiteren Transformationsgleichungen

$$\left.\begin{aligned}&\vartheta_3\left(\frac{\zeta+\zeta_0}{2},\frac{\varkappa}{2}\right)\vartheta_4\left(\frac{\zeta-\zeta_0}{2},\frac{\varkappa}{2}\right)=\vartheta_4(\zeta,\varkappa)\,\vartheta_4(\zeta_0,\varkappa)-\vartheta_1(\zeta,\varkappa)\,\vartheta_1(\zeta_0,\varkappa),\\&\vartheta_2(\zeta+\zeta_0,2\varkappa)\,\vartheta_4(\zeta-\zeta_0,2\varkappa)=-\tfrac12\vartheta_1(\zeta-\tfrac14,\varkappa)\,\vartheta_1(\zeta_0+\tfrac14,\varkappa)-\tfrac12\vartheta_1(\zeta+\tfrac14,\varkappa)\,\vartheta_1(\zeta_0-\tfrac14,\varkappa),\\&\vartheta_2(\zeta+\zeta_0,2\varkappa)\,\vartheta_3(\zeta-\zeta_0,2\varkappa)=\tfrac12\vartheta_2(\zeta,\varkappa)\,\vartheta_2(\zeta_0,\varkappa)-\tfrac12\vartheta_1(\zeta,\varkappa)\,\vartheta_1(\zeta_0,\varkappa).\end{aligned}\right\}\quad(121)$$

Die Transformationsgleichungen (120) und (121) lauten, umgeschrieben auf $(\zeta+\zeta_0,\varkappa)$ und $(\zeta-\zeta_0,\varkappa)$,

$$\left.\begin{aligned}&\vartheta_1(\zeta+\zeta_0,\varkappa)\,\vartheta_2(\zeta-\zeta_0,\varkappa)=\vartheta_1(2\zeta,2\varkappa)\,\vartheta_4(2\zeta_0,2\varkappa)+\vartheta_4(2\zeta,2\varkappa)\,\vartheta_1(2\zeta_0,2\varkappa),\\&\vartheta_1(\zeta+\zeta_0,\varkappa)\,\vartheta_3(\zeta-\zeta_0,\varkappa)=\frac12\,\vartheta_1\left(\zeta+\frac14,\frac{\varkappa}{2}\right)\vartheta_1\left(\zeta_0+\frac14,\frac{\varkappa}{2}\right)-\frac12\,\vartheta_1\left(\zeta-\frac14,\frac{\varkappa}{2}\right)\vartheta_1\left(\zeta_0-\frac14,\frac{\varkappa}{2}\right),\\&\vartheta_1(\zeta+\zeta_0,\varkappa)\,\vartheta_4(\zeta-\zeta_0,\varkappa)=\frac12\,\vartheta_1\left(\zeta,\frac{\varkappa}{2}\right)\vartheta_2\left(\zeta_0,\frac{\varkappa}{2}\right)+\frac12\,\vartheta_2\left(\zeta,\frac{\varkappa}{2}\right)\vartheta_1\left(\zeta_0,\frac{\varkappa}{2}\right)\end{aligned}\right\}\quad(122)$$

und

$$\left.\begin{aligned}&\vartheta_3(\zeta+\zeta_0,\varkappa)\,\vartheta_4(\zeta-\zeta_0,\varkappa)=\vartheta_4(2\zeta,2\varkappa)\,\vartheta_4(2\zeta_0,2\varkappa)-\vartheta_1(2\zeta,2\varkappa)\,\vartheta_1(2\zeta_0,2\varkappa),\\&\vartheta_2(\zeta+\zeta_0,\varkappa)\,\vartheta_4(\zeta-\zeta_0,\varkappa)=-\frac12\,\vartheta_1\left(\zeta-\frac14,\frac{\varkappa}{2}\right)\vartheta_1\left(\zeta_0+\frac14,\frac{\varkappa}{2}\right)-\frac12\,\vartheta_1\left(\zeta+\frac14,\frac{\varkappa}{2}\right)\vartheta_1\left(\zeta_0-\frac14,\frac{\varkappa}{2}\right),\\&\vartheta_2(\zeta+\zeta_0,\varkappa)\,\vartheta_3(\zeta-\zeta_0,\varkappa)=\frac12\,\vartheta_2\left(\zeta,\frac{\varkappa}{2}\right)\vartheta_2\left(\zeta_0,\frac{\varkappa}{2}\right)-\frac12\,\vartheta_1\left(\zeta,\frac{\varkappa}{2}\right)\vartheta_1\left(\zeta_0,\frac{\varkappa}{2}\right).\end{aligned}\right\}\quad(123)$$

Werden in (122) und (123) noch die Transformationsgleichungen (94) sowie (117) und (118) berücksichtigt, so ergibt sich in Gruppendarstellung

$$\vartheta_{\substack{1\\1\\1\\3\\2\\2}}(\zeta+\zeta_0,\varkappa)\,\vartheta_{\substack{2\\3\\4\\4\\4\\3}}(\zeta-\zeta_0,\varkappa)\,\vartheta_{\substack{3\\2\\2\\3\\2\\2}}(0,\varkappa)\,\vartheta_{\substack{4\\4\\3\\4\\4\\3}}(0,\varkappa)=\vartheta_{\substack{1\\1\\1\\3\\2\\2}}(\zeta,\varkappa)\,\vartheta_{\substack{2\\3\\4\\4\\4\\3}}(\zeta,\varkappa)\,\vartheta_{\substack{3\\2\\2\\3\\2\\2}}(\zeta_0,\varkappa)\,\vartheta_{\substack{4\\4\\3\\4\\4\\3}}(\zeta_0,\varkappa)\substack{+\\+\\+\\-\\-\\-}\vartheta_{\substack{3\\2\\2\\1\\1\\1}}(\zeta,\varkappa)\,\vartheta_{\substack{4\\4\\3\\2\\3\\4}}(\zeta,\varkappa)\,\vartheta_{\substack{1\\1\\1\\1\\1\\1}}(\zeta_0,\varkappa)\,\vartheta_{\substack{2\\3\\4\\2\\3\\4}}(\zeta_0,\varkappa). \tag{124}$$

Wird in (117) $\varkappa$ mit $2\varkappa$ und in (118) ζ mit $\zeta/2$, $\varkappa$ mit $\varkappa/2$ vertauscht, so sind gemäß

$$\vartheta_4^2(\zeta,2\varkappa)\pm\vartheta_1^2(\zeta,2\varkappa)=\vartheta_{\substack{3\\4}}(0,\varkappa)\,\vartheta_{\substack{4\\3}}(\zeta,\varkappa),\qquad \vartheta_3^2(\zeta,2\varkappa)\pm\vartheta_2^2(\zeta,2\varkappa)=\vartheta_{\substack{3\\4}}(0,\varkappa)\,\vartheta_{\substack{3\\4}}(\zeta,\varkappa),$$

$$\vartheta_2^2\left(\frac{\zeta}{2},\frac{\varkappa}{2}\right)\pm\vartheta_1^2\left(\frac{\zeta}{2},\frac{\varkappa}{2}\right)=2\,\vartheta_{\substack{2\\3}}(0,\varkappa)\,\vartheta_{\substack{3\\2}}(\zeta,\varkappa),\qquad \vartheta_3^2\left(\frac{\zeta}{2},\frac{\varkappa}{2}\right)\pm\vartheta_4^2\left(\frac{\zeta}{2},\frac{\varkappa}{2}\right)=2\,\vartheta_{\substack{3\\2}}(0,\varkappa)\,\vartheta_{\substack{3\\2}}(\zeta,\varkappa)$$

die entstehenden Quadratsummen bzw. Differenzen als Theta-Funktionen darstellbar. An dieser Eigenschaft ändert sich nichts, wenn die Quadrate in Produkte mit $\zeta+\zeta_0$ und $\zeta-\zeta_0$ als Argument aufgespalten werden, da die Funktionalgleichungen (36) hierdurch unberührt bleiben. Betrachtet man noch einmal ζ und einmal ζ_0 als Argument, so kann man von den folgenden Ansätzen ausgehen:

$$\vartheta_4(\zeta+\zeta_0,2\varkappa)\,\vartheta_4(\zeta-\zeta_0,2\varkappa)\pm\vartheta_1(\zeta+\zeta_0,2\varkappa)\,\vartheta_1(\zeta-\zeta_0,2\varkappa)=c_{14}(\varkappa)\,\vartheta_{\substack{4\\3}}(\zeta,\varkappa)\,\vartheta_{\substack{3\\4}}(\zeta_0,\varkappa),$$

$$\vartheta_3(\zeta+\zeta_0,2\varkappa)\,\vartheta_3(\zeta-\zeta_0,2\varkappa)\pm\vartheta_2(\zeta+\zeta_0,2\varkappa)\,\vartheta_2(\zeta-\zeta_0,2\varkappa)=c_{23}(\varkappa)\,\vartheta_{\substack{3\\4}}(\zeta,\varkappa)\,\vartheta_{\substack{3\\4}}(\zeta_0,\varkappa),$$

$$\vartheta_2\left(\frac{\zeta+\zeta_0}{2},\frac{\varkappa}{2}\right)\vartheta_2\left(\frac{\zeta-\zeta_0}{2},\frac{\varkappa}{2}\right)\pm\vartheta_1\left(\frac{\zeta+\zeta_0}{2},\frac{\varkappa}{2}\right)\vartheta_1\left(\frac{\zeta-\zeta_0}{2},\frac{\varkappa}{2}\right)=c_{12}(\varkappa)\,\vartheta_{\substack{3\\2}}(\zeta,\varkappa)\,\vartheta_{\substack{2\\3}}(\zeta_0,\varkappa),$$

$$\vartheta_3\left(\frac{\zeta+\zeta_0}{2},\frac{\varkappa}{2}\right)\vartheta_3\left(\frac{\zeta-\zeta_0}{2},\frac{\varkappa}{2}\right)\pm\vartheta_4\left(\frac{\zeta+\zeta_0}{2},\frac{\varkappa}{2}\right)\vartheta_4\left(\frac{\zeta-\zeta_0}{2},\frac{\varkappa}{2}\right)=c_{34}(\varkappa)\,\vartheta_{\substack{3\\2}}(\zeta,\varkappa)\,\vartheta_{\substack{3\\2}}(\zeta_0,\varkappa).$$

Die noch unbestimmt gebliebenen Parameterfunktionen lassen sich hier am einfachsten dadurch bestimmen, daß $\zeta=\zeta_0=0$ gesetzt und die Parametertransformationen (93), (103), (104), (107) berücksichtigt werden. Hierbei ergibt sich

$$c_{14}(\varkappa)=1,\quad c_{23}(\varkappa)=1,\quad c_{12}(\varkappa)=2,\quad c_{34}(\varkappa)=2.$$

Damit lauten die Transformationsgleichungen

$$\left.\begin{aligned}
\vartheta_4(\zeta+\zeta_0,2\varkappa)\,\vartheta_4(\zeta-\zeta_0,2\varkappa)\pm\vartheta_1(\zeta+\zeta_0,2\varkappa)\,\vartheta_1(\zeta-\zeta_0,2\varkappa)&=\vartheta_{\substack{4\\3}}(\zeta,\varkappa)\,\vartheta_{\substack{3\\4}}(\zeta_0,\varkappa),\\
\vartheta_3(\zeta+\zeta_0,2\varkappa)\,\vartheta_3(\zeta-\zeta_0,2\varkappa)\pm\vartheta_2(\zeta+\zeta_0,2\varkappa)\,\vartheta_2(\zeta-\zeta_0,2\varkappa)&=\vartheta_{\substack{3\\4}}(\zeta,\varkappa)\,\vartheta_{\substack{3\\4}}(\zeta_0,\varkappa),\\
\vartheta_2\left(\frac{\zeta+\zeta_0}{2},\frac{\varkappa}{2}\right)\vartheta_2\left(\frac{\zeta-\zeta_0}{2},\frac{\varkappa}{2}\right)\pm\vartheta_1\left(\frac{\zeta+\zeta_0}{2},\frac{\varkappa}{2}\right)\vartheta_1\left(\frac{\zeta-\zeta_0}{2},\frac{\varkappa}{2}\right)&=2\,\vartheta_{\substack{3\\2}}(\zeta,\varkappa)\,\vartheta_{\substack{2\\3}}(\zeta_0,\varkappa),\\
\vartheta_3\left(\frac{\zeta+\zeta_0}{2},\frac{\varkappa}{2}\right)\vartheta_3\left(\frac{\zeta-\zeta_0}{2},\frac{\varkappa}{2}\right)\pm\vartheta_4\left(\frac{\zeta+\zeta_0}{2},\frac{\varkappa}{2}\right)\vartheta_4\left(\frac{\zeta-\zeta_0}{2},\frac{\varkappa}{2}\right)&=2\,\vartheta_{\substack{3\\2}}(\zeta,\varkappa)\,\vartheta_{\substack{3\\2}}(\zeta_0,\varkappa).
\end{aligned}\right\} \tag{125}$$

Werden die vier Gleichungspaare von (125) einmal addiert und einmal subtrahiert, so erhält man

$$\left.\begin{aligned}
\vartheta_{\substack{4\\1}}(\zeta+\zeta_0,2\varkappa)\,\vartheta_{\substack{4\\1}}(\zeta-\zeta_0,2\varkappa)&=\tfrac12\vartheta_4(\zeta,\varkappa)\,\vartheta_3(\zeta_0,\varkappa)\pm\tfrac12\vartheta_3(\zeta,\varkappa)\,\vartheta_4(\zeta_0,\varkappa),\\
\vartheta_{\substack{3\\2}}(\zeta+\zeta_0,2\varkappa)\,\vartheta_{\substack{3\\2}}(\zeta-\zeta_0,2\varkappa)&=\tfrac12\vartheta_3(\zeta,\varkappa)\,\vartheta_3(\zeta_0,\varkappa)\pm\tfrac12\vartheta_4(\zeta,\varkappa)\,\vartheta_4(\zeta_0,\varkappa),\\
\vartheta_{\substack{2\\1}}\left(\frac{\zeta+\zeta_0}{2},\frac{\varkappa}{2}\right)\vartheta_{\substack{2\\1}}\left(\frac{\zeta-\zeta_0}{2},\frac{\varkappa}{2}\right)&=\vartheta_3(\zeta,\varkappa)\,\vartheta_2(\zeta_0,\varkappa)\pm\vartheta_2(\zeta,\varkappa)\,\vartheta_3(\zeta_0,\varkappa),\\
\vartheta_{\substack{3\\4}}\left(\frac{\zeta+\zeta_0}{2},\frac{\varkappa}{2}\right)\vartheta_{\substack{3\\4}}\left(\frac{\zeta-\zeta_0}{2},\frac{\varkappa}{2}\right)&=\vartheta_3(\zeta,\varkappa)\,\vartheta_3(\zeta_0,\varkappa)\pm\vartheta_2(\zeta,\varkappa)\,\vartheta_2(\zeta_0,\varkappa).
\end{aligned}\right\} \tag{126}$$

Durch Vertauschen von $\varkappa$ mit $\varkappa/2$ in den beiden oberen Gruppen und Verdopplung von ζ, ζ_0 und $\varkappa$ in den beiden unteren Gruppen folgt

$$\left.\begin{aligned}
\vartheta_{\substack{4\\1}}(\zeta+\zeta_0,\varkappa)\,\vartheta_{\substack{4\\1}}(\zeta-\zeta_0,\varkappa)&=\frac12\vartheta_4\left(\zeta,\frac{\varkappa}{2}\right)\vartheta_3\left(\zeta_0,\frac{\varkappa}{2}\right)\pm\frac12\vartheta_3\left(\zeta,\frac{\varkappa}{2}\right)\vartheta_4\left(\zeta_0,\frac{\varkappa}{2}\right),\\
\vartheta_{\substack{3\\2}}(\zeta+\zeta_0,\varkappa)\,\vartheta_{\substack{3\\2}}(\zeta-\zeta_0,\varkappa)&=\frac12\vartheta_3\left(\zeta,\frac{\varkappa}{2}\right)\vartheta_3\left(\zeta_0,\frac{\varkappa}{2}\right)\pm\frac12\vartheta_4\left(\zeta,\frac{\varkappa}{2}\right)\vartheta_4\left(\zeta_0,\frac{\varkappa}{2}\right),\\
\vartheta_{\substack{2\\1}}(\zeta+\zeta_0,\varkappa)\,\vartheta_{\substack{2\\1}}(\zeta-\zeta_0,\varkappa)&=\vartheta_3(2\zeta,2\varkappa)\,\vartheta_2(2\zeta_0,2\varkappa)\pm\vartheta_2(2\zeta,2\varkappa)\,\vartheta_3(2\zeta_0,2\varkappa),\\
\vartheta_{\substack{3\\4}}(\zeta+\zeta_0,\varkappa)\,\vartheta_{\substack{3\\4}}(\zeta-\zeta_0,\varkappa)&=\vartheta_3(2\zeta,2\varkappa)\,\vartheta_3(2\zeta_0,2\varkappa)\pm\vartheta_2(2\zeta,2\varkappa)\,\vartheta_2(2\zeta_0,2\varkappa).
\end{aligned}\right\} \tag{127}$$

Werden die rechten Seiten von (127) unter Heranziehung der Gaussschen Transformationsgleichungen (117) und der Landenschen Transformationsgleichungen umgeformt, so entstehen insgesamt 24 quadratische Transformationsgleichungen. Diese lauten bei gleichzeitiger Beachtung von (108) in Gruppendarstellung

$$\left.\begin{array}{l}
\vartheta_1(\zeta+\zeta_0,\varkappa)\,\vartheta_1(\zeta-\zeta_0,\varkappa)\,\vartheta_{\substack{2\\3\\4\\4\\3\\2}}^2(0,\varkappa) = \vartheta_{\substack{1\\1\\1\\3\\4\\4}}^2(\zeta,\varkappa)\,\vartheta_{\substack{2\\3\\4\\2\\2\\3}}^2(\zeta_0,\varkappa) - \vartheta_{\substack{2\\3\\4\\2\\2\\3}}^2(\zeta,\varkappa)\,\vartheta_{\substack{1\\1\\1\\3\\4\\4}}^2(\zeta_0,\varkappa),\\[2ex]
\vartheta_2(\zeta+\zeta_0,\varkappa)\,\vartheta_2(\zeta-\zeta_0,\varkappa)\,\vartheta_{\substack{2\\3\\4\\4\\3\\2}}^2(0,\varkappa) = \vartheta_{\substack{2\\2\\2\\4\\3\\3}}^2(\zeta,\varkappa)\,\vartheta_{\substack{2\\3\\4\\2\\2\\3}}^2(\zeta_0,\varkappa) - \vartheta_{\substack{1\\4\\3\\1\\1\\4}}^2(\zeta,\varkappa)\,\vartheta_{\substack{1\\1\\1\\3\\4\\4}}^2(\zeta_0,\varkappa),\\[2ex]
\vartheta_3(\zeta+\zeta_0,\varkappa)\,\vartheta_3(\zeta-\zeta_0,\varkappa)\,\vartheta_{\substack{2\\3\\4\\4\\3\\2}}^2(0,\varkappa) = \vartheta_{\substack{3\\3\\3\\4\\2\\2}}^2(\zeta,\varkappa)\,\vartheta_{\substack{2\\3\\4\\3\\2\\3}}^2(\zeta_0,\varkappa) \substack{+\\+\\-\\-\\+\\+} \vartheta_{\substack{4\\1\\2\\1\\4\\1}}^2(\zeta,\varkappa)\,\vartheta_{\substack{1\\1\\1\\2\\4\\4}}^2(\zeta_0,\varkappa),\\[2ex]
\vartheta_4(\zeta+\zeta_0,\varkappa)\,\vartheta_4(\zeta-\zeta_0,\varkappa)\,\vartheta_{\substack{2\\3\\4\\4\\3\\2}}^2(0,\varkappa) = \vartheta_{\substack{4\\4\\4\\3\\1\\1}}^2(\zeta,\varkappa)\,\vartheta_{\substack{2\\3\\4\\3\\2\\3}}^2(\zeta_0,\varkappa) \substack{+\\+\\-\\-\\+\\+} \vartheta_{\substack{3\\2\\1\\2\\3\\2}}^2(\zeta,\varkappa)\,\vartheta_{\substack{1\\1\\1\\2\\4\\4}}^2(\zeta_0,\varkappa).
\end{array}\right\} \tag{128}$$

16. Einführung zweier weiterer Theta-Funktionen, $\vartheta_5(\zeta,\varkappa)$ und $\vartheta_6(\zeta,\varkappa)$

Nach den Untersuchungen in Ziffer 12 können die Produkte von Theta-Funktionen auf Theta-Funktionen zurückgeführt werden, mit Ausnahme der Produkte $\vartheta_1(\zeta,\varkappa)\,\vartheta_3(\zeta,\varkappa)$ und $\vartheta_2(\zeta,\varkappa)\cdot\vartheta_4(\zeta,\varkappa)$, die nach (95) eine lineare Funktion von $\vartheta_1\left(\zeta+\frac{1}{4},\frac{\varkappa}{2}\right)$ und $\vartheta_1\left(\zeta-\frac{1}{4},\frac{\varkappa}{2}\right)$ darstellen. Es erweist sich als sehr nützlich, wenn dieser Besonderheit durch Einführen zweier weiterer, aus Abb. 23 ersichtlicher Theta-Funktionen

$$\left.\begin{aligned}
\vartheta_5(\zeta,\varkappa) &= \frac{\vartheta_1(\zeta,\varkappa)\,\vartheta_3(\zeta,\varkappa)}{\frac{1}{2}\,\vartheta_1\left(\frac{1}{4},\frac{\varkappa}{2}\right)} = \frac{\vartheta_1(\zeta,\varkappa)\,\vartheta_3(\zeta,\varkappa)}{\frac{1}{2}\sqrt{\vartheta_2(0,\varkappa)\,\vartheta_4(0,\varkappa)}} = \vartheta_1\left(\zeta+\frac{1}{4},\frac{\varkappa}{2}\right)+\vartheta_1\left(\zeta-\frac{1}{4},\frac{\varkappa}{2}\right)\\
&= \vartheta_2\left(\zeta-\frac{1}{4},\frac{\varkappa}{2}\right)-\vartheta_2\left(\zeta+\frac{1}{4},\frac{\varkappa}{2}\right),\\
\vartheta_6(\zeta,\varkappa) &= \frac{\vartheta_2(\zeta,\varkappa)\,\vartheta_4(\zeta,\varkappa)}{\frac{1}{2}\,\vartheta_1\left(\frac{1}{4},\frac{\varkappa}{2}\right)} = \frac{\vartheta_2(\zeta,\varkappa)\,\vartheta_4(\zeta,\varkappa)}{\frac{1}{2}\sqrt{\vartheta_2(0,\varkappa)\,\vartheta_4(0,\varkappa)}} = \vartheta_1\left(\zeta+\frac{1}{4},\frac{\varkappa}{2}\right)-\vartheta_1\left(\zeta-\frac{1}{4},\frac{\varkappa}{2}\right)\\
&= \vartheta_2\left(\zeta-\frac{1}{4},\frac{\varkappa}{2}\right)+\vartheta_2\left(\zeta+\frac{1}{4},\frac{\varkappa}{2}\right)
\end{aligned}\right\} \tag{129}$$

Rechnung getragen wird, die für den Parameterwert $\varkappa = 0$ gemäß

$$\vartheta_{\substack{5\\6}}(\zeta,\varkappa) = 0 \quad \text{für} \quad \zeta \neq 2n \pm \tfrac{1}{4} \quad \text{und für} \quad \zeta \neq 2n \pm \tfrac{3}{4},$$

$$\vartheta_5\left(2n\pm\frac{1}{4},0\right) = \vartheta_5\left(2n\pm\frac{3}{4},0\right) = \pm\lim_{\Delta\zeta\to 0}\frac{1}{\Delta\zeta}, \quad \vartheta_6\left(2n\pm\frac{1}{4},0\right) = -\vartheta_6\left(2n\pm\frac{3}{4},0\right) = \lim_{\Delta\zeta\to 0}\frac{1}{\Delta\zeta} \tag{129}$$

entweder verschwinden oder punktweise singulär werden.

In Verbindung mit (20) und (67) ergibt sich für imaginäre Argumentwerte

$$\vartheta_5(i\zeta,\varkappa) = \frac{i}{\sqrt{\varkappa}}\,e^{\frac{2\pi}{\varkappa}\zeta^2}\,\vartheta_5\left(\frac{\zeta}{\varkappa},\frac{1}{\varkappa}\right), \qquad \vartheta_6(i\zeta,\varkappa) = \frac{1}{\sqrt{\varkappa}}\,e^{\frac{2\pi}{\varkappa}\zeta^2}\,\vartheta_6\left(\frac{\zeta}{\varkappa},\frac{1}{\varkappa}\right). \tag{130}$$

Hiernach transformieren sich die beiden Funktionen, ähnlich wie die Funktionen $\vartheta_1(\zeta,\varkappa)$ und $\vartheta_3(\zeta,\varkappa)$ für imaginäre Argumentwerte, unter Vertauschung von ζ mit $\zeta/\varkappa$ und $\varkappa$ mit $1/\varkappa$ in sich selbst. Die als Faktor hinzutretenden Exponentialfunktionen stellen das Quadrat derjenigen von $\vartheta_1(i\zeta,\varkappa)$ und $\vartheta_3(i\zeta,\varkappa)$ dar. Bei Bezugnahme auf (21) bis (23) und (25) lauten die Substitutionsgleichungen

$$\left.\begin{array}{ll}
\vartheta_5(-\zeta,\varkappa) = -\vartheta_5(\zeta,\varkappa), & \vartheta_6(-\zeta,\varkappa) = \vartheta_6(\zeta,\varkappa),\\
\vartheta_{\substack{5\\6}}(\tfrac{1}{2}-\zeta,\varkappa) = \vartheta_{\substack{6\\5}}(\zeta,\varkappa), & \vartheta_{\substack{5\\6}}(\zeta+\tfrac{1}{2},\varkappa) = \mp\vartheta_{\substack{5\\6}}(\zeta-\tfrac{1}{2},\varkappa) = \pm\vartheta_{\substack{6\\5}}(\zeta,\varkappa);\\
\vartheta_{\substack{5\\6}}\left(\zeta\pm\frac{i\varkappa}{2},\varkappa\right) = \pm i\,e^{2\pi\left(\frac{\varkappa}{4}\mp i\zeta\right)}\,\vartheta_{\substack{6\\5}}(\zeta,\varkappa); & \\
\vartheta_5\left(\zeta+\frac{1}{2}\pm\frac{i\varkappa}{2},\varkappa\right) = \pm i\,e^{2\pi\left(\frac{\varkappa}{4}\mp i\zeta\right)}\,\vartheta_5(\zeta,\varkappa), & \vartheta_6\left(\zeta+\frac{1}{2}\pm\frac{i\varkappa}{2},\varkappa\right) = \mp i\,e^{2\pi\left(\frac{\varkappa}{4}\mp i\zeta\right)}\,\vartheta_6(\zeta,\varkappa),\\
\vartheta_5\left(\zeta-\frac{1}{2}\pm\frac{i\varkappa}{2},\varkappa\right) = \mp i\,e^{2\pi\left(\frac{\varkappa}{4}\mp i\zeta\right)}\,\vartheta_5(\zeta,\varkappa); & \vartheta_6\left(\zeta-\frac{1}{2}\pm\frac{i\varkappa}{2},\varkappa\right) = \pm i\,e^{2\pi\left(\frac{\varkappa}{4}\mp i\zeta\right)}\,\vartheta_6(\zeta,\varkappa).
\end{array}\right\} \tag{131}$$

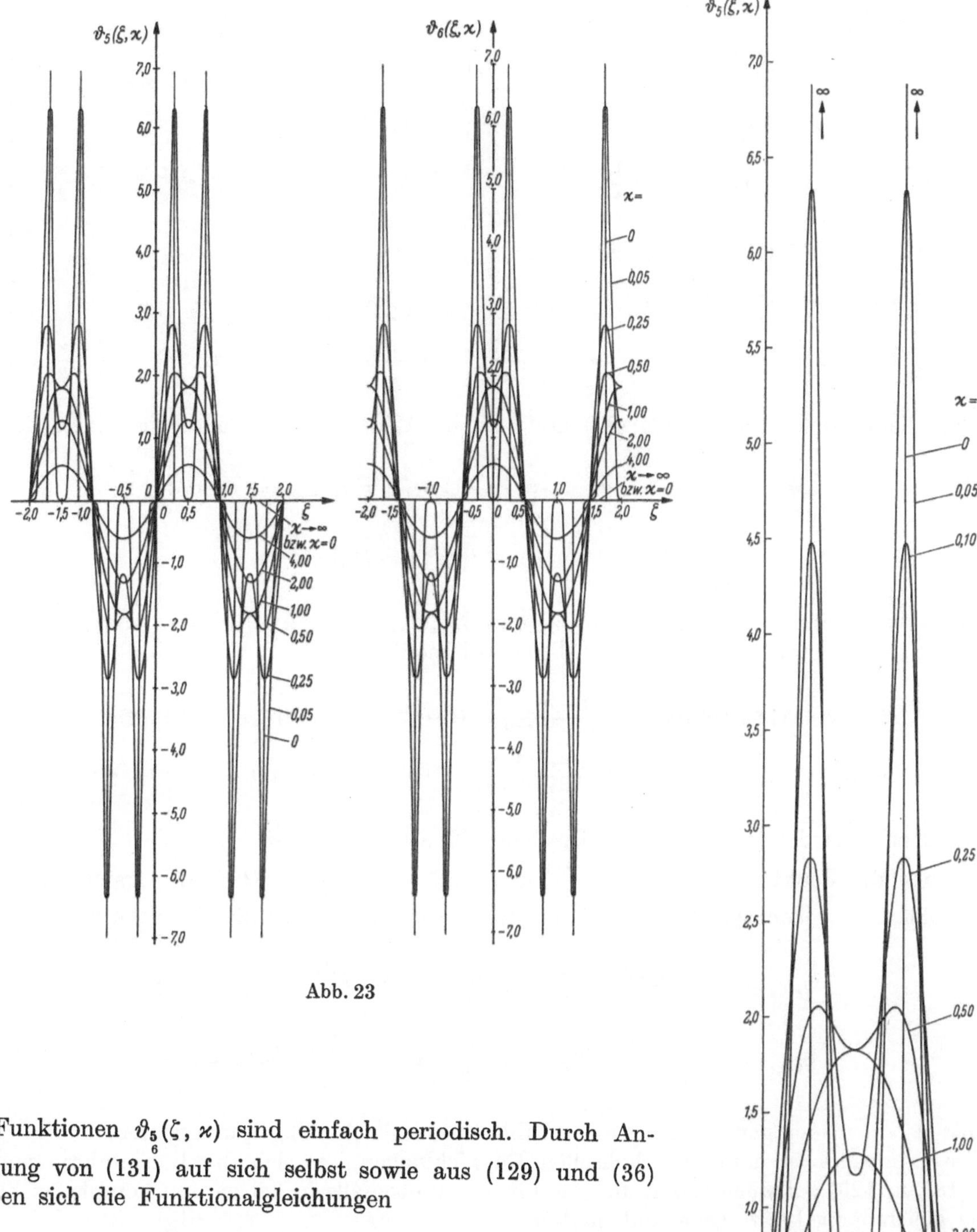

Abb. 23

Die Funktionen $\vartheta_{\substack{5\\6}}(\zeta, \varkappa)$ sind einfach periodisch. Durch Anwendung von (131) auf sich selbst sowie aus (129) und (36) ergeben sich die Funktionalgleichungen

$$\left.\begin{aligned} \vartheta_5(\zeta \pm 1, \varkappa) &= -\vartheta_5(\zeta, \varkappa), \\ \vartheta_6(\zeta \pm 1, \varkappa) &= -\vartheta_6(\zeta, \varkappa), \\ \vartheta_5\left(\zeta + \frac{1}{2} \pm \frac{i\varkappa}{2}, \varkappa\right) &= \pm i\, e^{\pi\left(\frac{\varkappa}{2} \mp 2i\zeta\right)}\, \vartheta_5(\zeta, \varkappa), \\ \vartheta_6\left(\zeta + \frac{1}{2} \pm \frac{i\varkappa}{2}, \varkappa\right) &= \mp i\, e^{\pi\left(\frac{\varkappa}{2} \mp 2i\zeta\right)}\, \vartheta_6(\zeta, \varkappa). \end{aligned}\right\} \qquad (132)$$

Nach (132) ist im Gegensatz zu den übrigen vier Theta-Funktionen die zweite Funktionalgleichung im Argument komplex. Entsprechend ist auf der rechten Seite i als Faktor hinzugetreten. In der e-Funktion ist $\varkappa$ mit $\varkappa/2$ vertauscht.

Nachfolgend sind für einige spezielle Argumentwerte die zugehörigen Werte von ϑ_5 und ϑ_6 zusammengestellt:

$$\left.\begin{aligned}
&\vartheta_5(0,\varkappa)=0, \qquad \vartheta_5\left(\frac{1}{4},\varkappa\right)=\vartheta_2\left(0,\frac{\varkappa}{2}\right), \qquad \vartheta_5\left(\frac{1}{2},\varkappa\right)=2\vartheta_{\frac{1}{2}}\left(\frac{1}{4},\frac{\varkappa}{2}\right),\\
&\vartheta_6(0,\varkappa)=2\vartheta_{\frac{1}{2}}\left(\frac{1}{4},\frac{\varkappa}{2}\right), \qquad \vartheta_6\left(\frac{1}{4},\varkappa\right)=\vartheta_2\left(0,\frac{\varkappa}{2}\right), \qquad \vartheta_6\left(\frac{1}{2},\varkappa\right)=0;\\
&\vartheta_5\left(\pm\frac{i\varkappa}{4},\varkappa\right)=\pm i\sqrt{2}\,e^{\pi\varkappa/8}\,\vartheta_4\left(\frac{1}{4},\frac{\varkappa}{2}\right), \qquad \vartheta_5\left(\pm\frac{i\varkappa}{2},\varkappa\right)=\pm 2i\,e^{\pi\varkappa/2}\,\vartheta_{\frac{1}{2}}\left(\frac{1}{4},\frac{\varkappa}{2}\right),\\
&\vartheta_6\left(\pm\frac{i\varkappa}{4},\varkappa\right)=\sqrt{2}\,e^{\pi\varkappa/8}\,\vartheta_4\left(\frac{1}{4},\frac{\varkappa}{2}\right), \qquad \vartheta_6\left(\pm\frac{i\varkappa}{2},\varkappa\right)=0;\\
&\vartheta_5\left(\frac{1}{4}\pm\frac{i\varkappa}{4},\varkappa\right)=e^{\pi\varkappa/8}\left[\vartheta_3\left(0,\frac{\varkappa}{2}\right)\pm i\,\vartheta_4\left(0,\frac{\varkappa}{2}\right)\right], \qquad \vartheta_5\left(\frac{1}{2}\pm\frac{i\varkappa}{2},\varkappa\right)=0,\\
&\vartheta_6\left(\frac{1}{4}\pm\frac{i\varkappa}{4},\varkappa\right)=e^{\pi\varkappa/8}\left[\vartheta_3\left(0,\frac{\varkappa}{2}\right)\mp i\,\vartheta_4\left(0,\frac{\varkappa}{2}\right)\right], \qquad \vartheta_6\left(\frac{1}{2}\pm\frac{i\varkappa}{2},\varkappa\right)=\mp 2i\,e^{\pi\varkappa/2}\,\vartheta_{\frac{1}{2}}\left(\frac{1}{4},\frac{\varkappa}{2}\right).
\end{aligned}\right\} \quad (133)$$

Werden die Produktdarstellungen (87) und (88) in (129) eingeführt und wird dabei beachtet, daß

$$\prod_1^\infty (1\mp e^{-2n\pi\varkappa+2\pi i\zeta})(1\pm e^{-(2n-1)\pi\varkappa+2\pi i\zeta})=\prod_1^\infty(1\mp e^{-n\pi(\varkappa+i)+2\pi i\zeta}),$$

$$\prod_1^\infty (1+e^{-2n\pi\varkappa})(1-e^{-(2n-1)\pi\varkappa})=\prod_1^\infty(1+e^{-n\pi(\varkappa+i)})$$

gesetzt werden kann, so folgen für $\vartheta_5(\zeta,\varkappa)$ und $\vartheta_6(\zeta,\varkappa)$ die für $\varkappa>0$ in der ganzen komplexen Zahlenebene gleichmäßig konvergenten Produktdarstellungen

$$\begin{aligned}
\vartheta_5(\zeta,\varkappa)&=2\sqrt{2}\,e^{-\pi\varkappa/8}\sin\pi\zeta\prod_1^\infty\frac{1-e^{-2n\pi\varkappa}}{1+e^{-n\pi(\varkappa+i)}}(1-e^{-n\pi(\varkappa+i)+2\pi i\zeta})(1-e^{-n\pi(\varkappa+i)-2\pi i\zeta}),\\
\vartheta_6(\zeta,\varkappa)&=2\sqrt{2}\,e^{-\pi\varkappa/8}\cos\pi\zeta\prod_1^\infty\frac{1-e^{-2n\pi\varkappa}}{1+e^{-n\pi(\varkappa+i)}}(1+e^{-n\pi(\varkappa+i)+2\pi i\zeta})(1+e^{-n\pi(\varkappa+i)-2\pi i\zeta}),
\end{aligned} \quad (134)$$

aus welchen man die aus Abb. 24 ersichtlichen Nullstellen abliest.

Werden die Funktionen $\vartheta_1\left(\zeta+\frac{1}{4},\frac{\varkappa}{2}\right)$ und $\vartheta_1\left(\zeta-\frac{1}{4},\frac{\varkappa}{2}\right)$ mit Hilfe der ersten der Gln. (6) dargestellt, so ergeben sich bei entsprechender Zusammenfassung die FOURIER-Entwicklungen

$$\begin{aligned}
\vartheta_5(\zeta,\varkappa)&=2\sqrt{2}\sum_0^\infty\left(\cos\frac{n\pi}{2}+\sin\frac{n\pi}{2}\right)e^{-\frac{1}{2}\left(n+\frac{1}{2}\right)^2\pi\varkappa}\sin(2n+1)\pi\zeta,\\
\vartheta_6(\zeta,\varkappa)&=2\sqrt{2}\sum_0^\infty\left(\cos\frac{n\pi}{2}-\sin\frac{n\pi}{2}\right)e^{-\frac{1}{2}\left(n+\frac{1}{2}\right)^2\pi\varkappa}\cos(2n+1)\pi\zeta,
\end{aligned} \quad (135)$$

die für $\varkappa>0$ in der ganzen komplexen Zahlenebene gleichmäßig konvergieren.

Die exponentiellen und hyperbolischen Entwicklungen, die sich durch Einführen von (16) und (18) in (129) aufbauen lassen und die für $\varkappa>0$ ebenfalls in der ganzen komplexen Zahlenebene gleichmäßig konvergent sind, lauten

$$\left.\begin{aligned}
\vartheta_5(\zeta,\varkappa)&=\frac{\sqrt{2}}{\sqrt{\varkappa}}\sum_{-\infty}^{+\infty}\left(\sin\frac{n\pi}{2}-\cos\frac{n\pi}{2}\right)e^{-\frac{2\pi}{\varkappa}\left(\zeta+\frac{1}{4}-\frac{n}{2}\right)^2}=\frac{4\sqrt{2}}{\sqrt{\varkappa}}e^{-\frac{2\pi}{\varkappa}\left(\zeta^2+\frac{1}{16}\right)}\sum_0^\infty(-1)^n e^{-\left(n+\frac{1}{2}\right)^2\frac{2\pi}{\varkappa}}\times\\
&\times\left[\cosh\frac{(2n+1)\pi}{2\varkappa}\cosh\frac{\pi\zeta}{\varkappa}\sinh\frac{2(2n+1)\pi\zeta}{\varkappa}-\sinh\frac{(2n+1)\pi}{2\varkappa}\sinh\frac{\pi\zeta}{\varkappa}\cosh\frac{2(2n+1)\pi\zeta}{\varkappa}\right],\\
\vartheta_6(\zeta,\varkappa)&=\frac{\sqrt{2}}{\sqrt{\varkappa}}\sum_{-\infty}^{+\infty}\left(\cos\frac{n\pi}{2}-\sin\frac{n\pi}{2}\right)e^{-\frac{2\pi}{\varkappa}\left(\zeta-\frac{1}{4}-\frac{n}{2}\right)^2}=\frac{4\sqrt{2}}{\sqrt{\varkappa}}e^{-\frac{2\pi}{\varkappa}\left(\zeta^2+\frac{1}{16}\right)}\sum_0^\infty(-1)^n e^{-\left(n+\frac{1}{2}\right)^2\frac{2\pi}{\varkappa}}\times\\
&\times\left[\sinh\frac{(2n+1)\pi}{2\varkappa}\cosh\frac{\pi\zeta}{\varkappa}\cosh\frac{2(2n+1)\pi\zeta}{\varkappa}-\cosh\frac{(2n+1)\pi}{2\varkappa}\sinh\frac{\pi\zeta}{\varkappa}\sinh\frac{2(2n+1)\pi\zeta}{\varkappa}\right].
\end{aligned}\right\} \quad (136)$$

Mit Hilfe von (135) läßt sich zeigen, daß $\vartheta_5(\zeta,\varkappa)$ und $\vartheta_6(\zeta,\varkappa)$ FOURIERschen Differentialgleichungen genügen. Diese lauten in kartesischen bzw. zonalen Kugelkoordinaten

$$\frac{\partial^2}{\partial\zeta^2}\vartheta_{\substack{5\\6}} - 8\pi\frac{\partial}{\partial\varkappa}\vartheta_{\substack{5\\6}} = 0 \quad\text{bzw.}\quad \frac{\partial^2}{\partial\zeta^2}\left(\frac{1}{\zeta}\vartheta_{\substack{5\\6}}\right) + \frac{2}{\zeta}\frac{\partial}{\partial\zeta}\left(\frac{1}{\zeta}\vartheta_{\substack{5\\6}}\right) - 8\pi\frac{\partial}{\partial\varkappa}\left(\frac{1}{\zeta}\vartheta_{\substack{5\\6}}\right) = 0. \tag{137}$$

Unter Bezugnahme auf (129) ergeben sich die Additionstheoreme

$$\vartheta_{\substack{5\\5\\6\\6}}(\zeta+\zeta_0,\varkappa)\,\vartheta_{\substack{5\\6\\5\\6}}(\zeta-\zeta_0,\varkappa) = \left[\vartheta_1\left(\zeta+\zeta_0+\frac{1}{4},\frac{\varkappa}{2}\right) \substack{+\\+\\-\\-}\, \vartheta_1\left(\zeta+\zeta_0-\frac{1}{4},\frac{\varkappa}{2}\right)\right]\left[\vartheta_1\left(\zeta-\zeta_0+\frac{1}{4},\frac{\varkappa}{2}\right) \substack{+\\-\\+\\-}\, \vartheta_1\left(\zeta-\zeta_0-\frac{1}{4},\frac{\varkappa}{2}\right)\right],$$

die sich nach Ausmultiplizieren und bei Beachtung der dritten der Gln. (127) auch in der Form

$$\begin{aligned}\vartheta_{\substack{5\\6}}(\zeta+\zeta_0,\varkappa)\,\vartheta_{\substack{5\\6}}(\zeta-\zeta_0,\varkappa) &= 2\vartheta_4(2\zeta,\varkappa)\,\vartheta_2(2\zeta_0,\varkappa) \mp 2\vartheta_2(2\zeta,\varkappa)\,\vartheta_4(2\zeta_0,\varkappa),\\ \vartheta_{\substack{5\\6}}(\zeta+\zeta_0,\varkappa)\,\vartheta_{\substack{6\\5}}(\zeta-\zeta_0,\varkappa) &= 2\vartheta_1(2\zeta,\varkappa)\,\vartheta_3(2\zeta_0,\varkappa) \pm 2\vartheta_3(2\zeta,\varkappa)\,\vartheta_1(2\zeta_0,\varkappa)\end{aligned} \tag{138}$$

schreiben lassen. Wird in den beiden oberen der Gln. (138) $\zeta_0 = 0$ gesetzt, so erhält man

$$\vartheta^2_{\substack{5\\6}}(\zeta,\varkappa) = 2\vartheta_2(0,\varkappa)\,\vartheta_4(2\zeta,\varkappa) \mp 2\vartheta_4(0,\varkappa)\,\vartheta_2(2\zeta,\varkappa), \tag{139}$$

während durch Multiplikation der Gln. (129) in Verbindung mit (69), (93), (113)

$$\vartheta_5(\zeta,\varkappa)\,\vartheta_6(\zeta,\varkappa) = 2\vartheta_3(0,\varkappa)\,\vartheta_1(2\zeta,\varkappa) \tag{140}$$

folgt. Durch Auflösen ergeben sich hieraus Darstellungen der Funktionen $\vartheta_1(2\zeta,\varkappa)$, $\vartheta_2(2\zeta,\varkappa)$ und $\vartheta_4(2\zeta,\varkappa)$ durch $\vartheta_5(\zeta,\varkappa)$ und $\vartheta_6(\zeta,\varkappa)$ und bei Vertauschen von ζ mit $\zeta+\frac{1}{4}$ auch noch Darstellungen für $\vartheta_3(2\zeta,\varkappa)$ und $\vartheta_4(2\zeta,\varkappa)$. Diese lauten:

$$\left.\begin{aligned}\vartheta_1(2\zeta,\varkappa) &= \frac{\vartheta_5(\zeta,\varkappa)\,\vartheta_6(\zeta,\varkappa)}{2\vartheta_3(0,\varkappa)},\\ \vartheta_2(2\zeta,\varkappa) &= \frac{\vartheta_6^2(\zeta,\varkappa) - \vartheta_5^2(\zeta,\varkappa)}{4\vartheta_4(0,\varkappa)},\\ \vartheta_3(2\zeta,\varkappa) &= \frac{\vartheta_5^2(\zeta+\frac{1}{4},\varkappa) + \vartheta_6^2(\zeta+\frac{1}{4},\varkappa)}{4\vartheta_2(0,\varkappa)},\\ \vartheta_4(2\zeta,\varkappa) &= \frac{\vartheta_6^2(\zeta,\varkappa) + \vartheta_5^2(\zeta,\varkappa)}{4\vartheta_2(0,\varkappa)}.\end{aligned}\right\} \tag{141}$$

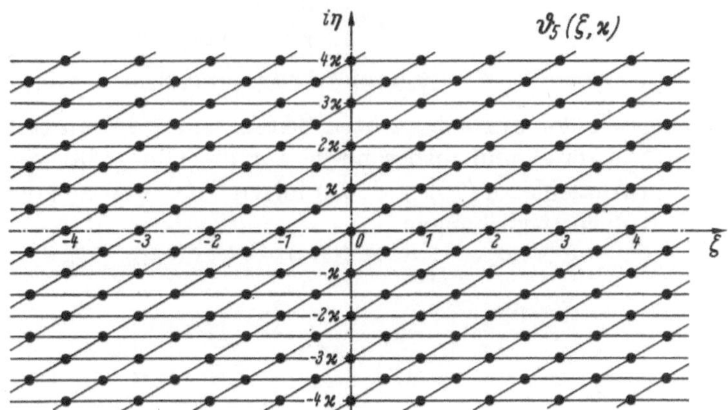

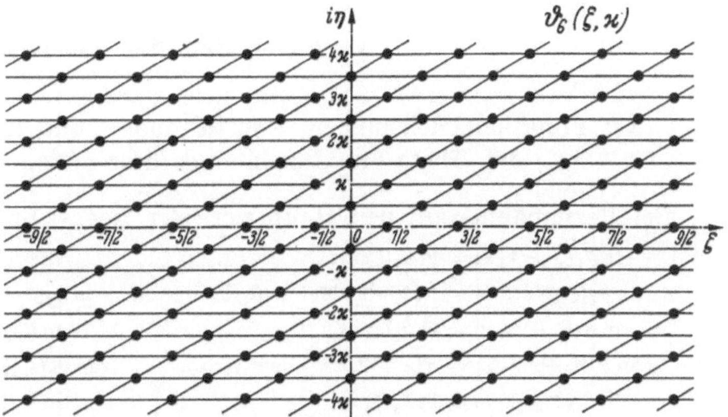

Abb. 24. Nullstellen der Theta-Funktionen $\vartheta_5(\zeta,\varkappa)$ und $\vartheta_6(\zeta,\varkappa)$

Die Transformationsgleichungen (141) lassen sich bei Bezugnahme auf (129) auch in der Form

$$\begin{aligned}\vartheta_1(2\zeta,\varkappa) &= \frac{\vartheta_1^2\left(\zeta+\frac{1}{4},\frac{\varkappa}{2}\right) - \vartheta_1^2\left(\zeta-\frac{1}{4},\frac{\varkappa}{2}\right)}{2\vartheta_3(0,\varkappa)}, & \vartheta_2(2\zeta,\varkappa) &= -\frac{\vartheta_1\left(\zeta+\frac{1}{4},\frac{\varkappa}{2}\right)\vartheta_1\left(\zeta-\frac{1}{4},\frac{\varkappa}{2}\right)}{\vartheta_4(0,\varkappa)},\\ \vartheta_3(2\zeta,\varkappa) &= \frac{\vartheta_1^2\left(\zeta,\frac{\varkappa}{2}\right) + \vartheta_2^2\left(\zeta,\frac{\varkappa}{2}\right)}{2\vartheta_2(0,\varkappa)}, & \vartheta_4(2\zeta,\varkappa) &= \frac{\vartheta_1^2\left(\zeta+\frac{1}{4},\frac{\varkappa}{2}\right) + \vartheta_1^2\left(\zeta-\frac{1}{4},\frac{\varkappa}{2}\right)}{2\vartheta_2(0,\varkappa)}\end{aligned} \tag{142}$$

schreiben.

Durch Einführung von (141) in die rechten Seiten der Gln. (138) können die Additionstheoreme auf ζ und ζ_0 umgeschrieben werden. Man erhält dann

$$\left.\begin{aligned}
\vartheta_{\substack{5\\6}}(\zeta+\zeta_0,\varkappa)\,\vartheta_{\substack{5\\6}}(\zeta-\zeta_0,\varkappa) &= \frac{\vartheta^2_{\substack{5\\6}}(\zeta,\varkappa)\,\vartheta^2_6(\zeta_0,\varkappa)-\vartheta^2_{\substack{6\\5}}(\zeta,\varkappa)\,\vartheta^2_5(\zeta_0,\varkappa)}{\vartheta^2_6(0,\varkappa)},\\
\vartheta_{\substack{5\\6}}(\zeta+\zeta_0,\varkappa)\,\vartheta_{\substack{6\\5}}(\zeta-\zeta_0,\varkappa) &= \frac{\vartheta_5(\zeta,\varkappa)\,\vartheta_6(\zeta,\varkappa)\,[\vartheta^2_5(\zeta_0+\frac{1}{4},\varkappa)+\vartheta^2_6(\zeta_0+\frac{1}{4},\varkappa)]}{4\,\vartheta_2(0,\varkappa)\,\vartheta_3(0,\varkappa)}\pm\\
&\quad\pm\frac{\vartheta_5(\zeta_0,\varkappa)\,\vartheta_6(\zeta_0,\varkappa)\,[\vartheta^2_5(\zeta+\frac{1}{4},\varkappa)+\vartheta^2_6(\zeta+\frac{1}{4},\varkappa)]}{4\,\vartheta_2(0,\varkappa)\,\vartheta_3(0,\varkappa)}.
\end{aligned}\right\}\quad(143)$$

Die den MACLAURIN-Entwicklungen (86) entsprechenden Entwicklungen lauten

$$\left.\begin{aligned}
\frac{\vartheta_5(\zeta,\varkappa)}{\vartheta_5'(0,\varkappa)} &= \zeta+\frac{\vartheta_5'''(0,\varkappa)}{\vartheta_5'(0,\varkappa)}\,\frac{\zeta^3}{3!}+\frac{\vartheta_5'''''(0,\varkappa)}{\vartheta_5'(0,\varkappa)}\,\frac{\zeta^5}{5!}+\cdots,\\
\frac{\vartheta_6(\zeta,\varkappa)}{\vartheta_6(0,\varkappa)} &= 1+\frac{\vartheta_6''(0,\varkappa)}{\vartheta_6(0,\varkappa)}\,\frac{\zeta^2}{2!}+\frac{\vartheta_6''''(0,\varkappa)}{\vartheta_6(0,\varkappa)}\,\frac{\zeta^4}{4!}+\cdots.
\end{aligned}\right\}\quad(144)$$

Für die auf den linken Seiten von (144) auftretenden Nullwertfunktionen liefern (129) und (60) in Verbindung mit (69)

$$\left.\begin{aligned}
\vartheta_5'(0,\varkappa) &= \frac{2\,\vartheta_1'(0,\varkappa)\,\vartheta_3(0,\varkappa)}{\sqrt{\vartheta_2(0,\varkappa)\,\vartheta_4(0,\varkappa)}} = 2\pi\,\vartheta_3^2(0,\varkappa)\sqrt{\vartheta_2(0,\varkappa)\,\vartheta_4(0,\varkappa)},\\
\vartheta_6(0,\varkappa) &= 2\sqrt{\vartheta_2(0,\varkappa)\,\vartheta_4(0,\varkappa)} = \vartheta_5'(0,\varkappa)/\pi\,\vartheta_3^2(0,\varkappa).
\end{aligned}\right\}\quad(145)$$

Bezüglich der auf den rechten Seiten von (144) auftretenden Nullwertfunktionen kann auf das vierte Kapitel und insbesondere auf die Gln. (533) verwiesen werden.

In Analogie zu (70) und (71) folgen für $\zeta = 0$ aus den partiellen Differentialgleichungen (137) die Nullwertbeziehungen

$$\vartheta_5'''(0,\varkappa) = 8\pi\,\dot{\vartheta}_5'(0,\varkappa),\qquad \vartheta_6''(0,\varkappa) = 8\pi\,\dot{\vartheta}_6(0,\varkappa).\quad(146)$$

Kapitel 2

Logarithmen der Theta-Funktionen

17. Funktionalgleichungen, Substitutionen und Transformationen der Logarithmen der Theta-Funktionen und ihrer ersten und zweiten Ableitungen

Bei Bezugnahme auf den Hauptwert der Logarithmusfunktion folgt aus (36) und (132)

$$\left.\begin{aligned}
\ln\vartheta_1(\zeta\pm1,\varkappa) &= \ln\vartheta_1(\zeta,\varkappa), & \ln\vartheta_1(\zeta\pm2,\varkappa) &= \ln\vartheta_1(\zeta,\varkappa),\\
\ln\vartheta_1(\zeta\pm i\varkappa,\varkappa) &= \pi(\varkappa\mp2i\zeta)+\ln\vartheta_1(\zeta,\varkappa), & \ln\vartheta_1(\zeta\pm2i\varkappa,\varkappa) &= 4\pi(\varkappa\mp i\zeta)+\ln\vartheta_1(\zeta,\varkappa),\\
\ln\vartheta_2(\zeta\pm1,\varkappa) &= \ln\vartheta_2(\zeta,\varkappa), & \ln\vartheta_1(\zeta\pm2,\varkappa) &= \ln\vartheta_2(\zeta,\varkappa),\\
\ln\vartheta_2(\zeta\pm i\varkappa,\varkappa) &= \pi(\varkappa\mp2i\zeta)+\ln\vartheta_2(\zeta,\varkappa), & \ln\vartheta_2(\zeta\pm2i\varkappa,\varkappa) &= 4\pi(\varkappa\mp i\zeta)+\ln\vartheta_2(\zeta,\varkappa),\\
\ln\vartheta_3(\zeta\pm1,\varkappa) &= \ln\vartheta_3(\zeta,\varkappa), & \ln\vartheta_3(\zeta\pm2,\varkappa) &= \ln\vartheta_3(\zeta,\varkappa),\\
\ln\vartheta_3(\zeta\pm i\varkappa,\varkappa) &= \pi(\varkappa\mp2i\zeta)+\ln\vartheta_3(\zeta,\varkappa), & \ln\vartheta_3(\zeta\pm2i\varkappa,\varkappa) &= 4\pi(\varkappa\mp i\zeta)+\ln\vartheta_3(\zeta,\varkappa),\\
\ln\vartheta_4(\zeta\pm1,\varkappa) &= \ln\vartheta_4(\zeta,\varkappa), & \ln\vartheta_4(\zeta\pm2,\varkappa) &= \ln\vartheta_4(\zeta,\varkappa),\\
\ln\vartheta_4(\zeta\pm i\varkappa,\varkappa) &= \pi(\varkappa\mp2i\zeta)+\ln\vartheta_4(\zeta,\varkappa), & \ln\vartheta_4(\zeta\pm2i\varkappa,\varkappa) &= 4\pi(\varkappa\mp i\zeta)+\ln\vartheta_4(\zeta,\varkappa),\\
\ln\vartheta_5(\zeta\pm1,\varkappa) &= \ln\vartheta_5(\zeta,\varkappa), & \ln\vartheta_5(\zeta\pm2,\varkappa) &= \ln\vartheta_5(\zeta,\varkappa),\\
\ln\vartheta_5\left(\zeta+\frac{1}{2}\pm\frac{i\varkappa}{2},\varkappa\right) &= \pi\left(\frac{\varkappa}{2}\mp2i\zeta\right)+\ln\vartheta_5(\zeta,\varkappa), & \ln\vartheta_5(\zeta+1\pm i\varkappa,\varkappa) &= 4\pi\left(\frac{\varkappa}{2}\mp i\zeta\right)+\ln\vartheta_5(\zeta,\varkappa),\\
\ln\vartheta_6(\zeta\pm1,\varkappa) &= \ln\vartheta_6(\zeta,\varkappa), & \ln\vartheta_6(\zeta\pm2,\varkappa) &= \ln\vartheta_6(\zeta,\varkappa),\\
\ln\vartheta_6\left(\zeta+\frac{1}{2}\pm\frac{i\varkappa}{2},\varkappa\right) &= \pi\left(\frac{\varkappa}{2}\mp2i\zeta\right)+\ln\vartheta_6(\zeta,\varkappa), & \ln\vartheta_6(\zeta+1\pm i\varkappa,\varkappa) &= 4\pi\left(\frac{\varkappa}{2}\mp i\zeta\right)+\ln\vartheta_6(\zeta,\varkappa).
\end{aligned}\right\}\quad(147)$$

Hieraus folgt für die ersten und zweiten logarithmischen Ableitungen

$$\left.\begin{aligned}
&\frac{\partial}{\partial\zeta}\ln\vartheta_{\substack{1\\2\\3\\4}}(\zeta\pm 1,\varkappa)=\frac{\partial}{\partial\zeta}\ln\vartheta_{\substack{1\\2\\3\\4}}(\zeta,\varkappa), &&\frac{\partial}{\partial\zeta}\ln\vartheta_{\substack{5\\6}}(\zeta\pm 1,\varkappa)=\frac{\partial}{\partial\zeta}\ln\vartheta_{\substack{5\\6}}(\zeta,\varkappa),\\
&\frac{\partial}{\partial\zeta}\ln\vartheta_{\substack{1\\2\\3\\4}}(\zeta\pm i\varkappa,\varkappa)=\mp 2\pi i+\frac{\partial}{\partial\zeta}\ln\vartheta_{\substack{1\\2\\3\\4}}(\zeta,\varkappa), &&\frac{\partial}{\partial\zeta}\ln\vartheta_{\substack{5\\6}}\left(\zeta+\frac{1}{2}\pm\frac{i\varkappa}{2},\varkappa\right)=\mp 2\pi i+\frac{\partial}{\partial\zeta}\ln\vartheta_{\substack{5\\6}}(\zeta,\varkappa);\\
&\frac{\partial^2}{\partial\zeta^2}\ln\vartheta_{\substack{1\\2\\3\\4}}(\zeta\pm 1,\varkappa)=\frac{\partial^2}{\partial\zeta^2}\ln\vartheta_{\substack{1\\2\\3\\4}}(\zeta,\varkappa), &&\frac{\partial^2}{\partial\zeta^2}\ln\vartheta_{\substack{5\\6}}(\zeta\pm 1,\varkappa)=\frac{\partial^2}{\partial\zeta^2}\ln\vartheta_{\substack{5\\6}}(\zeta,\varkappa),\\
&\frac{\partial^2}{\partial\zeta^2}\ln\vartheta_{\substack{1\\2\\3\\4}}(\zeta\pm i\varkappa,\varkappa)=\frac{\partial^2}{\partial\zeta^2}\ln\vartheta_{\substack{1\\2\\3\\4}}(\zeta,\varkappa), &&\frac{\partial^2}{\partial\zeta^2}\ln\vartheta_{\substack{5\\6}}\left(\zeta+\frac{1}{2}\pm\frac{i\varkappa}{2},\varkappa\right)=\frac{\partial^2}{\partial\zeta^2}\ln\vartheta_{\substack{5\\6}}(\zeta,\varkappa).
\end{aligned}\right\}\quad(148)$$

Nach (147) und (148) sind die Realteile der Logarithmen der Theta-Funktionen und die ersten logarithmischen Ableitungen der Theta-Funktionen einfach periodische Funktionen mit der Periode 1, während die zweiten logarithmischen Ableitungen der Theta-Funktionen doppeltperiodische Funktionen mit den Perioden 1 und $i\varkappa$ bzw. 1 und $\frac{1}{2}+\frac{i\varkappa}{2}$ darstellen.

Durch Logarithmierung der Substitutionsgleichungen (21) bis (23), (25), (131) bis (133) erhält man:

$$\ln\vartheta_{\substack{1\\5}}(-\zeta,\varkappa)=(2\nu+1)\pi i+\ln\vartheta_{\substack{1\\5}}(\zeta,\varkappa),\qquad \ln\vartheta_{\substack{2\\3\\4\\6}}(-\zeta,\varkappa)=2\nu\pi i+\ln\vartheta_{\substack{2\\3\\4\\6}}(\zeta,\varkappa).\quad(149)$$

$$\left.\begin{aligned}
&\ln\vartheta_{\substack{1\\2\\3\\4\\5\\6}}(\tfrac{1}{2}-\zeta,\varkappa)=2\nu\pi i+\ln\vartheta_{\substack{2\\1\\4\\3\\6\\5}}(\zeta,\varkappa), \qquad \ln\vartheta_{\substack{1\\3\\4\\5}}(\zeta+\tfrac{1}{2},\varkappa)=2\nu\pi i+\ln\vartheta_{\substack{2\\4\\3\\6}}(\zeta,\varkappa),\\
&\ln\vartheta_{\substack{2\\6}}(\zeta+\tfrac{1}{2},\varkappa)=(2\nu+1)\pi i+\ln\vartheta_{\substack{1\\5}}(\zeta,\varkappa).
\end{aligned}\right\}\quad(150)$$

$$\left.\begin{aligned}
\ln\vartheta_{\substack{1\\4}}\left(\zeta\pm\frac{i\varkappa}{2},\varkappa\right)&=\left(2\nu\pm\frac{1}{2}\right)\pi i+\pi\left(\frac{\varkappa}{4}\mp i\zeta\right)+\ln\vartheta_{\substack{4\\1}}(\zeta,\varkappa),\\
\ln\vartheta_{\substack{2\\3}}\left(\zeta\pm\frac{i\varkappa}{2},\varkappa\right)&=2\nu\pi i+\pi\left(\frac{\varkappa}{4}\mp i\zeta\right)+\ln\vartheta_{\substack{3\\2}}(\zeta,\varkappa),\\
\ln\vartheta_{\substack{5\\6}}\left(\zeta\pm\frac{i\varkappa}{2},\varkappa\right)&=\left(2\nu\pm\frac{1}{2}\right)\pi i+2\pi\left(\frac{\varkappa}{4}\mp i\zeta\right)+\ln\vartheta_{\substack{6\\5}}(\zeta,\varkappa).
\end{aligned}\right\}\quad(\nu=0,1,2,\ldots)\quad(151)$$

$$\left.\begin{aligned}
\ln\vartheta_{\substack{1\\4}}\left(\zeta+\frac{1}{2}\pm\frac{i\varkappa}{2},\varkappa\right)&=2\nu\pi i+\pi\left(\frac{\varkappa}{4}\mp i\zeta\right)+\ln\vartheta_{\substack{3\\2}}(\zeta,\varkappa),\\
\ln\vartheta_{2}\left(\zeta+\frac{1}{2}\pm\frac{i\varkappa}{2},\varkappa\right)&=\left(2\nu\pm\frac{1}{2}\right)\pi i+\pi\left(\frac{\varkappa}{4}\mp i\zeta\right)+\ln\vartheta_{4}(\zeta,\varkappa),\\
\ln\vartheta_{3}\left(\zeta+\frac{1}{2}\pm\frac{i\varkappa}{2},\varkappa\right)&=\left(2\nu\pm\frac{1}{2}\right)\pi i+\pi\left(\frac{\varkappa}{4}\mp i\zeta\right)+\ln\vartheta_{1}(\zeta,\varkappa).
\end{aligned}\right\}\quad(152)$$

Aus (149) bis (152) folgt für die ersten logarithmischen Ableitungen

$$\frac{\partial}{\partial\zeta}\ln\vartheta_{\substack{1\\2\\3\\4\\5\\6}}(-\zeta,\varkappa)=\frac{\partial}{\partial\zeta}\ln\vartheta_{\substack{1\\2\\3\\4\\5\\6}}(\zeta,\varkappa),\quad(153)$$

$$\frac{\partial}{\partial\zeta}\ln\vartheta_{\substack{1\\2\\3\\4\\5\\6}}\left(\frac{1}{2}-\zeta,\varkappa\right)=\frac{\partial}{\partial\zeta}\ln\vartheta_{\substack{1\\2\\3\\4\\5\\6}}\left(\zeta-\frac{1}{2},\varkappa\right)=\frac{\partial}{\partial\zeta}\ln\vartheta_{\substack{1\\2\\3\\4\\5\\6}}\left(\zeta+\frac{1}{2},\varkappa\right)=\frac{\partial}{\partial\zeta}\ln\vartheta_{\substack{2\\1\\4\\3\\6\\5}}(\zeta,\varkappa),\quad(154)$$

$$\frac{\partial}{\partial\zeta}\ln\vartheta_{\substack{1\\2\\3\\4}}\left(\zeta\pm\frac{i\varkappa}{2},\varkappa\right)=\mp\pi i+\frac{\partial}{\partial\zeta}\ln\vartheta_{\substack{4\\3\\2\\1}}(\zeta,\varkappa),\qquad \frac{\partial}{\partial\zeta}\ln\vartheta_{\substack{5\\6}}\left(\zeta\pm\frac{i\varkappa}{2},\varkappa\right)=\mp 2\pi i+\frac{\partial}{\partial\zeta}\ln\vartheta_{\substack{6\\5}}(\zeta,\varkappa),\quad(155)$$

$$\frac{\partial}{\partial\zeta}\ln\vartheta_{\substack{1\\2\\3\\4}}\left(\zeta+\frac{1}{2}\pm\frac{i\varkappa}{2},\varkappa\right)=\mp\pi i+\frac{\partial}{\partial\zeta}\ln\vartheta_{\substack{3\\4\\1\\2}}(\zeta,\varkappa),\qquad \frac{\partial}{\partial\zeta}\ln\vartheta_{\substack{1\\2\\3\\4}}\left(\zeta-\frac{1}{2}\pm\frac{i\varkappa}{2},\varkappa\right)=\mp\pi i+\frac{\partial}{\partial\zeta}\ln\vartheta_{\substack{3\\4\\1\\2}}(\zeta,\varkappa)\quad(156)$$

und bei nochmaliger Ableitung nach ζ

$$\frac{\partial^2}{\partial\zeta^2}\ln\vartheta_{\substack{1\\2\\3\\4\\5\\6}}(-\zeta,\varkappa)=\frac{\partial^2}{\partial\zeta^2}\ln\vartheta_{\substack{1\\2\\3\\4\\5\\6}}(\zeta,\varkappa), \tag{157}$$

$$\frac{\partial^2}{\partial\zeta^2}\ln\vartheta_{\substack{1\\2\\3\\4\\5\\6}}\left(\frac{1}{2}-\zeta,\varkappa\right)=\frac{\partial^2}{\partial\zeta^2}\ln\vartheta_{\substack{1\\2\\3\\4\\5\\6}}\left(\zeta-\frac{1}{2},\varkappa\right)=\frac{\partial^2}{\partial\zeta^2}\ln\vartheta_{\substack{1\\2\\3\\4\\5\\6}}\left(\zeta+\frac{1}{2},\varkappa\right)=\frac{\partial^2}{\partial\zeta^2}\ln\vartheta_{\substack{2\\1\\4\\3\\6\\5}}(\zeta,\varkappa), \tag{158}$$

$$\frac{\partial^2}{\partial\zeta^2}\ln\vartheta_{\substack{1\\2\\3\\4\\5\\6}}\left(\zeta\pm\frac{i\varkappa}{2},\varkappa\right)=\frac{\partial^2}{\partial\zeta^2}\ln\vartheta_{\substack{4\\3\\2\\1\\6\\5}}(\zeta,\varkappa),\qquad \frac{\partial^2}{\partial\zeta^2}\ln\vartheta_{\substack{1\\2\\3\\4\\5\\6}}\left(\zeta\pm\frac{1}{2}\pm\frac{i\varkappa}{2},\varkappa\right)=\frac{\partial^2}{\partial\zeta^2}\ln\vartheta_{\substack{3\\4\\1\\2\\5\\6}}(\zeta,\varkappa). \tag{159}$$

Werden die logarithmischen Ableitungen der Theta-Funktionen durch Differentiation der Theta-Funktionen gebildet, so erhält man

$$\frac{\partial}{\partial\zeta}\ln\vartheta_{\substack{1\\2\\3\\4}}(\zeta,\varkappa)=\frac{1}{\vartheta_{\substack{1\\2\\3\\4}}(\zeta,\varkappa)}\,\vartheta'_{\substack{1\\2\\3\\4}}(\zeta,\varkappa),\qquad \frac{\partial}{\partial\zeta}\ln\vartheta_{\substack{5\\6}}(\zeta,\varkappa)=\frac{\vartheta'_{\substack{1\\2}}(\zeta,\varkappa)}{\vartheta_{\substack{1\\2}}(\zeta,\varkappa)}+\frac{\vartheta'_{\substack{3\\4}}(\zeta,\varkappa)}{\vartheta_{\substack{3\\4}}(\zeta,\varkappa)}, \tag{160}$$

$$\frac{\partial^2}{\partial\zeta^2}\ln\vartheta_{\substack{1\\2\\3\\4}}(\zeta,\varkappa)=\frac{1}{\vartheta_{\substack{1\\2\\3\\4}}(\zeta,\varkappa)}\,\vartheta''_{\substack{1\\2\\3\\4}}(\zeta,\varkappa)-\frac{1}{\vartheta^2_{\substack{1\\2\\3\\4}}(\zeta,\varkappa)}\,\vartheta'^2_{\substack{1\\2\\3\\4}}(\zeta,\varkappa). \tag{161}$$

$$\frac{\partial^2}{\partial\zeta^2}\ln\vartheta_{\substack{5\\6}}(\zeta,\varkappa)=\frac{\vartheta''_{\substack{1\\2}}(\zeta,\varkappa)}{\vartheta_{\substack{1\\2}}(\zeta,\varkappa)}+\frac{\vartheta''_{\substack{3\\4}}(\zeta,\varkappa)}{\vartheta_{\substack{3\\4}}(\zeta,\varkappa)}-\frac{\vartheta'^2_{\substack{1\\2}}(\zeta,\varkappa)}{\vartheta^2_{\substack{1\\2}}(\zeta,\varkappa)}-\frac{\vartheta'^2_{\substack{3\\4}}(\zeta,\varkappa)}{\vartheta^2_{\substack{3\\4}}(\zeta,\varkappa)}. \tag{162}$$

In Verbindung mit (37) und (60) folgt hieraus für die Stelle $\zeta=0$:

$$\frac{\partial}{\partial\zeta}\ln\vartheta_{\substack{1\\5}}(0,\varkappa)=\infty,\qquad \frac{\partial}{\partial\zeta}\ln\vartheta_{\substack{2\\3\\4\\6}}(0,\varkappa)=0, \tag{163}$$

$$\begin{gathered}\frac{\partial^2}{\partial\zeta^2}\ln\vartheta_{\substack{1\\5}}(0,\varkappa)=\infty,\qquad \frac{\partial^2}{\partial\zeta^2}\ln\vartheta_{\substack{2\\3\\4}}(0,\varkappa)=\frac{1}{\vartheta_{\substack{2\\3\\4}}(0,\varkappa)}\,\vartheta''_{\substack{2\\3\\4}}(0,\varkappa),\\ \frac{\partial^2}{\partial\zeta^2}\ln\vartheta_6(0,\varkappa)=\frac{\vartheta''_2(0,\varkappa)}{\vartheta_2(0,\varkappa)}+\frac{\vartheta''_4(0,\varkappa)}{\vartheta_4(0,\varkappa)}.\end{gathered} \tag{164}$$

Die Logarithmierung der Transformationsgleichungen (20) und (130) der imaginären Transformation liefert

$$\left.\begin{aligned}\ln\vartheta_1(i\zeta,\varkappa)&=-\frac{1}{2}\ln\varkappa+\left(2\nu+\frac{1}{2}\right)\pi i+\frac{\pi}{\varkappa}\zeta^2+\ln\vartheta_1\left(\frac{\zeta}{\varkappa},\frac{1}{\varkappa}\right),\\ \ln\vartheta_{\substack{2\\3\\4}}(i\zeta,\varkappa)&=-\frac{1}{2}\ln\varkappa+2\nu\pi i+\frac{\pi}{\varkappa}\zeta^2+\ln\vartheta_{\substack{4\\3\\2}}\left(\frac{\zeta}{\varkappa},\frac{1}{\varkappa}\right),\\ \ln\vartheta_5(i\zeta,\varkappa)&=-\frac{1}{2}\ln\varkappa+\left(2\nu+\frac{1}{2}\right)\pi i+\frac{2\pi}{\varkappa}\zeta^2+\ln\vartheta_5\left(\frac{\zeta}{\varkappa},\frac{1}{\varkappa}\right),\\ \ln\vartheta_6(i\zeta,\varkappa)&=-\frac{1}{2}\ln\varkappa+2\nu\pi i+\frac{2\pi}{\varkappa}\zeta^2+\ln\vartheta_6\left(\frac{\zeta}{\varkappa},\frac{1}{\varkappa}\right).\end{aligned}\right\}(\nu=0,1,2,\ldots) \tag{165}$$

Hieraus folgt durch Ableitung nach ζ

$$\begin{aligned}\frac{\partial}{\partial\zeta}\ln\vartheta_{\substack{1\\2\\3\\4}}(i\zeta,\varkappa)&=\frac{2\pi}{\varkappa}\zeta+\frac{1}{\varkappa}\,\frac{\partial}{\partial\left(\frac{\zeta}{\varkappa}\right)}\ln\vartheta_{\substack{1\\4\\3\\2}}\left(\frac{\zeta}{\varkappa},\frac{1}{\varkappa}\right),\\ \frac{\partial}{\partial\zeta}\ln\vartheta_{\substack{5\\6}}(i\zeta,\varkappa)&=\frac{4\pi}{\varkappa}\zeta+\frac{1}{\varkappa}\,\frac{\partial}{\partial\left(\frac{\zeta}{\varkappa}\right)}\ln\vartheta_{\substack{5\\6}}\left(\frac{\zeta}{\varkappa},\frac{1}{\varkappa}\right)\end{aligned} \tag{166}$$

und bei nochmaliger Ableitung nach ζ

$$\left.\begin{aligned}
\frac{\partial^2}{\partial\zeta^2}\ln\vartheta_{\substack{1\\2\\3\\4}}(i\zeta,\varkappa) &= \frac{2\pi}{\varkappa} + \frac{1}{\varkappa^2}\,\frac{\partial^2}{\partial\left(\frac{\zeta}{\varkappa}\right)^2}\ln\vartheta_{\substack{1\\4\\3\\2}}\left(\frac{\zeta}{\varkappa},\frac{1}{\varkappa}\right),\\
\frac{\partial^2}{\partial\zeta^2}\ln\vartheta_{\substack{5\\6}}(i\zeta,\varkappa) &= \frac{4\pi}{\varkappa} + \frac{1}{\varkappa^2}\,\frac{\partial^2}{\partial\left(\frac{\zeta}{\varkappa}\right)^2}\ln\vartheta_{\substack{5\\6}}\left(\frac{\zeta}{\varkappa},\frac{1}{\varkappa}\right).
\end{aligned}\right\}\qquad(167)$$

18. Partielle Differentialgleichungen

Nach (7) und (137) genügen die Theta-Funktionen den partiellen Differentialgleichungen

$$\frac{\partial^2\vartheta}{\partial\zeta^2} - 4\pi\frac{\partial\vartheta}{\partial\varkappa} = 0 \quad\text{oder}\quad \frac{\partial^2\left(\frac{\vartheta}{\zeta}\right)}{\partial\zeta^2} + \frac{2}{\zeta}\frac{\partial\left(\frac{\vartheta}{\zeta}\right)}{\partial\zeta} - 4\pi\frac{\partial\left(\frac{\vartheta}{\zeta}\right)}{\partial\varkappa} = 0 \quad\text{für}\quad \vartheta = \vartheta_{\substack{1\\2\\3\\4}}(\zeta,\varkappa),$$

$$\frac{\partial^2\vartheta}{\partial\zeta^2} - 8\pi\frac{\partial\vartheta}{\partial\varkappa} = 0 \quad\text{oder}\quad \frac{\partial^2\left(\frac{\vartheta}{\zeta}\right)}{\partial\zeta^2} + \frac{2}{\zeta}\frac{\partial\left(\frac{\vartheta}{\zeta}\right)}{\partial\zeta} - 8\pi\frac{\partial\left(\frac{\vartheta}{\zeta}\right)}{\partial\varkappa} = 0 \quad\text{für}\quad \vartheta = \vartheta_{\substack{5\\6}}(\zeta,\varkappa).$$

Nun ist

$$\frac{\partial\vartheta}{\partial\zeta} = \frac{\partial e^{\ln\vartheta}}{\partial\zeta} = e^{\ln\vartheta}\frac{\partial\ln\vartheta}{\partial\zeta},\qquad \frac{\partial^2\vartheta}{\partial\zeta^2} = e^{\ln\vartheta}\left[\frac{\partial^2\ln\vartheta}{\partial\zeta^2} + \left(\frac{\partial\ln\vartheta}{\partial\zeta}\right)^2\right],\qquad \frac{\partial\vartheta}{\partial\varkappa} = e^{\ln\vartheta}\frac{\partial\ln\vartheta}{\partial\varkappa}.$$

Werden diese Beziehungen in den Ausgangsdifferentialgleichungen berücksichtigt, so läßt sich die Exponentialfunktion abspalten, und es verbleiben Differentialgleichungen für die Logarithmen der Theta-Funktionen. Diese lauten:

$$\left.\begin{aligned}
&\frac{\partial^2\ln\vartheta}{\partial\zeta^2} + \left(\frac{\partial\ln\vartheta}{\partial\zeta}\right)^2 - 4\pi\frac{\partial\ln\vartheta}{\partial\varkappa} = 0 \quad\text{bzw.}\quad \frac{\partial^2\ln\frac{\vartheta}{\zeta}}{\partial\zeta^2} + \left(\frac{\partial\ln\frac{\vartheta}{\zeta}}{\partial\zeta}\right)^2 + \frac{2}{\zeta}\frac{\partial\ln\frac{\vartheta}{\zeta}}{\partial\zeta} - 4\pi\frac{\partial\ln\frac{\vartheta}{\zeta}}{\partial\varkappa} = 0,\\
&\text{für}\quad \vartheta = \vartheta_{\substack{1\\2\\3\\4}}(\zeta,\varkappa)\\
&\frac{\partial^2\ln\vartheta}{\partial\zeta^2} + \left(\frac{\partial\ln\vartheta}{\partial\zeta}\right)^2 - 8\pi\frac{\partial\ln\vartheta}{\partial\varkappa} = 0 \quad\text{bzw.}\quad \frac{\partial^2\ln\frac{\vartheta}{\zeta}}{\partial\zeta^2} + \left(\frac{\partial\ln\frac{\vartheta}{\zeta}}{\partial\zeta}\right)^2 + \frac{2}{\zeta}\frac{\partial\ln\frac{\vartheta}{\zeta}}{\partial\zeta} - 8\pi\frac{\partial\ln\frac{\vartheta}{\zeta}}{\partial\varkappa} = 0,\\
&\text{für}\quad \vartheta = \vartheta_{\substack{5\\6}}(\zeta,\varkappa)
\end{aligned}\right\}\qquad(168)$$

Aus der linken Gruppe der partiellen Differentialgleichungen (168) folgen durch Ableitung nach ζ die partiellen Differentialgleichungen für die logarithmischen Ableitungen

$$\left.\begin{aligned}
&\frac{\partial^2}{\partial\zeta^2}\left[\frac{\partial}{\partial\zeta}\ln\vartheta_{\substack{1\\2\\3\\4}}(\zeta,\varkappa)\right] + 2\left[\frac{\partial}{\partial\zeta}\ln\vartheta_{\substack{1\\2\\3\\4}}(\zeta,\varkappa)\right]\frac{\partial}{\partial\zeta}\left[\frac{\partial}{\partial\zeta}\ln\vartheta_{\substack{1\\2\\3\\4}}(\zeta,\varkappa)\right] - 4\pi\frac{\partial}{\partial\varkappa}\left[\frac{\partial}{\partial\zeta}\ln\vartheta_{\substack{1\\2\\3\\4}}(\zeta,\varkappa)\right] = 0,\\
&\frac{\partial^2}{\partial\zeta^2}\left[\frac{\partial}{\partial\zeta}\ln\vartheta_{\substack{5\\6}}(\zeta,\varkappa)\right] + 2\left[\frac{\partial}{\partial\zeta}\ln\vartheta_{\substack{5\\6}}(\zeta,\varkappa)\right]\frac{\partial}{\partial\zeta}\left[\frac{\partial}{\partial\zeta}\ln\vartheta_{\substack{5\\6}}(\zeta,\varkappa)\right] - 8\pi\frac{\partial}{\partial\varkappa}\left[\frac{\partial}{\partial\zeta}\ln\vartheta_{\substack{5\\6}}(\zeta,\varkappa)\right] = 0.
\end{aligned}\right\}\qquad(169)$$

19. Trigonometrische und hyperbolische Reihenentwicklungen. Doppelt periodische logarithmische Quotientenfunktionen. Funktionsverlauf

Durch Logarithmieren der Produktdarstellungen (87) und (137) ergibt sich unter Beschränkung auf den Hauptwert der Logarithmusfunktion

$$\ln\vartheta_{\substack{1\\2}}(\zeta,\varkappa) = \ln 2 - \frac{\pi\varkappa}{4} + \ln\begin{matrix}\sin\\\cos\end{matrix}\pi\zeta + \sum_{n=1}^{\infty}\ln(1 - e^{-2n\pi\varkappa}) + \sum_{n=1}^{\infty}\ln(1 \mp e^{-2n\pi\varkappa + 2\pi i\zeta}) + \sum_{n=1}^{\infty}\ln(1 \mp e^{-2n\pi\varkappa - 2\pi i\zeta}),$$

$$\ln\vartheta_{\substack{3\\4}}(\zeta,\varkappa) = \sum_{n=1}^{\infty}\ln(1 - e^{-2n\pi\varkappa}) + \sum_{n=1}^{\infty}\ln(1 \pm e^{-(2n-1)\pi\varkappa + 2\pi i\zeta}) + \sum_{n=1}^{\infty}\ln(1 \pm e^{-(2n-1)\pi\varkappa - 2\pi i\zeta}),$$

$$\begin{aligned}
\ln\vartheta_{\substack{5\\6}}(\zeta,\varkappa) = \frac{3}{2}\ln 2 - \frac{\pi\varkappa}{8} + \ln\begin{matrix}\sin\\\cos\end{matrix}\pi\zeta + \sum_{n=1}^{\infty}\ln(1 - e^{-2n\pi\varkappa}) - \sum_{n=1}^{\infty}\ln(1 + e^{-n\pi(\varkappa+i)}) +{}&\\
+ \sum_{n=1}^{\infty}\ln(1 \mp e^{-n\pi(\varkappa+i) + 2\pi i\zeta}) + \sum_{n=1}^{\infty}\ln(1 \mp e^{-n\pi(\varkappa+i) - 2\pi i\zeta}).&
\end{aligned}$$

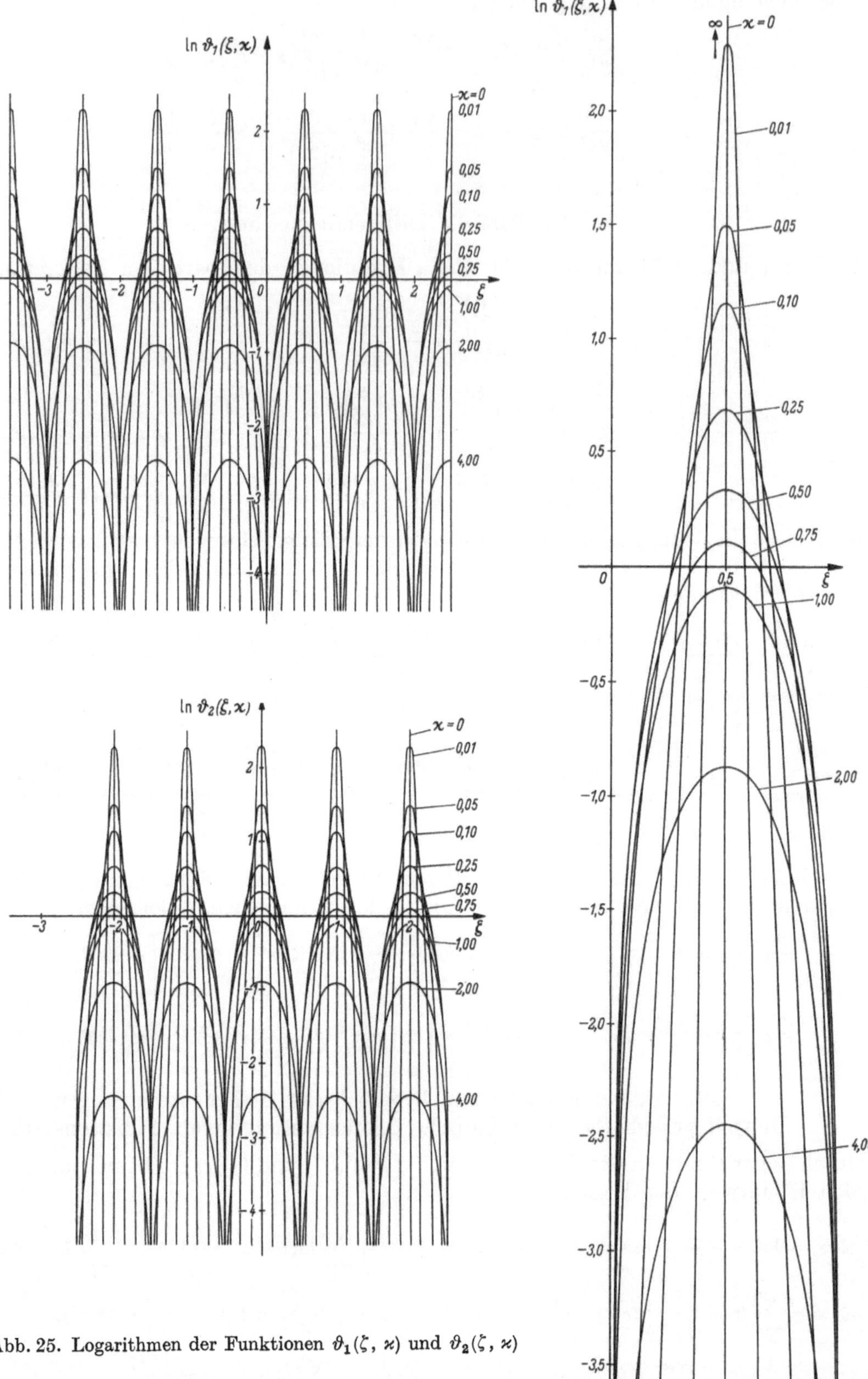

Abb. 25. Logarithmen der Funktionen $\vartheta_1(\zeta, \varkappa)$ und $\vartheta_2(\zeta, \varkappa)$

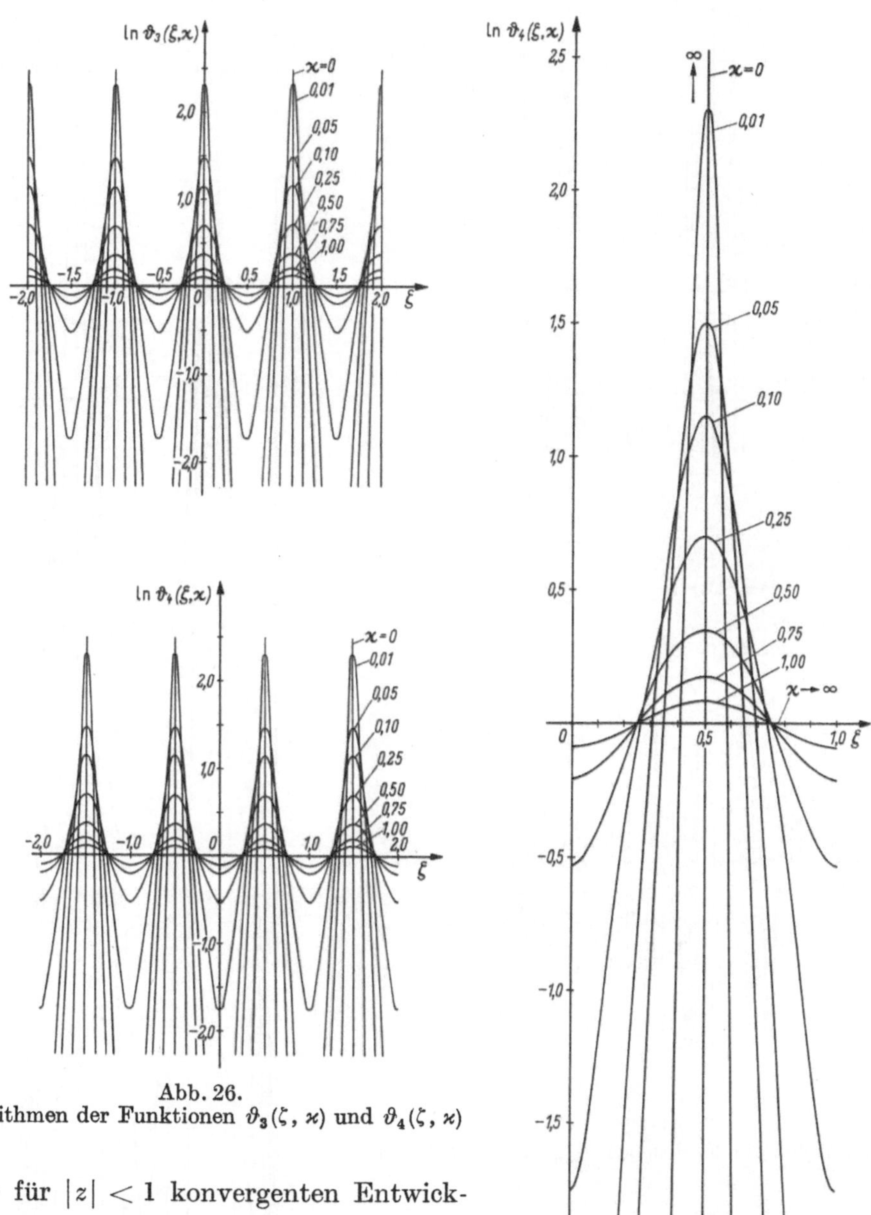

Abb. 26.
Logarithmen der Funktionen $\vartheta_3(\zeta, \varkappa)$ und $\vartheta_4(\zeta, \varkappa)$

Mit Hilfe der für $|z| < 1$ konvergenten Entwicklung

$$\ln z = -\sum_{1}^{\infty}{}'_{n} \frac{1}{n}(1-z)^n$$

können, solange $|e^{-\pi\varkappa \pm 2\pi i \zeta}|$ für alle n-Werte kleiner als 1 bleibt, die Logarithmusfunktionen nach Potenzen der Exponentialfunktionen entwickelt werden. Es folgt:

$$\sum_{1}^{\infty}{}_{n} \ln(1 \mp e^{-2n\pi\varkappa + 2\pi i \zeta}) + \sum_{1}^{\infty}{}_{n} \ln(1 \mp e^{-2n\pi\varkappa - 2\pi i \zeta}) = -\sum_{1}^{\infty}{}_{n} \sum_{1}^{\infty}{}_{m} \frac{(\pm 1)^m}{m} (e^{-2mn\pi\varkappa + 2m\pi i\zeta} + e^{-2mn\pi\varkappa - 2m\pi i \zeta})$$

$$= -\sum_{1}^{\infty}{}_{n} \sum_{1}^{\infty}{}_{m} \frac{(\pm 1)^m}{m} e^{-2mn\pi\varkappa}(e^{2m\pi i\zeta} + e^{-2m\pi i\zeta}) = -2\sum_{1}^{\infty}{}_{n} \sum_{1}^{\infty}{}_{m} \frac{(\pm 1)^m}{m} e^{-2mn\pi\varkappa} \cos 2m\,\pi\,\zeta$$

$$= -2\sum_{1}^{\infty}{}_{m} \frac{(\pm 1)^m}{m} \cos 2m\,\pi\,\zeta \sum_{1}^{\infty}{}_{n} (e^{-2m\pi\varkappa})^n = -2\sum_{1}^{\infty}{}_{m} \frac{(\pm 1)^m}{m} \cos 2m\,\pi\,\zeta \cdot \frac{e^{-2m\pi\varkappa}}{1 - e^{-2m\pi\varkappa}}$$

$$= -2\sum_{1}^{\infty}{}_{m} \frac{(\pm 1)^m}{m} (1 - 2\sin^2 m\,\pi\,\zeta) \frac{e^{-2m\pi\varkappa}}{1 - e^{-2m\pi\varkappa}} = -2\sum_{1}^{\infty}{}_{m} \frac{(\pm 1)^m e^{-2m\pi\varkappa}}{m(1 - e^{-2m\pi\varkappa})} + 4\sum_{1}^{\infty}{}_{m} \frac{(\pm 1)^m e^{-2m\pi\varkappa} \sin^2 m\,\pi\,\zeta}{m(1 - e^{-2m\pi\varkappa})}.$$

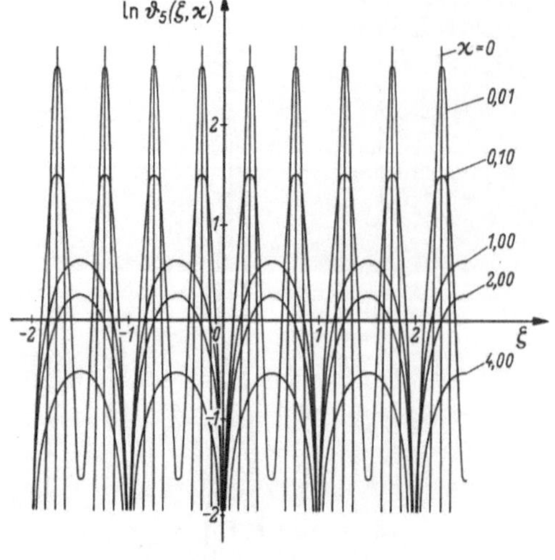

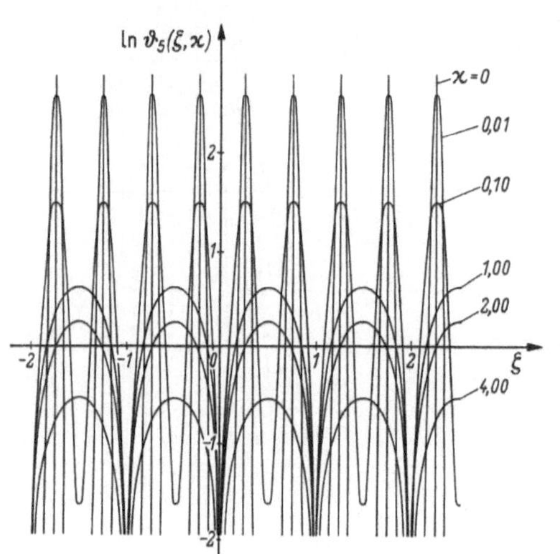

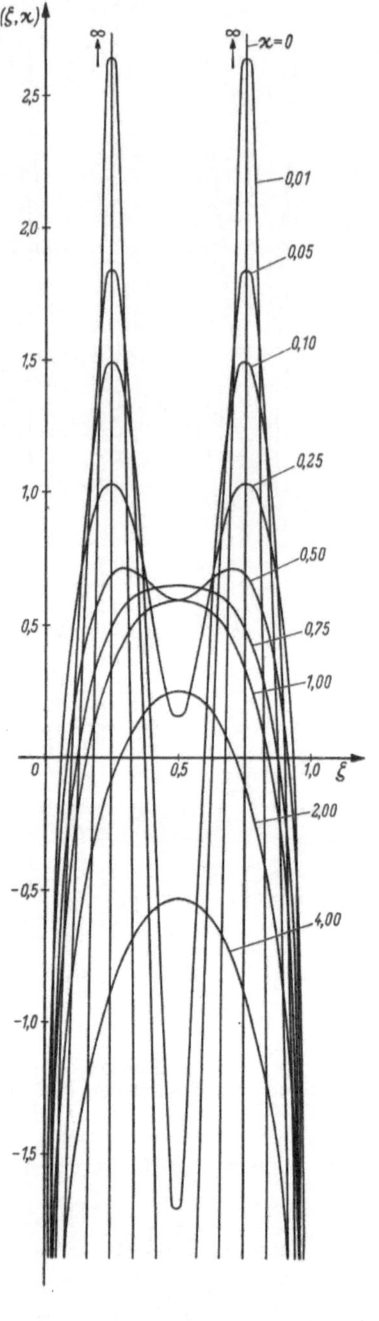

Abb. 27.
Logarithmen der Funktionen $\vartheta_5(\zeta, \varkappa)$ und $\vartheta_6(\zeta, \varkappa)$

Entsprechend erhält man

$$\sum_{1}^{\infty} {}_{n} \ln(1 \pm e^{-(2n-1)\pi\varkappa + 2\pi i\zeta}) + \sum_{1}^{\infty} {}_{n} \ln(1 \pm e^{-(2n-1)\pi\varkappa - 2\pi i\zeta}) = -2 \sum_{1}^{\infty} {}_{m} \frac{(\mp 1)^m e^{-m\pi\varkappa}}{m(1 - e^{-2m\pi\varkappa})} + 4 \sum_{1}^{\infty} {}_{m} \frac{(\mp 1)^m e^{-m\pi\varkappa} \sin^2 m\pi\zeta}{m(1 - e^{-2m\pi\varkappa})},$$

$$\sum_{1}^{\infty} {}_{n} \ln(1 \mp e^{-n\pi(\varkappa + i) + 2\pi i\zeta}) + \sum_{1}^{\infty} {}_{n} \ln(1 \mp e^{-n\pi(\varkappa + i) - 2\pi i\zeta}) = -2 \sum_{1}^{\infty} {}_{m} \frac{(\pm 1)^m e^{-m\pi(\varkappa + i)}}{m(1 - e^{-m\pi(\varkappa + i)})} + 4 \sum_{1}^{\infty} {}_{m} \frac{(\pm 1)^m e^{-m\pi(\varkappa + i)} \sin^2 m\pi\zeta}{m(1 - e^{-m\pi(\varkappa + i)})}.$$

Damit ergibt sich

$$\ln \vartheta_1(\zeta, \varkappa) = \ln 2 - \frac{\pi\varkappa}{4} + \ln \sin \pi\zeta + \sum_{1}^{\infty} {}_{n} \ln(1 - e^{-2n\pi\varkappa}) - 2 \sum_{1}^{\infty} {}_{m} \frac{e^{-2m\pi\varkappa}}{m(1 - e^{-2m\pi\varkappa})} + 4 \sum_{1}^{\infty} {}_{m} \frac{e^{-2m\pi\varkappa} \sin^2 m\pi\zeta}{m(1 - e^{-2m\pi\varkappa})},$$

$$\ln \vartheta_2(\zeta, \varkappa) = \ln 2 - \frac{\pi\varkappa}{4} + \ln \cos \pi\zeta + \sum_{1}^{\infty} {}_{n} \ln(1 - e^{-2n\pi\varkappa}) - 2 \sum_{1}^{\infty} {}_{m} \frac{(-1)^m e^{-2m\pi\varkappa}}{m(1 - e^{-2m\pi\varkappa})} + 4 \sum_{1}^{\infty} {}_{m} (-1)^m \frac{e^{-2m\pi\varkappa} \sin^2 m\pi\zeta}{m(1 - e^{-2m\pi\varkappa})}.$$

$$\ln\vartheta_3(\zeta,\varkappa)=\sum_{1}^{\infty}{}_{n}\ln(1-e^{-2n\pi\varkappa})-2\sum_{1}^{\infty}{}_{m}\frac{(-1)^m e^{-m\pi\varkappa}}{m(1-e^{-2m\pi\varkappa})}+4\sum_{1}^{\infty}{}_{m}(-1)^m\frac{e^{-m\pi\varkappa}\sin^2 m\pi\zeta}{m(1-e^{-2m\pi\varkappa})},$$

$$\ln\vartheta_4(\zeta,\varkappa)=\sum_{1}^{\infty}{}_{n}\ln(1-e^{-2n\pi\varkappa})-2\sum_{1}^{\infty}{}_{m}\frac{e^{-m\pi\varkappa}}{m(1-e^{-2m\pi\varkappa})}+4\sum_{1}^{\infty}{}_{m}\frac{e^{-m\pi\varkappa}\sin^2 m\pi\zeta}{m(1-e^{-2m\pi\varkappa})},$$

$$\ln\vartheta_{\substack{5\\6}}(\zeta,\varkappa)=\frac{3}{2}\ln 2-\frac{\pi\varkappa}{8}+\ln\substack{\sin\\\cos}\pi\zeta+\sum_{1}^{\infty}{}_{n}\ln(1-e^{-2n\pi\varkappa})-\sum_{1}^{\infty}{}_{n}\ln(1+e^{-n\pi(\varkappa+i)})+f_{\substack{5\\6}}(\zeta,\varkappa).$$

Hierin ist:

$$f_5(\zeta,\varkappa)=-2\sum_{1}^{\infty}{}_{m}\frac{e^{-m\pi(\varkappa+i)}}{m(1-e^{-m\pi(\varkappa+i)})}+4\sum_{1}^{\infty}{}_{m}\frac{e^{-m\pi(\varkappa+i)}\sin^2 m\pi\zeta}{m(1-e^{-m\pi(\varkappa+i)})},$$

$$f_6(\zeta,\varkappa)=-2\sum_{1}^{\infty}{}_{m}\frac{(-1)^m e^{-m\pi(\varkappa+i)}}{m(1-e^{-m\pi(\varkappa+i)})}+4\sum_{1}^{\infty}{}_{m}(-1)^m\frac{e^{-m\pi(\varkappa+i)}\sin^2 m\pi\zeta}{m(1-e^{-m\pi(\varkappa+i)})}.$$

Wird in diesen Gleichungen $\zeta=0$ gesetzt und bezüglich der ersten und fünften Gleichung beachtet, daß in Verbindung mit (69), (86) und (129)

$$\lim_{\zeta\to 0}\ln\vartheta_1(\zeta,\varkappa)=\lim_{\zeta\to 0}\ln\sin\pi\zeta+\lim_{\zeta\to 0}\ln\frac{\vartheta_1(\zeta,\varkappa)}{\sin\pi\zeta}=\lim_{\zeta\to 0}\ln\sin\pi\zeta+\ln\frac{\vartheta_1'(0,\varkappa)}{\pi}$$

$$\lim_{\zeta\to 0}\ln\vartheta_5(\zeta,\varkappa)=\lim_{\zeta\to 0}\ln\sin\pi\zeta+\lim_{\zeta\to 0}\ln\frac{\vartheta_5(\zeta,\varkappa)}{\sin\pi\zeta}=\lim_{\zeta\to 0}\ln\sin\pi\zeta+\frac{1}{2}\ln\frac{4\vartheta_1'(0,\varkappa)\,\vartheta_3^3(0,\varkappa)}{\pi}$$

gesetzt werden kann, so ergibt sich

$$\left.\begin{aligned}
&\ln\frac{\vartheta_1'(0,\varkappa)}{\pi}=\ln 2-\frac{\pi\varkappa}{4}+\sum_{1}^{\infty}{}_{n}\ln(1-e^{-2n\pi\varkappa})-2\sum_{1}^{\infty}{}_{n}\frac{1}{n}\,\frac{e^{-2n\pi\varkappa}}{1-e^{-2n\pi\varkappa}},\\
&\ln\vartheta_2(0,\varkappa)\;=\ln 2-\frac{\pi\varkappa}{4}+\sum_{1}^{\infty}{}_{n}\ln(1-e^{-2n\pi\varkappa})-2\sum_{1}^{\infty}{}_{n}\frac{(-1)^n}{n}\,\frac{e^{-2n\pi\varkappa}}{1-e^{-2n\pi\varkappa}},\\
&\ln\vartheta_3(0,\varkappa)\;=\sum_{1}^{\infty}{}_{n}\ln(1-e^{-2n\pi\varkappa})-2\sum_{1}^{\infty}{}_{n}\frac{(-1)^n}{n}\,\frac{e^{-n\pi\varkappa}}{1-e^{-2n\pi\varkappa}},\\
&\ln\vartheta_4(0,\varkappa)\;=\sum_{1}^{\infty}{}_{n}\ln(1-e^{-2n\pi\varkappa})-2\sum_{1}^{\infty}{}_{n}\frac{1}{n}\,\frac{e^{-n\pi\varkappa}}{1-e^{-2n\pi\varkappa}},\\
&\ln\frac{\vartheta_1'(0,\varkappa)\,\vartheta_3^3(0,\varkappa)}{\pi}\\
&\quad=-\frac{\pi\varkappa}{4}+\ln 2+2\sum_{1}^{\infty}{}_{n}\ln(1-e^{-2n\pi\varkappa})-2\sum_{1}^{\infty}{}_{n}\ln(1+(-1)^n e^{-n\pi\varkappa})-4\sum_{1}^{\infty}{}_{n}\frac{(-1)^n}{n}\,\frac{e^{-n\pi\varkappa}}{1-(-1)^n e^{-n\pi\varkappa}},\\
&\ln\vartheta_2(0,\varkappa)\,\vartheta_4(0,\varkappa)\\
&\quad=-\frac{\pi\varkappa}{4}+\ln 2+2\sum_{1}^{\infty}{}_{n}\ln(1-e^{-2n\pi\varkappa})-2\sum_{1}^{\infty}{}_{n}\ln(1+(-1)^n e^{-n\pi\varkappa})-4\sum_{1}^{\infty}{}_{n}\frac{1}{n}\,\frac{e^{-n\pi\varkappa}}{1-(-1)^n e^{-n\pi\varkappa}}.
\end{aligned}\right\}\quad(170)$$

Unter Berücksichtigung von (170) lauten die trigonometrischen Entwicklungen der Logarithmen der Theta-Funktionen

$$\left.\begin{aligned}
&\ln\frac{\pi\,\vartheta_1(\zeta,\varkappa)}{\vartheta_1'(0,\varkappa)}=\ln\sin\pi\zeta+4\sum_{1}^{\infty}{}_{n}\frac{1}{n}\,\frac{e^{-2n\pi\varkappa}\sin^2 n\pi\zeta}{1-e^{-2n\pi\varkappa}},\\
&\ln\frac{\vartheta_2(\zeta,\varkappa)}{\vartheta_2(0,\varkappa)}=\ln\cos\pi\zeta+4\sum_{1}^{\infty}{}_{n}\frac{(-1)^n}{n}\,\frac{e^{-2n\pi\varkappa}\sin^2 n\pi\zeta}{1-e^{-2n\pi\varkappa}},\\
&\ln\frac{\vartheta_3(\zeta,\varkappa)}{\vartheta_3(0,\varkappa)}=4\sum_{1}^{\infty}{}_{n}\frac{(-1)^n}{n}\,\frac{e^{-n\pi\varkappa}\sin^2 n\pi\zeta}{1-e^{-2n\pi\varkappa}},\\
&\ln\frac{\vartheta_4(\zeta,\varkappa)}{\vartheta_4(0,\varkappa)}=4\sum_{1}^{\infty}{}_{n}\frac{1}{n}\,\frac{e^{-n\pi\varkappa}\sin^2 n\pi\zeta}{1-e^{-2n\pi\varkappa}}, \qquad [|e^{-\pi\varkappa\pm 2\pi i\zeta}|<1],\\
&\ln\frac{\frac{1}{2}\sqrt{\pi}\,\vartheta_5(\zeta,\varkappa)}{\sqrt{\vartheta_1'(0,\varkappa)\,\vartheta_3^3(0,\varkappa)}}=\ln\sin\pi\zeta+4\sum_{1}^{\infty}{}_{n}\frac{(-1)^n}{n}\,\frac{e^{-n\pi\varkappa}\sin^2 n\pi\zeta}{1-(-1)^n e^{-n\pi\varkappa}},\\
&\ln\frac{\frac{1}{2}\vartheta_6(\zeta,\varkappa)}{\sqrt{\vartheta_2(0,\varkappa)\,\vartheta_4(0,\varkappa)}}=\ln\cos\pi\zeta+4\sum_{1}^{\infty}{}_{n}\frac{1}{n}\,\frac{e^{-n\pi\varkappa}\sin^2 n\pi\zeta}{1-(-1)^n e^{-n\pi\varkappa}}.
\end{aligned}\right\}\quad(171)$$

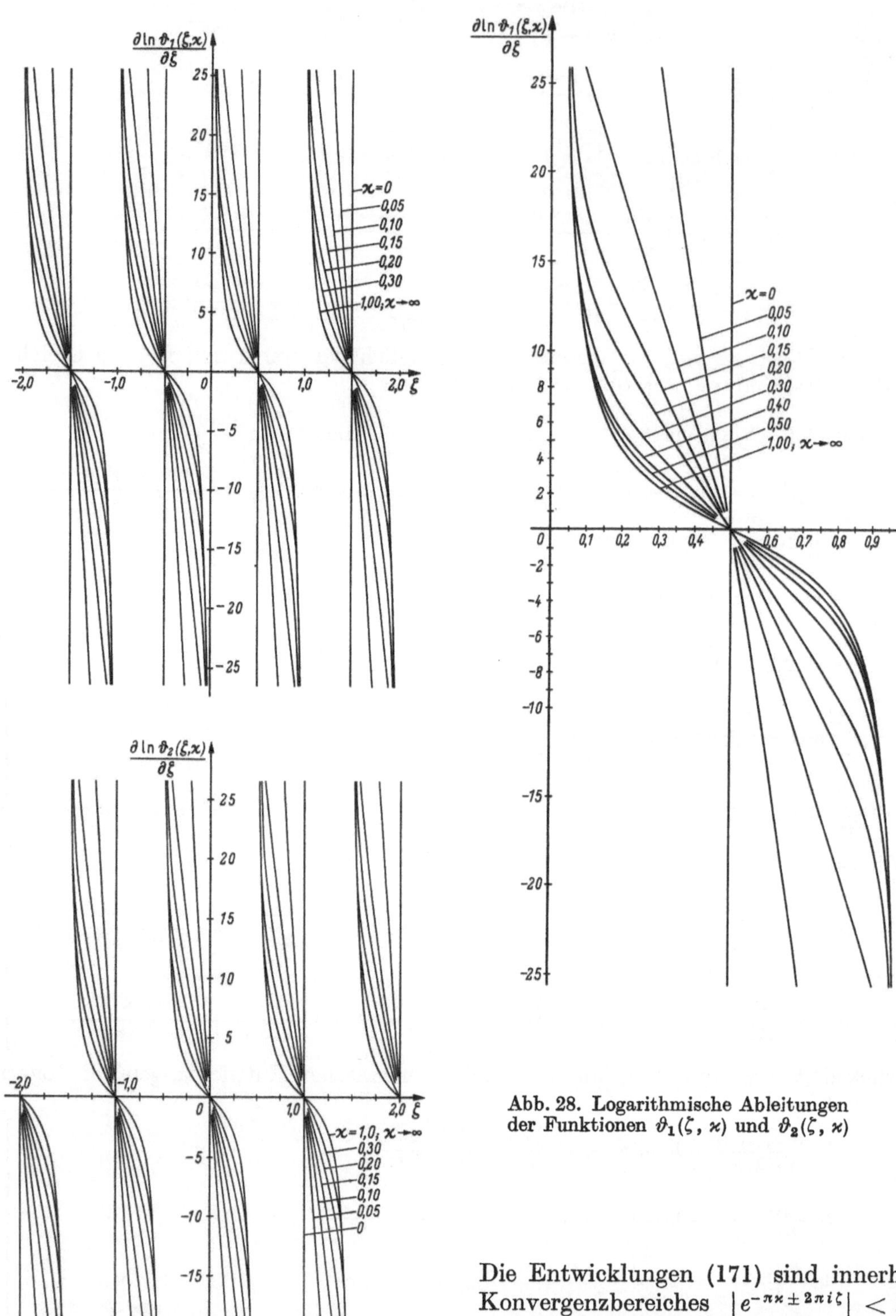

Abb. 28. Logarithmische Ableitungen der Funktionen $\vartheta_1(\zeta, \varkappa)$ und $\vartheta_2(\zeta, \varkappa)$

Die Entwicklungen (171) sind innerhalb ihres Konvergenzbereiches $|e^{-\pi\varkappa \pm 2\pi i \zeta}| < 1$ gleichmäßig konvergent. Aus dem Konvergenzbereich ist ersichtlich, daß sie für $\varkappa > 0$ und reelle ζ-Werte unbegrenzt konvergent sind, während bei imaginären ζ-Werten die Entwicklungen nur für $|\zeta| < \frac{1}{2}$ brauchbar sind.

Wird in (171) ζ mit $i\,\zeta/\varkappa$ und $\varkappa$ mit $1/\varkappa$ vertauscht, so ergeben sich hyperbolische Reihenentwicklungen. Hierbei können die linken Seiten nach (164) unter Bezugnahme auf den Hauptwert $\nu = 0$

und unter Vertauschung von ζ mit $i\,\zeta/\varkappa$ und $\varkappa$ mit $1/\varkappa$ umgeformt werden. Man erhält bei gleichzeitiger Beachtung von (67):

$$\left.\begin{aligned}
\ln\frac{\pi\,\vartheta_1(\zeta,\varkappa)}{\varkappa\,\vartheta_1'(0,\varkappa)} &= -\frac{\pi}{\varkappa}\zeta^2+\ln\sinh\frac{\pi\zeta}{\varkappa}-4\sum_1^\infty\frac{1}{n}\,\frac{e^{-2n\pi/\varkappa}\sinh^2\frac{n\pi\zeta}{\varkappa}}{1-e^{-2n\pi/\varkappa}},\\
\ln\frac{\vartheta_2(\zeta,\varkappa)}{\vartheta_2(0,\varkappa)} &= -\frac{\pi}{\varkappa}\zeta^2-4\sum_1^\infty\frac{1}{n}\,\frac{e^{-n\pi/\varkappa}\sinh^2\frac{n\pi\zeta}{\varkappa}}{1-e^{-2n\pi/\varkappa}},\\
\ln\frac{\vartheta_3(\zeta,\varkappa)}{\vartheta_3(0,\varkappa)} &= -\frac{\pi}{\varkappa}\zeta^2-4\sum_1^\infty\frac{(-1)^n}{n}\,\frac{e^{-n\pi/\varkappa}\sinh^2\frac{n\pi\zeta}{\varkappa}}{1-e^{-2n\pi/\varkappa}}, \qquad [0\leqq|\zeta|<\tfrac12,\ \varkappa>0],\\
\ln\frac{\vartheta_4(\zeta,\varkappa)}{\vartheta_4(0,\varkappa)} &= -\frac{\pi}{\varkappa}\zeta^2+\ln\cosh\frac{\pi\zeta}{\varkappa}-4\sum_1^\infty\frac{(-1)^n}{n}\,\frac{e^{-2n\pi/\varkappa}\sinh^2\frac{n\pi\zeta}{\varkappa}}{1-e^{-2n\pi/\varkappa}},\\
\ln\frac{\frac12\sqrt{\pi}\,\vartheta_5(\zeta,\varkappa)}{\varkappa\sqrt{\vartheta_1'(0,\varkappa)\,\vartheta_3^3(0,\varkappa)}} &= -\frac{2\pi}{\varkappa}\zeta^2+\ln\sinh\frac{\pi\zeta}{\varkappa}-4\sum_1^\infty\frac{(-1)^n}{n}\,\frac{e^{-n\pi/\varkappa}\sinh^2\frac{n\pi\zeta}{\varkappa}}{1-(-1)^n e^{-n\pi/\varkappa}},\\
\ln\frac{\frac12\,\vartheta_6(\zeta,\varkappa)}{\sqrt{\vartheta_2(0,\varkappa)\,\vartheta_4(0,\varkappa)}} &= -\frac{2\pi}{\varkappa}\zeta^2+\ln\cosh\frac{\pi\zeta}{\varkappa}-4\sum_1^\infty\frac{1}{n}\,\frac{e^{-n\pi/\varkappa}\sinh^2\frac{n\pi\zeta}{\varkappa}}{1-(-1)^n e^{-n\pi/\varkappa}}.
\end{aligned}\right\}\quad(172)$$

Da die Entwicklungen (171) und (172) gleichmäßig konvergent sind, können sie gliedweise differenziert werden. Es folgt daher für die logarithmischen Ableitungen der Theta-Funktionen

$$\left.\begin{aligned}
\frac{\partial}{\partial\zeta}\ln\vartheta_1(\zeta,\varkappa) &= +\pi\coth\pi\zeta+4\pi\sum_1^\infty\frac{e^{-2n\pi\varkappa}\sin 2n\pi\zeta}{1-e^{-2n\pi\varkappa}}\\
&= -\frac{2\pi}{\varkappa}\zeta+\frac{\pi}{\varkappa}\coth\frac{\pi\zeta}{\varkappa}-\frac{4\pi}{\varkappa}\sum_1^\infty\frac{e^{-2n\pi/\varkappa}\sinh\frac{2n\pi\zeta}{\varkappa}}{1-e^{-2n\pi/\varkappa}},\\
\frac{\partial}{\partial\zeta}\ln\vartheta_2(\zeta,\varkappa) &= -\pi\tanh\pi\zeta+4\pi\sum_1^\infty(-1)^n\frac{e^{-2n\pi\varkappa}\sin 2n\pi\zeta}{1-e^{-2n\pi\varkappa}}\\
&= -\frac{2\pi}{\varkappa}\zeta-\frac{4\pi}{\varkappa}\sum_1^\infty\frac{e^{-n\pi/\varkappa}\sinh\frac{2n\pi\zeta}{\varkappa}}{1-e^{-2n\pi/\varkappa}},\\
\frac{\partial}{\partial\zeta}\ln\vartheta_3(\zeta,\varkappa) &= 4\pi\sum_1^\infty(-1)^n\frac{e^{-n\pi\varkappa}\sin 2n\pi\zeta}{1-e^{-2n\pi\varkappa}}\\
&= -\frac{2\pi}{\varkappa}\zeta-\frac{4\pi}{\varkappa}\sum_1^\infty(-1)^n\frac{e^{-n\pi/\varkappa}\sinh\frac{2n\pi\zeta}{\varkappa}}{1-e^{-2n\pi/\varkappa}},\\
\frac{\partial}{\partial\zeta}\ln\vartheta_4(\zeta,\varkappa) &= 4\pi\sum_1^\infty\frac{e^{-n\pi\varkappa}\sin 2n\pi\zeta}{1-e^{-n\pi\varkappa}}\\
&= -\frac{2\pi}{\varkappa}\zeta+\frac{\pi}{\varkappa}\tanh\frac{\pi\zeta}{\varkappa}-\frac{4\pi}{\varkappa}\sum_1^\infty(-1)^n\frac{e^{-2n\pi/\varkappa}\sinh\frac{2n\pi\zeta}{\varkappa}}{1-e^{-2n\pi/\varkappa}},\\
\frac{\partial}{\partial\zeta}\ln\vartheta_5(\zeta,\varkappa) &= +\pi\cot\pi\zeta+4\pi\sum_1^\infty(-1)^n\frac{e^{-n\pi\varkappa}\sin 2n\pi\zeta}{1-(-1)^n e^{-n\pi\varkappa}}\\
&= -\frac{4\pi}{\varkappa}\zeta+\frac{\pi}{\varkappa}\coth\frac{\pi\zeta}{\varkappa}-\frac{4\pi}{\varkappa}\sum_1^\infty(-1)^n\frac{e^{-n\pi/\varkappa}\sinh\frac{2n\pi\zeta}{\varkappa}}{1-(-1)^n e^{-n\pi/\varkappa}},\\
\frac{\partial}{\partial\zeta}\ln\vartheta_6(\zeta,\varkappa) &= -\pi\tan\pi\zeta+4\pi\sum_1^\infty\frac{e^{-n\pi\varkappa}\sin 2n\pi\zeta}{1-(-1)^n e^{-n\pi\varkappa}}\\
&= -\frac{4\pi}{\varkappa}\zeta+\frac{\pi}{\varkappa}\tanh\frac{\pi\zeta}{\varkappa}-\frac{4\pi}{\varkappa}\sum_1^\infty\frac{e^{-n\pi/\varkappa}\sinh\frac{2n\pi\zeta}{\varkappa}}{1-(-1)^n e^{-n\pi/\varkappa}}.\\
&[|e^{-\pi\varkappa\pm 2\pi i\zeta}|<1] \qquad [0\leqq|\zeta|<\tfrac12,\ \varkappa>0]
\end{aligned}\right\}\quad(173)$$

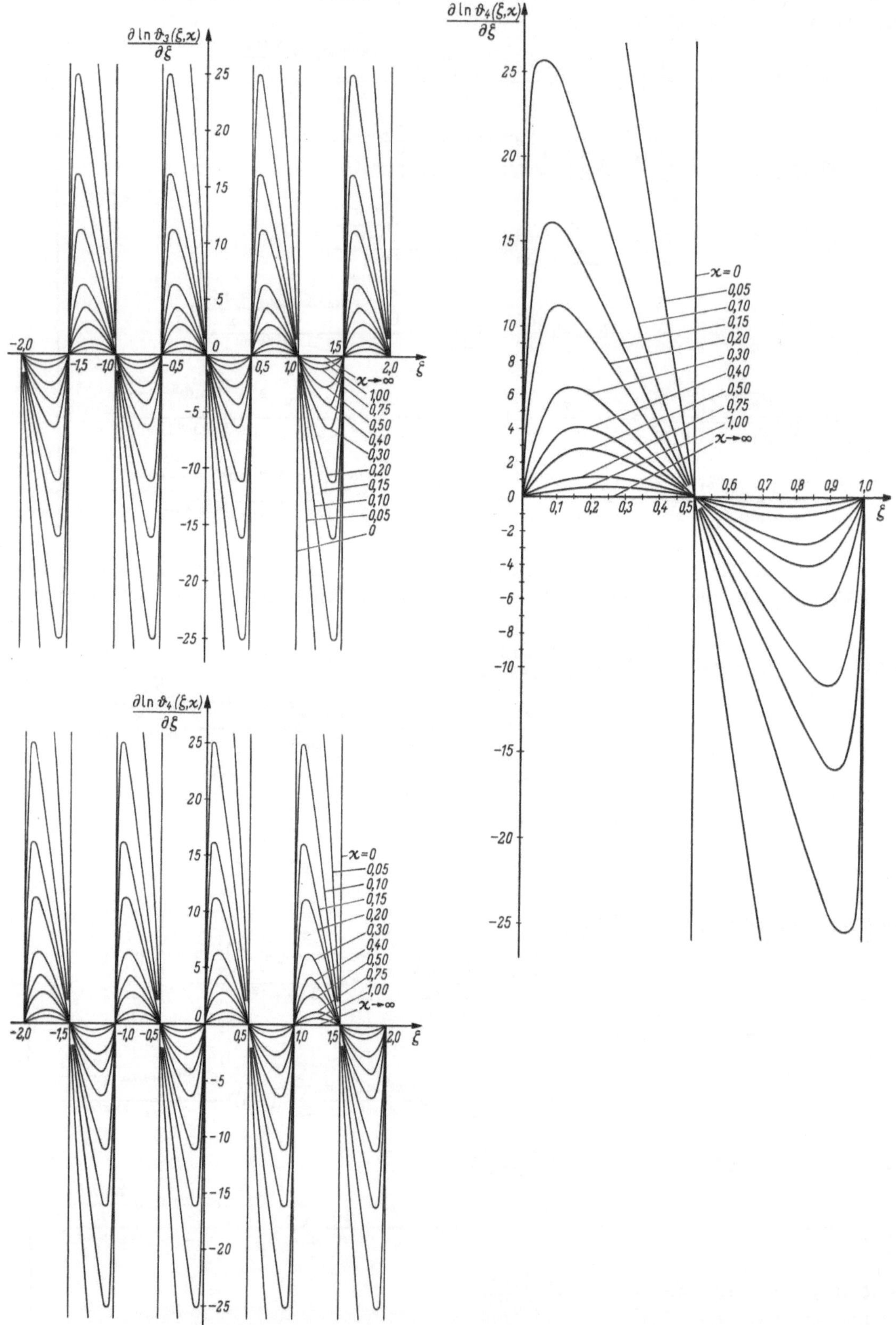

Abb. 29. Logarithmische Ableitungen der Funktionen $\vartheta_3(\zeta, \varkappa)$ und $\vartheta_4(\zeta, \varkappa)$

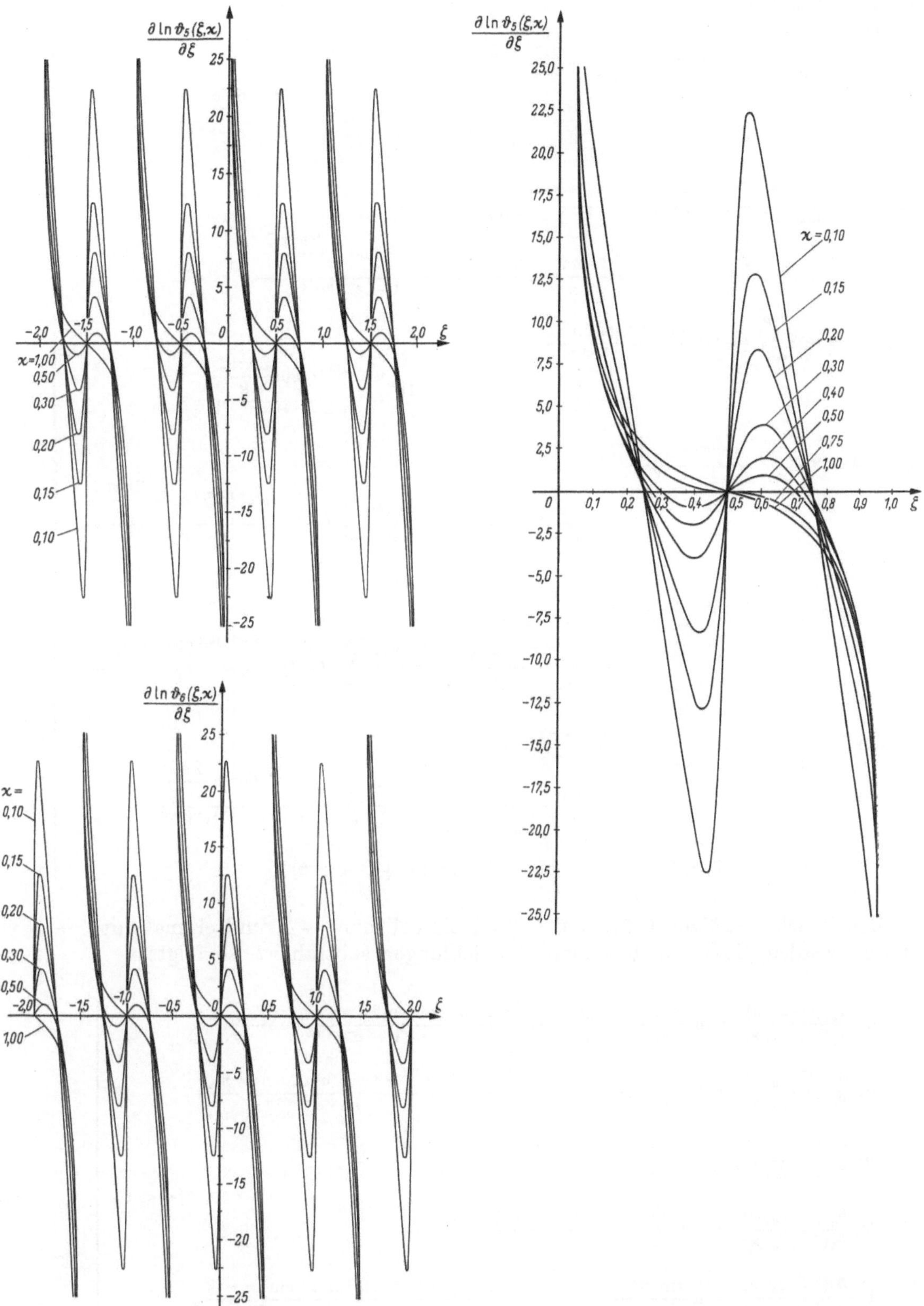

Abb. 30. Logarithmische Ableitungen der Funktionen $\vartheta_5(\zeta, \varkappa)$ und $\vartheta_6(\zeta, \varkappa)$

Die gliedweise Differentiation von (173) nach ζ liefert für die zweiten logarithmischen Ableitungen der Theta-Funktionen

$$\left.\begin{aligned}
\frac{\partial^2}{\partial\zeta^2}\ln\vartheta_1(\zeta,\varkappa) &= \frac{-\pi^2}{\sin^2\pi\zeta} + 8\pi^2\sum_1^\infty \frac{n\,e^{-2n\pi\varkappa}\cos 2n\pi\zeta}{1-e^{-2n\pi\varkappa}}\\
&= -\frac{2\pi}{\varkappa} - \frac{\pi^2/\varkappa^2}{\sinh^2\dfrac{\pi\zeta}{\varkappa}} - \frac{8\pi^2}{\varkappa^2}\sum_1^\infty \frac{n\,e^{-2n\pi/\varkappa}\cosh\dfrac{2n\pi\zeta}{\varkappa}}{1-e^{-2n\pi/\varkappa}},\\
\frac{\partial^2}{\partial\zeta^2}\ln\vartheta_2(\zeta,\varkappa) &= \frac{-\pi^2}{\cos^2\pi\zeta} + 8\pi^2\sum_1^\infty (-1)^n\frac{n\,e^{-2n\pi\varkappa}\cos 2n\pi\zeta}{1-e^{-2n\pi\varkappa}}\\
&= -\frac{2\pi}{\varkappa} - \frac{8\pi^2}{\varkappa^2}\sum_1^\infty \frac{n\,e^{-n\pi/\varkappa}\cosh\dfrac{2n\pi\zeta}{\varkappa}}{1-e^{-2n\pi/\varkappa}},\\
\frac{\partial^2}{\partial\zeta^2}\ln\vartheta_3(\zeta,\varkappa) &= 8\pi^2\sum_1^\infty (-1)^n\frac{n\,e^{-n\pi\varkappa}\cos 2n\pi\zeta}{1-e^{-2n\pi\varkappa}}\\
&= -\frac{2\pi}{\varkappa} - \frac{8\pi^2}{\varkappa^2}\sum_1^\infty (-1)^n\frac{n\,e^{-n\pi/\varkappa}\cosh\dfrac{2n\pi\zeta}{\varkappa}}{1-e^{-2n\pi/\varkappa}},\\
\frac{\partial^2}{\partial\zeta^2}\ln\vartheta_4(\zeta,\varkappa) &= 8\pi^2\sum_1^\infty \frac{n\,e^{-n\pi\varkappa}\cos 2n\pi\zeta}{1-e^{-2n\pi\varkappa}}\\
&= -\frac{2\pi}{\varkappa} + \frac{\pi^2/\varkappa^2}{\cosh^2\dfrac{\pi\zeta}{\varkappa}} - \frac{8\pi^2}{\varkappa^2}\sum_1^\infty (-1)^n\frac{n\,e^{-2n\pi/\varkappa}\cosh\dfrac{2n\pi\zeta}{\varkappa}}{1-e^{-2n\pi/\varkappa}},\\
\frac{\partial^2}{\partial\zeta^2}\ln\vartheta_5(\zeta,\varkappa) &= \frac{-\pi^2}{\sin^2\pi\zeta} + 8\pi^2\sum_1^\infty (-1)^n\frac{n\,e^{-n\pi\varkappa}\cos 2n\pi\zeta}{1-(-1)^n e^{-n\pi\varkappa}}\\
&= -\frac{4\pi}{\varkappa} - \frac{\pi^2/\varkappa^2}{\sinh^2\dfrac{\pi\zeta}{\varkappa}} - \frac{8\pi^2}{\varkappa^2}\sum_1^\infty (-1)^n\frac{n\,e^{-n\pi/\varkappa}\cosh\dfrac{2n\pi\zeta}{\varkappa}}{1-(-1)^n e^{-n\pi/\varkappa}},\\
\frac{\partial^2}{\partial\zeta^2}\ln\vartheta_6(\zeta,\varkappa) &= \frac{-\pi^2}{\cos^2\pi\zeta} + 8\pi^2\sum_1^\infty \frac{n\,e^{-n\pi\varkappa}\cos 2n\pi\zeta}{1-(-1)^n e^{-n\pi\varkappa}}\\
&= -\frac{4\pi}{\varkappa} + \frac{\pi^2/\varkappa^2}{\cosh^2\dfrac{\pi\zeta}{\varkappa}} - \frac{8\pi^2}{\varkappa^2}\sum_1^\infty \frac{n\,e^{-n\pi/\varkappa}\cosh\dfrac{2n\pi\zeta}{\varkappa}}{1-(-1)^n e^{-n\pi/\varkappa}}.\\
&[|e^{-\pi\varkappa\pm 2\pi i\zeta}|<1] \qquad [0\leqq|\zeta|<\tfrac{1}{2},\quad \varkappa>0]
\end{aligned}\right\} \quad (174)$$

Wird in den Gleichungssätzen (171) und (172) ζ einmal mit $\zeta-\zeta_0$ und einmal mit $\zeta+\zeta_0$ vertauscht und werden die so entstehenden Entwicklungen subtrahiert, so folgt:

$$\left.\begin{aligned}
\ln\frac{\vartheta_1(\zeta-\zeta_0,\varkappa)}{\vartheta_1(\zeta+\zeta_0,\varkappa)} &= \ln\frac{\sin\pi(\zeta-\zeta_0)}{\sin\pi(\zeta+\zeta_0)} - 4\sum_1^\infty \frac{1}{n}\,\frac{e^{-2n\pi\varkappa}\sin 2n\pi\zeta\sin 2n\pi\zeta_0}{1-e^{-2n\pi\varkappa}},\\
\ln\frac{\vartheta_2(\zeta-\zeta_0,\varkappa)}{\vartheta_2(\zeta+\zeta_0,\varkappa)} &= \ln\frac{\cos\pi(\zeta-\zeta_0)}{\cos\pi(\zeta+\zeta_0)} - 4\sum_1^\infty \frac{(-1)^n}{n}\,\frac{e^{-2n\pi\varkappa}\sin 2n\pi\zeta\sin 2n\pi\zeta_0}{1-e^{-2n\pi\varkappa}},\\
\ln\frac{\vartheta_3(\zeta-\zeta_0,\varkappa)}{\vartheta_3(\zeta+\zeta_0,\varkappa)} &= -4\sum_1^\infty \frac{(-1)^n}{n}\,\frac{e^{-n\pi\varkappa}\sin 2n\pi\zeta\sin 2n\pi\zeta_0}{1-e^{-2n\pi\varkappa}},\\
\ln\frac{\vartheta_4(\zeta-\zeta_0,\varkappa)}{\vartheta_4(\zeta+\zeta_0,\varkappa)} &= -4\sum_1^\infty \frac{1}{n}\,\frac{e^{-n\pi\varkappa}\sin 2n\pi\zeta\sin 2n\pi\zeta_0}{1-e^{-2n\pi\varkappa}}, \qquad [|e^{-\pi\varkappa\pm 2\pi i\zeta}|<1],\\
\ln\frac{\vartheta_5(\zeta-\zeta_0,\varkappa)}{\vartheta_5(\zeta+\zeta_0,\varkappa)} &= \ln\frac{\sin\pi(\zeta-\zeta_0)}{\sin\pi(\zeta+\zeta_0)} - 4\sum_1^\infty \frac{(-1)^n}{n}\,\frac{e^{-n\pi\varkappa}\sin 2n\pi\zeta\sin 2n\pi\zeta_0}{1-(-1)^n e^{-n\pi\varkappa}},\\
\ln\frac{\vartheta_6(\zeta-\zeta_0,\varkappa)}{\vartheta_6(\zeta+\zeta_0,\varkappa)} &= \ln\frac{\cos\pi(\zeta-\zeta_0)}{\cos\pi(\zeta+\zeta_0)} - 4\sum_1^\infty \frac{1}{n}\,\frac{e^{-n\pi\varkappa}\sin 2n\pi\zeta\sin 2n\pi\zeta_0}{1-(-1)^n e^{-n\pi\varkappa}},
\end{aligned}\right\} \quad (175)$$

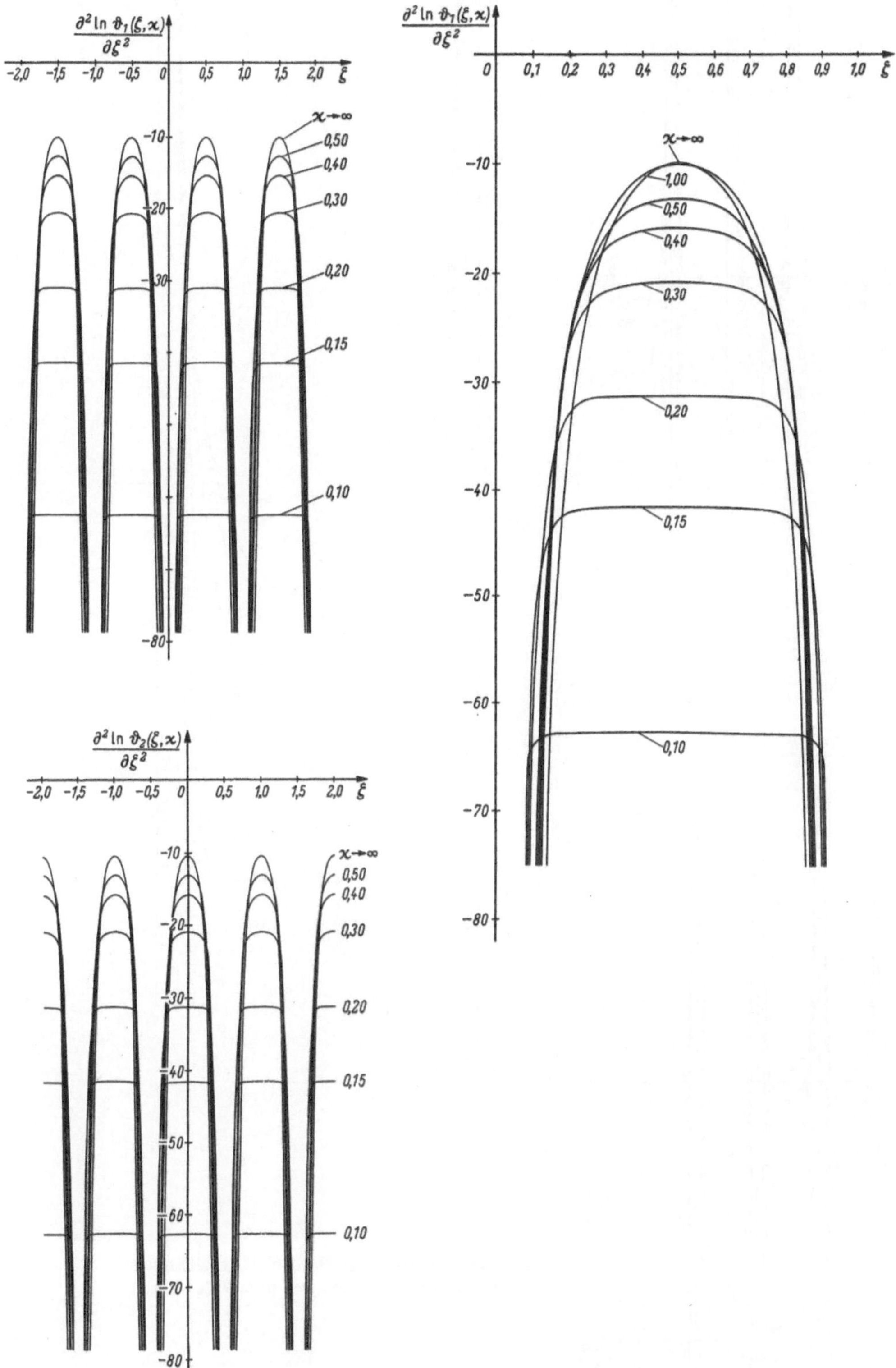

Abb. 31. Zweite logarithmische Ableitungen der Funktionen $\vartheta_1(\zeta, \varkappa)$ und $\vartheta_2(\zeta . \varkappa)$

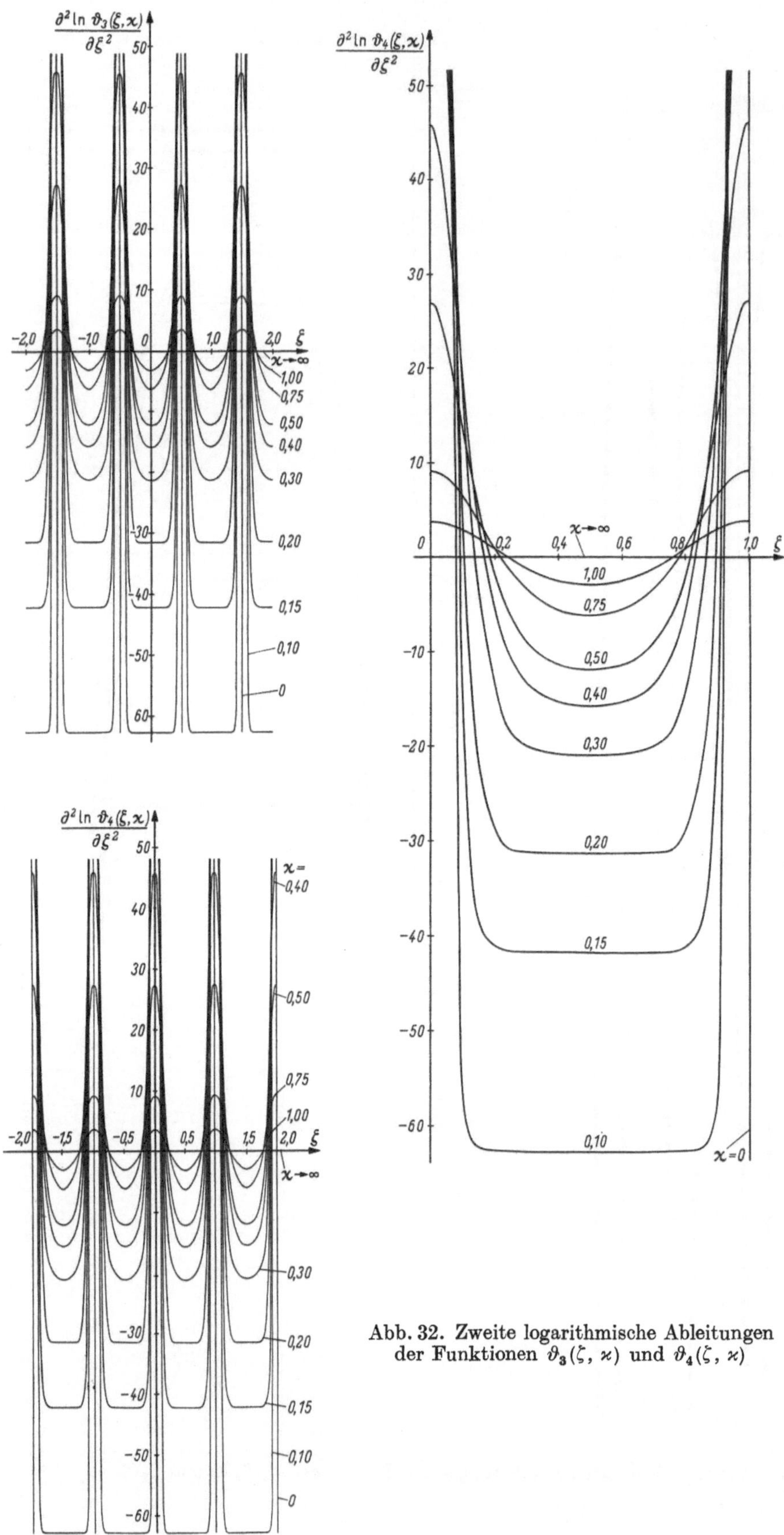

Abb. 32. Zweite logarithmische Ableitungen der Funktionen $\vartheta_3(\zeta, \varkappa)$ und $\vartheta_4(\zeta, \varkappa)$

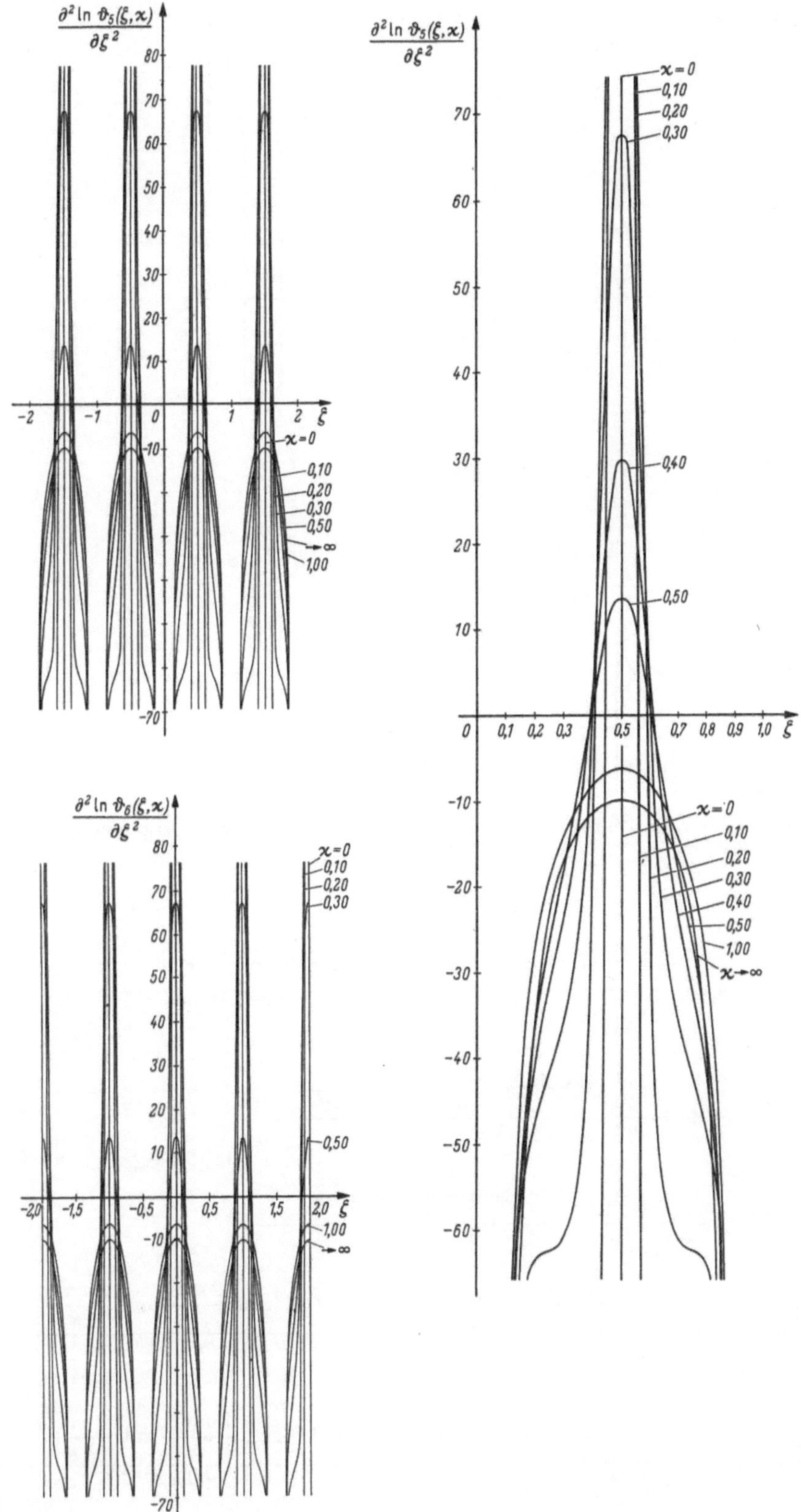

Abb. 33. Zweite logarithmische Ableitungen der Funktionen $\vartheta_5(\zeta, \varkappa)$ und $\vartheta_6(\zeta, \varkappa)$

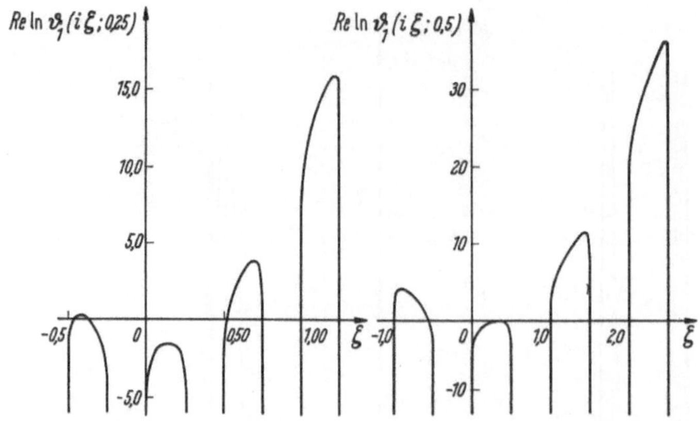

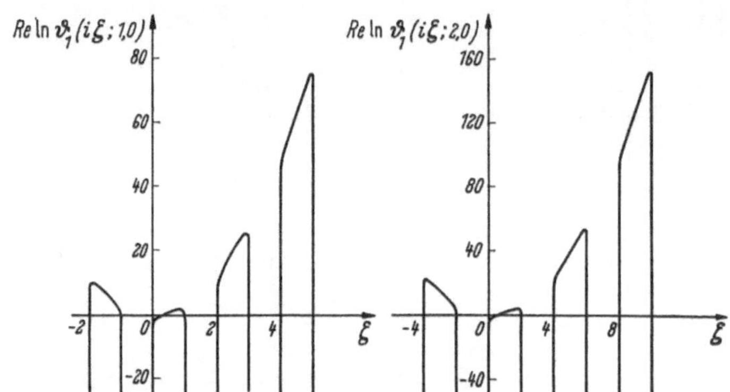

Abb. 34. Realteile der Logarithmen der Funktion $\vartheta_1(\zeta, \varkappa)$ für imaginäres Argument

bzw.

$$\ln \frac{\vartheta_1(\zeta - \zeta_0, \varkappa)}{\vartheta_1(\zeta + \zeta_0, \varkappa)} = \frac{4\pi}{\varkappa} \zeta \zeta_0 + \ln \frac{\sinh \frac{\pi}{\varkappa}(\zeta - \zeta_0)}{\sinh \frac{\pi}{\varkappa}(\zeta + \zeta_0)} + 4 \sum_{1}^{\infty} \frac{1}{n} \frac{e^{-2n\pi/\varkappa} \sinh \frac{2n\pi\zeta}{\varkappa} \sinh \frac{2n\pi\zeta_0}{\varkappa}}{1 - e^{-2n\pi/\varkappa}},$$

$$\ln \frac{\vartheta_2(\zeta - \zeta_0, \varkappa)}{\vartheta_2(\zeta + \zeta_0, \varkappa)} = \frac{4\pi}{\varkappa} \zeta \zeta_0 + 4 \sum_{1}^{\infty} \frac{1}{n} \frac{e^{-n\pi/\varkappa} \sinh \frac{2n\pi\zeta}{\varkappa} \sinh \frac{2n\pi\zeta_0}{\varkappa}}{1 - e^{-2n\pi/\varkappa}},$$

$$[0 \leqq |\zeta \mp \zeta_0| < \tfrac{1}{2}, \quad \varkappa > 0]$$

$$\ln \frac{\vartheta_3(\zeta - \zeta_0, \varkappa)}{\vartheta_3(\zeta + \zeta_0, \varkappa)} = \frac{4\pi}{\varkappa} \zeta \zeta_0 + 4 \sum_{1}^{\infty} \frac{(-1)^n}{n} \frac{e^{-n\pi/\varkappa} \sinh \frac{2n\pi\zeta}{\varkappa} \sinh \frac{2n\pi\zeta_0}{\varkappa}}{1 - e^{-2n\pi/\varkappa}},$$

$$\ln \frac{\vartheta_4(\zeta - \zeta_0, \varkappa)}{\vartheta_4(\zeta + \zeta_0, \varkappa)} = \frac{4\pi}{\varkappa} \zeta \zeta_0 + \ln \frac{\cosh \frac{\pi}{\varkappa}(\zeta - \zeta_0)}{\cosh \frac{\pi}{\varkappa}(\zeta + \zeta_0)} + 4 \sum_{1}^{\infty} \frac{(-1)^n}{n} \frac{e^{-2n\pi/\varkappa} \sinh \frac{2n\pi\zeta}{\varkappa} \sinh \frac{2n\pi\zeta_0}{\varkappa}}{1 - e^{-2n\pi/\varkappa}}, \tag{176}$$

$$\ln \frac{\vartheta_5(\zeta - \zeta_0, \varkappa)}{\vartheta_5(\zeta + \zeta_0, \varkappa)} = \frac{8\pi}{\varkappa} \zeta \zeta_0 + \ln \frac{\sinh \frac{\pi}{\varkappa}(\zeta - \zeta_0)}{\sinh \frac{\pi}{\varkappa}(\zeta + \zeta_0)} + 4 \sum_{1}^{\infty} \frac{(-1)^n}{n} \frac{e^{-n\pi/\varkappa} \sinh \frac{2n\pi\zeta}{\varkappa} \sinh \frac{2n\pi\zeta_0}{\varkappa}}{1 - (-1)^n e^{-n\pi/\varkappa}},$$

$$\ln \frac{\vartheta_6(\zeta - \zeta_0, \varkappa)}{\vartheta_6(\zeta + \zeta_0, \varkappa)} = \frac{8\pi}{\varkappa} \zeta \zeta_0 + \ln \frac{\cosh \frac{\pi}{\varkappa}(\zeta - \zeta_0)}{\cosh \frac{\pi}{\varkappa}(\zeta + \zeta_0)} + 4 \sum_{1}^{\infty} \frac{1}{n} \frac{e^{-n\pi/\varkappa} \sinh \frac{2n\pi\zeta}{\varkappa} \sinh \frac{2n\pi\zeta_0}{\varkappa}}{1 - (-1)^n e^{-n\pi/\varkappa}}.$$

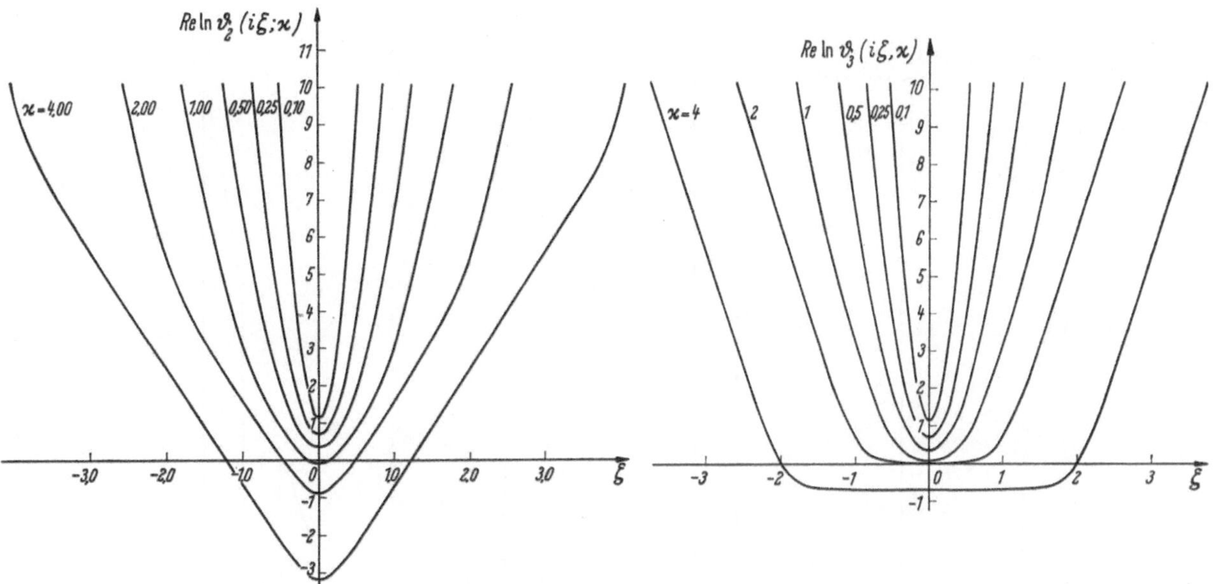

Abb. 35. Realteile der Logarithmen der Funktion $\vartheta_2(\zeta, \varkappa)$ für imaginäres Argument

Abb. 36. Realteile der Logarithmen der Funktion $\vartheta_3(\zeta, \varkappa)$ für imaginäres Argument

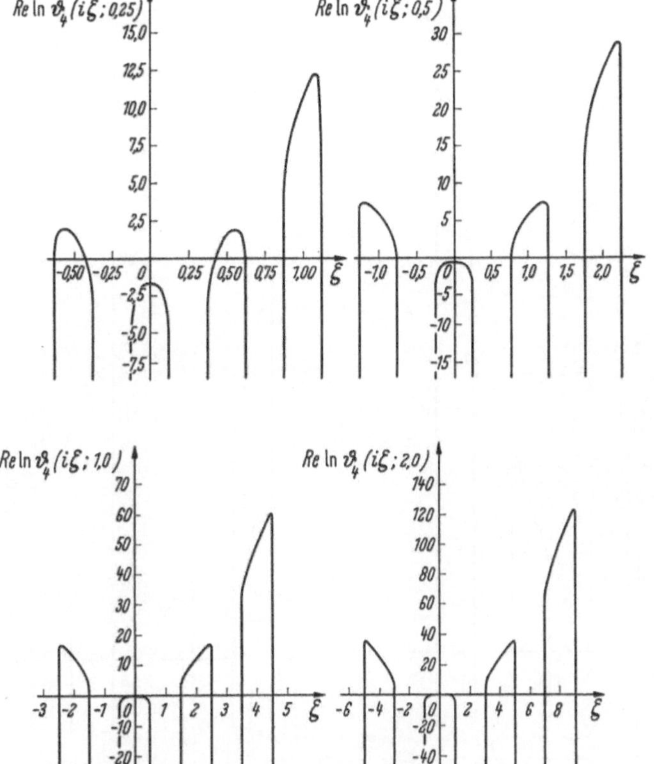

Abb. 37. Realteile der Logarithmen der Funktion $\vartheta_4(\zeta, \varkappa)$ für imaginäres Argument.

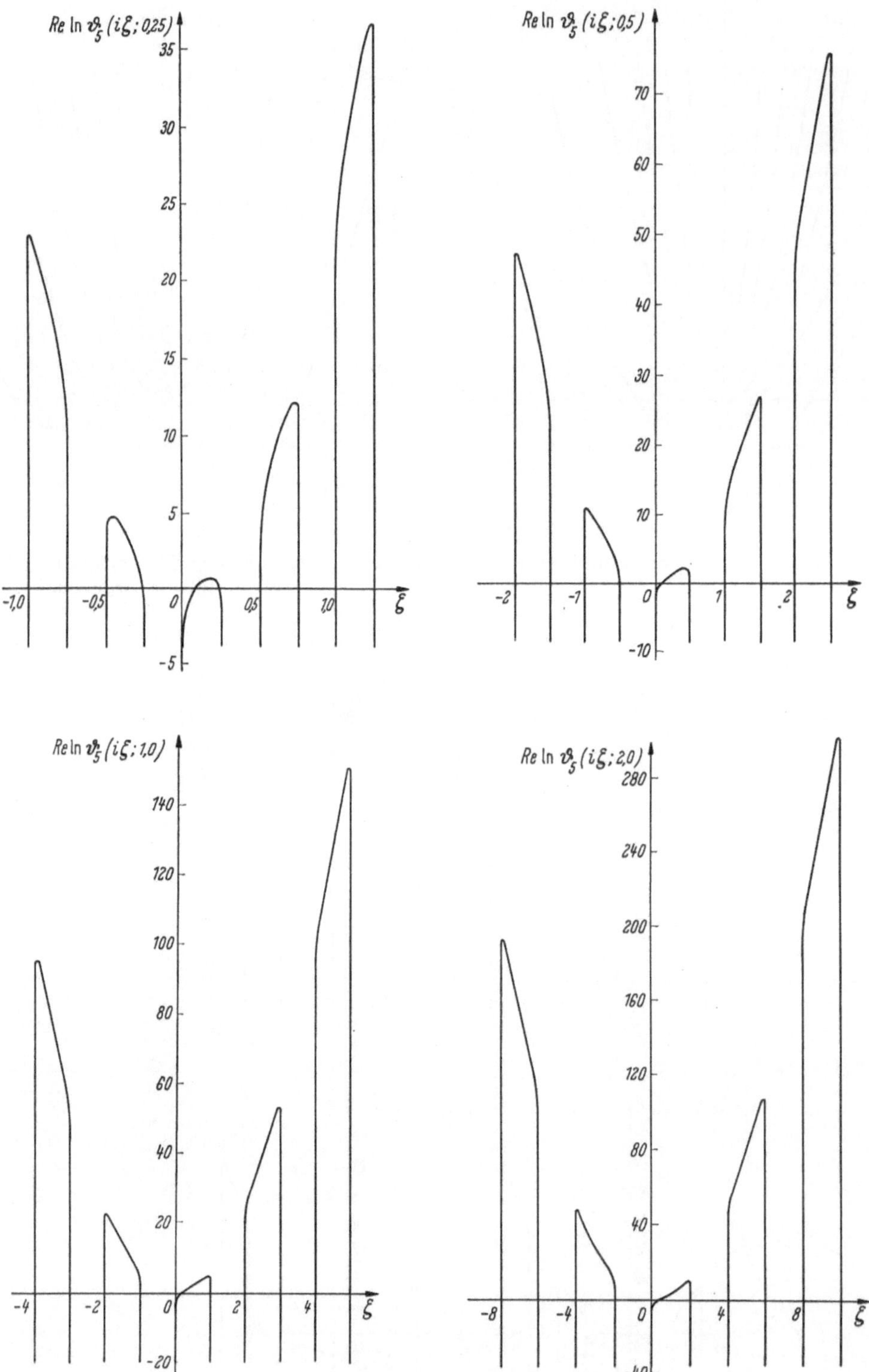

Abb. 38. Realteile der Logarithmen der Funktion $\vartheta_5(\zeta, \varkappa)$ für imaginäres Argument

Wird in (175) und (176) ζ_0 mit $i\,\zeta_0$ vertauscht und gleichzeitig mit $1/i$ multipliziert, so entstehen die weiteren Gleichungssätze

$$\left.\begin{aligned}
\frac{1}{i}\ln\frac{\vartheta_1(\zeta-i\,\zeta_0,\varkappa)}{\vartheta_1(\zeta+i\,\zeta_0,\varkappa)} &= -2\operatorname{arc\,tan}(\cot\pi\,\zeta\,\tanh\pi\,\zeta_0)-4\sum_1^\infty{}_n\frac{1}{n}\,\frac{e^{-2n\pi\varkappa}\sin 2n\,\pi\,\zeta\,\sinh 2n\,\pi\,\zeta_0}{1-e^{-2n\pi\varkappa}},\\
\frac{1}{i}\ln\frac{\vartheta_2(\zeta-i\,\zeta_0,\varkappa)}{\vartheta_2(\zeta+i\,\zeta_0,\varkappa)} &= +2\operatorname{arc\,tan}(\tan\pi\,\zeta\,\tanh\pi\,\zeta_0)-4\sum_1^\infty{}_n\frac{(-1)^n}{n}\,\frac{e^{-2n\pi\varkappa}\sin 2n\,\pi\,\zeta\,\sinh 2n\,\pi\,\zeta_0}{1-e^{-2n\pi\varkappa}},\\
\frac{1}{i}\ln\frac{\vartheta_3(\zeta-i\,\zeta_0,\varkappa)}{\vartheta_3(\zeta+i\,\zeta_0,\varkappa)} &= -4\sum_1^\infty{}_n\frac{(-1)^n}{n}\,\frac{e^{-n\pi\varkappa}\sin 2n\,\pi\,\zeta\,\sinh 2n\,\pi\,\zeta_0}{1-e^{-2n\pi\varkappa}},\\
&\qquad\qquad\qquad\qquad [|e^{-\pi\varkappa\pm 2\pi i\zeta}|<1],\\
\frac{1}{i}\ln\frac{\vartheta_4(\zeta-i\,\zeta_0,\varkappa)}{\vartheta_4(\zeta+i\,\zeta_0,\varkappa)} &= -4\sum_1^\infty{}_n\frac{1}{n}\,\frac{e^{-n\pi\varkappa}\sin 2n\,\pi\,\zeta\,\sinh 2n\,\pi\,\zeta_0}{1-e^{-2n\pi\varkappa}},\\
\frac{1}{i}\ln\frac{\vartheta_5(\zeta-i\,\zeta_0,\varkappa)}{\vartheta_5(\zeta+i\,\zeta_0,\varkappa)} &= -2\operatorname{arc\,tan}(\cot\pi\,\zeta\,\tanh\pi\,\zeta_0)-4\sum_1^\infty{}_n\frac{(-1)^n}{n}\,\frac{e^{-n\pi\varkappa}\sin 2n\,\pi\,\zeta\,\sinh 2n\,\pi\,\zeta_0}{1-(-1)^n e^{-n\pi\varkappa}},\\
\frac{1}{i}\ln\frac{\vartheta_6(\zeta-i\,\zeta_0,\varkappa)}{\vartheta_6(\zeta+i\,\zeta_0,\varkappa)} &= +2\operatorname{arc\,tan}(\tan\pi\,\zeta\,\tanh\pi\,\zeta_0)-4\sum_1^\infty{}_n\frac{1}{n}\,\frac{e^{-n\pi\varkappa}\sin 2n\,\pi\,\zeta\,\sinh 2n\,\pi\,\zeta_0}{1-(-1)^n e^{-n\pi\varkappa}}.
\end{aligned}\right\}\quad(177)$$

bzw.

$$\left.\begin{aligned}
&\frac{1}{i}\ln\frac{\vartheta_1(\zeta-i\,\zeta_0,\varkappa)}{\vartheta_1(\zeta+i\,\zeta_0,\varkappa)}\\
&\quad=\frac{4\pi}{\varkappa}\,\zeta\,\zeta_0-2\operatorname{arc\,tan}\left(\coth\frac{\pi\,\zeta}{\varkappa}\,\tan\frac{\pi\,\zeta_0}{\varkappa}\right)+4\sum_1^\infty{}_n\frac{1}{n}\,\frac{e^{-2n\pi/\varkappa}\sinh\dfrac{2n\,\pi\,\zeta}{\varkappa}\sin\dfrac{2n\,\pi\,\zeta_0}{\varkappa}}{1-e^{-2n\pi/\varkappa}},\\
&\frac{1}{i}\ln\frac{\vartheta_2(\zeta-i\,\zeta_0,\varkappa)}{\vartheta_2(\zeta+i\,\zeta_0,\varkappa)}\\
&\quad=\frac{4\pi}{\varkappa}\,\zeta\,\zeta_0+4\sum_1^\infty{}_n\frac{1}{n}\,\frac{e^{-n\pi/\varkappa}\sinh\dfrac{2n\,\pi\,\zeta}{\varkappa}\sin\dfrac{2n\,\pi\,\zeta_0}{\varkappa}}{1-e^{-2n\pi/\varkappa}}\\
&\frac{1}{i}\ln\frac{\vartheta_3(\zeta-i\,\zeta_0,\varkappa)}{\vartheta_3(\zeta+i\,\zeta_0,\varkappa)}\\
&\quad=\frac{4\pi}{\varkappa}\,\zeta\,\zeta_0+4\sum_1^\infty{}_n\frac{(-1)^n}{n}\,\frac{e^{-n\pi/\varkappa}\sinh\dfrac{2n\,\pi\,\zeta}{\varkappa}\sin\dfrac{2n\,\pi\,\zeta_0}{\varkappa}}{1-e^{-2n\pi/\varkappa}}\qquad[0\leqq|\zeta\mp i\,\zeta_0|<\tfrac{1}{2},\quad\varkappa>0],\\
&\frac{1}{i}\ln\frac{\vartheta_4(\zeta-i\,\zeta_0,\varkappa)}{\vartheta_4(\zeta+i\,\zeta_0,\varkappa)}\\
&\quad=\frac{4\pi}{\varkappa}\,\zeta\,\zeta_0-2\operatorname{arc\,tan}\left(\tanh\frac{\pi\,\zeta}{\varkappa}\,\tan\frac{\pi\,\zeta_0}{\varkappa}\right)+4\sum_1^\infty{}_n\frac{(-1)^n}{n}\,\frac{e^{-2n\pi/\varkappa}\sinh\dfrac{2n\,\pi\,\zeta}{\varkappa}\sin\dfrac{2n\,\pi\,\zeta_0}{\varkappa}}{1-e^{-2n\pi/\varkappa}},\\
&\frac{1}{i}\ln\frac{\vartheta_5(\zeta-i\,\zeta_0,\varkappa)}{\vartheta_5(\zeta+i\,\zeta_0,\varkappa)}\\
&\quad=\frac{8\pi}{\varkappa}\,\zeta\,\zeta_0-2\operatorname{arc\,tan}\left(\coth\frac{\pi\,\zeta}{\varkappa}\,\tan\frac{\pi\,\zeta_0}{\varkappa}\right)+4\sum_1^\infty{}_n\frac{(-1)^n}{n}\,\frac{e^{-n\pi/\varkappa}\sinh\dfrac{2n\,\pi\,\zeta}{\varkappa}\sin\dfrac{2n\,\pi\,\zeta_0}{\varkappa}}{1-(-1)^n e^{-n\pi/\varkappa}},\\
&\frac{1}{i}\ln\frac{\vartheta_6(\zeta-i\,\zeta_0,\varkappa)}{\vartheta_6(\zeta+i\,\zeta_0,\varkappa)}\\
&\quad=\frac{8\pi}{\varkappa}\,\zeta\,\zeta_0-2\operatorname{arc\,tan}\left(\tanh\frac{\pi\,\zeta}{\varkappa}\,\tan\frac{\pi\,\zeta_0}{\varkappa}\right)+4\sum_1^\infty{}_n\frac{1}{n}\,\frac{e^{-n\pi/\varkappa}\sinh\dfrac{2n\,\pi\,\zeta}{\varkappa}\sin\dfrac{2n\,\pi\,\zeta_0}{\varkappa}}{1-(-1)^n e^{-n\pi/\varkappa}}.
\end{aligned}\right\}\quad(178)$$

Für die durch (175) und (176) dargestellten Funktionen und entsprechend auch für diejenigen von (177) und (178) lauten bei Beachtung von (147) die Funktionalgleichungen

$$\left.\begin{aligned}
&\ln\frac{\vartheta_{\substack{1\\2\\3\\4}}(\zeta-\zeta_0\pm 1,\varkappa)}{\vartheta_{\substack{1\\2\\3\\4}}(\zeta+\zeta_0\pm 1,\varkappa)}=\ln\frac{\vartheta_{\substack{1\\2\\3\\4}}(\zeta-\zeta_0,\varkappa)}{\vartheta_{\substack{1\\2\\3\\4}}(\zeta+\zeta_0,\varkappa)},\qquad
\ln\frac{\vartheta_{\substack{1\\2\\3\\4}}(\zeta-\zeta_0\pm i\varkappa,\varkappa)}{\vartheta_{\substack{1\\2\\3\\4}}(\zeta+\zeta_0\pm i\varkappa,\varkappa)}=\ln\frac{\vartheta_{\substack{1\\2\\3\\4}}(\zeta-\zeta_0,\varkappa)}{\vartheta_{\substack{1\\2\\3\\4}}(\zeta+\zeta_0,\varkappa)};\\
&\ln\frac{\vartheta_{\substack{5\\6}}(\zeta-\zeta_0\pm 1,\varkappa)}{\vartheta_{\substack{5\\6}}(\zeta+\zeta_0\pm 1,\varkappa)}=\ln\frac{\vartheta_{\substack{5\\6}}(\zeta-\zeta_0,\varkappa)}{\vartheta_{\substack{5\\6}}(\zeta+\zeta_0,\varkappa)},\qquad
\ln\frac{\vartheta_{\substack{5\\6}}\left(\zeta-\zeta_0+\dfrac{1}{2}\pm\dfrac{i\varkappa}{2},\varkappa\right)}{\vartheta_{\substack{5\\6}}\left(\zeta+\zeta_0+\dfrac{1}{2}\pm\dfrac{i\varkappa}{2},\varkappa\right)}=\ln\frac{\vartheta_{\substack{5\\6}}(\zeta-\zeta_0,\varkappa)}{\vartheta_{\substack{5\\6}}(\zeta+\zeta_0,\varkappa)},
\end{aligned}\right\}\quad(179)$$

woraus ersichtlich ist, daß es sich um doppeltperiodische Funktionen von ζ mit den Perioden 1 und $i\varkappa$ bzw. 1 und $\frac{1}{2}+\frac{i\varkappa}{2}$ handelt.

Aus den Abb. 25 bis 33 sind die zu $\nu = 0$ gehörigen Hauptwerte der Logarithmen der Theta-Funktionen sowie die ersten und zweiten logarithmischen Ableitungen für reelle Argumentwerte ersichtlich. Die Abb. 34 bis 39 zeigen den Verlauf der Realteile der Logarithmen der Theta-Funktionen für imaginäre Argumentwerte.

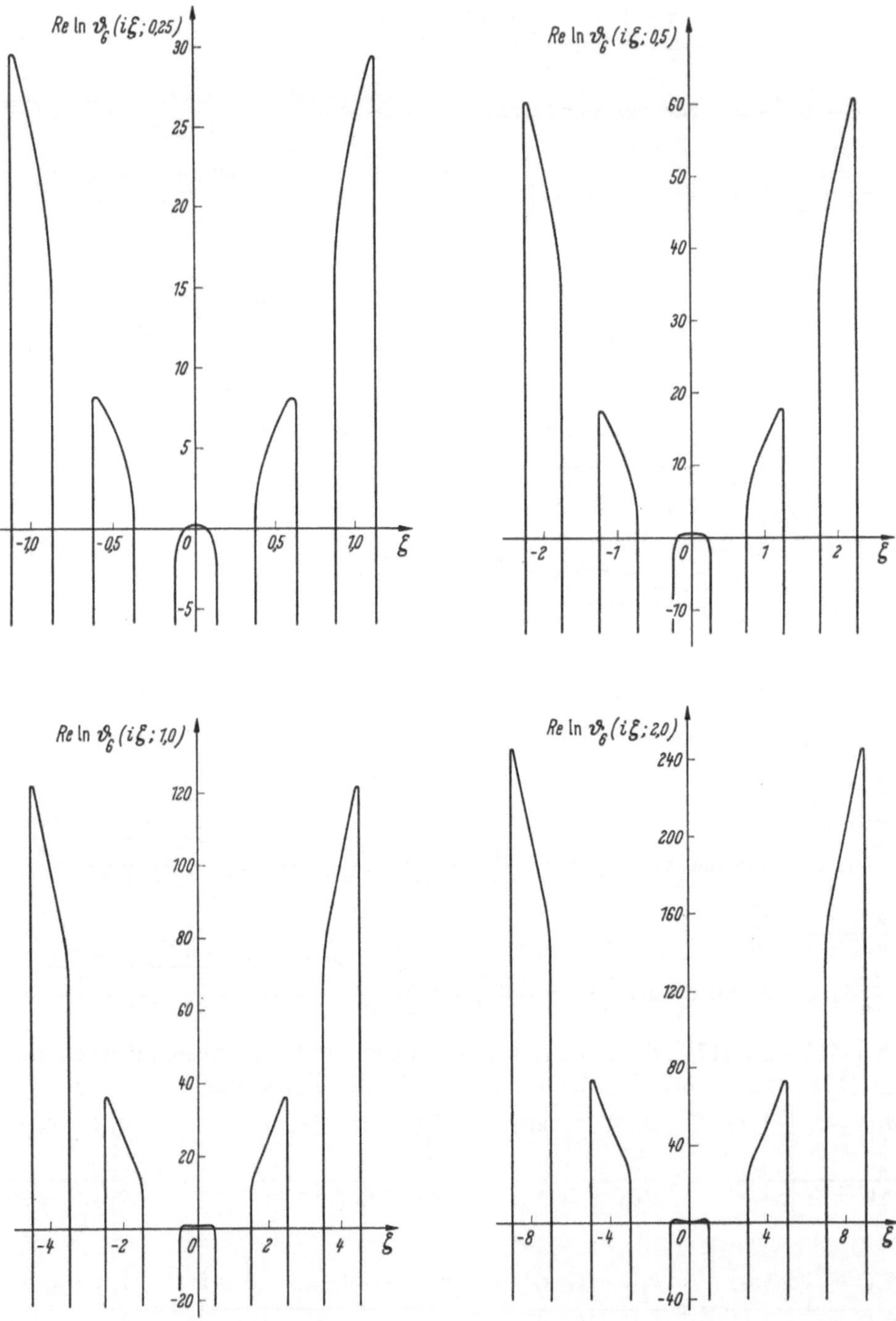

Abb. 39. Realteile der Logarithmen der Funktion $\vartheta_6(\zeta, \varkappa)$ für imaginäres Argument

20. Darstellung der zweiten logarithmischen Ableitungen durch Quotienten von Theta-Funktionen

Nach Abschnitt 1 genügen die vier ersten Theta-Funktionen der FOURIERschen Differentialgleichung (7). Wird in dieser ζ mit 2ζ und $\varkappa$ mit $2\varkappa$ vertauscht, so genügen die Funktionen $\vartheta_2(2\zeta,\, 2\varkappa)$ und $\vartheta_3(2\zeta,\, 2\varkappa)$ der partiellen Differentialgleichung

$$\frac{\partial^2}{\partial\zeta^2}\,\vartheta_{\substack{2\\3}}(2\zeta,2\varkappa) - 8\pi\,\frac{\partial}{\partial\varkappa}\,\vartheta_{\substack{2\\3}}(2\zeta,2\varkappa) = 0. \tag{180}$$

Nun lassen sich nach den beiden unteren der LANDENschen Transformationsgleichungen (118) die Funktionen $\vartheta_2(2\zeta,\, 2\varkappa)$ und $\vartheta_3(2\zeta,\, 2\varkappa)$ durch Quadrate von Theta-Funktionen ausdrücken. Wird dies in (180) berücksichtigt, so gilt auch

$$\begin{aligned}
&\frac{\partial^2}{\partial\zeta^2}\,\frac{\vartheta_2^2(\zeta,\varkappa)\mp\vartheta_1^2(\zeta,\varkappa)}{2\,\vartheta_{\substack{3\\2}}(0,2\varkappa)} - 8\pi\,\frac{\partial}{\partial\varkappa}\,\frac{\vartheta_2^2(\zeta,\varkappa)\mp\vartheta_1^2(\zeta,\varkappa)}{2\,\vartheta_{\substack{3\\2}}(0,2\varkappa)} = 0,\\
&\frac{\partial^2}{\partial\zeta^2}\,\frac{\vartheta_3^2(\zeta,\varkappa)\mp\vartheta_4^2(\zeta,\varkappa)}{2\,\vartheta_{\substack{2\\3}}(0,2\varkappa)} - 8\pi\,\frac{\partial}{\partial\varkappa}\,\frac{\vartheta_3^2(\zeta,\varkappa)\mp\vartheta_4^2(\zeta,\varkappa)}{2\,\vartheta_{\substack{2\\3}}(0,2\varkappa)} = 0.
\end{aligned} \tag{181}$$

Werden die Differentialquotienten gebildet und hierbei die Gln. (3), (70) und (161) beachtet, so erhält man nach Erweiterung mit den in (181) auftretenden Nennern

$$-\vartheta_2^2(\zeta,\varkappa)\,\frac{\partial^2}{\partial\zeta^2}\ln\vartheta_2(\zeta,\varkappa) \pm \vartheta_1^2(\zeta,\varkappa)\,\frac{\partial^2}{\partial\zeta^2}\ln\vartheta_1(\zeta,\varkappa) + 2\,\frac{\vartheta''_{\substack{3\\2}}(0,2\varkappa)}{\vartheta_{\substack{3\\2}}(0,2\varkappa)}\,[\vartheta_2^2(\zeta,\varkappa)\mp\vartheta_1^2(\zeta,\varkappa)] = 0,$$

$$-\vartheta_3^2(\zeta,\varkappa)\,\frac{\partial^2}{\partial\zeta^2}\ln\vartheta_3(\zeta,\varkappa) \pm \vartheta_4^2(\zeta,\varkappa)\,\frac{\partial^2}{\partial\zeta^2}\ln\vartheta_4(\zeta,\varkappa) + 2\,\frac{\vartheta''_{\substack{2\\3}}(0,2\varkappa)}{\vartheta_{\substack{2\\3}}(0,2\varkappa)}\,[\vartheta_3^2(\zeta,\varkappa)\mp\vartheta_4^2(\zeta,\varkappa)] = 0.$$

Diese Differentialgleichungen lassen sich nun einmal addieren und einmal subtrahieren. Dabei ergibt sich

$$\pm\vartheta^2_{\substack{1\\2}}(\zeta,\varkappa)\,\frac{\partial^2}{\partial\zeta^2}\ln\vartheta_{\substack{1\\2}}(\zeta,\varkappa) + \left(\frac{\vartheta_3''(0,2\varkappa)}{\vartheta_3(0,2\varkappa)}\mp\frac{\vartheta_2''(0,2\varkappa)}{\vartheta_2(0,2\varkappa)}\right)\vartheta_2^2(\zeta,\varkappa) - \left(\frac{\vartheta_3''(0,2\varkappa)}{\vartheta_3(0,2\varkappa)}\pm\frac{\vartheta_2''(0,2\varkappa)}{\vartheta_2(0,2\varkappa)}\right)\vartheta_1^2(\zeta,\varkappa) = 0,$$

$$\pm\vartheta^2_{\substack{4\\3}}(\zeta,\varkappa)\,\frac{\partial^2}{\partial\zeta^2}\ln\vartheta_{\substack{4\\3}}(\zeta,\varkappa) + \left(\frac{\vartheta_2''(0,2\varkappa)}{\vartheta_2(0,2\varkappa)}\mp\frac{\vartheta_3''(0,2\varkappa)}{\vartheta_3(0,2\varkappa)}\right)\vartheta_3^2(\zeta,\varkappa) - \left(\frac{\vartheta_2''(0,2\varkappa)}{\vartheta_2(0,2\varkappa)}\pm\frac{\vartheta_3''(0,2\varkappa)}{\vartheta_3(0,2\varkappa)}\right)\vartheta_4^2(\zeta,\varkappa) = 0.$$

Die in den vorstehenden Gleichungen auftretenden Parameterfunktionen erhält man durch Nullsetzen von ζ. Wird dabei beachtet, daß in Verbindung mit (161)

$$\vartheta_1(0,\varkappa) = 0, \quad \vartheta_1''(0,\varkappa) = 0, \quad \frac{\partial^2}{\partial\zeta^2}\ln\vartheta_2(0,\varkappa) = \frac{\vartheta_2''(0,\varkappa)}{\vartheta_2(0,\varkappa)}, \quad \vartheta_1^2(0,\varkappa)\,\frac{\partial^2}{\partial\zeta^2}\ln\vartheta_1(0,\varkappa) = -\,\vartheta_1'^2(0,\varkappa)$$

wird, so liefert die obere Gleichungsgruppe

$$\frac{\vartheta_3''(0,2\varkappa)}{\vartheta_3(0,2\varkappa)} - \frac{\vartheta_2''(0,2\varkappa)}{\vartheta_2(0,2\varkappa)} = \frac{\vartheta_1'^2(0,\varkappa)}{\vartheta_2^2(0,\varkappa)}, \quad \frac{\vartheta_3''(0,2\varkappa)}{\vartheta_3(0,2\varkappa)} + \frac{\vartheta_2''(0,2\varkappa)}{\vartheta_2(0,2\varkappa)} = \frac{\vartheta_2''(0,\varkappa)}{\vartheta_2(0,\varkappa)}. \tag{182}$$

Damit folgt für die zweiten logarithmischen Ableitungen der ersten vier Theta-Funktionen in Gruppendarstellung

$$\frac{\partial^2}{\partial\zeta^2}\ln\vartheta_{\substack{1\\2\\3\\4}}(\zeta,\varkappa) = \frac{\vartheta_2''(0,\varkappa)}{\vartheta_2(0,\varkappa)} \begin{smallmatrix}-\\-\\+\\+\end{smallmatrix} \frac{\vartheta_1'^2(0,\varkappa)}{\vartheta_2^2(0,\varkappa)}\,\frac{1}{\vartheta^2_{\substack{1\\2\\3\\4}}(\zeta,\varkappa)}\,\vartheta^2_{\substack{2\\1\\4\\3}}(\zeta,\varkappa). \tag{183}$$

Wird in den beiden unteren der Gln. (183) $\zeta = 0$ gesetzt und $\vartheta_1'(0,\varkappa)$ nach (69) ausgedrückt, so ergeben sich bei Beachtung von (163) die Nullwertbeziehungen

$$\frac{\vartheta_3''(0,\varkappa)}{\vartheta_3(0,\varkappa)} = \frac{\vartheta_2''(0,\varkappa)}{\vartheta_2(0,\varkappa)} + \pi^2\,\vartheta_4^4(0,\varkappa), \qquad \frac{\vartheta_4''(0,\varkappa)}{\vartheta_4(0,\varkappa)} = \frac{\vartheta_2''(0,\varkappa)}{\vartheta_2(0,\varkappa)} + \pi^2\,\vartheta_3^4(0,\varkappa).$$

Aus diesen folgt durch Subtraktion und in Verbindung mit (116) noch eine weitere Nullwertbeziehung. Bei Umstellung auf zyklische Folge erhält man

$$\left.\begin{aligned}
\frac{\vartheta_2''(0,\varkappa)}{\vartheta_2(0,\varkappa)}-\frac{\vartheta_3''(0,\varkappa)}{\vartheta_3(0,\varkappa)}&=-\pi^2\,\vartheta_4^4(0,\varkappa),\\
\frac{\vartheta_3''(0,\varkappa)}{\vartheta_3(0,\varkappa)}-\frac{\vartheta_4''(0,\varkappa)}{\vartheta_4(0,\varkappa)}&=-\pi^2\,\vartheta_2^4(0,\varkappa),\\
\frac{\vartheta_4''(0,\varkappa)}{\vartheta_4(0,\varkappa)}-\frac{\vartheta_2''(0,\varkappa)}{\vartheta_2(0,\varkappa)}&=+\pi^2\,\vartheta_3^4(0,\varkappa)
\end{aligned}\right\}\tag{184}$$

und hieraus bei Beachtung von (69)

$$\left[\frac{\vartheta_2''(0,\varkappa)}{\vartheta_2(0,\varkappa)}-\frac{\vartheta_3''(0,\varkappa)}{\vartheta_3(0,\varkappa)}\right]\left[\frac{\vartheta_3''(0,\varkappa)}{\vartheta_3(0,\varkappa)}-\frac{\vartheta_4''(0,\varkappa)}{\vartheta_4(0,\varkappa)}\right]\left[\frac{\vartheta_4''(0,\varkappa)}{\vartheta_4(0,\varkappa)}-\frac{\vartheta_2''(0,\varkappa)}{\vartheta_2(0,\varkappa)}\right]=\pi^2\,\vartheta_1'^4(0,\varkappa).\tag{185}$$

Neben den Darstellungen (183) für die zweiten logarithmischen Ableitungen der Theta-Funktionen bestehen noch zwei weitere Darstellungen, durch welche diese auf Quotienten von Quadraten von Theta-Funktionen zurückgeführt werden. Diese ergeben sich in Anknüpfung an die Gln. (108), aus denen die Beziehungen

$$\begin{aligned}
\frac{\vartheta_{\substack{1\\2}}^2(\zeta,\varkappa)}{\vartheta_{\substack{2\\1}}^2(\zeta,\varkappa)}&=-\frac{\vartheta_3^2(0,\varkappa)}{\vartheta_4^2(0,\varkappa)}+\frac{\vartheta_2^2(0,\varkappa)}{\vartheta_4^2(0,\varkappa)}\,\frac{\vartheta_{\substack{3\\4}}^2(\zeta,\varkappa)}{\vartheta_{\substack{2\\1}}^2(\zeta,\varkappa)}=-\frac{\vartheta_4^2(0,\varkappa)}{\vartheta_3^2(0,\varkappa)}+\frac{\vartheta_2^2(0,\varkappa)}{\vartheta_3^2(0,\varkappa)}\,\frac{\vartheta_{\substack{4\\3}}^2(\zeta,\varkappa)}{\vartheta_{\substack{2\\1}}^2(\zeta,\varkappa)},\\
\frac{\vartheta_{\substack{3\\4}}^2(\zeta,\varkappa)}{\vartheta_{\substack{4\\3}}^2(\zeta,\varkappa)}&=\frac{\vartheta_3^2(0,\varkappa)}{\vartheta_4^2(0,\varkappa)}-\frac{\vartheta_2^2(0,\varkappa)}{\vartheta_4^2(0,\varkappa)}\,\frac{\vartheta_{\substack{1\\2}}^2(\zeta,\varkappa)}{\vartheta_{\substack{4\\3}}^2(\zeta,\varkappa)}=\frac{\vartheta_4^2(0,\varkappa)}{\vartheta_3^2(0,\varkappa)}+\frac{\vartheta_2^2(0,\varkappa)}{\vartheta_3^2(0,\varkappa)}\,\frac{\vartheta_{\substack{2\\1}}^2(\zeta,\varkappa)}{\vartheta_{\substack{4\\3}}^2(\zeta,\varkappa)}
\end{aligned}\tag{186}$$

abgeleitet werden können, die zusammen mit (69) und (184) die entsprechenden Umformungen der Gln. (183) herbeiführen. Werden die drei Formelsätze zusammengefaßt, so erhält man

$$\left.\begin{aligned}
\frac{\partial^2\ln\vartheta_1}{\partial\zeta^2}&=\frac{\vartheta_2''(0,\varkappa)}{\vartheta_2(0,\varkappa)}-\frac{\vartheta_1'^2(0,\varkappa)}{\vartheta_2^2(0,\varkappa)}\,\frac{\vartheta_2^2(\zeta,\varkappa)}{\vartheta_1^2(\zeta,\varkappa)}=\frac{\vartheta_3''(0,\varkappa)}{\vartheta_3(0,\varkappa)}-\frac{\vartheta_1'^2(0,\varkappa)}{\vartheta_3^2(0,\varkappa)}\,\frac{\vartheta_3^2(\zeta,\varkappa)}{\vartheta_1^2(\zeta,\varkappa)}=\frac{\vartheta_4''(0,\varkappa)}{\vartheta_4(0,\varkappa)}-\frac{\vartheta_1'^2(0,\varkappa)}{\vartheta_4^2(0,\varkappa)}\,\frac{\vartheta_4^2(\zeta,\varkappa)}{\vartheta_1^2(\zeta,\varkappa)},\\
\frac{\partial^2\ln\vartheta_2}{\partial\zeta^2}&=\frac{\vartheta_2''(0,\varkappa)}{\vartheta_2(0,\varkappa)}-\frac{\vartheta_1'^2(0,\varkappa)}{\vartheta_2^2(0,\varkappa)}\,\frac{\vartheta_1^2(\zeta,\varkappa)}{\vartheta_2^2(\zeta,\varkappa)}=\frac{\vartheta_3''(0,\varkappa)}{\vartheta_3(0,\varkappa)}-\frac{\vartheta_1'^2(0,\varkappa)}{\vartheta_3^2(0,\varkappa)}\,\frac{\vartheta_4^2(\zeta,\varkappa)}{\vartheta_2^2(\zeta,\varkappa)}=\frac{\vartheta_4''(0,\varkappa)}{\vartheta_4(0,\varkappa)}-\frac{\vartheta_1'^2(0,\varkappa)}{\vartheta_4^2(0,\varkappa)}\,\frac{\vartheta_3^2(\zeta,\varkappa)}{\vartheta_2^2(\zeta,\varkappa)},\\
\frac{\partial^2\ln\vartheta_3}{\partial\zeta^2}&=\frac{\vartheta_2''(0,\varkappa)}{\vartheta_2(0,\varkappa)}+\frac{\vartheta_1'^2(0,\varkappa)}{\vartheta_2^2(0,\varkappa)}\,\frac{\vartheta_4^2(\zeta,\varkappa)}{\vartheta_3^2(\zeta,\varkappa)}=\frac{\vartheta_3''(0,\varkappa)}{\vartheta_3(0,\varkappa)}+\frac{\vartheta_1'^2(0,\varkappa)}{\vartheta_3^2(0,\varkappa)}\,\frac{\vartheta_1^2(\zeta,\varkappa)}{\vartheta_3^2(\zeta,\varkappa)}=\frac{\vartheta_4''(0,\varkappa)}{\vartheta_4(0,\varkappa)}-\frac{\vartheta_1'^2(0,\varkappa)}{\vartheta_4^2(0,\varkappa)}\,\frac{\vartheta_2^2(\zeta,\varkappa)}{\vartheta_3^2(\zeta,\varkappa)},\\
\frac{\partial^2\ln\vartheta_4}{\partial\zeta^2}&=\frac{\vartheta_2''(0,\varkappa)}{\vartheta_2(0,\varkappa)}+\frac{\vartheta_1'^2(0,\varkappa)}{\vartheta_2^2(0,\varkappa)}\,\frac{\vartheta_3^2(\zeta,\varkappa)}{\vartheta_4^2(\zeta,\varkappa)}=\frac{\vartheta_3''(0,\varkappa)}{\vartheta_3(0,\varkappa)}+\frac{\vartheta_1'^2(0,\varkappa)}{\vartheta_3^2(0,\varkappa)}\,\frac{\vartheta_2^2(\zeta,\varkappa)}{\vartheta_4^2(\zeta,\varkappa)}=\frac{\vartheta_4''(0,\varkappa)}{\vartheta_4(0,\varkappa)}-\frac{\vartheta_1'^2(0,\varkappa)}{\vartheta_4^2(0,\varkappa)}\,\frac{\vartheta_1^2(\zeta,\varkappa)}{\vartheta_4^2(\zeta,\varkappa)}.
\end{aligned}\right\}\tag{187}$$

Aus (187) folgt

$$\left.\begin{aligned}
\left[\frac{\partial^2\ln\vartheta_1}{\partial\zeta^2}-\frac{\vartheta_2''(0,\varkappa)}{\vartheta_2(0,\varkappa)}\right]\left[\frac{\partial^2\ln\vartheta_2}{\partial\zeta^2}-\frac{\vartheta_2''(0,\varkappa)}{\vartheta_2(0,\varkappa)}\right]&=\left[\frac{\partial^2\ln\vartheta_3}{\partial\zeta^2}-\frac{\vartheta_2''(0,\varkappa)}{\vartheta_2(0,\varkappa)}\right]\left[\frac{\partial^2\ln\vartheta_4}{\partial\zeta^2}-\frac{\vartheta_2''(0,\varkappa)}{\vartheta_2(0,\varkappa)}\right]=+\frac{\vartheta_1'^4(0,\varkappa)}{\vartheta_2^4(0,\varkappa)},\\
\left[\frac{\partial^2\ln\vartheta_1}{\partial\zeta^2}-\frac{\vartheta_3''(0,\varkappa)}{\vartheta_3(0,\varkappa)}\right]\left[\frac{\partial^2\ln\vartheta_3}{\partial\zeta^2}-\frac{\vartheta_3''(0,\varkappa)}{\vartheta_3(0,\varkappa)}\right]&=\left[\frac{\partial^2\ln\vartheta_2}{\partial\zeta^2}-\frac{\vartheta_3''(0,\varkappa)}{\vartheta_3(0,\varkappa)}\right]\left[\frac{\partial^2\ln\vartheta_4}{\partial\zeta^2}-\frac{\vartheta_3''(0,\varkappa)}{\vartheta_3(0,\varkappa)}\right]=-\frac{\vartheta_1'^4(0,\varkappa)}{\vartheta_3^4(0,\varkappa)},\\
\left[\frac{\partial^2\ln\vartheta_1}{\partial\zeta^2}-\frac{\vartheta_4''(0,\varkappa)}{\vartheta_4(0,\varkappa)}\right]\left[\frac{\partial^2\ln\vartheta_4}{\partial\zeta^2}-\frac{\vartheta_4''(0,\varkappa)}{\vartheta_4(0,\varkappa)}\right]&=\left[\frac{\partial^2\ln\vartheta_2}{\partial\zeta^2}-\frac{\vartheta_4''(0,\varkappa)}{\vartheta_4(0,\varkappa)}\right]\left[\frac{\partial^2\ln\vartheta_3}{\partial\zeta^2}-\frac{\vartheta_4''(0,\varkappa)}{\vartheta_4(0,\varkappa)}\right]=+\frac{\vartheta_1'^4(0,\varkappa)}{\vartheta_4^4(0,\varkappa)}.
\end{aligned}\right\}\tag{188}$$

Auch die zweiten logarithmischen Ableitungen von $\vartheta_5(\zeta,\varkappa)$ und $\vartheta_6(\zeta,\varkappa)$ lassen sich durch Quotienten von Theta-Funktionen ausdrücken. Zunächst liefert (129)

$$\frac{\partial^2}{\partial\zeta^2}\ln\vartheta_{\substack{5\\6}}(\zeta,\varkappa)=\frac{\partial^2}{\partial\zeta^2}\ln\vartheta_{\substack{1\\2}}(\zeta,\varkappa)+\frac{\partial^2}{\partial\zeta^2}\ln\vartheta_{\substack{3\\4}}(\zeta,\varkappa).\tag{189}$$

Hieraus ergibt sich bei Berücksichtigung von (187)

$$\left.\begin{aligned}
\frac{\partial^2\ln\vartheta_5}{\partial\zeta^2}&=2\,\frac{\vartheta_2''(0,\varkappa)}{\vartheta_2(0,\varkappa)}-\frac{\vartheta_1'^2(0,\varkappa)}{\vartheta_2^2(0,\varkappa)}\left[\frac{\vartheta_2^2(\zeta,\varkappa)}{\vartheta_1^2(\zeta,\varkappa)}-\frac{\vartheta_4^2(\zeta,\varkappa)}{\vartheta_3^2(\zeta,\varkappa)}\right]=2\,\frac{\vartheta_3''(0,\varkappa)}{\vartheta_3(0,\varkappa)}-\frac{\vartheta_1'^2(0,\varkappa)}{\vartheta_3^2(0,\varkappa)}\left[\frac{\vartheta_3^2(\zeta,\varkappa)}{\vartheta_1^2(\zeta,\varkappa)}-\frac{\vartheta_1^2(\zeta,\varkappa)}{\vartheta_3^2(\zeta,\varkappa)}\right]\\
&=2\,\frac{\vartheta_4''(0,\varkappa)}{\vartheta_4(0,\varkappa)}-\frac{\vartheta_1'^2(0,\varkappa)}{\vartheta_4^2(0,\varkappa)}\left[\frac{\vartheta_4^2(\zeta,\varkappa)}{\vartheta_1^2(\zeta,\varkappa)}+\frac{\vartheta_2^2(\zeta,\varkappa)}{\vartheta_3^2(\zeta,\varkappa)}\right],\\
\frac{\partial^2\ln\vartheta_6}{\partial\zeta^2}&=2\,\frac{\vartheta_2''(0,\varkappa)}{\vartheta_2(0,\varkappa)}-\frac{\vartheta_1'^2(0,\varkappa)}{\vartheta_2^2(0,\varkappa)}\left[\frac{\vartheta_1^2(\zeta,\varkappa)}{\vartheta_2^2(\zeta,\varkappa)}-\frac{\vartheta_3^2(\zeta,\varkappa)}{\vartheta_4^2(\zeta,\varkappa)}\right]=2\,\frac{\vartheta_3''(0,\varkappa)}{\vartheta_3(0,\varkappa)}-\frac{\vartheta_1'^2(0,\varkappa)}{\vartheta_3^2(0,\varkappa)}\left[\frac{\vartheta_4^2(\zeta,\varkappa)}{\vartheta_2^2(\zeta,\varkappa)}-\frac{\vartheta_2^2(\zeta,\varkappa)}{\vartheta_4^2(\zeta,\varkappa)}\right]\\
&=2\,\frac{\vartheta_4''(0,\varkappa)}{\vartheta_4(0,\varkappa)}-\frac{\vartheta_1'^2(0,\varkappa)}{\vartheta_4^2(0,\varkappa)}\left[\frac{\vartheta_3^2(\zeta,\varkappa)}{\vartheta_2^2(\zeta,\varkappa)}+\frac{\vartheta_1^2(\zeta,\varkappa)}{\vartheta_4^2(\zeta,\varkappa)}\right].
\end{aligned}\right\}\tag{190}$$

21. Differentialgleichungen der zweiten und dritten logarithmischen Ableitungen der Theta-Funktionen $\vartheta_{1,2,3,4}(\zeta, \varkappa)$. Einführung der Funktionen $\wp_{1,2,3,4}$ und der Invarianten $g_{2,3}$

Wird die in der ersten der Gln. (188) auftretende Funktion $\partial^2 \ln \vartheta_1/\partial\zeta^2 - \vartheta_2''(0, \varkappa)/\vartheta_2(0, \varkappa)$ logarithmiert und zweimal nach ζ abgeleitet, so folgt bei Beachtung von (187) und (188)

$$\frac{\partial^2}{\partial\zeta^2}\ln\left[\frac{\partial^2\ln\vartheta_1}{\partial\zeta^2}-\frac{\vartheta_2''(0,\varkappa)}{\vartheta_2(0,\varkappa)}\right]=\frac{\partial^2}{\partial\zeta^2}\ln\left[\frac{\vartheta_2^2(\zeta,\varkappa)}{\vartheta_1^2(\zeta,\varkappa)}\right]=2\frac{\partial^2}{\partial\zeta^2}\ln\vartheta_2(\zeta,\varkappa)-2\frac{\partial^2}{\partial\zeta^2}\ln\vartheta_1(\zeta,\varkappa)=$$

$$=2\left[\frac{\partial^2\ln\vartheta_2}{\partial\zeta^2}-\frac{\vartheta_2''(0,\varkappa)}{\vartheta_2(0,\varkappa)}\right]-2\left[\frac{\partial^2\ln\vartheta_1}{\partial\zeta^2}-\frac{\vartheta_2''(0,\varkappa)}{\vartheta_2(0,\varkappa)}\right]=\frac{2\,\vartheta_1'^4(0,\varkappa)/\vartheta_2^4(0,\varkappa)}{\dfrac{\partial^2\ln\vartheta_1}{\partial\zeta^2}-\dfrac{\vartheta_2''(0,\varkappa)}{\vartheta_2(0,\varkappa)}}-2\left[\frac{\partial^2\ln\vartheta_1}{\partial\zeta^2}-\frac{\vartheta_2''(0,\varkappa)}{\vartheta_2(0,\varkappa)}\right].$$

Nun ist nach (161)

$$\frac{\partial^2}{\partial\zeta^2}\ln\left[\frac{\partial^2\ln\vartheta_1}{\partial\zeta^2}-\frac{\vartheta_2''(0,\varkappa)}{\vartheta_2(0,\varkappa)}\right]=\frac{\left[\dfrac{\partial^2\ln\vartheta_1}{\partial\zeta^2}-\dfrac{\vartheta_2''(0,\varkappa)}{\vartheta_2(0,\varkappa)}\right]''}{\left[\dfrac{\partial^2\ln\vartheta_1}{\partial\zeta^2}-\dfrac{\vartheta_2''(0,\varkappa)}{\vartheta_2(0,\varkappa)}\right]}-\frac{\left[\dfrac{\partial^2\ln\vartheta_1}{\partial\zeta^2}-\dfrac{\vartheta_2''(0,\varkappa)}{\vartheta_2(0,\varkappa)}\right]'^2}{\left[\dfrac{\partial^2\ln\vartheta_1}{\partial\zeta^2}-\dfrac{\vartheta_2''(0,\varkappa)}{\vartheta_2(0,\varkappa)}\right]^2}.$$

Wird dieser Differentialausdruck in der Ausgangsbeziehung berücksichtigt und noch mit der in der eckigen Klammer stehenden Funktion multipliziert, so erhält man die Differentialgleichung

$$\left[\frac{\partial^2\ln\vartheta_1}{\partial\zeta^2}-\frac{\vartheta_2''(0,\varkappa)}{\vartheta_2(0,\varkappa)}\right]''-\frac{\left[\dfrac{\partial^2\ln\vartheta_1}{\partial\zeta^2}-\dfrac{\vartheta_2''(0,\varkappa)}{\vartheta_2(0,\varkappa)}\right]'^2}{\left[\dfrac{\partial^2\ln\vartheta_1}{\partial\zeta^2}-\dfrac{\vartheta_2''(0,\varkappa)}{\vartheta_2(0,\varkappa)}\right]}+2\left[\frac{\partial^2\ln\vartheta_1}{\partial\zeta^2}-\frac{\vartheta_2''(0,\varkappa)}{\vartheta_2(0,\varkappa)}\right]^2=2\,\frac{\vartheta_1'^4(0,\varkappa)}{\vartheta_2^4(0,\varkappa)}.$$

Wird der gleiche Rechnungsgang für die Funktionen $\vartheta_2(\zeta, \varkappa)$, $\vartheta_3(\zeta, \varkappa)$, $\vartheta_4(\zeta, \varkappa)$ durchgeführt, so bleibt die Differentialgleichung unverändert. Wird

$$\frac{\vartheta_2''(0,\varkappa)}{\vartheta_2(0,\varkappa)}\quad\text{gegen}\quad\frac{\vartheta_3''(0,\varkappa)}{\vartheta_3(0,\varkappa)}\quad\text{und}\quad\frac{\vartheta_4''(0,\varkappa)}{\vartheta_4(0,\varkappa)}$$

ausgetauscht, so tritt auf der rechten Seite anstelle von $\vartheta_2(0, \varkappa)$ die Parameterfunktion $\vartheta_3(0, \varkappa$ bzw. $\vartheta_4(0, \varkappa)$. Das vollständige System der so sich ergebenden Differentialgleichungen lautet

$$\left.\begin{aligned}
&\left[\frac{\partial^2}{\partial\zeta^2}\ln\vartheta_{1,2,3,4}(\zeta,\varkappa)-\frac{\vartheta_2''(0,\varkappa)}{\vartheta_2(0,\varkappa)}\right]''-\frac{\left[\dfrac{\partial^2}{\partial\zeta^2}\ln\vartheta_{1,2,3,4}(\zeta,\varkappa)-\dfrac{\vartheta_2''(0,\varkappa)}{\vartheta_2(0,\varkappa)}\right]'^2}{\left[\dfrac{\partial^2}{\partial\zeta^2}\ln\vartheta_{1,2,3,4}(\zeta,\varkappa)-\dfrac{\vartheta_2''(0,\varkappa)}{\vartheta_2(0,\varkappa)}\right]}+2\left[\frac{\partial^2}{\partial\zeta^2}\ln\vartheta_{1,2,3,4}(\zeta,\varkappa)-\frac{\vartheta_2''(0,\varkappa)}{\vartheta_2(0,\varkappa)}\right]^2\\
&\qquad=+2\,\frac{\vartheta_1'^4(0,\varkappa)}{\vartheta_2^4(0,\varkappa)},\\
&\left[\frac{\partial^2}{\partial\zeta^2}\ln\vartheta_{1,2,3,4}(\zeta,\varkappa)-\frac{\vartheta_3''(0,\varkappa)}{\vartheta_3(0,\varkappa)}\right]''-\frac{\left[\dfrac{\partial^2}{\partial\zeta^2}\ln\vartheta_{1,2,3,4}(\zeta,\varkappa)-\dfrac{\vartheta_3''(0,\varkappa)}{\vartheta_3(0,\varkappa)}\right]'^2}{\left[\dfrac{\partial^2}{\partial\zeta^2}\ln\vartheta_{1,2,3,4}(\zeta,\varkappa)-\dfrac{\vartheta_3''(0,\varkappa)}{\vartheta_3(0,\varkappa)}\right]}+2\left[\frac{\partial^2}{\partial\zeta^2}\ln\vartheta_{1,2,3,4}(\zeta,\varkappa)-\frac{\vartheta_3''(0,\varkappa)}{\vartheta_3(0,\varkappa)}\right]^2\\
&\qquad=-2\,\frac{\vartheta_1'^4(0,\varkappa)}{\vartheta_3^4(0,\varkappa)},\\
&\left[\frac{\partial^2}{\partial\zeta^2}\ln\vartheta_{1,2,3,4}(\zeta,\varkappa)-\frac{\vartheta_4''(0,\varkappa)}{\vartheta_4(0,\varkappa)}\right]''-\frac{\left[\dfrac{\partial^2}{\partial\zeta^2}\ln\vartheta_{1,2,3,4}(\zeta,\varkappa)-\dfrac{\vartheta_4''(0,\varkappa)}{\vartheta_4(0,\varkappa)}\right]'^2}{\left[\dfrac{\partial^2}{\partial\zeta^2}\ln\vartheta_{1,2,3,4}(\zeta,\varkappa)-\dfrac{\vartheta_4''(0,\varkappa)}{\vartheta_4(0,\varkappa)}\right]}+2\left[\frac{\partial^2}{\partial\zeta^2}\ln\vartheta_{1,2,3,4}(\zeta,\varkappa)-\frac{\vartheta_4''(0,\varkappa)}{\vartheta_4(0,\varkappa)}\right]^2\\
&\qquad=+2\,\frac{\vartheta_1'^4(0,\varkappa)}{\vartheta_4^4(0,\varkappa)}.
\end{aligned}\right\}\quad(191)$$

Werden die Differentialgleichungen (191) in zyklischer Folge voneinander abgezogen und dabe die Gln. (69) und (184) beachtet, so erhält man nach einigen Rechnungen in allen drei Fällen die gleiche Differentialgleichung erster Ordnung, d. h. die zweiten logarithmischen Ableitungen aller vier JACOBIschen Theta-Funktionen genügen der Differentialgleichung

$$\left[\frac{\partial^2}{\partial\zeta^2}\ln\vartheta_{\substack{1\\2\\3\\4}}(\zeta,\varkappa)\right]'^2 = -4\left[\frac{\partial^2}{\partial\zeta^2}\ln\vartheta_{\substack{1\\2\\3\\4}}(\zeta,\varkappa)-\frac{\vartheta_2''(0,\varkappa)}{\vartheta_2(0,\varkappa)}\right]\left[\frac{\partial^2}{\partial\zeta^2}\ln\vartheta_{\substack{1\\2\\3\\4}}(\zeta,\varkappa)-\frac{\vartheta_3''(0,\varkappa)}{\vartheta_3(0,\varkappa)}\right]\left[\frac{\partial^2}{\partial\zeta^2}\ln\vartheta_{\substack{1\\2\\3\\4}}(\zeta,\varkappa)-\frac{\vartheta_4''(0,\varkappa)}{\vartheta_4(0,\varkappa)}\right]. \tag{192}$$

Durch Ableitung von (192) nach ζ entsteht eine Differentialgleichung zweiter Ordnung für die zweiten logarithmischen Ableitungen. Sie lautet bei Beachtung von (72)

$$\begin{aligned}&\left[\frac{\partial^2}{\partial\zeta^2}\ln\vartheta_{\substack{1\\2\\3\\4}}(\zeta,\varkappa)\right]'' + 6\left[\frac{\partial^2}{\partial\zeta^2}\ln\vartheta_{\substack{1\\2\\3\\4}}(\zeta,\varkappa)\right]^2 - 4\,\frac{\vartheta_1'''(0,\varkappa)}{\vartheta_1'(0,\varkappa)}\left[\frac{\partial^2}{\partial\zeta^2}\ln\vartheta_{\substack{1\\2\\3\\4}}(\zeta,\varkappa)\right]\\ &\quad= -2\left[\frac{\vartheta_2''(0,\varkappa)}{\vartheta_2(0,\varkappa)}\,\frac{\vartheta_3''(0,\varkappa)}{\vartheta_3(0,\varkappa)} + \frac{\vartheta_3''(0,\varkappa)}{\vartheta_3(0,\varkappa)}\,\frac{\vartheta_4''(0,\varkappa)}{\vartheta_4(0,\varkappa)} + \frac{\vartheta_4''(0,\varkappa)}{\vartheta_4(0,\varkappa)}\,\frac{\vartheta_2''(0,\varkappa)}{\vartheta_2(0,\varkappa)}\right].\end{aligned} \tag{193}$$

Für spätere Anwendungszwecke ist es nützlich, neue Veränderliche in der Form

$$\wp_{\substack{1\\2\\3\\4}}(\zeta,\varkappa) = -\eta_1 - \frac{1}{\pi^2\,\vartheta_3^4(0,\varkappa)}\,\frac{\partial^2}{\partial\zeta^2}\ln\vartheta_{\substack{1\\2\\3\\4}}(\zeta,\varkappa), \qquad \eta_1 = -\frac{\frac{1}{3}\,\frac{\vartheta_1'''(0,\varkappa)}{\vartheta_1'(0,\varkappa)}}{\pi^2\,\vartheta_3^4(0,\varkappa)} \tag{194}$$

einzuführen. Mit ihnen lautet (192), wenn gleichzeitig die Wurzel gezogen wird,

$$\begin{aligned}\frac{\partial}{\partial\zeta}\wp_{\substack{1\\2\\3\\4}}(\zeta,\varkappa) = \substack{-\\+\\-\\+}\pi\,\vartheta_3^2(0,\varkappa)&\sqrt{4\left[\wp_{\substack{1\\2\\3\\4}}(\zeta,\varkappa) - \frac{\frac{1}{3}\,\frac{\vartheta_1'''(0,\varkappa)}{\vartheta_1'(0,\varkappa)} - \frac{\vartheta_2''(0,\varkappa)}{\vartheta_2(0,\varkappa)}}{\pi^2\,\vartheta_3^4(0,\varkappa)}\right]\left[\wp_{\substack{1\\2\\3\\4}}(\zeta,\varkappa) - \frac{\frac{1}{3}\,\frac{\vartheta_1'''(0,\varkappa)}{\vartheta_1'(0,\varkappa)} - \frac{\vartheta_3''(0,\varkappa)}{\vartheta_3(0,\varkappa)}}{\pi^2\,\vartheta_3^4(0,\varkappa)}\right]}\times\\ &\times\sqrt{\left[\wp_{\substack{1\\2\\3\\4}}(\zeta,\varkappa) - \frac{\frac{1}{3}\,\frac{\vartheta_1'''(0,\varkappa)}{\vartheta_1'(0,\varkappa)} - \frac{\vartheta_4''(0,\varkappa)}{\vartheta_4(0,\varkappa)}}{\pi^2\,\vartheta_3^4(0,\varkappa)}\right]}.\end{aligned} \tag{195}$$

In (195) ergeben sich die Wurzelvorzeichen aus dem Verlauf der zweiten logarithmischen Ableitungen.

Wird in (195) unter der Wurzel ausmultipliziert, so verschwindet wegen (72) das quadratische Glied. Unter gleichzeitiger Einführung der Parameterfunktionen

$$\left.\begin{aligned} g_2 = &-\frac{\frac{1}{3}\,\frac{\vartheta_1'''(0,\varkappa)}{\vartheta_1'(0,\varkappa)} - \frac{\vartheta_2''(0,\varkappa)}{\vartheta_2(0,\varkappa)}}{\frac{1}{2}\,\pi^2\,\vartheta_3^4(0,\varkappa)}\;\frac{\frac{1}{3}\,\frac{\vartheta_1'''(0,\varkappa)}{\vartheta_1'(0,\varkappa)} - \frac{\vartheta_3''(0,\varkappa)}{\vartheta_3(0,\varkappa)}}{\frac{1}{2}\,\pi^2\,\vartheta_3^4(0,\varkappa)} - \frac{\frac{1}{3}\,\frac{\vartheta_1'''(0,\varkappa)}{\vartheta_1'(0,\varkappa)} - \frac{\vartheta_3''(0,\varkappa)}{\vartheta_3(0,\varkappa)}}{\frac{1}{2}\,\pi^2\,\vartheta_3^4(0,\varkappa)}\;\frac{\frac{1}{3}\,\frac{\vartheta_1'''(0,\varkappa)}{\vartheta_1'(0,\varkappa)} - \frac{\vartheta_4''(0,\varkappa)}{\vartheta_4(0,\varkappa)}}{\frac{1}{2}\,\pi^2\,\vartheta_3^4(0,\varkappa)} -\\ &-\frac{\frac{1}{3}\,\frac{\vartheta_1'''(0,\varkappa)}{\vartheta_1'(0,\varkappa)} - \frac{\vartheta_4''(0,\varkappa)}{\vartheta_4(0,\varkappa)}}{\frac{1}{2}\,\pi^2\,\vartheta_3^4(0,\varkappa)}\;\frac{\frac{1}{3}\,\frac{\vartheta_1'''(0,\varkappa)}{\vartheta_1'(0,\varkappa)} - \frac{\vartheta_2''(0,\varkappa)}{\vartheta_2(0,\varkappa)}}{\frac{1}{2}\,\pi^2\,\vartheta_3^4(0,\varkappa)},\\ g_3 = &\frac{\frac{1}{3}\,\frac{\vartheta_1'''(0,\varkappa)}{\vartheta_1'(0,\varkappa)} - \frac{\vartheta_2''(0,\varkappa)}{\vartheta_2(0,\varkappa)}}{\sqrt[3]{\frac{1}{4}}\,\pi^2\,\vartheta_3^4(0,\varkappa)}\;\frac{\frac{1}{3}\,\frac{\vartheta_1'''(0,\varkappa)}{\vartheta_1'(0,\varkappa)} - \frac{\vartheta_3''(0,\varkappa)}{\vartheta_3(0,\varkappa)}}{\sqrt[3]{\frac{1}{4}}\,\pi^2\,\vartheta_3^4(0,\varkappa)}\;\frac{\frac{1}{3}\,\frac{\vartheta_1'''(0,\varkappa)}{\vartheta_1'(0,\varkappa)} - \frac{\vartheta_4''(0,\varkappa)}{\vartheta_4(0,\varkappa)}}{\sqrt[3]{\frac{1}{4}}\,\pi^2\,\vartheta_3^4(0,\varkappa)},\end{aligned}\right\} \tag{196}$$

die mit den von WEIERSTRASS in die Theorie eingeführten Invarianten identisch sind, ergibt sich

$$\frac{\partial}{\partial\zeta}\wp_{\substack{1\\2\\3\\4}}(\zeta,\varkappa) = \substack{-\\+\\-\\+}\pi\,\vartheta_3^2(0,\varkappa)\sqrt{4\,\wp^3_{\substack{1\\2\\3\\4}}(\zeta,\varkappa) - g_2\,\wp_{\substack{1\\2\\3\\4}}(\zeta,\varkappa) - g_3}\,. \tag{197}$$

Werden die auf den rechten Seiten von (192) auftretenden Produkte nach (187) gebildet, so folgt bei Erweiterung mit $\vartheta_1^2(\zeta,\varkappa)$ bzw. $\vartheta_2^2(\zeta,\varkappa)$ bzw. $\vartheta_3^2(\zeta,\varkappa)$ bzw. $\vartheta_4^2(\zeta,\varkappa)$ und unter Beachtung von (69)

$$\left[\frac{\partial^2}{\partial\zeta^2}\ln\vartheta_{\substack{1\\2\\3\\4}}(\zeta,\varkappa)\right]'^2 = 4\pi^2\,\vartheta_1'^4(0,\varkappa)\,\frac{\vartheta_1^2(\zeta,\varkappa)\,\vartheta_2^2(\zeta,\varkappa)\,\vartheta_3^2(\zeta,\varkappa)\,\vartheta_4^2(\zeta,\varkappa)}{\vartheta^8_{\substack{1\\2\\3\\4}}(\zeta,\varkappa)}. \tag{198}$$

In (198) kann man nun, zunächst nur unter Bezugnahme auf den oberen Index 1, bei Beachtung von (108)

$$\frac{\vartheta_3^2(\zeta,\varkappa)}{\vartheta_1^2(\zeta,\varkappa)} = \frac{\vartheta_4^2(0,\varkappa)}{\vartheta_2^2(0,\varkappa)} + \frac{\vartheta_3^2(0,\varkappa)}{\vartheta_2^2(0,\varkappa)}\,\frac{\vartheta_2^2(\zeta,\varkappa)}{\vartheta_1^2(\zeta,\varkappa)}, \qquad \frac{\vartheta_4^2(\zeta,\varkappa)}{\vartheta_1^2(\zeta,\varkappa)} = \frac{\vartheta_3^2(0,\varkappa)}{\vartheta_2^2(0,\varkappa)} + \frac{\vartheta_4^2(0,\varkappa)}{\vartheta_2^2(0,\varkappa)}\,\frac{\vartheta_2^2(\zeta,\varkappa)}{\vartheta_1^2(\zeta,\varkappa)}$$

setzen, womit sich (198) in Verbindung mit (69) in der Form

$$\left[\frac{\partial^2}{\partial\zeta^2}\ln\vartheta_1(\zeta,\varkappa)\right]'^2 = 4\left(\frac{\vartheta_1'^2(0,\varkappa)}{\vartheta_2^2(0,\varkappa)}\,\frac{\vartheta_2^2(\zeta,\varkappa)}{\vartheta_1^2(\zeta,\varkappa)}\right)\left[\pi^2\vartheta_4^4(0,\varkappa)+\left(\frac{\vartheta_1'^2(0,\varkappa)}{\vartheta_2^2(0,\varkappa)}\,\frac{\vartheta_2^2(\zeta,\varkappa)}{\vartheta_1^2(\zeta,\varkappa)}\right)\right]\left[\pi^2\vartheta_3^4(0,\varkappa)+\left(\frac{\vartheta_1'^2(0,\varkappa)}{\vartheta_2^2(0,\varkappa)}\,\frac{\vartheta_2^2(\zeta,\varkappa)}{\vartheta_1^2(\zeta,\varkappa)}\right)\right]$$

schreiben läßt. Wird hierin der Reihe nach ζ mit $\zeta+\frac{1}{2}$, $\zeta+\frac{1}{2}+\frac{i\varkappa}{2}$, $\zeta+\frac{i\varkappa}{2}$ vertauscht und werden hierbei die Gln. (22), (23) und (25) sowie (158) und (159) beachtet, so ergibt sich die Gleichungsgruppe

$$\left[\frac{\partial^2}{\partial\zeta^2}\ln\vartheta_{\substack{1\\2\\3\\4}}(\zeta,\varkappa)\right]'^2 = 4\left(\frac{\vartheta_1'^2(0,\varkappa)}{\vartheta_2^2(0,\varkappa)}\,\frac{\vartheta^2_{\substack{2\\1\\3\\4}}(\zeta,\varkappa)}{\vartheta^2_{\substack{1\\2\\4\\3}}(\zeta,\varkappa)}\right)\left[\pi^2\vartheta_4^4(0,\varkappa)+\left(\frac{\vartheta_1'^2(0,\varkappa)}{\vartheta_2^2(0,\varkappa)}\,\frac{\vartheta^2_{\substack{2\\1\\3\\4}}(\zeta,\varkappa)}{\vartheta^2_{\substack{1\\2\\4\\3}}(\zeta,\varkappa)}\right)\right]\left[\pi^2\vartheta_3^4(0,\varkappa)+\left(\frac{\vartheta_1'^2(0,\varkappa)}{\vartheta_2^2(0,\varkappa)}\,\frac{\vartheta^2_{\substack{2\\1\\3\\4}}(\zeta,\varkappa)}{\vartheta^2_{\substack{1\\2\\4\\3}}(\zeta,\varkappa)}\right)\right]. \tag{199}$$

In (199) möge nun, ohne daß dabei auf (194) Bezug genommen wird,

$$\frac{\vartheta_1'^2(0,\varkappa)}{\vartheta_2^2(0,\varkappa)}\,\frac{\vartheta^2_{\substack{2\\1\\3\\4}}(\zeta,\varkappa)}{\vartheta^2_{\substack{1\\2\\4\\3}}(\zeta,\varkappa)} = \pi^2\vartheta_3^4(0,\varkappa)\,\wp_{\substack{1\\2\\3\\4}}(\zeta,\varkappa)-\frac{\pi^2}{3}\left[\vartheta_2^4(0,\varkappa)+2\vartheta_4^4(0,\varkappa)\right] \tag{200}$$

gesetzt werden. Dann folgt in Verbindung mit (116) und (187)

$$\left[\wp_{\substack{1\\2\\3\\4}}(\zeta,\varkappa)\right]'^2 = 4\pi^2\vartheta_3^4(0,\varkappa)\left[\wp_{\substack{1\\2\\3\\4}}(\zeta,\varkappa)-\frac{1}{3}\frac{\vartheta_2^4(0,\varkappa)}{\vartheta_3^4(0,\varkappa)}-\frac{2}{3}\frac{\vartheta_4^4(0,\varkappa)}{\vartheta_3^4(0,\varkappa)}\right]\left[\wp_{\substack{1\\2\\3\\4}}(\zeta,\varkappa)-\frac{1}{3}\frac{\vartheta_2^4(0,\varkappa)}{\vartheta_3^4(0,\varkappa)}+\frac{1}{3}\frac{\vartheta_4^4(0,\varkappa)}{\vartheta_3^4(0,\varkappa)}\right]\times$$
$$\times\left[\wp_{\substack{1\\2\\3\\4}}(\zeta,\varkappa)+\frac{2}{3}\frac{\vartheta_2^4(0,\varkappa)}{\vartheta_3^4(0,\varkappa)}+\frac{1}{3}\frac{\vartheta_4^4(0,\varkappa)}{\vartheta_3^4(0,\varkappa)}\right].$$

Mit den Abkürzungen

$$\left.\begin{aligned}
e_1 &= \frac{1}{3}\frac{\vartheta_2^4(0,\varkappa)}{\vartheta_3^4(0,\varkappa)}+\frac{2}{3}\frac{\vartheta_4^4(0,\varkappa)}{\vartheta_3^4(0,\varkappa)}, & e_1-e_2 &= \frac{\vartheta_4^4(0,\varkappa)}{\vartheta_3^4(0,\varkappa)}, &\\
e_2 &= \frac{1}{3}\frac{\vartheta_2^4(0,\varkappa)}{\vartheta_3^4(0,\varkappa)}-\frac{1}{3}\frac{\vartheta_4^4(0,\varkappa)}{\vartheta_3^4(0,\varkappa)}, & e_2-e_3 &= \frac{\vartheta_2^4(0,\varkappa)}{\vartheta_3^4(0,\varkappa)}, & e_1+e_2+e_3=0,\\
e_3 &= -\frac{2}{3}\frac{\vartheta_2^4(0,\varkappa)}{\vartheta_3^4(0,\varkappa)}-\frac{1}{3}\frac{\vartheta_4^4(0,\varkappa)}{\vartheta_3^4(0,\varkappa)}, & e_3-e_1 &= -1, &
\end{aligned}\right\} \tag{201}$$

erhält man schließlich, wenn noch die Wurzel gezogen und die Wurzelvorzeichen dem Funktionsverlauf entsprechend gewählt werden,

$$\frac{\partial}{\partial\zeta}\wp_{\substack{1\\2\\3\\4}}(\zeta,\varkappa) = \substack{-\\+\\-\\+}\,\pi\,\vartheta_3^2(0,\varkappa)\sqrt{4\left[\wp_{\substack{1\\2\\3\\4}}(\zeta,\varkappa)-e_1\right]\left[\wp_{\substack{1\\2\\3\\4}}(\zeta,\varkappa)-e_2\right]\left[\wp_{\substack{1\\2\\3\\4}}(\zeta,\varkappa)-e_3\right]}. \tag{202}$$

Wird unter der Wurzel noch ausmultipliziert, so verschwindet wegen (201) das quadratische Glied. Unter Einführung der Invarianten

$$g_2 = -4(e_1e_2+e_2e_3+e_3e_1), \qquad g_3 = +4e_1e_2e_3 \tag{203}$$

läßt sich daher (202) auch in der Form

$$\frac{\partial}{\partial\zeta}\wp_{\substack{1\\2\\3\\4}}(\zeta,\varkappa) = \substack{-\\+\\-\\+}\,\pi\,\vartheta_3^2(0,\varkappa)\sqrt{4\wp^3_{\substack{1\\2\\3\\4}}(\zeta,\varkappa)-g_2\,\wp_{\substack{1\\2\\3\\4}}(\zeta,\varkappa)-g_3} \tag{204}$$

schreiben.

Durch die Gln. (194) und (200) bzw. (196) und (203) wurden vier $\wp$-Funktionen und zwei Invarianten g_2 und g_3 auf zweifache Weise eingeführt. Es soll nun gezeigt werden, daß in beiden Fällen identische Übereinstimmung besteht.

Bezüglich der $\wp$-Funktionen folgt aus (192) und (199) in Verbindung mit (194), (200) und (187) bereits identische Übereinstimmung der linken Seiten von (197) und (204). Hiernach könnten sich die entsprechenden $\wp$-Funktionen höchstens um eine in bezug auf ζ konstante Parameterfunktion unterscheiden. Wegen der Gleichheit der linken Seiten von (197) und (204) müssen nun aber die beiden unter den Wurzeln stehenden Funktionen gleich sein, d. h., es müßte, wenn die vorerwähnte Parameterfunktion mit $f(\varkappa)$ bezeichnet und für g_2, g_3 in (204) vorübergehend g_2^*, g_3^* geschrieben wird,

$$4\wp_{\substack{1\\2\\3\\4}}^3(\zeta,\varkappa) - g_2\,\wp_{\substack{1\\2\\3\\4}}(\zeta,\varkappa) - g_3 = 4\left[\wp_{\substack{1\\2\\3\\4}}(\zeta,\varkappa) + f(\varkappa)\right]^3 - g_2^*\left[\wp_{\substack{1\\2\\3\\4}}(\zeta,\varkappa) + f(\varkappa)\right] - g_3^*$$

sein. Wird auf der rechten Seite ausmultipliziert, so träte ein quadratisches Glied

$$12\,\wp_{\substack{1\\2\\3\\4}}^2(\zeta,\varkappa)\,f(\varkappa)$$

in Erscheinung, dem auf der linken Seite kein entsprechendes Glied gegenüberstände. Also muß $f(\varkappa) = 0$ sein. Eine solche Folgerung bedingt aber sofort, daß auch $g_2^* = g_2$ und $g_3^* = g_3$ sein müssen, womit die identische Übereinstimmung der betrachteten Funktionen bewiesen ist.

Der Vergleich von (195) und (202) liefert für e_1, e_2, e_3 die Paralleldarstellungen

$$e_1 = \frac{\frac{1}{3}\frac{\vartheta_1'''(0,\varkappa)}{\vartheta_1'(0,\varkappa)} - \frac{\vartheta_2''(0,\varkappa)}{\vartheta_2(0,\varkappa)}}{\pi^2\,\vartheta_3^4(0,\varkappa)},\qquad e_2 = \frac{\frac{1}{3}\frac{\vartheta_1'''(0,\varkappa)}{\vartheta_1'(0,\varkappa)} - \frac{\vartheta_3''(0,\varkappa)}{\vartheta_3(0,\varkappa)}}{\pi^2\,\vartheta_3^4(0,\varkappa)},\qquad e_3 = \frac{\frac{1}{3}\frac{\vartheta_1'''(0,\varkappa)}{\vartheta_1'(0,\varkappa)} - \frac{\vartheta_4''(0,\varkappa)}{\vartheta_4(0,\varkappa)}}{\pi^2\,\vartheta_3^4(0,\varkappa)}. \tag{205}$$

Durch Weiterbehandlung der Gln. (198) kann man zu einer sehr einfachen Darstellung der dritten logarithmischen Ableitungen der vier ersten Theta-Funktionen gelangen. Wird das vierfache Produkt auf der rechten Seite von (198) unter Heranziehung von (113) umgeschrieben und die Wurzel gezogen, so folgt, wenn die Wurzelvorzeichen aus dem Funktionsverlauf bestimmt werden, die Gruppendarstellung

$$\frac{\partial^3}{\partial\zeta^3}\ln\vartheta_{\substack{1\\2\\3\\4}}(\zeta,\varkappa) = \substack{+\\-\\+\\-}\,\frac{\vartheta_1'^3(0,\varkappa)\,\vartheta_1(2\zeta,\varkappa)}{\vartheta_{\substack{1\\2\\3\\4}}^4(\zeta,\varkappa)}\quad\text{bzw.}\quad \frac{\partial}{\partial\zeta}\,\wp_{\substack{1\\2\\3\\4}}(\zeta,\varkappa) = \substack{-\\+\\-\\+}\,\frac{\vartheta_1'^3(0,\varkappa)\,\vartheta_1(2\zeta,\varkappa)}{\pi^2\,\vartheta_3^4(0,\varkappa)\,\vartheta_{\substack{1\\2\\3\\4}}^4(\zeta,\varkappa)}. \tag{206}$$

Durch Multiplikation der vier dritten logarithmischen Ableitungen von (206) erhält man bei Beachtung von (113)

$$\frac{\partial^3}{\partial\zeta^3}\ln\vartheta_1(\zeta,\varkappa)\,\frac{\partial^3}{\partial\zeta^3}\ln\vartheta_2(\zeta,\varkappa)\,\frac{\partial^3}{\partial\zeta^3}\ln\vartheta_3(\zeta,\varkappa)\,\frac{\partial^3}{\partial\zeta^3}\ln\vartheta_4(\zeta,\varkappa) = 16\pi^4\,\vartheta_1'^8(0,\varkappa), \tag{207}$$

wofür unter Beachtung von (194) auch

$$\frac{\partial}{\partial\zeta}\wp_1(\zeta,\varkappa)\,\frac{\partial}{\partial\zeta}\wp_2(\zeta,\varkappa)\,\frac{\partial}{\partial\zeta}\wp_3(\zeta,\varkappa)\,\frac{\partial}{\partial\zeta}\wp_4(\zeta,\varkappa) = \frac{16\,\vartheta_1'^8(0,\varkappa)}{\pi^4\,\vartheta_3^{16}(0,\varkappa)} \tag{208}$$

geschrieben werden kann.

Für die in (191) auftretenden Ableitungen folgt bei Bezugnahme auf (161)

$$\left.\begin{aligned}
&\left[\frac{\partial^2}{\partial\zeta^2}\ln\vartheta_{\substack{1\\2\\3\\4}}(\zeta,\varkappa) - \frac{\vartheta_{\substack{2\\3\\4}}''(0,\varkappa)}{\vartheta_{\substack{2\\3\\4}}(0,\varkappa)}\right]' = \frac{1}{\vartheta_{\substack{1\\2\\3\\4}}^3(\zeta,\varkappa)}\left[\vartheta_{\substack{1\\2\\3\\4}}'''(\zeta,\varkappa)\,\vartheta_{\substack{1\\2\\3\\4}}^2(\zeta,\varkappa) - 3\,\vartheta_{\substack{1\\2\\3\\4}}''(\zeta,\varkappa)\,\vartheta_{\substack{1\\2\\3\\4}}'(\zeta,\varkappa)\,\vartheta_{\substack{1\\2\\3\\4}}(\zeta,\varkappa) + 2\,\vartheta_{\substack{1\\2\\3\\4}}'^3(\zeta,\varkappa)\right],\\
&\left[\frac{\partial^2}{\partial\zeta^2}\ln\vartheta_{\substack{1\\2\\3\\4}}(\zeta,\varkappa) - \frac{\vartheta_{\substack{2\\3\\4}}''(0,\varkappa)}{\vartheta_{\substack{2\\3\\4}}(0,\varkappa)}\right]'' = \frac{1}{\vartheta_{\substack{1\\2\\3\\4}}^4(\zeta,\varkappa)}\left[\vartheta_{\substack{1\\2\\3\\4}}''''(\zeta,\varkappa)\,\vartheta_{\substack{1\\2\\3\\4}}^3(\zeta,\varkappa) - 4\,\vartheta_{\substack{1\\2\\3\\4}}'''(\zeta,\varkappa)\,\vartheta_{\substack{1\\2\\3\\4}}'(\zeta,\varkappa)\,\vartheta_{\substack{1\\2\\3\\4}}^2(\zeta,\varkappa) -\right.\\
&\qquad\left.- 3\,\vartheta_{\substack{1\\2\\3\\4}}''^2(\zeta,\varkappa)\,\vartheta_{\substack{1\\2\\3\\4}}^2(\zeta,\varkappa) + 12\,\vartheta_{\substack{1\\2\\3\\4}}''(\zeta,\varkappa)\,\vartheta_{\substack{1\\2\\3\\4}}'^2(\zeta,\varkappa)\,\vartheta_{\substack{1\\2\\3\\4}}(\zeta,\varkappa) - 6\,\vartheta_{\substack{1\\2\\3\\4}}'^4(\zeta,\varkappa)\right],
\end{aligned}\right\} \tag{209}$$

Führt man diese Differentialausdrücke mit dem Index 2 in die erste, mit dem Index 3 in die zweite und mit dem Index 4 in die dritte der Gln. (191) unter Nullsetzen von ζ ein — wobei die den Wert $\frac{0}{0}$ annehmenden zweiten Glieder von (191) nach der L'HOSPITALschen Regel zu bilden sind, so folgt mit (161)

$$\begin{gathered}
\frac{\vartheta_2''''(0,\varkappa)}{\vartheta_2(0,\varkappa)} = 3\,\frac{\vartheta_2''^2(0,\varkappa)}{\vartheta_2^2(0,\varkappa)} - 2\,\frac{\vartheta_1'^4(0,\varkappa)}{\vartheta_2^4(0,\varkappa)},\qquad \frac{\vartheta_3''''(0,\varkappa)}{\vartheta_3(0,\varkappa)} = 3\,\frac{\vartheta_3''^2(0,\varkappa)}{\vartheta_3^2(0,\varkappa)} + 2\,\frac{\vartheta_1'^4(0,\varkappa)}{\vartheta_3^4(0,\varkappa)},\\
\frac{\vartheta_4''''(0,\varkappa)}{\vartheta_4(0,\varkappa)} = 3\,\frac{\vartheta_4''^2(0,\varkappa)}{\vartheta_4^2(0,\varkappa)} - 2\,\frac{\vartheta_1'^4(0,\varkappa)}{\vartheta_4^4(0,\varkappa)}.
\end{gathered} \tag{210}$$

Mit den aus der FOURIERschen Differentialgleichung (7) ablesbaren Beziehungen

$$\vartheta_{\substack{2\\3\\4}}''(0,\varkappa) = 4\pi\,\dot\vartheta_{\substack{2\\3\\4}}(0,\varkappa), \qquad \vartheta_{\substack{2\\3\\4}}''''(0,\varkappa) = 16\pi^2\,\ddot\vartheta_{\substack{2\\3\\4}}(0,\varkappa) \tag{211}$$

läßt sich (210) auch in der Form

$$\frac{\ddot\vartheta_2(0,\varkappa)}{\vartheta_2(0,\varkappa)} = 3\,\frac{\dot\vartheta_2^2(0,\varkappa)}{\vartheta_2^2(0,\varkappa)} - \frac{1}{8\pi^2}\,\frac{\vartheta_1'^4(0,\varkappa)}{\vartheta_2^4(0,\varkappa)}, \qquad \frac{\ddot\vartheta_3(0,\varkappa)}{\vartheta_3(0,\varkappa)} = 3\,\frac{\dot\vartheta_3^2(0,\varkappa)}{\vartheta_3^2(0,\varkappa)} + \frac{1}{8\pi^2}\,\frac{\vartheta_1'^4(0,\varkappa)}{\vartheta_3^4(0,\varkappa)},$$
$$\frac{\ddot\vartheta_4(0,\varkappa)}{\vartheta_4(0,\varkappa)} = 3\,\frac{\dot\vartheta_4^2(0,\varkappa)}{\vartheta_4^2(0,\varkappa)} - \frac{1}{8\pi^2}\,\frac{\vartheta_1'^4(0,\varkappa)}{\vartheta_4^4(0,\varkappa)} \tag{212}$$

schreiben. Wird außerdem beachtet, daß

$$\left[\vartheta_{\substack{2\\3\\4}}^2(\zeta,\varkappa)\right]^{\cdot} = 2\,\dot\vartheta_{\substack{2\\3\\4}}(\zeta,\varkappa)\,\vartheta_{\substack{2\\3\\4}}(\zeta,\varkappa), \qquad \left[\vartheta_{\substack{2\\3\\4}}^2(\zeta,\varkappa)\right]^{\cdot\cdot} = 2\,\ddot\vartheta_{\substack{2\\3\\4}}(\zeta,\varkappa)\,\vartheta_{\substack{2\\3\\4}}(\zeta,\varkappa) + 2\,\dot\vartheta_{\substack{2\\3\\4}}^2(\zeta,\varkappa)$$

gesetzt werden kann, so erhält man, wenn die Gln. (212) noch beziehungsweise mit $\vartheta_2^4(0,\varkappa)$, $\vartheta_3^4(0,\varkappa)$, $\vartheta_4^2(0,\varkappa)$ multipliziert werden, für die Theta-Nullwert-Quadrate die Differentialgleichungen

$$\vartheta_{\substack{2\\3\\4}}^2(0,\varkappa)\,\frac{d^2}{d\varkappa^2}\,\vartheta_{\substack{2\\3\\4}}^2(0,\varkappa) - 2\left[\frac{\partial}{\partial\varkappa}\,\vartheta_{\substack{2\\3\\4}}^2(0,\varkappa)\right]^2 = \mp\frac{1}{4\pi^2}\,\vartheta_1'^4(0,\varkappa). \tag{213}$$

22. Die logarithmischen und die natürlichen Ableitungen der 12 Quotienten der Funktionen $\vartheta_1(\zeta,\varkappa)$, $\vartheta_2(\zeta,\varkappa)$, $\vartheta_3(\zeta,\varkappa)$, $\vartheta_4(\zeta,\varkappa)$

Die vier in (206) vorliegenden dritten logarithmischen Ableitungen lassen sich auch über (187) darstellen, und zwar jeweils auf dreifache Weise. Durch Gleichsetzung der so gewonnenen Ausdrücke mit denjenigen von (206) gelangt man zu Darstellungen der logarithmischen Ableitungen der Quotienten der Theta-Funktionen.

Wird beispielsweise die oberste Gleichung der linken Gruppe der Gln. (187) nach ζ abgeleitet und der so entstehende Ausdruck dem entsprechenden von (206) gleichgesetzt, so erhält man

$$\frac{\vartheta_1'^3(0,\varkappa)\,\vartheta_1(2\zeta,\varkappa)}{\vartheta_1^4(\zeta,\varkappa)} = -\frac{\vartheta_1'^2(0,\varkappa)}{\vartheta_2^2(0,\varkappa)}\,\frac{2\,\vartheta_1(\zeta,\varkappa)\,\vartheta_2(\zeta,\varkappa)\,\vartheta_2'(\zeta,\varkappa) - 2\,\vartheta_2^2(\zeta,\varkappa)\,\vartheta_1'(\zeta,\varkappa)}{\vartheta_1^3(\zeta,\varkappa)}$$
$$= -2\,\frac{\vartheta_1'^2(0,\varkappa)}{\vartheta_2^2(0,\varkappa)}\,\frac{\vartheta_2^2(\zeta,\varkappa)}{\vartheta_1^2(\zeta,\varkappa)}\left[\frac{\partial\ln\vartheta_2}{\partial\zeta} - \frac{\partial\ln\vartheta_1}{\partial\zeta}\right] = -2\,\frac{\vartheta_1'^2(0,\varkappa)}{\vartheta_2^2(0,\varkappa)}\,\frac{\vartheta_2^2(\zeta,\varkappa)}{\vartheta_1^2(\zeta,\varkappa)}\,\frac{\partial}{\partial\zeta}\ln\frac{\vartheta_2(\zeta,\varkappa)}{\vartheta_1(\zeta,\varkappa)}$$

oder unter Beachtung von (113)

$$\frac{\partial}{\partial\zeta}\ln\frac{\vartheta_2(\zeta,\varkappa)}{\vartheta_1(\zeta,\varkappa)} = -\pi\,\vartheta_2^2(0,\varkappa)\,\frac{\vartheta_3(\zeta,\varkappa)\,\vartheta_4(\zeta,\varkappa)}{\vartheta_1(\zeta,\varkappa)\,\vartheta_2(\zeta,\varkappa)}.$$

In ähnlicher Weise folgt aus jeder der 12 Gln. (187) die Darstellung einer logarithmischen Ableitung eines Quotienten zweier Theta-Funktionen. Die Ergebnisse sind anschließend unter Berücksichtigung von (117), (118) und (129) zusammengestellt.

$$\left.\begin{aligned}
\frac{\partial}{\partial\zeta}\ln\frac{\vartheta_1(\zeta,\varkappa)}{\vartheta_2(\zeta,\varkappa)} &= -\frac{\partial}{\partial\zeta}\ln\frac{\vartheta_2(\zeta,\varkappa)}{\vartheta_1(\zeta,\varkappa)} = +\pi\,\vartheta_2^2(0,\varkappa)\,\frac{\vartheta_3(\zeta,\varkappa)\,\vartheta_4(\zeta,\varkappa)}{\vartheta_1(\zeta,\varkappa)\,\vartheta_2(\zeta,\varkappa)} = +\pi\,\vartheta_2^2(0,\varkappa)\,\frac{\vartheta_4(2\zeta,2\varkappa)}{\vartheta_1(2\zeta,2\varkappa)},\\
\frac{\partial}{\partial\zeta}\ln\frac{\vartheta_1(\zeta,\varkappa)}{\vartheta_3(\zeta,\varkappa)} &= -\frac{\partial}{\partial\zeta}\ln\frac{\vartheta_3(\zeta,\varkappa)}{\vartheta_1(\zeta,\varkappa)} = +\pi\,\vartheta_3^2(0,\varkappa)\,\frac{\vartheta_2(\zeta,\varkappa)\,\vartheta_4(\zeta,\varkappa)}{\vartheta_1(\zeta,\varkappa)\,\vartheta_3(\zeta,\varkappa)} = +\pi\,\vartheta_3^2(0,\varkappa)\,\frac{\vartheta_6(\zeta,\varkappa)}{\vartheta_5(\zeta,\varkappa)},\\
\frac{\partial}{\partial\zeta}\ln\frac{\vartheta_1(\zeta,\varkappa)}{\vartheta_4(\zeta,\varkappa)} &= -\frac{\partial}{\partial\zeta}\ln\frac{\vartheta_4(\zeta,\varkappa)}{\vartheta_1(\zeta,\varkappa)} = +\pi\,\vartheta_4^2(0,\varkappa)\,\frac{\vartheta_2(\zeta,\varkappa)\,\vartheta_3(\zeta,\varkappa)}{\vartheta_1(\zeta,\varkappa)\,\vartheta_4(\zeta,\varkappa)} = +\pi\,\vartheta_4^2(0,\varkappa)\,\frac{\vartheta_2\left(\zeta,\frac{\varkappa}{2}\right)}{\vartheta_1\left(\zeta,\frac{\varkappa}{2}\right)},\\
\frac{\partial}{\partial\zeta}\ln\frac{\vartheta_2(\zeta,\varkappa)}{\vartheta_3(\zeta,\varkappa)} &= -\frac{\partial}{\partial\zeta}\ln\frac{\vartheta_3(\zeta,\varkappa)}{\vartheta_2(\zeta,\varkappa)} = -\pi\,\vartheta_4^2(0,\varkappa)\,\frac{\vartheta_1(\zeta,\varkappa)\,\vartheta_4(\zeta,\varkappa)}{\vartheta_2(\zeta,\varkappa)\,\vartheta_3(\zeta,\varkappa)} = -\pi\,\vartheta_4^2(0,\varkappa)\,\frac{\vartheta_1\left(\zeta,\frac{\varkappa}{2}\right)}{\vartheta_2\left(\zeta,\frac{\varkappa}{2}\right)},\\
\frac{\partial}{\partial\zeta}\ln\frac{\vartheta_2(\zeta,\varkappa)}{\vartheta_4(\zeta,\varkappa)} &= -\frac{\partial}{\partial\zeta}\ln\frac{\vartheta_4(\zeta,\varkappa)}{\vartheta_2(\zeta,\varkappa)} = -\pi\,\vartheta_3^2(0,\varkappa)\,\frac{\vartheta_1(\zeta,\varkappa)\,\vartheta_3(\zeta,\varkappa)}{\vartheta_2(\zeta,\varkappa)\,\vartheta_4(\zeta,\varkappa)} = -\pi\,\vartheta_3^2(0,\varkappa)\,\frac{\vartheta_5(\zeta,\varkappa)}{\vartheta_6(\zeta,\varkappa)},\\
\frac{\partial}{\partial\zeta}\ln\frac{\vartheta_3(\zeta,\varkappa)}{\vartheta_4(\zeta,\varkappa)} &= -\frac{\partial}{\partial\zeta}\ln\frac{\vartheta_4(\zeta,\varkappa)}{\vartheta_3(\zeta,\varkappa)} = -\pi\,\vartheta_2^2(0,\varkappa)\,\frac{\vartheta_1(\zeta,\varkappa)\,\vartheta_2(\zeta,\varkappa)}{\vartheta_3(\zeta,\varkappa)\,\vartheta_4(\zeta,\varkappa)} = -\pi\,\vartheta_2^2(0,\varkappa)\,\frac{\vartheta_1(2\zeta,2\varkappa)}{\vartheta_4(2\zeta,2\varkappa)}.
\end{aligned}\right\} \tag{214}$$

Aus (214) lassen sich die Produktformeln

$$\left.\begin{aligned}
\frac{\partial}{\partial\zeta}\ln\frac{\vartheta_1(\zeta,\varkappa)}{\vartheta_2(\zeta,\varkappa)}\,\frac{\partial}{\partial\zeta}\ln\frac{\vartheta_3(\zeta,\varkappa)}{\vartheta_4(\zeta,\varkappa)} &= -\pi^2\,\vartheta_2^4(0,\varkappa),\\
\frac{\partial}{\partial\zeta}\ln\frac{\vartheta_1(\zeta,\varkappa)}{\vartheta_3(\zeta,\varkappa)}\,\frac{\partial}{\partial\zeta}\ln\frac{\vartheta_2(\zeta,\varkappa)}{\vartheta_4(\zeta,\varkappa)} &= -\pi^2\,\vartheta_3^4(0,\varkappa),\\
\frac{\partial}{\partial\zeta}\ln\frac{\vartheta_1(\zeta,\varkappa)}{\vartheta_4(\zeta,\varkappa)}\,\frac{\partial}{\partial\zeta}\ln\frac{\vartheta_2(\zeta,\varkappa)}{\vartheta_3(\zeta,\varkappa)} &= -\pi^2\,\vartheta_4^4(0,\varkappa)
\end{aligned}\right\} \tag{215}$$

ablesen. Hieraus folgt bei Beachtung von (116)

$$\frac{\partial}{\partial\zeta}\ln\frac{\vartheta_1(\zeta,\varkappa)}{\vartheta_2(\zeta,\varkappa)}\,\frac{\partial}{\partial\zeta}\ln\frac{\vartheta_3(\zeta,\varkappa)}{\vartheta_4(\zeta,\varkappa)}-\frac{\partial}{\partial\zeta}\ln\frac{\vartheta_1(\zeta,\varkappa)}{\vartheta_3(\zeta,\varkappa)}\,\frac{\partial}{\partial\zeta}\ln\frac{\vartheta_2(\zeta,\varkappa)}{\vartheta_4(\zeta,\varkappa)}+\frac{\partial}{\partial\zeta}\ln\frac{\vartheta_1(\zeta,\varkappa)}{\vartheta_4(\zeta,\varkappa)}\,\frac{\partial}{\partial\zeta}\ln\frac{\vartheta_2(\zeta,\varkappa)}{\vartheta_3(\zeta,\varkappa)}=0. \tag{216}$$

Durch Multiplikation der Gln. (214) mit den entsprechenden Quotientenfunktionen ergeben sich die natürlichen Ableitungen der letzteren zu

$$\left.\begin{aligned}
\frac{\partial}{\partial\zeta}\frac{\vartheta_1(\zeta,\varkappa)}{\vartheta_2(\zeta,\varkappa)} &= +\pi\,\vartheta_2^2(0,\varkappa)\frac{\vartheta_3(\zeta,\varkappa)\,\vartheta_4(\zeta,\varkappa)}{\vartheta_2^2(\zeta,\varkappa)}, &
\frac{\partial}{\partial\zeta}\frac{\vartheta_2(\zeta,\varkappa)}{\vartheta_1(\zeta,\varkappa)} &= -\pi\,\vartheta_2^2(0,\varkappa)\frac{\vartheta_3(\zeta,\varkappa)\,\vartheta_4(\zeta,\varkappa)}{\vartheta_1^2(\zeta,\varkappa)},\\
\frac{\partial}{\partial\zeta}\frac{\vartheta_1(\zeta,\varkappa)}{\vartheta_3(\zeta,\varkappa)} &= +\pi\,\vartheta_3^2(0,\varkappa)\frac{\vartheta_2(\zeta,\varkappa)\,\vartheta_4(\zeta,\varkappa)}{\vartheta_3^2(\zeta,\varkappa)}, &
\frac{\partial}{\partial\zeta}\frac{\vartheta_3(\zeta,\varkappa)}{\vartheta_1(\zeta,\varkappa)} &= -\pi\,\vartheta_3^2(0,\varkappa)\frac{\vartheta_2(\zeta,\varkappa)\,\vartheta_4(\zeta,\varkappa)}{\vartheta_1^2(\zeta,\varkappa)},\\
\frac{\partial}{\partial\zeta}\frac{\vartheta_1(\zeta,\varkappa)}{\vartheta_4(\zeta,\varkappa)} &= +\pi\,\vartheta_4^2(0,\varkappa)\frac{\vartheta_2(\zeta,\varkappa)\,\vartheta_3(\zeta,\varkappa)}{\vartheta_4^2(\zeta,\varkappa)}, &
\frac{\partial}{\partial\zeta}\frac{\vartheta_4(\zeta,\varkappa)}{\vartheta_1(\zeta,\varkappa)} &= -\pi\,\vartheta_4^2(0,\varkappa)\frac{\vartheta_2(\zeta,\varkappa)\,\vartheta_3(\zeta,\varkappa)}{\vartheta_1^2(\zeta,\varkappa)},\\
\frac{\partial}{\partial\zeta}\frac{\vartheta_2(\zeta,\varkappa)}{\vartheta_3(\zeta,\varkappa)} &= -\pi\,\vartheta_4^2(0,\varkappa)\frac{\vartheta_1(\zeta,\varkappa)\,\vartheta_4(\zeta,\varkappa)}{\vartheta_3^2(\zeta,\varkappa)}, &
\frac{\partial}{\partial\zeta}\frac{\vartheta_3(\zeta,\varkappa)}{\vartheta_2(\zeta,\varkappa)} &= +\pi\,\vartheta_4^2(0,\varkappa)\frac{\vartheta_1(\zeta,\varkappa)\,\vartheta_4(\zeta,\varkappa)}{\vartheta_2^2(\zeta,\varkappa)},\\
\frac{\partial}{\partial\zeta}\frac{\vartheta_2(\zeta,\varkappa)}{\vartheta_4(\zeta,\varkappa)} &= -\pi\,\vartheta_3^2(0,\varkappa)\frac{\vartheta_1(\zeta,\varkappa)\,\vartheta_3(\zeta,\varkappa)}{\vartheta_4^2(\zeta,\varkappa)}, &
\frac{\partial}{\partial\zeta}\frac{\vartheta_4(\zeta,\varkappa)}{\vartheta_2(\zeta,\varkappa)} &= +\pi\,\vartheta_3^2(0,\varkappa)\frac{\vartheta_1(\zeta,\varkappa)\,\vartheta_3(\zeta,\varkappa)}{\vartheta_2^2(\zeta,\varkappa)},\\
\frac{\partial}{\partial\zeta}\frac{\vartheta_3(\zeta,\varkappa)}{\vartheta_4(\zeta,\varkappa)} &= -\pi\,\vartheta_2^2(0,\varkappa)\frac{\vartheta_1(\zeta,\varkappa)\,\vartheta_2(\zeta,\varkappa)}{\vartheta_4^2(\zeta,\varkappa)}, &
\frac{\partial}{\partial\zeta}\frac{\vartheta_4(\zeta,\varkappa)}{\vartheta_3(\zeta,\varkappa)} &= +\pi\,\vartheta_2^2(0,\varkappa)\frac{\vartheta_1(\zeta,\varkappa)\,\vartheta_2(\zeta,\varkappa)}{\vartheta_3^2(\zeta,\varkappa)}.
\end{aligned}\right\} \tag{217}$$

Die zweiten logarithmischen Ableitungen der Quotienten der Theta-Funktionen lassen sich unmittelbar aus (187) durch Differenzenbildung gewinnen. Werden dabei jeweils diejenigen Gleichungen zum Ausgangspunkt genommen, die auf den rechten Seiten die gleichen Quotientenfunktionen aufweisen, so erhält man

$$\left.\begin{aligned}
\frac{\partial^2}{\partial\zeta^2}\ln\frac{\vartheta_1(\zeta,\varkappa)}{\vartheta_2(\zeta,\varkappa)} &= -\frac{\partial^2}{\partial\zeta^2}\ln\frac{\vartheta_2(\zeta,\varkappa)}{\vartheta_1(\zeta,\varkappa)} = \frac{\vartheta_1'^2(0,\varkappa)}{\vartheta_2^2(0,\varkappa)}\left[+\frac{\vartheta_1^2(\zeta,\varkappa)}{\vartheta_2^2(\zeta,\varkappa)}-\frac{\vartheta_2^2(\zeta,\varkappa)}{\vartheta_1^2(\zeta,\varkappa)}\right],\\
\frac{\partial^2}{\partial\zeta^2}\ln\frac{\vartheta_1(\zeta,\varkappa)}{\vartheta_3(\zeta,\varkappa)} &= -\frac{\partial^2}{\partial\zeta^2}\ln\frac{\vartheta_3(\zeta,\varkappa)}{\vartheta_1(\zeta,\varkappa)} = \frac{\vartheta_1'^2(0,\varkappa)}{\vartheta_3^2(0,\varkappa)}\left[-\frac{\vartheta_1^2(\zeta,\varkappa)}{\vartheta_3^2(\zeta,\varkappa)}-\frac{\vartheta_3^2(\zeta,\varkappa)}{\vartheta_1^2(\zeta,\varkappa)}\right],\\
\frac{\partial^2}{\partial\zeta^2}\ln\frac{\vartheta_1(\zeta,\varkappa)}{\vartheta_4(\zeta,\varkappa)} &= -\frac{\partial^2}{\partial\zeta^2}\ln\frac{\vartheta_4(\zeta,\varkappa)}{\vartheta_1(\zeta,\varkappa)} = \frac{\vartheta_1'^2(0,\varkappa)}{\vartheta_4^2(0,\varkappa)}\left[+\frac{\vartheta_1^2(\zeta,\varkappa)}{\vartheta_4^2(\zeta,\varkappa)}-\frac{\vartheta_4^2(\zeta,\varkappa)}{\vartheta_1^2(\zeta,\varkappa)}\right],\\
\frac{\partial^2}{\partial\zeta^2}\ln\frac{\vartheta_2(\zeta,\varkappa)}{\vartheta_3(\zeta,\varkappa)} &= -\frac{\partial^2}{\partial\zeta^2}\ln\frac{\vartheta_3(\zeta,\varkappa)}{\zeta_2(\zeta,\varkappa)} = \frac{\vartheta_1'^2(0,\varkappa)}{\vartheta_4^2(0,\varkappa)}\left[+\frac{\vartheta_2^2(\zeta,\varkappa)}{\vartheta_3^2(\zeta,\varkappa)}-\frac{\vartheta_3^2(\zeta,\varkappa)}{\vartheta_2^2(\zeta,\varkappa)}\right],\\
\frac{\partial^2}{\partial\zeta^2}\ln\frac{\vartheta_2(\zeta,\varkappa)}{\vartheta_4(\zeta,\varkappa)} &= -\frac{\partial^2}{\partial\zeta^2}\ln\frac{\vartheta_4(\zeta,\varkappa)}{\vartheta_2(\zeta,\varkappa)} = \frac{\vartheta_1'^2(0,\varkappa)}{\vartheta_3^2(0,\varkappa)}\left[-\frac{\vartheta_2^2(\zeta,\varkappa)}{\vartheta_4^2(\zeta,\varkappa)}-\frac{\vartheta_4^2(\zeta,\varkappa)}{\vartheta_2^2(\zeta,\varkappa)}\right],\\
\frac{\partial^2}{\partial\zeta^2}\ln\frac{\vartheta_3(\zeta,\varkappa)}{\vartheta_4(\zeta,\varkappa)} &= -\frac{\partial^2}{\partial\zeta^2}\ln\frac{\vartheta_4(\zeta,\varkappa)}{\vartheta_3(\zeta,\varkappa)} = \frac{\vartheta_1'^2(0,\varkappa)}{\vartheta_2^2(0,\varkappa)}\left[-\frac{\vartheta_3^2(\zeta,\varkappa)}{\vartheta_4^2(\zeta,\varkappa)}+\frac{\vartheta_4^2(\zeta,\varkappa)}{\vartheta_3^2(\zeta,\varkappa)}\right].
\end{aligned}\right\} \tag{218}$$

Wenn die Gln. (214) quadriert werden und dabei die aus (108) ablesbaren Beziehungen

$$\left.\begin{aligned}
\frac{\vartheta^2_{\substack{3\\4}}(\zeta,\varkappa)}{\vartheta^2_{\substack{1\\2}}(\zeta,\varkappa)} &= \frac{\vartheta_4^2(0,\varkappa)}{\vartheta_2^2(0,\varkappa)}+\frac{\vartheta_3^2(0,\varkappa)}{\vartheta_2^2(0,\varkappa)}\,\frac{\vartheta^2_{\substack{2\\1}}(\zeta,\varkappa)}{\vartheta^2_{\substack{1\\2}}(\zeta,\varkappa)}, &
\frac{\vartheta^2_{\substack{1\\2}}(\zeta,\varkappa)}{\vartheta^2_{\substack{4\\3}}(\zeta,\varkappa)} &= \frac{\vartheta_3^2(0,\varkappa)}{\vartheta_2^2(0,\varkappa)}-\frac{\vartheta_4^2(0,\varkappa)}{\vartheta_2^2(0,\varkappa)}\,\frac{\vartheta^2_{\substack{3\\4}}(\zeta,\varkappa)}{\vartheta^2_{\substack{4\\3}}(\zeta,\varkappa)},\\
\frac{\vartheta^2_{\substack{2\\4}}(\zeta,\varkappa)}{\vartheta^2_{\substack{1\\3}}(\zeta,\varkappa)} &= \mp\frac{\vartheta_4^2(0,\varkappa)}{\vartheta_3^2(0,\varkappa)}+\frac{\vartheta_2^2(0,\varkappa)}{\vartheta_3^2(0,\varkappa)}\,\frac{\vartheta^2_{\substack{3\\1}}(\zeta,\varkappa)}{\vartheta^2_{\substack{1\\3}}(\zeta,\varkappa)}, &
\frac{\vartheta^2_{\substack{1\\3}}(\zeta,\varkappa)}{\vartheta^2_{\substack{2\\4}}(\zeta,\varkappa)} &= \mp\frac{\vartheta_4^2(0,\varkappa)}{\vartheta_3^2(0,\varkappa)}+\frac{\vartheta_2^2(0,\varkappa)}{\vartheta_3^2(0,\varkappa)}\,\frac{\vartheta^2_{\substack{4\\2}}(\zeta,\varkappa)}{\vartheta^2_{\substack{2\\4}}(\zeta,\varkappa)},\\
\frac{\vartheta^2_{\substack{2\\3}}(\zeta,\varkappa)}{\vartheta^2_{\substack{1\\4}}(\zeta,\varkappa)} &= \mp\frac{\vartheta_3^2(0,\varkappa)}{\vartheta_4^2(0,\varkappa)}\pm\frac{\vartheta_2^2(0,\varkappa)}{\vartheta_4^2(0,\varkappa)}\,\frac{\vartheta^2_{\substack{4\\1}}(\zeta,\varkappa)}{\vartheta^2_{\substack{1\\4}}(\zeta,\varkappa)}, &
\frac{\vartheta^2_{\substack{1\\4}}(\zeta,\varkappa)}{\vartheta^2_{\substack{2\\3}}(\zeta,\varkappa)} &= \mp\frac{\vartheta_3^2(0,\varkappa)}{\vartheta_4^2(0,\varkappa)}\pm\frac{\vartheta_2^2(0,\varkappa)}{\vartheta_4^2(0,\varkappa)}\,\frac{\vartheta^2_{\substack{3\\2}}(\zeta,\varkappa)}{\vartheta^2_{\substack{2\\3}}(\zeta,\varkappa)}
\end{aligned}\right\} \tag{219}$$

unter Beachtung von (69) berücksichtigt werden, so ergibt sich

$$\left.\begin{aligned}
\left[\frac{\partial}{\partial\zeta}\ln\frac{\vartheta_1(\zeta,\varkappa)}{\vartheta_2(\zeta,\varkappa)}\right]^2-\pi^2[\vartheta_3^4(0,\varkappa)+\vartheta_4^4(0,\varkappa)]&=\frac{\vartheta_1'^2(0,\varkappa)}{\vartheta_2^2(0,\varkappa)}\left[+\frac{\vartheta_1^2(\zeta,\varkappa)}{\vartheta_2^2(\zeta,\varkappa)}+\frac{\vartheta_2^2(\zeta,\varkappa)}{\vartheta_1^2(\zeta,\varkappa)}\right],\\
\left[\frac{\partial}{\partial\zeta}\ln\frac{\vartheta_1(\zeta,\varkappa)}{\vartheta_3(\zeta,\varkappa)}\right]^2-\pi^2[\vartheta_2^4(0,\varkappa)-\vartheta_4^4(0,\varkappa)]&=\frac{\vartheta_1'^2(0,\varkappa)}{\vartheta_3^2(0,\varkappa)}\left[-\frac{\vartheta_1^2(\zeta,\varkappa)}{\vartheta_3^2(\zeta,\varkappa)}+\frac{\vartheta_3^2(\zeta,\varkappa)}{\vartheta_1^2(\zeta,\varkappa)}\right],\\
\left[\frac{\partial}{\partial\zeta}\ln\frac{\vartheta_1(\zeta,\varkappa)}{\vartheta_4(\zeta,\varkappa)}\right]^2+\pi^2[\vartheta_2^4(0,\varkappa)+\vartheta_3^4(0,\varkappa)]&=\frac{\vartheta_1'^2(0,\varkappa)}{\vartheta_4^2(0,\varkappa)}\left[+\frac{\vartheta_1^2(\zeta,\varkappa)}{\vartheta_4^2(\zeta,\varkappa)}+\frac{\vartheta_4^2(\zeta,\varkappa)}{\vartheta_1^2(\zeta,\varkappa)}\right],\\
\left[\frac{\partial}{\partial\zeta}\ln\frac{\vartheta_2(\zeta,\varkappa)}{\vartheta_3(\zeta,\varkappa)}\right]^2+\pi^2[\vartheta_2^4(0,\varkappa)+\vartheta_3^4(0,\varkappa)]&=\frac{\vartheta_1'^2(0,\varkappa)}{\vartheta_4^2(0,\varkappa)}\left[+\frac{\vartheta_2^2(\zeta,\varkappa)}{\vartheta_3^2(\zeta,\varkappa)}+\frac{\vartheta_3^2(\zeta,\varkappa)}{\vartheta_2^2(\zeta,\varkappa)}\right],\\
\left[\frac{\partial}{\partial\zeta}\ln\frac{\vartheta_2(\zeta,\varkappa)}{\vartheta_4(\zeta,\varkappa)}\right]^2-\pi^2[\vartheta_2^4(0,\varkappa)-\vartheta_4^4(0,\varkappa)]&=\frac{\vartheta_1'^2(0,\varkappa)}{\vartheta_3^2(0,\varkappa)}\left[-\frac{\vartheta_2^2(\zeta,\varkappa)}{\vartheta_4^2(\zeta,\varkappa)}+\frac{\vartheta_4^2(\zeta,\varkappa)}{\vartheta_2^2(\zeta,\varkappa)}\right],\\
\left[\frac{\partial}{\partial\zeta}\ln\frac{\vartheta_3(\zeta,\varkappa)}{\vartheta_4(\zeta,\varkappa)}\right]^2-\pi^2[\vartheta_3^4(0,\varkappa)+\vartheta_4^4(0,\varkappa)]&=\frac{\vartheta_1'^2(0,\varkappa)}{\vartheta_2^2(0,\varkappa)}\left[-\frac{\vartheta_3^2(\zeta,\varkappa)}{\vartheta_4^2(\zeta,\varkappa)}-\frac{\vartheta_4^2(\zeta,\varkappa)}{\vartheta_3^2(\zeta,\varkappa)}\right].
\end{aligned}\right\}\tag{220}$$

Wie der Vergleich der rechten Seiten von (220) und (218) erkennen läßt, besteht bis auf die Vorzeichen identische Übereinstimmung. Beide Gleichungsgruppen sind daher eng miteinander verwandt. Werden die Gleichungen quadriert, so unterscheiden sich die entsprechenden Gleichungen nur noch durch eine von ζ unabhängige Parameterfunktion voneinander. Durch Quadrieren und Differenzenbildung folgt daher

$$\left.\begin{aligned}
\left[\frac{\partial^2}{\partial\zeta^2}\ln\frac{\vartheta_1(\zeta,\varkappa)}{\vartheta_2(\zeta,\varkappa)}\right]^2&=\left[\left(\frac{\partial}{\partial\zeta}\ln\frac{\vartheta_1(\zeta,\varkappa)}{\vartheta_2(\zeta,\varkappa)}\right)^2-\pi^2(\vartheta_3^4(0,\varkappa)+\vartheta_4^4(0,\varkappa))\right]^2-4\frac{\vartheta_1'^4(0,\varkappa)}{\vartheta_2^4(0,\varkappa)},\\
\left[\frac{\partial^2}{\partial\zeta^2}\ln\frac{\vartheta_1(\zeta,\varkappa)}{\vartheta_3(\zeta,\varkappa)}\right]^2&=\left[\left(\frac{\partial}{\partial\zeta}\ln\frac{\vartheta_1(\zeta,\varkappa)}{\vartheta_3(\zeta,\varkappa)}\right)^2-\pi^2(\vartheta_2^4(0,\varkappa)-\vartheta_4^4(0,\varkappa))\right]^2+4\frac{\vartheta_1'^4(0,\varkappa)}{\vartheta_3^4(0,\varkappa)},\\
\left[\frac{\partial^2}{\partial\zeta^2}\ln\frac{\vartheta_1(\zeta,\varkappa)}{\vartheta_4(\zeta,\varkappa)}\right]^2&=\left[\left(\frac{\partial}{\partial\zeta}\ln\frac{\vartheta_1(\zeta,\varkappa)}{\vartheta_4(\zeta,\varkappa)}\right)^2+\pi^2(\vartheta_2^4(0,\varkappa)+\vartheta_3^4(0,\varkappa))\right]^2-4\frac{\vartheta_1'^4(0,\varkappa)}{\vartheta_4^4(0,\varkappa)},\\
\left[\frac{\partial^2}{\partial\zeta^2}\ln\frac{\vartheta_2(\zeta,\varkappa)}{\vartheta_3(\zeta,\varkappa)}\right]^2&=\left[\left(\frac{\partial}{\partial\zeta}\ln\frac{\vartheta_2(\zeta,\varkappa)}{\vartheta_3(\zeta,\varkappa)}\right)^2+\pi^2(\vartheta_2^4(0,\varkappa)+\vartheta_3^4(0,\varkappa))\right]^2-4\frac{\vartheta_1'^4(0,\varkappa)}{\vartheta_4^4(0,\varkappa)},\\
\left[\frac{\partial^2}{\partial\zeta^2}\ln\frac{\vartheta_2(\zeta,\varkappa)}{\vartheta_4(\zeta,\varkappa)}\right]^2&=\left[\left(\frac{\partial}{\partial\zeta}\ln\frac{\vartheta_2(\zeta,\varkappa)}{\vartheta_4(\zeta,\varkappa)}\right)^2-\pi^2(\vartheta_2^4(0,\varkappa)-\vartheta_4^4(0,\varkappa))\right]^2+4\frac{\vartheta_1'^4(0,\varkappa)}{\vartheta_3^4(0,\varkappa)},\\
\left[\frac{\partial^2}{\partial\zeta^2}\ln\frac{\vartheta_3(\zeta,\varkappa)}{\vartheta_4(\zeta,\varkappa)}\right]^2&=\left[\left(\frac{\partial}{\partial\zeta}\ln\frac{\vartheta_3(\zeta,\varkappa)}{\vartheta_4(\zeta,\varkappa)}\right)^2-\pi^2(\vartheta_3^4(0,\varkappa)+\vartheta_4^4(0,\varkappa))\right]^2-4\frac{\vartheta_1'^4(0,\varkappa)}{\vartheta_2^4(0,\varkappa)}.
\end{aligned}\right\}\tag{221}$$

In diesen Differentialgleichungen lassen sich die rechten Seiten unter Berücksichtigung von (69) in Produkte aufspalten. Zieht man ferner die Wurzel und werden die Wurzelvorzeichen dem Funktionsverlauf entsprechend bestimmt, so erhält man

$$\left.\begin{aligned}
&\frac{\partial^2}{\partial\zeta^2}\ln\frac{\vartheta_1(\zeta,\varkappa)}{\vartheta_2(\zeta,\varkappa)}\\
&=-\sqrt{\left[\left(\frac{\partial}{\partial\zeta}\ln\frac{\vartheta_1(\zeta,\varkappa)}{\vartheta_2(\zeta,\varkappa)}\right)^2-\pi^2(\vartheta_3^2(0,\varkappa)+\vartheta_4^2(0,\varkappa))^2\right]\left[\left(\frac{\partial}{\partial\zeta}\ln\frac{\vartheta_1(\zeta,\varkappa)}{\vartheta_2(\zeta,\varkappa)}\right)^2-\pi^2(\vartheta_3^2(0,\varkappa)-\vartheta_4^2(0,\varkappa))^2\right]},\\
&\frac{\partial^2}{\partial\zeta^2}\ln\frac{\vartheta_1(\zeta,\varkappa)}{\vartheta_3(\zeta,\varkappa)}\\
&=-\sqrt{\left[\left(\frac{\partial}{\partial\zeta}\ln\frac{\vartheta_1(\zeta,\varkappa)}{\vartheta_3(\zeta,\varkappa)}\right)^2-\pi^2(\vartheta_2^2(0,\varkappa)+i\,\vartheta_4^2(0,\varkappa))^2\right]\left[\left(\frac{\partial}{\partial\zeta}\ln\frac{\vartheta_1(\zeta,\varkappa)}{\vartheta_3(\zeta,\varkappa)}\right)^2-\pi^2(\vartheta_2^2(0,\varkappa)-i\,\vartheta_4^2(0,\varkappa))^2\right]},\\
&\frac{\partial^2}{\partial\zeta^2}\ln\frac{\vartheta_1(\zeta,\varkappa)}{\vartheta_4(\zeta,\varkappa)}\\
&=-\sqrt{\left[\left(\frac{\partial}{\partial\zeta}\ln\frac{\vartheta_1(\zeta,\varkappa)}{\vartheta_4(\zeta,\varkappa)}\right)^2+\pi^2(\vartheta_2^2(0,\varkappa)+\vartheta_3^2(0,\varkappa))^2\right]\left[\left(\frac{\partial}{\partial\zeta}\ln\frac{\vartheta_1(\zeta,\varkappa)}{\vartheta_4(\zeta,\varkappa)}\right)^2+\pi^2(\vartheta_2^2(0,\varkappa)-\vartheta_3^2(0,\varkappa))^2\right]},\\
&\frac{\partial^2}{\partial\zeta^2}\ln\frac{\vartheta_2(\zeta,\varkappa)}{\vartheta_3(\zeta,\varkappa)}\\
&=-\sqrt{\left[\left(\frac{\partial}{\partial\zeta}\ln\frac{\vartheta_2(\zeta,\varkappa)}{\vartheta_3(\zeta,\varkappa)}\right)^2+\pi^2(\vartheta_2^2(0,\varkappa)+\vartheta_3^2(0,\varkappa))^2\right]\left[\left(\frac{\partial}{\partial\zeta}\ln\frac{\vartheta_2(\zeta,\varkappa)}{\vartheta_3(\zeta,\varkappa)}\right)^2+\pi^2(\vartheta_2^2(0,\varkappa)-\vartheta_3^2(0,\varkappa))^2\right]},\\
&\frac{\partial^2}{\partial\zeta^2}\ln\frac{\vartheta_2(\zeta,\varkappa)}{\vartheta_4(\zeta,\varkappa)}\\
&=-\sqrt{\left[\left(\frac{\partial}{\partial\zeta}\ln\frac{\vartheta_2(\zeta,\varkappa)}{\vartheta_4(\zeta,\varkappa)}\right)^2-\pi^2(\vartheta_2^2(0,\varkappa)+i\,\vartheta_4^2(0,\varkappa))^2\right]\left[\left(\frac{\partial}{\partial\zeta}\ln\frac{\vartheta_2(\zeta,\varkappa)}{\vartheta_4(\zeta,\varkappa)}\right)^2-\pi^2(\vartheta_2^2(0,\varkappa)-i\,\vartheta_4^2(0,\varkappa))^2\right]},\\
&\frac{\partial^2}{\partial\zeta^2}\ln\frac{\vartheta_3(\zeta,\varkappa)}{\vartheta_4(\zeta,\varkappa)}\\
&=-\sqrt{\left[\left(\frac{\partial}{\partial\zeta}\ln\frac{\vartheta_3(\zeta,\varkappa)}{\vartheta_4(\zeta,\varkappa)}\right)^2-\pi^2(\vartheta_3^2(0,\varkappa)+\vartheta_4^2(0,\varkappa))^2\right]\left[\left(\frac{\partial}{\partial\zeta}\ln\frac{\vartheta_3(\zeta,\varkappa)}{\vartheta_4(\zeta,\varkappa)}\right)^2-\pi^2(\vartheta_3^2(0,\varkappa)-\vartheta_4^2(0,\varkappa))^2\right]}.
\end{aligned}\right\}\tag{222}$$

Durch Gleichsetzung der rechten Seiten von (218) und (222) ergeben sich Beziehungen, durch welche die Differenzen zwischen den Quadraten der Quotienten der Thetafunktionen und ihren Reziprokwerten durch Quadrate logarithmischer Ableitungen dieser Quotienten ausgedrückt werden.

Werden die Gln. (222) mit der doppelten logarithmischen Ableitung der jeweiligen Quotientenfunktion erweitert, so entstehen auf den linken Seiten die Ableitungen der Quadrate der logarithmischen Ableitungen der Quotientenfunktionen. Zieht man auf den rechten Seiten die Erweiterungsfunktion als 4faches Quadrat unter die Wurzel und werden die Wurzelvorzeichen aus dem Funktionsverlauf bestimmt, so werden die Ableitungen der betrachteten Quadrate durch diese ausgedrückt. Die so sich ergebenden Beziehungen lauten:

$$\left.\begin{aligned}
&\frac{\partial}{\partial\zeta}\left(\frac{\partial}{\partial\zeta}\ln\frac{\vartheta_1(\zeta,\varkappa)}{\vartheta_2(\zeta,\varkappa)}\right)^2\\
&\quad= -\sqrt{4\left(\frac{\partial}{\partial\zeta}\ln\frac{\vartheta_1(\zeta,\varkappa)}{\vartheta_2(\zeta,\varkappa)}\right)^2\left[\left(\frac{\partial}{\partial\zeta}\ln\frac{\vartheta_1(\zeta,\varkappa)}{\vartheta_2(\zeta,\varkappa)}\right)^2-\pi^2(\vartheta_3^2+\vartheta_4^2)^2\right]\left[\left(\frac{\partial}{\partial\zeta}\ln\frac{\vartheta_1(\zeta,\varkappa)}{\vartheta_2(\zeta,\varkappa)}\right)^2-\pi^2(\vartheta_3^2-\vartheta_4^2)^2\right]},\\
&\frac{\partial}{\partial\zeta}\left(\frac{\partial}{\partial\zeta}\ln\frac{\vartheta_1(\zeta,\varkappa)}{\vartheta_3(\zeta,\varkappa)}\right)^2\\
&\quad= -\sqrt{4\left(\frac{\partial}{\partial\zeta}\ln\frac{\vartheta_1(\zeta,\varkappa)}{\vartheta_3(\zeta,\varkappa)}\right)^2\left[\left(\frac{\partial}{\partial\zeta}\ln\frac{\vartheta_1(\zeta,\varkappa)}{\vartheta_3(\zeta,\varkappa)}\right)^2-\pi^2(\vartheta_2^2+i\,\vartheta_4^2)^2\right]\left[\left(\frac{\partial}{\partial\zeta}\ln\frac{\vartheta_1(\zeta,\varkappa)}{\vartheta_3(\zeta,\varkappa)}\right)^2-\pi^2(\vartheta_2^2-i\,\vartheta_4^2)^2\right]},\\
&\frac{\partial}{\partial\zeta}\left(\frac{\partial}{\partial\zeta}\ln\frac{\vartheta_1(\zeta,\varkappa)}{\vartheta_4(\zeta,\varkappa)}\right)^2\\
&\quad= -\sqrt{4\left(\frac{\partial}{\partial\zeta}\ln\frac{\vartheta_1(\zeta,\varkappa)}{\vartheta_4(\zeta,\varkappa)}\right)^2\left[\left(\frac{\partial}{\partial\zeta}\ln\frac{\vartheta_1(\zeta,\varkappa)}{\vartheta_4(\zeta,\varkappa)}\right)^2+\pi^2(\vartheta_2^2+\vartheta_3^2)^2\right]\left[\left(\frac{\partial}{\partial\zeta}\ln\frac{\vartheta_1(\zeta,\varkappa)}{\vartheta_4(\zeta,\varkappa)}\right)^2+\pi^2(\vartheta_2^2-\vartheta_3^2)^2\right]},\\
&\frac{\partial}{\partial\zeta}\left(\frac{\partial}{\partial\zeta}\ln\frac{\vartheta_2(\zeta,\varkappa)}{\vartheta_3(\zeta,\varkappa)}\right)^2\\
&\quad= +\sqrt{4\left(\frac{\partial}{\partial\zeta}\ln\frac{\vartheta_2(\zeta,\varkappa)}{\vartheta_3(\zeta,\varkappa)}\right)^2\left[\left(\frac{\partial}{\partial\zeta}\ln\frac{\vartheta_2(\zeta,\varkappa)}{\vartheta_3(\zeta,\varkappa)}\right)^2+\pi^2(\vartheta_2^2+\vartheta_3^2)^2\right]\left[\left(\frac{\partial}{\partial\zeta}\ln\frac{\vartheta_2(\zeta,\varkappa)}{\vartheta_3(\zeta,\varkappa)}\right)^2+\pi^2(\vartheta_2^2-\vartheta_3^2)^2\right]},\\
&\frac{\partial}{\partial\zeta}\left(\frac{\partial}{\partial\zeta}\ln\frac{\vartheta_2(\zeta,\varkappa)}{\vartheta_4(\zeta,\varkappa)}\right)^2\\
&\quad= +\sqrt{4\left(\frac{\partial}{\partial\zeta}\ln\frac{\vartheta_2(\zeta,\varkappa)}{\vartheta_4(\zeta,\varkappa)}\right)^2\left[\left(\frac{\partial}{\partial\zeta}\ln\frac{\vartheta_2(\zeta,\varkappa)}{\vartheta_4(\zeta,\varkappa)}\right)^2-\pi^2(\vartheta_2^2+i\,\vartheta_4^2)^2\right]\left[\left(\frac{\partial}{\partial\zeta}\ln\frac{\vartheta_2(\zeta,\varkappa)}{\vartheta_4(\zeta,\varkappa)}\right)^2-\pi^2(\vartheta_2^2-i\,\vartheta_4^2)^2\right]},\\
&\frac{\partial}{\partial\zeta}\left(\frac{\partial}{\partial\zeta}\ln\frac{\vartheta_3(\zeta,\varkappa)}{\vartheta_4(\zeta,\varkappa)}\right)^2\\
&\quad= +\sqrt{4\left(\frac{\partial}{\partial\zeta}\ln\frac{\vartheta_3(\zeta,\varkappa)}{\vartheta_4(\zeta,\varkappa)}\right)^2\left[\left(\frac{\partial}{\partial\zeta}\ln\frac{\vartheta_3(\zeta,\varkappa)}{\vartheta_4(\zeta,\varkappa)}\right)^2-\pi^2(\vartheta_3^2+\vartheta_4^2)^2\right]\left[\left(\frac{\partial}{\partial\zeta}\ln\frac{\vartheta_3(\zeta,\varkappa)}{\vartheta_4(\zeta,\varkappa)}\right)^2-\pi^2(\vartheta_3^2-\vartheta_4^2)^2\right]}.
\end{aligned}\right\}\tag{223}$$

Werden die Gln. (222) nach ζ abgeleitet, so fallen auf den rechten Seiten die Wurzeln heraus, da entsprechend dem Aufbau der unter den Wurzeln stehenden Funktionen die zweite logarithmische Ableitung der Quotienten der Theta-Funktionen als Faktor auftritt, womit nach (222) die bei der Differentiation im Nenner auftretende Wurzel sich gegen eine entsprechende Zählerwurzel weghebt. Die hierbei unbestimmt bleibenden Vorzeichen können aus dem Funktionsverlauf bestimmt werden. Es ergibt sich:

$$\left.\begin{aligned}
\frac{\partial^3}{\partial\zeta^3}\ln\frac{\vartheta_1(\zeta,\varkappa)}{\vartheta_2(\zeta,\varkappa)} &= 2\frac{\partial}{\partial\zeta}\ln\frac{\vartheta_1(\zeta,\varkappa)}{\vartheta_2(\zeta,\varkappa)}\left[\left(\frac{\partial}{\partial\zeta}\ln\frac{\vartheta_1(\zeta,\varkappa)}{\vartheta_2(\zeta,\varkappa)}\right)^2-\pi^2(\vartheta_3^4(0,\varkappa)+\vartheta_4^4(0,\varkappa))\right],\\
\frac{\partial^3}{\partial\zeta^3}\ln\frac{\vartheta_1(\zeta,\varkappa)}{\vartheta_3(\zeta,\varkappa)} &= 2\frac{\partial}{\partial\zeta}\ln\frac{\vartheta_1(\zeta,\varkappa)}{\vartheta_3(\zeta,\varkappa)}\left[\left(\frac{\partial}{\partial\zeta}\ln\frac{\vartheta_1(\zeta,\varkappa)}{\vartheta_3(\zeta,\varkappa)}\right)^2-\pi^2(\vartheta_2^4(0,\varkappa)-\vartheta_4^4(0,\varkappa))\right],\\
\frac{\partial^3}{\partial\zeta^3}\ln\frac{\vartheta_1(\zeta,\varkappa)}{\vartheta_4(\zeta,\varkappa)} &= 2\frac{\partial}{\partial\zeta}\ln\frac{\vartheta_1(\zeta,\varkappa)}{\vartheta_4(\zeta,\varkappa)}\left[\left(\frac{\partial}{\partial\zeta}\ln\frac{\vartheta_1(\zeta,\varkappa)}{\vartheta_4(\zeta,\varkappa)}\right)^2+\pi^2(\vartheta_2^4(0,\varkappa)+\vartheta_3^4(0,\varkappa))\right],\\
\frac{\partial^3}{\partial\zeta^3}\ln\frac{\vartheta_2(\zeta,\varkappa)}{\vartheta_3(\zeta,\varkappa)} &= -2\frac{\partial}{\partial\zeta}\ln\frac{\vartheta_2(\zeta,\varkappa)}{\vartheta_3(\zeta,\varkappa)}\left[\left(\frac{\partial}{\partial\zeta}\ln\frac{\vartheta_2(\zeta,\varkappa)}{\vartheta_3(\zeta,\varkappa)}\right)^2+\pi^2(\vartheta_2^4(0,\varkappa)+\vartheta_3^4(0,\varkappa))\right],\\
\frac{\partial^3}{\partial\zeta^3}\ln\frac{\vartheta_2(\zeta,\varkappa)}{\vartheta_4(\zeta,\varkappa)} &= -2\frac{\partial}{\partial\zeta}\ln\frac{\vartheta_2(\zeta,\varkappa)}{\vartheta_4(\zeta,\varkappa)}\left[\left(\frac{\partial}{\partial\zeta}\ln\frac{\vartheta_2(\zeta,\varkappa)}{\vartheta_4(\zeta,\varkappa)}\right)^2-\pi^2(\vartheta_2^4(0,\varkappa)-\vartheta_4^4(0,\varkappa))\right],\\
\frac{\partial^3}{\partial\zeta^3}\ln\frac{\vartheta_3(\zeta,\varkappa)}{\vartheta_4(\zeta,\varkappa)} &= 2\frac{\partial}{\partial\zeta}\ln\frac{\vartheta_3(\zeta,\varkappa)}{\vartheta_4(\zeta,\varkappa)}\left[\left(\frac{\partial}{\partial\zeta}\ln\frac{\vartheta_3(\zeta,\varkappa)}{\vartheta_4(\zeta,\varkappa)}\right)^2-\pi^2(\vartheta_3^4(0,\varkappa)+\vartheta_4^4(0,\varkappa))\right].
\end{aligned}\right\}\tag{224}$$

23. Differentialgleichungen der zweiten logarithmischen Ableitungen der Theta-Funktionen $\vartheta_{\frac{5}{6}}(\zeta, \varkappa)$. Einführung der Funktionen $\wp_{\frac{5}{6}}$ und der Invarianten $\bar{g}_{\frac{2}{3}}$

Unter Bezugnahme auf die mittlere Gruppe der Gln. (190) folgt für die zweiten logarithmischen Ableitungen der Funktionen $\vartheta_5(\zeta, \varkappa)$ und $\vartheta_6(\zeta, \varkappa)$

$$\frac{\partial^2}{\partial \zeta^2} \ln \vartheta_{\frac{5}{6}}(\zeta, \varkappa) = 2\frac{\vartheta_3''(0, \varkappa)}{\vartheta_3(0, \varkappa)} - \frac{\vartheta_1'^2(0, \varkappa)}{\vartheta_3^2(0, \varkappa)}\left[\frac{\vartheta_{\frac{3}{4}}^2(\zeta, \varkappa)}{\vartheta_{\frac{1}{2}}^2(\zeta, \varkappa)} - \frac{\vartheta_{\frac{1}{2}}^2(\zeta, \varkappa)}{\vartheta_{\frac{3}{4}}^2(\zeta, \varkappa)}\right]$$

oder bei Beachtung der zweiten und fünften der Gln. (220)

$$\frac{\partial^2}{\partial \zeta^2} \ln \vartheta_{\frac{5}{6}}(\zeta, \varkappa) = 2\frac{\vartheta_3''(0, \varkappa)}{\vartheta_3(0, \varkappa)} + \pi^2(\vartheta_2^4(0, \varkappa) - \vartheta_4^4(0, \varkappa)) - \left[\frac{\partial}{\partial \zeta}\ln\frac{\vartheta_{\frac{1}{2}}(\zeta, \varkappa)}{\vartheta_{\frac{3}{4}}(\zeta, \varkappa)}\right]^2$$

und unter Berücksichtigung der beiden oberen der Gln. (184)

$$\frac{\partial^2}{\partial \zeta^2} \ln \vartheta_{\frac{5}{6}}(\zeta, \varkappa) = \frac{\vartheta_2''(0, \varkappa)}{\vartheta_2(0, \varkappa)} + \frac{\vartheta_4''(0, \varkappa)}{\vartheta_4(0, \varkappa)} - \left[\frac{\partial}{\partial \zeta}\ln\frac{\vartheta_{\frac{1}{2}}(\zeta, \varkappa)}{\vartheta_{\frac{3}{4}}(\zeta, \varkappa)}\right]^2 \tag{225}$$

bzw.

$$\left[\frac{\partial}{\partial \zeta}\ln\frac{\vartheta_{\frac{1}{2}}(\zeta, \varkappa)}{\vartheta_{\frac{3}{4}}(\zeta, \varkappa)}\right]^2 = \frac{\vartheta_2''(0, \varkappa)}{\vartheta_2(0, \varkappa)} + \frac{\vartheta_4''(0, \varkappa)}{\vartheta_4(0, \varkappa)} - \frac{\partial^2}{\partial \zeta^2} \ln \vartheta_{\frac{5}{6}}(\zeta, \varkappa). \tag{226}$$

Für die auf der linken Seite von (226) stehenden Funktionen gelten nun die Differentialgleichungen $(223)^2$ bzw. $(223)^5$. Wird daher (226) in $(223)^2$ bzw. $(223)^5$ eingeführt und dabei (184) beachtet, so ergeben sich für die zweiten logarithmischen Ableitungen der Theta-Funktionen $\vartheta_5(\zeta, \varkappa)$ und $\vartheta_6(\zeta, \varkappa)$ die Differentialgleichungen

$$\left(\frac{\partial^2 \ln \vartheta_{\frac{5}{6}}(\zeta, \varkappa)}{\partial \zeta^2}\right)'$$
$$= \mp \sqrt{4\left[-\frac{\partial^2 \ln \vartheta_{\frac{5}{6}}(\zeta, \varkappa)}{\partial \zeta^2} + 2\frac{\vartheta_3''}{\vartheta_3} - 2i\pi^2\vartheta_2^2\vartheta_4^2\right]\left[-\frac{\partial^2 \ln \vartheta_{\frac{5}{6}}(\zeta, \varkappa)}{\partial \zeta^2} + \frac{\vartheta_2''}{\vartheta_2} + \frac{\vartheta_4''}{\vartheta_4}\right]\left[-\frac{\partial^2 \ln \vartheta_{\frac{5}{6}}(\zeta, \varkappa)}{\partial \zeta^2} + 2\frac{\vartheta_3''}{\vartheta_3} + 2i\pi^2\vartheta_2^2\vartheta_4^2\right]}. \tag{227}$$

In (227) gehört das obere Wurzelvorzeichen zu $\vartheta_5(\zeta, \varkappa)$, das untere zu $\vartheta_6(\zeta, \varkappa)$.

Ähnlich wie bei den in Abschnitt 21 betrachteten zweiten logarithmischen Ableitungen empiehlt es sich auch hier, neue Veränderliche in der Form

$$\wp_{\frac{5}{6}}(\zeta, \varkappa) = -\bar{\eta}_1 - \frac{1}{\pi^2 \vartheta_3^4(0, \varkappa)}\frac{\partial^2}{\partial \zeta^2}\ln \vartheta_{\frac{5}{6}}(\zeta, \varkappa), \quad \bar{\eta}_1 = -\frac{\frac{1}{3}\frac{\vartheta_1'''(0, \varkappa)}{\vartheta_1'(0, \varkappa)} + \frac{\vartheta_3''(0, \varkappa)}{\vartheta_3(0, \varkappa)}}{\pi^2 \vartheta_3^4(0, \varkappa)} \tag{228}$$

einzuführen, wobei in Abweichung von (194) noch das Glied $\vartheta_3''(0, \varkappa)/\vartheta_3(0, \varkappa)$ hinzugetreten ist. Die Einführung von (228) in (227) liefert

$$\frac{\partial}{\partial \zeta}\wp_{\frac{5}{6}}(\zeta, \varkappa) = \mp \pi \vartheta_3^2 \sqrt{4\left[\wp_{\frac{5}{6}}(\zeta, \varkappa) - \frac{\frac{1}{3}\frac{\vartheta_1'''}{\vartheta_1'} - \frac{\vartheta_3''}{\vartheta_3}}{\pi^2\vartheta_3^4} - 2i\frac{\vartheta_2^2\vartheta_4^2}{\vartheta_3^4}\right]} \times$$
$$\times \sqrt{\left[\wp_{\frac{5}{6}}(\zeta, \varkappa) + 2\frac{\frac{1}{3}\frac{\vartheta_1'''}{\vartheta_1'} - \frac{\vartheta_3''}{\vartheta_3}}{\pi^2\vartheta_3^4}\right]\left[\wp_{\frac{5}{6}}(\zeta, \varkappa) - \frac{\frac{1}{3}\frac{\vartheta_1'''}{\vartheta_1'} - \frac{\vartheta_3''}{\vartheta_3}}{\pi^2\vartheta_3^4} + 2i\frac{\vartheta_2^2\vartheta_4^2}{\vartheta_3^4}\right]}, \tag{229}$$

wobei wiederum das obere Vorzeichen zu $\wp_5(\zeta, \varkappa)$, das untere zu $\wp_6(\zeta, \varkappa)$ gehört.

Die Differentialgleichungen (229) lassen sich noch einfacher schreiben, wenn unter Bezugnahme auf die Gln. (205) die Parameterfunktion e_2 eingeführt wird. Dies ergibt

$$\frac{\partial}{\partial \zeta}\wp_{\frac{5}{6}}(\zeta, \varkappa)$$
$$= \mp \pi \vartheta_3^2(0, \varkappa)\sqrt{4\left[\wp_{\frac{5}{6}}(\zeta, \varkappa) - e_2 - 2i\frac{\vartheta_2^2(0, \varkappa)\vartheta_4^2(0, \varkappa)}{\vartheta_3^4(0, \varkappa)}\right]\left[\wp_{\frac{5}{6}}(\zeta, \varkappa) + 2e_2\right]\left[\wp_{\frac{5}{6}}(\zeta, \varkappa) - e_2 + 2i\frac{\vartheta_2^2(0, \varkappa)\vartheta_4^2(0, \varkappa)}{\vartheta_3^4(0, \varkappa)}\right]}. \tag{230}$$

Wird in (230) unter der Wurzel ausmultipliziert, so verschwindet das quadratische Glied. Unter Einführung der Invarianten

$$\bar{g}_2 = 4\left(3e_2^2 - 4\frac{\vartheta_2^4(0, \varkappa)\vartheta_4^4(0, \varkappa)}{\vartheta_3^8(0, \varkappa)}\right), \quad \bar{g}_3 = -8e_2\left(e_2^2 + 4\frac{\vartheta_2^4(0, \varkappa)\vartheta_4^4(0, \varkappa)}{\vartheta_3^8(0, \varkappa)}\right) \tag{231}$$

läßt sich (230) auch in der Form

$$\frac{\partial}{\partial\zeta}\wp_{\substack{5\\6}}(\zeta,\varkappa) = \mp\pi\,\vartheta_3^2(0,\varkappa)\sqrt{4\wp_{\substack{5\\6}}^3(\zeta,\varkappa) - \bar{g}_2\,\wp_{\substack{5\\6}}(\zeta,\varkappa) - \bar{g}_3} \qquad [-\text{-Zeichen zu } \wp_5(\zeta,\varkappa),\ +\text{-Zeichen zu } \wp_6(\zeta,\varkappa)] \tag{232}$$

schreiben.

Nach den Gln. (204) und (232) genügen die sechs durch eine lineare Transformation aus den zweiten logarithmischen Ableitungen der sechs Theta-Funktionen entwickelten $\wp$-Funktionen prinzipiell ein und derselben Differentialgleichung. Die Unterschiede bestehen lediglich in den verschiedenen Wurzelvorzeichen und in den verschieden aufgebauten Invarianten g_2 bzw. $\bar{g}_2$ und g_3 bzw. $\bar{g}_3$.

24. Differentialbeziehungen zwischen den logarithmischen Ableitungen der Theta-Funktionen

Werden die Gln. (206) mit dem Nenner erweitert und die so entstehenden Gleichungen addiert bzw. subtrahiert, so folgt

$$\left.\begin{aligned}
\vartheta_1^4(\zeta,\varkappa)\frac{\partial^3}{\partial\zeta^3}\ln\vartheta_1(\zeta,\varkappa) \substack{+\\-\\+}\vartheta_{\substack{2\\3\\4}}^4(\zeta,\varkappa)\frac{\partial^3}{\partial\zeta^3}\ln\vartheta_{\substack{2\\3\\4}}(\zeta,\varkappa) &= 0,\\
\vartheta_2^4(\zeta,\varkappa)\frac{\partial^3}{\partial\zeta^3}\ln\vartheta_2(\zeta,\varkappa) \substack{+\\-\\+}\vartheta_{\substack{3\\4\\1}}(\zeta,\varkappa)\frac{\partial^3}{\partial\zeta^3}\ln\vartheta_{\substack{3\\4\\1}}(\zeta,\varkappa) &= 0,\\
\vartheta_3^4(\zeta,\varkappa)\frac{\partial^3}{\partial\zeta^3}\ln\vartheta_3(\zeta,\varkappa) \substack{+\\-\\+}\vartheta_{\substack{4\\1\\2}}(\zeta,\varkappa)\frac{\partial^3}{\partial\zeta^3}\ln\vartheta_{\substack{4\\1\\2}}(\zeta,\varkappa) &= 0,\\
\vartheta_4^4(\zeta,\varkappa)\frac{\partial^3}{\partial\zeta^3}\ln\vartheta_4(\zeta,\varkappa) \substack{+\\-\\+}\vartheta_{\substack{1\\2\\3}}(\zeta,\varkappa)\frac{\partial^3}{\partial\zeta^3}\ln\vartheta_{\substack{1\\2\\3}}(\zeta,\varkappa) &= 0.
\end{aligned}\right\} \tag{233}$$

Diese Differentialbeziehungen können unter Bezugnahme auf (194) auch in der Form

$$\frac{\vartheta_1^4(\zeta,\varkappa)}{\vartheta_{\substack{2\\3\\4}}^4(\zeta,\varkappa)} = \substack{-\\+\\-}\frac{\frac{\partial}{\partial\zeta}\wp_{\substack{2\\3\\4}}(\zeta,\varkappa)}{\frac{\partial}{\partial\zeta}\wp_1(\zeta,\varkappa)},\quad
\frac{\vartheta_2^4(\zeta,\varkappa)}{\vartheta_{\substack{3\\4\\1}}^4(\zeta,\varkappa)} = \substack{-\\+\\-}\frac{\frac{\partial}{\partial\zeta}\wp_{\substack{3\\4\\1}}(\zeta,\varkappa)}{\frac{\partial}{\partial\zeta}\wp_2(\zeta,\varkappa)},\quad
\frac{\vartheta_3^4(\zeta,\varkappa)}{\vartheta_{\substack{4\\1\\2}}^4(\zeta,\varkappa)} = \substack{-\\+\\-}\frac{\frac{\partial}{\partial\zeta}\wp_{\substack{4\\1\\2}}(\zeta,\varkappa)}{\frac{\partial}{\partial\zeta}\wp_3(\zeta,\varkappa)},\quad
\frac{\vartheta_4^4(\zeta,\varkappa)}{\vartheta_{\substack{1\\2\\3}}^4(\zeta,\varkappa)} = \substack{-\\+\\-}\frac{\frac{\partial}{\partial\zeta}\wp_{\substack{1\\2\\3}}(\zeta,\varkappa)}{\frac{\partial}{\partial\zeta}\wp_4(\zeta,\varkappa)} \tag{234}$$

geschrieben werden.

Werden die Gln. (194) in (187) eingeführt, so erhält man mit (69) und (205)

$$\left.\begin{aligned}
\frac{\vartheta_1^2(\zeta,\varkappa)}{\vartheta_{\substack{2\\3\\4}}^2(\zeta,\varkappa)} &= \substack{+\\-\\+}\frac{\vartheta_3^4(0,\varkappa)}{\vartheta_{\substack{3\\2\\2}}^2(0,\varkappa)\,\vartheta_{\substack{4\\4\\3}}^2(0,\varkappa)}\left[\wp_{\substack{2\\3\\4}}(\zeta,\varkappa) - e_{\substack{1\\2\\3}}\right], &
\frac{\vartheta_2^2(\zeta,\varkappa)}{\vartheta_{\substack{3\\4\\1}}^2(\zeta,\varkappa)} &= \substack{+\\-\\+}\frac{\vartheta_3^4(0,\varkappa)}{\vartheta_{\substack{2\\2\\3}}^2(0,\varkappa)\,\vartheta_{\substack{3\\4\\4}}^2(0,\varkappa)}\left[\wp_{\substack{3\\4\\1}}(\zeta,\varkappa) - e_{\substack{3\\2\\1}}\right],\\
\frac{\vartheta_3^2(\zeta,\varkappa)}{\vartheta_{\substack{4\\1\\2}}^2(\zeta,\varkappa)} &= \substack{-\\+\\+}\frac{\vartheta_3^4(0,\varkappa)}{\vartheta_{\substack{3\\2\\2}}^2(0,\varkappa)\,\vartheta_{\substack{4\\4\\3}}^2(0,\varkappa)}\left[\wp_{\substack{4\\1\\2}}(\zeta,\varkappa) - e_{\substack{1\\2\\3}}\right], &
\frac{\vartheta_4^2(\zeta,\varkappa)}{\vartheta_{\substack{1\\2\\3}}^2(\zeta,\varkappa)} &= \substack{+\\+\\-}\frac{\vartheta_3^4(0,\varkappa)}{\vartheta_{\substack{2\\2\\3}}^2(0,\varkappa)\,\vartheta_{\substack{3\\4\\4}}^2(0,\varkappa)}\left[\wp_{\substack{1\\2\\3}}(\zeta,\varkappa) - e_{\substack{3\\2\\1}}\right].
\end{aligned}\right\} \tag{235}$$

Die Berücksichtigung dieser Beziehungen in (234) ergibt

$$\left.\begin{aligned}
\vartheta_3^8(0,\varkappa)\frac{\partial}{\partial\zeta}\wp_1(\zeta,\varkappa) &= \substack{-\\+\\-}\vartheta_{\substack{3\\2\\2}}^4(0,\varkappa)\,\vartheta_{\substack{4\\4\\3}}^4(0,\varkappa)\frac{\frac{\partial}{\partial\zeta}\wp_{\substack{2\\3\\4}}(\zeta,\varkappa)}{\left[\wp_{\substack{2\\3\\4}}(\zeta,\varkappa) - e_{\substack{1\\2\\3}}\right]^2},\\
\vartheta_3^8(0,\varkappa)\frac{\partial}{\partial\zeta}\wp_2(\zeta,\varkappa) &= \substack{-\\+\\-}\vartheta_{\substack{2\\2\\3}}^4(0,\varkappa)\,\vartheta_{\substack{3\\4\\4}}^4(0,\varkappa)\frac{\frac{\partial}{\partial\zeta}\wp_{\substack{3\\4\\1}}(\zeta,\varkappa)}{\left[\wp_{\substack{3\\4\\1}}(\zeta,\varkappa) - e_{\substack{3\\2\\1}}\right]^2},\\
\vartheta_3^8(0,\varkappa)\frac{\partial}{\partial\zeta}\wp_3(\zeta,\varkappa) &= \substack{-\\+\\-}\vartheta_{\substack{3\\2\\2}}^4(0,\varkappa)\,\vartheta_{\substack{4\\4\\3}}^4(0,\varkappa)\frac{\frac{\partial}{\partial\zeta}\wp_{\substack{4\\1\\2}}(\zeta,\varkappa)}{\left[\wp_{\substack{4\\1\\2}}(\zeta,\varkappa) - e_{\substack{1\\2\\3}}\right]^2},\\
\vartheta_3^8(0,\varkappa)\frac{\partial}{\partial\zeta}\wp_4(\zeta,\varkappa) &= \substack{-\\+\\-}\vartheta_{\substack{2\\2\\3}}^4(0,\varkappa)\,\vartheta_{\substack{3\\4\\4}}^4(0,\varkappa)\frac{\frac{\partial}{\partial\zeta}\wp_{\substack{1\\2\\3}}(\zeta,\varkappa)}{\left[\wp_{\substack{1\\2\\3}}(\zeta,\varkappa) - e_{\substack{3\\2\\1}}\right]^2}.
\end{aligned}\right\} \tag{236}$$

Hieraus folgt bei Beachtung der rechten Gruppe der Gln. (201)

$$\left.\begin{aligned}
\frac{\partial}{\partial\zeta}\wp_1(\zeta,\varkappa) &= -\frac{\left(e_{\substack{1\\2\\3}}-e_{\substack{2\\3\\1}}\right)\left(e_{\substack{1\\2\\3}}-e_{\substack{3\\1\\2}}\right)\dfrac{\partial}{\partial\zeta}\wp_{\substack{2\\3\\4}}(\zeta,\varkappa)}{\left[\wp_{\substack{2\\3\\4}}(\zeta,\varkappa)-e_{\substack{1\\2\\3}}\right]^2}, &\quad \frac{\partial}{\partial\zeta}\wp_2(\zeta,\varkappa) &= -\frac{\left(e_{\substack{3\\2\\1}}-e_{\substack{1\\3\\2}}\right)\left(e_{\substack{3\\2\\1}}-e_{\substack{2\\1\\3}}\right)\dfrac{\partial}{\partial\zeta}\wp_{\substack{3\\4\\1}}(\zeta,\varkappa)}{\left[\wp_{\substack{3\\4\\1}}(\zeta,\varkappa)-e_{\substack{3\\2\\1}}\right]^2},\\
\frac{\partial}{\partial\zeta}\wp_3(\zeta,\varkappa) &= -\frac{\left(e_{\substack{1\\2\\3}}-e_{\substack{2\\3\\1}}\right)\left(e_{\substack{1\\2\\3}}-e_{\substack{3\\1\\2}}\right)\dfrac{\partial}{\partial\zeta}\wp_{\substack{4\\1\\2}}(\zeta,\varkappa)}{\left[\wp_{\substack{4\\1\\2}}(\zeta,\varkappa)-e_{\substack{1\\2\\3}}\right]^2}, &\quad \frac{\partial}{\partial\zeta}\wp_4(\zeta,\varkappa) &= -\frac{\left(e_{\substack{3\\2\\1}}-e_{\substack{1\\3\\2}}\right)\left(e_{\substack{3\\2\\1}}-e_{\substack{2\\1\\3}}\right)\dfrac{\partial}{\partial\zeta}\wp_{\substack{1\\2\\3}}(\zeta,\varkappa)}{\left[\wp_{\substack{1\\2\\3}}(\zeta,\varkappa)-e_{\substack{3\\2\\1}}\right]^2}.
\end{aligned}\right\} \tag{237}$$

Die Gln. (237) lassen sich integrieren. Zur Bestimmung der Integrationskonstanten werden die Werte der $\wp$-Funktionen für die Argumentwerte $\zeta = 0$, $\zeta = \frac{1}{2} + \frac{i\varkappa}{2}$ und $\zeta = \frac{i\varkappa}{2}$ benötigt. $\wp_1(0, \varkappa)$ ist unendlich groß. Im übrigen folgen die Funktionswerte für $\zeta = 0$ aus (235) bei Beachtung von (201). Damit sind nach (158) und (159) auch die Funktionswerte für $\zeta = \frac{1}{2} + \frac{i\varkappa}{2}$ und $\zeta = \frac{i\varkappa}{2}$ bekannt. Der Wertesatz lautet:

$$\left.\begin{aligned}
&\wp_1(0,\varkappa)=\infty, && \wp_1\left(\frac{1}{2},\varkappa\right)=e_1, && \wp_1\left(\frac{1}{2}+\frac{i\varkappa}{2},\varkappa\right)=e_2, && \wp_1\left(\frac{i\varkappa}{2},\varkappa\right)=e_3,\\
&\wp_2(0,\varkappa)=e_1, && \wp_2\left(\frac{1}{2},\varkappa\right)=\infty, && \wp_2\left(\frac{1}{2}+\frac{i\varkappa}{2},\varkappa\right)=e_3, && \wp_2\left(\frac{i\varkappa}{2},\varkappa\right)=e_2,\\
&\wp_3(0,\varkappa)=e_2, && \wp_3\left(\frac{1}{2},\varkappa\right)=e_3, && \wp_3\left(\frac{1}{2}+\frac{i\varkappa}{2},\varkappa\right)=\infty, && \wp_3\left(\frac{i\varkappa}{2},\varkappa\right)=e_1,\\
&\wp_4(0,\varkappa)=e_3, && \wp_4\left(\frac{1}{2},\varkappa\right)=e_2, && \wp_4\left(\frac{1}{2}+\frac{i\varkappa}{2},\varkappa\right)=e_1, && \wp_4\left(\frac{i\varkappa}{2},\varkappa\right)=\infty.
\end{aligned}\right\} \tag{238}$$

Die Integration der Gln. (237) liefert in Verbindung mit (238)

$$\left.\begin{aligned}
\wp_1(\zeta,\varkappa) &= e_{\substack{1\\2\\3}}+\frac{\left(e_{\substack{1\\2\\3}}-e_{\substack{2\\3\\1}}\right)\left(e_{\substack{1\\2\\3}}-e_{\substack{3\\1\\2}}\right)}{\wp_{\substack{2\\3\\4}}(\zeta,\varkappa)-e_{\substack{1\\2\\3}}}, &\quad \wp_2(\zeta,\varkappa) &= e_{\substack{3\\2\\1}}+\frac{\left(e_{\substack{3\\2\\1}}-e_{\substack{1\\3\\2}}\right)\left(e_{\substack{3\\2\\1}}-e_{\substack{2\\1\\3}}\right)}{\wp_{\substack{3\\4\\1}}(\zeta,\varkappa)-e_{\substack{3\\2\\1}}},\\
\wp_3(\zeta,\varkappa) &= e_{\substack{1\\2\\3}}+\frac{\left(e_{\substack{1\\2\\3}}-e_{\substack{2\\3\\1}}\right)\left(e_{\substack{1\\2\\3}}-e_{\substack{3\\1\\2}}\right)}{\wp_{\substack{4\\1\\2}}(\zeta,\varkappa)-e_{\substack{1\\2\\3}}}, &\quad \wp_4(\zeta,\varkappa) &= e_{\substack{3\\2\\1}}+\frac{\left(e_{\substack{3\\2\\1}}-e_{\substack{1\\3\\2}}\right)\left(e_{\substack{3\\2\\1}}-e_{\substack{2\\1\\3}}\right)}{\wp_{\substack{1\\2\\3}}(\zeta,\varkappa)-e_{\substack{3\\2\\1}}}.
\end{aligned}\right\} \tag{239}$$

Werden für jeden Zeiger die vier Gln. (237) miteinander multipliziert, so heben sich die vier Ableitungen jeweils heraus, und es verbleiben die Gleichungen

$$\left.\begin{aligned}
&[\wp_1(\zeta,\varkappa)-e_1]\,[\wp_2(\zeta,\varkappa)-e_3]\,[\wp_3(\zeta,\varkappa)-e_1]\,[\wp_4(\zeta,\varkappa)-e_3] = -(e_1-e_2)\,(e_2-e_3),\\
&[\wp_1(\zeta,\varkappa)-e_2]\,[\wp_2(\zeta,\varkappa)-e_2]\,[\wp_3(\zeta,\varkappa)-e_2]\,[\wp_4(\zeta,\varkappa)-e_2] = -(e_1-e_2)^2\,(e_2-e_3)^2,\\
&[\wp_1(\zeta,\varkappa)-e_3]\,[\wp_2(\zeta,\varkappa)-e_1]\,[\wp_3(\zeta,\varkappa)-e_3]\,[\wp_4(\zeta,\varkappa)-e_1] = -(e_1-e_2)\,(e_2-e_3),
\end{aligned}\right\} \tag{240}$$

wenn noch die Wurzeln gezogen und die Wurzelvorzeichen dem Funktionsverhalten entsprechend bestimmt werden.

Werden die erste und dritte bzw. zweite und vierte der Gln. (206) addiert, so folgt

$$\frac{\partial^3}{\partial\zeta^3}\ln\vartheta_{\substack{1\\2}}(\zeta,\varkappa)+\frac{\partial^3}{\partial\zeta^3}\ln\vartheta_{\substack{3\\4}}(\zeta,\varkappa)=\frac{\partial^3}{\partial\zeta^3}\ln\vartheta_{\substack{1\\2}}(\zeta,\varkappa)\,\vartheta_{\substack{3\\4}}(\zeta,\varkappa)=\pm\,\vartheta_1'^3(0,\varkappa)\,\vartheta_1(2\zeta,\varkappa)\,\frac{\vartheta_{\substack{1\\2}}^4(\zeta,\varkappa)+\vartheta_{\substack{3\\4}}^4(\zeta,\varkappa)}{\vartheta_{\substack{1\\2}}^4(\zeta,\varkappa)\,\vartheta_{\substack{3\\4}}^4(\zeta,\varkappa)}$$

und bei Beachtung der Gln. (129)

$$\vartheta_{\substack{5\\6}}^4(\zeta,\varkappa)\,\frac{\partial^3}{\partial\zeta^3}\ln\vartheta_{\substack{5\\6}}(\zeta,\varkappa)=\pm\,\frac{16\,\vartheta_1'^3(0,\varkappa)\,\vartheta_1(2\zeta,\varkappa)}{\vartheta_2^2(0,\varkappa)\,\vartheta_4^2(0,\varkappa)}\left[\vartheta_{\substack{1\\2}}^4(\zeta,\varkappa)+\vartheta_{\substack{3\\4}}^4(\zeta,\varkappa)\right].$$

Die Addition dieser beiden Gleichungen liefert in Verbindung mit (114)

$$\vartheta_5^4(\zeta,\varkappa)\,\frac{\partial^3}{\partial\zeta^3}\ln\vartheta_5(\zeta,\varkappa)+\vartheta_6^4(\zeta,\varkappa)\,\frac{\partial^3}{\partial\zeta^3}\ln\vartheta_6(\zeta,\varkappa)=0 \tag{241}$$

bzw. in Verbindung mit (228)

$$\vartheta_5^4(\zeta,\varkappa)\frac{\partial}{\partial\zeta}\wp_5(\zeta,\varkappa)+\vartheta_6^4(\zeta,\varkappa)\frac{\partial}{\partial\zeta}\wp_6(\zeta,\varkappa)=0. \tag{242}$$

Nach (129) bestehen zwischen den logarithmischen Ableitungen der Theta-Funktionen die linearen Beziehungen

$$\frac{\partial}{\partial\zeta}\ln\vartheta_{\substack{5\\6}}(\zeta,\varkappa)=\frac{\partial}{\partial\zeta}\ln\vartheta_{\substack{1\\2}}(\zeta,\varkappa)+\frac{\partial}{\partial\zeta}\ln\vartheta_{\substack{3\\4}}(\zeta,\varkappa) \tag{243}$$

und

$$\frac{\partial^2}{\partial\zeta^2}\ln\vartheta_{\substack{5\\6}}(\zeta,\varkappa)=\frac{\partial^2}{\partial\zeta^2}\ln\vartheta_{\substack{1\\2}}(\zeta,\varkappa)+\frac{\partial^2}{\partial\zeta^2}\ln\vartheta_{\substack{3\\4}}(\zeta,\varkappa). \tag{244}$$

Werden in (244) die zweiten logarithmischen Ableitungen gemäß (194) und (228) ausgedrückt, so ergibt sich unter Berücksichtigung der zweiten der Gln. (205)

$$\wp_{\substack{5\\6}}(\zeta,\varkappa)=-e_2+\wp_{\substack{1\\2}}(\zeta,\varkappa)+\wp_{\substack{3\\4}}(\zeta,\varkappa) \tag{245}$$

und abgeleitet

$$\frac{\partial}{\partial\zeta}\wp_{\substack{5\\6}}(\zeta,\varkappa)=\frac{\partial}{\partial\zeta}\wp_{\substack{1\\2}}(\zeta,\varkappa)+\frac{\partial}{\partial\zeta}\wp_{\substack{3\\4}}(\zeta,\varkappa). \tag{246}$$

Wird auf den rechten Seiten von (245) jeweils eine der $\wp$-Funktionen unter Bezugnahme auf (239) durch die andere ausgedrückt, so erhält man

$$\wp_5(\zeta,\varkappa)=\wp_{\substack{1\\3}}(\zeta,\varkappa)+\frac{(e_2-e_3)(e_2-e_1)}{\wp_{\substack{1\\3}}(\zeta,\varkappa)-e_2},\qquad \wp_6(\zeta,\varkappa)=\wp_{\substack{2\\4}}(\zeta,\varkappa)+\frac{(e_2-e_3)(e_2-e_1)}{\wp_{\substack{2\\4}}(\zeta,\varkappa)-e_2}. \tag{247}$$

Hieraus folgt durch Ableitung nach ζ

$$\frac{\partial}{\partial\zeta}\wp_5(\zeta,\varkappa)=\frac{\partial}{\partial\zeta}\wp_{\substack{1\\3}}(\zeta,\varkappa)\left[1-\frac{(e_2-e_3)(e_2-e_1)}{[\wp_{\substack{1\\3}}(\zeta,\varkappa)-e_2]^2}\right],\qquad \frac{\partial}{\partial\zeta}\wp_6(\zeta,\varkappa)=\frac{\partial}{\partial\zeta}\wp_{\substack{2\\4}}(\zeta,\varkappa)\left[1-\frac{(e_2-e_3)(e_2-e_1)}{[\wp_{\substack{2\\4}}(\zeta,\varkappa)-e_2]^2}\right]. \tag{248}$$

Die Einführung von (228) in (226) liefert bei Beachtung von (72) und der mittleren der Gln. (205)

$$\left[\frac{\partial}{\partial\zeta}\ln\frac{\vartheta_{\substack{1\\2}}(\zeta,\varkappa)}{\vartheta_{\substack{3\\4}}(\zeta,\varkappa)}\right]^2=\pi^2\,\vartheta_3^4(0,\varkappa)\left[2e_2+\wp_{\substack{5\\6}}(\zeta,\varkappa)\right]. \tag{249}$$

Andererseits ergibt sich durch Quadrieren der zweiten und fünften der Gln. (214)

$$\left[\frac{\partial}{\partial\zeta}\ln\frac{\vartheta_{\substack{1\\2}}(\zeta,\varkappa)}{\vartheta_{\substack{3\\4}}(\zeta,\varkappa)}\right]^2=\pi^2\,\vartheta_3^4(0,\varkappa)\frac{\vartheta_{\substack{6\\5}}^2(\zeta,\varkappa)}{\vartheta_{\substack{5\\6}}^2(\zeta,\varkappa)}. \tag{250}$$

Hiernach muß

$$\frac{\vartheta_5^2(\zeta,\varkappa)}{\vartheta_6^2(\zeta,\varkappa)}=2e_2+\wp_6(\zeta,\varkappa),\qquad \frac{\vartheta_6^2(\zeta,\varkappa)}{\vartheta_5^2(\zeta,\varkappa)}=2e_2+\wp_5(\zeta,\varkappa) \tag{251}$$

und

$$[2e_2+\wp_5(\zeta,\varkappa)]\,[2e_2+\wp_6(\zeta,\varkappa)]=1 \tag{252}$$

sein.

Durch Quadrieren der ersten, dritten, vierten und sechsten der Gln. (214) folgt

$$\left.\begin{aligned}
\left[\frac{\partial}{\partial\zeta}\ln\frac{\vartheta_1(\zeta,\varkappa)}{\vartheta_2(\zeta,\varkappa)}\right]^2&=4\pi^2\,\vartheta_3^4(0,2\varkappa)\,[\wp_1(2\zeta,2\varkappa)-e_3(2\varkappa)],\\
\left[\frac{\partial}{\partial\zeta}\ln\frac{\vartheta_1(\zeta,\varkappa)}{\vartheta_4(\zeta,\varkappa)}\right]^2&=\pi^2\,\vartheta_3^4\left(0,\frac{\varkappa}{2}\right)\left[\wp_1\left(\zeta,\frac{\varkappa}{2}\right)-e_1\left(\frac{\varkappa}{2}\right)\right],\\
\left[\frac{\partial}{\partial\zeta}\ln\frac{\vartheta_2(\zeta,\varkappa)}{\vartheta_3(\zeta,\varkappa)}\right]^2&=\pi^2\,\vartheta_3^4\left(0,\frac{\varkappa}{2}\right)\left[\wp_2\left(\zeta,\frac{\varkappa}{2}\right)-e_1\left(\frac{\varkappa}{2}\right)\right],\\
\left[\frac{\partial}{\partial\zeta}\ln\frac{\vartheta_3(\zeta,\varkappa)}{\vartheta_4(\zeta,\varkappa)}\right]^2&=4\pi^2\,\vartheta_3^4(0,2\varkappa)\,[\wp_4(2\zeta,2\varkappa)-e_3(2\varkappa)],
\end{aligned}\right\} \tag{253}$$

wenn für die Quotienten die Gln. (235) und für die Parameterfunktionen die Gln. (93) beachtet werden.

In Verbindung mit (117), (118) und (129) und bei Beachtung von (194) und (228) erhält man

$$\left.\begin{aligned}
\frac{\partial^2}{\partial\zeta^2}\ln\vartheta_{\substack{1\\3}}(\zeta,\varkappa)\,\vartheta_{\substack{2\\4}}(\zeta,\varkappa) &= -\pi^2\,\vartheta_3^4(0,2\varkappa)\left[\wp_{\substack{1\\4}}(2\zeta,2\varkappa)+\eta_1(2\varkappa)\right],\\
\frac{\partial^2}{\partial\zeta^2}\ln\vartheta_{\substack{1\\2}}(\zeta,\varkappa)\,\vartheta_{\substack{3\\4}}(\zeta,\varkappa) &= -\pi^2\,\vartheta_3^4(0,\varkappa)\left[\wp_{\substack{5\\6}}(\zeta,\varkappa)+\bar{\eta}_1\right],\\
\frac{\partial^2}{\partial\zeta^2}\ln\vartheta_{\substack{1\\2}}(\zeta,\varkappa)\,\vartheta_{\substack{4\\3}}(\zeta,\varkappa) &= -\pi^2\,\vartheta_3^4\left(0,\frac{\varkappa}{2}\right)\left[\wp_{\substack{1\\2}}\left(\zeta,\frac{\varkappa}{2}\right)+\eta_1\left(\frac{\varkappa}{2}\right)\right].
\end{aligned}\right\}\tag{254}$$

Die Addition der ersten und zweiten, dritten und vierten, ersten und vierten sowie dritten und zweiten der Gln. (206) ergibt

$$\frac{\partial^3}{\partial\zeta^3}\ln\vartheta_{\substack{1\\3\\1\\3}}(\zeta,\varkappa)+\frac{\partial^3}{\partial\zeta^3}\ln\vartheta_{\substack{2\\4\\4\\2}}(\zeta,\varkappa)=\frac{\vartheta_1'^{\,3}(0,\varkappa)\,\vartheta_1(2\zeta,\varkappa)}{\vartheta^4_{\substack{1\\3\\1\\3}}(\zeta,\varkappa)\,\vartheta^4_{\substack{2\\4\\4\\2}}(\zeta,\varkappa)}\left[\vartheta^4_{\substack{2\\4\\4\\2}}(\zeta,\varkappa)-\vartheta^4_{\substack{1\\3\\1\\3}}(\zeta,\varkappa)\right].$$

Werden diese Gleichungen mit dem Nenner des Bruches erweitert und paarweise so addiert, daß bei Beachtung von (114) die rechten Seiten verschwinden, so erhält man

$$\vartheta^4_{\substack{1\\1}}(\zeta,\varkappa)\,\vartheta^4_{\substack{2\\4}}(\zeta,\varkappa)\left[\frac{\partial^3}{\partial\zeta^3}\ln\vartheta_{\substack{1\\1}}(\zeta,\varkappa)+\frac{\partial^3}{\partial\zeta^3}\ln\vartheta_{\substack{2\\4}}(\zeta,\varkappa)\right]+\vartheta^4_{\substack{3\\3}}(\zeta,\varkappa)\,\vartheta^4_{\substack{4\\2}}(\zeta,\varkappa)\left[\frac{\partial^3}{\partial\zeta^3}\ln\vartheta_{\substack{3\\3}}(\zeta,\varkappa)+\frac{\partial^3}{\partial\zeta^3}\ln\vartheta_{\substack{4\\2}}(\zeta,\varkappa)\right]=0$$

oder in Verbindung mit (214) und bei Beachtung von (194)

$$\left.\begin{aligned}
&\left[\frac{\partial}{\partial\zeta}\ln\frac{\vartheta_3(\zeta,\varkappa)}{\vartheta_4(\zeta,\varkappa)}\right]^4\left[\frac{\partial}{\partial\zeta}\wp_1(\zeta,\varkappa)+\frac{\partial}{\partial\zeta}\wp_2(\zeta,\varkappa)\right]+\pi^4\,\vartheta_2^8(0,\varkappa)\left[\frac{\partial}{\partial\zeta}\wp_3(\zeta,\varkappa)+\frac{\partial}{\partial\zeta}\wp_4(\zeta,\varkappa)\right]=0,\\
&\left[\frac{\partial}{\partial\zeta}\ln\frac{\vartheta_2(\zeta,\varkappa)}{\vartheta_3(\zeta,\varkappa)}\right]^4\left[\frac{\partial}{\partial\zeta}\wp_1(\zeta,\varkappa)+\frac{\partial}{\partial\zeta}\wp_4(\zeta,\varkappa)\right]+\pi^4\,\vartheta_4^8(0,\varkappa)\left[\frac{\partial}{\partial\zeta}\wp_2(\zeta,\varkappa)+\frac{\partial}{\partial\zeta}\wp_3(\zeta,\varkappa)\right]=0.
\end{aligned}\right.\tag{255}$$

Drückt man in (255) die vierten Potenzen gemäß (215) aus, so folgen die weiteren Beziehungen

$$\left.\begin{aligned}
&\left[\frac{\partial}{\partial\zeta}\ln\frac{\vartheta_1(\zeta,\varkappa)}{\vartheta_2(\zeta,\varkappa)}\right]^4\left[\frac{\partial}{\partial\zeta}\wp_3(\zeta,\varkappa)+\frac{\partial}{\partial\zeta}\wp_4(\zeta,\varkappa)\right]+\pi^4\,\vartheta_2^8(0,\varkappa)\left[\frac{\partial}{\partial\zeta}\wp_1(\zeta,\varkappa)+\frac{\partial}{\partial\zeta}\wp_2(\zeta,\varkappa)\right]=0,\\
&\left[\frac{\partial}{\partial\zeta}\ln\frac{\vartheta_1(\zeta,\varkappa)}{\vartheta_4(\zeta,\varkappa)}\right]^4\left[\frac{\partial}{\partial\zeta}\wp_2(\zeta,\varkappa)+\frac{\partial}{\partial\zeta}\wp_3(\zeta,\varkappa)\right]+\pi^4\,\vartheta_4^8(0,\varkappa)\left[\frac{\partial}{\partial\zeta}\wp_1(\zeta,\varkappa)+\frac{\partial}{\partial\zeta}\wp_4(\zeta,\varkappa)\right]=0.
\end{aligned}\right.\tag{256}$$

Schließlich ergibt sich durch Quadrieren von (250) bei Beachtung von (242)

$$\left.\begin{aligned}
&\left[\frac{\partial}{\partial\zeta}\ln\frac{\vartheta_1(\zeta,\varkappa)}{\vartheta_3(\zeta,\varkappa)}\right]^4\frac{\partial}{\partial\zeta}\wp_6(\zeta,\varkappa)+\pi^4\,\vartheta_3^8(0,\varkappa)\frac{\partial}{\partial\zeta}\wp_5(\zeta,\varkappa)=0,\\
&\left[\frac{\partial}{\partial\zeta}\ln\frac{\vartheta_2(\zeta,\varkappa)}{\vartheta_4(\zeta,\varkappa)}\right]^4\frac{\partial}{\partial\zeta}\wp_5(\zeta,\varkappa)+\pi^4\,\vartheta_3^8(0,\varkappa)\frac{\partial}{\partial\zeta}\wp_6(\zeta,\varkappa)=0.
\end{aligned}\right.\tag{257}$$

Wird die Gl. (113) logarithmiert und nach ζ abgeleitet, so erhält man

$$\frac{\partial}{\partial\zeta}\ln\vartheta_1(\zeta,\varkappa)+\frac{\partial}{\partial\zeta}\ln\vartheta_2(\zeta,\varkappa)+\frac{\partial}{\partial\zeta}\ln\vartheta_3(\zeta,\varkappa)+\frac{\partial}{\partial\zeta}\ln\vartheta_4(\zeta,\varkappa)=2\,\frac{\partial}{\partial(2\zeta)}\ln\vartheta_1(2\zeta,\varkappa)\tag{258}$$

und bei nochmaliger Ableitung nach ζ

$$\frac{\partial^2}{\partial\zeta^2}\ln\vartheta_1(\zeta,\varkappa)+\frac{\partial^2}{\partial\zeta^2}\ln\vartheta_2(\zeta,\varkappa)+\frac{\partial^2}{\partial\zeta^2}\ln\vartheta_3(\zeta,\varkappa)+\frac{\partial^2}{\partial\zeta^2}\ln\vartheta_4(\zeta,\varkappa)=4\,\frac{\partial^2}{\partial(2\zeta)^2}\ln\vartheta_1(2\zeta,\varkappa).\tag{259}$$

Hieraus folgt bei Beachtung von (194)

$$\wp_1(\zeta,\varkappa)+\wp_2(\zeta,\varkappa)+\wp_3(\zeta,\varkappa)+\wp_4(\zeta,\varkappa)=4\,\wp_1(2\zeta,\varkappa)\tag{260}$$

und bei Ableitung nach ζ

$$\frac{\partial}{\partial\zeta}\wp_1(\zeta,\varkappa)+\frac{\partial}{\partial\zeta}\wp_2(\zeta,\varkappa)+\frac{\partial}{\partial\zeta}\wp_3(\zeta,\varkappa)+\frac{\partial}{\partial\zeta}\wp_4(\zeta,\varkappa)=8\,\frac{\partial}{\partial(2\zeta)}\wp_1(2\zeta,\varkappa).\tag{261}$$

Werden die Gln. (144) logarithmiert und nach ζ abgeleitet, so ergibt sich

$$\frac{\partial}{\partial\zeta}\ln\vartheta_5(\zeta,\varkappa)+\frac{\partial}{\partial\zeta}\ln\vartheta_6(\zeta,\varkappa)=2\,\frac{\partial}{\partial(2\zeta)}\ln\vartheta_1(2\zeta,\varkappa)\tag{262}$$

und

$$\frac{\partial^2}{\partial\zeta^2}\ln\vartheta_5(\zeta,\varkappa)+\frac{\partial^2}{\partial\zeta^2}\ln\vartheta_6(\zeta,\varkappa)=4\,\frac{\partial^2}{\partial(2\zeta)^2}\ln\vartheta_1(2\zeta,\varkappa).\tag{263}$$

Schreibt man (263) durch Heranziehung von (194) und (228) auf $\wp$-Funktionen um und wird hierbei die mittlere der Gln. (205) beachtet, so folgt

$$\wp_5(\zeta, \varkappa) + \wp_6(\zeta, \varkappa) = -2e_2 + 4\wp_1(2\zeta, \varkappa) \tag{264}$$

und abgeleitet

$$\frac{\partial}{\partial \zeta}\wp_5(\zeta, \varkappa) + \frac{\partial}{\partial \zeta}\wp_6(\zeta, \varkappa) = 8\frac{\partial}{\partial(2\zeta)}\wp_1(2\zeta, \varkappa). \tag{265}$$

Die Verbindung der Gln. (113) und (144) bzw. (258) und (262) bzw. (259) und (263) bzw. (260) und (264) bzw. (261) und (265) liefert

$$\prod_1^6{}^{i}\,\vartheta_i(\zeta, \varkappa) = \frac{\vartheta_3(0, \varkappa)\,\vartheta_1'(0, \varkappa)}{\pi}\,\vartheta_1^2(2\zeta, \varkappa), \qquad \sum_1^6{}^{i}\,\frac{\partial}{\partial \zeta}\ln\vartheta_i(\zeta, \varkappa) = 4\frac{\partial}{\partial(2\zeta)}\ln\vartheta_1(2\zeta, \varkappa), \tag{266}$$

$$\sum_1^6{}^{i}\,\frac{\partial^2}{\partial \zeta^2}\ln\vartheta_i(\zeta, \varkappa) = 8\frac{\partial^2}{\partial(2\zeta)^2}\ln\vartheta_1(2\zeta, \varkappa), \qquad \sum_1^6{}^{i}\,\wp_i(\zeta, \varkappa) = -2e_2 + 8\wp_1(2\zeta, \varkappa), \tag{267}$$

$$\sum_1^6{}^{i}\,\frac{\partial}{\partial \zeta}\wp_i(\zeta, \varkappa) = 16\frac{\partial}{\partial(2\zeta)}\wp_1(2\zeta, \varkappa). \tag{268}$$

25. Additionstheoreme

Differenziert man eine Funktion $f(\zeta + \zeta_0)$ einmal nach ζ und einmal nach ζ_0, so wird

$$f'_\zeta = f'_{\zeta_0} = \frac{df(\zeta + \zeta_0)}{d(\zeta + \zeta_0)}, \qquad f'_\zeta + f'_{\zeta_0} = 2f'_\zeta.$$

Entsprechend folgt für eine Funktion $f(\zeta - \zeta_0)$

$$f'_\zeta = -f'_{\zeta_0} = \frac{df(\zeta - \zeta_0)}{d(\zeta - \zeta_0)}, \qquad f'_\zeta + f'_{\zeta_0} = 0.$$

Hieraus ergibt sich für $f(\zeta + \zeta_0) = \ln\varphi(\zeta + \zeta_0, \varkappa)$ und $f(\zeta - \zeta_0) = \ln\varphi(\zeta - \zeta_0, \varkappa)$

$$\begin{aligned}&\frac{\partial}{\partial \zeta}\ln[\varphi(\zeta + \zeta_0, \varkappa)\,\varphi(\zeta - \zeta_0, \varkappa)] + \frac{\partial}{\partial \zeta_0}\ln[\varphi(\zeta + \zeta_0, \varkappa)\,\varphi(\zeta - \zeta_0, \varkappa)]\\ &\quad = \frac{\partial}{\partial \zeta}\ln\varphi(\zeta + \zeta_0, \varkappa) + \frac{\partial}{\partial \zeta_0}\ln\varphi(\zeta + \zeta_0, \varkappa) + \frac{\partial}{\partial \zeta}\ln\varphi(\zeta - \zeta_0, \varkappa) + \frac{\partial}{\partial \zeta_0}\ln\varphi(\zeta - \zeta_0, \varkappa) = 2\frac{\partial}{\partial \zeta}\ln\varphi(\zeta + \zeta_0, \varkappa).\end{aligned}$$

Werden diese Beziehungen auf die Gln. (128) angewendet, und zwar unter Beschränkung auf die oberen Gleichungen der vier Gruppen, so erhält man

$$2\frac{\partial}{\partial \zeta}\ln\vartheta_{\substack{1\\2\\3\\4}}(\zeta + \zeta_0, \varkappa) = \frac{\partial}{\partial \zeta}\ln\left[\vartheta^2_{\substack{1\\2\\3\\4}}(\zeta, \varkappa)\,\vartheta_2^2(\zeta_0, \varkappa) \underset{\substack{-\\+\\+}}{-} \vartheta^2_{\substack{2\\1\\4\\3}}(\zeta, \varkappa)\,\vartheta_1^2(\zeta_0, \varkappa)\right] + \frac{\partial}{\partial \zeta_0}\ln\left[\vartheta^2_{\substack{1\\2\\3\\4}}(\zeta, \varkappa)\,\vartheta_2^2(\zeta_0, \varkappa) \underset{\substack{-\\+\\+}}{-} \vartheta^2_{\substack{2\\1\\4\\3}}(\zeta, \varkappa)\,\vartheta_1^2(\zeta_0, \varkappa)\right]$$

oder umgeschrieben

$$\begin{aligned}\frac{\partial}{\partial \zeta}\ln\vartheta_{\substack{1\\2\\3\\4}}(\zeta + \zeta_0, \varkappa) &= \frac{1}{2}\frac{\partial}{\partial \zeta}\ln\left[\vartheta^2_{\substack{1\\2\\3\\4}}(\zeta, \varkappa)\,\vartheta_1^2(\zeta_0, \varkappa)\left(\vartheta_2^2(\zeta_0, \varkappa)/\vartheta_1^2(\zeta_0, \varkappa) \underset{\substack{-\\+\\+}}{-} \vartheta^2_{\substack{2\\1\\4\\3}}(\zeta, \varkappa)/\vartheta^2_{\substack{1\\2\\3\\4}}(\zeta, \varkappa)\right)\right] +\\ &\quad + \frac{1}{2}\frac{\partial}{\partial \zeta_0}\ln\left[\vartheta^2_{\substack{1\\2\\3\\4}}(\zeta, \varkappa)\,\vartheta_1^2(\zeta_0, \varkappa)\left(\vartheta_2^2(\zeta_0, \varkappa)/\vartheta_1^2(\zeta_0, \varkappa) \underset{\substack{-\\+\\+}}{-} \vartheta^2_{\substack{2\\1\\4\\3}}(\zeta, \varkappa)/\vartheta^2_{\substack{1\\2\\3\\4}}(\zeta, \varkappa)\right)\right]\end{aligned}$$

und nach Aufspaltung der ln-Funktionen und Ausdifferenzieren

$$\frac{\partial}{\partial \zeta}\ln\vartheta_{\substack{1\\2\\3\\4}}(\zeta + \zeta_0, \varkappa) = \frac{\partial}{\partial \zeta}\ln\vartheta_{\substack{1\\2\\3\\4}}(\zeta, \varkappa) + \frac{\partial}{\partial \zeta_0}\ln\vartheta_1(\zeta_0, \varkappa) + \frac{1}{2}\,\frac{\dfrac{\partial}{\partial \zeta_0}\vartheta_2^2(\zeta_0, \varkappa)/\vartheta_1^2(\zeta_0, \varkappa) \underset{\substack{-\\+\\+}}{-} \dfrac{\partial}{\partial \zeta}\vartheta^2_{\substack{2\\1\\4\\3}}(\zeta, \varkappa)/\vartheta^2_{\substack{1\\2\\3\\4}}(\zeta, \varkappa)}{\vartheta_2^2(\zeta_0, \varkappa)/\vartheta_1^2(\zeta_0, \varkappa) \underset{\substack{-\\+\\+}}{-} \vartheta^2_{\substack{2\\1\\4\\3}}(\zeta, \varkappa)/\vartheta_{\substack{1\\2\\3\\4}}(\zeta, \varkappa)}.$$

Hierin können die Quotienten des Bruches nach (235) durch $\wp$-Funktionen ausgedrückt werden. Dabei heben sich die Faktoren der $\wp$-Funktionen heraus, und man erhält

$$\frac{\partial}{\partial \zeta}\ln\vartheta_{\substack{1\\2\\3\\4}}(\zeta + \zeta_0, \varkappa) = \frac{\partial}{\partial \zeta}\ln\vartheta_{\substack{1\\2\\3\\4}}(\zeta, \varkappa) + \frac{\partial}{\partial \zeta_0}\ln\vartheta_1(\zeta_0, \varkappa) + \frac{1}{2}\,\frac{\dfrac{\partial}{\partial \zeta}\wp_{\substack{1\\2\\3\\4}}(\zeta, \varkappa) - \dfrac{\partial}{\partial \zeta_0}\wp_1(\zeta_0, \varkappa)}{\wp_{\substack{1\\2\\3\\4}}(\zeta, \varkappa) - \wp_1(\zeta_0, \varkappa)}.$$

Wird das gleiche Verfahren auf die zwölf übrigen Gleichungen der Gruppe (128) angewendet, so entstehen weitere, analog aufgebaute Additionstheoreme. Die vollständige Gruppe dieser Beziehungen lautet in Anpassung an den Aufbau von (128)

$$\left.\begin{aligned}
\frac{\partial}{\partial\zeta}\ln\vartheta_1(\zeta+\zeta_0,\varkappa) &= \frac{\partial}{\partial\zeta}\ln\vartheta_{\substack{1\\2\\3\\4}}(\zeta,\varkappa)+\frac{\partial}{\partial\zeta_0}\ln\vartheta_{\substack{1\\2\\3\\4}}(\zeta_0,\varkappa)+\frac{1}{2}\,\frac{\dfrac{\partial}{\partial\zeta}\wp_{\substack{1\\2\\3\\4}}(\zeta,\varkappa)-\dfrac{\partial}{\partial\zeta_0}\wp_{\substack{1\\2\\3\\4}}(\zeta_0,\varkappa)}{\wp_{\substack{1\\2\\3\\4}}(\zeta,\varkappa)-\wp_{\substack{1\\2\\3\\4}}(\zeta_0,\varkappa)}\,,\\
\frac{\partial}{\partial\zeta}\ln\vartheta_2(\zeta+\zeta_0,\varkappa) &= \frac{\partial}{\partial\zeta}\ln\vartheta_{\substack{2\\1\\4\\3}}(\zeta,\varkappa)+\frac{\partial}{\partial\zeta_0}\ln\vartheta_{\substack{1\\2\\3\\4}}(\zeta_0,\varkappa)+\frac{1}{2}\,\frac{\dfrac{\partial}{\partial\zeta}\wp_{\substack{2\\1\\4\\3}}(\zeta,\varkappa)-\dfrac{\partial}{\partial\zeta_0}\wp_{\substack{1\\2\\3\\4}}(\zeta_0,\varkappa)}{\wp_{\substack{2\\1\\4\\3}}(\zeta,\varkappa)-\wp_{\substack{1\\2\\3\\4}}(\zeta_0,\varkappa)}\,,\\
\frac{\partial}{\partial\zeta}\ln\vartheta_3(\zeta+\zeta_0,\varkappa) &= \frac{\partial}{\partial\zeta}\ln\vartheta_{\substack{3\\4\\1\\2}}(\zeta,\varkappa)+\frac{\partial}{\partial\zeta_0}\ln\vartheta_{\substack{1\\2\\3\\4}}(\zeta_0,\varkappa)+\frac{1}{2}\,\frac{\dfrac{\partial}{\partial\zeta}\wp_{\substack{3\\4\\1\\2}}(\zeta,\varkappa)-\dfrac{\partial}{\partial\zeta_0}\wp_{\substack{1\\2\\3\\4}}(\zeta_0,\varkappa)}{\wp_{\substack{3\\4\\1\\2}}(\zeta,\varkappa)-\wp_{\substack{1\\2\\3\\4}}(\zeta_0,\varkappa)}\,,\\
\frac{\partial}{\partial\zeta}\ln\vartheta_4(\zeta+\zeta_0,\varkappa) &= \frac{\partial}{\partial\zeta}\ln\vartheta_{\substack{4\\3\\2\\1}}(\zeta,\varkappa)+\frac{\partial}{\partial\zeta_0}\ln\vartheta_{\substack{1\\2\\3\\4}}(\zeta_0,\varkappa)+\frac{1}{2}\,\frac{\dfrac{\partial}{\partial\zeta}\wp_{\substack{4\\3\\2\\1}}(\zeta,\varkappa)-\dfrac{\partial}{\partial\zeta_0}\wp_{\substack{1\\2\\3\\4}}(\zeta_0,\varkappa)}{\wp_{\substack{4\\3\\2\\1}}(\zeta,\varkappa)-\wp_{\substack{1\\2\\3\\4}}(\zeta_0,\varkappa)}\,.
\end{aligned}\right\}\qquad(269)$$

Durch Vertauschen von ζ und ζ_0 in (269) entstehen weitere 16 Additionstheoreme der logarithmischen Ableitungen der Theta-Funktionen.

Aus den Reihendarstellungen (174) ist ersichtlich, daß die ersten logarithmischen Ableitungen der Theta-Funktionen ungerade Funktionen sind. Das gleiche Verhalten zeigen, wie man durch Ableitung der Gln. (175) erkennt, die dritten logarithmischen Ableitungen bzw. die Ableitungen der $\wp$-Funktionen. Die zweiten logarithmischen Ableitungen bzw. die $\wp$-Funktionen sind gerade Funktionen. Wird daher in (269) ζ_0 mit $-\zeta_0$ vertauscht, so ändern sich auf den rechten Seiten in den Gliedern mit Ableitungen nach ζ_0 die Vorzeichen. Zieht man von den auf $+\zeta_0$ bezogenen Gln. (269) die zu $-\zeta_0$ gehörigen ab, so folgt

$$\left.\begin{aligned}
\frac{\partial}{\partial\zeta}\ln\frac{\vartheta_1(\zeta+\zeta_0,\varkappa)}{\vartheta_1(\zeta-\zeta_0,\varkappa)} &= 2\frac{\partial}{\partial\zeta_0}\ln\vartheta_{\substack{1\\2\\3\\4}}(\zeta_0,\varkappa)-\frac{\dfrac{\partial}{\partial\zeta_0}\wp_{\substack{1\\2\\3\\4}}(\zeta_0,\varkappa)}{\wp_{\substack{1\\2\\3\\4}}(\zeta,\varkappa)-\wp_{\substack{1\\2\\3\\4}}(\zeta_0,\varkappa)}\,,\\
\frac{\partial}{\partial\zeta}\ln\frac{\vartheta_2(\zeta+\zeta_0,\varkappa)}{\vartheta_2(\zeta-\zeta_0,\varkappa)} &= 2\frac{\partial}{\partial\zeta_0}\ln\vartheta_{\substack{1\\2\\3\\4}}(\zeta_0,\varkappa)-\frac{\dfrac{\partial}{\partial\zeta_0}\wp_{\substack{1\\2\\3\\4}}(\zeta_0,\varkappa)}{\wp_{\substack{2\\1\\4\\3}}(\zeta,\varkappa)-\wp_{\substack{1\\2\\3\\4}}(\zeta_0,\varkappa)}\,,\\
\frac{\partial}{\partial\zeta}\ln\frac{\vartheta_3(\zeta+\zeta_0,\varkappa)}{\vartheta_3(\zeta-\zeta_0,\varkappa)} &= 2\frac{\partial}{\partial\zeta_0}\ln\vartheta_{\substack{1\\2\\3\\4}}(\zeta_0,\varkappa)-\frac{\dfrac{\partial}{\partial\zeta_0}\wp_{\substack{1\\2\\3\\4}}(\zeta_0,\varkappa)}{\wp_{\substack{3\\4\\1\\2}}(\zeta,\varkappa)-\wp_{\substack{1\\2\\3\\4}}(\zeta_0,\varkappa)}\,,\\
\frac{\partial}{\partial\zeta}\ln\frac{\vartheta_4(\zeta+\zeta_0,\varkappa)}{\vartheta_4(\zeta-\zeta_0,\varkappa)} &= 2\frac{\partial}{\partial\zeta_0}\ln\vartheta_{\substack{1\\2\\3\\4}}(\zeta_0,\varkappa)-\frac{\dfrac{\partial}{\partial\zeta_0}\wp_{\substack{1\\2\\3\\4}}(\zeta_0,\varkappa)}{\wp_{\substack{4\\3\\2\\1}}(\zeta,\varkappa)-\wp_{\substack{1\\2\\3\\4}}(\zeta_0,\varkappa)}\,.
\end{aligned}\right\}\qquad(270)$$

Durch Ableitung der Gln. (269) gelangt man zu den Additionstheoremen der zweiten logarithmischen Ableitungen der Theta-Funktionen bzw. der $\wp$-Funktionen. Die allgemeine Form der Gln. (269) lautet, wenn i, j, k eine beliebige der ganzen Zahlen 1, 2, 3, 4 bezeichnet,

$$\frac{\partial}{\partial \zeta} \ln \vartheta_i(\zeta + \zeta_0, \varkappa) = \frac{\partial}{\partial \zeta} \ln \vartheta_j(\zeta, \varkappa) + \frac{\partial}{\partial \zeta_0} \ln \vartheta_k(\zeta_0, \varkappa) + \frac{1}{2} \frac{\frac{\partial}{\partial \zeta} \wp_j(\zeta, \varkappa) - \frac{\partial}{\partial \zeta_0} \wp_k(\zeta_0, \varkappa)}{\wp_j(\zeta, \varkappa) - \wp_k(\zeta_0, \varkappa)}.$$

Die Ableitung nach ζ liefert in Verbindung mit der linken der Gln. (194)

$$\frac{\partial^2}{\partial \zeta^2} \ln \vartheta_i(\zeta + \zeta_0, \varkappa) - \frac{\partial^2}{\partial \zeta^2} \ln \vartheta_j(\zeta, \varkappa) = -\pi^2 \vartheta_3^4(0, \varkappa) \left[\wp_i(\zeta + \zeta_0, \varkappa) - \wp_j(\zeta, \varkappa)\right]$$

$$= \frac{1}{2} \frac{\left[\wp_j(\zeta, \varkappa) - \wp_k(\zeta_0, \varkappa)\right] \frac{\partial^2}{\partial \zeta^2} \wp_j(\zeta, \varkappa) - \left[\frac{\partial}{\partial \zeta} \wp_j(\zeta, \varkappa) - \frac{\partial}{\partial \zeta_0} \wp_k(\zeta_0, \varkappa)\right] \frac{\partial}{\partial \zeta} \wp_j(\zeta, \varkappa)}{\left[\wp_j(\zeta, \varkappa) - \wp_k(\zeta_0, \varkappa)\right]^2}.$$

Im mittleren und rechten Teil dieser Differentialbeziehung liegt bereits das gesuchte Additionstheorem zwischen den $\wp$-Funktionen vor. Um es auf eine elegantere Form zu bringen, sollen noch einige zwischen den $\wp$-Funktionen bestehende Differentialbeziehungen entwickelt werden. Zunächst ergibt (204)

$$\left[\frac{\partial}{\partial \zeta} \wp_j(\zeta, \varkappa)\right]^2 = \pi^2 \vartheta_3^4(0, \varkappa) \left[4 \wp_j^3(\zeta, \varkappa) - g_2 \wp_j(\zeta, \varkappa) - g_3\right],$$

$$\left[\frac{\partial}{\partial \zeta_0} \wp_k(\zeta_0, \varkappa)\right]^2 = \pi^2 \vartheta_3^4(0, \varkappa) \left[4 \wp_k^3(\zeta_0, \varkappa) - g_2 \wp_k(\zeta_0, \varkappa) - g_3\right].$$

Aus der oberen Differentialgleichung folgt durch Ableitung nach ζ

$$\frac{\partial^2}{\partial \zeta^2} \wp_j(\zeta, \varkappa) = \pi^2 \vartheta_3^4(0, \varkappa) \left[6 \wp_j^2(\zeta, \varkappa) - \frac{1}{2} g_2\right].$$

Schließlich besteht die Identitätsgleichung

$$\left[\frac{\partial}{\partial \zeta} \wp_j(\zeta, \varkappa) - \frac{\partial}{\partial \zeta_0} \wp_k(\zeta_0, \varkappa)\right] \frac{\partial}{\partial \zeta} \wp_j(\zeta, \varkappa = \frac{1}{2} \left[\frac{\partial}{\partial \zeta} \wp_j(\zeta, \varkappa)\right]^2 - \frac{1}{2} \left[\frac{\partial}{\partial \zeta_0} \wp_k(\zeta_0, \varkappa)\right]^2 + \frac{1}{2} \left[\frac{\partial}{\partial \zeta} \wp_j(\zeta, \varkappa) - \frac{\partial}{\partial \zeta_0} \wp_k(\zeta_0, \varkappa)\right]^2.$$

Werden die vorstehenden vier Differentialbeziehungen in die Ausgangsform für das Additionstheorem der $\wp$-Funktionen eingeführt, so erhält man bei entsprechender Zusammenfassung die Darstellung

$$\wp_i(\zeta + \zeta_0, \varkappa) = -\wp_j(\zeta, \varkappa) - \wp_k(\zeta_0, \varkappa) + \frac{1}{4 \pi^2 \vartheta_3^4(0, \varkappa)} \frac{\left[\frac{\partial}{\partial \zeta} \wp_j(\zeta, \varkappa) - \frac{\partial}{\partial \zeta_0} \wp_k(\zeta_0, \varkappa)\right]^2}{\left[\wp_j(\zeta, \varkappa) - \wp_k(\zeta_0, \varkappa)\right]^2}.$$

In Anwendung auf $i = 1, 2, 3, 4$, $j = 1, 2, 3, 4$, $k = 1, 2, 3, 4$ ergibt sich

$$\left.\begin{aligned}
\wp_1(\zeta + \zeta_0, \varkappa) &= -\wp_{\substack{1\\2\\3\\4}}(\zeta, \varkappa) - \wp_{\substack{1\\2\\3\\4}}(\zeta_0, \varkappa) + \frac{1}{4 \pi^2 \vartheta_3^4(0, \varkappa)} \frac{\left[\frac{\partial}{\partial \zeta} \wp_{\substack{1\\2\\3\\4}}(\zeta, \varkappa) - \frac{\partial}{\partial \zeta_0} \wp_{\substack{1\\2\\3\\4}}(\zeta_0, \varkappa)\right]^2}{\left[\wp_{\substack{1\\2\\3\\4}}(\zeta, \varkappa) - \wp_{\substack{1\\2\\3\\4}}(\zeta_0, \varkappa)\right]^2}, \\
\wp_2(\zeta + \zeta_0, \varkappa) &= -\wp_{\substack{2\\1\\4\\3}}(\zeta, \varkappa) - \wp_{\substack{1\\2\\3\\4}}(\zeta_0, \varkappa) + \frac{1}{4 \pi^2 \vartheta_3^4(0, \varkappa)} \frac{\left[\frac{\partial}{\partial \zeta} \wp_{\substack{2\\1\\4\\3}}(\zeta, \varkappa) - \frac{\partial}{\partial \zeta_0} \wp_{\substack{1\\2\\3\\4}}(\zeta_0, \varkappa)\right]^2}{\left[\wp_{\substack{2\\1\\4\\3}}(\zeta, \varkappa) - \wp_{\substack{1\\2\\3\\4}}(\zeta_0, \varkappa)\right]^2}, \\
\wp_3(\zeta + \zeta_0, \varkappa) &= -\wp_{\substack{3\\4\\1\\2}}(\zeta, \varkappa) - \wp_{\substack{1\\2\\3\\4}}(\zeta_0, \varkappa) + \frac{1}{4 \pi^2 \vartheta_3^4(0, \varkappa)} \frac{\left[\frac{\partial}{\partial \zeta} \wp_{\substack{3\\4\\1\\2}}(\zeta, \varkappa) - \frac{\partial}{\partial \zeta_0} \wp_{\substack{1\\2\\3\\4}}(\zeta_0, \varkappa)\right]^2}{\left[\wp_{\substack{3\\4\\1\\2}}(\zeta, \varkappa) - \wp_{\substack{1\\2\\3\\4}}(\zeta_0, \varkappa)\right]^2}, \\
\wp_4(\zeta + \zeta_0, \varkappa) &= -\wp_{\substack{4\\3\\2\\1}}(\zeta, \varkappa) - \wp_{\substack{1\\2\\3\\4}}(\zeta_0, \varkappa) + \frac{1}{4 \pi^2 \vartheta_3^4(0, \varkappa)} \frac{\left[\frac{\partial}{\partial \zeta} \wp_{\substack{4\\3\\2\\1}}(\zeta, \varkappa) - \frac{\partial}{\partial \zeta_0} \wp_{\substack{1\\2\\3\\4}}(\zeta_0, \varkappa)\right]^2}{\left[\wp_{\substack{4\\3\\2\\1}}(\zeta, \varkappa) - \wp_{\substack{1\\2\\3\\4}}(\zeta_0, \varkappa)\right]^2}.
\end{aligned}\right\} \quad (271)$$

Werden die analogen Betrachtungen für $\vartheta_5(\zeta, \varkappa)$ und $\vartheta_6(\zeta, \varkappa)$ bzw. für $\wp_5(\zeta, \varkappa)$ und $\wp_6(\zeta, \varkappa)$ unter Bezugnahme auf die obere der Gln. (145) angestellt, so folgt

$$\left.\begin{aligned}
\frac{\partial}{\partial \zeta} \ln \vartheta_5(\zeta + \zeta_0, \varkappa) &= \frac{\partial}{\partial \zeta} \ln \vartheta_{\substack{5\\6}}(\zeta, \varkappa) + \frac{\partial}{\partial \zeta_0} \ln \vartheta_{\substack{5\\6}}(\zeta_0, \varkappa) + \frac{1}{2}\, \frac{\dfrac{\partial}{\partial \zeta} \wp_{\substack{5\\6}}(\zeta, \varkappa) - \dfrac{\partial}{\partial \zeta_0} \wp_{\substack{5\\6}}(\zeta_0, \varkappa)}{\wp_{\substack{5\\6}}(\zeta, \varkappa) - \wp_{\substack{5\\6}}(\zeta_0, \varkappa)}, \\
\frac{\partial}{\partial \zeta} \ln \vartheta_6(\zeta + \zeta_0, \varkappa) &= \frac{\partial}{\partial \zeta} \ln \vartheta_{\substack{6\\5}}(\zeta, \varkappa) + \frac{\partial}{\partial \zeta_0} \ln \vartheta_{\substack{5\\6}}(\zeta_0, \varkappa) + \frac{1}{2}\, \frac{\dfrac{\partial}{\partial \zeta} \wp_{\substack{6\\5}}(\zeta, \varkappa) - \dfrac{\partial}{\partial \zeta_0} \wp_{\substack{5\\6}}(\zeta_0, \varkappa)}{\wp_{\substack{6\\5}}(\zeta, \varkappa) - \wp_{\substack{5\\6}}(\zeta_0, \varkappa)}
\end{aligned}\right\} \quad (272)$$

bzw.

$$\left.\begin{aligned}
\wp_5(\zeta + \zeta_0, \varkappa) &= -\wp_{\substack{5\\6}}(\zeta, \varkappa) - \wp_{\substack{5\\6}}(\zeta_0, \varkappa) + \frac{1}{4\pi^2\, \vartheta_3^4(0, \varkappa)}\, \frac{\left[\dfrac{\partial}{\partial \zeta} \wp_{\substack{5\\6}}(\zeta, \varkappa) - \dfrac{\partial}{\partial \zeta_0} \wp_{\substack{5\\6}}(\zeta_0, \varkappa)\right]^2}{\left[\wp_{\substack{5\\6}}(\zeta, \varkappa) - \wp_{\substack{5\\6}}(\zeta_0, \varkappa)\right]^2}, \\
\wp_6(\zeta + \zeta_0, \varkappa) &= -\wp_{\substack{6\\5}}(\zeta, \varkappa) - \wp_{\substack{5\\6}}(\zeta_0, \varkappa) + \frac{1}{4\pi^2\, \vartheta_3^4(0, \varkappa)}\, \frac{\left[\dfrac{\partial}{\partial \zeta} \wp_{\substack{6\\5}}(\zeta, \varkappa) - \dfrac{\partial}{\partial \zeta_0} \wp_{\substack{5\\6}}(\zeta_0, \varkappa)\right]^2}{\left[\wp_{\substack{6\\5}}(\zeta, \varkappa) - \wp_{\substack{5\\6}}(\zeta_0, \varkappa)\right]^2}.
\end{aligned}\right\} \quad (273)$$

Die Additionstheoreme (128) der vier ersten Theta-Funktionen lassen sich mit Hilfe ihrer zweiten logarithmischen Ableitungen noch auf eine durchsichtigere Form bringen, indem auf den rechten Seiten ein Quadrat in ζ und eines in ζ_0 derart vorgezogen wird, daß der verbleibende Faktor die Differenz zweier Quotienten darstellt. Diese können dann nach (187) durch zweite logarithmische Ableitungen und in Verbindung mit (194) durch $\wp$-Funktionen ausgedrückt werden. Wird gleichzeitig (69) berücksichtigt, so folgt, wenn die vorgezogenen Quadrate auf die linken Seiten gebracht werden und durch die in (128) auftretenden Parameterfunktionen gekürzt wird,

$$\left.\begin{aligned}
\frac{\vartheta_1(\zeta + \zeta_0, \varkappa)\, \vartheta_1(\zeta - \zeta_0, \varkappa)}{\vartheta^2_{\substack{1\\2\\3\\4}}(\zeta, \varkappa)\, \vartheta^2_{\substack{1\\2\\3\\4}}(\zeta_0, \varkappa)} &= \substack{-\\+\\-\\+}\, \frac{\vartheta_3^2(0, \varkappa)}{\vartheta_2^2(0, \varkappa)\, \vartheta_4^2(0, \varkappa)} \left[\wp_{\substack{1\\2\\3\\4}}(\zeta, \varkappa) - \wp_{\substack{1\\2\\3\\4}}(\zeta_0, \varkappa)\right], \\
\frac{\vartheta_2(\zeta + \zeta_0, \varkappa)\, \vartheta_2(\zeta - \zeta_0, \varkappa)}{\vartheta^2_{\substack{1\\2\\3\\4}}(\zeta, \varkappa)\, \vartheta^2_{\substack{2\\1\\4\\3}}(\zeta_0, \varkappa)} &= \substack{+\\-\\+\\-}\, \frac{\vartheta_3^2(0, \varkappa)}{\vartheta_2^2(0, \varkappa)\, \vartheta_4^2(0, \varkappa)} \left[\wp_{\substack{1\\2\\3\\4}}(\zeta, \varkappa) - \wp_{\substack{2\\1\\4\\3}}(\zeta_0, \varkappa)\right], \\
\frac{\vartheta_3(\zeta + \zeta_0, \varkappa)\, \vartheta_3(\zeta - \zeta_0, \varkappa)}{\vartheta^2_{\substack{1\\2\\3\\4}}(\zeta, \varkappa)\, \vartheta^2_{\substack{3\\4\\1\\2}}(\zeta_0, \varkappa)} &= \substack{+\\+\\-\\-}\, \frac{\vartheta_3^2(0, \varkappa)}{\vartheta_2^2(0, \varkappa)\, \vartheta_4^2(0, \varkappa)} \left[\wp_{\substack{1\\2\\3\\4}}(\zeta, \varkappa) - \wp_{\substack{3\\4\\1\\2}}(\zeta_0, \varkappa)\right], \\
\frac{\vartheta_4(\zeta + \zeta_0, \varkappa)\, \vartheta_4(\zeta - \zeta_0, \varkappa)}{\vartheta^2_{\substack{1\\2\\3\\4}}(\zeta, \varkappa)\, \vartheta^2_{\substack{4\\3\\2\\1}}(\zeta_0, \varkappa)} &= \substack{+\\+\\-\\-}\, \frac{\vartheta_3^2(0, \varkappa)}{\vartheta_2^2(0, \varkappa)\, \vartheta_4^2(0, \varkappa)} \left[\wp_{\substack{1\\2\\3\\4}}(\zeta, \varkappa) - \wp_{\substack{4\\3\\2\\1}}(\zeta_0, \varkappa)\right].
\end{aligned}\right\} \quad (274)$$

Werden die Gln. (274) sukzessive durcheinander dividiert und hierbei die Gln. (235) beachtet, so erhält man

$$\left.\begin{aligned}
\frac{\vartheta_1(\zeta + \zeta_0, \varkappa)\, \vartheta_1(\zeta - \zeta_0, \varkappa)}{\vartheta_2(\zeta + \zeta_0, \varkappa)\, \vartheta_2(\zeta - \zeta_0, \varkappa)} &= \substack{+\\+\\-\\-}\, \frac{\vartheta_4^2(0, \varkappa)}{\vartheta_3^2(0, \varkappa)}\, \frac{1}{\wp_{\substack{1\\2\\3\\4}}(\zeta, \varkappa) - e_1}\, \frac{\wp_{\substack{1\\2\\3\\4}}(\zeta, \varkappa) - \wp_{\substack{1\\2\\3\\4}}(\zeta_0, \varkappa)}{\wp_{\substack{2\\1\\4\\3}}(\zeta, \varkappa) - \wp_{\substack{1\\2\\3\\4}}(\zeta_0, \varkappa)}, \\
\frac{\vartheta_1(\zeta + \zeta_0, \varkappa)\, \vartheta_1(\zeta - \zeta_0, \varkappa)}{\vartheta_3(\zeta + \zeta_0, \varkappa)\, \vartheta_3(\zeta - \zeta_0, \varkappa)} &= \substack{+\\-\\+\\-}\, \frac{\vartheta_2^2(0, \varkappa)\, \vartheta_4^2(0, \varkappa)}{\vartheta_3^4(0, \varkappa)}\, \frac{1}{\wp_{\substack{1\\2\\3\\4}}(\zeta, \varkappa) - e_2}\, \frac{\wp_{\substack{1\\2\\3\\4}}(\zeta, \varkappa) - \wp_{\substack{1\\2\\3\\4}}(\zeta_0, \varkappa)}{\wp_{\substack{3\\4\\1\\2}}(\zeta, \varkappa) - \wp_{\substack{1\\2\\3\\4}}(\zeta_0, \varkappa)}, \\
\frac{\vartheta_1(\zeta + \zeta_0, \varkappa)\, \vartheta_1(\zeta - \zeta_0, \varkappa)}{\vartheta_4(\zeta + \zeta_0, \varkappa)\, \vartheta_4(\zeta - \zeta_0, \varkappa)} &= \substack{+\\-\\-\\+}\, \frac{\vartheta_2^2(0, \varkappa)}{\vartheta_3^2(0, \varkappa)}\, \frac{1}{\wp_{\substack{1\\2\\3\\4}}(\zeta, \varkappa) - e_3}\, \frac{\wp_{\substack{1\\2\\3\\4}}(\zeta, \varkappa) - \wp_{\substack{1\\2\\3\\4}}(\zeta_0, \varkappa)}{\wp_{\substack{4\\3\\2\\1}}(\zeta, \varkappa) - \wp_{\substack{1\\2\\3\\4}}(\zeta_0, \varkappa)},
\end{aligned}\right\} \quad (275)$$

$$\frac{\vartheta_2(\zeta+\zeta_0,\varkappa)\,\vartheta_2(\zeta-\zeta_0,\varkappa)}{\vartheta_3(\zeta+\zeta_0,\varkappa)\,\vartheta_3(\zeta-\zeta_0,\varkappa)} = \substack{-\\+\\+\\-}\frac{\vartheta_2^2(0,\varkappa)}{\vartheta_3^2(0,\varkappa)}\,\frac{1}{\wp_{\substack{1\\2\\3\\4}}(\zeta,\varkappa)-e_3}\,\frac{\wp_{\substack{1\\2\\3\\4}}(\zeta,\varkappa)-\wp_{\substack{2\\1\\4\\3}}(\zeta_0,\varkappa)}{\wp_{\substack{4\\3\\2\\1}}(\zeta,\varkappa)-\wp_{\substack{2\\1\\4\\3}}(\zeta_0,\varkappa)},$$

$$\frac{\vartheta_2(\zeta+\zeta_0,\varkappa)\,\vartheta_2(\zeta-\zeta_0,\varkappa)}{\vartheta_4(\zeta+\zeta_0,\varkappa)\,\vartheta_4(\zeta-\zeta_0,\varkappa)} = \substack{-\\+\\-\\+}\frac{\vartheta_2^2(0,\varkappa)\,\vartheta_4^2(0,\varkappa)}{\vartheta_3^4(0,\varkappa)}\,\frac{1}{\wp_{\substack{1\\2\\3\\4}}(\zeta,\varkappa)-e_2}\,\frac{\wp_{\substack{1\\2\\3\\4}}(\zeta,\varkappa)-\wp_{\substack{2\\1\\4\\3}}(\zeta_0,\varkappa)}{\wp_{\substack{3\\4\\1\\2}}(\zeta,\varkappa)-\wp_{\substack{2\\1\\4\\3}}(\zeta_0,\varkappa)},$$

$$\frac{\vartheta_3(\zeta+\zeta_0,\varkappa)\,\vartheta_3(\zeta-\zeta_0,\varkappa)}{\vartheta_4(\zeta+\zeta_0,\varkappa)\,\vartheta_4(\zeta-\zeta_0,\varkappa)} = \substack{+\\+\\-\\-}\frac{\vartheta_4^2(0,\varkappa)}{\vartheta_3^2(0,\varkappa)}\,\frac{1}{\wp_{\substack{1\\2\\3\\4}}(\zeta,\varkappa)-e_1}\,\frac{\wp_{\substack{1\\2\\3\\4}}(\zeta,\varkappa)-\wp_{\substack{3\\4\\1\\2}}(\zeta_0,\varkappa)}{\wp_{\substack{2\\1\\4\\3}}(\zeta,\varkappa)-\wp_{\substack{3\\4\\1\\2}}(\zeta_0,\varkappa)}.$$

Durch Quadrieren der Gln. (275) unter Beachtung von (235) folgt

$$\left.\begin{aligned}
&[\wp_2(\zeta+\zeta_0,\varkappa)-e_1]\,[\wp_2(\zeta-\zeta_0,\varkappa)-e_1]\left[\wp_{\substack{1\\2\\3\\4}}(\zeta,\varkappa)-e_1\right]^2 = \left[\frac{\wp_{\substack{1\\2\\3\\4}}(\zeta,\varkappa)-\wp_{\substack{1\\2\\3\\4}}(\zeta_0,\varkappa)}{\wp_{\substack{2\\1\\4\\3}}(\zeta,\varkappa)-\wp_{\substack{1\\2\\3\\4}}(\zeta_0,\varkappa)}\right]^2,\\
&[\wp_3(\zeta+\zeta_0,\varkappa)-e_2]\,[\wp_3(\zeta-\zeta_0,\varkappa)-e_2]\left[\wp_{\substack{1\\2\\3\\4}}(\zeta,\varkappa)-e_2\right]^2 = \left[\frac{\wp_{\substack{1\\2\\3\\4}}(\zeta,\varkappa)-\wp_{\substack{1\\2\\3\\4}}(\zeta_0,\varkappa)}{\wp_{\substack{3\\4\\1\\2}}(\zeta,\varkappa)-\wp_{\substack{1\\2\\3\\4}}(\zeta_0,\varkappa)}\right]^2,\\
&[\wp_4(\zeta+\zeta_0,\varkappa)-e_3]\,[\wp_4(\zeta-\zeta_0,\varkappa)-e_3]\left[\wp_{\substack{1\\2\\3\\4}}(\zeta,\varkappa)-e_3\right]^2 = \left[\frac{\wp_{\substack{1\\2\\3\\4}}(\zeta,\varkappa)-\wp_{\substack{1\\2\\3\\4}}(\zeta_0,\varkappa)}{\wp_{\substack{4\\3\\2\\1}}(\zeta,\varkappa)-\wp_{\substack{1\\2\\3\\4}}(\zeta_0,\varkappa)}\right]^2,\\
&[\wp_3(\zeta+\zeta_0,\varkappa)-e_3]\,[\wp_3(\zeta-\zeta_0,\varkappa)-e_3]\left[\wp_{\substack{1\\2\\3\\4}}(\zeta,\varkappa)-e_3\right]^2 = \left[\frac{\wp_{\substack{1\\2\\3\\4}}(\zeta,\varkappa)-\wp_{\substack{2\\1\\4\\3}}(\zeta_0,\varkappa)}{\wp_{\substack{4\\3\\2\\1}}(\zeta,\varkappa)-\wp_{\substack{2\\1\\4\\3}}(\zeta_0,\varkappa)}\right]^2,\\
&[\wp_4(\zeta+\zeta_0,\varkappa)-e_2]\,[\wp_4(\zeta-\zeta_0,\varkappa)-e_2]\left[\wp_{\substack{1\\2\\3\\4}}(\zeta,\varkappa)-e_2\right]^2 = \left[\frac{\wp_{\substack{1\\2\\3\\4}}(\zeta,\varkappa)-\wp_{\substack{2\\1\\4\\3}}(\zeta_0,\varkappa)}{\wp_{\substack{3\\4\\1\\2}}(\zeta,\varkappa)-\wp_{\substack{2\\1\\4\\3}}(\zeta_0,\varkappa)}\right]^2,\\
&[\wp_4(\zeta+\zeta_0,\varkappa)-e_1]\,[\wp_4(\zeta-\zeta_0,\varkappa)-e_1]\left[\wp_{\substack{1\\2\\3\\4}}(\zeta,\varkappa)-e_1\right]^2 = \left[\frac{\wp_{\substack{1\\2\\3\\4}}(\zeta,\varkappa)-\wp_{\substack{3\\4\\1\\2}}(\zeta_0,\varkappa)}{\wp_{\substack{2\\1\\4\\3}}(\zeta,\varkappa)-\wp_{\substack{3\\4\\1\\2}}(\zeta_0,\varkappa)}\right]^2.
\end{aligned}\right\} \quad (276)$$

Werden die Additionstheoreme (145) der Theta-Funktionen $\vartheta_5(\zeta,\varkappa)$ und $\vartheta_6(\zeta,\varkappa)$ in Verbindung mit (251) einer analogen Umformung unterworfen, so ergibt sich

$$\begin{aligned}
\frac{\vartheta_5(\zeta+\zeta_0,\varkappa)\,\vartheta_5(\zeta-\zeta_0,\varkappa)}{\vartheta^2_{\substack{5\\6}}(\zeta,\varkappa)\,\vartheta^2_{\substack{5\\6}}(\zeta_0,\varkappa)} &= \mp\frac{\wp_{\substack{5\\6}}(\zeta,\varkappa)-\wp_{\substack{5\\6}}(\zeta_0,\varkappa)}{\vartheta_6^2(0,\varkappa)},\\
\frac{\vartheta_6(\zeta+\zeta_0,\varkappa)\,\vartheta_6(\zeta-\zeta_0,\varkappa)}{\vartheta^2_{\substack{5\\6}}(\zeta,\varkappa)\,\vartheta^2_{\substack{6\\5}}(\zeta_0,\varkappa)} &= \pm\frac{\wp_{\substack{5\\6}}(\zeta,\varkappa)-\wp_{\substack{6\\5}}(\zeta_0,\varkappa)}{\vartheta_6^2(0,\varkappa)}.
\end{aligned} \quad (277)$$

Hieraus folgt durch Division unter Beachtung von (251)

$$\frac{\vartheta_5(\zeta+\zeta_0,\varkappa)\,\vartheta_5(\zeta-\zeta_0,\varkappa)}{\vartheta_6(\zeta+\zeta_0,\varkappa)\,\vartheta_6(\zeta-\zeta_0,\varkappa)} = \left[\wp_{\substack{6\\5}}(\zeta,\varkappa)+2e_2\right]\frac{\wp_{\substack{5\\6}}(\zeta,\varkappa)-\wp_{\substack{5\\6}}(\zeta_0,\varkappa)}{\wp_{\substack{6\\5}}(\zeta,\varkappa)-\wp_{\substack{5\\6}}(\zeta_0,\varkappa)} = \frac{1}{\wp_{\substack{5\\6}}(\zeta,\varkappa)+2e_2}\,\frac{\wp_{\substack{5\\6}}(\zeta,\varkappa)-\wp_{\substack{5\\6}}(\zeta_0,\varkappa)}{\wp_{\substack{6\\5}}(\zeta,\varkappa)-\wp_{\substack{5\\6}}(\zeta_0,\varkappa)}. \tag{278}$$

Durch Quadrieren der Gln. (278) in Verbindung mit (251) erhält man

$$\begin{aligned}
&[\wp_5(\zeta+\zeta_0,\varkappa)+2e_2]\,[\wp_5(\zeta-\zeta_0,\varkappa)+2e_2]\left[\wp_{\substack{6\\5}}(\zeta,\varkappa)+2e_2\right]^2 = \left[\frac{\wp_{\substack{6\\5}}(\zeta,\varkappa)-\wp_{\substack{5\\6}}(\zeta_0,\varkappa)}{\wp_{\substack{5\\6}}(\zeta,\varkappa)-\wp_{\substack{5\\6}}(\zeta_0,\varkappa)}\right]^2,\\
&[\wp_6(\zeta+\zeta_0,\varkappa)+2e_2]\,[\wp_6(\zeta-\zeta_0,\varkappa)+2e_2]\left[\wp_{\substack{5\\6}}(\zeta,\varkappa)+2e_2\right]^2 = \left[\frac{\wp_{\substack{5\\6}}(\zeta,\varkappa)-\wp_{\substack{5\\6}}(\zeta_0,\varkappa)}{\wp_{\substack{6\\5}}(\zeta,\varkappa)-\wp_{\substack{5\\6}}(\zeta_0,\varkappa)}\right]^2.
\end{aligned} \tag{279}$$

Kapitel 3

Parameterfunktionen

26. Bezeichnungen

Die Betrachtungen dieses Kapitels sind den Parameterfunktionen $f(\varkappa)$ gewidmet. Es empfiehlt sich dabei, gleichzeitig die entsprechenden Funktionen $f(1/\varkappa)$ zu betrachten und die bestehenden Transformationsgleichungen anzugeben.

Da es sich bei den Parameterfunktionen um Funktionen von nur einer Veränderlichen handelt, kann die Funktionsbezeichnung meist fortgelassen und

$$f(\varkappa) = f$$

gesetzt werden. Für die entsprechenden Funktionen des reziproken Parameters ist es üblich

$$f\left(\frac{1}{\varkappa}\right) = f'$$

einzuführen und damit die Schreibweise zu vereinfachen.

27. Die Funktionen k und k'

Als Modul k der Theta-Funktionen und elliptischen Funktionen wird die Quotientenfunktion

$$k = \frac{\vartheta_2^2(0,\varkappa)}{\vartheta_3^2(0,\varkappa)}, \quad \sqrt{k} = \frac{\vartheta_2(0,\varkappa)}{\vartheta_3(0,\varkappa)}, \quad k^2 = \frac{\vartheta_2^4(0,\varkappa)}{\vartheta_3^4(0,\varkappa)} \tag{280}$$

bezeichnet. Da in Verbindung mit (67)

$$\frac{\vartheta_2^2\left(0,\frac{1}{\varkappa}\right)}{\vartheta_3^2\left(0,\frac{1}{\varkappa}\right)} = \frac{\vartheta_4^2(0,\varkappa)}{\vartheta_3^2(0,\varkappa)}$$

wird, erhält man für den sogenannten konjugierten Modul k'

$$k' = \frac{\vartheta_4^2(0,\varkappa)}{\vartheta_3^2(0,\varkappa)}, \quad \sqrt{k'} = \frac{\vartheta_4(0,\varkappa)}{\vartheta_3(0,\varkappa)}, \quad k'^2 = \frac{\vartheta_4^4(0,\varkappa)}{\vartheta_3^4(0,\varkappa)}. \tag{281}$$

Der Verlauf der sechs durch (280) und (281) dargestellten Parameterfunktionen ist aus Abb. 40 ersichtlich.

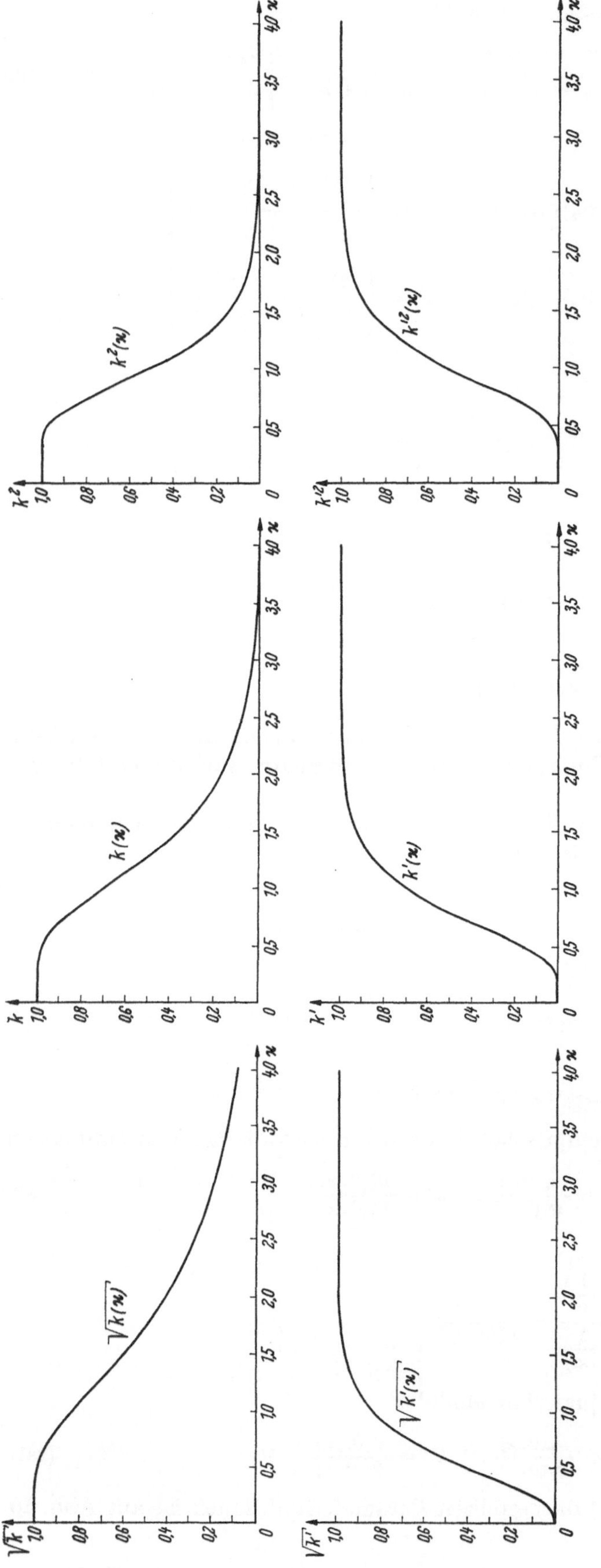

Abb. 40

Aus den Gln. (93), (104) und (107) folgt

$$\left.\begin{aligned} \vartheta_{\frac{2}{3}}^2(0, 2\varkappa) &= \tfrac{1}{2}[\vartheta_3^2(0,\varkappa) \mp \vartheta_4^2(0,\varkappa)], \\ \vartheta_4^2(0, 2\varkappa) &= \vartheta_3(0,\varkappa)\,\vartheta_4(0,\varkappa) \end{aligned}\right\} \tag{282}$$

und

$$\left.\begin{aligned} \vartheta_{\frac{3}{4}}^2\left(0, \frac{\varkappa}{2}\right) &= \vartheta_3^2(0,\varkappa) \pm \vartheta_2^2(0,\varkappa), \\ \vartheta_2^2\left(0, \frac{\varkappa}{2}\right) &= 2\,\vartheta_2(0,\varkappa)\,\vartheta_3(0,\varkappa) \end{aligned}\right\} \tag{283}$$

und bei Einführung dieser Gleichungen in (280) und (281)

$$\left.\begin{aligned} k(2\varkappa) &= \frac{1-k'}{1+k'}, \\ k'(2\varkappa) &= \frac{2\sqrt{k'}}{1+k'}, \\ k\left(\frac{\varkappa}{2}\right) &= \frac{2\sqrt{k}}{1+k}, \\ k'\left(\frac{\varkappa}{2}\right) &= \frac{1-k}{1+k}; \\ 1 + k(2\varkappa) &= \frac{2}{1+k'}, \\ 1 - k(2\varkappa) &= \frac{2k'}{1+k'}, \\ \frac{1+k(2\varkappa)}{k(2\varkappa)} &= \frac{2}{1-k'}, \\ \frac{1-k(2\varkappa)}{k(2\varkappa)} &= \frac{2k'}{1-k'}; \\ 1 + k'\left(\frac{\varkappa}{2}\right) &= \frac{2}{1+k}, \\ 1 - k'\left(\frac{\varkappa}{2}\right) &= \frac{2k}{1+k}, \\ \frac{1+k'\left(\frac{\varkappa}{2}\right)}{k'\left(\frac{\varkappa}{2}\right)} &= \frac{2}{1-k}, \\ \frac{1-k'\left(\frac{\varkappa}{2}\right)}{k'\left(\frac{\varkappa}{2}\right)} &= \frac{2k}{1-k}. \end{aligned}\right\} \tag{284}$$

Die Parameterbeziehung (116) lautet nunmehr

$$k^2 + k'^2 = 1. \tag{285}$$

28. Die Funktionen *K* und *K'*

Die Parameterfunktion

$$K = \frac{\pi}{2}\,\vartheta_3^2(0,\varkappa) \tag{286}$$

stellt, wie in Kapitel 4 erläutert werden wird, die Viertelperiodenlänge der JACOBIschen elliptischen Funktionen für reelle Argumentwerte dar, während die zugehörige konjugierte Funktion

$$K' = \frac{\pi}{2}\,\vartheta_3^2\left(0, \frac{1}{\varkappa}\right) = \varkappa\,\frac{\pi}{2}\,\vartheta_3^2(0, \varkappa) = \varkappa\,K \tag{287}$$

die entsprechende Periodenlänge für imaginäre Argumentwerte beschreibt. Demgemäß ist

$$\varkappa = \frac{K'}{K} \tag{288}$$

das Periodenverhältnis der JACOBIschen elliptischen Funktionen.

Da $\vartheta_3(0, \varkappa)$ nach Abb. 19 eine monoton fallende Funktion darstellt, muß $K(\varkappa)$ ebenfalls monoton fallen, $K'(\varkappa)$ dagegen monoton steigen, vgl. Abb. 41.

K und K' können auch als Funktionen von k und k' betrachtet werden, wodurch der eindeutige Funktionscharakter nicht beeinträchtigt wird, da nach Abb. 40 auch k und k' monoton verlaufende Funktionen sind. Abb. 41 zeigt K und K' auch in Abhängigkeit von $k = \sqrt{1 - k'^2}$.

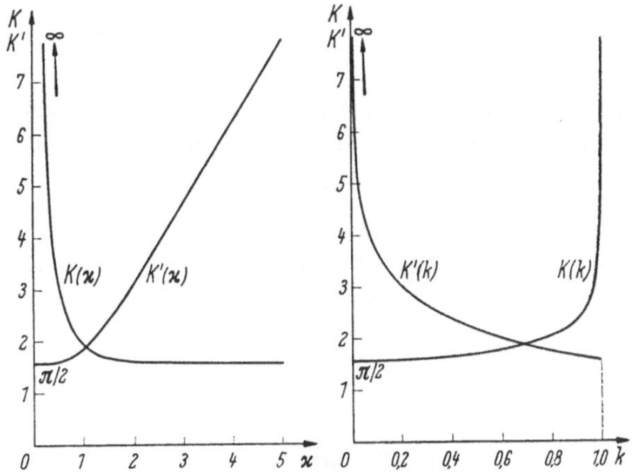

Abb. 41

Nach LEGENDRE läßt sich K auch als bestimmtes Integral darstellen. Werden in der dritten der Gln. (217) die aus der dritten Gruppe der Gln. (108) folgenden Beziehungen

$$\frac{\vartheta_2^2(\zeta, \varkappa)}{\vartheta_4^2(\zeta, \varkappa)} = \frac{\vartheta_2^2(0, \varkappa)}{\vartheta_4^2(0, \varkappa)} - \frac{\vartheta_3^2(0, \varkappa)}{\vartheta_4^2(0, \varkappa)}\,\frac{\vartheta_1^2(\zeta, \varkappa)}{\vartheta_4^2(\zeta, \varkappa)},$$

$$\frac{\vartheta_3^2(\zeta, \varkappa)}{\vartheta_4^2(\zeta, \varkappa)} = \frac{\vartheta_3^2(0, \varkappa)}{\vartheta_4^2(0, \varkappa)} - \frac{\vartheta_2^2(0, \varkappa)}{\vartheta_4^2(0, \varkappa)}\,\frac{\vartheta_1^2(\zeta, \varkappa)}{\vartheta_4^2(\zeta, \varkappa)}$$

zusammen mit (280) und (286) berücksichtigt, so folgt

$$\frac{\partial}{\partial \zeta}\left(\frac{\vartheta_1(\zeta, \varkappa)}{\vartheta_4(\zeta, \varkappa)}\right) = 2K\sqrt{\left[1 - k\left(\frac{\vartheta_1(\zeta, \varkappa)}{\vartheta_4(\zeta, \varkappa)}\right)^2\right]\left[k - \left(\frac{\vartheta_1(\zeta, \varkappa)}{\vartheta_4(\zeta, \varkappa)}\right)^2\right]}$$

oder, wenn

$$\frac{\vartheta_1(\zeta, \varkappa)}{\vartheta_4(\zeta, \varkappa)} = \sqrt{k}\sin\varphi, \qquad \frac{\partial}{\partial \zeta}\left(\frac{\vartheta_1(\zeta, \varkappa)}{\vartheta_4(\zeta, \varkappa)}\right) = \sqrt{k}\cos\varphi\,\frac{d\varphi}{d\zeta}$$

gesetzt wird,

$$\frac{d\varphi}{d\zeta} = 2K\sqrt{1 - k^2\sin^2\varphi} \quad \text{bzw.} \quad 2K\,d\zeta = \frac{d\varphi}{\sqrt{1 - k^2\sin^2\varphi}}.$$

Diese Differentialgleichung muß, um K zu erhalten, zwischen $\zeta = 0$ und $\zeta = \frac{1}{2}$ integriert werden. Dem Wert $\zeta = 0$ entspricht, wie man sofort erkennt, der Wert $\varphi = 0$. Für $\zeta = \frac{1}{2}$ ergibt sich in Verbindung mit (280)

$$\frac{\vartheta_1(\frac{1}{2}, \varkappa)}{\vartheta_4(\frac{1}{2}, \varkappa)} = \frac{\vartheta_2(0, \varkappa)}{\vartheta_3(0, \varkappa)} = \sqrt{k} \quad \text{und damit} \quad \varphi = \frac{\pi}{2}.$$

Es folgt daher als Integraldarstellung für K und K'

$$K = \int_0^{\pi/2} \frac{d\varphi}{\sqrt{1 - k^2\sin^2\varphi}}, \qquad K' = \int_0^{\pi/2} \frac{d\varphi}{\sqrt{1 - k'^2\sin^2\varphi}}. \tag{289}$$

29. Hypergeometrische Reihenentwicklungen für **K** und **K'**

Mit Hilfe von (289) läßt sich beweisen, daß K und K' ein und derselben hypergeometrischen Differentialgleichung genügen.

Nach (289) lauten die beiden ersten Ableitungen von K nach k^2

$$\frac{dK}{dk^2} = \frac{1}{2}\int_0^{\pi/2} \frac{\sin^2\varphi\,d\varphi}{(1 - k^2\sin^2\varphi)^{3/2}}, \qquad \frac{d^2K}{d(k^2)^2} = \frac{3}{4}\int_0^{\pi/2} \frac{\sin^4\varphi\,d\varphi}{(1 - k^2\sin^2\varphi)^{5/2}}. \tag{290}$$

Andererseits erhält man durch partielle Integration

$$\frac{dK}{dk^2} = -\left.\frac{\frac{1}{2}\sin\varphi\cos\varphi}{(1-k^2\sin^2\varphi)^{3/2}}\right|_0^{\pi/2} + \frac{1}{2}\int_0^{\pi/2}\cos\varphi\,\frac{d}{d\varphi}\,\frac{\sin\varphi}{(1-k^2\sin^2\varphi)^{3/2}}\,d\varphi = \frac{1}{2}\int_0^{\pi/2}\frac{1-(1-2k^2)\sin^2\varphi-2k^2\sin^4\varphi}{(1-k^2\sin^2\varphi)^{5/2}}\,d\varphi. \quad (291)$$

Die Gleichsetzung der beiden für die ersten Ableitungen gefundenen Ausdrücke liefert

$$\int_0^{\pi/2}\frac{1-2(1-k^2)\sin^2\varphi-k^2\sin^4\varphi}{(1-k^2\sin^2\varphi)^{5/2}}\,d\varphi = 0. \quad (292)$$

Werden die Integranden in (289) und (290) auf den Nenner $(1-k^2\sin^2\varphi)^{5/2}$ gebracht, so lassen sich in dem Differentialausdruck

$$K + \alpha\frac{dK}{dk^2} + \beta\frac{d^2K}{d(k^2)^2}$$

die Koeffizienten α und β so bestimmen, daß der Integrand von (292) entsteht und damit das Integral verschwindet. Das Ergebnis lautet

$$4k^2(1-k^2)\frac{d^2K}{d(k^2)^2} + 4(1-2k^2)\frac{dK}{dk^2} - K = 0. \quad (293)$$

Durch Vertauschen von k mit k' und K mit K' ergibt sich die analoge Differentialgleichung für K'. In dieser können wegen (285) Ableitungen nach k'^2 durch solche nach k^2 ersetzt werden. Wird ferner k'^2 mit $1-k^2$ vertauscht, so folgt

$$4k^2(1-k^2)\frac{d^2K'}{d(k^2)^2} + 4(1-2k^2)\frac{dK'}{dk^2} - K' = 0, \quad (294)$$

d. h. K und K' genügen der gleichen Differentialgleichung. Diese lautet für $k^2 = x$

$$4x(1-x)\frac{d^2y}{dx^2} + 4(1-2x)\frac{dy}{dx} - y = 0 \quad (295)$$

mit $y = K$ bzw. $y = K'$ als Partikularintegralen. Sie stellt einen Sonderfall der hypergeometrischen Differentialgleichung

$$4x(1-x)\frac{d^2y}{dx^2} + 4(\gamma-(\alpha+\beta+1)\,x)\frac{dy}{dx} - 4\alpha\beta y = 0 \quad (296)$$

mit der für $|x| < 1$ gleichmäßig konvergenten Lösung

$$y = c_1\sum_0^\infty{}_n\frac{(\alpha+n-1)!\,(\beta+n-1)!\,(\gamma-1)!}{(\alpha-1)!\,(\beta-1)!\,(\gamma+n-1)!\,n!}x^n + c_2\sum_0^\infty{}_n\frac{(\alpha+n-1)!\,(\beta+n-1)!\,(\alpha+\beta-\gamma)!}{(\alpha-1)!\,(\beta-1)!\,(\alpha+\beta-\gamma+n)!\,n!}(1-x)^n \quad (297)$$

dar.

Der Koeffizientenvergleich zwischen (295) und (296) liefert

$$\alpha = \tfrac{1}{2}, \quad \beta = \tfrac{1}{2}, \quad \gamma = 1 \quad (298)$$

und es ergibt sich für

$$x = k^2, \quad 1 - x = k'^2,$$

$$K = c_1\sum_0^\infty{}_n\left[\frac{(n-\frac{1}{2})!}{(-\frac{1}{2})!\,n!}\right]^2 k^{2n} + c_2\sum_0^\infty{}_n\left[\frac{(n-\frac{1}{2})!}{(-\frac{1}{2})!\,n!}\right]^2 k'^{2n},$$

$$K' = c_1'\sum_0^\infty{}_n\left[\frac{(n-\frac{1}{2})!}{(-\frac{1}{2})!\,n!}\right]^2 k^{2n} + c_2'\sum_0^\infty{}_n\left[\frac{(n-\frac{1}{2})!}{(-\frac{1}{2})!\,n!}\right]^2 k'^{2n}.$$

Nach Abb. 41 nimmt K für $k = 0$ bzw. $k' = 1$ den endlichen Wert $\pi/2$ an. Demgemäß muß $c_2 = 0$ und $c_1 = \pi/2$ sein. Für K' ist umgekehrt $c_1' = 0$ und $c_2' = \pi/2$. Die hypergeometrischen Entwicklungen lauten daher

$$\left.\begin{aligned} K &= \frac{\pi}{2}\sum_0^\infty{}_n\left[\frac{(n-\frac{1}{2})!}{(-\frac{1}{2})!\,n!}\right]^2 k^{2n} = \frac{\pi}{2}\left[1+\frac{1}{4}k^2+\frac{9}{64}k^4+\frac{25}{256}k^6+\cdots\right],\\ K' &= \frac{\pi}{2}\sum_0^\infty{}_n\left[\frac{(n-\frac{1}{2})!}{(-\frac{1}{2})!\,n!}\right]^2 k'^{2n} = \frac{\pi}{2}\left[1+\frac{1}{4}k'^2+\frac{9}{64}k'^4+\frac{25}{256}k'^6+\cdots\right]. \end{aligned}\right\} \quad (299)$$

30. Die Funktionen E und E'. Legendresche Relation

Die Parameterfunktionen E und E' werden durch die Gleichungen

$$E = -\frac{1}{4K}\,\frac{\vartheta_2''(0,\varkappa)}{\vartheta_2(0,\varkappa)}, \qquad E' = -\frac{1}{4K'}\,\frac{\vartheta_2''\left(0,\frac{1}{\varkappa}\right)}{\vartheta_2\left(0,\frac{1}{\varkappa}\right)} \tag{300}$$

definiert. Ähnlich wie zwischen K und K' besteht auch zwischen E und E' eine fundamentale Beziehung, welche als LEGENDREsche Relation bezeichnet wird. Zu ihrer Darstellung möge zunächst die dritte der Gln. (74) durch die dritte der Gln. (67) dividiert werden. Dies ergibt, wenn gleichzeitig (288) beachtet wird,

$$\frac{\vartheta_4''(0,\varkappa)}{\vartheta_4(0,\varkappa)} = -2\pi\frac{K}{K'} - \frac{K^2}{K'^2}\,\frac{\vartheta_2''\left(0,\frac{1}{\varkappa}\right)}{\vartheta_2\left(0,\frac{1}{\varkappa}\right)} = -2\pi\frac{K}{K'} + 4K^2\frac{E'}{K'}. \tag{301}$$

Andererseits folgt, wenn $e_3 - e_1$ nach (205) gebildet und gemäß (201) gleich -1 gesetzt wird, unter Beachtung von (286)

$$\frac{\vartheta_4''(0,\varkappa)}{\vartheta_4(0,\varkappa)} = \frac{\vartheta_2''(0,\varkappa)}{\vartheta_2(0,\varkappa)} + 4K^2 = -4KE + 4K^2 = 4K(K-E). \tag{302}$$

Aus (301) und (302) erhält man

$$-2\pi\frac{K}{K'} + 4K^2\frac{E'}{K'} = 4K(K-E)$$

oder umgeformt

$$KE' + K'(E-K) = \frac{\pi}{2} \quad \text{bzw.} \quad K'E + K(E'-K') = \frac{\pi}{2} \quad \text{(LEGENDREsche Relation)}. \tag{303}$$

Die Auflösung von (303) nach E' und E ergibt

$$E' = \frac{\pi}{2K} + \frac{K}{K'}(K-E) \quad \text{bzw.} \quad E = \frac{\pi}{2K'} + \frac{K}{K'}(K'-E'). \tag{304}$$

Für die Parameterfunktion E besteht ebenfalls eine Integraldarstellung, zu welcher man über die erste Gleichung der vierten Gruppe der Gln. (187) gelangt. Diese lautet in Verbindung mit (300)

$$\frac{\partial^2 \ln\vartheta_4(\zeta,\varkappa)}{\partial\zeta^2} = -4KE + 4K^2\,\frac{\vartheta_4^2(0,\varkappa)}{\vartheta_3^2(0,\varkappa)}\,\frac{\vartheta_3^2(\zeta,\varkappa)}{\vartheta_4^2(\zeta,\varkappa)}$$

und bei Beachtung der linken dritten Gruppe der Gln. (219) sowie von (286)

$$\frac{\partial^2 \ln\vartheta_4(\zeta,\varkappa)}{\partial\zeta^2} = -4KE + 4K^2\left[1 - k\,\frac{\vartheta_1^2(\zeta,\varkappa)}{\vartheta_4^2(\zeta,\varkappa)}\right].$$

Wird diese Gleichung nach ζ zwischen $\zeta = 0$ und $\zeta = \frac{1}{2}$ integriert, so verschwindet die linke Seite, da nach der vierten der Gln. (173) $\frac{\partial}{\partial\zeta}\ln\vartheta_4(\zeta,\varkappa)$ sowohl für $\zeta = 0$ als auch für $\zeta = \frac{1}{2}$ den Wert Null annimmt. Es folgt daher, wenn mit $2K$ gekürzt wird,

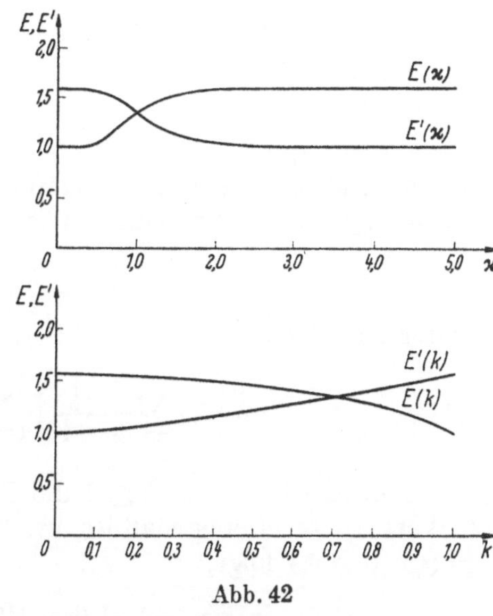

Abb. 42

$$0 = -E + 2K\int_0^{\frac{1}{2}}\left[1 - k\,\frac{\vartheta_1^2(\zeta,\varkappa)}{\vartheta_4^2(\zeta,\varkappa)}\right]d\zeta.$$

Mit der gleichen Substitution wie bei der Integraldarstellung für K, nämlich

$$\frac{\vartheta_1(\zeta,\varkappa)}{\vartheta_4(\zeta,\varkappa)} = \sqrt{k}\sin\varphi, \qquad 2K\,d\zeta = \frac{d\varphi}{\sqrt{1-k^2\sin^2\varphi}}$$

gelangt man für E und E' zu den Integraldarstellungen

$$E = \int_0^{\pi/2} \sqrt{1 - k^2 \sin^2\varphi}\, d\varphi, \quad E' = \int_0^{\pi/2} \sqrt{1 - k'^2 \sin^2\varphi}\, d\varphi. \tag{305}$$

Der Verlauf von E und E' in Abhängigkeit von $\varkappa$ und $k = \sqrt{1 - k'^2}$ ist aus den Abb. 42 ersichtlich.

31. Hypergeometrische Reihenentwicklung für E

Aus (305) folgt für die beiden ersten Ableitungen von E nach k^2

$$\frac{dE}{dk^2} = -\frac{1}{2}\int_0^{\pi/2} \frac{\sin^2\varphi\, d\varphi}{\sqrt{1 - k^2\sin^2\varphi}}, \quad \frac{d^2E}{d(k^2)^2} = -\frac{1}{4}\int_0^{\pi/2} \frac{\sin^4\varphi\, d\varphi}{(1 - k^2\sin^2\varphi)^{3/2}}. \tag{306}$$

Andererseits erhält man durch partielle Integration

$$\frac{dE}{dk^2} = \left.\frac{\frac{1}{2}\sin\varphi\cos\varphi}{\sqrt{1 - k^2\sin^2\varphi}}\right|_0^{\pi/2} - \frac{1}{2}\int_0^{\pi/2} \cos\varphi \frac{d}{d\varphi}\frac{\sin\varphi}{\sqrt{1 - k^2\sin^2\varphi}}\, d\varphi = -\frac{1}{2}\int_0^{\pi/2} \frac{\cos^2\varphi\, d\varphi}{(1 - k^2\sin^2\varphi)^{3/2}}. \tag{307}$$

Die Gleichsetzung der beiden für die ersten Ableitungen entwickelten Ausdrücke liefert

$$\int_0^{\pi/2} \frac{1 - 2\sin^2\varphi + k^2\sin^4\varphi}{(1 - k^2\sin^2\varphi)^{3/2}}\, d\varphi = 0. \tag{308}$$

Nach dem gleichen Verfahren wie für K in Abschnitt 29 läßt sich für E aus (305) bis (308) die Differentialgleichung

$$4k^2(1 - k^2)\frac{d^2E}{d(k^2)^2} + 4(1 - k^2)\frac{dE}{dk^2} + E = 0 \tag{309}$$

herleiten, die eine hypergeometrische Differentialgleichung mit den Koeffizienten

$$\alpha = \tfrac{1}{2}, \quad \beta = -\tfrac{1}{2}, \quad \gamma = 1 \tag{310}$$

darstellt und daher die allgemeine Lösung

$$E = \bar{c}_1 \sum_0^\infty{}_n \frac{(n - \frac{1}{2})!\,(n - \frac{3}{2})!}{(-\frac{1}{2})!\,(-\frac{3}{2})!\,n!\,n!} k^{2n} + \bar{c}_2 \sum_0^\infty{}_n \frac{(n - \frac{1}{2})!\,(n - \frac{3}{2})!\,(-1)!}{(-\frac{1}{2})!\,(-\frac{3}{2})!\,(n-1)!\,n!} k'^{2n}$$

besitzt. Da $(-1)!$ über alle Grenzen wächst, ist das zweite Partikularintegral nur brauchbar, wenn gemäß

$$\bar{c}_1 = c_1, \quad \bar{c}_2 = \frac{c_2}{(-1)!}$$

neue Integrationskonstanten eingeführt werden. In der zweiten Summe verschwindet dann das zu $n = 0$ gehörige erste Glied. Wird noch in der ersten bzw. zweiten Summe mit

$$-\frac{1}{2}\left(n - \frac{1}{2}\right) \quad \text{bzw.} \quad -\frac{n}{2}\left(n - \frac{1}{2}\right)$$

erweitert, so folgt

$$E = c_1 \sum_0^\infty{}_n \frac{-\frac{1}{2}}{n - \frac{1}{2}} \left[\frac{(n - \frac{1}{2})!}{(-\frac{1}{2})!\,n!}\right]^2 k^{2n} + c_2 \sum_1^\infty{}_n \frac{-\frac{n}{2}}{n - \frac{1}{2}} \left[\frac{(n - \frac{1}{2})!}{(-\frac{1}{2})!\,n!}\right]^2 k'^{2n}.$$

Nach Abb. 42 ist für $0 \leq k \leq 1$ die Parameterfunktion E überall definiert, für $k = 0$ nimmt sie den Wert $\pi/2$ an. Demgemäß ist, wie bei der hypergeometrischen Entwicklung für K, $c_2 = 0$ und $c_1 = \pi/2$ und es folgt,

$$\begin{aligned} E &= \frac{\pi}{2}\sum_0^\infty{}_n \frac{-\frac{1}{2}}{n - \frac{1}{2}} \left[\frac{(n - \frac{1}{2})!}{(-\frac{1}{2})!\,n!}\right]^2 k^{2n} = \frac{\pi}{2}\left[1 - \frac{1}{4}k^2 - \frac{3}{64}k^4 - \frac{5}{256}k^6 - \cdots\right], \\ E' &= \frac{\pi}{2}\sum_0^\infty{}_n \frac{-\frac{1}{2}}{n - \frac{1}{2}} \left[\frac{(n - \frac{1}{2})!}{(-\frac{1}{2})!\,n!}\right]^2 k'^{2n} = \frac{\pi}{2}\left[1 - \frac{1}{4}k'^2 - \frac{3}{64}k'^4 - \frac{5}{256}k'^6 - \cdots\right]. \end{aligned} \tag{311}$$

32. Darstellung bestimmter Integrale durch E und K

Die Verbindung der Ausgangsintegrale (289) und (305)

$$\int_0^{\pi/2} \sqrt{1-k^2\sin^2\varphi}\,d\varphi = E, \qquad \int_0^{\pi/2} \frac{d\varphi}{\sqrt{1-k^2\sin^2\varphi}} = K \tag{312}$$

liefert

$$\int_0^{\pi/2} \frac{\sin^2\varphi\,d\varphi}{\sqrt{1-k^2\sin^2\varphi}} = \frac{K-E}{k^2}, \qquad \int_0^{\pi/2} \frac{\cos^2\varphi\,d\varphi}{\sqrt{1-k^2\sin^2\varphi}} = \frac{E-k'^2K}{k^2}. \tag{313}$$

Werden das rechte Integral von (312) und das linke von (313) mit $(1-k^2\sin^2\varphi)$ im Integranden erweitert und mit zwei Koeffizienten α bzw. β multipliziert, so lassen sich diese so bestimmen, daß die Gl. (308) erfüllt wird. Durch Aufspaltung des Integrals ergibt sich dann

$$\int_0^{\pi/2} \frac{d\varphi}{(1-k^2\sin^2\varphi)^{3/2}} = \frac{E}{k'^2}. \tag{314}$$

Wird das rechte der Integrale (312) mit $(1-k^2\sin^2\varphi)$ erweitert, so erhält man bei Berücksichtigung von (314)

$$\int_0^{\pi/2} \frac{\sin^2\varphi\,d\varphi}{(1-k^2\sin^2\varphi)^{3/2}} = \frac{E-k'^2K}{k^2k'^2}, \qquad \int_0^{\pi/2} \frac{\cos^2\varphi\,d\varphi}{(1-k^2\sin^2\varphi)^{3/2}} = \frac{K-E}{k^2}. \tag{315}$$

Werden die Integrale (313) mit $(1-k^2\sin^2\varphi)$ erweitert, so folgt in Verbindung mit (313) und (315)

$$\left.\begin{aligned}
&\int_0^{\pi/2} \frac{\sin^4\varphi\,d\varphi}{(1-k^2\sin^2\varphi)^{3/2}} = \frac{E(1+k'^2)-2Kk'^2}{k^4k'^2},\\
&\int_0^{\pi/2} \frac{\sin^2\varphi\cos^2\varphi\,d\varphi}{(1-k^2\sin^2\varphi)^{3/2}} = \frac{-2E+K(1+k'^2)}{k^4} = \frac{1}{k^2}\int_0^{\pi/2} \frac{\sin^2\varphi-\cos^2\varphi}{\sqrt{1-k^2\sin^2\varphi}}\,d\varphi,\\
&\int_0^{\pi/2} \frac{\cos^4\varphi\,d\varphi}{(1-k^2\sin^2\varphi)^{3/2}} = \frac{E(1+k'^2)-2Kk'^2}{k^4}.
\end{aligned}\right\} \tag{316}$$

Werden das Integral (314) und das linke der Integrale (315) mit $(1-k^2\sin^2\varphi)$ erweitert und mit zwei derart gewählten Koeffizienten α und β multipliziert, so daß die Gl. (292) befriedigt wird, so ergibt sich durch Aufspaltung des Integrals

$$\int_0^{\pi/2} \frac{d\varphi}{(1-k^2\sin^2\varphi)^{5/2}} = \frac{2E(1+k'^2)-Kk'^2}{3k'^4}. \tag{317}$$

Wird ferner das Integral (314) mit $(1-k^2\sin^2\varphi)$ erweitert, so erhält man bei Beachtung von (317)

$$\int_0^{\pi/2} \frac{\sin^2\varphi\,d\varphi}{(1-k^2\sin^2\varphi)^{5/2}} = \frac{E(2-k'^2)-Kk'^2}{3k^2k'^4}, \qquad \int_0^{\pi/2} \frac{\cos^2\varphi\,d\varphi}{(1-k^2\sin^2\varphi)^{5/2}} = \frac{E(1-2k'^2)+Kk'^2}{3k^2k'^2}. \tag{318}$$

Werden die Gln. (315) mit $(1-k^2\sin^2\varphi)$ erweitert, so folgt in Verbindung mit (317) und (318)

$$\begin{aligned}
&\int_0^{\pi/2} \frac{\sin^4\varphi\,d\varphi}{(1-k^2\sin^2\varphi)^{5/2}} = \frac{2E(1-2k'^2)-Kk'^2(1-3k'^2)}{3k^4k'^4}, \qquad \int_0^{\pi/2} \frac{\sin^2\varphi\cos^2\varphi\,d\varphi}{(1-k^2\sin^2\varphi)^{5/2}} = \frac{E(1+k'^2)-2Kk'^2}{3k^4k'^2},\\
&\int_0^{\pi/2} \frac{\cos^4\varphi\,d\varphi}{(1-k^2\sin^2\varphi)^{5/2}} = \frac{-2E(2-k'^2)+K(3-k'^2)}{3k^4}.
\end{aligned} \tag{319}$$

Durch Fortführung der angedeuteten Darstellungswege gelangt man zu zahlreichen weiteren bestimmten Integralen. Von diesen sollen noch in Ergänzung von (319) die beiden Integrale für $\sin^6\varphi$ und $\cos^6\varphi$ angegeben werden:

$$\int_0^{\pi/2} \frac{\sin^6\varphi\, d\varphi}{(1-k^2\sin^2\varphi)^{5/2}} = \frac{E(2-7k'^2-3k'^4)-K\,k'^2(1-9k'^2)}{3k^6\,k'^4},$$
$$\int_0^{\pi/2} \frac{\cos^6\varphi\, d\varphi}{(1-k^2\sin^2\varphi)^{5/2}} = \frac{E(3+7k'^2-2k'^4)-K\,k'^2(9-k'^2)}{3k^6}. \quad (320)$$

33. Ableitungen linearer Funktionen von E und K

Aus (306) und der linken der Gln. (313) sowie aus (290) und der linken der Gln. (315) folgt für die Ableitungen von E und K

$$\frac{dE}{dk^2} = \frac{E-K}{2k^2}, \quad \frac{dK}{dk^2} = \frac{E-k'^2 K}{2k^2\,k'^2} = \frac{E-(1-k^2)\,K}{2k^2(1-k^2)}. \quad (321)$$

Durch sukzessive Ableitung der Gln. (321) und Darstellung der ersten Ableitungen gemäß (321) lassen sich sämtliche Ableitungen von E und K nach k^2 linear durch E und K ausdrücken.

Aus (321) ergibt sich durch Differenzenbildung

$$\frac{d}{dk^2}(E-K) = -\frac{E}{2(1-k^2)} = -\frac{E}{2k'^2}. \quad (322)$$

Wird die linke der Gln. (313) nach k^2 abgeleitet, so geht das Integral in das halbe Integral von (316)[1] über, und man erhält

$$\frac{d}{dk^2}\,\frac{E-K}{k^2} = \frac{-E(1+k'^2)+2K\,k'^2}{2k^4\,k'^2}. \quad (323)$$

Die Ableitung der rechten der Gln. (313) liefert in Verbindung mit der mittleren der Gln. (316)

$$\frac{d}{dk^2}\,\frac{E-k'^2 K}{k^2} = \frac{-2E+K(1+k'^2)}{2k^4}, \quad \frac{d}{dk^2}(E-k'^2 K) = \frac{K}{2}. \quad (324)$$

Hiermit ergibt sich bei Beachtung von (321)

$$\frac{d}{dk^2}(2E-k'^2K) = \frac{E-k'^2K}{2k^2}, \quad \frac{d}{dk^2}(2E-(1+k'^2)\,K) = -\frac{E-k'^2K}{2k'^2},$$
$$\frac{d}{dk^2}((1+k^2)\,E-k'^2K) = \frac{3}{2}E, \quad \frac{d}{dk^2}\,\frac{E-K}{k'^2} = \frac{E-2K}{2k'^4}. \quad (325)$$

Aus (321) folgt unmittelbar

$$\frac{d}{dk^2}(E\,k^2) = \frac{3}{2}E - \frac{1}{2}K, \quad \frac{d}{dk^2}\,\frac{E}{k^2} = -\frac{E+K}{2k^4}, \quad \frac{d}{dk^2}\,\frac{E}{k'^2} = \frac{E(1+k^2)-K\,k'^2}{2k^2\,k'^4},$$
$$\frac{d}{dk^2}(K\,k^2) = \frac{E+k'^2K}{2k'^2}, \quad \frac{d}{dk^2}(K\,k'^2) = \frac{E-K(1+k^2)}{2k^2}. \quad (326)$$

Wird die rechte der Gln. (321) nach E aufgelöst, so erhält man

$$E = (1-k^2)\left(K + 2k^2\frac{dK}{dk^2}\right) = k'^2\left[K - 2(1-k'^2)\frac{dK}{dk'^2}\right],$$
$$E' = (1-k'^2)\left(K' + 2k'^2\frac{dK'}{dk'^2}\right) = k^2\left[K' - 2(1-k^2)\frac{dK'}{dk^2}\right]. \quad (327)$$

34. Reihendarstellungen von E und K in der Umgebung von $k'=0$ und von E' und K' in der Umgebung von $k=0$

Wird in der dritten der Gln. (6) und (18) $\zeta = 0$ gesetzt, so folgt

$$K = \frac{\pi}{2}\,\vartheta_3^2(0,\varkappa) = \frac{\pi}{2}\left[1+2\sum_1^\infty{}_n\, e^{-n^2\pi\varkappa}\right]^2 = \frac{\pi}{2\varkappa}\left[1+2\sum_1^\infty{}_n\, e^{-n^2\pi/\varkappa}\right]^2,$$
$$K' = \frac{\pi}{2}\,\vartheta_3^2\left(0,\frac{1}{\varkappa}\right) = \frac{\pi}{2}\left[1+2\sum_1^\infty{}_n\, e^{-n^2\pi/\varkappa}\right]^2 = \frac{\pi\varkappa}{2}\left[1+2\sum_1^\infty{}_n\, e^{-n^2\pi\varkappa}\right]^2. \quad (328)$$

Ferner erhält man durch Nullsetzen von ζ in den zweiten und dritten der Gln. (18) und in den dritten und vierten der Gln. (6)

$$\sqrt{k} = \frac{\vartheta_2(0,\varkappa)}{\vartheta_3(0,\varkappa)} = \frac{1+2\sum\limits_{1}^{\infty}{}_n(-1)^n e^{-n^2\pi/\varkappa}}{1+2\sum\limits_{1}^{\infty}{}_n e^{-n^2\pi/\varkappa}}, \quad \sqrt{k'} = \frac{\vartheta_4(0,\varkappa)}{\vartheta_3(0,\varkappa)} = \frac{1+2\sum\limits_{1}^{\infty}{}_n(-1)^n e^{-n^2\pi\varkappa}}{1+2\sum\limits_{1}^{\infty}{}_n e^{-n^2\pi\varkappa}}. \tag{329}$$

Läßt man $\varkappa \to 0$ gehen, so ziehen sich (328) und (329) auf

$$\begin{aligned} &\lim_{\varkappa\to 0} K = \lim_{\varkappa\to 0}\frac{\pi}{2\varkappa}, && \lim_{\varkappa\to 0} K' = \lim_{\varkappa\to 0}\frac{\pi}{2} = \frac{\pi}{2}, \\ &\lim_{\varkappa\to 0}\sqrt{k} = \lim_{\varkappa\to 0}\frac{1-2e^{-\pi/\varkappa}}{1+2e^{-\pi/\varkappa}} \quad \text{bzw.} && \lim_{\varkappa\to 0} e^{-\pi/\varkappa} = \lim_{\varkappa\to 0}\frac{1}{2}\,\frac{1-\sqrt{k}}{1+\sqrt{k}} \end{aligned} \tag{330}$$

zusammen. Nun geht mit $\varkappa \to 0$ auch $k' \to 0$ und k nach $1 - k'^2$. Es wird daher

$$\lim_{\varkappa\to 0}\frac{1}{2}\,\frac{1-\sqrt{k}}{1+\sqrt{k}} = \lim_{k'\to 0}\frac{1}{2}\,\frac{1-\sqrt[4]{1-k'^2}}{1+\sqrt[4]{1-k'^2}} = \lim_{k'\to 0}\frac{1}{2}\,\frac{1-(1-\frac{1}{4}k'^2)}{2} = \lim_{k'\to 0}\frac{k'^2}{16}$$

und damit

$$\lim_{\varkappa\to 0} e^{-\pi/\varkappa} = \lim_{k'\to 0}\frac{k'^2}{16}, \quad \lim_{\varkappa\to 0}\frac{\pi}{\varkappa} = \lim_{k'\to 0}\ln\frac{16}{k'^2} = \lim_{k'\to 0} 2\ln\frac{4}{k'}. \tag{331}$$

Wird dieses Ergebnis in (330) berücksichtigt, so folgt

$$\lim_{k'\to 0} K = \lim_{k'\to 0}\ln\frac{4}{k'}, \quad \lim_{k\to 0} K' = \lim_{k\to 0}\ln\frac{4}{k}. \tag{332}$$

Um nun zu einer Reihendarstellung von K in der Umgebung von $k' = 0$ zu gelangen, liegt es nahe, hierfür auf der in (299) vorliegenden Entwicklung von K' nach Potenzen von k'^2 aufzubauen und nach (288)

$$K = \frac{K'}{\varkappa}$$

zu setzen. Hierbei bietet sich nach (331) für $K'/\varkappa$ der Ansatz

$$K = \frac{K'}{\varkappa} = \frac{2K'}{\pi}\ln\frac{4}{k'} + f(k'^2) = \frac{K'}{\pi}\ln\frac{16}{k'^2} + f(k'^2)$$

an. Zur Bestimmung der Funktion $f(k'^2)$ braucht K nur in die hypergeometrische Differentialgleichung (293) eingeführt zu werden, die umgeschrieben auf k'^2

$$4k'^2(1-k'^2)\frac{d^2K}{d(k'^2)^2} + 4(1-2k'^2)\frac{dK}{dk'^2} - K = 0 \tag{333}$$

lautet. So ergibt sich nach einigen Rechnungen

$$-\frac{8}{\pi}(1-k'^2)\frac{dK'}{dk'^2} + \frac{4}{\pi}K' + 4k'^2(1-k'^2)\frac{d^2f}{d(k'^2)^2} + 4(1-2k'^2)\frac{df}{dk'^2} - f(k'^2) = 0$$

und unter Heranziehung von (299)

$$\begin{aligned} -4(1-k'^2)\left[\frac{1}{4} + \frac{9}{32}k'^2 + \frac{75}{256}k'^4 + \cdots\right] + 2\left[1 + \frac{1}{4}k'^2 + \frac{9}{64}k'^4 + \frac{25}{256}k'^6 + \cdots\right] + \\ + 4k'^2(1-k'^2)\frac{d^2f}{d(k'^2)^2} + 4(1-2k'^2)\frac{df}{dk'^2} - f(k'^2) = 0. \end{aligned}$$

Wird $f(k'^2)$ als Potenzreihe mit unbestimmten Koeffizienten in der Form

$$f(k'^2) = A_0 + A_1 k'^2 + A_2 k'^4 + A_3 k'^6 + \cdots$$

angesetzt und in die Differentialgleichung eingeführt, so ergibt sich

$$A_0 = 0, \quad A_1 = -\frac{1}{4}, \quad A_2 = -\frac{21}{128}, \quad A_3 = -\frac{185}{1536}, \ldots.$$

Damit erhält man

$$\begin{aligned} K &= \frac{2K'}{\pi}\ln\frac{4}{k'} - \frac{1}{4}k'^2 - \frac{21}{128}k'^4 - \frac{185}{1536}k'^6 - \cdots, \\ K' &= \frac{2K}{\pi}\ln\frac{4}{k} - \frac{1}{4}k^2 - \frac{21}{128}k^4 - \frac{185}{1536}k^6 - \cdots. \end{aligned} \tag{334}$$

In den Entwicklungen (334) für K und K' lassen sich K' und K noch eliminieren, wenn die Entwicklungen (299) berücksichtigt werden. Dies ergibt

$$\begin{aligned} K &= \ln\frac{4}{k'} + \frac{1}{4}\left(-1+\ln\frac{4}{k'}\right)k'^2 + \frac{9}{64}\left(-\frac{7}{6}+\ln\frac{4}{k'}\right)k'^4 + \frac{25}{256}\left(-\frac{37}{30}+\ln\frac{4}{k'}\right)k'^6 + \cdots, \\ K' &= \ln\frac{4}{k} + \frac{1}{4}\left(-1+\ln\frac{4}{k}\right)k^2 + \frac{9}{64}\left(-\frac{7}{6}+\ln\frac{4}{k}\right)k^4 + \frac{25}{256}\left(-\frac{37}{30}+\ln\frac{4}{k}\right)k^6 + \cdots. \end{aligned} \tag{335}$$

Zu den entsprechenden Entwicklungen für E und E' gelangt man durch Einführen von (335) in (327). Sie lauten

$$\begin{aligned} E &= 1 + \frac{1}{2}\left(-\frac{1}{2}+\ln\frac{4}{k'}\right)k'^2 + \frac{3}{16}\left(-\frac{13}{12}+\ln\frac{4}{k'}\right)k'^4 + \frac{15}{128}\left(-\frac{6}{5}+\ln\frac{4}{k'}\right)k'^6 + \cdots, \\ E' &= 1 + \frac{1}{2}\left(-\frac{1}{2}+\ln\frac{4}{k}\right)k^2 + \frac{3}{16}\left(-\frac{13}{12}+\ln\frac{4}{k}\right)k^4 + \frac{15}{128}\left(-\frac{6}{5}+\ln\frac{4}{k}\right)k^6 + \cdots. \end{aligned} \tag{336}$$

Die Entwicklungen (334) bis (337) konvergieren für $0 < k' < 1$ bzw. $0 < k < 1$.

35. Reihendarstellungen für $\varkappa$ und $1/\varkappa$

Wird die untere der Entwicklungen (334) durch die Entwicklung (299) für K dividiert, so erhält man

$$\varkappa = \frac{K'}{K} = \frac{2}{\pi}\left[\ln\frac{4}{k} - \frac{\frac{1}{4}k^2 + \frac{21}{128}k^4 + \frac{185}{1536}k^6 + \cdots}{1 + \frac{1}{4}k^2 + \frac{9}{64}k^4 + \frac{25}{256}k^6 + \cdots}\right] \tag{337}$$

oder durchdividiert

$$\varkappa = \frac{K'}{K} = \frac{2}{\pi}\left[\ln\frac{4}{k} - \frac{1}{4}k^2 - \frac{13}{128}k^4 - \frac{23}{384}k^6 - \cdots\right] \quad (0 < k < 1) \tag{338}$$

bzw., wenn $\varkappa$ mit $1/\varkappa$ und k mit k' vertauscht wird,

$$\frac{1}{\varkappa} = \frac{K}{K'} = \frac{2}{\pi}\left[\ln\frac{4}{k'} - \frac{1}{4}k'^2 - \frac{13}{128}k'^4 - \frac{23}{384}k'^6 - \cdots\right] \quad (0 < k' < 1). \tag{339}$$

Vollzieht man an der mit $-\pi$ multiplizierten Gl. (338) die Exponentialoperation, so ergibt sich

$$e^{-\pi\varkappa} = \frac{k^2}{16}\, e^{\frac{1}{2}k^2 + \frac{13}{64}k^4 + \frac{23}{192}k^6 + \cdots}$$

oder, wenn die e-Funktion auf der rechten Seite entwickelt wird,

$$e^{-\pi\varkappa} = \frac{k^2}{16} + \frac{k^4}{32} + \frac{21}{1024}k^6 + \frac{31}{2048}k^8 + \cdots, \quad e^{-\pi/\varkappa} = \frac{k'^2}{16} + \frac{k'^4}{32} + \frac{21}{1024}k'^6 + \frac{31}{2048}k'^8 + \cdots. \tag{340}$$

$$(0 \leq k < 1) \qquad\qquad (0 \leq k' < 1)$$

36. Differentialgleichung für $1/K$ als Funktion von $\varkappa$

Werden in (184) die Gln. (280) und (286) berücksichtigt, so folgt

$$\left.\begin{aligned} \frac{\vartheta_2''(0,\varkappa)}{\vartheta_2(0,\varkappa)} - \frac{\vartheta_3''(0,\varkappa)}{\vartheta_3(0,\varkappa)} &= 4\pi\left[\frac{\dot\vartheta_2(0,\varkappa)}{\vartheta_2(0,\varkappa)} - \frac{\dot\vartheta_3(0,\varkappa)}{\vartheta_3(0,\varkappa)}\right] = -4K^2k'^2, \\ \frac{\vartheta_3''(0,\varkappa)}{\vartheta_3(0,\varkappa)} - \frac{\vartheta_4''(0,\varkappa)}{\vartheta_4(0,\varkappa)} &= 4\pi\left[\frac{\dot\vartheta_3(0,\varkappa)}{\vartheta_3(0,\varkappa)} - \frac{\dot\vartheta_4(0,\varkappa)}{\vartheta_4(0,\varkappa)}\right] = -4K^2k^2, \\ \frac{\vartheta_4''(0,\varkappa)}{\vartheta_4(0,\varkappa)} - \frac{\vartheta_2''(0,\varkappa)}{\vartheta_2(0,\varkappa)} &= 4\pi\left[\frac{\dot\vartheta_4(0,\varkappa)}{\vartheta_4(0,\varkappa)} - \frac{\dot\vartheta_2(0,\varkappa)}{\vartheta_2(0,\varkappa)}\right] = +4K^2. \end{aligned}\right\} \tag{341}$$

Bei Beachtung der ersten dieser Beziehungen erhält man für die Ableitung von k nach $\varkappa$

$$\frac{dk}{d\varkappa} = \frac{d}{d\varkappa}\frac{\vartheta_2^2(0,\varkappa)}{\vartheta_3^2(0,\varkappa)} = 2\frac{\vartheta_2^2(0,\varkappa)}{\vartheta_3^2(0,\varkappa)}\left[\frac{\vartheta_2^{\cdot}(0,\varkappa)}{\vartheta_2(0,\varkappa)} - \frac{\vartheta_3^{\cdot}(0,\varkappa)}{\vartheta_3(0,\varkappa)}\right] = -\frac{2}{\pi}k\,k'^2 K^2$$

und nach Multiplikation mit $2k$ und wegen $k^2 + k'^2 = 1$

$$\frac{dk^2}{d\varkappa} = -\frac{dk'^2}{d\varkappa} = -\frac{4}{\pi}k^2 k'^2 K^2, \quad \frac{dk}{d\varkappa} = -\frac{2}{\pi}k\,k'^2 K^2, \quad \frac{dk'}{d\varkappa} = +\frac{2}{\pi}k^2 k' K^2. \tag{342}$$

Werden in der mittleren der Gln. (213) die Gln. (69), (280) und (286) berücksichtigt, so ergibt sich

$$\frac{4K}{\pi^2}\frac{d^2K}{d\varkappa^2} - \frac{8}{\pi^2}\left(\frac{dK}{d\varkappa}\right)^2 = \frac{\pi^2}{4}\vartheta_2^4(0,\varkappa)\,\vartheta_3^4(0,\varkappa)\,\vartheta_4^4(0,\varkappa) = \frac{16}{\pi^4}k^2 k'^2 K^6$$

oder umgeformt

$$K\frac{d^2K}{d\varkappa^2} - 2\left(\frac{dK}{d\varkappa}\right)^2 - \frac{4}{\pi^2}k^2 k'^2 K^6 = 0. \tag{343}$$

Nun ist aber, wovon man sich durch Ausdifferenzieren überzeugt,

$$K\frac{d^2K}{d\varkappa^2} - 2\left(\frac{dK}{d\varkappa}\right)^2 = -K^3\frac{d^2\left(\frac{1}{K}\right)}{d\varkappa^2}.$$

Man erhält daher in Verbindung mit (342)

$$\frac{d^2}{d\varkappa^2}\left(\frac{1}{K}\right) + \frac{4}{\pi^2}k^2 k'^2 K^3 = 0 \quad \text{bzw.} \quad \frac{1}{K}\frac{d^2}{d\varkappa^2}\left(\frac{1}{K}\right) = \frac{1}{\pi}\frac{dk^2}{d\varkappa}. \tag{344}$$

Die Integration von (344) liefert

$$k^2 = -\pi\int_{\varkappa}^{\infty}\frac{1}{K}\frac{d^2}{d\varkappa^2}\left(\frac{1}{K}\right)d\varkappa, \quad k'^2 = -\pi\int_0^{\varkappa}\frac{1}{K}\frac{d^2}{d\varkappa^2}\left(\frac{1}{K}\right)d\varkappa, \quad 1 = -\pi\int_0^{\infty}\frac{1}{K}\frac{d^2}{d\varkappa^2}\left(\frac{1}{K}\right)d\varkappa. \tag{345}$$

Werden diese Ausdrücke in der linken der Gln. (344) berücksichtigt, so folgt

$$\frac{\pi^2}{4K^3}\frac{d^2}{d\varkappa^2}\left(\frac{1}{K}\right) = \pi\int_0^{\varkappa}\frac{1}{K}\frac{d^2}{d\varkappa^2}\left(\frac{1}{K}\right)d\varkappa\left[1 + \pi\int_0^{\varkappa}\frac{1}{K}\frac{d^2}{d\varkappa^2}\left(\frac{1}{K}\right)d\varkappa\right],$$

d. h. eine quadratische Gleichung für das Integral. Die Auflösung ergibt

$$\int_0^{\varkappa}\frac{1}{K}\frac{d^2}{d\varkappa^2}\left(\frac{1}{K}\right)d\varkappa = -\frac{1}{2\pi} \pm \sqrt{\frac{1}{4\pi^2} + \frac{1}{4K^3}\frac{d^2}{d\varkappa^2}\left(\frac{1}{K}\right)} \quad \begin{matrix}(+\text{-Zeichen für } 0 \leqq \varkappa \leqq 1),\\ (-\text{-Zeichen für } 1 \leqq \varkappa < \infty).\end{matrix} \tag{346}$$

Die Ableitung von (346) nach $\varkappa$ führt zu einer Differentialgleichung zwischen $1/K$ und $\varkappa$. Sie lautet bei entsprechender Umformung

$$\frac{d^3}{d\varkappa^3}\left(\frac{1}{K}\right) - \left[\frac{3}{K} \pm 4K^2\sqrt{\frac{1}{\pi^2} + \frac{1}{K^3}\frac{d^2}{d\varkappa^2}\left(\frac{1}{K}\right)}\right]\frac{d^2}{d\varkappa^2}\left(\frac{1}{K}\right) = 0 \quad \begin{matrix}(+\text{-Zeichen für } 0 \leqq \varkappa \leqq 1),\\ (-\text{-Zeichen für } 1 \leqq \varkappa < \infty).\end{matrix} \tag{347}$$

37. Darstellungen von $\vartheta''_{\substack{2\\3\\4}}(0,\varkappa)/\vartheta_{\substack{2\\3\\4}}(0,\varkappa)$ und $\vartheta'''_1(0,\varkappa)/\vartheta'_1(0,\varkappa)$

Wird in (341) $\vartheta''_2(0,\varkappa)/\vartheta_2(0,\varkappa)$ durch E gemäß (300) ausgedrückt, so folgt mit (72)

$$\begin{aligned}&\frac{\vartheta''_2(0,\varkappa)}{\vartheta_2(0,\varkappa)} = -4KE, &&\frac{\vartheta''_3(0,\varkappa)}{\vartheta_3(0,\varkappa)} = -4KE + 4K^2k'^2,\\ &\frac{\vartheta''_4(0,\varkappa)}{\vartheta_4(0,\varkappa)} = -4KE + 4K^2, &&\frac{\vartheta'''_1(0,\varkappa)}{\vartheta'_1(0,\varkappa)} = -12KE + 4K^2(1+k'^2).\end{aligned} \tag{348}$$

Die Einführung der Entwicklungen (299) und (311) in (348) liefert die Potenzreihen-Entwicklungen

$$\begin{aligned}&\frac{\vartheta'''_1(0,\varkappa)}{\vartheta'_1(0,\varkappa)} = -\pi^2\left[1 - \frac{3}{32}k^4 - \frac{3}{32}k^6 - \cdots\right], &&\frac{\vartheta''_3(0,\varkappa)}{\vartheta_3(0,\varkappa)} = -\frac{1}{2}\pi^2k^2\left[1 + \frac{3}{8}k^2 + \frac{7}{32}k^4 + \cdots\right],\\ &\frac{\vartheta''_2(0,\varkappa)}{\vartheta_2(0,\varkappa)} = -\pi^2\left[1 + \frac{1}{32}k^4 + \frac{1}{32}k^6 + \cdots\right], &&\frac{\vartheta''_4(0,\varkappa)}{\vartheta_4(0,\varkappa)} = +\frac{1}{2}\pi^2k^2\left[1 + \frac{5}{8}k^2 + \frac{15}{32}k^4 + \cdots\right].\end{aligned} \tag{349}$$

Nach (286) ist

$$\vartheta_3(0,\varkappa)=\sqrt{\frac{2K}{\pi}},\qquad \vartheta_3''(0,\varkappa)=4\pi\,\dot\vartheta_3(0,\varkappa)=2\sqrt{\frac{2\pi}{K}}\,\frac{dK}{d\varkappa}.$$

Hieraus folgt mit (341) und (72)

$$\begin{aligned}\frac{\vartheta_2''(0,\varkappa)}{\vartheta_2(0,\varkappa)}&=\frac{2\pi}{K}\frac{dK}{d\varkappa}-4K^2k'^2, & \frac{\vartheta_3''(0,\varkappa)}{\vartheta_3(0,\varkappa)}&=\frac{2\pi}{K}\frac{dK}{d\varkappa},\\ \frac{\vartheta_4''(0,\varkappa)}{\vartheta_4(0,\varkappa)}&=\frac{2\pi}{K}\frac{dK}{d\varkappa}+4K^2k^2, & \frac{\vartheta_1'''(0,\varkappa)}{\vartheta_1'(0,\varkappa)}&=\frac{6\pi}{K}\frac{dK}{d\varkappa}+4K^2(k^2-k'^2).\end{aligned}\tag{350}$$

Wird die erste der Gln. (348) mit der ersten der Gln. (350) verglichen, so ergibt sich für E die weitere Darstellung

$$E=-\frac{\pi}{2K^2}\frac{dK}{d\varkappa}+K\,k'^2\quad\text{bzw.}\quad E=\frac{\pi}{2}\frac{d}{d\varkappa}\left(\frac{1}{K}\right)+K\,k'^2.\tag{351}$$

38. Ableitungen von E und K nach $\varkappa$

Durch Auflösung von (351) nach $dK/d\varkappa$ folgt

$$\frac{dK}{d\varkappa}=-\frac{2}{\pi}K^2(E-K\,k'^2).\tag{352}$$

Durch Einführung dieser Ableitung in (343) erhält man

$$\frac{d^2K}{d\varkappa^2}=\frac{8}{\pi^2}K^3\left[E^2-2E\,K\,k'^2+\frac{1}{2}K^2k'^2(1+k'^2)\right].\tag{353}$$

Für die erste Ableitung von $1/K$ folgt aus (351)

$$\frac{d\left(\frac{1}{K}\right)}{d\varkappa}=\frac{2}{\pi}(E-K\,k'^2)\tag{354}$$

und für die zweite Ableitung aus (344)

$$\frac{d^2\left(\frac{1}{K}\right)}{d\varkappa^2}=-\frac{4}{\pi^2}k^2k'^2K^3.\tag{355}$$

Durch Differentiation von (351) nach $\varkappa$ unter Beachtung von (342), (352), (355) ergibt sich

$$\frac{dE}{d\varkappa}=-\frac{2}{\pi}K^2k'^2(E-K).\tag{356}$$

39. E und K für doppelte und halbe Parameter

Aus (282) und (283) in Verbindung mit (280) und (286) sowie (288) folgt

$$K(2\varkappa)=\frac{1+k'}{2}K,\quad K'(2\varkappa)=(1+k')\,K';\quad K\left(\frac{\varkappa}{2}\right)=(1+k)\,K,\quad K'\left(\frac{\varkappa}{2}\right)=\frac{1+k}{2}K',\tag{357}$$

oder, wenn in Verbindung mit (284) auf k als Argument bezogen wird,

$$\begin{aligned}K\left(\frac{1-k'}{1+k'}\right)&=\frac{1+k'}{2}K(k), & K'\left(\frac{1-k'}{1+k'}\right)&=(1+k')\,K'(k);\\ K\left(\frac{2\sqrt{k}}{1+k}\right)&=(1+k)\,K(k), & K'\left(\frac{2\sqrt{k}}{1+k}\right)&=\frac{1+k}{2}K'(k).\end{aligned}\tag{358}$$

Zu den entsprechenden Formeln für E gelangt man über (351) mit Hilfe von (357) unter Beachtung von (342) und (284). Zunächst erhält man

$$E(2\varkappa)=-\frac{\pi}{2K^2(2\varkappa)}\frac{dK(2\varkappa)}{d2\varkappa}+K(2\varkappa)\,k'^2(2\varkappa)=-\frac{\pi}{(1+k')^2}\frac{1}{K^2}\frac{d}{d\varkappa}\left(\frac{1+k'}{2}K\right)+\frac{1+k'}{2}K\frac{4k'}{(1+k')^2},$$

$$E\left(\frac{\varkappa}{2}\right)=-\frac{\pi}{2K^2\left(\frac{\varkappa}{2}\right)}\frac{dK\left(\frac{\varkappa}{2}\right)}{d\frac{\varkappa}{2}}+K\left(\frac{\varkappa}{2}\right)k'^2\left(\frac{\varkappa}{2}\right)=-\frac{\pi}{(1+k)^2}\frac{1}{K^2}\frac{d}{d\varkappa}((1+k)\,K)+(1+k)\,K\frac{(1-k)^2}{(1+k)^2}$$

und nach Auswertung der Differentialquotienten

$$E(2\varkappa) = -\frac{\pi}{2(1+k')^2}\,\frac{1}{K^2}\left[\frac{2}{\pi}k^2 k' K^3 + (1+k')\frac{dK}{d\varkappa}\right] + \frac{2k'}{1+k'}K,$$

$$E\left(\frac{\varkappa}{2}\right) = -\frac{\pi}{(1+k)^2}\,\frac{1}{K^2}\left[-\frac{2}{\pi}k\,k'^2 K^3 + (1+k)\frac{dK}{d\varkappa}\right] + \frac{(1-k)^2}{1+k}K.$$

Faßt man in der Form

$$E(2\varkappa) = \frac{1}{1+k'}\left[-\frac{\pi}{2K^2}\frac{dK}{d\varkappa} + K\,k'^2\right] + \frac{k'}{1+k'}K,\quad E\left(\frac{\varkappa}{2}\right) = \frac{2}{1+k}\left[-\frac{\pi}{2K^2}\frac{dK}{d\varkappa} + K\,k'^2\right] - \frac{k'^2}{1+k}K$$

zusammen, so stellen nach (351) die eckigen Klammern gerade E dar. Die Transformationsgleichungen lauten daher

$$E(2\varkappa) = \frac{E + k'K}{1+k'},\quad E\left(\frac{\varkappa}{2}\right) = \frac{2E - k'^2 K}{1+k} \tag{359}$$

bzw., wenn in Verbindung mit (284) auf k als Argument bezogen wird,

$$E\left(\frac{1-k'}{1+k'}\right) = \frac{E(k) + k'K(k)}{1+k'},\quad E\left(\frac{2\sqrt{k}}{1+k}\right) = \frac{2E(k) - k'^2 K(k)}{1+k}. \tag{360}$$

40. Darstellungen von $\vartheta_{\substack{2\\3\\4}}''''(0,\varkappa)/\vartheta_{\substack{2\\3\\4}}(0,\varkappa)$ und $\vartheta_1'''''(0,\varkappa)/\vartheta_1'(0,\varkappa)$

Bei Beachtung von (69), (280), (286) und (348) nehmen die durch (210) dargestellten Quotienten die Form

$$\left.\begin{aligned}
\frac{\vartheta_2''''(0,\varkappa)}{\vartheta_2(0,\varkappa)} &= 48K^2E^2 - 32K^4k'^2,\\
\frac{\vartheta_3''''(0,\varkappa)}{\vartheta_3(0,\varkappa)} &= 48K^2(E - k'^2K)^2 + 32K^4k^2k'^2,\\
\frac{\vartheta_4''''(0,\varkappa)}{\vartheta_4(0,\varkappa)} &= 48K^2(E-K)^2 - 32K^4k^2
\end{aligned}\right\} \tag{361}$$

an. Um zu einer entsprechenden Formel für $\vartheta_1'''''(0,\varkappa)/\vartheta_1'(0,\varkappa)$ zu gelangen, muß dieser Differentialausdruck zunächst durch $\vartheta_1'''(0,\varkappa)/\vartheta_1'(0,\varkappa)$ ausgedrückt werden. Es ergibt sich

$$\vartheta_1'''(0,\varkappa) = \vartheta_1'(0,\varkappa)\frac{\vartheta_1'''(0,\varkappa)}{\vartheta_1'(0,\varkappa)},\quad \vartheta_1'''''(0,\varkappa) = 4\pi\,\vartheta_1'''^{\cdot}(0,\varkappa) = 4\pi\left[\vartheta_1'^{\cdot}(0,\varkappa)\frac{\vartheta_1'''(0,\varkappa)}{\vartheta_1'(0,\varkappa)} + \vartheta_1'(0,\varkappa)\frac{\partial}{\partial\varkappa}\frac{\vartheta_1'''(0,\varkappa)}{\vartheta_1'(0,\varkappa)}\right],$$

$$\vartheta_1'^{\cdot}(0,\varkappa) = \frac{1}{4\pi}\vartheta_1'''(0,\varkappa),\qquad \vartheta_1'''''(0,\varkappa) = \vartheta_1'(0,\varkappa)\left[\frac{\vartheta_1'''(0,\varkappa)}{\vartheta_1'(0,\varkappa)}\right]^2 + 4\pi\,\vartheta_1'(0,\varkappa)\frac{\partial}{\partial\varkappa}\frac{\vartheta_1'''(0,\varkappa)}{\vartheta_1'(0,\varkappa)}$$

und damit

$$\frac{\vartheta_1'''''(0,\varkappa)}{\vartheta_1'(0,\varkappa)} = \left[\frac{\vartheta_1'''(0,\varkappa)}{\vartheta_1'(0,\varkappa)}\right]^2 + 4\pi\frac{\partial}{\partial\varkappa}\frac{\vartheta_1'''(0,\varkappa)}{\vartheta_1'(0,\varkappa)}. \tag{362}$$

Führt man in (362) $\vartheta_1'''(0,\varkappa)/\vartheta_1'(0,\varkappa)$ nach (348) ein und werden die Ableitungen nach $\varkappa$ unter Bezugnahme auf (342), (352) und (356) gebildet, so erhält man

$$\frac{\vartheta_1'''''(0,\varkappa)}{\vartheta_1'(0,\varkappa)} = 240K^2E^2 - 160K^3E(1+k'^2) + 16K^4(1 + 4k'^2 + k'^4). \tag{363}$$

41. Darstellung der Koeffizienten der Entwicklungen der vier ersten Theta-Funktionen durch E, K und k'^2

Werden in den Gln. (86) die Gln. (348) sowie (361) und (363) berücksichtigt, so lauten die MACLAURIN-Entwicklungen der Theta-Funktionen

$$\left.\begin{aligned}
\frac{\vartheta_1(\zeta,\varkappa)}{\vartheta_1'(0,\varkappa)} &= \zeta - 4K[3E - K(1+k'^2)]\frac{\zeta^3}{3!} + 16K^2[15E^2 - 10K\,E(1+k'^2) + K^2(1+4k'^2+k'^4)]\frac{\zeta^5}{5!} - \cdots,\\
\frac{\vartheta_2(\zeta,\varkappa)}{\vartheta_2(0,\varkappa)} &= 1 - 4K\,E\frac{\zeta^2}{2!} + 16K^2(3E^2 - 2K^2k'^2)\frac{\zeta^4}{4!} - \cdots,\\
\frac{\vartheta_3(\zeta,\varkappa)}{\vartheta_3(0,\varkappa)} &= 1 - 4K(E - K\,k'^2)\frac{\zeta^2}{2!} + 16K^2[3E^2 - 6K\,E\,k'^2 + K^2k'^2(2+k'^2)]\frac{\zeta^4}{4!} - \cdots,\\
\frac{\vartheta_4(\zeta,\varkappa)}{\vartheta_4(0,\varkappa)} &= 1 - 4K(E-K)\frac{\zeta^2}{2!} + 16K^2[3E^2 - 6K\,E + K^2(1+2k'^2)]\frac{\zeta^4}{4!} - \cdots.
\end{aligned}\right\} \tag{364}$$

42. Die Funktionen B, C und D

Es hat sich als zweckmäßig erwiesen, für die in den Gln. (313) und in der mittleren der Gln. (316) auftretenden Integrale besondere Funktionszeichen einzuführen,

$$\begin{gathered} B=\int_0^{\pi/2}\frac{\cos^2\varphi\,d\varphi}{\sqrt{1-k^2\sin^2\varphi}}=\frac{E-k'^2K}{k^2},\quad D=\int_0^{\pi/2}\frac{\sin^2\varphi\,d\varphi}{\sqrt{1-k^2\sin^2\varphi}}=\frac{K-E}{k^2},\\ C=\frac{1}{k^2}\int_0^{\pi/2}\frac{\sin^2\varphi-\cos^2\varphi}{\sqrt{1-k^2\sin^2\varphi}}\,d\varphi=\int_0^{\pi/2}\frac{\sin^2\varphi\cos^2\varphi\,d\varphi}{(1-k^2\sin^2\varphi)^{3/2}}=\frac{-2E+K(1+k'^2)}{k^4}. \end{gathered} \tag{365}$$

Werden in (365) B, C und D linear miteinander in Beziehung gesetzt, so gelangt man zu den Gleichungsketten

$$E=B+k'^2D=k^2B+k'^2K=-\tfrac{1}{2}k^4C+\tfrac{1}{2}(1+k'^2)K=(1+k'^2)B+k^2k'^2C=(1+k'^2)D-k^2C, \tag{366}$$

$$K=B+D=E+k^2D=2B+k^2C=2D-k^2C=\frac{E-k^2B}{k'^2}=\frac{2E+k^4C}{1+k'^2}. \tag{367}$$

Durch Umschreibung von (321) bis (325) folgt

$$\frac{dE}{dk^2}=-\frac{D}{2},\quad \frac{dK}{dk^2}=\frac{B}{2k'^2},\quad \frac{dB}{dk^2}=\frac{C}{2},\quad \frac{dC}{dk^2}=\frac{B-4k'^2C}{2k^2k'^2},\quad \frac{dD}{dk^2}=\frac{D-C}{2k'^2}. \tag{368}$$

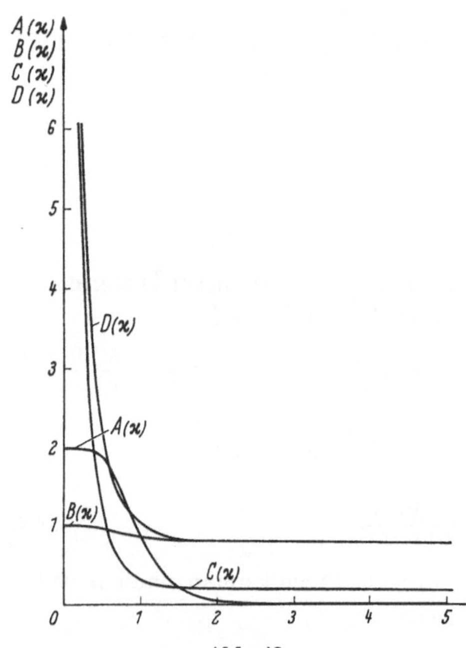

Abb. 43

Ähnlich wie E und K lassen sich auch B, C und D durch hypergeometrische Reihen darstellen. Für B liefert die Ableitung der dritten der Gln. (368) nach k^2

$$\frac{d^2B}{d(k^2)^2}=\frac{1}{2}\,\frac{dC}{dk^2}=\frac{B-4k'^2C}{4k^2k'^2}=\frac{B}{4k^2k'^2}-\frac{2}{k^2}\,\frac{dB}{dk^2}$$

oder umgeformt

$$4k^2(1-k^2)\frac{d^2B}{d(k^2)^2}+8(1-k^2)\frac{dB}{dk^2}-B=0. \tag{369}$$

(369) ist eine hypergeometrische Differentialgleichung mit den Koeffizienten

$$\alpha=\tfrac{1}{2},\quad \beta=\tfrac{1}{2},\quad \gamma=2. \tag{370}$$

Die zugehörige Reihendarstellung läßt sich bequemer durch Einführung von (299) und (311) in (365) herleiten und lautet für $0\leqq k<1$

$$\begin{aligned} B&=\pi\sum_{1}^{\infty}n\left[\frac{(n-\frac{1}{2})!}{(-\frac{1}{2})!\,n!}\right]^2k^{2n-2}\\ &=\frac{\pi}{4}\left[1+\frac{1}{8}k^2+\frac{3}{64}k^4+\frac{25}{1024}k^6+\cdots\right]. \end{aligned} \tag{371}$$

Zu der hypergeometrischen Differentialgleichung für C gelangt man nach der dritten der Gln. (368) durch Ableitung von (369) nach k^2 und erhält

$$4k^2(1-k^2)\frac{d^2C}{d(k^2)^2}+4(3-4k^2)\frac{dC}{dk^2}-9C=0. \tag{372}$$

Die zugehörigen Koeffizienten sind

$$\alpha=\tfrac{3}{2},\quad \beta=\tfrac{3}{2},\quad \gamma=3. \tag{373}$$

Die Reihendarstellung für C ergibt sich in Verbindung mit (299) und (311) zu

$$C=2\pi\sum_{2}^{\infty}n(n-1)\left[\frac{(n-\frac{1}{2})!}{(-\frac{1}{2})!\,n!}\right]^2k^{2n-4}=\frac{\pi}{16}\left[1+\frac{3}{4}k^2+\frac{75}{128}k^4+\frac{245}{512}k^6+\cdots\right]. \tag{374}$$

Die hypergeometrische Differentialgleichung für D folgt nach der ersten der Gln. (368) durch Ableitung von (309) nach k^2 und lautet

$$4k^2(1-k^2)\frac{d^2D}{d(k^2)^2}+4(2-3k^2)\frac{dD}{dk^2}-3D=0, \tag{375}$$

mit den Koeffizienten

$$\alpha = \tfrac{1}{2}, \quad \beta = \tfrac{3}{2}, \quad \gamma = 2. \tag{376}$$

Für die Reihendarstellung erhält man für $0 \leq k < 1$

$$D = \pi \sum_{1}^{\infty} \frac{\frac{n}{2}}{n - \frac{1}{2}} \left[\frac{(n-\frac{1}{2})!}{(-\frac{1}{2})!\, n!}\right]^2 k^{2n-2} = \frac{\pi}{4}\left[1 + \frac{3}{8} k^2 + \frac{15}{64} k^4 + \frac{175}{1024} k^6 + \cdots\right]. \tag{377}$$

Aus den Abb. 43 bis 45 ist der Verlauf von B, C und D in Abhängigkeit von $\varkappa$, k und k' ersichtlich.

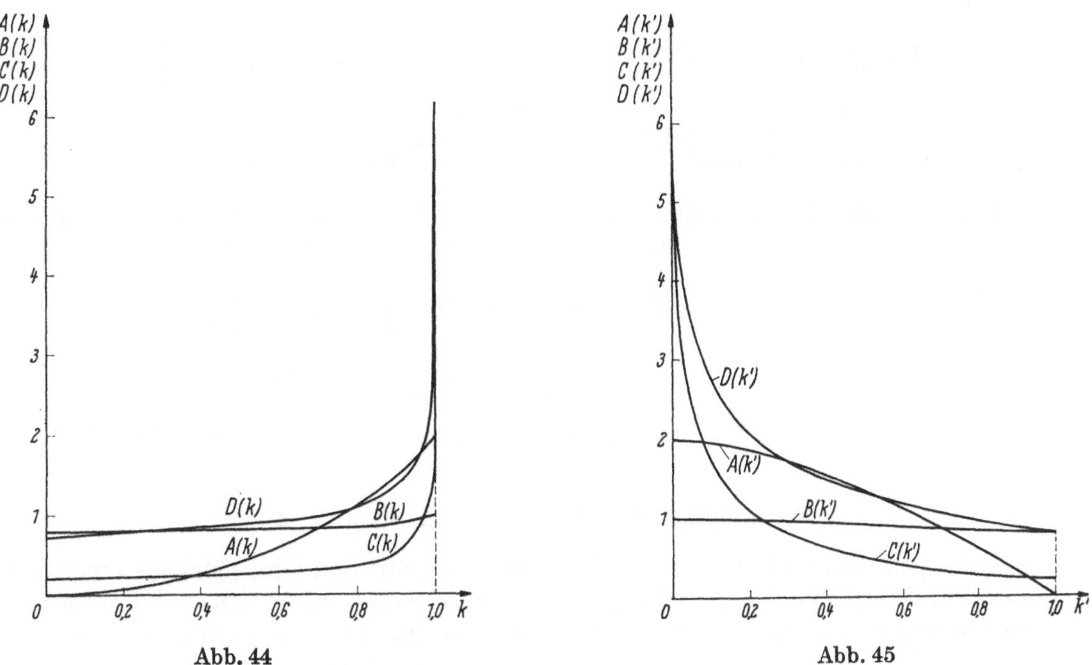

Abb. 44 Abb. 45

Die Reihendarstellungen von B, C und D für die Umgebung von $k' = 0$ ergeben sich durch Einführung von (334) und (336) in (365). Für $0 < k' < 1$ gilt

$$\left.\begin{aligned}
B &= 1 - \frac{1}{2}\left(-\frac{3}{2} + \ln\frac{4}{k'}\right) k'^2 - \frac{9}{16}\left(-\frac{17}{12} + \ln\frac{4}{k'}\right) k'^4 - \frac{75}{128}\left(-\frac{7}{5} + \ln\frac{4}{k'}\right) k'^6 - \cdots,\\
C &= \left(-2 + \ln\frac{4}{k'}\right) + \frac{9}{4}\left(-\frac{5}{3} + \ln\frac{4}{k'}\right) k'^2 + \frac{225}{64}\left(-\frac{47}{30} + \ln\frac{4}{k'}\right) k'^4 + \frac{1225}{256}\left(-\frac{319}{210} + \ln\frac{4}{k'}\right) k'^6 + \cdots,\\
D &= \left(-1 + \ln\frac{4}{k'}\right) + \frac{3}{4}\left(-\frac{4}{3} + \ln\frac{4}{k'}\right) k'^2 + \frac{45}{64}\left(-\frac{41}{30} + \ln\frac{4}{k'}\right) k'^4 + \frac{175}{256}\left(-\frac{289}{210} + \ln\frac{4}{k'}\right) k'^6 + \cdots.
\end{aligned}\right\} \tag{378}$$

43. Die Funktion A (Integral von K über k^2)

Es erweist sich ferner als nützlich, für das Integral von K über k^2 ein besonderes Funktionszeichen einzuführen. In Verbindung mit der rechten der Gln. (324) und (351) sowie der zweiten der Gln. (348) sei gesetzt

$$A = \int_0^{k^2} K\, dt = 2(E - k'^2 K) = \pi \frac{d}{d\varkappa}\left(\frac{1}{K}\right) = -\frac{1}{2K} \frac{\vartheta_3''(0, \varkappa)}{\vartheta_3(0, \varkappa)}. \tag{379}$$

In Verbindung mit (357) bis (360) folgen die Transformationsgleichungen

$$A(2\varkappa) = A\left(\frac{1-k'}{1+k'}\right) = \frac{2[E(k) - k' K(k)]}{1+k'}, \quad A\left(\frac{\varkappa}{2}\right) = A\left(\frac{2\sqrt{k}}{1+k}\right) = \frac{4[E(k) - (1-k) K(k)]}{1+k}. \tag{380}$$

Die Funktion A genügt der hypergeometrischen Differentialgleichung

$$4k^2(1-k^2)\frac{d^2A}{d(k^2)^2} - A = 0 \qquad \left(\alpha = -\frac{1}{2}, \beta = -\frac{1}{2}, \gamma = 0\right). \tag{381}$$

Der gleichen hypergeometrischen Differentialgleichung genügt auch die Funktion

$$A' = \int_0^{k'^2} K'\,dt = 2(E' - k^2 K'). \tag{382}$$

Die Reihendarstellungen ergeben sich durch Einführung von (299) und (311) in (379) und (382) und lauten für $0 \leqq k < 1$

$$\left.\begin{aligned} A &= 2\pi \sum_1^\infty n\left[\frac{(n-\frac{1}{2})!}{(-\frac{1}{2})!\,n!}\right]^2 k^{2n} = \frac{\pi}{2}\left[k^2 + \frac{1}{8}k^4 + \frac{3}{64}k^6 + \frac{25}{1024}k^8 + \cdots\right], \\ A' &= 2\pi \sum_1^\infty n\left[\frac{(n-\frac{1}{2})!}{(-\frac{1}{2})!\,n!}\right]^2 k'^{2n} = \frac{\pi}{2}\left[k'^2 + \frac{1}{8}k'^4 + \frac{3}{64}k'^6 + \frac{25}{1024}k'^8 + \cdots\right]. \end{aligned}\right\} \tag{383}$$

Durch Einführung von (335) und (336) in (379) und (382) folgen Reihendarstellungen von A und A' für die Umgebung von $k' = 0$ bzw. $k = 0$. Für $0 < k'$ bzw. $k < 1$ gilt:

$$\left.\begin{aligned} A &= 2 - \left(\frac{1}{2} + \ln\frac{4}{k'}\right)k'^2 - \frac{1}{8}\left(-\frac{3}{4} + \ln\frac{4}{k'}\right)k'^4 - \frac{3}{64}\left(-1 + \ln\frac{4}{k'}\right)k'^6 - \cdots, \\ A' &= 2 - \left(\frac{1}{2} + \ln\frac{4}{k}\right)k^2 - \frac{1}{8}\left(-\frac{3}{4} + \ln\frac{4}{k}\right)k^4 - \frac{3}{64}\left(-1 + \ln\frac{4}{k}\right)k^6 - \cdots. \end{aligned}\right\} \tag{384}$$

Den Funktionsverlauf von A in Abhängigkeit von $\varkappa$, k und k' zeigen die Abb. 43 bis 45.

44. Integrale mit *E*, *K*, *B*, *C*, *D* und *A*

Aus den Gln. (321) bis (326) lassen sich in Verbindung mit den Gln. (366) bis (368) und (379) unter Heranziehung des Verfahrens der partiellen Integration zahlreiche Integralformeln entwickeln. Einige von diesen und insbesondere solche, die für die Betrachtungen in Abschnitt 46 von Bedeutung sein werden, sind nachfolgend zusammengestellt.

$$\left.\begin{aligned}
&\int K\,dk^2 = A, && \iint K(dk^2)^2 = -\frac{2}{9}(2-3k^2)A + \frac{4}{9}k^2E, \\
&\int E\,dk^2 = \frac{1}{3}A + \frac{2}{3}k^2E, && \iint E(dk^2)^2 = -\frac{4}{45}(1-3k^2)A + \frac{4}{45}k^2(1+3k^2)E, \\
&\int B\,dk^2 = A + 2E, && \iint B(dk^2)^2 = +\frac{2}{9}(1+3k^2)A + \frac{16}{9}k^2E, \\
&\int C\,dk^2 = \frac{A}{k^2}, && \iint C(dk^2)^2 = 2A + 4E, \\
&\int D\,dk^2 = -2E, && \iint D(dk^2)^2 = -\frac{2}{3}A - \frac{4}{3}k^2E, \\
&\int A\,dk^2 = -\frac{2}{9}(2-3k^2)A + \frac{4}{9}k^2E; && \iint A(dk^2)^2 = \frac{4}{225}(8-19k^2+15k^4)A - \frac{32}{225}k^2(1-2k^2)E.
\end{aligned}\right\} \tag{385}$$

$$\left.\begin{aligned}
\iiint K(dk^2)^3 &= \frac{4}{225}(8-19k^2+15k^4)A - \frac{32}{225}k^2(1-2k^2)E, \\
\iiint E(dk^2)^3 &= \frac{4}{1575}(8-29k^2+45k^4)A - \frac{8}{1575}k^2(4-13k^2-15k^4)E, \\
\iiint B(dk^2)^3 &= -\frac{4}{225}(2-11k^2-15k^4)A + \frac{8}{225}k^2(1+23k^2)E, \\
\iiint C(dk^2)^3 &= \frac{4}{9}(1+3k^2)A + \frac{32}{9}k^2E, \\
\iiint D(dk^2)^3 &= \frac{8}{45}(1-3k^2)A - \frac{8}{45}k^2(1+3k^2)E.
\end{aligned}\right\} \tag{386}$$

$$\left.\begin{aligned}
&\int K\,k^2\,dk^2 = \frac{1}{9}(4+3k^2)\,A - \frac{4}{9}k^2\,E, &&\int K\,k^4\,dk^2 = \frac{64+48k^2+45k^4}{225}A - \frac{8k^2(8+9k^2)}{225}E,\\
&\int E\,k^2\,dk^2 = \frac{1}{45}(4+3k^2)\,A - \frac{2}{45}k^2(2-9k^2)\,E, &&\int E\,k^4\,dk^2 = \frac{64+48k^2+45k^4}{1575}A - \frac{2k^2(32+36k^2)-225k^4)}{1575}E,\\
&\int B\,k^2\,dk^2 = -\frac{1}{9}(2-3k^2)\,A + \frac{2}{9}k^2\,E, &&\int B\,k^4\,dk^2 = -\frac{16+12k^2-45k^4}{225}A + \frac{2k^2(8+9k^2)}{225}E,\\
&\int C\,k^2\,dk^2 = -A-4E, &&\int C\,k^4\,dk^2 = \frac{1}{9}(8-3k^2)\,A - \frac{8}{9}k^2\,E,\\
&\int D\,k^2\,dk^2 = \frac{2}{3}A - \frac{2}{3}k^2\,E, &&\int D\,k^4\,dk^2 = \frac{4}{45}(4+3k^2)\,A - \frac{2}{45}k^2(8+9k^2)\,E.
\end{aligned}\right\} \tag{387}$$

$$\int A\,k^2\,dk^2 = 2\int B\,k^4\,dk^2 = -\frac{2}{225}(16+12k^2-45k^4)\,A + \frac{4}{225}k^2(8+9k^2)\,E. \tag{388}$$

$$\left.\begin{aligned}
&\int\frac{A}{k^2}\,dk^2 = 4(A+k'^2K), &&\int\frac{A-k^2E}{k^4}\,dk^2 = -\frac{A}{k^2}-2E, &&\int\frac{A+4E}{k^4}\,dk^2 = -2\,\frac{A+2E}{k^2},\\
&\int\frac{A}{k'^2}\,dk^2 = 4(-A+k^2K), &&\int\frac{A-k^2K}{k^4}\,dk^2 = -\frac{A}{k^2}, &&\int\frac{A-k^2E}{k^4k'^2}\,dk^2 = 2\,\frac{K-E}{k^2},\\
&\int\frac{A}{k^2k'^2}\,dk^2 = 4K, &&\int\frac{E+K}{k^4}\,dk^2 = -\frac{2E}{k^2}, &&\int\frac{A+2k^2E}{k^2k'^4}\,dk^2 = \frac{4E}{k'^2},\\
&\int\frac{E}{k'^2}\,dk^2 = 2(K-E), &&\int\frac{A+2E}{k'^4}\,dk^2 = \frac{2A}{k'^2}, &&\int\frac{A+\frac{1}{2}k^2E}{k^6}\,dk^2 = -\frac{\frac{1}{2}A+k^2E}{k^4},\\
&\int\frac{E-K}{k^2}\,dk^2 = 2E, &&\int\frac{E-2K}{k'^4}\,dk^2 = 2\,\frac{E-K}{k'^2}, &&\int\frac{A+\frac{1}{2}(3+k^2)E}{k'^6}\,dk^2 = \frac{\frac{1}{2}A+k^2E}{k'^4}.
\end{aligned}\right\} \tag{389}$$

45. K, E und A für imaginäre Werte und Reziprokwerte von k. Weitere bestimmte Integrale

Die bisherigen Betrachtungen der Funktionen K, E, und A bezogen sich auf die Argumentbereiche $0 \leqq k^2 < 1$ bzw. $0 \leqq k'^2 \leqq 1$. Eine Ausdehnung auf die Bereiche $-1 < k^2 \leqq 0$ bzw. $-1 \leqq k'^2 \leqq 0$ ist zufolge der Darstellungen von K, E und A durch hypergeometrische Reihenentwicklungen sofort möglich, da die letzteren innerhalb des Einheitskreises absolut und gleichmäßig konvergent sind. In Verbindung mit (299), (311) und (383) folgt

$$\left.\begin{aligned}
K(k\,i) &= \frac{\pi}{2}\left[1-\frac{1}{4}k^2+\frac{9}{64}k^4-\frac{25}{256}k^6+\frac{1225}{16384}k^8-\cdots\right],\\
E(k\,i) &= \frac{\pi}{2}\left[1+\frac{1}{4}k^2-\frac{3}{64}k^4+\frac{5}{256}k^6-\frac{175}{16384}k^8+\cdots\right],\\
A(k\,i) &= -\frac{\pi}{2}k^2\left[1-\frac{1}{8}k^2+\frac{3}{64}k^4-\frac{25}{1024}k^6+\frac{245}{16384}k^8+\cdots\right].
\end{aligned}\right\} \tag{390}$$

Vertauscht man andererseits in den Entwicklungen (299) und (311) k^2 mit $k^2/1+k^2$ und entwickelt man anschließend die dabei auftretenden Potenzen von $k^2/1+k^2$ in Potenzreihen nach k^2, so kann zufolge der Gültigkeit des großen Umordnungssatzes nach Potenzen von k^2 geordnet werden. Dies ergibt zunächst

$$\begin{aligned}
K\left(\frac{k}{\sqrt{1+k^2}}\right) &= \frac{\pi}{2}\left[1+\frac{1}{4}k^2-\frac{7}{64}k^4+\frac{17}{256}k^6-\frac{759}{16384}k^8+\cdots\right],\\
E\left(\frac{k}{\sqrt{1+k^2}}\right) &= \frac{\pi}{2}\left[1-\frac{1}{4}k^2+\frac{13}{64}k^4-\frac{45}{256}k^6+\frac{2577}{16384}k^8-\cdots\right],
\end{aligned} \tag{391}$$

und wenn die obere und untere Gleichung beziehungsweise mit

$$\frac{1}{\sqrt{1+k^2}} = 1-\frac{1}{2}k^2+\frac{3}{8}k^4-\frac{5}{16}k^6+\frac{35}{128}k^8-\cdots \quad\text{und}\quad \sqrt{1+k^2} = 1+\frac{1}{2}k^2-\frac{1}{8}k^4+\frac{1}{16}k^6-\frac{5}{128}k^8+\cdots$$

multipliziert werden,

$$\begin{aligned}
\frac{1}{\sqrt{1+k^2}}\,K\left(\frac{k}{\sqrt{1+k^2}}\right) &= \frac{\pi}{2}\left[1-\frac{1}{4}k^2+\frac{9}{64}k^4-\frac{25}{256}k^6+\frac{1225}{16384}k^8-\cdots\right],\\
\sqrt{1+k^2}\,E\left(\frac{k}{\sqrt{1+k^2}}\right) &= \frac{\pi}{2}\left[1+\frac{1}{4}k^2-\frac{3}{64}k^4+\frac{5}{256}k^6-\frac{175}{16384}k^8+\cdots\right].
\end{aligned} \tag{392}$$

Der Vergleich von (390) und (392) liefert die Transformationsgleichungen

$$\begin{aligned} K(k\,i) &= \frac{1}{\sqrt{1+k^2}}\,K\left(\frac{k}{\sqrt{1+k^2}}\right),\\ E(k\,i) &= \sqrt{1+k^2}\,E\left(\frac{k}{\sqrt{1+k^2}}\right). \end{aligned} \tag{393}$$

Eine entsprechende Transformationsgleichung für $A(-k^2)$ erhält man durch Verbindung von 393) und (379). Aus (379) folgt zunächst

$$A(k\,i) = 2[E(k\,i) - (1+k^2)\,K(k\,i)]$$

und nach Einführung von (393)

$$A(k\,i) = 2\sqrt{1+k^2}\left[E\left(\frac{k}{\sqrt{1+k^2}}\right) - K\left(\frac{k}{\sqrt{1+k^2}}\right)\right]. \tag{394}$$

Da für $0 \leqq k^2 < \infty$ die rechten Seiten von (393) und (394) eindeutig definierte Werte besitzen, werden K, E und A durch (393) und (394) für den gesamten Bereich der negativen reellen Zahlenachse von k^2 dargestellt.

Wird in (312) bis (320) k^2 mit $-k^2$ vertauscht, so folgt bei Beachtung von (393)

$$\begin{aligned} &\int_0^{\pi/2} \sqrt{1+k^2\sin^2\varphi}\,d\varphi = \sqrt{1+k^2}\,E\left(\frac{k}{\sqrt{1+k^2}}\right), \quad \int_0^{\pi/2} \frac{\sin^2\varphi\,d\varphi}{\sqrt{1+k^2\sin^2\varphi}} = -\frac{1}{k^2\sqrt{1+k^2}}\,K\left(\frac{k}{\sqrt{1+k^2}}\right) + \frac{\sqrt{1+k^2}}{k^2}\,E\left(\frac{k}{\sqrt{1+k^2}}\right),\\ &\int_0^{\pi/2} \frac{d\varphi}{\sqrt{1+k^2\sin^2\varphi}} = \frac{1}{\sqrt{1+k^2}}\,K\left(\frac{k}{\sqrt{1+k^2}}\right), \quad \int_0^{\pi/2} \frac{\cos^2\varphi\,d\varphi}{\sqrt{1+k^2\sin^2\varphi}} = \frac{\sqrt{1+k^2}}{k^2}\left[K\left(\frac{k}{\sqrt{1+k^2}}\right) - E\left(\frac{k}{\sqrt{1+k^2}}\right)\right]. \end{aligned} \tag{395}$$

$$\left.\begin{aligned} &\int_0^{\pi/2} \frac{d\varphi}{(1+k^2\sin^2\varphi)^{3/2}} = \frac{1}{\sqrt{1+k^2}}\,E\left(\frac{k}{\sqrt{1+k^2}}\right), \quad \int_0^{\pi/2} \frac{\sin^2\varphi\,d\varphi}{(1+k^2\sin^2\varphi)^{3/2}} = \frac{1}{k^2\sqrt{1+k^2}}\left[K\left(\frac{k}{\sqrt{1+k^2}}\right) - E\left(\frac{k}{\sqrt{1+k^2}}\right)\right],\\ &\int_0^{\pi/2} \frac{\cos^2\varphi\,d\varphi}{(1+k^2\sin^2\varphi)^{3/2}} = \int_0^{\pi/2} \frac{\sin^2\varphi\,d\varphi}{\sqrt{1+k^2\sin^2\varphi}}, \quad \int_0^{\pi/2} \frac{\sin^2\varphi\cos^2\varphi\,d\varphi}{(1+k^2\sin^2\varphi)^{3/2}} = \frac{1}{k^2}\int_0^{\pi/2} \frac{\cos^2\varphi\,d\varphi}{\sqrt{1+k^2\sin^2\varphi}} - \frac{1}{k^2}\int_0^{\pi/2} \frac{\sin^2\varphi\,d\varphi}{\sqrt{1+k^2\sin^2\varphi}},\\ &\int_0^{\pi/2} \frac{\cos^4\varphi\,d\varphi}{(1+k^2\sin^2\varphi)^{3/2}} = (1+k^2)\int_0^{\pi/2} \frac{\sin^4\varphi\,d\varphi}{(1+k^2\sin^2\varphi)^{3/2}}, \quad \int_0^{\pi/2} \frac{\sin^4\varphi\,d\varphi}{(1+k^2\sin^2\varphi)^{3/2}} = \frac{1}{k^4\sqrt{1+k^2}}\left[(2+k^2)\,E\left(\frac{k}{\sqrt{1+k^2}}\right) - 2K\left(\frac{k}{\sqrt{1+k^2}}\right)\right]. \end{aligned}\right\} \tag{396}$$

$$\left.\begin{aligned} \int_0^{\pi/2} \frac{d\varphi}{(1+k^2\sin^2\varphi)^{5/2}} &= \frac{(4+2k^2)\,E\left(\frac{k}{\sqrt{1+k^2}}\right) - K\left(\frac{k}{\sqrt{1+k^2}}\right)}{3(1+k^2)^{3/2}},\\ \int_0^{\pi/2} \frac{\sin^2\varphi\cos^2\varphi\,d\varphi}{(1+k^2\sin^2\varphi)^{5/2}} &= \frac{(2+k^2)\,E\left(\frac{k}{\sqrt{1+k^2}}\right) - 2K\left(\frac{k}{\sqrt{1+k^2}}\right)}{3k^4\sqrt{1+k^2}},\\ \int_0^{\pi/2} \frac{\sin^2\varphi\,d\varphi}{(1+k^2\sin^2\varphi)^{5/2}} &= \frac{(-1+k^2)\,E\left(\frac{k}{\sqrt{1+k^2}}\right) + K\left(\frac{k}{\sqrt{1+k^2}}\right)}{3k^2(1+k^2)^{3/2}},\\ \int_0^{\pi/2} \frac{\cos^2\varphi\,d\varphi}{(1+k^2\sin^2\varphi)^{5/2}} &= \frac{(1+2k^2)\,E\left(\frac{k}{\sqrt{1+k^2}}\right) - K\left(\frac{k}{\sqrt{1+k^2}}\right)}{3k^2\sqrt{1+k^2}},\\ \int_0^{\pi/2} \frac{\sin^4\varphi\,d\varphi}{(1+k^2\sin^2\varphi)^{5/2}} &= \frac{-(2+4k^2)\,E\left(\frac{k}{\sqrt{1+k^2}}\right) + (2+3k^2)\,K\left(\frac{k}{\sqrt{1+k^2}}\right)}{3k^4(1+k^2)^{3/2}}, \end{aligned}\right\} \tag{397}$$

$$\left.\begin{aligned}
\int_0^{\pi/2}\frac{\cos^4\varphi\,d\varphi}{(1+k^2\sin^2\varphi)^{5/2}} &= \frac{-2(1-k^4)\,E\left(\frac{k}{\sqrt{1+k^2}}\right)+(2-k^2)\,K\left(\frac{k}{\sqrt{1+k^2}}\right)}{3k^4\sqrt{1+k^2}},\\
\int_0^{\pi/2}\frac{\sin^6\varphi\,d\varphi}{(1+k^2\sin^2\varphi)^{5/2}} &= \frac{(8+13k^2+3k^4)\,E\left(\frac{k}{\sqrt{1+k^2}}\right)-(8+9k^2)\,K\left(\frac{k}{\sqrt{1+k^2}}\right)}{3k^6(1+k^2)^{3/2}},\\
\int_0^{\pi/2}\frac{\cos^6\varphi\,d\varphi}{(1+k^2\sin^2\varphi)^{5/2}} &= \frac{-(8+3k^2-2k^4)\,E\left(\frac{k}{\sqrt{1+k^2}}\right)+(8-k^2)\,K\left(\frac{k}{\sqrt{1+k^2}}\right)}{3k^6\sqrt{1+k^2}}.
\end{aligned}\right\}$$

Es verbleibt nun noch die Darstellung von K, E und A für den Modulbereich von $1 < k < \infty$.

Wird in den Integraldarstellungen (289) für K und (305) für E der Parameter k mit $1/k$ vertauscht, so nehmen die Integrale komplexe Werte an. Man erhält nach Aufspaltung in Real- und Imaginärteil

$$\left.\begin{aligned}
K\left(\frac{1}{k}\right) &= \int_0^{\arcsin k}\frac{d\varphi}{\sqrt{1-\frac{1}{k^2}\sin^2\varphi}} - i\int_{\arcsin k}^{\pi/2}\frac{d\varphi}{\sqrt{-1+\frac{1}{k^2}\sin^2\varphi}}\\
&= \int_0^{\arcsin k}\frac{d\varphi}{\sqrt{\left(1-\frac{1}{2k^2}\right)+\frac{\cos 2\varphi}{2k^2}}} - i\int_{\arcsin k}^{\pi/2}\frac{d\varphi}{\sqrt{\left(-1+\frac{1}{2k^2}\right)-\frac{\cos 2\varphi}{2k^2}}},\\
E\left(\frac{1}{k}\right) &= \int_0^{\arcsin k}\sqrt{1-\frac{1}{k^2}\sin^2\varphi}\,d\varphi + i\int_{\arcsin k}^{\pi/2}\sqrt{-1+\frac{1}{k^2}\sin^2\varphi}\,d\varphi\\
&= \int_0^{\arcsin k}\sqrt{\left(1-\frac{1}{2k^2}\right)+\frac{\cos 2\varphi}{2k^2}}\,d\varphi + i\int_{\arcsin k}^{\pi/2}\sqrt{\left(-1+\frac{1}{2k^2}\right)-\frac{\cos 2\varphi}{2k^2}}\,d\varphi.
\end{aligned}\right\}\quad(398)$$

Im Sonderfalle $k^2 = \frac{1}{2}$ ergibt sich mit $\varphi = \frac{1}{2}t$

$$\left.\begin{aligned}
K(\sqrt{2}) &= \int_0^{\pi/4}\frac{d\varphi}{\sqrt{\cos 2\varphi}} - i\int_{\pi/4}^{\pi/2}\frac{d\varphi}{\sqrt{-\cos 2\varphi}} = \int_0^{\pi/2}\frac{dt}{2\sqrt{\cos t}} - i\int_{\pi/2}^{\pi}\frac{dt}{2\sqrt{-\cos t}} = \frac{1-i}{2}\int_0^{\pi/2}\frac{dt}{\sqrt{\cos t}},\\
E(\sqrt{2}) &= \int_0^{\pi/4}\sqrt{\cos 2\varphi}\,d\varphi + i\int_{\pi/4}^{\pi/2}\sqrt{-\cos 2\varphi}\,d\varphi = \int_0^{\pi/2}\frac{1}{2}\sqrt{\cos t}\,dt + i\int_{\pi/2}^{\pi}\frac{1}{2}\sqrt{-\cos t}\,dt = \frac{1+i}{2}\int_0^{\pi/2}\sqrt{\cos t}\,dt.
\end{aligned}\right\}\quad(399)$$

Unter Bezugnahme auf die vordere Gruppe der Gln. (398) können nun die innerhalb der Integrationsbereiche zulässigen Substitutionen

$$\frac{1}{k}\sin\varphi = \sin\psi,\quad d\varphi = k\frac{\cos\psi}{\cos\varphi}d\psi = k\frac{\cos\psi\,d\psi}{\sqrt{1-k^2\sin^2\psi}}\quad\text{für}\quad 0 \leqq \varphi \leqq \arcsin k,$$

$$\frac{1}{k'}\cos\varphi = \cos\psi,\quad d\varphi = k'\frac{\sin\psi}{\sin\varphi}d\psi = k'\frac{\sin\psi\,d\psi}{\sqrt{1-k'^2\cos^2\psi}}\quad\text{für}\quad \arcsin k \leqq \varphi \leqq \frac{\pi}{2}$$

eingeführt werden. Die Umschreibung der Integrale liefert mit $\arcsin k = \arccos k'$

$$K\left(\frac{1}{k}\right) = k\left[\int_0^{\pi/2}\frac{d\psi}{\sqrt{1-k^2\sin^2\psi}} - i\int_0^{\pi/2}\frac{d\psi}{\sqrt{1-k'^2\cos^2\psi}}\right],$$

$$E\left(\frac{1}{k}\right) = k\left[\int_0^{\pi/2}\frac{\cos^2\psi\,d\psi}{\sqrt{1-k^2\sin^2\psi}} + i\frac{k'^2}{k^2}\int_0^{\pi/2}\frac{\sin^2\psi\,d\psi}{\sqrt{1-k'^2\cos^2\psi}}\right].$$

In diesen Integralen kann $\begin{smallmatrix}\sin\\ \cos\end{smallmatrix}\psi$ auch mit $\begin{smallmatrix}\cos\\ \sin\end{smallmatrix}\psi$ vertauscht werden.

In dem Ausdruck für $K(1/k)$ stellen die Integrale nach (289) gerade die Funktionen K und K' dar, während die Integrale für $E(1/k)$ nach (313) die Werte

$$\frac{E - k'^2 K}{k^2} \quad \text{bzw.} \quad \frac{E' - k^2 K'}{k'^2}$$

annehmen, die nach (379) auch in der Form

$$\frac{A}{2k^2} \quad \text{bzw.} \quad \frac{A'}{2k'^2}$$

geschrieben werden können. So gelangt man zu den Transformationsgleichungen

$$\left.\begin{aligned} K\left(\frac{1}{k}\right) &= k(K - i\,K'), \\ E\left(\frac{1}{k}\right) &= \frac{1}{2k}(A + i\,A'). \end{aligned}\right\} \qquad (0 < k < 1) \qquad (400)$$

In Verbindung mit (379) und (382) folgt für die Parameterfunktion A

$$A\left(\frac{1}{k}\right) = \frac{2}{k}[E + i(E' - K')]. \qquad (0 < k < 1) \qquad (401)$$

Vertauscht man in (299), (311), (383) k mit $1/k$, so ergeben sich in Verbindung mit (400) und (401) die Reihenentwicklungen

$$\left.\begin{aligned} K(k) &= \frac{\pi}{2k}\left[1 + \frac{1}{4k^2} + \frac{9}{64k^4} + \frac{25}{256k^6} + \frac{1225}{16384k^8} + \frac{3969}{65536k^{10}} + \cdots\right] - \\ &\quad - \frac{i\pi}{2k}\left[1 - \frac{k'^2}{4k^2} + \frac{9k'^4}{64k^4} - \frac{25k'^6}{256k^6} + \frac{1225k'^8}{16384k^8} - \frac{3969k'^{10}}{65536k^{10}} + \cdots\right], \\ E(k) &= \frac{\pi}{4k}\left[1 + \frac{1}{8k^2} + \frac{3}{64k^4} + \frac{25}{1024k^6} + \frac{245}{16384k^8} + \frac{1323}{131072k^{10}} + \cdots\right] - \\ &\quad - \frac{i\pi k'^2}{4k}\left[1 - \frac{k'^2}{8k^2} + \frac{3k'^4}{64k^4} - \frac{25k'^6}{1024k^6} + \frac{245k'^8}{16384k^8} - \frac{1323k'^{10}}{131072k^{10}} + \cdots\right], \\ A(k) &= \pi k\left[1 - \frac{1}{4k^2} - \frac{3}{64k^4} - \frac{5}{256k^6} - \frac{175}{16384k^8} - \frac{441}{65536k^{10}} - \cdots\right] + \\ &\quad + \frac{i\pi k'^2}{2k}\left[1 - \frac{3k'^2}{8k^2} + \frac{15k'^4}{65k^4} - \frac{175k'^6}{1024k^6} + \frac{2205k'^8}{16384k^8} - \frac{14553k'^{10}}{131072k^{10}} + \cdots\right]. \end{aligned}\right\} \quad (1 < k < \infty) \quad (402)$$

Der Vergleich von (398) und (400) liefert

$$\left.\begin{aligned} \int\limits_0^{\arcsin k} \frac{d\varphi}{\sqrt{(k^2 - \frac{1}{2}) + \frac{1}{2}\cos 2\varphi}} &= \int\limits_0^{2\arcsin k} \frac{\frac{1}{2}\sqrt{2}\,dt}{\sqrt{2k^2 - 1 + \cos t}} = \int\limits_{\frac{\pi}{2} - 2\arcsin k}^{\pi/2} \frac{\frac{1}{2}\sqrt{2}\,dt}{\sqrt{2k^2 - 1 + \sin t}} = \int\limits_0^{\arcsin k} \frac{d\varphi}{\sqrt{k^2 - \sin^2\varphi}} = K, \\ \int\limits_{\arcsin k}^{\pi/2} \frac{d\varphi}{\sqrt{(\frac{1}{2} - k^2) - \frac{1}{2}\cos 2\varphi}} &= \int\limits_{2\arcsin k}^{\pi} \frac{\frac{1}{2}\sqrt{2}\,dt}{\sqrt{1 - 2k^2 - \cos t}} = \int\limits_{-\frac{\pi}{2}}^{\frac{\pi}{2} - 2\arcsin k} \frac{\frac{1}{2}\sqrt{2}\,dt}{\sqrt{1 - 2k^2 - \sin t}} = \int\limits_{\arcsin k}^{\frac{\pi}{2}} \frac{d\varphi}{\sqrt{-k^2 + \sin^2\varphi}} = K'. \end{aligned}\right\} \qquad (403)$$

$$\left.\begin{aligned} \int\limits_0^{\arcsin k} \sqrt{\left(k^2 - \frac{1}{2}\right) + \frac{1}{2}\cos 2\varphi}\,d\varphi &= \int\limits_0^{2\arcsin k} \frac{1}{2}\sqrt{2k^2 - 1 + \cos t}\,\frac{dt}{\sqrt{2}} \\ &= \int\limits_{\frac{\pi}{2} - 2\arcsin k}^{\pi/2} \frac{1}{2}\sqrt{2k^2 - 1 + \sin t}\,\frac{dt}{\sqrt{2}} = \int\limits_0^{\arcsin k} \sqrt{k^2 - \sin^2\varphi}\,d\varphi = \frac{1}{2}A, \\ \int\limits_{\arcsin k}^{\pi/2} \sqrt{\left(\frac{1}{2} - k^2\right) - \frac{1}{2}\cos 2\varphi}\,d\varphi &= \int\limits_{2\arcsin k}^{\pi} \frac{1}{2}\sqrt{1 - 2k^2 - \cos t}\,\frac{dt}{\sqrt{2}} \\ &= \int\limits_{-\frac{\pi}{2}}^{\frac{\pi}{2} - 2\arcsin k} \frac{1}{2}\sqrt{1 - 2k^2 - \sin t}\,\frac{dt}{\sqrt{2}} = \int\limits_{\arcsin k}^{\pi/2} \sqrt{-k^2 + \sin^2\varphi}\,d\varphi = \frac{1}{2}A'. \end{aligned}\right\} \qquad (404)$$

Im Sonderfalle $k^2 = \frac{1}{2}$ erhält man

$$\int_0^{\pi/2} \frac{dt}{\sqrt{\cos t}} = \int_0^{\pi/2} \frac{dt}{\sqrt{\sin t}} = \sqrt{2}\,K(\sqrt{\tfrac{1}{2}}),$$
$$\int_0^{\pi/2} \sqrt{\cos t}\,dt = \int_0^{\pi/2} \sqrt{\sin t}\,dt = \sqrt{2}\,A(\sqrt{\tfrac{1}{2}}) \tag{405}$$

und bei Substitution von $u = \sqrt{\sin t}$

$$\int_0^1 \frac{u\,du}{(1-u^4)^{3/4}} = \int_0^1 \frac{du}{\sqrt{1-u^4}} = \frac{K(\sqrt{\frac{1}{2}})}{\sqrt{2}},$$
$$\int_0^1 \frac{u\,du}{\sqrt[4]{1-u^4}} = \int_0^1 \frac{u^2\,du}{\sqrt{1-u^4}} = \frac{A(\sqrt{\frac{1}{2}})}{\sqrt{2}} \tag{406}$$

und von $u = \sqrt{\tan t}$

$$\int_0^\infty \frac{du}{(1+u^4)^{3/4}} = \int_0^\infty \frac{u\,du}{(1+u^4)^{3/4}} = \frac{K(\sqrt{\frac{1}{2}})}{\sqrt{2}},$$
$$\int_0^\infty \frac{u^2\,du}{(1+u^4)^{5/4}} = \int_0^\infty \frac{u\,du}{(1+u^4)^{5/4}} = \frac{A(\sqrt{\frac{1}{2}})}{\sqrt{2}}. \tag{407}$$

Nach (266) und der dritten der Gln. (269) des ersten Bandes ist

$$\frac{1}{2}\cos 2\varphi = -\frac{1}{2} + \cos^2\varphi = \frac{1}{2} - \sin^2\varphi,$$
$$\frac{3}{4} - \sin^2\varphi = \frac{1}{4}\,\frac{\sin 3\varphi}{\sin\varphi}.$$

Werden diese Beziehungen in den für $k^2 = \frac{3}{4}$ angesetzten Gln. (403) und (404) berücksichtigt, so ergibt sich

$$\int_0^{\pi/3} \sqrt{\frac{\sin\varphi}{\sin 3\varphi}}\,d\varphi = \frac{1}{2}\,K\left(\frac{1}{2}\sqrt{3}\right),$$
$$\int_0^{\pi/3} \sqrt{\frac{\sin 3\varphi}{\sin\varphi}}\,d\varphi = A\left(\frac{1}{2}\sqrt{3}\right). \tag{408}$$

In ähnlicher Weise folgt für $k^2 = \frac{1}{4}$

$$\int_0^{\pi/6} \sqrt{\frac{\cos\varphi}{\cos 3\varphi}}\,d\varphi = \frac{1}{2}\,K\left(\frac{1}{2}\right),$$
$$\int_0^{\pi/6} \sqrt{\frac{\cos 3\varphi}{\cos\varphi}}\,d\varphi = A\left(\frac{1}{2}\right). \tag{409}$$

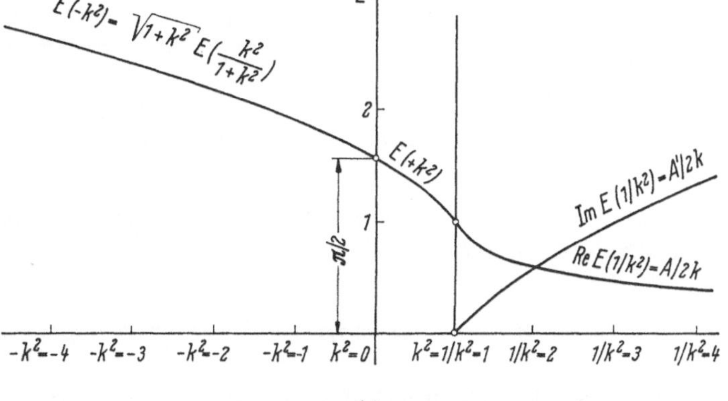

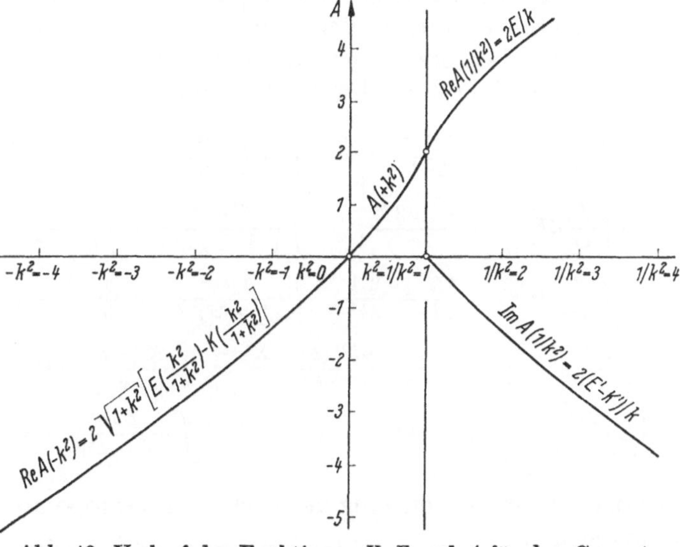

Abb. 46. Verlauf der Funktionen K, E und A für den Gesamtbereich reeller Werte von k^2

Bei Heranziehung der partiellen Integration lassen sich die Integrale (405) auch als arcus-Integrale darstellen. Mit

$$\sin t = u^2$$

erhält man

$$\int_0^1 \frac{\arcsin u^2}{u^2}\,du = -\frac{\pi}{2} + \sqrt{2}\,K(\sqrt{\tfrac{1}{2}}), \qquad \int_0^1 \arcsin u^2\,du = +\frac{\pi}{2} - \sqrt{2}\,A(\sqrt{\tfrac{1}{2}}). \tag{410}$$

Mit den in diesem Abschnitt entwickelten Formeln sind K, E und A für den Gesamtbereich reeller Werte von k^2 dargestellt worden. Der zugehörige Funktionsverlauf ist aus Abb. 46 ersichtlich.

46. Weitere Integrale mit K, E und A

Die Transformationsgleichungen (393), (394), (400) und (401) gestatten die Darstellung weiterer Integrale mit K, E und A.

Für die durch (365) eingeführten Funktionen B, C und D folgt zunächst in Verbindung mit (379)

$$B = \frac{A}{2k^2}, \quad C = \frac{-A + k^2 K}{k^4}, \quad D = \frac{K - E}{k^2} \tag{411}$$

und bei Berücksichtigung dieser Darstellungen unter Vertauschen von k mit $1/k$ in der linken Gruppe der Gln. (385) und in (389)

$$\left.\begin{aligned}
&\int \frac{K\left(\frac{1}{k}\right)}{k^4}\,dk^2 = -A\left(\frac{1}{k}\right), && \int \frac{E\left(\frac{1}{k}\right)}{k^4}\,dk^2 = -\frac{1}{3}A\left(\frac{1}{k}\right) - \frac{2}{3k^2}E\left(\frac{1}{k}\right),\\
&\int \frac{A\left(\frac{1}{k}\right)}{2k^2}\,dk^2 = -A\left(\frac{1}{k}\right) - 2E\left(\frac{1}{k}\right), && \int \frac{-k^2 A\left(\frac{1}{k}\right) + K\left(\frac{1}{k}\right)}{k^2}\,dk^2 = -k^2 A\left(\frac{1}{k}\right),\\
&\int \frac{K\left(\frac{1}{k}\right) - E\left(\frac{1}{k}\right)}{k^2}\,dk^2 = 2E\left(\frac{1}{k}\right), && \int \frac{A\left(\frac{1}{k}\right)}{k^4}\,dk^2 = \frac{2}{9}\left(2 - \frac{3}{k^2}\right)A\left(\frac{1}{k}\right) - \frac{4}{9k^2}E\left(\frac{1}{k}\right).
\end{aligned}\right\} \tag{412}$$

Von den Gln. (387) ist nur die erste Gleichung der linken Gruppe von größerer Bedeutung; ihre Umschreibung liefert

$$\int \frac{K\left(\frac{1}{k}\right)}{k^6}\,dk^2 = -\frac{1}{9}\left(4 + \frac{3}{k^2}\right)A\left(\frac{1}{k}\right) + \frac{4}{9k^2}E\left(\frac{1}{k}\right). \tag{413}$$

In die sieben transformierten Integrale können nun $E(1/k)$, $K(1/k)$ und $A(1/k)$ nach (400) und (401) eingeführt werden. Vergleicht man hierbei die Realteile und Imaginärteile für sich und wird bei den letzteren nachträglich k'^2 mit k^2 vertauscht, so entstehen unter Beachtung von (379) die nachfolgenden Integralformeln

$$\left.\begin{aligned}
&\int \frac{K}{k^3}\,dk^2 = -\frac{2E}{k}, \quad \int \frac{K\,dk^2}{(1-k^2)^{3/2}} = -2\frac{E-K}{\sqrt{1-k^2}}, \quad \int \frac{K}{k^5}\,dk^2 = 2\frac{A - (3+4k^2)E}{9k^3}\\
&\int \frac{E}{k^3}\,dk^2 = -\frac{A+2E}{k}, \quad \int \frac{E\,dk^2}{\sqrt{(1-k^2)^{3/2}}} = \frac{A}{\sqrt{1-k^2}}, \quad \int \frac{E}{k^5}\,dk^2 = -\frac{A + 2(3-2k^2)E}{9k^3},\\
&\int \frac{A}{k^5}\,dk^2 = -\frac{4E}{3k} - \frac{2A}{3k^3}, \quad \int \frac{A\,dk^2}{(1-k^2)^{5/2}} = \frac{4}{3}\frac{E-K}{\sqrt{1-k^2}} + \frac{2}{3}\frac{A}{(1-k^2)^{3/2}},\\
&\int \frac{K\,dk^2}{(1-k^2)^{5/2}} = 2\frac{A - (7-4k^2)(E-K)}{9(1-k^2)^{3/2}}, \quad \int \frac{K-2E}{k}\,dk^2 = -2kE,\\
&\int \frac{K-2E}{\sqrt{1-k^2}}\,dk^2 = 2\sqrt{1-k^2}\,(E-K), \quad \int \frac{E\,dk^2}{(1-k^2)^{5/2}} = -\frac{4}{3}\frac{E-K}{\sqrt{1-k^2}} + \frac{1}{3}\frac{A}{\sqrt{(1-k^2)^{3/2}}}.
\end{aligned}\right\} \tag{414}$$

Aus der mittleren Gleichung der vorletzten Gruppe und der letzten Gleichung der unteren Gruppe ergibt sich

$$\int \frac{A+E}{(1-k^2)^{5/2}}\,dk^2 = \frac{A}{(1-k^2)^{3/2}}. \tag{415}$$

Verifiziert man die Richtigkeit dieser Integralformel durch Differenzieren von (415), so wird man auf die für beliebige α-Werte gültige Integralformel

$$\int \frac{(\alpha - \frac{3}{2})A + E}{(1-k^2)^{\alpha}}\,dk^2 = \frac{A}{(1-k^2)^{\alpha-1}} \qquad (\alpha \text{ beliebig}) \tag{416}$$

geführt. Diese Gleichung liefert z. B. für $\alpha = \frac{3}{2}$ die in der mittleren Gleichung der zweitobersten Gruppe von (414) enthaltene Integralformel. Für $\alpha = 0$ folgt die auch aus (385) entwickelbare Integralformel

$$\int (E - \tfrac{3}{2}A)\, dk^2 = A(1 - k^2). \tag{417}$$

Für $\alpha = \frac{1}{2}$ erhält man in Verbindung mit (414), mittlere Gleichung der untersten Gruppe,

$$\int \frac{E - A}{\sqrt{1 - k^2}}\, dk^2 = \sqrt{1 - k^2}\, A, \qquad \int \frac{K - 2A}{\sqrt{1 - k^2}}\, dk^2 = 2\sqrt{1 - k^2}\,(A + E - K). \tag{418}$$

Aus den letzten Gleichungen der beiden oberen Gruppen von (414) liest man die Integralformel

$$\int \frac{K + 2E}{k^5}\, dk^2 = -\frac{2E}{k^3} \tag{419}$$

ab, bei deren Verifizierung man zu der für beliebige α-Werte gültigen Integralformel

$$\int \frac{K + 2(\alpha - \frac{3}{2})E}{k^{2\alpha}}\, dk^2 = -\frac{2E}{k^{2(\alpha-1)}} \qquad (\alpha \text{ beliebig}) \tag{420}$$

gelangt. Für $\alpha = \frac{3}{2}$ erhält man beispielsweise die erste, für $\alpha = \frac{1}{2}$ die vierte der Gln. (414), linke bzw. rechte Gruppe. Für $\alpha = 0$ folgt die auch aus (385) entwickelbare Integralformel

$$\int (K - 3E)\, dk^2 = -2k^2 E. \tag{421}$$

Die Fälle $\alpha = 1$ und $\alpha = 2$ sind bereits in (389) enthalten.

Wird in (416) und (420) k mit $1/k$ vertauscht, so folgt

$$\int \frac{\left(\alpha - \frac{3}{2}\right) A\left(\frac{1}{k}\right) + E\left(\frac{1}{k}\right)}{k^4\left(1 - \frac{1}{k^2}\right)^{\alpha}}\, dk^2 = -\frac{A\left(\frac{1}{k}\right)}{\left(1 - \frac{1}{k^2}\right)^{\alpha-1}}, \qquad \int \frac{K\left(\frac{1}{k}\right) + 2\left(\alpha - \frac{3}{2}\right) E\left(\frac{1}{k}\right)}{k^{4-2\alpha}}\, dk^2 = \frac{2E\left(\frac{1}{k}\right)}{k^{2-2\alpha}}. \tag{422}$$

Die Gln. (422) gelten für beliebige α-Werte. Nach dem Aufbau der Gleichungen heben sich durch α bedingte komplexe Faktoren beidseitig heraus. Man erhält daher, wenn $E(1/k)$, $K(1/k)$ und $A(1/k)$ nach (400) und (401) eingesetzt, nach Realteilen und Imaginärteilen aufgespalten und bei den letzteren k' mit k vertauscht wird,

$$\int \frac{A + 4(\alpha - \frac{3}{2})E}{k^{5-2\alpha}(1 - k^2)^{\alpha}}\, dk^2 = \frac{4E}{k^{3-2\alpha}(1 - k^2)^{\alpha-1}}, \qquad \int \frac{A + 4(\alpha - \frac{3}{2})(E - K)}{k^{2\alpha}(1 - k^2)^{\frac{5}{2}-\alpha}}\, dk^2 = -\frac{4(E - K)}{k^{2\alpha-2}(1 - k^2)^{\frac{3}{2}-\alpha}} \tag{423}$$

und

$$\int \frac{(\alpha - \frac{3}{2})A + k^2 K}{k^{5-2\alpha}}\, dk^2 = \frac{A}{k^{3-2\alpha}}, \qquad \int \frac{(\alpha - \frac{3}{2})A - (1 - k^2)K}{(1 - k^2)^{\frac{5}{2}-\alpha}}\, dk^2 = -\frac{A}{(1 - k^2)^{\frac{3}{2}-\alpha}}. \tag{424}$$

Im Falle $\alpha = 0$ liefern die Gln. (423)

$$\int \frac{A - 6E}{k^5}\, dk^2 = 4\frac{1 - k^2}{k^3} E, \qquad \int \frac{A - 6E + 6K}{(1 - k^2)^{5/2}}\, dk^2 = -\frac{4k^2}{(1 - k^2)^{3/2}}(E - K), \tag{425}$$

Integralformeln, deren Richtigkeit man mit (414) leicht bestätigt. Das gleiche gilt für die mit $\alpha = \frac{5}{2}$ sich ergebenden Formeln

$$\int \frac{A + 4E}{(1 - k^2)^{5/2}}\, dk^2 = \frac{4k^2 E}{(1 - k^2)^{3/2}}, \qquad \int \frac{A + 4E - 4K}{k^5}\, dk^2 = -\frac{4(1 - k^2)}{k^3}(E - K). \tag{426}$$

Für $\alpha = \frac{3}{2}$ folgt

$$\int \frac{A}{k^2(1 - k^2)^{3/2}}\, dk^2 = \frac{4E}{\sqrt{1 - k^2}}, \qquad \int \frac{A}{k^3(1 - k^2)}\, dk^2 = -\frac{4}{k}(E - K) \tag{427}$$

und für $\alpha = 1$

$$\int \frac{A - 2E}{k^3(1 - k^2)}\, dk^2 = \frac{4}{k} E, \qquad \int \frac{A - 2E + 2K}{k^2(1 - k^2)^{3/2}}\, dk^2 = -\frac{4(E - K)}{\sqrt{1 - k^2}}. \tag{428}$$

Aus den Gln. (424) ergibt sich für $\alpha = \frac{5}{2}$

$$\int (A + k^2 K)\, dk^2 = k^2 A, \qquad \int (A - k'^2 K)\, dk^2 = -k'^2 A, \tag{429}$$

Integralformeln, die sich auch aus (385) und (387) herleiten lassen. Für $\alpha = \frac{3}{2}$ entsteht die erste der Integralformeln (385). Wird in (424) $\alpha = 2$ gesetzt, so erhält man

$$\int \frac{\frac{1}{2}A + k^2 K}{k} d\,k^2 = k\,A, \quad \int \frac{\frac{1}{2}A - k'^2 K}{k'} d k^2 = -k' A \tag{430}$$

und im Falle von $\alpha = 1$, wenn gleichzeitig (379) beachtet wird,

$$\int \frac{-\frac{1}{2}A + k^2 K}{k^3} d k^2 = \int \frac{K - E}{k^3} d k^2 = \frac{A}{k}, \quad \int \frac{\frac{1}{2}A + k'^2 K}{(1-k^2)^{3/2}} d k^2 = \int \frac{E}{(1-k^2)^{3/2}} d k^2 = \frac{A}{\sqrt{1-k^2}} \tag{431}$$

im Einklang mit (414).

Für $\alpha = \frac{5}{2}$ liefern die Gln. (423) und (424)

$$\int \frac{A - E}{[k^2(1-k^2)]^{5/4}} d k^2 = \frac{4E}{[k^2(1-k^2)]^{1/4}}, \quad \int \frac{A - E + K}{[k^2(1-k^2)]^{5/4}} d k^2 = -\frac{4(E-K)}{[k^2(1-k^2)]^{1/4}}; \tag{432}$$

$$\int \frac{-\frac{1}{4}A + k^2 K}{k^{5/2}} d k^2 = \frac{A}{\sqrt{k}}, \quad \int \frac{\frac{1}{4}A + (1-k^2) K}{(\sqrt{1-k^2})^{5/2}} d k^2 = \frac{A}{\sqrt[4]{1-k^2}}. \tag{433}$$

Zu einer letzten Gruppe von Integralformeln gelangt man, wenn in (416) und (420) k mit $k\,i$ vertauscht wird. Dies ergibt

$$\int \frac{(\alpha - \frac{3}{2})\,A(k\,i) + E(k\,i)}{(1+k^2)^\alpha} d k^2 = -\frac{A(k\,i)}{(1+k^2)^{\alpha-1}}, \quad \int \frac{K(k\,i) + 2(\alpha - \frac{3}{2})\,E(k\,i)}{k^{2\alpha}} d k^2 = -\frac{2E(k\,i)}{k^{2(\alpha-1)}}$$

und bei Beachtung von (393) und (394)

$$\int \frac{(2\alpha-2)\,E\left(\frac{k^2}{1+k^2}\right) - (2\alpha-3)\,K\left(\frac{k^2}{1+k^2}\right)}{(1+k^2)^{\alpha-\frac{1}{2}}} d k^2 = -2\,\frac{E\left(\frac{k^2}{1+k^2}\right) - K\left(\frac{k^2}{1+k^2}\right)}{(1+k^2)^{\alpha-\frac{3}{2}}},$$

$$\int \frac{K\left(\frac{k^2}{1+k^2}\right) + (2\alpha-3)(1+k^2)\,E\left(\frac{k^2}{1+k^2}\right)}{k^{2\alpha}\sqrt{1+k^2}} d k^2 = -\frac{2\sqrt{1+k^2}}{k^{2(\alpha-1)}}\,E\left(\frac{k^2}{1+k^2}\right).$$

In diesen Gleichungen kann nun $\frac{k^2}{1+k^2}$ mit k^2 oder k^2 mit $\frac{k^2}{1-k^2}$ vertauscht werden. Dann geht

$$d k^2 \to \frac{d k^2}{(1-k^2)^2}, \quad (1+k^2) \to \frac{1}{1-k^2},$$

und es folgen die weiteren, für beliebige α-Werte gültigen Integralformeln

$$\int \frac{(2\alpha-2)\,E - (2\alpha-3)\,K}{(1-k^2)^{\frac{5}{2}-\alpha}} d k^2 = -2\,\frac{E - K}{(1-k^2)^{\frac{3}{2}-\alpha}}, \tag{434}$$

$$\int \frac{(2\alpha-3)\,E + (1-k^2)\,K}{k^{2\alpha}(1-k^2)^{\frac{5}{2}-\alpha}} d k^2 = -2\,\frac{E}{k^{2\alpha-2}(1-k^2)^{\frac{3}{2}-\alpha}}. \tag{435}$$

Die aus (434) für $\alpha = \frac{1}{2}$, $\alpha = \frac{3}{2}$ bzw. $\alpha = 1$, $\alpha = 2$ entstehenden Integralformeln sind bereits in (389) bzw. (414) aufgeführt. Für $\alpha = \frac{3}{2}$ liefert (435) die erste der Gln. (414). Im Falle $\alpha = \frac{5}{2}$ erhält man

$$\int (3E - 2K)\, d k^2 = -2(1-k^2)(E-K), \quad \int \frac{2E + (1-k^2)\,K}{k^5} d k^2 = -2\,\frac{1-k^2}{k^3}\,E. \tag{436}$$

Der Fall $\alpha = 0$ ergibt

$$\int \frac{2E - 3K}{(1-k^2)^{5/2}} d k^2 = 2\,\frac{E-K}{(1-k^2)^{3/2}}, \quad \int \frac{3E - (1-k^2)\,K}{(1-k^2)^{5/2}} d k^2 = 2\,\frac{k^2}{(1-k^2)^{3/2}}\,E. \tag{437}$$

Schließlich folgt für $\alpha = \frac{5}{4}$

$$\int \frac{E + K}{(1-k^2)^{5/4}} d k^2 = -4\,\frac{E-K}{\sqrt[4]{1-k^2}}, \quad \int \frac{E - 2(1-k^2)\,K}{[k^2(1-k^2)]^{5/4}} d k^2 = \frac{4E}{[k^2(1-k^2)]^{1/4}}. \tag{438}$$

47. Komplexe Transformationsgleichungen für K und E

Den Ausgangspunkt der Betrachtungen dieses Abschnittes bilden die Transformationsgleichungen (358) und (360). Sie lauten, wenn in den linken Transformationsgleichungen jeweils k' mit k vertauscht und $k' = \sqrt{1-k^2}$ gesetzt wird,

$$K\left(\frac{1-k}{1+k}\right) = \frac{1+k}{2} K(\sqrt{1-k^2}), \qquad K\left(\frac{2\sqrt{k}}{1+k}\right) = (1+k)\,K(k),$$
$$E\left(\frac{1-k}{1+k}\right) = \frac{E(\sqrt{1-k^2}) + k\,K(\sqrt{1-k^2})}{1+k}, \qquad E\left(\frac{2\sqrt{k}}{1+k}\right) = \frac{2E(k) - (1-k^2)\,K(k)}{1+k}. \tag{439}$$

Diese Gleichungen gelten, nachdem der Gültigkeitsbereich der Potenzreihenentwicklungen für K und E in Abschnitt 45 in den Bereich $0 < k/i < \infty$ fortgesetzt wurde, ebenfalls für diesen k-Wert-Bereich. Man darf daher in (439) k mit $k\,i$ bzw. k^2 mit $-k^2$ vertauschen. Die so entstehenden komplexen Transformationsgleichungen lauten unter Beachtung von (393) und (400):

$$K\left(\frac{1-ik}{1+ik}\right) = \frac{1+ik}{2\sqrt{1+k^2}}\left[K\left(\frac{1}{\sqrt{1+k^2}}\right) - i\,K\left(\frac{k}{\sqrt{1+k^2}}\right)\right],$$
$$E\left(\frac{1-ik}{1+ik}\right) = \frac{\sqrt{1+k^2}}{2(1+ik)}\left[A\left(\frac{1}{\sqrt{1+k^2}}\right) + i\,A\left(\frac{k}{\sqrt{1+k^2}}\right)\right] + \tag{440}$$
$$+ \frac{ik}{\sqrt{1+k^2}\,(1+ik)}\left[K\left(\frac{1}{\sqrt{1+k^2}}\right) - i\,K\left(\frac{k}{\sqrt{1+k^2}}\right)\right]$$

und

$$K\left(\frac{2i\sqrt{k}}{1+ik}\right) = \frac{1+ik}{\sqrt{1+k^2}} K\left(\frac{k}{\sqrt{1+k^2}}\right), \quad E\left(\frac{2i\sqrt{k}}{1+ik}\right) = \frac{\sqrt{1+k^2}}{1+ik}\left[2E\left(\frac{k}{\sqrt{1+k^2}}\right) - K\left(\frac{k}{\sqrt{1+k^2}}\right)\right]. \tag{441}$$

48. Die Funktionen $e_1, e_2, e_3, g_2, g_3, \bar{g}_2, \bar{g}_3, \eta_1, \bar{\eta}_1, \eta_2, \bar{\eta}_2$

Durch Verbindung von (205) und (201) unter Beachtung von (281) und (286) erhält man

$$e_1 = \frac{1}{4K^2}\left[\frac{1}{3}\frac{\vartheta_1'''(0,\varkappa)}{\vartheta_1'(0,\varkappa)} - \frac{\vartheta_2''(0,\varkappa)}{\vartheta_2(0,\varkappa)}\right] = \frac{1}{3}k^2 + \frac{2}{3}k'^2 = \frac{2}{3} - \frac{1}{3}k^2 = \frac{1}{3} + \frac{1}{3}k'^2, \quad \left(\frac{1}{3} \leqq e_1 \leqq \frac{2}{3}\right),$$
$$e_2 = \frac{1}{4K^2}\left[\frac{1}{3}\frac{\vartheta_1'''(0,\varkappa)}{\vartheta_1'(0,\varkappa)} - \frac{\vartheta_3''(0,\varkappa)}{\vartheta_3(0,\varkappa)}\right] = \frac{1}{3}k^2 - \frac{1}{3}k'^2 = -\frac{1}{3} + \frac{2}{3}k^2 = \frac{1}{3} - \frac{2}{3}k'^2, \quad \left(-\frac{1}{3} \leqq e_2 \leqq \frac{1}{3}\right), \tag{442}$$
$$e_3 = \frac{1}{4K^2}\left[\frac{1}{3}\frac{\vartheta_1'''(0,\varkappa)}{\vartheta_1'(0,\varkappa)} - \frac{\vartheta_4''(0,\varkappa)}{\vartheta_4(0,\varkappa)}\right] = -\frac{2}{3}k^2 - \frac{1}{3}k'^2 = -\frac{1}{3} - \frac{1}{3}k^2 = -\frac{2}{3} + \frac{1}{3}k'^2,$$
$$\left(-\frac{2}{3} \leqq e_3 \leqq -\frac{1}{3}\right).$$

Aus (442) folgt

$$e_1 - e_2 = 2e_1 + e_3 = -2e_2 - e_3 = k'^2, \quad 2e_1^2 + e_2 e_3 = (e_1 - e_2)(e_1 - e_3) = k'^2, \quad 1 - 3e_1 = -k'^2,$$
$$e_2 - e_3 = 2e_2 + e_1 = -2e_3 - e_1 = k^2, \quad 2e_3^2 + e_1 e_2 = (e_3 - e_1)(e_3 - e_2) = k^2, \quad e_1 + e_2 + e_3 = 0, \tag{443}$$
$$e_3 - e_1 = 2e_3 + e_2 = -2e_1 - e_2 = -1, \quad 2e_2^2 + e_3 e_1 = (e_2 - e_3)(e_2 - e_1) = -k^2 k'^2, \quad 1 + 3e_3 = -k^2.$$

Abb. 47 zeigt den Verlauf der Funktionen e_1, e_2, e_3 in Abhängigkeit von $\varkappa$ und $k^2 = 1 - k'^2$. Werden in (442) k und k' miteinander vertauscht, so ergibt sich

$$e_1' = \tfrac{1}{3}k'^2 + \tfrac{2}{3}k^2 = \tfrac{2}{3} - \tfrac{1}{3}k'^2 = \tfrac{1}{3} + \tfrac{1}{3}k^2 = -e_3, \qquad e_1' - e_2' = k^2,$$
$$e_2' = \tfrac{1}{3}k'^2 - \tfrac{2}{3}k^2 = -\tfrac{1}{3} + \tfrac{2}{3}k'^2 = \tfrac{1}{3} - \tfrac{2}{3}k^2 = -e_2, \qquad e_2' - e_3' = k'^2, \quad e_1' + e_2' + e_3' = 0. \tag{444}$$
$$e_3' = -\tfrac{2}{3}k'^2 - \tfrac{1}{3}k^2 = -\tfrac{1}{3} - \tfrac{1}{3}k'^2 = -\tfrac{2}{3} + \tfrac{1}{3}k^2 = -e_1, \quad e_3' - e_1' = -1,$$

Durch Einführung von (284) in (442) folgt

$$e_1(2\varkappa) = +\frac{1}{3}\frac{1+6k'+k'^2}{(1+k')^2} = \frac{e_1+2k'}{(1+k')^2}, \quad e_1\left(\frac{\varkappa}{2}\right) = +\frac{1}{3}\frac{2(1+k^2)}{(1+k)^2} = \frac{-2e_3}{(1+k)^2},$$
$$e_2(2\varkappa) = +\frac{1}{3}\frac{1-6k'+k'^2}{(1+k')^2} = \frac{e_1-2k'}{(1+k')^2}, \quad e_2\left(\frac{\varkappa}{2}\right) = -\frac{1}{3}\frac{1+k^2-6k}{(1+k)^2} = \frac{e_3+2k}{(1+k)^2}, \tag{445}$$
$$e_3(2\varkappa) = -\frac{1}{3}\frac{2(1+k'^2)}{(1+k')^2} = \frac{-2e_1}{(1+k')^2}, \quad e_3\left(\frac{\varkappa}{2}\right) = -\frac{1}{3}\frac{1+k^2+6k}{(1+k)^2} = \frac{e_3-2k}{(1+k)^2}.$$

Aus den Darstellungen von e_1, e_2, e_3 durch k^2 und k'^2 ergeben sich entsprechende Darstellungen für die Invarianten g_2, g_3 und $\bar{g}_2$, $\bar{g}_3$.

Die Einführung von (442) in (203) und (231) liefert bei Beachtung von (281) und (442)

$$\left.\begin{aligned}
&g_2 = -4(e_1 e_2 + e_2 e_3 + e_3 e_1) = \frac{4}{3}(1 - k^2 k'^2), && 3e_1^2 - \frac{1}{4} g_2 = k'^2, && 3e_1^2 - \frac{1}{4}\bar{g}_2 = k'^2(1 + 5k^2),\\
&\bar{g}_2 = 4(3e_2^2 - 4k^2 k'^2) = \frac{4}{3}(1 - 16k^2 k'^2), && 3e_2^2 - \frac{1}{4} g_2 = -k^2 k'^2, && 3e_2^2 - \frac{1}{4}\bar{g}_2 = +4k^2 k'^2,\\
&g_3 = 4e_1 e_2 e_3 = -\frac{8}{27}(k^2 - k'^2)\left(1 + \frac{1}{2}k^2 k'^2\right), && 3e_3^2 - \frac{1}{4} g_2 = k^2, && 3e_3^2 - \frac{1}{4}\bar{g}_2 = k^2(1 + 5k'^2),\\
&\bar{g}_3 = -8e_2(e_2^2 + 4k^2 k'^2) = -\frac{8}{27}(k^2 - k'^2)(1 + 32k^2 k'^2).
\end{aligned}\right\} \qquad (446)$$

Abb. 48 zeigt den Verlauf der Funktionen g_2, g_3 und $\bar{g}_2$, $\bar{g}_3$ in Abhängigkeit von $\varkappa$, k^2 und k'^2.

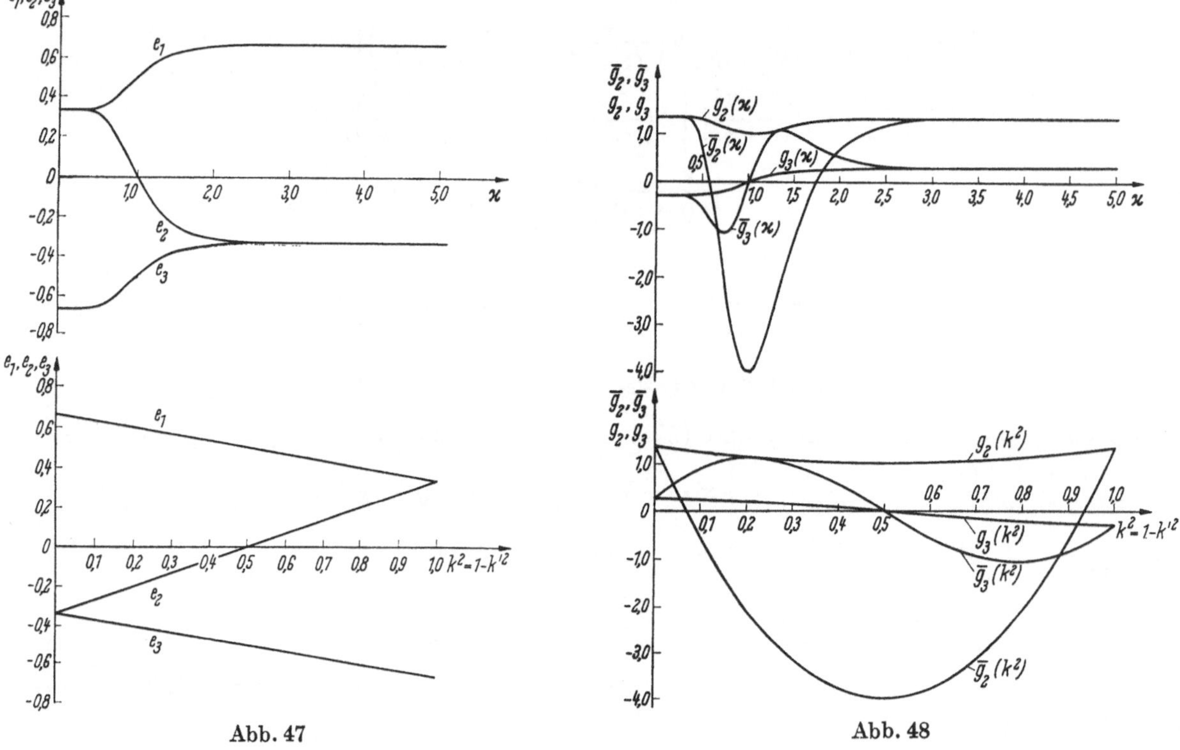

Abb. 47

Abb. 48

Wird in der linken Gruppe von (446) k^2 mit k'^2 vertauscht, so folgt

$$\left.\begin{aligned}
&g_2' = \frac{4}{3}(1 - k^2 k'^2) = g_2, && g_3' = +\frac{8}{27}(k^2 - k'^2)\left(1 + \frac{1}{2}k^2 k'^2\right) = -g_3,\\
&\bar{g}_2' = \frac{4}{3}(1 - 16k^2 k'^2) = \bar{g}_2, && \bar{g}_3' = +\frac{8}{27}(k^2 - k'^2)(1 + 32k^2 k'^2) = -\bar{g}_3.
\end{aligned}\right\} \qquad (447)$$

Die Einführung von (284) in (446) liefert

$$\left.\begin{aligned}
&g_2(2\varkappa) = \frac{4}{3}\left[1 - \frac{4k'(1-k')^2}{(1+k')^4}\right], && g_3(2\varkappa) = -\frac{8}{27}\left[\frac{2(1-k')^2}{(1+k')^2} - 1\right]\left[1 + \frac{2k'(1-k')^2}{(1+k')^4}\right],\\
&\bar{g}_2(2\varkappa) = \frac{4}{3}\left[1 - \frac{64k'(1-k')^2}{(1+k')^4}\right], && \bar{g}_3(2\varkappa) = -\frac{8}{27}\left[\frac{2(1-k')^2}{(1+k')^2} - 1\right]\left[1 + \frac{128k'(1-k')^2}{(1+k')^4}\right];\\
&g_2\left(\frac{\varkappa}{2}\right) = \frac{4}{3}\left[1 - \frac{4k(1-k)^2}{(1+k)^4}\right], && g_3\left(\frac{\varkappa}{2}\right) = -\frac{8}{27}\left[\frac{8k}{(1+k)^2} - 1\right]\left[1 + \frac{2k(1-k)^2}{(1+k)^4}\right],\\
&\bar{g}_2\left(\frac{\varkappa}{2}\right) = \frac{4}{3}\left[1 - \frac{64k(1-k)^2}{(1+k)^4}\right], && \bar{g}_3\left(\frac{\varkappa}{2}\right) = -\frac{8}{27}\left[\frac{8k}{(1+k)^2} - 1\right]\left[1 + \frac{128k(1-k)^2}{(1+k)^4}\right].
\end{aligned}\right\} \qquad (448)$$

Für die Funktionen η_1 und $\bar{\eta}_1$ erhält man, wenn in (194) und (228) die Zähler gemäß (348) und (350) ausgedrückt und hierbei die Gln. (379) und (443) berücksichtigt werden,

$$\eta_1 = \frac{E}{K} - e_1 = \frac{A}{2K} - e_2, \quad \bar{\eta}_1 = \frac{2E}{K} - (2e_1 - e_2) = 2\eta_1 + e_2 = \frac{A}{K} - e_2. \tag{449}$$

Ihr Verlauf in Abhängigkeit von $\varkappa$, k^2 und k'^2 ist aus Abb. 49 ersichtlich.

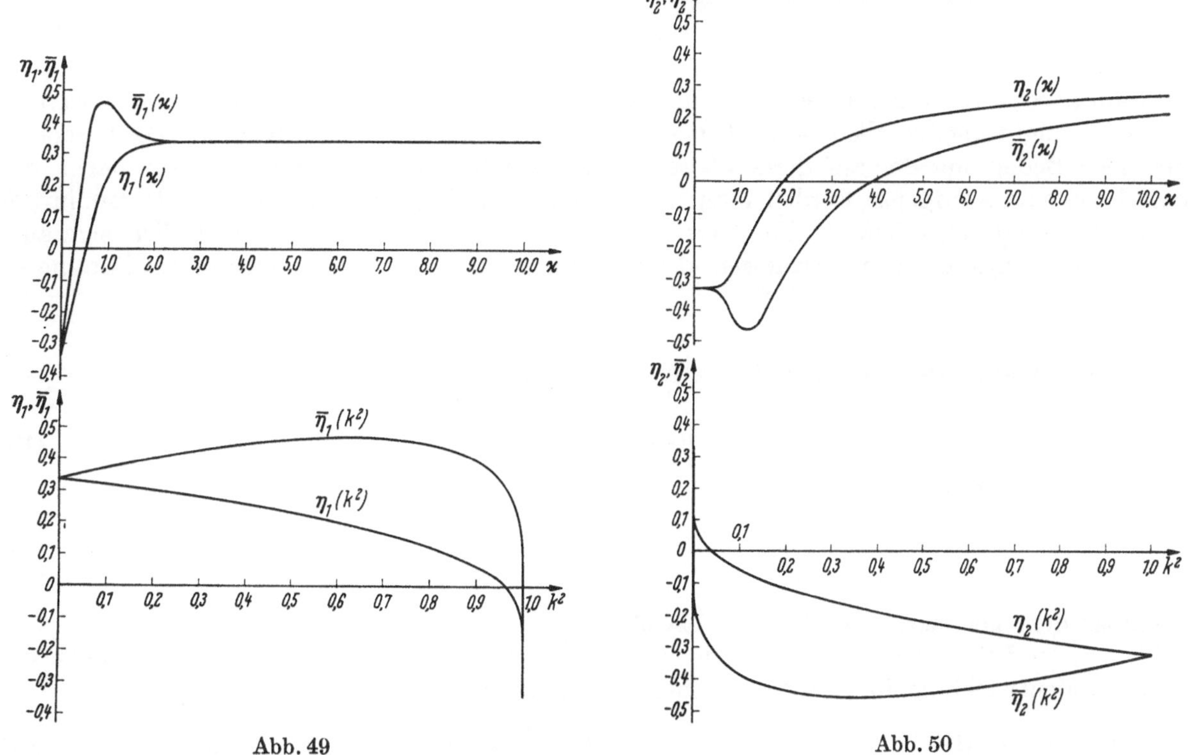

Abb. 49 Abb. 50

Wird in (449) k^2 mit k'^2 vertauscht, so folgt mit (444)

$$\eta_1' = \frac{E'}{K'} + e_3 = \frac{A'}{2K'} + e_2, \quad \bar{\eta}_1' = \frac{2E'}{K'} + (2e_3 - e_2) = 2\eta_1' - e_2 = \frac{A'}{K'} + e_2. \tag{450}$$

Die Einführung von (357), (359) und (445) in (449) ergibt mit (443)

$$\begin{aligned} \eta_1(2\varkappa) &= \frac{2E - e_1 K}{(1+k')^2 K} = \frac{2\eta_1 + e_1}{(1+k')^2}, & \eta_1\left(\frac{\varkappa}{2}\right) &= \frac{2E - (1+e_1)K}{(1+k)^2 K} = \frac{2\eta_1 + e_3}{(1+k)^2}, \\ \bar{\eta}_1(2\varkappa) &= \frac{4E - (e_1 + 2k')K}{(1+k')^2 K}, & \bar{\eta}_1\left(\frac{\varkappa}{2}\right) &= \frac{4E - (3 + e_1 - 2k)K}{(1+k)^2 K}. \end{aligned} \tag{451}$$

Die Funktionen η_1 und $\bar{\eta}_1$ sind für die Theorie der WEIERSTRASSschen Funktionen von großer Bedeutung. Für diese werden noch zwei weitere Parameterfunktionen, nämlich

$$\eta_2 = \eta_1 - \frac{\pi}{2KK'}, \quad \bar{\eta}_2 = \bar{\eta}_1 - \frac{\pi}{KK'} = 2\eta_2 + e_2 \tag{452}$$

benötigt, deren Verlauf aus Abb. 50 ersichtlich ist.

Aus (449) bis (452) folgt in Verbindung mit (443) und der LEGENDREschen Relation (303)

$$\eta_1 + \eta_1' = \frac{1}{2}(\bar{\eta}_1 + \bar{\eta}_1') = \frac{\pi}{2KK'}, \quad \eta_2 = -\eta_1', \quad \bar{\eta}_2 = -\bar{\eta}_1', \quad \eta_1 = -\eta_2', \quad \bar{\eta}_1 = -\bar{\eta}_2'. \tag{453}$$

49. Möglichkeiten zur Entwicklung einfacher Näherungsformeln

Für $\zeta = 0$ liefert die Verbindung von (6), (18), (280) und (281)

$$\sqrt{k} = \frac{\vartheta_2(0,\varkappa)}{\vartheta_3(0,\varkappa)} = \frac{1 - 2e^{-\pi/\varkappa} + 2e^{-4\pi/\varkappa} - \cdots}{1 + 2e^{-\pi/\varkappa} + 2e^{-4\pi/\varkappa} + \cdots}, \quad \sqrt{k'} = \frac{\vartheta_4(0,\varkappa)}{\vartheta_3(0,\varkappa)} = \frac{1 - 2e^{-\pi\varkappa} + 2e^{-4\pi\varkappa} - \cdots}{1 + 2e^{-\pi\varkappa} + 2e^{-4\pi\varkappa} + \cdots}. \tag{454}$$

Betrachtet man nun den Wert $\varkappa = 1$, so werden in den vier Entwicklungen die letzten der hingeschriebenen Glieder gleich und nehmen den Zahlenwert

$$2e^{-4\pi} = 0{,}0000070$$

an. Wird daher die linke der Entwicklungen auf den Parameterbereich

$$0 \leqq \varkappa \leqq 1$$

und die rechte auf den Parameterbereich

$$0 \leqq \frac{1}{\varkappa} \leqq 1$$

beschränkt, so wird, wenn jeweils nur die beiden ersten Reihenglieder berücksichtigt werden, der Fehler ungünstigstenfalls eine Einheit in der fünften Stelle nach dem Komma. Die besondere praktische Bedeutung der auf diese Weise sich ergebenden Näherungsformeln liegt darin, daß sie nach $1/\varkappa$ bzw. $\varkappa$ aufgelöst werden können. Man gelangt dadurch zu unmittelbaren Darstellungen von $1/\varkappa$ bzw. $\varkappa$ durch k bzw. k'. Die Güte der so entstehenden Näherungsformeln läßt sich auch an dem Näherungswert von π ermessen, der sich durch Einführen des ungünstigsten Parameterwertes

$$\varkappa = 1 \quad \text{und} \quad k = k' = \sqrt{\tfrac{1}{2}}$$

in die nur bis zum zweiten Glied fortgesetzten Entwicklungen ergibt. Aus

$$\sqrt{\frac{1}{2}} = \frac{1 - 2e^{-\pi}}{1 + 2e^{-\pi}} \tag{455}$$

folgt durch Auflösen nach π

$$\pi = \sim \ln \left| 2\,\frac{1 + \sqrt[4]{\tfrac{1}{2}}}{1 - \sqrt[4]{\tfrac{1}{2}}} \right| = 3{,}14160 \tag{456}$$

gegenüber dem genaueren Wert $\pi = 3{,}14159$.

Wird in der dritten der Gln. (18) und der dritten der Gln. (6) $\zeta = 0$ gesetzt und die entsprechende Exponentialentwicklung in (286) eingeführt, so erhält man

$$K = \frac{\pi}{2}\,\vartheta_3^2(0, \varkappa) = \frac{\pi}{2\varkappa}\,(1 + 2e^{-\pi/\varkappa} + 2e^{-4\pi/\varkappa} + \cdots)^2 \quad \text{bzw.} \quad K = \frac{\pi}{2}\,\vartheta_3^2(0, \varkappa) = \frac{\pi}{2}\,(1 + 2e^{-\pi\varkappa} + 2e^{-4\pi\varkappa} + \cdots)^2. \tag{457}$$

Wie der Vergleich mit (454) zeigt, darf man für die durch Abbrechen nach dem zweiten Reihengliede entstehenden Näherungsformeln etwa mit der gleichen Genauigkeit wie im Falle von $\sqrt{k}$ und $\sqrt{k'}$ rechnen, wenn die linke Formel auf den Bereich $0 \leqq \varkappa \leqq 1$, die rechte auf den Bereich $0 \leqq 1/\varkappa \leqq 1$ beschränkt wird.

Multipliziert man die Gln. (457) mit $\varkappa$, so ergeben sich nach (288) entsprechende Näherungsformeln für die Parameterfunktion K'.

Für die Theta-Nullwertfunktionen, deren Exponentialentwicklungen nach (18) und (6)

$$\left.\begin{aligned}
\vartheta_2(0, \varkappa) &= \frac{1}{\sqrt{\varkappa}}\,(1 - 2e^{-\pi/\varkappa} + 2e^{-4\pi/\varkappa} - \cdots), & \vartheta_2(0, \varkappa) &= 2e^{-\pi\varkappa/4}\,(1 + e^{-2\pi\varkappa} + e^{-6\pi\varkappa} + \cdots),\\
\vartheta_3(0, \varkappa) &= \frac{1}{\sqrt{\varkappa}}\,(1 + 2e^{-\pi/\varkappa} + 2e^{-4\pi/\varkappa} + \cdots), & \vartheta_3(0, \varkappa) &= (1 + 2e^{-\pi\varkappa} + 2e^{-4\pi\varkappa} + \cdots),\\
\vartheta_4(0, \varkappa) &= \frac{2}{\sqrt{\varkappa}}\,e^{-\pi/4\varkappa}\,(1 + e^{-2\pi/\varkappa} + e^{-6\pi/\varkappa} + \cdots), & \vartheta_4(0, \varkappa) &= (1 - 2e^{-\pi\varkappa} + 2e^{-4\pi\varkappa} + \cdots)
\end{aligned}\right\} \tag{458}$$

lauten, erhält man, wenn die linke Gruppe der Gln. (458) auf den Bereich $0 < \varkappa \leqq 1$, die rechte auf den Bereich $0 \leqq 1/\varkappa \leqq 1$ beschränkt wird, beim Abbrechen nach dem zweiten Reihengliede Näherungsformeln, die relativ noch genauer sind als die vorher betrachteten.

Für die Nullwertfunktion $\vartheta_1'(0, \varkappa)$ liefern (42) und (41) die Entwicklungen

$$\vartheta_1'(0,\varkappa) = \frac{2\pi}{\varkappa\sqrt{\varkappa}}\,e^{-\pi/4\varkappa}\,(1 - 3e^{-2\pi/\varkappa} + 5e^{-6\pi/\varkappa} - \cdots), \qquad \vartheta_1'(0,\varkappa) = 2\pi\,e^{-\pi\varkappa/4}\,(1 - 3e^{-2\pi\varkappa} + 5e^{-6\pi\varkappa} - \cdots), \tag{459}$$

die beim Abbrechen nach dem zweiten Reihengliede an Genauigkeit hinter den bisher betrachteten nicht zurückstehen.

Aus den Grundfunktionen von (454) und (457) lassen sich zahlreiche weitere Parameterfunktionen formelmäßig aufbauen. So folgen mit

$$k^2 + k'^2 = 1$$

aus den Gln. (454) die Formeln

$$\sqrt{k'} = 2e^{-\pi/4\varkappa}\frac{1 + e^{-2\pi/\varkappa} + \cdots}{1 + 2e^{-\pi/\varkappa} + 2e^{-4\pi/\varkappa} + \cdots}, \quad \sqrt{k} = 2e^{-\pi\varkappa/4}\frac{1 + e^{-2\pi\varkappa} + \cdots}{1 + 2e^{-\pi\varkappa} + 2e^{-4\pi\varkappa} + \cdots}, \tag{460}$$

die unter Zugrundelegung einer fünfstelligen Genauigkeit wiederum nach dem zweiten Reihenglied abgebrochen werden können, wenn die linke Formel auf den Bereich $0 \leqq \varkappa \leqq 1$, die rechte auf den Bereich $0 \leqq 1/\varkappa \leqq 1$ beschränkt wird. Die Gln. (454) und (460) liefern für $\sqrt{k\,k'}$

$$\sqrt{k\,k'} = \frac{2e^{-\pi/4\varkappa}(1 + e^{-2\pi/\varkappa} + \cdots)(1 - 2e^{-\pi/\varkappa} + 2e^{-4\pi\varkappa} - \cdots)}{(1 + 2e^{-\pi/\varkappa} + 2e^{-4\pi/\varkappa} + \cdots)^2},$$

$$\sqrt{k\,k'} = \frac{2e^{-\pi\varkappa/4}(1 + e^{-2\pi\varkappa} + \cdots)(1 - 2e^{-\pi\varkappa} + 2e^{-4\pi\varkappa} - \cdots)}{(1 + 2e^{-\pi\varkappa} + 2e^{-4\pi\varkappa} + \cdots)^2} \tag{461}$$

ebenfalls mit einer fünfstelligen Genauigkeit beim Abbrechen der Exponentialentwicklungen nach dem zweiten Glied.

Mit (454) und (460) können nach (442) auch die Exponentialdarstellungen von e_1, e_2, e_3 als bekannt angesehen werden. Hierbei empfiehlt es sich, auf k', d. h. auf (460), Bezug zu nehmen. Da nach (442)

$$k^2 - k'^2 = 3e_2$$

ist, können dann in Verbindung mit (461) auch die entsprechenden Formeln für g_2, g_3 und $\bar{g}_2$, $\bar{g}_3$ entwickelt werden.

Etwas mehr Aufwand erfordern die Darstellungen für E und E'. Geht man hierfür von der linken der Gln. (351) aus, so erhält man, wenn $dK/d\varkappa$ nach (457) gebildet wird und ferner die Gln. (454), (457) und (460) beachtet werden,

$$E = \frac{(1 + 2e^{-\pi/\varkappa} + 2e^{-4\pi/\varkappa} + \cdots) + \frac{4\pi}{\varkappa}(e^{-\pi/\varkappa} + 4e^{-2\pi/\varkappa} + 8e^{-3\pi/\varkappa} + 12e^{-4\pi/\varkappa} + \cdots)}{1 + 2e^{-\pi/\varkappa} + 2e^{-4\pi/\varkappa} + \cdots)^3}$$

und

$$E = \frac{\pi}{2}\,\frac{1 + 2e^{-\pi\varkappa} + 8e^{-2\pi\varkappa} + 16e^{-3\pi\varkappa} - 6e^{-4\pi\varkappa} + \cdots}{(1 + 2e^{-\pi\varkappa} + 2e^{-4\pi\varkappa} + \cdots)^3}. \tag{462}$$

Für E' liefert (462), wenn $\varkappa$ mit $1/\varkappa$ vertauscht wird,

$$E' = \frac{\pi}{2}\,\frac{1 + 2e^{-\pi/\varkappa} + 8e^{-2\pi/\varkappa} + 16e^{-3\pi/\varkappa} - 6e^{-4\pi\varkappa} + \cdots}{(1 + 2e^{-\pi/\varkappa} + 2e^{-4\pi/\varkappa} + \cdots)^3},$$

und

$$E' = \frac{(1 + 2e^{-\pi\varkappa} + 2e^{-4\pi\varkappa} + \cdots) + 4\pi\varkappa\,(e^{-\pi\varkappa} + 4e^{-2\pi\varkappa} + 8e^{-3\pi\varkappa} + 12e^{-4\pi\varkappa} + \cdots)}{(1 + 2e^{-\pi\varkappa} + 2e^{-4\pi\varkappa} + \cdots)^3}. \tag{463}$$

Soll auch hier noch eine fünfstellige Genauigkeit erreicht werden, so empfiehlt es sich, im Gegensatz zu den bisherigen Erfordernissen, alle hingeschriebenen Glieder zu berücksichtigen, wobei für $0 \leqq \varkappa \leqq 1$ jeweils die oberen, für $0 \leqq 1/\varkappa \leqq 1$ jeweils die unteren Formeln zu benutzen sind.

Nahe verwandt mit den Darstellungen für E und E' sind diejenigen für A und A'. Bei Bezugnahme auf (379) ergibt sich

$$A = 2\frac{(1 + 2e^{-\pi/\varkappa} + 2e^{-4\pi/\varkappa} + \cdots) - \frac{4\pi}{\varkappa}(e^{-\pi/\varkappa} + 4e^{-4\pi/\varkappa} + \cdots)}{(1 + 2e^{-\pi/\varkappa} + 2e^{-4\pi/\varkappa} + \cdots)^3},$$

und

$$A = 8\pi\frac{e^{-\pi\varkappa} + 4e^{-4\pi\varkappa}}{(1 + 2e^{-\pi\varkappa} + 2e^{-4\pi\varkappa} + \cdots)^3}, \tag{464}$$

und bei Vertauschen von $\varkappa$ mit $1/\varkappa$

$$A' = 8\pi\frac{e^{-\pi/\varkappa} + 4e^{-4\pi/\varkappa}}{(1 + 2e^{-\pi/\varkappa} + 2e^{-4\pi/\varkappa} + \cdots)^3},$$

und

$$A' = 2\frac{(1 + 2e^{-\pi\varkappa} + 2e^{-4\pi\varkappa} + \cdots) - 4\pi\varkappa\,(e^{-\pi\varkappa} + 4e^{-4\pi\varkappa} + \cdots)}{(1 + 2e^{-\pi\varkappa} + 2e^{-4\pi\varkappa} + \cdots)^3}. \tag{465}$$

mit den gleichen Bereichsabgrenzungen wie im Falle von E und E'.

Mit den vorstehenden Entwicklungen und den für e_1, e_2, e_3 erläuterten Darstellungsmöglichkeiten können schließlich unter Bezugnahme auf (449) bis (453) Näherungsformeln für η_1, $\bar{\eta}_1$, η_1', $\bar{\eta}_1'$, η_2 und $\bar{\eta}_2$ gebildet werden.

Die einer fünfstelligen Genauigkeit entsprechenden Näherungsformeln der betrachteten Parameterfunktionen werden in den nachfolgenden Abschnitten 50 und 51 für die Bereiche $0 \leqq \varkappa \leqq 1$ bzw. $0 \leqq 1/\varkappa \leqq 1$ zusammengestellt werden. In den anschließenden Abschnitten 52 und 53 wird eine Umschreibung der Formeln von $\varkappa$ auf k erfolgen. Die entsprechenden Bereiche sind $0 \leqq k \leqq \sqrt{\tfrac{1}{2}}$ und $\sqrt{\tfrac{1}{2}} \leqq k \leqq 1$.

50. Auf fünf Stellen genaue Näherungsformeln für den Bereich $0 \leqq \varkappa \leqq 1$

$$\vartheta_1'(0,\varkappa) = \frac{2\pi}{\varkappa\sqrt{\varkappa}}\, e^{-\pi/4\varkappa}(1 - 3e^{-2\pi/\varkappa}), \qquad \vartheta_4(0,\varkappa) = \frac{2}{\sqrt{\varkappa}}\, e^{-\pi/4\varkappa}(1 + e^{-2\pi/\varkappa}),$$
$$\vartheta_2(0,\varkappa) = \frac{1}{\sqrt{\varkappa}}(1 - 2e^{-\pi/\varkappa}), \qquad \vartheta_3(0,\varkappa) = \frac{1}{\sqrt{\varkappa}}(1 + 2e^{-\pi/\varkappa}). \tag{466}$$

$$k = \left(\frac{1 - 2e^{-\pi/\varkappa}}{1 + 2e^{-\pi/\varkappa}}\right)^2, \quad k' = 4e^{-\pi/2\varkappa}\left(\frac{1 + e^{-2\pi/\varkappa}}{1 + 2e^{-\pi/\varkappa}}\right)^2, \quad k\,k' = 4e^{-\pi/2\varkappa}\,\frac{(1 - 2e^{-\pi/\varkappa})^2\,(1 + e^{-2\pi/\varkappa})^2}{(1 + 2e^{-\pi/\varkappa})^4}. \tag{467}$$

$$e_1 = \frac{1}{3} + \frac{16}{3}\, e^{-\pi/\varkappa}\left(\frac{1 + e^{-2\pi/\varkappa}}{1 + 2e^{-\pi/\varkappa}}\right)^4,$$
$$e_2 = \frac{1}{3} - \frac{32}{3}\, e^{-\pi/\varkappa}\left(\frac{1 + e^{-2\pi/\varkappa}}{1 + 2e^{-\pi/\varkappa}}\right)^4, \qquad e_3 = -\frac{2}{3} + \frac{16}{3}\, e^{-\pi/\varkappa}\left(\frac{1 + e^{-2\pi/\varkappa}}{1 + 2e^{-\pi/\varkappa}}\right)^4. \tag{468}$$

$$\left.\begin{aligned}
g_2 &= \frac{4}{3} - \frac{64}{3}\, e^{-\pi/\varkappa}\,\frac{(1 - 2e^{-\pi/\varkappa})^4\,(1 + e^{-2\pi/\varkappa})^4}{(1 + 2e^{-\pi/\varkappa})^8}; \quad \bar{g}_2 = \frac{4}{3} - \frac{1024}{3}\, e^{-\pi/\varkappa}\,\frac{(1 - 2e^{-\pi/\varkappa})^4\,(1 + e^{-2\pi/\varkappa})^4}{(1 + 2e^{-\pi/\varkappa})^8},\\
g_3 &= -\frac{8}{9}\,e_2 - \frac{64}{9}\,e_2\,e^{-\pi/\varkappa}\,\frac{(1 - 2e^{-\pi/\varkappa})^4\,(1 + e^{-2\pi/\varkappa})^4}{(1 + 2e^{-\pi/\varkappa})^8},\\
\bar{g}_3 &= -\frac{8}{9}\,e_2 - \frac{4096}{9}\,e_2\,e^{-\pi/\varkappa}\,\frac{(1 - 2e^{-\pi/\varkappa})^4\,(1 + e^{-2\pi/\varkappa})^4}{(1 + 2e^{-\pi/\varkappa})^8}.
\end{aligned}\right\} \tag{469}$$

$$K = \frac{\pi}{2\varkappa}(1 + 2e^{-\pi/\varkappa})^2, \quad K' = \frac{\pi}{2}(1 + 2e^{-\pi/\varkappa})^2, \quad K\,K' = \frac{\pi^2}{4\varkappa}(1 + 2e^{-\pi/\varkappa})^4. \tag{470}$$

$$\left.\begin{aligned}
E &= \frac{1 + 2e^{-\pi/\varkappa} + \dfrac{4\pi}{\varkappa}(e^{-\pi/\varkappa} + 4e^{-2\pi/\varkappa} + 8e^{-3\pi/\varkappa} + 12e^{-4\pi/\varkappa})}{(1 + 2e^{-\pi/\varkappa} + 2e^{-4\pi/\varkappa})^3},\\
E' &= \frac{\pi}{2}\,\frac{1 + 2e^{-\pi/\varkappa} + 8e^{-2\pi/\varkappa} + 16e^{-3\pi/\varkappa} - 6e^{-4\pi/\varkappa}}{(1 + 2e^{-\pi/\varkappa} + 2e^{-4\pi/\varkappa})^3}.
\end{aligned}\right\} \tag{471}$$

$$A = 2\,\frac{1 + 2e^{-\pi/\varkappa} - \dfrac{4\pi}{\varkappa}(e^{-\pi/\varkappa} + 4e^{-4\pi/\varkappa})}{(1 + 2e^{-\pi/\varkappa} + 2e^{-4\pi/\varkappa})^3}, \qquad A' = 8\pi\,\frac{e^{-\pi/\varkappa} + 4e^{-4\pi/\varkappa}}{(1 + 2e^{-\pi/\varkappa} + 2e^{-4\pi/\varkappa})^3}. \tag{472}$$

$$\left.\begin{aligned}
\eta_1 &= -e_2 + \frac{2\varkappa}{\pi}\,\frac{1 + 2e^{-\pi/\varkappa} - \dfrac{4\pi}{\varkappa}(e^{-\pi/\varkappa} + 4e^{-4\pi/\varkappa})}{(1 + 2e^{-\pi/\varkappa} + 2e^{-4\pi/\varkappa})^5} = -\eta_2',\\
\bar{\eta}_1 &= -e_2 + \frac{4\varkappa}{\pi}\,\frac{1 + 2e^{-\pi/\varkappa} - \dfrac{4\pi}{\varkappa}(e^{-\pi/\varkappa} + 4e^{-4\pi/\varkappa})}{(1 + 2e^{-\pi/\varkappa} + 2e^{-4\pi/\varkappa})^5} = -\bar{\eta}_2',\\
\eta_1' &= +e_2 + 8\,\frac{e^{-\pi/\varkappa} + 4e^{-4\pi/\varkappa}}{(1 + 2e^{-\pi/\varkappa} + 2e^{-4\pi/\varkappa})^5} = -\eta_2, \quad \bar{\eta}_1' = +e_2 + 16\,\frac{e^{-\pi/\varkappa} + 4e^{-4\pi/\varkappa}}{(1 + 2e^{-\pi/\varkappa} + 2e^{-4\pi/\varkappa})^5} = -\bar{\eta}_2.
\end{aligned}\right\} \tag{473}$$

51. Auf fünf Stellen genaue Näherungsformeln für den Bereich $0 \leqq 1/\varkappa \leqq 1$

$$\vartheta_1'(0,\varkappa) = 2\pi\, e^{-\pi\varkappa/4}(1 - 3e^{-2\pi\varkappa}), \qquad \vartheta_2(0,\varkappa) = 2e^{-\pi\varkappa/4}(1 + e^{-2\pi\varkappa}),$$
$$\vartheta_3(0,\varkappa) = 1 + 2e^{-\pi\varkappa}, \qquad \vartheta_4(0,\varkappa) = 1 - 2e^{-\pi\varkappa}. \tag{474}$$

$$k = 4e^{-\pi\varkappa/2}\left(\frac{1 + e^{-2\pi\varkappa}}{1 + 2e^{-\pi\varkappa}}\right)^2, \quad k' = \left(\frac{1 - 2e^{-\pi\varkappa}}{1 + 2e^{-\pi\varkappa}}\right)^2, \quad k\,k' = 4e^{-\pi\varkappa/2}\,\frac{(1 - 2e^{-\pi\varkappa})^2\,(1 + e^{-2\pi\varkappa})^2}{(1 + 2e^{-\pi\varkappa})^4}. \tag{475}$$

$$e_1 = \frac{2}{3} - \frac{16}{3} e^{-\pi\varkappa} \left(\frac{1 + e^{-2\pi\varkappa}}{1 + 2e^{-\pi\varkappa}}\right)^4,$$
$$e_2 = -\frac{1}{3} + \frac{32}{3} e^{-\pi\varkappa} \left(\frac{1 + e^{-2\pi\varkappa}}{1 + 2e^{-\pi\varkappa}}\right)^4, \quad e_3 = -\frac{1}{3} - \frac{16}{3} e^{-\pi\varkappa} \left(\frac{1 + e^{-2\pi\varkappa}}{1 + 2e^{-\pi\varkappa}}\right)^4. \tag{476}$$

$$g_2 = \frac{4}{3} - \frac{64}{3} e^{-\pi\varkappa} \frac{(1 - 2e^{-\pi\varkappa})^4 (1 + e^{-2\pi\varkappa})^4}{(1 + 2e^{-\pi\varkappa})^8}, \quad \bar{g}_2 = \frac{4}{3} - \frac{1024}{3} e^{-\pi\varkappa} \frac{(1 - 2e^{-\pi\varkappa})^4 (1 + e^{-2\pi\varkappa})^4}{(1 + 2e^{-\pi\varkappa})^8},$$
$$g_3 = \frac{8}{9} e_2 - \frac{64}{9} e_2 e^{-\pi\varkappa} \frac{(1 - 2e^{-\pi\varkappa})^4 (1 + e^{-2\pi\varkappa})^4}{(1 + 2e^{-\pi\varkappa})^8}, \quad \bar{g}_3 = -\frac{8}{9} e_2 - \frac{4096}{9} e_2 e^{-\pi\varkappa} \frac{(1 - 2e^{-\pi\varkappa})^4 (1 + e^{-2\pi\varkappa})^4}{(1 + 2e^{-\pi\varkappa})^8}. \tag{477}$$

$$K = \frac{\pi}{2} (1 + 2e^{-\pi\varkappa})^2, \quad K' = \frac{\pi\varkappa}{2} (1 + 2e^{-\pi\varkappa})^2, \quad K K' = \frac{\pi^2 \varkappa}{4} (1 + 2e^{-\pi\varkappa})^4. \tag{478}$$

$$E = \frac{\pi}{2} \frac{1 + 2e^{-\pi\varkappa} + 8e^{-2\pi\varkappa} + 16e^{-3\pi\varkappa} - 6e^{-4\pi\varkappa}}{(1 + 2e^{-\pi\varkappa} + 2e^{-4\pi\varkappa})^3},$$
$$E' = \frac{1 + 2e^{-\pi\varkappa} + 4\pi\varkappa(e^{-\pi\varkappa} + 4e^{-2\pi\varkappa} + 8e^{-3\pi\varkappa} + 12e^{-4\pi\varkappa})}{(1 + 2e^{-\pi\varkappa} + 2e^{-4\pi\varkappa})^3}. \tag{479}$$

$$A = 8\pi \frac{e^{-\pi\varkappa} + 4e^{-4\pi\varkappa}}{(1 + 2e^{-\pi\varkappa} + 2e^{-4\pi\varkappa})^3}, \quad A' = 2 \frac{1 + 2e^{-\pi\varkappa} - 4\pi\varkappa(e^{-\pi\varkappa} + 4e^{-4\pi\varkappa})}{(1 + 2e^{-\pi\varkappa} + 2e^{-4\pi\varkappa})^3}. \tag{480}$$

$$\left.\begin{aligned}
\eta_1 &= -e_2 + 8 \frac{e^{-\pi\varkappa} + 4e^{-4\pi\varkappa}}{(1 + 2e^{-\pi\varkappa} + 2e^{-4\pi\varkappa})^5} = -\eta_2', \quad \bar{\eta}_1 = -e_2 + 16 \frac{e^{-\pi\varkappa} + 4e^{-4\pi\varkappa}}{(1 + 2e^{-\pi\varkappa} + 2e^{-4\pi\varkappa})^5} = -\bar{\eta}_2',\\
\eta_1' &= +e_2 + \frac{2}{\pi\varkappa} \frac{1 + 2e^{-\pi\varkappa} - 4\pi\varkappa(e^{-\pi\varkappa} + 4e^{-4\pi\varkappa})}{(1 + 2e^{-\pi\varkappa} + 2e^{-4\pi\varkappa})^5} = -\eta_2,\\
\bar{\eta}_1' &= +e_2 + \frac{4}{\pi\varkappa} \frac{1 + 2e^{-\pi\varkappa} - 4\pi\varkappa(e^{-\pi\varkappa} + 4e^{-4\pi\varkappa})}{(1 + 2e^{-\pi\varkappa} + 2e^{-4\pi\varkappa})^5} = -\bar{\eta}_2.
\end{aligned}\right\} \tag{481}$$

52. Auf fünf Stellen genaue Näherungsformeln für den Bereich $0 \leqq k' \leqq \sqrt{\frac{1}{2}}$

$$e^{-\pi/\varkappa} = \frac{1}{2} \frac{1 - \sqrt{k}}{1 + \sqrt{k}}. \quad \text{[Durch Auflösen von (467)]} \tag{482}$$

$$\frac{1}{\varkappa} = \frac{1}{\pi} \ln\left(2 \frac{1 + \sqrt{k}}{1 - \sqrt{k}}\right), \quad \varkappa = \frac{\pi}{\ln\left(2 \frac{1 + \sqrt{k}}{1 - \sqrt{k}}\right)}. \tag{483}$$

$$\left.\begin{aligned}
\vartheta_1'(0,\varkappa) &= \sqrt{\frac{2}{\pi}} \sqrt[4]{2 \frac{1 - \sqrt{k}}{1 + \sqrt{k}}} \left[1 - \frac{3}{4} \left(\frac{1 - \sqrt{k}}{1 + \sqrt{k}}\right)^2\right] \left[\ln\left(2 \frac{1 + \sqrt{k}}{1 - \sqrt{k}}\right)\right]^{3/2},\\
\vartheta_4(0,\varkappa) &= \frac{2}{\sqrt{\pi}} \left[1 + \frac{1}{4} \left(\frac{1 - \sqrt{k}}{1 + \sqrt{k}}\right)^2\right] \sqrt{\ln\left(2 \frac{1 + \sqrt{k}}{1 - \sqrt{k}}\right)},\\
\vartheta_2(0,\varkappa) &= \frac{1}{\sqrt{\pi}} \left(1 - \frac{1 - \sqrt{k}}{1 + \sqrt{k}}\right) \sqrt{\ln 2 \left(\frac{1 + \sqrt{k}}{1 - \sqrt{k}}\right)}, \quad \vartheta_3(0,\varkappa) = \frac{1}{\sqrt{\pi}} \left(1 + \frac{1 - \sqrt{k}}{1 + \sqrt{k}}\right) \sqrt{\ln 2 \left(\frac{1 + \sqrt{k}}{1 - \sqrt{k}}\right)}.
\end{aligned}\right\} \tag{484}$$

$$e_1 = \frac{2}{3} - \frac{1}{3} k^2, \quad e_2 = -\frac{1}{3} + \frac{2}{3} k^2, \quad e_3 = -\frac{1}{3} - \frac{1}{3} k^2. \quad \text{(Strenge Formeln)} \tag{485}$$

$$g_2 = \frac{4}{3} (1 - k^2 + k^4), \quad \bar{g}_2 = \frac{4}{3} (1 - 16k^2 + 16k^4),$$
$$g_3 = \frac{8}{27} (1 - 2k^2) \left(1 + \frac{1}{2} k^2 - \frac{1}{2} k^4\right), \quad \bar{g}_3 = \frac{8}{27} (1 - 2k^2) (1 + 32k^2 - 32k^4). \quad \text{(Strenge Formeln)} \tag{486}$$

$$K = \frac{2}{(1 + \sqrt{k})^2} \ln\left(2 \frac{1 + \sqrt{k}}{1 - \sqrt{k}}\right), \quad K' = \frac{2\pi}{(1 + \sqrt{k})^2}, \quad K K' = \frac{4\pi}{(1 + \sqrt{k})^4} \ln\left(2 \frac{1 + \sqrt{k}}{1 - \sqrt{k}}\right). \tag{487}$$

$$E = \frac{1 + \frac{1 - \sqrt{k}}{1 + \sqrt{k}} + \left[2 \frac{1 - \sqrt{k}}{1 + \sqrt{k}} + 4 \left(\frac{1 - \sqrt{k}}{1 + \sqrt{k}}\right)^2 + 4 \left(\frac{1 - \sqrt{k}}{1 + \sqrt{k}}\right)^3 + 3 \left(\frac{1 - \sqrt{k}}{1 + \sqrt{k}}\right)^4\right] \ln\left(2 \frac{1 + \sqrt{k}}{1 - \sqrt{k}}\right)}{\left[1 + \frac{1 - \sqrt{k}}{1 + \sqrt{k}} + \frac{1}{8} \left(\frac{1 - \sqrt{k}}{1 + \sqrt{k}}\right)^4\right]^3},$$
$$E' = \frac{\pi}{2} \frac{1 + \frac{1 - \sqrt{k}}{1 + \sqrt{k}} + 2 \left(\frac{1 - \sqrt{k}}{1 + \sqrt{k}}\right)^2 + 2 \left(\frac{1 - \sqrt{k}}{1 + \sqrt{k}}\right)^3 - \frac{3}{8} \left(\frac{1 - \sqrt{k}}{1 + \sqrt{k}}\right)^4}{\left[1 + \frac{1 - \sqrt{k}}{1 + \sqrt{k}} + \frac{1}{8} \left(\frac{1 - \sqrt{k}}{1 + \sqrt{k}}\right)^4\right]^3}. \tag{488}$$

$$A = 2\,\frac{1+\frac{1-\sqrt{k}}{1+\sqrt{k}}-\left[2\,\frac{1-\sqrt{k}}{1+\sqrt{k}}+\left(\frac{1-\sqrt{k}}{1+\sqrt{k}}\right)^4\right]\ln\left(2\,\frac{1+\sqrt{k}}{1-\sqrt{k}}\right)}{\left[1+\frac{1-\sqrt{k}}{1+\sqrt{k}}+\frac{1}{8}\left(\frac{1-\sqrt{k}}{1+\sqrt{k}}\right)^4\right]^3}, \quad A' = 2\pi\,\frac{2\,\frac{1-\sqrt{k}}{1+\sqrt{k}}+\left(\frac{1-\sqrt{k}}{1+\sqrt{k}}\right)^4}{\left[1+\frac{1-\sqrt{k}}{1+\sqrt{k}}+\frac{1}{8}\left(\frac{1-\sqrt{k}}{1+\sqrt{k}}\right)^4\right]^3}. \tag{489}$$

$$\left.\begin{aligned}
\eta_1 &= +\frac{1}{3}-\frac{2}{3}k^2+2\,\frac{1+\frac{1-\sqrt{k}}{1+\sqrt{k}}-\left[2\,\frac{1-\sqrt{k}}{1+\sqrt{k}}+\left(\frac{1-\sqrt{k}}{1+\sqrt{k}}\right)^4\right]\ln\left(2\,\frac{1+\sqrt{k}}{1-\sqrt{k}}\right)}{\left[1+\frac{1-\sqrt{k}}{1+\sqrt{k}}+\frac{1}{8}\left(\frac{1-\sqrt{k}}{1+\sqrt{k}}\right)^4\right]^5\ln\left(2\,\frac{1+\sqrt{k}}{1-\sqrt{k}}\right)} = -\eta_2',\\
\bar\eta_1 &= +\frac{1}{3}-\frac{2}{3}k^2+4\,\frac{1+\frac{1-\sqrt{k}}{1+\sqrt{k}}-\left[2\,\frac{1-\sqrt{k}}{1+\sqrt{k}}+\left(\frac{1-\sqrt{k}}{1+\sqrt{k}}\right)^4\right]\ln\left(2\,\frac{1+\sqrt{k}}{1-\sqrt{k}}\right)}{\left[1+\frac{1-\sqrt{k}}{1+\sqrt{k}}+\frac{1}{8}\left(\frac{1-\sqrt{k}}{1+\sqrt{k}}\right)^4\right]^5\ln\left(2\,\frac{1+\sqrt{k}}{1-\sqrt{k}}\right)} = -\bar\eta_2',\\
\eta_1' &= -\frac{1}{3}+\frac{2}{3}k^2+2\,\frac{2\,\frac{1-\sqrt{k}}{1+\sqrt{k}}+\left(\frac{1-\sqrt{k}}{1+\sqrt{k}}\right)^4}{\left[1+\frac{1-\sqrt{k}}{1+\sqrt{k}}+\frac{1}{8}\left(\frac{1-\sqrt{k}}{1+\sqrt{k}}\right)^4\right]^5} = -\eta_2,\\
\bar\eta_1' &= -\frac{1}{3}+\frac{2}{3}k^2+4\,\frac{2\,\frac{1-\sqrt{k}}{1+\sqrt{k}}+\left(\frac{1-\sqrt{k}}{1+\sqrt{k}}\right)^4}{\left[1+\frac{1-\sqrt{k}}{1+\sqrt{k}}+\frac{1}{8}\left(\frac{1-\sqrt{k}}{1+\sqrt{k}}\right)^4\right]^5} = -\bar\eta_2.
\end{aligned}\right\} \tag{490}$$

53. Auf fünf Stellen genaue Näherungsformeln für den Bereich $0 \leqq k \leqq \sqrt{\frac{1}{2}}$

$$e^{-\pi\varkappa} = \frac{1}{2}\,\frac{1-\sqrt{k'}}{1+\sqrt{k'}}. \quad \text{[Durch Auflösen von (475)]} \tag{491}$$

$$\varkappa = \frac{1}{\pi}\ln\left(2\,\frac{1+\sqrt{k'}}{1-\sqrt{k'}}\right), \quad \frac{1}{\varkappa} = \frac{\pi}{\ln\left(2\,\frac{1+\sqrt{k'}}{1-\sqrt{k'}}\right)}. \tag{492}$$

$$\left.\begin{aligned}
\vartheta_1'(0,\varkappa) &= \sqrt{\frac{2}{\pi}}\sqrt[4]{2\,\frac{1-\sqrt{k'}}{1+\sqrt{k'}}}\left[1-\frac{3}{4}\left(\frac{1-\sqrt{k'}}{1+\sqrt{k'}}\right)^2\right]\left[\ln\left(2\,\frac{1+\sqrt{k'}}{1-\sqrt{k'}}\right)\right]^{3/2},\\
\vartheta_2(0,\varkappa) &= \frac{2}{\sqrt{\pi}}\left[1+\frac{1}{4}\left(\frac{1-\sqrt{k'}}{1+\sqrt{k'}}\right)^2\right]\sqrt{\ln\left(2\,\frac{1+\sqrt{k'}}{1-\sqrt{k'}}\right)},\\
\vartheta_3(0,\varkappa) &= \frac{1}{\sqrt{\pi}}\left(1+\frac{1-\sqrt{k'}}{1+\sqrt{k'}}\right)\sqrt{\ln 2\,\frac{1+\sqrt{k'}}{1-\sqrt{k'}}}, \quad \vartheta_4(0,\varkappa) = \frac{1}{\sqrt{\pi}}\left(1-\frac{1-\sqrt{k'}}{1+\sqrt{k'}}\right)\sqrt{\ln 2\,\frac{1+\sqrt{k'}}{1-\sqrt{k'}}}.
\end{aligned}\right\} \tag{493}$$

$$e_1 = \frac{1}{3}+\frac{1}{3}k'^2, \quad e_2 = \frac{1}{3}-\frac{2}{3}k'^2, \quad e_3 = -\frac{2}{3}+\frac{1}{3}k'^2. \quad \text{(Strenge Formeln)} \tag{494}$$

$$g_2 = \frac{4}{3}(1-k'^2+k'^4), \qquad \bar g_2 = \frac{4}{3}(1-16k'^2+16k'^4),$$

$$g_3 = -\frac{8}{27}(1-2k'^2)\left(1+\frac{1}{2}k'^2-\frac{1}{2}k'^4\right), \quad \bar g_3 = -\frac{8}{27}(1-2k'^2)(1+32k'^2-32k'^4). \quad \text{(Strenge Formeln)} \tag{495}$$

$$K = \frac{2\pi}{(1+\sqrt{k'})^2}, \quad K' = \frac{2}{(1+\sqrt{k'})^2}\ln\left(2\,\frac{1+\sqrt{k'}}{1-\sqrt{k'}}\right), \quad K\,K' = \frac{4\pi}{(1+\sqrt{k'})^4}\ln\left(2\,\frac{1+\sqrt{k'}}{1-\sqrt{k'}}\right). \tag{496}$$

$$E=\frac{\pi}{2}\,\frac{1+\frac{1-\sqrt{k'}}{1+\sqrt{k'}}+2\left(\frac{1-\sqrt{k'}}{1+\sqrt{k'}}\right)^2+2\left(\frac{1-\sqrt{k'}}{1+\sqrt{k'}}\right)^3-\frac{3}{8}\left(\frac{1-\sqrt{k'}}{1+\sqrt{k'}}\right)^4}{\left[1+\frac{1-\sqrt{k'}}{1+\sqrt{k'}}+\frac{1}{8}\left(\frac{1-\sqrt{k'}}{1+\sqrt{k'}}\right)^4\right]^3},$$

$$E'=\frac{1+\frac{1-\sqrt{k'}}{1+\sqrt{k'}}+\left[2\,\frac{1-\sqrt{k'}}{1+\sqrt{k'}}+4\left(\frac{1-\sqrt{k'}}{1+\sqrt{k'}}\right)^2+4\left(\frac{1-\sqrt{k'}}{1+\sqrt{k'}}\right)^3+3\left(\frac{1-\sqrt{k'}}{1+\sqrt{k'}}\right)^4\right]\ln\left(2\,\frac{1+\sqrt{k'}}{1-\sqrt{k'}}\right)}{\left[1+\frac{1-\sqrt{k'}}{1+\sqrt{k'}}+\frac{1}{8}\left(\frac{1-\sqrt{k'}}{1+\sqrt{k'}}\right)^4\right]^3}, \tag{497}$$

$$A=2\pi\,\frac{2\,\frac{1-\sqrt{k'}}{1+\sqrt{k'}}+\left(\frac{1-\sqrt{k'}}{1+\sqrt{k'}}\right)^4}{\left[1+\frac{1-\sqrt{k'}}{1+\sqrt{k'}}+\frac{1}{8}\left(\frac{1-\sqrt{k'}}{1+\sqrt{k'}}\right)^4\right]^3},\quad A'=2\,\frac{1+\frac{1-\sqrt{k'}}{1+\sqrt{k'}}-\left[2\,\frac{1-\sqrt{k'}}{1+\sqrt{k'}}+\left(\frac{1-\sqrt{k'}}{1+\sqrt{k'}}\right)^4\right]\ln\left(2\,\frac{1+\sqrt{k'}}{1-\sqrt{k'}}\right)}{\left[1+\frac{1-\sqrt{k'}}{1+\sqrt{k'}}+\frac{1}{8}\left(\frac{1-\sqrt{k'}}{1+\sqrt{k'}}\right)^4\right]^3}. \tag{498}$$

$$\left.\begin{aligned}
\eta_1&=-\frac{1}{3}+\frac{2}{3}k'^2+2\,\frac{2\,\frac{1-\sqrt{k'}}{1+\sqrt{k'}}+\left(\frac{1-\sqrt{k'}}{1+\sqrt{k'}}\right)^4}{\left[1+\frac{1-\sqrt{k'}}{1+\sqrt{k'}}+\frac{1}{8}\left(\frac{1-\sqrt{k'}}{1+\sqrt{k'}}\right)^4\right]^5}=-\eta_2',\\
\bar\eta_1&=-\frac{1}{3}+\frac{2}{3}k'^2+4\,\frac{2\,\frac{1-\sqrt{k'}}{1+\sqrt{k'}}+\left(\frac{1-\sqrt{k'}}{1+\sqrt{k'}}\right)^4}{\left[1+\frac{1-\sqrt{k'}}{1+\sqrt{k'}}+\frac{1}{8}\left(\frac{1-\sqrt{k'}}{1+\sqrt{k'}}\right)^4\right]^5}=-\bar\eta_2',\\
\eta_1'&=+\frac{1}{3}-\frac{2}{3}k'^2+2\,\frac{1+\frac{1-\sqrt{k'}}{1+\sqrt{k'}}-\left[2\,\frac{1-\sqrt{k'}}{1+\sqrt{k'}}+\left(\frac{1-\sqrt{k'}}{1+\sqrt{k'}}\right)^4\right]\ln\left(2\,\frac{1+\sqrt{k'}}{1-\sqrt{k'}}\right)}{\left[1+\frac{1-\sqrt{k'}}{1+\sqrt{k'}}+\frac{1}{8}\left(\frac{1-\sqrt{k'}}{1+\sqrt{k'}}\right)^4\right]^5\ln\left(2\,\frac{1+\sqrt{k'}}{1-\sqrt{k'}}\right)}=-\eta_2,\\
\bar\eta_1'&=+\frac{1}{3}-\frac{2}{3}k'^2+4\,\frac{1+\frac{1-\sqrt{k'}}{1+\sqrt{k'}}-\left[2\,\frac{1-\sqrt{k'}}{1+\sqrt{k'}}+\left(\frac{1-\sqrt{k'}}{1+\sqrt{k'}}\right)^4\right]\ln\left(2\,\frac{1+\sqrt{k'}}{1-\sqrt{k'}}\right)}{\left[1+\frac{1-\sqrt{k'}}{1+\sqrt{k'}}+\frac{1}{8}\left(\frac{1-\sqrt{k'}}{1+\sqrt{k'}}\right)^4\right]^5\ln\left(2\,\frac{1+\sqrt{k'}}{1-\sqrt{k'}}\right)}=-\bar\eta_2.
\end{aligned}\right\} \tag{499}$$

Kapitel 4

Spezielle Weierstraßsche ℘-Funktionen

54. Definitions- und Funktionalgleichungen

Die Betrachtungen dieses Kapitels sind den Funktionen

$$\wp_{\substack{1\\2\\3\\4}}(\zeta,\varkappa)=-\eta_1-\frac{1}{\pi^2\,\vartheta_3^4(0,\varkappa)}\,\frac{\partial^2}{\partial\zeta^2}\ln\vartheta_{\substack{1\\2\\3\\4}}(\zeta,\varkappa),\qquad \wp_{\substack{5\\6}}(\zeta,\varkappa)=-\bar\eta_1-\frac{1}{\pi^2\,\vartheta_3^4(0,\varkappa)}\,\frac{\partial^2}{\partial\zeta^2}\ln\vartheta_{\substack{5\\6}}(\zeta,\varkappa) \tag{500}$$

gewidmet, die durch (194) und (228) eingeführt wurden und die bei Vertauschen von ζ mit $\zeta/\varkappa$ und $\varkappa$ mit $1/\varkappa$ die Form

$$\wp_{\substack{1\\2\\3\\4}}\left(\frac{\zeta}{\varkappa},\frac{1}{\varkappa}\right)=-\eta_1'-\frac{\varkappa^2}{\pi^2\,\vartheta_3^4\left(0,\frac{1}{\varkappa}\right)}\,\frac{\partial^2}{\partial\zeta^2}\ln\vartheta_{\substack{1\\2\\3\\4}}\left(\frac{\zeta}{\varkappa},\frac{1}{\varkappa}\right),\qquad \wp_{\substack{5\\6}}\left(\frac{\zeta}{\varkappa},\frac{1}{\varkappa}\right)=-\bar\eta_1'-\frac{1}{\pi^2\,\vartheta_3^4\left(0,\frac{1}{\varkappa}\right)}\,\frac{\partial^2}{\partial\zeta^2}\ln\vartheta_{\substack{5\\6}}\left(\frac{\zeta}{\varkappa},\frac{1}{\varkappa}\right) \tag{500'}$$

annehmen. Diese Funktionen stellen Spezialfälle der allgemeinen zweiparametrigen WEIERSTRASSschen Funktion dar, die im Kapitel 12 näher betrachtet werden wird. Sie sind als zweite Ableitungen logarithmierter Theta-Funktionen gerade Funktionen in bezug auf das Argument ζ.

Es ist in der Theorie der elliptischen Funktionen üblich, unter Bezugnahme auf (286) bis (288) neben ζ unter Beachtung von (67) auch noch auf das Argument

$$z = \pi\, \vartheta_3^2(0, \varkappa)\, \zeta = \pi\, \vartheta_3^2\left(0, \frac{1}{\varkappa}\right) \frac{\zeta}{\varkappa} = 2K\,\zeta = 2K' \frac{\zeta}{\varkappa} \qquad \left(\varkappa = \frac{K'}{K}\right) \tag{501$'$}$$

zu beziehen und dabei gleichzeitig den Parameter $\varkappa$ durch den von $\varkappa$ eindeutig abhängigen und in Abschnitt 27 eingeführten Modul k und $1/\varkappa$ durch den konjugierten Modul k' zu ersetzen. Bei Bezugnahme auf das (z, k)-System und unter Berücksichtigung des geraden Funktionscharakters lauten die Definitionsgleichungen der eingeführten sechs $\wp$-Funktionen:

$$\begin{aligned}
&\wp_{\substack{1\\2\\3\\4}}(z, k) = \wp_{\substack{1\\2\\3\\4}}(-z, k) = -\eta_1 - \frac{\partial^2}{\partial z^2} \ln \vartheta_{\substack{1\\2\\3\\4}}(z, k), \quad \wp_{\substack{1\\2\\3\\4}}(z, k') = -\eta_1' - \frac{\partial^2}{\partial z^2} \ln \vartheta_{\substack{1\\2\\3}}(z, k'),\\
&\wp_{\substack{5\\6}}(z, k) = \wp_{\substack{5\\6}}(-z, k) = -\bar{\eta}_1 - \frac{\partial^2}{\partial z^2} \ln \vartheta_{\substack{5\\6}}(z, k), \quad \wp_{\substack{5\\6}}(z, k') = -\bar{\eta}_1' - \frac{\partial^2}{\partial z^2} \ln \vartheta_{\substack{5\\6}}(z, k').
\end{aligned} \tag{501}$$

Nach (204) und (232) bzw. (202) und (230) in Verbindung mit (280) und (500) können die $\wp$-Funktionen auch durch die Differentialgleichungen

$$\begin{aligned}
\frac{\partial}{\partial z} \wp_{\substack{1\\2\\3\\4}}(z, k) &= \substack{-\\+\\-\\+} \sqrt{4 \wp_{\substack{1\\2\\3\\4}}^3(z, k) - g_2\, \wp_{\substack{1\\2\\3\\4}}(z, k) - g_3} = \substack{-\\+\\-\\+} \sqrt{4 \left[\wp_{\substack{1\\2\\3\\4}}(z, k) - e_1\right] \left[\wp_{\substack{1\\2\\3\\4}}(z, k) - e_2\right] \left[\wp_{\substack{1\\2\\3\\4}}(z, k) - e_3\right]},\\
\frac{\partial}{\partial z} \wp_{\substack{5\\6}}(z, k) &= \substack{-\\+} \sqrt{4 \wp_{\substack{5\\6}}^3(z, k) - \bar{g}_2\, \wp_{\substack{5\\6}}(z, k) - \bar{g}_3} = \substack{-\\+} \sqrt{4 \left[\wp_{\substack{5\\6}}(z, k) - e_2 - 2k\,k'\,i\right] \left[\wp_{\substack{5\\6}}(z, k) + 2e_2\right] \left[\wp_{\substack{5\\6}}(z, k) - e_2 + 2k\,k'\,i\right]}
\end{aligned} \tag{502}$$

definiert werden, in welchen g_2, g_3 und $\bar{g}_2$, $\bar{g}_3$ die in Abschnitt 48 betrachteten Parameterfunktionen bzw. Invarianten bezeichnen.

Wie später noch gezeigt werden wird, lassen sich die sechs $\wp$-Funktionen auch noch als Quotienten von Quadraten von Theta-Funktionen unter Einschluß einer additiven Parameterfunktion definieren.

Zwischen den $\wp$-Funktionen bestehen zahlreiche Funktionalgleichungen. Eine erste Gruppe ergibt sich in Verbindung mit (239), (245), (247) und (252). Die Gleichungen lauten, als Gleichungsketten geschrieben:

$$\left.\begin{aligned}
\wp_1 &= e_1 + \frac{(e_1 - e_2)(e_1 - e_3)}{\wp_2 - e_1} = e_2 + \frac{(e_2 - e_3)(e_2 - e_1)}{\wp_3 - e_2} = e_3 + \frac{(e_3 - e_1)(e_3 - e_2)}{\wp_4 - e_3},\\
\wp_2 &= e_2 + \frac{(e_2 - e_3)(e_2 - e_1)}{\wp_4 - e_2} = e_3 + \frac{(e_3 - e_1)(e_3 - e_2)}{\wp_3 - e_3} = e_1 + \frac{(e_1 - e_2)(e_1 - e_3)}{\wp_1 - e_1},\\
\wp_3 &= e_3 + \frac{(e_3 - e_1)(e_3 - e_2)}{\wp_2 - e_3} = e_1 + \frac{(e_1 - e_2)(e_1 - e_3)}{\wp_4 - e_1} = e_2 + \frac{(e_2 - e_3)(e_2 - e_1)}{\wp_1 - e_2},\\
\wp_4 &= e_1 + \frac{(e_1 - e_2)(e_1 - e_3)}{\wp_3 - e_1} = e_2 + \frac{(e_2 - e_3)(e_2 - e_1)}{\wp_2 - e_2} = e_3 + \frac{(e_3 - e_1)(e_3 - e_2)}{\wp_1 - e_3}.
\end{aligned}\right\} \tag{503}$$

$$\begin{aligned}
\wp_5 &= -e_2 + \wp_1 + \wp_3 = \wp_1 + \frac{(e_2 - e_3)(e_2 - e_1)}{\wp_1 - e_2} = \wp_3 + \frac{(e_2 - e_3)(e_2 - e_1)}{\wp_3 - e_2} = -2e_2 + \frac{1}{\wp_6 + 2e_2},\\
\wp_6 &= -e_2 + \wp_2 + \wp_4 = \wp_2 + \frac{(e_2 - e_3)(e_2 - e_1)}{\wp_2 - e_2} = \wp_4 + \frac{(e_2 - e_3)(e_2 - e_1)}{\wp_4 - e_2} = -2e_2 + \frac{1}{\wp_5 + 2e_2}.
\end{aligned} \tag{504}$$

Ferner ist nach (240) und (252)

$$\left.\begin{aligned}
(\wp_1 - e_1)(\wp_2 - e_3)(\wp_3 - e_1)(\wp_4 - e_3) &= -(e_1 - e_2)\,(e_2 - e_3),\\
(\wp_1 - e_2)(\wp_2 - e_2)(\wp_3 - e_2)(\wp_4 - e_2) &= -(e_1 - e_2)^2\,(e_2 - e_3)^2,\\
(\wp_1 - e_3)(\wp_2 - e_1)(\wp_3 - e_3)(\wp_4 - e_1) &= -(e_1 - e_2)\,(e_2 - e_3).
\end{aligned}\right\} \tag{505}$$

$$(\wp_5 + 2e_2)(\wp_6 + 2e_2) = 1. \tag{506}$$

Die Auflösung von (504) nach $\wp_1$ bzw. $\wp_3$ und $\wp_2$ bzw. $\wp_4$ liefert

$$\begin{aligned}\wp_{\substack{1\\2}} &= \tfrac{1}{2}\left(\wp_{\substack{5\\6}} + e_2\right) + \sqrt{\tfrac{1}{4}\left(\wp_{\substack{5\\6}} - e_2\right)^2 + (e_1 - e_2)(e_2 - e_3)}\\ \wp_{\substack{3\\4}} &= \tfrac{1}{2}\left(\wp_{\substack{5\\6}} + e_2\right) - \sqrt{\tfrac{1}{4}\left(\wp_{\substack{5\\6}} - e_2\right)^2 + (e_1 - e_2)(e_2 - e_3)}\end{aligned} \quad \text{mit} \quad (e_1 - e_2)(e_2 - e_3) = k^2 k'^2. \tag{507}$$

Zwischen dem einfachen und doppelten Argument bestehen nach (260), (264) und (267) die Funktionalgleichungen

$$\left.\begin{aligned}&\wp_1(z,k) + \wp_2(z,k) + \wp_3(z,k) + \wp_4(z,k) = 4\wp_1(2z,k),\\ &\wp_5(z,k) + \wp_6(z,k) = -2e_2 + 4\wp_1(2z,k),\\ &\wp_1(z,k) + \wp_2(z,k) + \wp_3(z,k) + \wp_4(z,k) + \wp_5(z,k) + \wp_6(z,k) = -2e_2 + 8\wp_1(2z,k).\end{aligned}\right\} \tag{508}$$

Für die in den vorstehenden Gleichungen auftretenden Parameterfunktionen e_1, e_2, e_3 kann auf Abschnitt 48 verwiesen werden.

55. Periodenverhalten und Substitutionen; imaginäre Transformation

Die Verbindung der Gln. (148) und (500) zeigt, daß die $\wp$-Funktionen doppeltperiodische Funktionen darstellen. Für die Funktionen $\wp_1, \wp_2, \wp_3, \wp_4$ sind die Grundperioden im $\zeta, \varkappa$-System 1 und $i\varkappa$, für die Funktionen $\wp_5$ und $\wp_6$ entsprechend 1 und $\frac{1}{2} + i\varkappa/2$. Es folgt daher für ganzzahlige m- und n-Werte

$$\begin{aligned}&\wp_{\substack{1\\2\\3\\4}}(\zeta + m + n i\varkappa, \varkappa) = \wp_{\substack{1\\2\\3\\4}}(\zeta, \varkappa), \qquad \wp_{\substack{5\\6}}\left(\zeta + m + n\frac{1 \pm i\varkappa}{2}, \varkappa\right) = \wp_{\substack{5\\6}}(\zeta, \varkappa),\\ &\wp_{\substack{1\\2\\3\\4}}(z + 2mK + 2niK', k) = \wp_{\substack{1\\2\\3\\4}}(z,k), \qquad \wp_{\substack{5\\6}}(z + 2mK + n(K \pm iK'), k) = \wp_{\substack{5\\6}}(z,k).\end{aligned} \tag{509}$$

Werden die Gln. (150) bis (152) zweimal nach ζ abgeleitet, so folgen unter Bezugnahme auf (500) und (501) die Substitutionsgleichungen

$$\begin{aligned}&\wp_{\substack{1\\2\\3\\4\\5\\6}}\left(\zeta \pm \frac{1}{2}, \varkappa\right) = \wp_{\substack{2\\1\\4\\3\\6\\5}}(\zeta, \varkappa), \quad \wp_{\substack{1\\2\\3\\4\\5\\6}}\left(\zeta \pm \frac{i\varkappa}{2}, \varkappa\right) = \wp_{\substack{4\\3\\2\\1\\6\\5}}(\zeta, \varkappa), \quad \wp_{\substack{1\\2\\3\\4\\5\\6}}\left(\zeta \pm \frac{1}{2} \pm \frac{i\varkappa}{2}, \varkappa\right) = \wp_{\substack{3\\4\\1\\2\\5\\6}}(\zeta, \varkappa),\\ &\wp_{\substack{1\\2\\3\\4\\5\\6}}(z \pm K, k) = \wp_{\substack{2\\1\\4\\3\\6\\5}}(z,k), \quad \wp_{\substack{1\\2\\3\\4\\5\\6}}(z \pm iK', k) = \wp_{\substack{4\\3\\2\\1\\6\\5}}(z,k), \quad \wp_{\substack{1\\2\\3\\4\\5\\6}}(z \pm K \pm iK', k) = \wp_{\substack{3\\4\\1\\2\\5\\6}}(z,k).\end{aligned} \tag{510}$$

Zur Entwicklung der imaginären Transformation der $\wp$-Funktionen sollen zunächst die beiden Gln. (166) unter Bezugnahme auf (501)′ auf das (z, k)-System umgeschrieben werden. Dies ergibt:

$$\frac{\partial}{\partial z}\ln\vartheta_{\substack{1\\2\\3\\4}}(iz,k) = \frac{\pi}{2KK'}z + \frac{\partial}{\partial z}\ln\vartheta_{\substack{1\\4\\3\\2}}(z,k'), \qquad \frac{\partial}{\partial z}\ln\vartheta_{\substack{5\\6}}(iz,k) = \frac{\pi}{KK'}z + \frac{\partial}{\partial z}\ln\vartheta_{\substack{5\\6}}(z,k') \tag{511}$$

und abgeleitet

$$\frac{\partial^2}{\partial z^2}\ln\vartheta_{\substack{1\\2\\3\\4}}(iz,k) = \frac{\pi}{2KK'} + \frac{\partial^2}{\partial z^2}\ln\vartheta_{\substack{1\\4\\3\\2}}(z,k'), \qquad \frac{\partial^2}{\partial z^2}\ln\vartheta_{\substack{5\\6}}(iz,k) = \frac{\pi}{KK'} + \frac{\partial^2}{\partial z^2}\ln\vartheta_{\substack{5\\6}}(z,k'). \tag{512}$$

Werden die Gln. (512) mit -1 multipliziert, so kann auf den linken Seiten $-1 = i^2$ in den Differentialquotienten gezogen werden. Ferner läßt sich auf den rechten Seiten das konstante Glied gemäß (453) durch $\eta_1 + \eta_1'$ bzw. $\bar{\eta}_1 + \bar{\eta}_1'$ ausdrücken. Dies liefert bei entsprechender Zusammenfassung zunächst

$$\eta_1 + \frac{\partial^2}{\partial(iz)^2}\ln\vartheta_{\substack{1\\2\\3\\4}}(iz,k) = -\eta_1' - \frac{\partial^2}{\partial z^2}\ln\vartheta_{\substack{1\\4\\3\\2}}(z,k'), \qquad \bar{\eta}_1 + \frac{\partial^2}{\partial(iz)^2}\ln\vartheta_{\substack{5\\6}}(iz,k) = -\bar{\eta}_1' - \frac{\partial^2}{\partial z^2}\ln\vartheta_{\substack{5\\6}}(z,k')$$

und bei Berücksichtigung der Gln. (501) und (501)′

$$\wp_{\substack{1\\2\\3\\4\\5\\6}}(i\,z, k) = -\wp_{\substack{1\\4\\3\\2\\5\\6}}(z, k'), \qquad \wp_{\substack{1\\2\\3\\4\\5\\6}}(i\,\zeta, \varkappa) = -\wp_{\substack{1\\4\\3\\2\\5\\6}}\left(\frac{\zeta}{\varkappa}, \frac{1}{\varkappa}\right). \tag{513}$$

Das in den Gln. (509), (510) und (513) zum Ausdruck kommende Substitutions- und Transformationsverhalten der doppeltperiodischen $\wp$-Funktionen, nach welchem alle sechs Funktionen

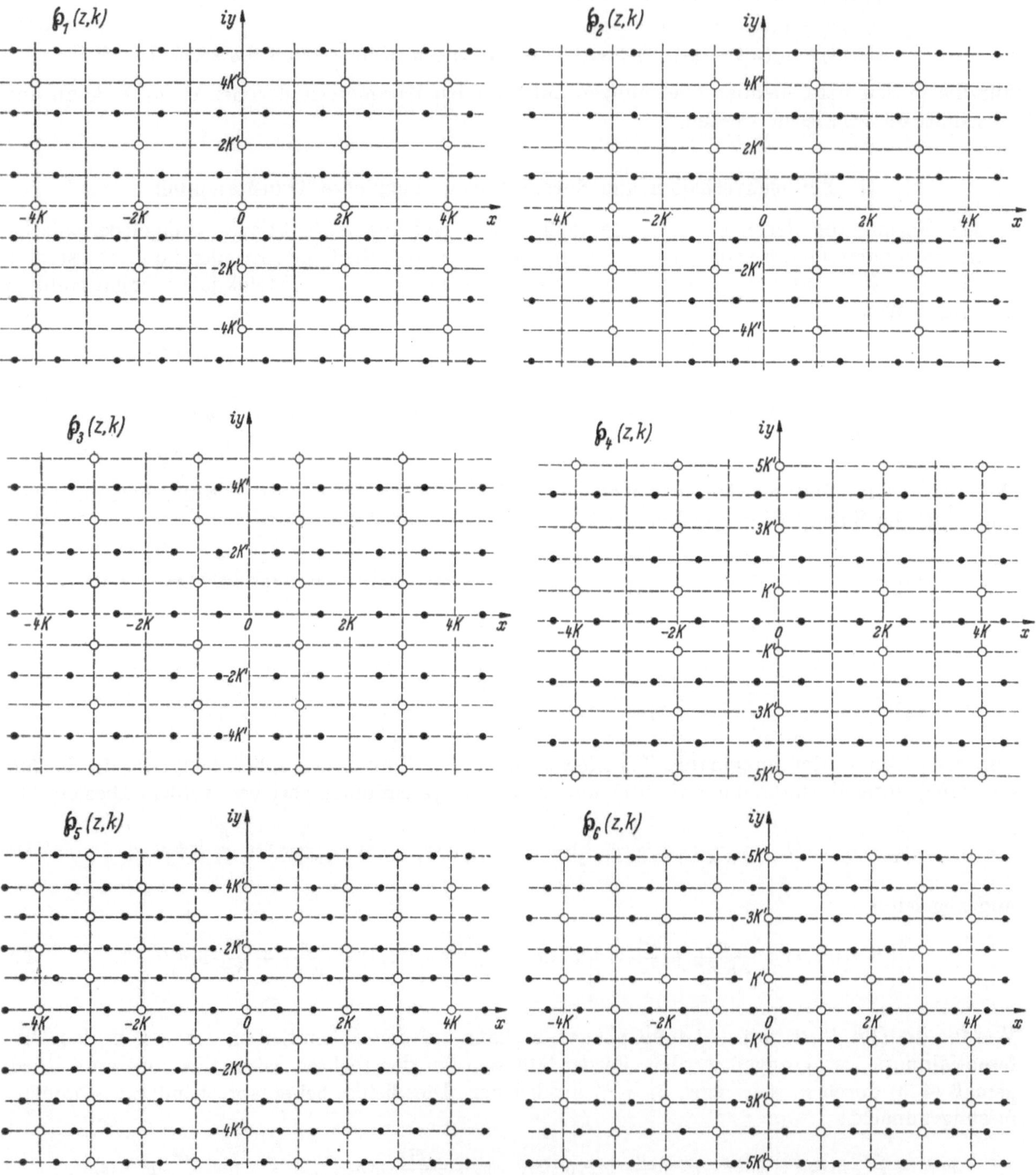

Abb. 51. Nullstellen und Pole der $\wp$-Funktionen für $K'/K = 0{,}6$ (○ Doppelpole, ● Nullstellen)

auf den achsenparallelen Geraden

$$y = n K' \quad \text{und} \quad x = m K \quad (m, n \text{ ganzzahlig})$$

reelle Werte annehmen, ist in Abb. 51 veranschaulicht. Die aus dem Verhalten der Theta-Funktionen sich ergebenden Doppelpole sind in Abb. 51 durch Kreise markiert. Die Grundperioden sind für $\wp_1, \wp_2, \wp_3, \wp_4$ orthogonal ($2K$ und $2i K'$) und für $\wp_5, \wp_6$ schiefwinklig ($2K$ und $K + i K'$ oder $K + i K'$ und $K - i K'$).

56. Differentialgleichungen erster und zweiter Ordnung

Werden die Gln. (502) quadriert, so ergeben sich für die $\wp$-Funktionen die Differentialgleichungen erster Ordnung

$$\begin{aligned} &w'^2 - 4w^3 + g_2 w + g_3 = 0 \quad \text{für} \quad w = \wp_1(z,k) \text{ bzw. } \wp_2(z,k) \text{ bzw. } \wp_3(z,k) \text{ bzw. } \wp_4(z,k),\\ &w'^2 - 4w^3 + \bar{g}_2 w + \bar{g}_3 = 0 \quad \text{für} \quad w = \wp_5(z,k) \text{ bzw. } \wp_6(z,k), \end{aligned} \tag{514}$$

wenn Ableitungen nach z durch Striche gekennzeichnet werden.

Differenziert man die Gln. (514) nach z, so läßt sich w' als Faktor abspalten, und man erhält die Differentialgleichungen zweiter Ordnung

$$\begin{aligned} &w'' - 6w^2 + \tfrac{1}{2} g_2 = 0 \quad \text{für} \quad w = \wp_1(z,k) \text{ bzw. } \wp_2(z,k) \text{ bzw. } \wp_3(z,k) \text{ bzw. } \wp_4(z,k),\\ &w'' - 6w^2 + \tfrac{1}{2} \bar{g}_2 = 0 \quad \text{für} \quad w = \wp_5(z,k) \text{ bzw. } \wp_6(z,k). \end{aligned} \tag{515}$$

57. Trigonometrische und hyperbolische Reihenentwicklungen

Wird (174) bei Beachtung von (501)′ durch $4K^2$ dividiert und in (501) eingeführt, so ergeben sich die trigonometrischen und hyperbolischen Reihenentwicklungen der sechs $\wp$-Funktionen. Die Reziprozität beider Entwicklungen in bezug auf K und K' tritt deutlich in Erscheinung, wenn bei den hyperbolischen Entwicklungen noch die aus (452) folgenden Beziehungen

$$\eta_1' = -\eta_1 + \frac{\pi}{2K K'}, \quad \bar{\eta}_1' = -\bar{\eta}_1 + \frac{\pi}{K K'}$$

in Verbindung mit $\varkappa = K'/K$ berücksichtigt werden. Die Entwicklungen lauten:

$$\left.\begin{aligned}
\wp_1(z,k) &= -\eta_1 + \frac{\pi^2}{4K^2 \sin^2 \frac{\pi z}{2K}} - \frac{2\pi^2}{K^2} \sum_1^\infty \frac{n\, e^{-2n\pi K'/K} \cos \frac{n\pi z}{K}}{1 - e^{-2n\pi K'/K}},\\
\wp_2(z,k) &= -\eta_1 + \frac{\pi^2}{4K^2 \cos^2 \frac{\pi z}{2K}} - \frac{2\pi^2}{K^2} \sum_1^\infty (-1)^n \frac{n\, e^{-2n\pi K'/K} \cos \frac{n\pi z}{K}}{1 - e^{-2n\pi K'/K}},\\
\wp_3(z,k) &= -\eta_1 - \frac{2\pi^2}{K^2} \sum_1^\infty (-1)^n \frac{n\, e^{-n\pi K'/K} \cos \frac{n\pi z}{K}}{1 - e^{-2n\pi K'/K}},\\
\wp_4(z,k) &= -\eta_1 - \frac{2\pi^2}{K^2} \sum_1^\infty \frac{n\, e^{-n\pi K'/K} \cos \frac{n\pi z}{K}}{1 - e^{-2n\pi K'/K}},\\
\wp_5(z.\, k) &= -\bar{\eta}_1 + \frac{\pi^2}{4K^2 \sin^2 \frac{\pi z}{2K}} - \frac{2\pi^2}{K^2} \sum_1^\infty (-1)^n \frac{n\, e^{-n\pi K'/K} \cos \frac{n\pi z}{K}}{1 - (-1)^n e^{-n\pi K'/K}},\\
\wp_6(z,k) &= -\bar{\eta}_1 + \frac{\pi^2}{4K^2 \cos^2 \frac{\pi z}{2K}} - \frac{2\pi^2}{K^2} \sum_1^\infty \frac{n\, e^{-n\pi K'/K} \cos \frac{n\pi z}{K}}{1 - (-1)^n e^{-n\pi K'/K}}
\end{aligned}\right\} \begin{aligned} &(z = 2K\zeta, \quad K' = \varkappa K)\\ &\left| e^{-\frac{\pi K'}{K} \pm \frac{\pi i z}{K}} \right| < 1 \end{aligned} \tag{516}$$

beziehungsweise

$$\left.\begin{aligned}
\wp_1(z,k) &= +\eta_1' + \frac{\pi^2}{4K'^2\sinh^2\dfrac{\pi z}{2K'}} + \frac{2\pi^2}{K'^2}\sum_1^\infty \frac{n\,e^{-2n\pi K/K'}\cosh\dfrac{n\pi z}{K'}}{1-e^{-2n\pi K/K'}},\\
\wp_2(z,k) &= +\eta_1' + \frac{2\pi^2}{K'^2}\sum_1^\infty \frac{n\,e^{-n\pi K/K'}\cosh\dfrac{n\pi z}{K'}}{1-e^{-2n\pi K/K'}},\\
\wp_3(z,k) &= +\eta_1' + \frac{2\pi^2}{K'^2}\sum_1^\infty (-1)^n \frac{n\,e^{-n\pi K/K'}\cosh\dfrac{n\pi z}{K'}}{1-e^{-2n\pi K/K'}},\\
\wp_4(z,k) &= +\eta_1' - \frac{\pi^2}{4K'^2\cosh^2\dfrac{\pi z}{2K'}} + \frac{2\pi^2}{K'^2}\sum_1^\infty (-1)^n \frac{n\,e^{-2n\pi K/K'}\cosh\dfrac{n\pi z}{K'}}{1-e^{-2n\pi K/K'}},\\
\wp_5(z,k) &= +\bar\eta_1' + \frac{\pi^2}{4K'^2\sinh^2\dfrac{\pi z}{2K'}} + \frac{2\pi^2}{K'^2}\sum_1^\infty (-1)^n \frac{n\,e^{-n\pi K/K'}\cosh\dfrac{n\pi z}{K'}}{1-(-1)^n e^{-n\pi K/K'}},\\
\wp_6(z,k) &= +\bar\eta_1' - \frac{\pi^2}{4K'^2\cosh^2\dfrac{\pi z}{2K'}} + \frac{2\pi^2}{K'^2}\sum_1^\infty \frac{n\,e^{-n\pi K/K'}\cosh\dfrac{n\pi z}{K'}}{1-(-1)^n e^{-n\pi K/K'}}.
\end{aligned}\right\}\quad
\begin{aligned}
&(z = 2K\zeta,\quad K' = \varkappa K)\\
&0 \leqq \left|\frac{z}{2K}\right| < \frac{1}{2},\quad \frac{K'}{K} > 0
\end{aligned}\tag{517}$$

58. Werte der $\wp$-Funktionen für die Argumente $z = 0$ und $z = K$. Entwicklungen an der Stelle $z = 0$

Nach den trigonometrischen Entwicklungen (516) werden $\wp_1$ und $\wp_5$ für $z = 0$ und $\wp_2$ und $\wp_6$ für $z = K$ unendlich groß. Da e_1, e_2, e_3 nach (442) stets endliche Werte annehmen, sind damit nach (503) und (504) auch die Werte der übrigen $\wp$-Funktionen an den Stellen $z = 0$ und $z = K$ bekannt. Sie lauten:

$$\begin{aligned}
&\wp_1(0,k) = \infty, && \wp_2(0,k) = e_1, && \wp_3(0,k) = e_2, && \wp_4(0,k) = e_3, && \wp_5(0,k) = \infty, && \wp_6(0,k) = -2e_2.\\
&\wp_1(K,k) = e_1, && \wp_2(K,k) = \infty, && \wp_3(K,k) = e_3, && \wp_4(K,k) = e_2, && \wp_5(K,k) = -2e_2, && \wp_6(K,k) = \infty,
\end{aligned}\tag{518}$$

Wird die oberste der Gln. (516) nach Potenzen von z entwickelt, z. B. indem die trigonometrischen Funktionen durch ihre Potenzreihen eingeführt werden, so ergeben sich für $\wp_1(z, k)$ und das Integral nach z Entwicklungen von der Form

$$\wp_1(z,k) = \frac{1}{z^2} + c_0 + c_2 z^2 + c_4 z^4 + \cdots \qquad \int \wp_1(z,k)\,dz = -\frac{1}{z} + c_0 z + \frac{c_2}{3} z^3 + \frac{c_4}{5} z^5 + \cdots.$$

Andererseits erhält man bei Bezugnahme auf (501)′, (501) und (364)

$$\int \wp_1(z,k)\,dz = -\eta_1 z - \frac{\partial}{\partial z}\ln\vartheta_1(z,k) = -\eta_1 z - \frac{\dfrac{\partial}{\partial z}\vartheta_1(z,k)}{\vartheta_1(z,k)} = -\eta_1 z - \frac{1 - \dfrac{1}{2}\left(3\dfrac{E}{K} - 1 - k'^2\right)z^2 + \cdots}{z - \dfrac{1}{6}\left(3\dfrac{E}{K} - 1 - k'^2\right)z^3 + \cdots}$$

oder, wenn durch den Nenner dividiert und (442) beachtet wird,

$$\int \wp_1(z,k)\,dz = -\frac{1}{z} - \left(\eta_1 - \frac{E}{K} + \frac{1+k'^2}{3}\right)z + \cdots = -\frac{1}{z} - \left(\eta_1 - \frac{E}{K} + e_1\right)z + \cdots.$$

Hieraus folgt durch Vergleich mit der Ausgangsentwicklung unter Beachtung von (449)

$$c_0 = -\left(\eta_1 - \frac{E}{K} + e_1\right) = 0.$$

Es darf daher auch von der Entwicklung

$$\wp_1(z,k) = \frac{1}{z^2} + c_2 z^2 + c_4 z^4 + \cdots$$

ausgegangen werden. In dieser lassen sich c_2 und c_4 sofort bestimmen, indem man die Entwicklung anstelle von w einmal in (514) und einmal in (515) einführt und jeweils die konstanten Glieder betrachtet. Dies liefert

$$c_2 = \frac{1}{20} g_2, \quad c_4 = \frac{1}{28} g_3,$$

womit $\wp_1(z, k)$ in der Form

$$\wp_1(z, k) = \frac{1}{z^2} + \frac{g_2}{20} z^2 + \frac{g_3}{28} z^4 + c_6 z^6 + c_8 z^8 + \cdots + c_{2n} z^{2n} + \cdots \tag{519}$$

angesetzt werden kann. Setzt man diese Entwicklung anstelle von w in die Differentialgleichung (515) ein, so führt der Vergleich der Koeffizienten der Glieder mit z^{2n-2} zu der von $n = 3$ ab gültigen Rekursionsformel

$$c_{2n} = \frac{3}{(n-2)(2n+3)} (c_2 c_{2n-4} + c_4 c_{2n-6} + \cdots + c_{2n-4} c_2). \tag{519'}$$

Werden die Koeffizienten bis zur 20. Potenz sukzessive berechnet, so lautet die Entwicklung für $\wp_1(z, k)$, dargestellt durch die Invarianten g_2 und g_3:

$$\begin{aligned} \wp_1(z, k) = {} & \frac{1}{z^2} + \frac{g_2}{20} z^2 + \frac{g_3}{28} z^4 + \frac{g_2^2}{1200} z^6 + \frac{3 g_2 g_3}{6160} z^8 + \left(\frac{g_2^3}{156000} + \frac{g_3^2}{10192}\right) z^{10} + \frac{g_2^2 g_3}{184800} z^{12} + \\ & + \left(\frac{g_2^4}{21216000} + \frac{3 g_2 g_3^2}{1905904}\right) z^{14} + \left(\frac{29 g_2^3 g_3}{608608000} + \frac{g_3^3}{5422144}\right) z^{16} + \\ & + \left(\frac{g_2^5}{3182400000} + \frac{97 g_2^2 g_3^2}{5031586560}\right) z^{18} + \left(\frac{389 g_2^4 g_3}{1019853120000} + \frac{123 g_2 g_3^3}{33315201920}\right) z^{20} + \cdots. \end{aligned} \tag{520}$$

Nach (516) und (518) lassen sich für $\wp_2$, $\wp_3$, $\wp_4$ die Entwicklungen in der Form

$$\wp_{\substack{2\\3\\4}}(z, k) = e_{\substack{1\\2\\3}} + c_{2,\substack{2\\3\\4}} z^2 + c_{4,\substack{2\\3\\4}} z^4 + c_{6,\substack{2\\3\\4}} z^6 + \cdots$$

ansetzen. Werden diese anstelle von w in (515) eingeführt, so lassen sich die Koeffizienten durch Identitätsvergleich bestimmen. Die Entwicklungen lauten, wenn noch die mittlere Gruppe der Gln. (446) in Verbindung mit der mittleren Gruppe der Gln. (443) beachtet wird,

$$\wp_{\substack{2\\3\\4}}(z, k) = e_{\substack{1\\2\\3}} + \Big(e_{\substack{1\\2\\3}} - e_{\substack{2\\3\\1}}\Big) \Big(e_{\substack{1\\2\\3}} - e_{\substack{3\\1\\2}}\Big) \left[z^2 + e_{\substack{1\\2\\3}} z^4 + \left(e_{\substack{1\\2\\3}}^2 - \frac{g_2}{20}\right) z^6 + \frac{6}{7} e_{\substack{1\\2\\3}} \left(e_{\substack{1\\2\\3}}^2 - \frac{3}{40} g_2\right) z^8 + \cdots\right]. \tag{521}$$

Die Funktion $\wp_5$ läßt sich nach (504) gemäß

$$\wp_5 = -e_2 + \wp_1 + \wp_3$$

linear durch $\wp_1$ und $\wp_3$ ausdrücken. Man erhält daher bei Einführung von $\wp_1$ und $\wp_3$ in der Form der Entwicklungen (520) und (521) zunächst

$$\wp_5(z, k) = -e_2 + \left[\frac{1}{z^2} + \frac{g_2}{20} z^2 + \frac{g_3}{28} z^4 + \cdots\right] + [e_2 + (e_2 - e_3)(e_2 - e_1) z^2 + e_2 (e_2 - e_3)(e_2 - e_1) z^4 + \cdots]$$

oder zusammengefaßt

$$\wp_5(z, k) = \frac{1}{z^2} + \frac{1}{20} [g_2 + 20 (e_2 - e_3)(e_2 - e_1)] z^2 + \frac{1}{28} [g_3 + 28 e_2 (e_2 - e_3)(e_2 - e_1)] z^4 + \cdots.$$

Nun ist aber nach (442), (443) und (446)

$$g_2 + 20 (e_2 - e_3)(e_2 - e_1) = \frac{4}{3} (1 - k^2 k'^2) - 20 k^2 k'^2 = \frac{4}{3} (1 - 16 k^2 k'^2) = \bar{g}_2,$$

$$g_3 + 28 e_2 (e_2 - e_3)(e_2 - e_1) = -\frac{8}{27} (k^2 - k'^2) \left(1 + \frac{1}{2} k^2 k'^2\right) - \frac{28}{3} (k^2 - k'^2) k^2 k'^2 = -\frac{8}{27} (k^2 - k'^2)(1 + 32 k^2 k'^2) = \bar{g}_3.$$

Damit kann die Entwicklung für $\wp_5(z, k)$ in der Form

$$\wp_5(z, k) = \frac{1}{z^2} + \frac{\bar{g}_2}{20} z^2 + \frac{\bar{g}_3}{28} z^4 + c_6 z^6 + c_8 z^8 + \cdots + c_{2n} z^{2n} + \cdots$$

angesetzt werden, die bis auf die Querstriche mit derjenigen für $\wp_1(z, k)$ völlig übereinstimmt. Da nach Abschnitt 56 bis auf die Querstriche auch die Differentialgleichungen für $\wp_5(z, k)$ und

$\wp_1(z, k)$ übereinstimmen, müssen sich bis auf die Querstriche auch die gleichen Entwicklungen ergeben. Man erhält daher:

$$\begin{aligned}\wp_5(z, k) = {} & \frac{1}{z^2} + \frac{\bar{g}_2}{20} z^2 + \frac{\bar{g}_3}{28} z^4 + \frac{\bar{g}_2^2}{1200} z^6 + \frac{3\bar{g}_2\bar{g}_3}{6160} z^8 + \left(\frac{\bar{g}_2^3}{156000} + \frac{\bar{g}_3^2}{10192}\right) z^{10} + \frac{\bar{g}_2^2\bar{g}_3}{184800} z^{12} + \\ & + \left(\frac{\bar{g}_2^4}{21216000} + \frac{3\bar{g}_2\bar{g}_3^2}{1905904}\right) z^{14} + \left(\frac{29\bar{g}_2^3\bar{g}_3}{608608000} + \frac{\bar{g}_3^3}{5422144}\right) z^{16} + \\ & + \left(\frac{\bar{g}_2^5}{3182400000} + \frac{97\bar{g}_2^2\bar{g}_3^2}{5031586560}\right) z^{18} + \left(\frac{389\bar{g}_2^4\bar{g}_3}{1019853120000} + \frac{123\bar{g}_2\bar{g}_3^3}{33315201920}\right) z^{20} + \cdots. \qquad (522)\end{aligned}$$

Die Funktion $\wp_6$ läßt sich nach (504) gemäß

$$\wp_6 = -e_2 + \wp_2 + \wp_4$$

ausdrücken. Werden die entsprechenden Entwicklungen von (521) in diese Gleichung eingeführt, so folgt in Verbindung mit (442) und (443)

$$\wp_6(z, k) = -2c_2 + z^2 - 2e_2 z^4 + \left(\frac{1}{3} + 2e_2^2 - \frac{2}{15} g_2\right) z^6 - \frac{2}{7} e_2 \left(2 + 3e_2^2 - \frac{2}{5} g_2\right) z^8 + \cdots. \qquad (523)$$

Die Konvergenzbereiche, welche zu den Entwicklungen (520) bis (523) gehören, können erst in Abschnitt 70 festgelegt werden.

59. Exponentialentwicklungen von Parameterfunktionen

Ersetzt man in den Entwicklungen (516) und (517) die trigonometrischen und hyperbolischen Funktionen durch ihre Potenzreihenentwicklungen und ordnet man nach Potenzen von z, so führt der Identitätsvergleich mit den Entwicklungen (520) bis (523) zu Darstellungen von Exponentialentwicklungen nach $\varkappa = K'/K$ bzw. $1/\varkappa = K/K'$, die bei Bezugnahme auf (444), (447) und (453) noch ausgeweitet werden können. Einige von diesen sind nachfolgend zusammengestellt.

$$\left.\begin{aligned}
&\eta_1 = \frac{2\pi^2}{K^2}\left[\frac{1}{24} - \sum_1^\infty \frac{n\, e^{-2n\pi K'/K}}{1 - e^{-2n\pi K'/K}}\right] = -\eta_2', \qquad \eta_1' = \frac{2\pi^2}{K'^2}\left[\frac{1}{24} - \sum_1^\infty \frac{n\, e^{-2n\pi K/K'}}{1 - e^{-2n\pi K/K'}}\right] = -\eta_2, \\
&\bar{\eta}_1 = \frac{2\pi^2}{K^2}\left[\frac{1}{24} - \sum_1^\infty \frac{(-1)^n n\, e^{-n\pi K'/K}}{1 - (-1)^n e^{-n\pi K'/K}}\right] = -\bar{\eta}_2', \qquad \bar{\eta}_1' = \frac{2\pi^2}{K'^2}\left[\frac{1}{24} - \sum_1^\infty \frac{(-1)^n n\, e^{-n\pi K/K'}}{1 - (-1)^n e^{-n\pi K/K'}}\right] = -\bar{\eta}_2; \\
&e_1 = \frac{2\pi^2}{K^2}\left[\frac{1}{12} + 2\sum_{1,3,5}^\infty \frac{n\, e^{-2n\pi K'/K}}{1 - e^{-2n\pi K'/K}}\right] = \frac{2\pi^2}{K'^2}\left[\frac{1}{24} + \sum_1^\infty \frac{n\, e^{-n\pi K/K'}}{1 + e^{-n\pi K/K'}}\right], \\
&e_2 = \frac{2\pi^2}{K^2}\left[-\frac{1}{24} + \sum_{1,3,5}^\infty \frac{n\, e^{-n\pi K'/K}}{1 + e^{-n\pi K'/K}}\right] = \frac{2\pi^2}{K'^2}\left[\frac{1}{24} - \sum_{1,3,5}^\infty \frac{n\, e^{-n\pi K/K'}}{1 + e^{-n\pi K/K'}}\right], \\
&e_3 = \frac{2\pi^2}{K^2}\left[-\frac{1}{24} - \sum_1^\infty \frac{n\, e^{-n\pi K'/K}}{1 + e^{-n\pi K'/K}}\right] = \frac{2\pi^2}{K'^2}\left[-\frac{1}{12} - 2\sum_{1,3,5}^\infty \frac{n\, e^{-2n\pi K/K'}}{1 - e^{-2n\pi K/K'}}\right]; \\
&e_2 = \frac{2\pi^2}{K^2}\left[-\frac{1}{24} + \sum_{1,3,5}^\infty \frac{n\, e^{-n\pi K'/K}}{1 - e^{-n\pi K'/K}} - \sum_{2,4,6}^\infty \frac{n\, e^{-n\pi K'/K}}{1 + e^{-n\pi K'/K}}\right], \\
&e_2 = \frac{2\pi^2}{K'^2}\left[+\frac{1}{24} - \sum_{1,3,5}^\infty \frac{n\, e^{-n\pi K/K'}}{1 - e^{-n\pi K/K'}} + \sum_{2,4,6}^\infty \frac{n\, e^{-n\pi K/K'}}{1 + e^{-n\pi K/K'}}\right]; \\
&k^2 = e_2 - e_3 = \frac{4\pi^2}{K^2}\sum_{1,3,5}^\infty \frac{n\, e^{-n\pi K'/K}}{1 - e^{-2n\pi K'/K}} = \frac{2\pi^2}{K'^2}\left[\frac{1}{8} + \sum_1^\infty \frac{(-1)^n n\, e^{-n\pi K/K'}}{1 + e^{-n\pi K/K'}}\right] = 1 - k'^2, \\
&k'^2 = e_1 - e_2 = \frac{2\pi^2}{K^2}\left[\frac{1}{8} + \sum_1^\infty \frac{(-1)^n n\, e^{-n\pi K'/K}}{1 + e^{-n\pi K'/K}}\right] = \frac{4\pi^2}{K'^2}\sum_{1,3,5}^\infty \frac{n\, e^{-n\pi K/K'}}{1 - e^{-2n\pi K/K'}} = 1 - k^2; \\
&g_2 = \frac{\pi^4}{K^4}\left[\frac{1}{12} + 20\sum_1^\infty \frac{n^3 e^{-2n\pi K'/K}}{1 - e^{-2n\pi K'/K}}\right] = \frac{\pi^4}{K'^4}\left[\frac{1}{12} + 20\sum_1^\infty \frac{n^3 e^{-2n\pi K/K'}}{1 - e^{-2n\pi K/K'}}\right] = g_2', \\
&\bar{g}_2 = \frac{\pi^4}{K^4}\left[\frac{1}{12} + 20\sum_1^\infty \frac{(-1)^n n^3 e^{-n\pi K'/K}}{1 - (-1)^n e^{-n\pi K'/K}}\right] = \frac{\pi^4}{K'^4}\left[\frac{1}{12} + 20\sum_1^\infty \frac{(-1)^n n^3 e^{-n\pi K/K'}}{1 - (-1)^n e^{-n\pi K/K'}}\right] = \bar{g}_2',
\end{aligned}\right\} \quad (524)$$

$$g_3 = \frac{\pi^6}{K^6}\left[\frac{1}{216} - \frac{7}{3}\sum_1^\infty{}' \frac{n^5 e^{-2n\pi K'/K}}{1 - e^{-2n\pi K'/K}}\right] = -\frac{\pi^6}{K'^6}\left[\frac{1}{216} - \frac{7}{3}\sum_1^\infty{}' \frac{n^5 e^{-2n\pi K/K'}}{1 - e^{-2n\pi K/K'}}\right] = -g_3',$$

$$\bar g_3 = \frac{\pi^6}{K^6}\left[\frac{1}{216} - \frac{7}{3}\sum_1^\infty{}' \frac{(-1)^n n^5 e^{-n\pi K'/K}}{1 - (-1)^n e^{-n\pi K'/K}}\right] = -\frac{\pi^6}{K'^6}\left[\frac{1}{216} - \frac{7}{3}\sum_1^\infty{}' \frac{(-1)^n n^5 e^{-n\pi K/K'}}{1 - (-1)^n e^{-n\pi K/K'}}\right] = -\bar g_3';$$

$$\sum_{1,3,5}^\infty{}' \frac{n e^{-n\pi}}{1 + e^{-n\pi}} = \sum_{1,3,5}^\infty{}' \frac{n e^{-n\pi}}{1 - e^{-n\pi}} - \sum_{2,4,6}^\infty{}' \frac{n e^{-n\pi}}{1 + e^{-n\pi}} = \frac{1}{24},$$

$$\sum_1^\infty{}' \frac{n^5 e^{-2n\pi}}{1 - e^{-2n\pi}} = \sum_1^\infty{}' \frac{(-1)^n n^5 e^{-n\pi}}{1 - (-1)^n e^{-n\pi}} = \frac{1}{504},$$

$$\frac{\pi^4}{K^4}\left[\frac{1}{12} + 20\sum_1^\infty{}' \frac{n^3 e^{-2n\pi}}{1 - e^{-2n\pi}}\right] = \frac{\pi^4}{K^4}\left[-\frac{1}{48} - 5\sum_1^\infty{}' \frac{(-1)^n n^3 e^{-n\pi}}{1 - (-1)^n e^{-n\pi}}\right] = 1 \qquad \left(k^2 = \frac{1}{2}\right);$$

$$K^2 = \left(\frac{\pi}{2}\right)^2\left[1 + 8\sum_{1,3,5}^\infty{}' \frac{n e^{-n\pi K'/K}}{1 - e^{-n\pi K'/K}} + 8\sum_{2,4,6}^\infty{}' \frac{n e^{-n\pi K'/K}}{1 + e^{-n\pi K'/K}}\right],$$

$$K^4 = \left(\frac{\pi}{2}\right)^4\left[1 + 16\sum_1^\infty{}' \frac{n^3 e^{-n\pi K'/K}}{1 - (-1)^n e^{-n\pi K'/K}}\right].$$

60. Potenzreihen-Entwicklungen der Theta-Funktionen und ihrer Logarithmen. Normierte Theta-Funktionen und zugehörige partielle Differentialgleichungen

Die Potenzreihen-Entwicklungen der $\wp$-Funktionen geben die Möglichkeit, die Logarithmen der Theta-Funktionen durch Potenzreihen darzustellen und aus diesen auch für die Theta-Funktionen Potenzreihen zu entwickeln.

In den Gln. (364) liegen bereits Potenzreihen-Entwicklungen der Theta-Funktionen bis zum dritten Gliede vor. Wird in diesen $\zeta = z/2K$ gesetzt und mit (67), (69), (288) und (501)'

$$\vartheta_1'(0,k) = \frac{\vartheta_1'(0,\varkappa)}{2K} = \frac{\vartheta_2(0,k)\,\vartheta_4(0,k)}{\vartheta_3(0,k)}, \quad \vartheta_1'(0,k') = \frac{\vartheta_1'\left(0,\frac{1}{\varkappa}\right)}{2K'} = \frac{\vartheta_2(0,k')\,\vartheta_4(0,k')}{\vartheta_3(0,k')}, \quad \vartheta_1'(0,k') = \sqrt{\varkappa}\,\vartheta_1'(0,k) \tag{525}$$

eingeführt, so ergibt sich, wenn noch bei den Koeffizienten die Gln. (442), (446) und (449) berücksichtigt werden,

$$\left.\begin{aligned}
\frac{\vartheta_1(z,k)}{\vartheta_1'(0,k)} &= z - \frac{1}{2}\eta_1 z^3 + \frac{1}{8}\left(\eta_1^2 - \frac{g_2}{30}\right) z^5 - \cdots,\\
\frac{\vartheta_2(z,k)}{\vartheta_2(0,k)} &= 1 - \frac{1}{2}(\eta_1 + e_1) z^2 + \frac{1}{8}\left[(\eta_1 + e_1)^2 - \frac{2}{3}k'^2\right] z^4 - \cdots,\\
\frac{\vartheta_3(z,k)}{\vartheta_3(0,k)} &= 1 - \frac{1}{2}(\eta_1 + e_2) z^2 + \frac{1}{8}\left[(\eta_1 + e_2)^2 + \frac{2}{3}k^2 k'^2\right] z^4 - \cdots,\\
\frac{\vartheta_4(z,k)}{\vartheta_4(0,k)} &= 1 - \frac{1}{2}(\eta_1 + e_3) z^2 + \frac{1}{8}\left[(\eta_1 + e_3)^2 - \frac{2}{3}k^2\right] z^4 - \cdots.
\end{aligned}\right\} \tag{526}$$

Nach (129), (144) und (501)' führt die Multiplikation der ersten und dritten Gleichung auf $\vartheta_5(z,k)/\vartheta_5'(0,k)$ und der zweiten und vierten auf $\vartheta_6(z,k)/\vartheta_6(0,k)$, wobei mit (501)' und (145)²

$$\vartheta_5'(0,k) = \vartheta_6(0,k) = 2\sqrt{\vartheta_2(0,k)\,\vartheta_4(0,k)}, \quad \vartheta_5'(0,k') = \vartheta_6(0,k') = 2\sqrt{\vartheta_2(0,k')\,\vartheta_4(0,k')}, \quad \vartheta_5'(0,k') = \sqrt{\varkappa}\,\vartheta_5'(0,k) \tag{527}$$

gesetzt werden kann. Nach Ausmultiplikation der Potenzreihen erhält man

$$\begin{aligned}
\frac{\vartheta_5(z,k)}{\vartheta_5'(0,k)} &= z - \frac{1}{2}\bar\eta_1 z^3 + \frac{1}{8}\left(\bar\eta_1^2 - \frac{\bar g_2}{30}\right) z^5 - \cdots,\\
\frac{\vartheta_6(z,k)}{\vartheta_6(0,k)} &= 1 - \frac{1}{2}(\bar\eta_1 - 2e_2) z^2 + \frac{1}{8}\left[(\bar\eta_1 - 2e_2)^2 - \frac{2}{3}\right] z^4 - \cdots.
\end{aligned} \tag{528}$$

Bei Heranziehung der Entwicklung

$$\ln(1-u) = -\frac{u}{1} - \frac{u^2}{2} - \frac{u^3}{3} - \cdots$$

können die sechs betrachteten Funktionen logarithmiert werden. Dies liefert

$$\ln\frac{\vartheta_1(z,k)}{\vartheta_1'(0,k)} = \ln z - \frac{1}{2}\eta_1 z^2 - \frac{g_2}{240} z^4 - \cdots, \qquad \ln\frac{\vartheta_2(z,k)}{\vartheta_2(0,k)} = -\frac{1}{2}(\eta_1 + e_1) z^2 - \frac{1}{12} k'^2 z^4 - \cdots,$$
$$\ln\frac{\vartheta_3(z,k)}{\vartheta_3(0,k)} = -\frac{1}{2}(\eta_1 + e_2) z^2 + \frac{1}{12} k^2 k'^2 z^4 - \cdots, \qquad \ln\frac{\vartheta_4(z,k)}{\vartheta_4(0,k)} = -\frac{1}{2}(\eta_1 + e_3) z^2 - \frac{1}{12} k^2 z^4 - \cdots,$$
$$\ln\frac{\vartheta_5(z,k)}{\vartheta_5'(0,k)} = \ln z - \frac{1}{2}\bar\eta_1 z^2 - \frac{\bar g_2}{240} z^4 - \cdots, \qquad \ln\frac{\vartheta_6(z,k)}{\vartheta_6(0,k)} = -\frac{1}{2}(\bar\eta_1 - 2e_2) z^2 - \frac{1}{12} z^4 - \cdots.$$

Nachdem die Anfangsglieder bekannt sind, können die weiteren Glieder dieser Entwicklungen nach (501) durch zweimalige Integration der Potenzreihen-Entwicklungen (520) bis (523) gewonnen werden. Das Ergebnis lautet:

$$\left.\begin{aligned}
\ln\frac{\vartheta_1(z,k)}{\vartheta_1'(0,k)} &= \ln z - \frac{1}{2}\eta_1 z^2 - \frac{g_2}{240} z^4 - \frac{g_3}{840} z^6 - \frac{g_2^2}{67200} z^8 - \frac{g_2 g_3}{184800} z^{10} - \left(\frac{g_2^3}{20592000} + \frac{g_3^2}{1345344}\right) z^{12} - \cdots,\\
\ln\frac{\vartheta_2(z,k)}{\vartheta_2(0,k)} &= -\frac{1}{2}(\eta_1 + e_1) z^2 - k'^2\left[\frac{1}{12} z^4 + \frac{e_1}{30} z^6 + \frac{1}{56}\left(e_1^2 - \frac{g_2}{20}\right) z^8 + \frac{e_1}{105}\left(e_1^2 - \frac{3}{40} g_2\right) z^{10} + \cdots\right],\\
\ln\frac{\vartheta_3(z,k)}{\vartheta_3(0,k)} &= -\frac{1}{2}(\eta_1 + e_2) z^2 + k^2 k'^2\left[\frac{1}{12} z^4 + \frac{e_2}{30} z^6 + \frac{1}{56}\left(e_2^2 - \frac{g_2}{20}\right) z^8 + \frac{e_2}{105}\left(e_2^2 - \frac{3}{40} g_2\right) z^{10} + \cdots\right],\\
\ln\frac{\vartheta_4(z,k)}{\vartheta_4(0,k)} &= -\frac{1}{2}(\eta_1 + e_3) z^2 - k^2\left[\frac{1}{12} z^4 + \frac{e_3}{30} z^6 + \frac{1}{56}\left(e_3^2 - \frac{g_2}{20}\right) z^8 + \frac{e_3}{105}\left(e_3^2 - \frac{3}{40} g_2\right) z^{10} + \cdots\right],\\
\ln\frac{\vartheta_5(z,k)}{\vartheta_5'(0,k)} &= \ln z - \frac{1}{2}\bar\eta_1 z^2 - \frac{\bar g_2}{240} z^4 - \frac{\bar g_3}{840} z^6 - \frac{\bar g_2^2}{67200} z^8 - \frac{\bar g_2 \bar g_3}{184800} z^{10} - \left(\frac{\bar g_2^3}{20592000} + \frac{\bar g_3^2}{1345344}\right) z^{12} - \cdots,\\
\ln\frac{\vartheta_6(z,k)}{\vartheta_6(0,k)} &= -\frac{1}{2}(\bar\eta_1 - 2e_2) z^2 - \frac{1}{12} z^4 + \frac{e_2}{15} z^6 - \frac{1}{56}\left(\frac{1}{3} + 2e_2^2 - \frac{2}{15} g_2\right) z^8 + \frac{e_2}{315}\left(2 + 3e_2^2 - \frac{2}{5} g_2\right) z^{10} - \cdots.
\end{aligned}\right\} \quad (529)$$

Aus der Herleitung der Entwicklungen (529) folgt, daß ihre Konvergenzschranken mit denjenigen der Entwicklungen (520) bis (523) übereinstimmen müssen.

Aus (529) ergeben sich bei Heranziehung der Exponentialentwicklung

$$e^u = 1 + \frac{u}{1!} + \frac{u^2}{2!} + \frac{u^3}{3!} + \cdots$$

unmittelbar die Entwicklungen der Theta-Funktionen selbst. Sie lauten:

$$\left.\begin{aligned}
\frac{\vartheta_1(z,k)}{\vartheta_1'(0,k)} &= z - \frac{1}{2}\eta_1 z^3 + \frac{1}{8}\left(\eta_1^2 - \frac{g_2}{30}\right) z^5 - \frac{1}{48}\left(\eta_1^3 - \frac{1}{10}\eta_1 g_2 + \frac{2}{35} g_3\right) z^7 + \frac{1}{384}\left(\eta_1^4 - \frac{1}{5}\eta_1^2 g_2 + \frac{8}{35}\eta_1 g_3 - \frac{g_2^2}{420}\right) z^9 -\\
&\quad - \frac{1}{3840}\left(\eta_1^5 - \frac{1}{3}\eta_1^3 g_2 + \frac{4}{7}\eta_1^2 g_3 - \frac{1}{84}\eta_1 g_2^2 + \frac{2}{1155} g_2 g_3\right) z^{11} + \cdots,\\
\frac{\vartheta_2(z,k)}{\vartheta_2(0,k)} &= 1 - \frac{1}{2}(\eta_1 + e_1) z^2 + \frac{1}{8}\left[(\eta_1 + e_1)^2 - \frac{2}{3} k'^2\right] z^4 - \frac{1}{48}\left[(\eta_1 + e_1)^3 - 2k'^2(\eta_1 + e_1) + \frac{8}{5} k'^2 e_1\right] z^6 +\\
&\quad + \frac{1}{384}\left[(\eta_1 + e_1)^4 - 4k'^2(\eta_1 + e_1)^2 + \frac{32}{5} k'^2 e_1(\eta_1 + e_1) - \frac{48}{7} k'^2\left(e_1^2 - \frac{g_2}{20}\right) + \frac{4}{3} k'^4\right] z^8 - \frac{1}{3840}\left[(\eta_1 + e_1)^5 -\right.\\
&\quad - \frac{20}{3} k'^2(\eta_1 + e_1)^3 + 16 k'^2 e_1(\eta_1 + e_1)^2 + \frac{20}{3} k'^4(\eta_1 + e_1) - \frac{240}{7} k'^2(\eta_1 + e_1)\left(e_1^2 - \frac{g_2}{20}\right) +\\
&\quad \left. + \frac{256}{7} k'^2 e_1\left(e_1^2 - \frac{3}{40} g_2\right) - \frac{32}{3} k'^4 e_1\right] z^{10} + \cdots,\\
\frac{\vartheta_3(z,k)}{\vartheta_3(0,k)} &= 1 - \frac{1}{2}(\eta_1 + e_2) z^2 + \frac{1}{8}\left[(\eta_1 + e_2)^2 + \frac{2}{3} k^2 k'^2\right] z^4 - \frac{1}{48}\left[(\eta_1 + e_2)^3 + 2k^2 k'^2(\eta_1 + e_2) - \frac{8}{5} k^2 k'^2 e_2\right] z^6 +\\
&\quad + \frac{1}{384}\left[(\eta_1 + e_2)^4 + 4k^2 k'^2(\eta_1 + e_2)^2 - \frac{32}{5} k^2 k'^2 e_2(\eta_1 + e_2) + \frac{48}{7} k^2 k'^2\left(e_2^2 - \frac{g_2}{20}\right) + \frac{4}{3} k^4 k'^4\right] z^8 - \frac{1}{3840}\left[(\eta_1 + e_2)^5 +\right.\\
&\quad + \frac{20}{3} k^2 k'^2(\eta_1 + e_2)^3 - 16 k^2 k'^2 e_2(\eta_1 + e_2)^2 + \frac{20}{3} k^4 k'^4(\eta_1 + e_2) +\\
&\quad \left. + \frac{240}{7} k^2 k'^2(\eta_1 + e_2)\left(e_2^2 - \frac{g_2}{20}\right) - \frac{256}{7} k^2 k'^2 e_2\left(e_2^2 - \frac{3}{40} g_2\right) - \frac{32}{3} k^4 k'^4 e_2\right] z^{10} + \cdots,
\end{aligned}\right\} \quad (530)$$

$$
\begin{aligned}
\frac{\vartheta_4(z,k)}{\vartheta_4(0,k)} &= 1 - \frac{1}{2}(\eta_1+e_3)\,z^2 + \frac{1}{8}\left[(\eta_1+e_3)^2 - \frac{2}{3}k^2\right]z^4 - \frac{1}{48}\left[(\eta_1+e_3)^3 - 2k^2(\eta_1+e_3) + \frac{8}{5}k^2 e_3\right]z^6 + \\
&+ \frac{1}{384}\left[(\eta_1+e_3)^4 - 4k^2(\eta_1+e_3)^2 + \frac{32}{5}k^2 e_3(\eta_1+e_3) - \frac{48}{7}k^2\left(e_3^2 - \frac{g_2}{20}\right) + \frac{4}{3}k^4\right]z^8 - \frac{1}{3840}\Big[(\eta_1+e_3)^5 - \\
&- \frac{20}{3}k^2(\eta_1+e_3)^3 + 16k^2 e_3(\eta_1+e_3)^2 + \frac{20}{3}k^4(\eta_1+e_3) - \frac{240}{7}k^2(\eta_1+e_3)\left(e_3^2 - \frac{g_2}{20}\right) + \\
&+ \frac{256}{7}k^2 e_3\left(e_3^2 - \frac{3}{40}g_2\right) - \frac{32}{3}k^4 e_3\Big]z^{10} + \cdots, \\
\frac{\vartheta_5(z,k)}{\vartheta_5'(0,k)} &= z - \frac{1}{2}\bar\eta_1 z^3 + \frac{1}{8}\left(\bar\eta_1^2 - \frac{\bar g_2}{30}\right)z^5 - \frac{1}{48}\left(\bar\eta_1^3 - \frac{1}{10}\bar\eta_1\bar g_2 + \frac{2}{35}\bar g_3\right)z^7 + \frac{1}{384}\left(\bar\eta_1^4 - \frac{1}{5}\bar\eta_1^2\bar g_2 + \frac{8}{35}\bar\eta_1\bar g_3 - \frac{\bar g_2^2}{420}\right)z^9 - \\
&- \frac{1}{3840}\left(\bar\eta_1^5 - \frac{1}{3}\bar\eta_1^3\bar g_2 + \frac{4}{7}\bar\eta_1^2\bar g_3 - \frac{1}{84}\bar\eta_1\bar g_2^2 + \frac{2}{1155}\bar g_2\bar g_3\right)z^{11} + \cdots, \\
\frac{\vartheta_6(z,k)}{\vartheta_6(0,k)} &= 1 - \frac{1}{2}(\bar\eta_1 - 2e_2)\,z^2 + \frac{1}{8}\left[(\bar\eta_1-2e_2)^2 - \frac{2}{3}\right]z^4 - \frac{1}{48}\left[(\bar\eta_1-2e_2)^3 - 2(\bar\eta_1-2e_2) - \frac{16}{5}e_2\right]z^6 + \\
&+ \frac{1}{384}\left[(\bar\eta_1-2e_2)^4 - 4(\bar\eta_1-2e_2)^2 - \frac{64}{5}e_2(\bar\eta_1-2e_2) - \frac{48}{7}\left(\frac{1}{3} + 2e_2^2 - \frac{2}{15}g_2\right) + \frac{4}{3}\right]z^8 - \frac{1}{3840}\Big[(\bar\eta_1-2e_2)^5 - \\
&- \frac{20}{3}(\bar\eta_1-2e_2)^3 - 32e_2(\bar\eta_1-2e_2)^2 + \frac{20}{3}(\bar\eta_1-2e_2) - \\
&- \frac{240}{7}(\bar\eta_1-2e_2)\left(\frac{1}{3} + 2e_2^2 - \frac{2}{15}g_2\right) - \frac{256}{21}e_2\left(2 + 3e_2^2 - \frac{2}{5}g_2\right) + \frac{64}{3}e_2\Big]z^{10} + \cdots.
\end{aligned}
$$

Die Konvergenzschranken sind die gleichen wie für die Potenzreihen-Entwicklungen (520) bis (523). Man vergleiche hierzu Abschnitt 70.

Durch Einführung von (501) in die vorderen der Gln. (504) folgt mit (449)

$$\frac{\partial^2}{\partial z^2}\ln\vartheta_{\substack{5\\6}}(z,k) = \frac{\partial^2}{\partial z^2}\ln\vartheta_{\substack{1\\2}}(z,k) + \frac{\partial^2}{\partial z^2}\ln\vartheta_{\substack{3\\4}}(z,k).$$

Hieraus ergibt sich durch zweimalige Integration eine entsprechende Beziehung zwischen den Grundfunktionen, unter Hinzutritt einer linearen Funktion $c_0 + c_1 z$. Bestimmt man aus dem Gleichungssatz (529) c_0 und c_1, so erhält man gerade

$$\ln\frac{\vartheta_5(z,k)}{\vartheta_5'(0,k)} = \ln\frac{\vartheta_1(z,k)}{\vartheta_1'(0,k)} + \ln\frac{\vartheta_3(z,k)}{\vartheta_3(0,k)}, \qquad \ln\frac{\vartheta_6(z,k)}{\vartheta_6(0,k)} = \ln\frac{\vartheta_2(z,k)}{\vartheta_2(0,k)} + \ln\frac{\vartheta_4(z,k)}{\vartheta_4(0,k)}. \tag{531}$$

Werden in der linken dieser Gleichungen die erste und die fünfte der Gln. (529) berücksichtigt, so ergibt sich für $\ln\vartheta_3(z,k)/\vartheta_3(0,k)$ die Invariantendarstellung

$$\ln\frac{\vartheta_3(z,k)}{\vartheta_3(0,k)} = \frac{1}{2}(\eta_1 - \bar\eta_1)\,z^2 + \frac{g_2 - \bar g_2}{240}z^4 + \frac{g_3 - \bar g_3}{840}z^6 + \frac{g_2^2 - \bar g_2^2}{67\,200}z^8 + \frac{g_2 g_3 - \bar g_2\bar g_3}{184\,800}z^{10} + \cdots. \tag{532}$$

Aus (530) lassen sich sehr einfache Beziehungen für die bereits des öfteren und insbesondere in den Abschnitten 37 und 40 betrachteten Theta-Nullwertquotienten sowie für die entsprechenden zu ϑ_5 und ϑ_6 gehörigen Quotienten ablesen. Multipliziert man die Gln. (86)[1] und (144) mit $2K$, so werden in Verbindung mit (525) und (527) die linken Seiten von (530) den linken Seiten der so entstehenden Gleichungen identisch gleich. Wird in den letzteren $\zeta = z/2K$ gesetzt, so liefert der Koeffizientenvergleich der Potenzen von z^3 und z^5 bzw. z^2 und z^4

$$
\left.
\begin{aligned}
\frac{\vartheta_1'''(0,k)}{\vartheta_1'(0,k)} &= \frac{1}{4K^2}\frac{\vartheta_1'''(0,\varkappa)}{\vartheta_1'(0,\varkappa)} = -3\eta_1, &\quad \frac{\vartheta_1'''''(0,k)}{\vartheta_1'(0,k)} &= \frac{1}{16K^4}\frac{\vartheta_1'''''(0,\varkappa)}{\vartheta_1'(0,\varkappa)} = 15\eta_1^2 - \frac{1}{2}g_2, \\
\frac{\vartheta_2''(0,k)}{\vartheta_2(0,k)} &= \frac{1}{4K^2}\frac{\vartheta_2''(0,\varkappa)}{\vartheta_2(0,\varkappa)} = -(\eta_1 + e_1), & \frac{\vartheta_2''''(0,k)}{\vartheta_2(0,k)} &= \frac{1}{16K^4}\frac{\vartheta_2''''(0,\varkappa)}{\vartheta_2(0,\varkappa)} = 3(\eta_1+e_1)^2 - 2k'^2, \\
\frac{\vartheta_3''(0,k)}{\vartheta_3(0,k)} &= \frac{1}{4K^2}\frac{\vartheta_3''(0,\varkappa)}{\vartheta_3(0,\varkappa)} = -(\eta_1 + e_2), & \frac{\vartheta_3''''(0,k)}{\vartheta_3(0,k)} &= \frac{1}{16K^4}\frac{\vartheta_3''''(0,\varkappa)}{\vartheta_3(0,\varkappa)} = 3(\eta_1+e_2)^2 + 2k^2k'^2, \\
\frac{\vartheta_4''(0,k)}{\vartheta_4(0,k)} &= \frac{1}{4K^2}\frac{\vartheta_4''(0,\varkappa)}{\vartheta_4(0,\varkappa)} = -(\eta_1 + e_3), & \frac{\vartheta_4''''(0,k)}{\vartheta_4(0,k)} &= \frac{1}{16K^4}\frac{\vartheta_4''''(0,\varkappa)}{\vartheta_4(0,\varkappa)} = 3(\eta_1+e_3)^2 - 2k^2, \\
\frac{\vartheta_5'''(0,k)}{\vartheta_5'(0,k)} &= \frac{1}{4K^2}\frac{\vartheta_5'''(0,\varkappa)}{\vartheta_5'(0,\varkappa)} = -3\bar\eta_1, & \frac{\vartheta_5'''''(0,k)}{\vartheta_5'(0,k)} &= \frac{1}{16K^4}\frac{\vartheta_5'''''(0,\varkappa)}{\vartheta_5'(0,\varkappa)} = 15\bar\eta_1^2 - \frac{1}{2}\bar g_2, \\
\frac{\vartheta_6''(0,k)}{\vartheta_6(0,k)} &= \frac{1}{4K^2}\frac{\vartheta_6''(0,\varkappa)}{\vartheta_6(0,\varkappa)} = -(\bar\eta_1 - 2e_2), & \frac{\vartheta_6''''(0,k)}{\vartheta_6(0,k)} &= \frac{1}{16K^4}\frac{\vartheta_6''''(0,\varkappa)}{\vartheta_6(0,\varkappa)} = 3(\bar\eta_1 - 2e_2)^2 - 2.
\end{aligned}
\right\} \tag{533}
$$

Die auf den linken Seiten von (530) auftretenden Quotienten der Theta-Funktionen mit den zugehörigen Nullwertfunktionen sollen gemäß

$$\left.\begin{array}{c} \bar{\vartheta}_1(z,k)=\dfrac{\vartheta_1(z,k)}{\vartheta_1'(0,k)}, \quad \bar{\vartheta}_2(z,k)=\dfrac{\vartheta_2(z,k)}{\vartheta_2(0,k)}, \quad \bar{\vartheta}_3(z,k)=\dfrac{\vartheta_3(z,k)}{\vartheta_3(0,k)}, \quad \bar{\vartheta}_4(z,k)=\dfrac{\vartheta_4(z,k)}{\vartheta_4(0,k)}, \\ \bar{\vartheta}_5(z,k)=\dfrac{\vartheta_5(z,k)}{\vartheta_5'(0,k)}, \quad \bar{\vartheta}_6(z,k)=\dfrac{\vartheta_6(z,k)}{\vartheta_6(0,k)} \end{array}\right. \tag{534}$$

als normierte Theta-Funktionen bezeichnet werden. Für sie gilt nach (530)

$$\left.\begin{array}{llll} \bar{\vartheta}_1(0,k)=0, & \bar{\vartheta}_1'(0,k)=1, & \bar{\vartheta}_1(K,k)=1, & \bar{\vartheta}_1'(K,k)=0, \\ \bar{\vartheta}_{\substack{2\\3\\4}}(0,k)=1, & \bar{\vartheta}_{\substack{2\\3\\4}}'(0,k)=0, & \bar{\vartheta}_{\substack{2\\3\\4}}(K,k)=0, & \bar{\vartheta}_{\substack{2\\3\\4}}'(K,k)=1, \\ \bar{\vartheta}_5(0,k)=0, & \bar{\vartheta}_5'(0,k)=1, & \bar{\vartheta}_5(K,k)=1, & \bar{\vartheta}_5'(K,k)=0, \\ \bar{\vartheta}_6(0,k)=1, & \bar{\vartheta}_6'(0,k)=0; & \bar{\vartheta}_6(K,k)=0, & \bar{\vartheta}_6'(K,k)=1. \end{array}\right\} \tag{534}$$

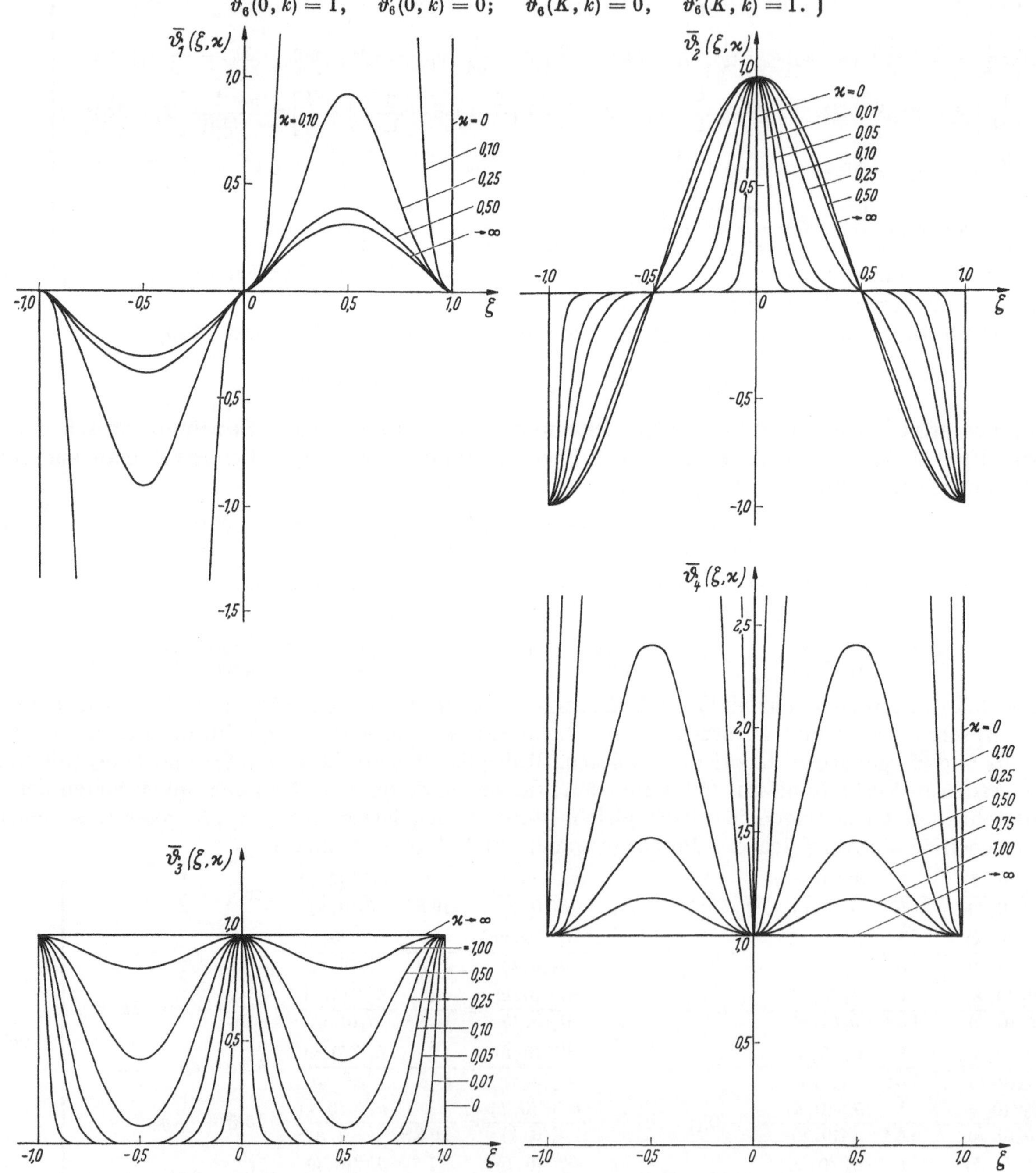

Abb. 52. Normierte Theta-Funktionen $\bar{\vartheta}_1(\zeta,\varkappa)$, $\bar{\vartheta}_2(\zeta,\varkappa)$, $\bar{\vartheta}_3(\zeta,\varkappa)$ und $\bar{\vartheta}_4(\zeta,\varkappa)$

Werden in die partiellen Differentialgleichungen (7) und (137) die normierten Theta-Funktionen gemäß (534) eingeführt und hierbei die Gln. (70), (71), (146), (533) beachtet, so ergeben sich für die normierten Theta-Funktionen die partiellen Differentialgleichungen

$$\left.\begin{aligned}
&\frac{\partial^2 \bar\vartheta_1}{\partial \zeta^2} + 12K^2\eta_1\bar\vartheta_1 - 4\pi\frac{\partial \bar\vartheta_1}{\partial \varkappa} = 0, &&\frac{\partial^2 \bar\vartheta_2}{\partial \zeta^2} + 4K^2(\eta_1 + e_1)\,\bar\vartheta_2 - 4\pi\frac{\partial \bar\vartheta_2}{\partial \varkappa} = 0,\\
&\frac{\partial^2 \bar\vartheta_3}{\partial \zeta^2} + 4K^2(\eta_1 + e_2)\,\bar\vartheta_3 - 4\pi\frac{\partial \bar\vartheta_3}{\partial \varkappa} = 0, &&\frac{\partial^2 \bar\vartheta_4}{\partial \zeta^2} + 4K^2(\eta_1 + e_3)\,\bar\vartheta_4 - 4\pi\frac{\partial \bar\vartheta_4}{\partial \varkappa} = 0,\\
&\frac{\partial^2 \bar\vartheta_5}{\partial \zeta^2} + 12K^2\bar\eta_1\,\bar\vartheta_5 - 8\pi\frac{\partial \bar\vartheta_5}{\partial \varkappa} = 0, &&\frac{\partial^2 \bar\vartheta_6}{\partial \zeta^2} + 4K^2(\bar\eta_1 - 2e_2)\,\bar\vartheta_6 - 8\pi\frac{\partial \bar\vartheta_6}{\partial \varkappa} = 0.
\end{aligned}\right\} \quad (535)$$

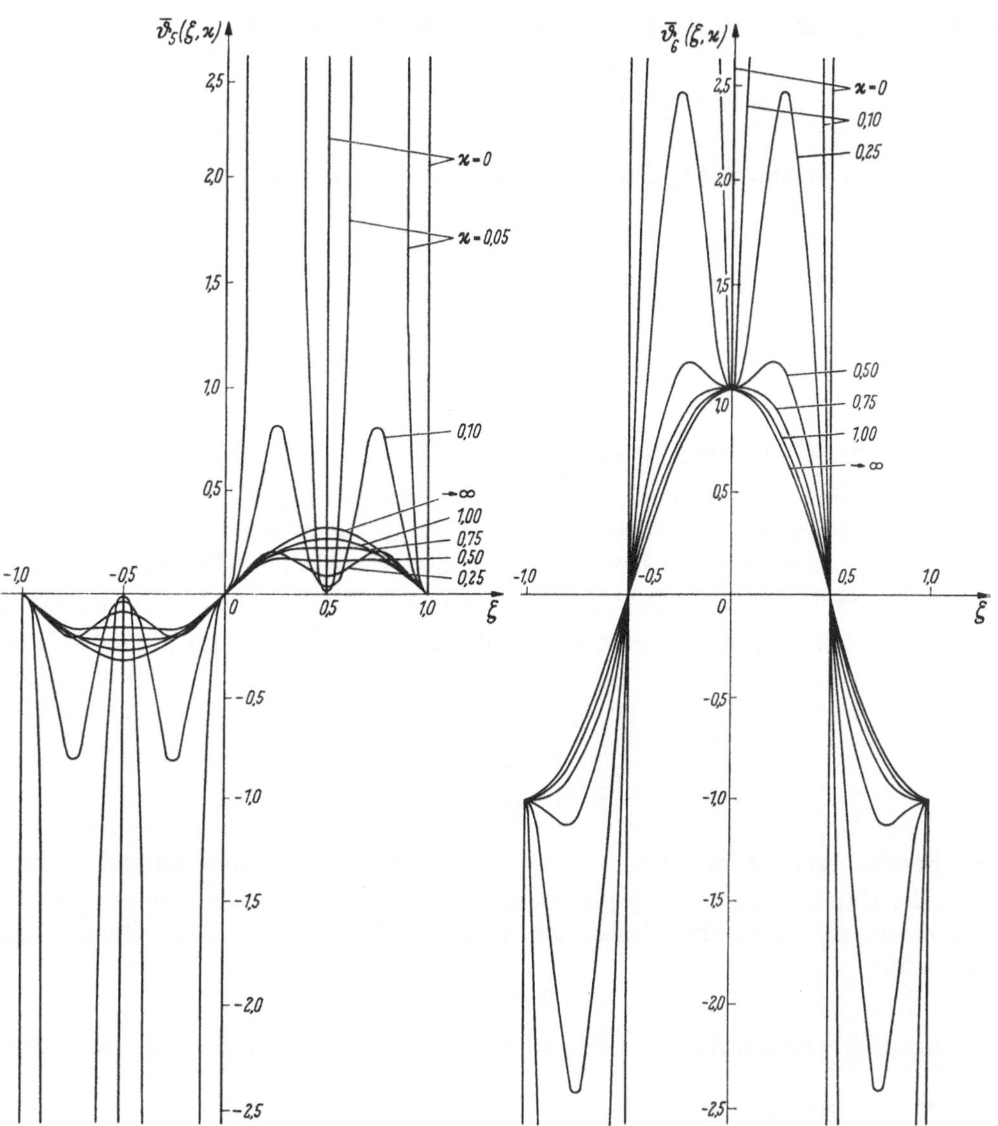

Abb. 53. Normierte Theta-Funktionen $\bar\vartheta_5(\zeta, \varkappa)$ und $\bar\vartheta_6(\zeta, \varkappa)$

Aus den Abb. 52 und 53 ist der Verlauf der normierten Theta-Funktionen im Reellen ersichtlich. Im Gegensatz zu den nichtnormierten Theta-Funktionen bleiben die Ausartungen für $\varkappa \to 0$ z. T. endlich, während für $\varkappa \to \infty$ $\bar\vartheta_1$ und $\bar\vartheta_5$ in $\sin\pi\zeta$, $\bar\vartheta_2$ und $\bar\vartheta_6$ in $\cos\pi\zeta$, $\bar\vartheta_3$ und $\bar\vartheta_4$ in eine Konstante mit dem Wert 1 übergehen.

61. Die Wurzelwerte der Gleichungen $4\wp^3 - g_2\wp - g_3 = 0$ und $4\wp^3 - \bar{g}_2\wp - \bar{g}_3 = 0$

Die in den Differentialgleichungen (502) auftretenden Wurzeln verschwinden im reellen Falle für

$$\wp = e_1, \quad \wp = e_2, \quad \wp = e_3 \quad (\wp = \wp_1, \wp_2, \wp_3, \wp_4),$$

wobei nach (442) und (443)

$$e_1 > e_2 > e_3, \quad e_1 + e_2 + e_3 = 0, \quad e_1 - e_3 = 1 \tag{536}$$

wird, und im konjugiert komplexen Falle für die Funktionswerte

$$\wp = \bar{e}_1 = e_2 + 2ikk', \quad \wp = \bar{e}_2 = -2e_2, \quad \wp = \bar{e}_3 = e_2 - 2ikk' \quad (\wp = \wp_5, \wp_6),$$

wobei die in Verbindung mit (442) leicht beweisbaren Beziehungen

$$\bar{e}_1 + \bar{e}_2 + \bar{e}_3 = 0, \quad \sqrt{\left(\frac{\bar{e}_1 + \bar{e}_3}{2} - \bar{e}_2\right)^2 - \left(\frac{\bar{e}_1 - \bar{e}_3}{2}\right)^2} = 1 \tag{537}$$

bestehen.

Werden e_1, e_2, e_3 gemäß (442) durch k ausgedrückt und setzt man

$$k = \sin\alpha, \quad k' = \cos\alpha, \tag{538}$$

so ergeben sich die Wurzelwerte in den Formen

$$\begin{aligned} &\wp_{\mathrm{I}} = \tfrac{1}{2} + \tfrac{1}{6}\cos 2\alpha, && \wp_{\mathrm{II}} = -\tfrac{1}{3}\cos 2\alpha, && \wp_{\mathrm{III}} = -\tfrac{1}{2} + \tfrac{1}{6}\cos 2\alpha && (\wp = \wp_1, \wp_2, \wp_3, \wp_4), \\ &\wp_{\mathrm{I}} = -\tfrac{1}{3}\cos 2\alpha + i\sin 2\alpha, && \wp_{\mathrm{II}} = +\tfrac{2}{3}\cos 2\alpha, && \wp_{\mathrm{III}} = -\tfrac{1}{3}\cos 2\alpha - i\sin 2\alpha && (\wp = \wp_5, \wp_6). \end{aligned} \tag{539}$$

62. Die Kennfunktionen $g_3/\sqrt{g_2^3}$ und $\bar{g}_3/\sqrt{\bar{g}_2^3}$. Äquianharmonische Sonderfälle

Bei den elliptischen Normalintegralen in der WEIERSTRASSschen Form sind die Wurzelwerte im allgemeinen nicht bekannt. Zur Beurteilung der Frage, ob sie der Gruppe der Funktionen $\wp_1$, $\wp_2$, $\wp_3$, $\wp_4$ oder $\wp_5$, $\wp_6$ angehören, liefert die von der Theorie der Gleichungen dritten Grades her bekannte Kennfunktion $g_3/\sqrt{g_2^3}$ bzw. $\bar{g}_3/\sqrt{\bar{g}_2^3}$ ein wichtiges Kriterium. Bildet man zunächst nach (446) die Kennfunktion $g_3/\sqrt{g_2^3}$, so ergibt sich in Verbindung mit (538) für die reelle Wurzelgruppe die Zuordnung

$$\begin{aligned} -\frac{1}{3\sqrt{3}} \leqq \frac{g_3}{\sqrt{g_2^3}} \leqq 0 \qquad &\text{für} \quad 90° \geqq \alpha \geqq 45°, \\ 0 \leqq \frac{g_3}{\sqrt{g_2^3}} \leqq +\frac{1}{3\sqrt{3}} \qquad &\text{für} \quad 45° \geqq \alpha \geqq 0°. \end{aligned} \tag{540}$$

Die beiden Bereiche sind durch den zu $g_3 = 0$ gehörenden Wert miteinander verbunden.

In der zu der Kennfunktion $\bar{g}_3/\sqrt{\bar{g}_2^3}$ gehörenden komplexen Wurzelgruppe entstehen zusätzliche Bereichsabgrenzungen durch die Nullstellen von $\bar{g}_2$. Die entsprechende Bedingungsgleichung lautet nach (446)

$$0 = \tfrac{4}{3}(1 - 16k^2 + 16k^4).$$

Die Auflösung dieser quadratischen Gleichung in k^2 liefert in Verbindung mit (538)

$$k_1^2 = \sin^2\alpha_1 = \tfrac{1}{2} - \tfrac{1}{4}\sqrt{3} \text{ oder } \alpha_1 = 15°, \quad k_2^2 = \sin^2\alpha_2 = \tfrac{1}{2} + \tfrac{1}{4}\sqrt{3} \text{ oder } \alpha_2 = 75° \quad (\bar{g}_2 = 0). \tag{541}$$

Die zu diesen Werten gehörigen $\wp_{5,6}$-Funktionen heißen die äquianharmonischen Sonderfälle.

Werden die Modulwerte von (541) in die letzte der Gln. (446) eingeführt, so folgt

$$\alpha_1 = 15°: \quad \bar{g}_3 = +\frac{4}{3\sqrt{3}} \quad \text{und} \quad \alpha_2 = 75°: \quad \bar{g}_3 = -\frac{4}{3\sqrt{3}} \quad (\bar{g}_2 = 0). \tag{542}$$

Zu dem Wert $\bar{g}_3 = 0$ gehört wie im Falle reeller Wurzelwerte $k^2 = \frac{1}{2}$ bzw. $\alpha = 45°$.

Durch den Wert $\bar{g}_2 = 0$ wird die Kennfunktion $\bar{g}_3/\sqrt{\bar{g}_2^3}$ in einen reellen Bereich, der die α-Werte von 0 bis 15° und von 75 bis 90° umspannt, und in einen dazwischenliegenden imaginären Bereich zerlegt. Die zu $\alpha = 0°$ und $\alpha = 90°$ gehörigen Kennfunktionswerte stimmen, da entweder k oder k' verschwindet und damit nach (446) $\bar{g}_2 = g_2$ und $\bar{g}_3 = g_3$ wird, mit den aus (540) ersichtlichen Grenzwerten überein. Damit ergeben sich die nachfolgend zusammengestellten Bereichsabgrenzungen.

$$\left.\begin{array}{llll}
0 \leqq g_3/\sqrt{g_2^3} \leqq 1/3\sqrt{3} & (45° \geqq \alpha \geqq 0°) & \wp_1, \wp_2, \wp_3, \wp_4, & (1 \leqq \varkappa \leqq \infty), \\
1/3\sqrt{3} \leqq \bar{g}_3/\sqrt{\bar{g}_2^3} < \infty & (0° \leqq \alpha < 15°) & \wp_5, \wp_6, & (\infty > \varkappa > \sqrt{3}), \\
-i\infty < \bar{g}_3/\sqrt{\bar{g}_2^3} \leqq 0 & (15° < \alpha \leqq 45°) & \wp_5, \wp_6, & (\sqrt{3} > \varkappa \geqq 1), \\
0 \leqq \bar{g}_3/\sqrt{\bar{g}_2^3} < +i\infty & (45° \leqq \alpha < 75°) & \wp_5, \wp_6, & (1 \geqq \varkappa > 1/\sqrt{3}), \\
-\infty < \bar{g}_3/\sqrt{\bar{g}_2^3} \leqq -1/3\sqrt{3} & (75° < \alpha \leqq 90°) & \wp_5, \wp_6, & (1/\sqrt{3} > \varkappa > 0), \\
-1/3\sqrt{3} \leqq g_3/\sqrt{g_2^3} \leqq 0 & (90° \geqq \alpha \geqq 45°) & \wp_1, \wp_2, \wp_3, \wp_4, & (0 < \varkappa \leqq 1).
\end{array}\right\} \quad (543)$$

Nach (543) wird nur der kurze zwischen $-\frac{1}{3\sqrt{3}}$ und $+\frac{1}{3\sqrt{3}}$ liegende Bereich der reellen Zahlenwerte durch die zu $\wp_1, \wp_2, \wp_3, \wp_4$ gehörige Kennfunktion $g_3/\sqrt{g_2^3}$ bedeckt. Der übrige Bereich der reellen Zahlenachse und der gesamte Bereich der imaginären Zahlenachse führen auf die zu $\wp_5, \wp_6$ gehörige Kennfunktion $\bar{g}_3/\bar{g}_2^3$.

63. Die Umkehrungen der Weierstraßschen Funktionen und die 12 elliptischen Normalintegrale erster Gattung in der Weierstraßschen Form

Entsprechend dem doppeltperiodischen Charakter der WEIERSTRASSschen elliptischen Funktionen sind ihre Umkehrungen ∞^2 vieldeutige Funktionen. In den nachfolgenden Betrachtungen sollen daher die Umkehrfunktionen und die bis auf eine additive Konstante mit ihnen identischen elliptischen Normalintegrale erster Gattung in der WEIERSTRASSschen Form auf den Bereich von z zwischen 0 und K, in welchem sie eindeutig sind, beschränkt werden, wobei die Darstellung in der Form $z = z(\wp_i, k)$ für $i = 1, 2, 3, 4, 5, 6$ erfolgen möge. Die Umkehrfunktionen der WEIERSTRASSschen Funktionen sind nur in gewissen Bereichen der reellen Zahlenachse definiert. Maßgebend hierfür ist das Verhalten der in (502) auftretenden Wurzeln

$$\sqrt{4t^3 - g_2 t - g_3} \equiv \sqrt{4(t-e_1)(t-e_2)(t-e_3)} \quad \text{mit} \quad e_1 \geqq e_2 \geqq e_3, \quad e_1 + e_2 + e_3 = 0, \quad e_1 - e_3 = 1$$

und

$$\sqrt{4t^3 - \bar{g}_2 t - \bar{g}_3} \equiv \sqrt{4(t - e_2 - 2ikk')(t + 2e_2)(t - e_2 + 2ikk')} \equiv \sqrt{4((t-e_2)^2 + 4k^2k'^2)(t + 2e_2)}.$$

Bezüglich des Verhaltens dieser Wurzeln gilt:

$$\left.\begin{array}{llllll}
\infty > t > e_1: & \sqrt{4t^3 - g_2 t - g_3} & \text{reell}, & & & \\
e_1 > t > e_2: & \sqrt{4t^3 - g_2 t - g_3} & \text{imaginär}, & \infty > t > -e_2: & \sqrt{4t^3 - \bar{g}_2 t - \bar{g}_3} & \text{reell}, \\
e_2 > t > e_3: & \sqrt{4t^3 - g_2 t - g_3} & \text{reell}, & -e_2 > t > -\infty: & \sqrt{4t^3 - \bar{g}_2 t - \bar{g}_3} & \text{imaginär}. \\
e_3 > t > -\infty: & \sqrt{4t^3 - g_2 t - g_3} & \text{imaginär}. & & &
\end{array}\right\} \quad (544)$$

Werden die Gln. (502) auf die Form

$$\partial z = \frac{1}{\begin{smallmatrix}+\\-\\+\end{smallmatrix}\sqrt{4\wp_{\begin{smallmatrix}1\\2\\3\\4\end{smallmatrix}}^3 - g_2\wp_{\begin{smallmatrix}1\\2\\3\\4\end{smallmatrix}} - g_3}}\,\partial\wp_{\begin{smallmatrix}1\\2\\3\\4\end{smallmatrix}} \quad \text{bzw.} \quad \partial z = \frac{1}{\begin{smallmatrix}-\\+\end{smallmatrix}\sqrt{4\wp_{\begin{smallmatrix}5\\6\end{smallmatrix}}^3 - \bar{g}_2\wp_{\begin{smallmatrix}5\\6\end{smallmatrix}} - \bar{g}_3}}\,\partial\wp_{\begin{smallmatrix}5\\6\end{smallmatrix}}$$

gebracht und unter Einflechtung einer auf $z = 0$ abgestellten festen Grenze integriert, so erscheinen die Umkehrfunktionen in der Form der elliptischen Normalintegrale erster Gattung. Vertauscht man in den so gebildeten Integralen k mit k' und t mit $-t$, so entsteht bei Beachtung der Gln. (444) und (447) eine Alternativdarstellung der Normalintegrale, in welcher alle Vorzeichen einschließlich desjenigen der Radikanden vertauscht sind. Die zwölf Integrale lauten:

$$\left.\begin{aligned}
&z(\wp_1, k) = +\int_{\wp_1}^{\infty} \frac{dt}{\sqrt{+(4t^3 - g_2 t - g_3)}}, && z(\wp_2, k) = +\int_{e_1}^{\wp_2} \frac{dt}{\sqrt{+(4t^3 - g_2 t - g_3)}}, && z(\wp_3, k) = +\int_{\wp_3}^{e_2} \frac{dt}{\sqrt{+(4t^3 - g_2 t - g_3)}},\\
&z(\wp_1, k') = -\int_{-\wp_1}^{-\infty} \frac{dt}{\sqrt{-(4t^3 - g_2 t - g_3)}}, && z(\wp_2, k') = -\int_{e_3}^{-\wp_2} \frac{dt}{\sqrt{-(4t^3 - g_2 t - g_3)}}, && z(\wp_3, k') = -\int_{-\wp_3}^{e_2} \frac{dt}{\sqrt{-(4t^3 - g_2 t - g_3)}},\\
&z(\wp_4, k) = +\int_{e_3}^{\wp_4} \frac{dt}{\sqrt{+(4t^3 - g_2 t - g_3)}}, && z(\wp_5, k) = +\int_{\wp_5}^{\infty} \frac{dt}{\sqrt{+(4t^3 - \bar{g}_2 t - \bar{g}_3)}}, && z(\wp_6, k) = +\int_{-2e_2}^{\wp_6} \frac{dt}{\sqrt{+(4t^3 - \bar{g}_2 t - \bar{g}_3)}},\\
&z(\wp_4, k') = -\int_{e_1}^{-\wp_4} \frac{dt}{\sqrt{-(4t^3 - g_2 t - g_3)}}, && z(\wp_5, k') = -\int_{-\wp_5}^{-\infty} \frac{dt}{\sqrt{-(4t^3 - \bar{g}_2 t - \bar{g}_3)}}, && z(\wp_6, k') = -\int_{-2e_2}^{-\wp_6} \frac{dt}{\sqrt{-(4t^3 - \bar{g}_2 t - \bar{g}_3)}}
\end{aligned}\right\} \quad (545)$$

$$\text{für}\quad e_1 \leqq \wp_{\substack{1\\2}} < \infty, \quad e_3 \leqq \wp_{\substack{3\\4}} \leqq e_2, \quad -2e_2 \leqq \wp_{\substack{5\\6}} < \infty.$$

Läßt man in (545) z den Wert K und die $\wp_i$ die zugehörigen aus (518) ersichtlichen Werte annehmen, so gehen die Integrale (545) in die sogenannten vollständigen Normalintegrale erster Gattung über. Für diese ergibt sich die Gleichungskette

$$K = \int_{e_1}^{\infty} \frac{dt}{\sqrt{4t^3 - g_2 t - g_3}} = \int_{e_3}^{e_2} \frac{dt}{\sqrt{4t^3 - g_2 t - g_3}} = \int_{-2e_2}^{\infty} \frac{dt}{\sqrt{4t^3 - \bar{g}_2 t - \bar{g}_3}}. \quad (546)$$

64. Allgemeine elliptische Integrale erster Gattung in der Weierstraßschen Form

Das allgemeine elliptische Integral der WEIERSTRASSschen Form

$$\int \frac{du}{\sqrt{\pm(4u^3 + a_2 u^2 + a_1 u + a_0)}} = \int \frac{du}{\sqrt{\pm 4(u - u_1)(u - u_2)(u - u_3)}},$$

in welchem man u_2 als reell und damit u_1 und u_3 entweder als reell oder konjugiert komplex voraussetzen kann, wobei im reellen Falle

$$u_1 > u_2 > u_3$$

sein möge, läßt sich stets auf eines der zwölf Normalintegrale des vorigen Abschnittes zurückführen. Zu diesem Zweck muß zunächst das a_2-Glied bzw. die Summe der Wurzelwerte durch die Transformation

$$u = v + \tfrac{1}{3}(u_1 + u_2 + u_3) \quad (547)$$

zum Verschwinden gebracht werden. Die zugehörige Integraltransformation lautet

$$\int \frac{du}{\sqrt{\pm 4(u - u_1)(u - u_2)(u - u_3)}} = \int \frac{dv}{\sqrt{\pm 4[v - \frac{1}{3}(2u_1 - u_2 - u_3)][v - \frac{1}{3}(2u_2 - u_3 - u_1)][v - \frac{1}{3}(2u_3 - u_1 - u_2)]}}. \quad (548)$$

Damit ist bereits die erste der Wurzelwertbedingungen (536) bzw. (537) von (502), nämlich

$$e_1 + e_2 + e_3 = 0 \quad \text{bzw.} \quad \bar{e}_1 + \bar{e}_2 + \bar{e}_3 = 0,$$

erfüllt.

Die Befriedigung der zweiten Wurzelwertbedingung in (536) und (537) erfordert eine Maßstabssubstitution, die in der Form

$$v = \lambda \bar{t} \quad (549)$$

geschrieben werden kann. Die zugehörigen von e_1, e_2, e_3 bzw. $\bar{e}_1, \bar{e}_2, \bar{e}_3$ auf v_1, v_2, v_3 und λ umgestellten Wurzelwertbedingungen lauten

$$v_1 - v_3 = \lambda \quad \text{bzw.} \quad \sqrt{\left(\frac{v_1 + v_3}{2} - v_2\right)^2 - \left(\frac{v_1 - v_3}{2}\right)^2} = \lambda. \quad (550)$$

Werden die aus (548) ersichtlichen Wurzelwerte

$$v_1 = \tfrac{1}{3}(2u_1 - u_2 - u_3), \quad v_2 = \tfrac{1}{3}(2u_2 - u_3 - u_1), \quad v_3 = \tfrac{1}{3}(2u_3 - u_1 - u_2) \quad (551)$$

in (550) eingeführt, so ergibt sich nach entsprechender Zusammenfassung

$$\lambda = u_1 - u_3 \quad \text{bzw.} \quad \lambda = \sqrt{(u_1 - u_2)(u_3 - u_2)}. \tag{552}$$

Die Berücksichtigung von (552) in (549) liefert

$$v = (u_1 - u_3)\bar{t} \quad \text{bzw.} \quad v = \sqrt{(u_1 - u_2)(u_3 - u_2)}\;\bar{t}. \tag{553}$$

Damit lautet (548) im Falle reeller bzw. zweier konjugiert komplexer Wurzeln

$$\left.\begin{aligned}
&\int \frac{du}{\sqrt{\pm 4(u-u_1)(u-u_2)(u-u_3)}} = \int \frac{\dfrac{1}{\sqrt{u_1-u_3}}\,d\bar{t}}{\sqrt{\pm 4\left[\bar{t} - \dfrac{2u_1-u_2-u_3}{3(u_1-u_3)}\right]\left[\bar{t} - \dfrac{2u_2-u_3-u_1}{3(u_1-u_3)}\right]\left[\bar{t} - \dfrac{2u_3-u_1-u_2}{3(u_1-u_3)}\right]}} \\
&\qquad\qquad (u_1 > u_2 > u_3), \\
&\int \frac{du}{\sqrt{\pm 4(u-u_1)(u-u_2)(u-u_3)}} \\
&= \int \frac{\dfrac{1}{\sqrt[4]{(u_1-u_2)(u_3-u_2)}}\,d\bar{t}}{\sqrt{\pm 4\left[\bar{t} - \dfrac{2u_1-u_2-u_3}{3\sqrt{(u_1-u_2)(u_3-u_2)}}\right]\left[\bar{t} - \dfrac{2u_2-u_3-u_1}{3\sqrt{(u_1-u_2)(u_3-u_2)}}\right]\left[\bar{t} - \dfrac{2u_3-u_1-u_2}{3\sqrt{(u_1-u_2)(u_3-u_2)}}\right]}} \\
&\qquad\qquad (u_1, u_3 \text{ komplex}).
\end{aligned}\right\} \tag{554}$$

Die zu (554) gehörigen Modulwerte erhält man in bequemer Weise durch Bezugnahme auf die mittleren Wurzelwerte e_2 bzw. $-2e_2$. In Verbindung mit (442) folgt

$$\frac{2u_2 - u_3 - u_1}{3(u_1 - u_3)} = e_2 = -\frac{1}{3} + \frac{2}{3}k^2 = +\frac{1}{3} - \frac{2}{3}k'^2$$

bzw.

$$\frac{2u_2 - u_3 - u_1}{3\sqrt{(u_1 - u_2)(u_3 - u_2)}} = -2e_2 = +\frac{2}{3} - \frac{4}{3}k^2 = -\frac{2}{3} + \frac{4}{3}k'^2$$

oder aufgelöst

$$k^2 = \frac{u_2 - u_3}{u_1 - u_3}, \quad k'^2 = \frac{u_2 - u_1}{u_3 - u_1} \quad \text{bzw.} \quad k^2 = \frac{1}{2} - \frac{2u_2 - u_3 - u_1}{4\sqrt{(u_1 - u_2)(u_3 - u_2)}}, \quad k'^2 = \frac{1}{2} + \frac{2u_2 - u_3 - u_1}{4\sqrt{(u_1 - u_2)(u_3 - u_2)}}. \tag{555}$$

Wird zum Schluß noch u in t, $u_{\substack{1\\2\\3}}$ in $t_{\substack{1\\2\\3}}$ umgeschrieben sowie in den $\bar{t}$-Integralen auf die Wurzelwertbezeichnungen der Gln. (502) zurückgegriffen und werden die $\bar{t}$-Integrale alternativ auch noch in Invariantenform dargestellt, so liefert die Zusammenstellung der gefundenen Ergebnisse:

a) Reeller Fall ($t_1 > t_2 > t_3$):

$$t = (t_1 - t_3)\bar{t} + \frac{1}{3}(t_1 + t_2 + t_3), \quad \bar{t} = \frac{3t - t_1 - t_2 - t_3}{3(t_1 - t_3)}. \tag{556}$$

$$\int \frac{dt}{\sqrt{\pm 4(t-t_1)(t-t_2)(t-t_3)}} = \frac{1}{\sqrt{t_1 - t_3}} \int \frac{d\bar{t}}{\sqrt{\pm 4(\bar{t}-e_1)(\bar{t}-e_2)(\bar{t}-e_3)}} = \frac{1}{\sqrt{t_1 - t_3}} \int \frac{d\bar{t}}{\sqrt{\pm(4\bar{t}^3 - g_2\bar{t} - g_3)}}. \tag{557}$$

$$k = \sqrt{\frac{t_2 - t_3}{t_1 - t_3}}, \quad k' = \sqrt{\frac{t_2 - t_1}{t_3 - t_1}}, \quad e_1 = \frac{2t_1 - t_2 - t_3}{3(t_1 - t_3)}, \quad e_2 = \frac{2t_2 - t_3 - t_1}{3(t_1 - t_3)}, \quad e_3 = \frac{2t_3 - t_1 - t_2}{3(t_1 - t_3)}. \tag{558}$$

b) Konjugiert komplexer Fall (t_2 reell, t_1, t_3 konjugiert komplex):

$$t = \sqrt{(t_1 - t_2)(t_3 - t_2)}\,\bar{t} + \frac{1}{3}(t_1 + t_2 + t_3), \quad \bar{t} = \frac{3t - t_1 - t_2 - t_3}{3\sqrt{(t_1 - t_2)(t_3 - t_2)}}. \tag{559}$$

$$\begin{aligned}
\int \frac{dt}{\sqrt{\pm 4(t-t_1)(t-t_2)(t-t_3)}} &= \frac{1}{\sqrt[4]{(t_1 - t_2)(t_3 - t_2)}} \int \frac{d\bar{t}}{\sqrt{\pm 4[\bar{t} - (e_2 + 2ikk')][\bar{t} + 2e_2][\bar{t} - (e_2 - 2ikk')]}} \\
&= \frac{1}{\sqrt[4]{(t_1 - t_2)(t_3 - t_2)}} \int \frac{d\bar{t}}{\sqrt{\pm(4\bar{t}^3 - \bar{g}_2\bar{t} - \bar{g}_3)}}.
\end{aligned} \tag{560}$$

$$k = \sqrt{\frac{1}{2} - \frac{2t_2 - t_3 - t_1}{4\sqrt{(t_1 - t_2)(t_3 - t_2)}}}, \quad k' = \sqrt{\frac{1}{2} + \frac{2t_2 - t_3 - t_1}{4\sqrt{(t_1 - t_2)(t_3 - t_2)}}},$$

$$e_2 + 2ikk' = \frac{2t_1 - t_2 - t_3}{3\sqrt{(t_1 - t_2)(t_3 - t_2)}}, \quad -2e_2 = \frac{2t_2 - t_3 - t_1}{3\sqrt{(t_1 - t_2)(t_3 - t_2)}}, \quad e_2 - 2ikk' = \frac{2t_3 - t_1 - t_2}{3\sqrt{(t_1 - t_2)(t_3 - t_2)}}. \tag{561}$$

65. Die Ableitungen nach z

Für die durch angehängte Striche gekennzeichneten Ableitungen der ℘-Funktionen nach z liefert (502)

$$
\begin{aligned}
\wp'_{\substack{1\\2\\3\\4}}(z,k) &= \substack{-\\+\\-\\+}\sqrt{4\wp^3_{\substack{1\\2\\3\\4}} - g_2\,\wp_{\substack{1\\2\\3\\4}} - g_3} = \substack{-\\+\\-\\+}\sqrt{4\left(\wp_{\substack{1\\2\\3\\4}} - e_1\right)\left(\wp_{\substack{1\\2\\3\\4}} - e_2\right)\left(\wp_{\substack{1\\2\\3\\4}} - e_3\right)},\\
\wp'_{\substack{5\\6}}(z,k) &= \substack{-\\+}\sqrt{4\wp^3_{\substack{5\\6}} - \bar g_2\,\wp_{\substack{5\\6}} - \bar g_3} = \substack{-\\+}\sqrt{4\left[\wp_{\substack{5\\6}} - (e_2 + 2\,i\,k\,k')\right]\left[\wp_{\substack{5\\6}} + 2e_2\right]\left[\wp_{\substack{5\\6}} - (e_2 - 2\,i\,k\,k')\right]}.
\end{aligned}
\tag{562}
$$

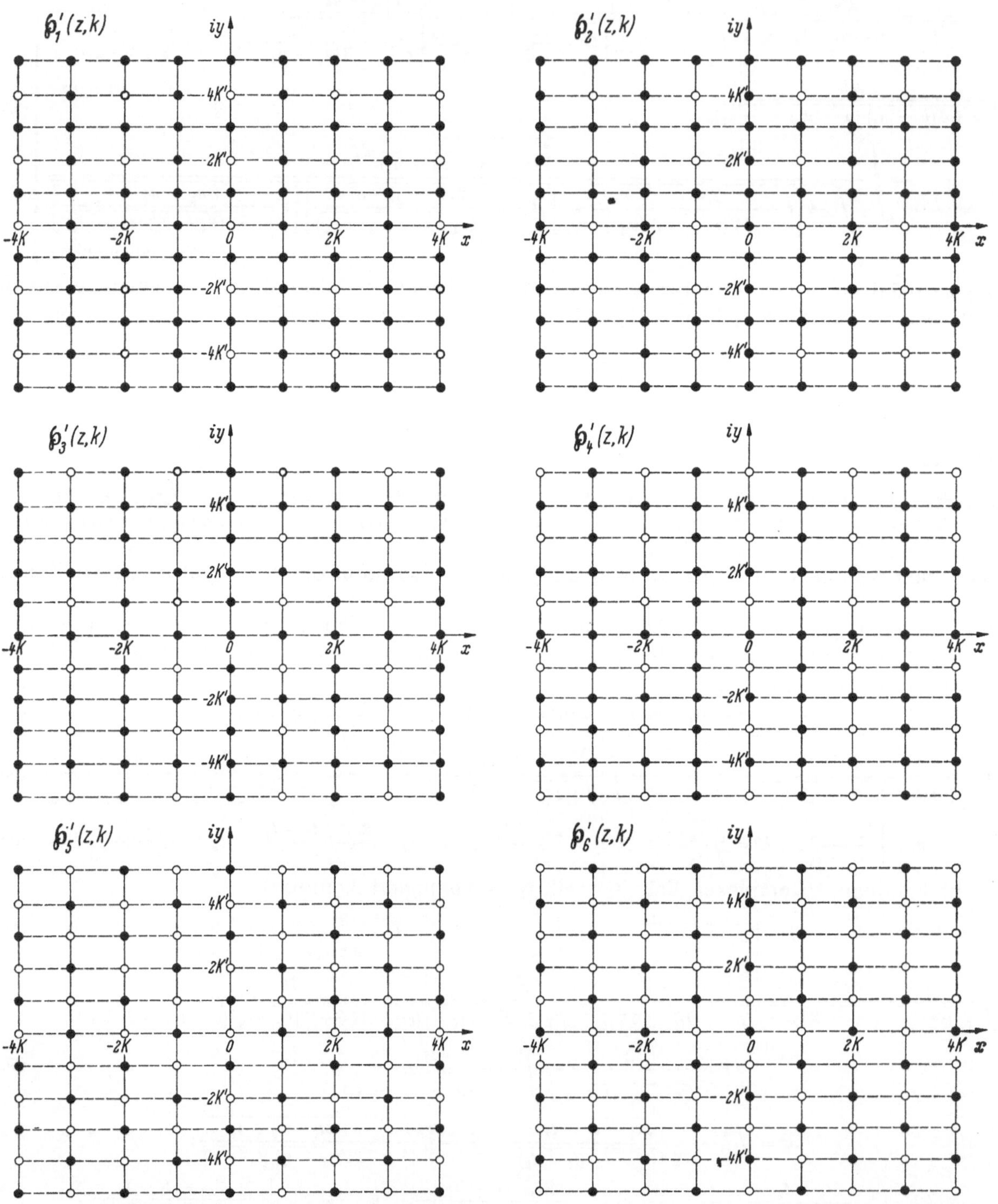

Abb. 54. Nullstellen und Pole der ℘'-Funktionen für $K'/K = 0{,}6$ (○ dreifache Pole, • einfache Nullstellen)

Die Ableitung der Gln. (503) und (504) ergibt

$$\wp'_{\substack{1\\2\\3\\4}} = -\frac{\left(e_{\substack{1\\2\\3\\1}} - e_{\substack{2\\3\\1\\2}}\right)\left(e_{\substack{1\\2\\3\\1}} - e_{\substack{3\\1\\2\\3}}\right)}{\left(\wp_{\substack{2\\4\\2\\3}} - e_{\substack{1\\2\\3\\1}}\right)^2}\,\wp'_{\substack{2\\4\\2\\3}} = -\frac{\left(e_{\substack{2\\3\\1\\2}} - e_{\substack{3\\1\\2\\3}}\right)\left(e_{\substack{2\\3\\1\\2}} - e_{\substack{1\\2\\3\\1}}\right)}{\left(\wp_{\substack{3\\3\\4\\2}} - e_{\substack{2\\3\\1\\2}}\right)^2}\,\wp'_{\substack{3\\3\\4\\2}} = -\frac{\left(e_{\substack{3\\1\\2\\3}} - e_{\substack{1\\2\\3\\1}}\right)\left(e_{\substack{3\\1\\2\\3}} - e_{\substack{2\\3\\1\\2}}\right)}{\left(\wp_{\substack{4\\1\\1\\1}} - e_{\substack{3\\1\\2\\3}}\right)^2}\,\wp'_{\substack{4\\1\\1\\1}}. \tag{563}$$

$$\wp'_{\substack{5\\6}} = \wp'_{\substack{1\\2}} + \wp'_{\substack{3\\4}} = -(e_2 - e_3)(e_2 - e_1)\left[\frac{\wp'_{\substack{1\\2}}}{\left(\wp_{\substack{1\\2}} - e_2\right)^2} + \frac{\wp'_{\substack{3\\4}}}{\left(\wp_{\substack{3\\4}} - e_2\right)^2}\right]. \tag{564}$$

Ferner folgt durch Ableitung von (508)

$$\begin{aligned} &\wp_1'(z,k) + \wp_2'(z,k) + \wp_3'(z,k) + \wp_4'(z,k) = \wp_5'(z,k) + \wp_6'(z,k) = 8\wp_1'(2z,k),\\ &\wp_1'(z,k) + \wp_2'(z,k) + \wp_3'(z,k) + \wp_4'(z,k) + \wp_5'(z,k) + \wp_6'(z,k) = 16\wp_1'(2z,k). \end{aligned} \tag{565}$$

Die Ableitung der Funktionalgleichungen (509) liefert

$$\wp'_{\substack{1\\2\\3\\4}}(z + 2m\,K + 2n\,i\,K', k) = \wp'_{\substack{1\\2\\3\\4}}(z,k), \qquad \wp'_{\substack{5\\6}}(z + 2m\,K + n(K \pm i\,K'), k) = \wp'_{\substack{5\\6}}(z,k) \tag{566}$$

und diejenige der Substitutionsgleichungen (510)

$$\wp'_{\substack{1\\2\\3\\4\\5\\6}}(z \pm K, k) = \wp'_{\substack{2\\1\\4\\3\\6\\5}}(z,k), \qquad \wp'_{\substack{1\\2\\3\\4\\5\\6}}(z \pm i\,K', k) = \wp'_{\substack{4\\3\\2\\1\\6\\5}}(z,k), \qquad \wp'_{\substack{1\\2\\3\\4\\5\\6}}(z \pm K \pm i\,K', k) = \wp'_{\substack{3\\4\\1\\2\\5\\6}}(z,k). \tag{567}$$

Schließlich erhält man durch Ableitung der Gln. (513)

$$\wp'_{\substack{1\\2\\3\\4\\5\\6}}(i\,z, k) = i\,\wp'_{\substack{1\\4\\3\\2\\5\\6}}(z, k'), \qquad \wp'_{\substack{1\\2\\3\\4\\5\\6}}(i\,\zeta, \varkappa) = i\,\wp'_{\substack{1\\4\\3\\2\\5\\6}}\left(\frac{\zeta}{\varkappa}, \frac{1}{\varkappa}\right). \tag{568}$$

Das in den Gln. (566) bis (568) zum Ausdruck kommende Verhalten der $\wp'$-Funktionen ist in der Abb. 54 veranschaulicht. Längs der strichlierten Geraden sind die Funktionen reell, längs der ausgezogenen imaginär. Polstellen sind durch offene, Nullstellen durch ausgefüllte Kreise markiert.

66. Darstellung der Ableitungen $\wp_1'$ und $\wp_5'$ durch Theta-Funktionen. Theta-Funktionen vom doppelten Argument

Wird die erste der Gln. (274) und die erste der Gln. (277) auf $z = 2K\,\zeta$ und $z_0 = 2K\,\zeta_0$ umgeschrieben und durch $z - z_0$ dividiert und läßt man anschließend $z_0 \to z$ gehen, wodurch auf den rechten Seiten und bei Beachtung von $(530)^1$ und $(530)^5$

$$\lim_{z_0 \to z} \frac{\wp_{\substack{1\\5}}(z,k) - \wp_{\substack{1\\5}}(z_0,k)}{z - z_0} = \wp'_{\substack{1\\5}}(z,k), \qquad \lim_{z_0 \to z} \frac{\vartheta_{\substack{1\\5}}(z - z_0, k)}{z - z_0} = \vartheta'_{\substack{1\\5}}(0,k)$$

wird, so erhält man in Verbindung mit (525) und (527)

$$\wp_1'(z,k) = -\vartheta_1'^3(0,k)\,\frac{\vartheta_1(2z,k)}{\vartheta_1^4(z,k)}, \qquad \wp_5'(z,k) = -\vartheta_5'^3(0,k)\,\frac{\vartheta_5(2z,k)}{\vartheta_5^4(z,k)}. \tag{569}$$

Wendet man das gleiche Verfahren auf die restlichen der Gln. (274) und die zweite der Gln. (277) an, so ergeben sich zahlreiche Darstellungen der Differenzen von $\wp$-Funktionen durch Theta-Funktionen. Unter Bezugnahme auf $\wp_1$ und $\wp_5$ folgt

$$\wp_1(z,k) - \wp_{\substack{2\\3\\4}}(z,k) = \frac{\vartheta_1'^2(0,k)}{\vartheta_1^2(z,k)}\,\frac{\vartheta_{\substack{2\\3\\4}}(0,k)\,\vartheta_{\substack{2\\3\\4}}(2z,k)}{\vartheta^2_{\substack{2\\3\\4}}(z,k)}, \tag{570}$$

$$\wp_5(z,k) - \wp_6(z,k) = \frac{\vartheta_5'^2(0,k)}{\vartheta_5^2(z,k)}\,\frac{\vartheta_6(0,k)\,\vartheta_6(2z,k)}{\vartheta_6^2(z,k)}, \tag{571}$$

da nach (527) $\vartheta_6(0,k) = \vartheta_5'(0,k)$ gesetzt werden kann.

Die Gln. (569) bis (571) lassen sich auch als Darstellungen der Theta-Funktionen vom doppelten Argument betrachten. In diesem Falle erhält man

$$\frac{\vartheta_1(2z,k)}{\vartheta_1'(0,k)} = -\frac{\vartheta_1^4(z,k)}{\vartheta_1'^4(0,k)}\,\wp_1'(z,k), \qquad \frac{\vartheta_5(2z,k)}{\vartheta_5'(0,k)} = -\frac{\vartheta_5^4(z,k)}{\vartheta_5'^4(0,k)}\,\wp_5'(z,k), \tag{572}$$

$$\left.\begin{aligned}
\frac{\vartheta_2(2z,k)}{\vartheta_2(0,k)} &= \frac{\vartheta_1^2(z,k)\,\vartheta_2^2(z,k)}{\vartheta_1'^2(0,k)\,\vartheta_2^2(0,k)}\,[\wp_1(z,k)-\wp_2(z,k)],\\
\frac{\vartheta_3(2z,k)}{\vartheta_3(0,k)} &= \frac{\vartheta_1^2(z,k)\,\vartheta_3^2(z,k)}{\vartheta_1'^2(0,k)\,\vartheta_3^2(0,k)}\,[\wp_1(z,k)-\wp_3(z,k)],\\
\frac{\vartheta_4(2z,k)}{\vartheta_4(0,k)} &= \frac{\vartheta_1^2(z,k)\,\vartheta_4^2(z,k)}{\vartheta_1'^2(0,k)\,\vartheta_4^2(0,k)}\,[\wp_1(z,k)-\wp_4(z,k)],\\
\frac{\vartheta_6(2z,k)}{\vartheta_6(0,k)} &= \frac{\vartheta_5^2(z,k)\,\vartheta_6^2(z,k)}{\vartheta_5'^2(0,k)\,\vartheta_6^2(0,k)}\,[\wp_5(z,k)-\wp_6(z,k)].
\end{aligned}\right\}\tag{573}$$

67. Trigonometrische, hyperbolische und Potenzreihen-Entwicklungen der Ableitungen nach z

Die Differentiation von (516) und (517) nach z liefert

$$\left.\begin{aligned}
\wp_1'(z,k) &= -\frac{\pi^3}{4K^3}\,\frac{\cot\frac{\pi z}{2K}}{\sin^2\frac{\pi z}{2K}} + \frac{2\pi^3}{K^3}\sum_1^\infty \frac{n^2 e^{-2n\pi K'/K}\sin\frac{n\pi z}{K}}{1-e^{-2n\pi K'/K}},\\
\wp_2'(z,k) &= +\frac{\pi^3}{4K^3}\,\frac{\tan\frac{\pi z}{2K}}{\cos^2\frac{\pi z}{2K}} + \frac{2\pi^3}{K^3}\sum_1^\infty (-1)^n \frac{n^2 e^{-2n\pi K'/K}\sin\frac{n\pi z}{K}}{1-e^{-2n\pi K'/K}},\\
\wp_3'(z,k) &= \frac{2\pi^3}{K^3}\sum_1^\infty (-1)^n \frac{n^2 e^{-n\pi K'/K}\sin\frac{n\pi z}{K}}{1-e^{-2n\pi K'/K}},\\
\wp_4'(z,k) &= \frac{2\pi^3}{K^3}\sum_1^\infty \frac{n^2 e^{-n\pi K'/K}\sin\frac{n\pi z}{K}}{1-e^{-2n\pi K'/K}},\\
\wp_5'(z,k) &= -\frac{\pi^3}{4K^3}\,\frac{\cot\frac{\pi z}{2K}}{\sin^2\frac{\pi z}{2K}} + \frac{2\pi^3}{K^3}\sum_1^\infty (-1)^n \frac{n^2 e^{-n\pi K'/K}\sin\frac{n\pi z}{K}}{1-(-1)^n e^{-n\pi K'/K}},\\
\wp_6'(z,k) &= +\frac{\pi^3}{4K^3}\,\frac{\tan\frac{\pi z}{2K}}{\cos^2\frac{\pi z}{2K}} + \frac{2\pi^3}{K^3}\sum_1^\infty \frac{n^2 e^{-n\pi K'/K}\sin\frac{n\pi z}{K}}{1-(-1)^n e^{-n\pi K'/K}}
\end{aligned}\right\}\quad \begin{aligned}&(z=2K\zeta,\quad K'=\varkappa K)\\ &\left|e^{-\frac{\pi K'}{K}\pm\frac{\pi i z}{K}}\right|<1\end{aligned}\tag{574}$$

bzw.

$$\left.\begin{aligned}
\wp_1'(z,k) &= -\frac{\pi^3}{4K'^3}\,\frac{\coth\frac{\pi z}{2K'}}{\sinh^2\frac{\pi z}{2K'}} + \frac{2\pi^3}{K'^3}\sum_1^\infty \frac{n^2 e^{-2n\pi K/K'}\sinh\frac{n\pi z}{K'}}{1-e^{-2n\pi K/K'}},\\
\wp_2'(z,k) &= +\frac{2\pi^3}{K'^3}\sum_1^\infty \frac{n^2 e^{-n\pi K/K'}\sinh\frac{n\pi z}{K'}}{1-e^{-2n\pi K/K'}},\\
\wp_3'(z,k) &= +\frac{2\pi^3}{K'^3}\sum_1^\infty (-1)^n \frac{n^2 e^{-n\pi K/K'}\sinh\frac{n\pi z}{K'}}{1-e^{-2n\pi K/K'}},\\
\wp_4'(z,k) &= +\frac{\pi^3}{4K'^3}\,\frac{\tanh\frac{\pi z}{2K'}}{\cosh^2\frac{\pi z}{2K'}} + \frac{2\pi^3}{K'^3}\sum_1^\infty (-1)^n \frac{n^2 e^{-2n\pi K/K'}\sinh\frac{n\pi z}{K'}}{1-e^{-2n\pi K/K'}},\\
\wp_5'(z,k) &= -\frac{\pi^3}{4K'^3}\,\frac{\coth\frac{\pi z}{2K'}}{\sinh^2\frac{\pi z}{2K'}} + \frac{2\pi^3}{K'^3}\sum_1^\infty (-1)^n \frac{n^2 e^{-n\pi K/K'}\sinh\frac{n\pi z}{K'}}{1-(-1)^n e^{-n\pi K/K'}},\\
\wp_6'(z,k) &= +\frac{\pi^3}{4K'^3}\,\frac{\tanh\frac{\pi z}{2K'}}{\cosh^2\frac{\pi z}{2K'}} + \frac{2\pi^3}{K'^3}\sum_1^\infty \frac{n^2 e^{-n\pi K/K'}\sinh\frac{n\pi z}{K'}}{1-(-1)^n e^{-n\pi K/K'}}.
\end{aligned}\right\}\quad \begin{aligned}&(z=2K\zeta,\quad K'=\varkappa K)\\ &0\leqq\left|\frac{z}{2K}\right|<\frac{1}{2},\quad \frac{K'}{K}>0\end{aligned}\tag{575}$$

Die Potenzreihen-Entwicklungen der Ableitungen können durch gliedweise Differentiation der gleichmäßig konvergenten Entwicklungen der $\wp$-Funktionen gewonnen werden. Durch Differentiation der Gln. (520) bis (523) nach z folgt:

$$\wp_1'(z,k) = -\frac{2}{z^3} + \frac{g_2}{10} z + \frac{g_3}{7} z^3 + \frac{g_2^2}{200} z^5 + \frac{3 g_2 g_3}{770} z^7 + \left(\frac{g_2^3}{15600} + \frac{5 g_3^2}{5096}\right) z^9 + \frac{g_2^2 g_3}{15400} z^{11} + \left(\frac{7 g_2^4}{10608000} + \frac{3 g_2 g_3^2}{136136}\right) z^{13} + \left(\frac{29 g_2^3 g_3}{38038000} + \frac{g_3^3}{338884}\right) z^{15} + \left(\frac{g_2^5}{176800000} + \frac{291 g_2^2 g_3^2}{838597760}\right) z^{17} + \left(\frac{389 g_2^4 g_3}{50992656000} + \frac{123 g_2 g_3^3}{1665760096}\right) z^{19} + \cdots. \tag{576}$$

$$\wp_{\substack{2\\3\\4}}'(z,k) = 2\left(e_{\substack{1\\2\\3}} - e_{\substack{2\\3\\1}}\right)\left(e_{\substack{1\\2\\3}} - e_{\substack{3\\1\\2}}\right)\left[z + 2 e_{\substack{1\\2\\3}} z^3 + 3\left(e_{\substack{1\\2\\3}}^2 - \frac{1}{20} g_2\right) z^5 + \frac{24}{7} e_{\substack{1\\2\\3}}\left(e_{\substack{1\\2\\3}}^2 - \frac{3}{40} g_2\right) z^7 + \cdots\right] \tag{577}$$

$$\wp_5'(z,k) = -\frac{2}{z^3} + \frac{\bar g_2}{10} z + \frac{\bar g_3}{7} z^3 + \frac{\bar g_2^2}{200} z^5 + \frac{3 \bar g_2 \bar g_3}{770} z^7 + \left(\frac{\bar g_2^3}{15600} + \frac{5 \bar g_3^2}{5096}\right) z^9 + \frac{\bar g_2^2 \bar g_3}{15400} z^{11} + \left(\frac{7 \bar g_2^4}{10608000} + \frac{3 \bar g_2 \bar g_3^2}{136136}\right) z^{13} + \left(\frac{29 \bar g_2^3 \bar g_3}{38038000} + \frac{\bar g_3^3}{338884}\right) z^{15} + \left(\frac{\bar g_2^5}{176800000} + \frac{291 \bar g_2^2 \bar g_3^2}{838597760}\right) z^{17} + \left(\frac{389 \bar g_2^4 \bar g_3}{50992656000} + \frac{123 \bar g_2 \bar g_3^3}{1665760096}\right) z^{19} + \cdots. \tag{578}$$

$$\wp_6'(z,k) = 2z - 8 e_2 z^3 + 2\left(1 + 6 e_2^2 - \frac{2}{5} g_2\right) z^5 - \frac{16}{7} e_2 \left(2 + 3 e_2^2 - \frac{2}{5} g_2\right) z^7 + \cdots. \tag{579}$$

Eine Diskussion des Konvergenzverhaltens der Entwicklungen (576) bis (579) wird in Abschnitt 70 erfolgen.

68. Höhere Ableitungen und Differentialgleichungen höherer Ordnung

Mit Hilfe von (514) und (515), d. h. der Differentialgleichungen erster und zweiter Ordnung der $\wp$-Funktionen lassen sich durch fortlaufende Differentiation alle höheren Ableitungen sofort durch $\wp$ und $\wp'$ und damit auch durch $\wp$ allein darstellen. Die als Differentialgleichungen höherer Ordnung deutbaren Beziehungen lauten:

$$\left.\begin{aligned}
&\frac{\partial}{\partial z}\wp_{\substack{1\\2\\3\\4}} = \mp\sqrt{4\wp_{\substack{1\\2\\3\\4}}^3 - g_2 \wp_{\substack{1\\2\\3\\4}} - g_3}, \qquad \frac{\partial}{\partial z}\wp_{\substack{5\\6}} = \mp\sqrt{4\wp_{\substack{5\\6}}^3 - \bar g_2 \wp_{\substack{5\\6}} - \bar g_3};\\
&\frac{\partial^2}{\partial z^2}\wp_{\substack{1\\2\\3\\4}} = 6\wp_{\substack{1\\2\\3\\4}}^2 - \frac{1}{2} g_2, \qquad \frac{\partial^2}{\partial z^2}\wp_{\substack{5\\6}} = 6\wp_{\substack{5\\6}}^2 - \frac{1}{2}\bar g_2;\\
&\frac{\partial^3}{\partial z^3}\wp_{\substack{1\\2\\3\\4}} = 12\wp_{\substack{1\\2\\3\\4}}\frac{\partial}{\partial z}\wp_{\substack{1\\2\\3\\4}}, \qquad \frac{\partial^3}{\partial z^3}\wp_{\substack{5\\6}} = 12\wp_{\substack{5\\6}}\frac{\partial}{\partial z}\wp_{\substack{5\\6}};\\
&\frac{\partial^4}{\partial z^4}\wp_{\substack{1\\2\\3\\4}} = 120\wp_{\substack{1\\2\\3\\4}}^3 - 18 g_2 \wp_{\substack{1\\2\\3\\4}} - 12 g_3, \qquad \frac{\partial^4}{\partial z^4}\wp_{\substack{5\\6}} = 120\wp_{\substack{5\\6}}^3 - 18\bar g_2 \wp_{\substack{5\\6}} - 12\bar g_3;\\
&\frac{\partial^5}{\partial z^5}\wp_{\substack{1\\2\\3\\4}} = \left(360\wp_{\substack{1\\2\\3\\4}}^2 - 18 g_2\right)\frac{\partial}{\partial z}\wp_{\substack{1\\2\\3\\4}}, \qquad \frac{\partial^5}{\partial z^5}\wp_{\substack{5\\6}} = \left(360\wp_{\substack{5\\6}}^2 - 18\bar g_2\right)\frac{\partial}{\partial z}\wp_{\substack{5\\6}};\\
&\frac{\partial^6}{\partial z^6}\wp_{\substack{1\\2\\3\\4}} = 5040\wp_{\substack{1\\2\\3\\4}}^4 - 1008 g_2 \wp_{\substack{1\\2\\3\\4}}^2 - 720 g_3 \wp_{\substack{1\\2\\3\\4}} + 9 g_2^2,\\
&\frac{\partial^6}{\partial z^6}\wp_{\substack{5\\6}} = 5040\wp_{\substack{5\\6}}^4 - 1008\bar g_2 \wp_{\substack{5\\6}}^2 - 720\bar g_3 \wp_{\substack{5\\6}} + 9\bar g_2^2,\\
&\frac{\partial^7}{\partial z^7}\wp_{\substack{1\\2\\3\\4}} = \left(20160\wp_{\substack{1\\2\\3\\4}}^3 - 2016 g_2 \wp_{\substack{1\\2\\3\\4}} - 720 g_3\right)\frac{\partial}{\partial z}\wp_{\substack{1\\2\\3\\4}},\\
&\frac{\partial^7}{\partial z^7}\wp_{\substack{5\\6}} = \left(20160\wp_{\substack{5\\6}}^3 - 2016\bar g_2 \wp_{\substack{5\\6}} - 720\bar g_3\right)\frac{\partial}{\partial z}\wp_{\substack{5\\6}};\\
&\quad\cdots\cdots\cdots\cdots\cdots\cdots
\end{aligned}\right\} \tag{580}$$

69. Polverhalten

Wegen der Substitutionsgleichungen (510) und der Funktionalgleichungen (504) ist mit dem Polverhalten der Funktion $\wp_1$ auch dasjenige der fünf übrigen $\wp$-Funktionen bekannt. Es genügt daher, die Betrachtungen über das Polverhalten zunächst auf die $\wp_1$-Funktion zu beschränken.

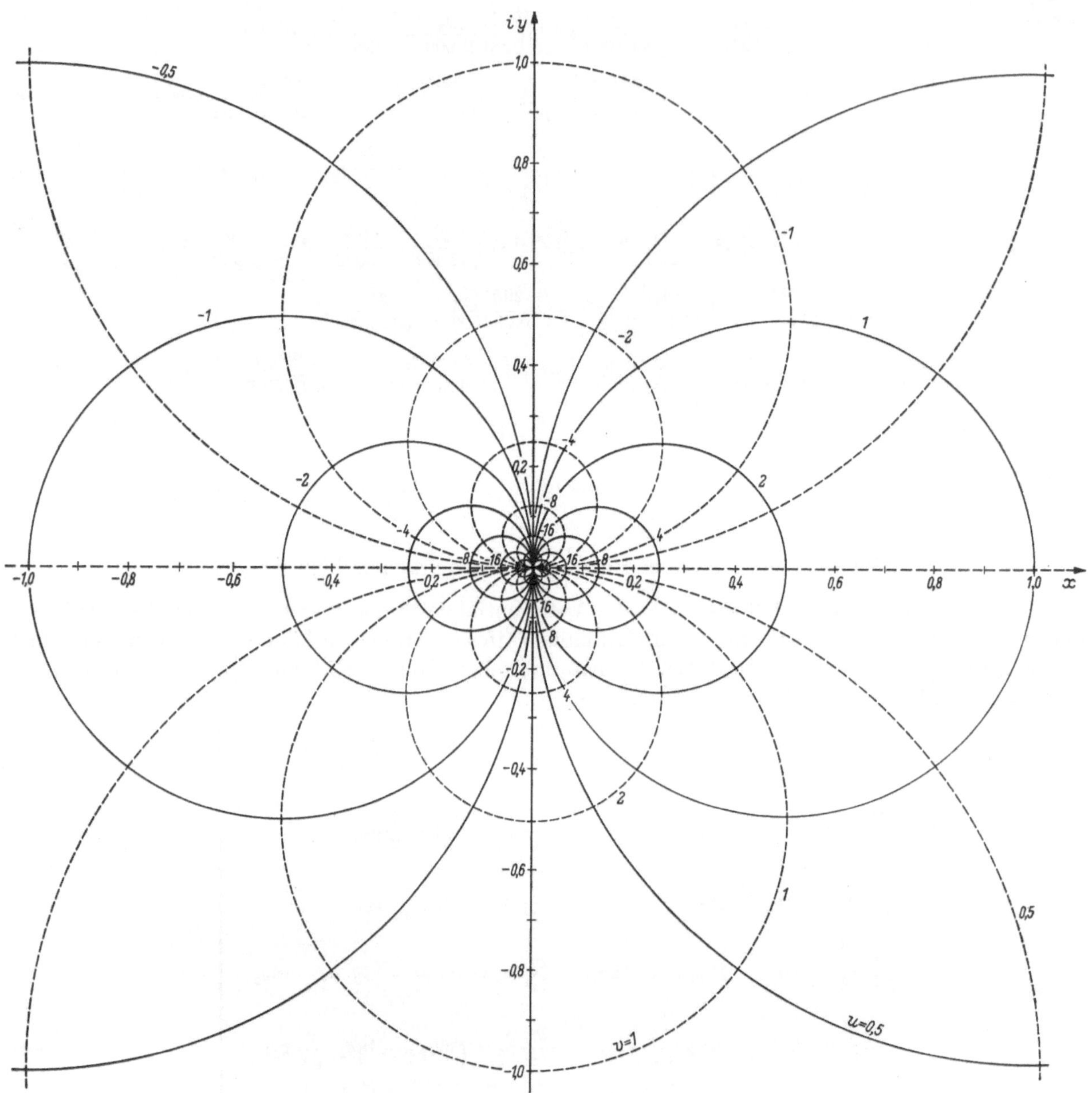

Abb. 55. Abbildung der Funktion $w = u + i\,v = 1/z$ auf die z-Ebene (Dipol)

Wird in (501) die zweite logarithmische Ableitung explizit gebildet, so läßt sich $\wp_1$ auch in der Form

$$\wp_1(\zeta, \varkappa) = -\eta_1 - \frac{1}{\vartheta_1(\zeta, \varkappa)} \frac{\partial^2}{\partial z^2} \vartheta_1(\zeta, \varkappa) + \frac{1}{\vartheta_1^2(\zeta, \varkappa)} \left[\frac{\partial}{\partial z} \vartheta_1(\zeta, \varkappa)\right]^2$$

durch die ϑ_1-Funktion darstellen. Da die letztere als ganze analytische Funktion keine Pole besitzt, kann $\wp_1$ nur dort über alle Grenzen wachsen, wo ϑ_1 verschwindet. Nun sind aber nach Gl. (89) alle Nullstellen von ϑ_1 bekannt. Demgemäß folgt

$$\wp_1(\zeta, \varkappa) \to \infty \quad \text{für} \quad \zeta = \pm m \pm n\, i\, \varkappa \quad \text{bzw.} \quad \wp_1(z, k) \to \infty \quad \text{für} \quad z = \pm 2m\, K \pm 2n\, i\, K'. \tag{581}$$

In Verbindung mit den Gln. (510) ergibt sich hieraus sofort auch das Polverhalten von $\wp_2$, $\wp_3$, $\wp_4$ in derForm

$$\left.\begin{aligned} \wp_2(\zeta,\varkappa)&\to\infty \text{ für } \zeta=\pm(m+\tfrac{1}{2})\pm n\,i\,\varkappa &&\text{bzw. } \wp_2(z,k)\to\infty \text{ für } z=\pm(2m+1)\,K\pm 2n\,i\,K',\\ \wp_3(\zeta,\varkappa)&\to\infty \text{ für } \zeta=\pm(m+\tfrac{1}{2})\pm(n+\tfrac{1}{2})\,i\,\varkappa &&\text{bzw. } \wp_3(z,k)\to\infty \text{ für } z=\pm(2m+1)\,K\pm(2n+1)\,i\,K',\\ \wp_4(\zeta,\varkappa)&\to\infty \text{ für } \zeta=\pm\,m\pm(n+\tfrac{1}{2})\,i\,\varkappa &&\text{bzw. } \wp_4(z,k)\to\infty \text{ für } z=\pm 2m\,K\pm(2n+1)\,i\,K'. \end{aligned}\right\}\quad(582)$$

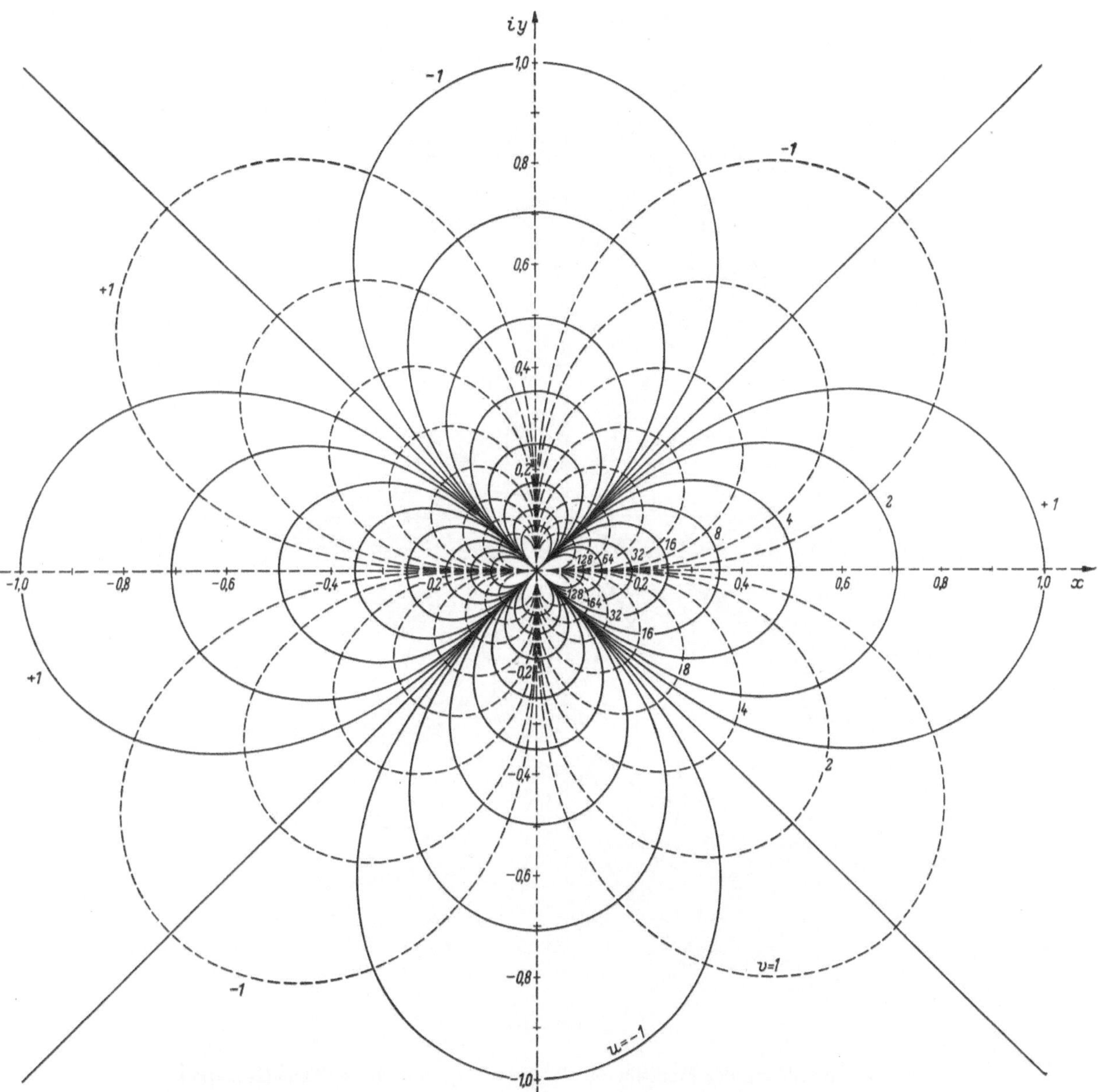

Abb. 56. Abbildung der Funktion $w = u + i\,v = 1/z^2$ auf die z-Ebene (Quadrupol)

Die Funktionen $\wp_5$ und $\wp_6$ wachsen nach (504) dort über alle Grenzen, wo $\wp_1 + \wp_3$ bzw. $\wp_2 + \wp_4$ Polstellen aufweisen. Es folgt daher:

$$\left.\begin{aligned} \wp_5(\zeta,\varkappa)&\to\infty \text{ für } \zeta=\pm m\pm n\,i\,\varkappa &&\text{bzw. } \wp_5(z,k)\to\infty \text{ für } z=\pm 2m\,K\pm 2n\,i\,K'\\ &\qquad\text{und } \zeta=\pm(m+\tfrac{1}{2})\pm(n+\tfrac{1}{2})\,i\,\varkappa &&\qquad\text{und } z=\pm(2m+1)\,K\pm(2n+1)\,i\,K',\\ \wp_6(\zeta,\varkappa)&\to\infty \text{ für } \zeta=\pm(m+\tfrac{1}{2})\pm n\,i\,\varkappa &&\text{bzw. } \wp_6(z,k)\to\infty \text{ für } z=\pm(2m+1)\,K\pm 2n\,i\,K'\\ &\qquad\text{und } \zeta=\pm m\pm(n+\tfrac{1}{2})\,i\,\varkappa &&\qquad\text{und } z=\pm 2m\,K\pm(2n+1)\,i\,K'. \end{aligned}\right\}\quad(583)$$

Wie die LAURENT-Entwicklungen (520) und (522) — die bei entsprechender Parallelverschiebung der Koordinatenachsen auch für die vier restlichen Funktionen gelten — erkennen lassen, weisen die $\wp$-Funktionen Pole zweiter Ordnung auf, die bei der Abbildung der w-Ebene auf die z-Ebene durch die sogenannte Quadrupolanordnung gekennzeichnet sind, die im Gegensatz zu der den

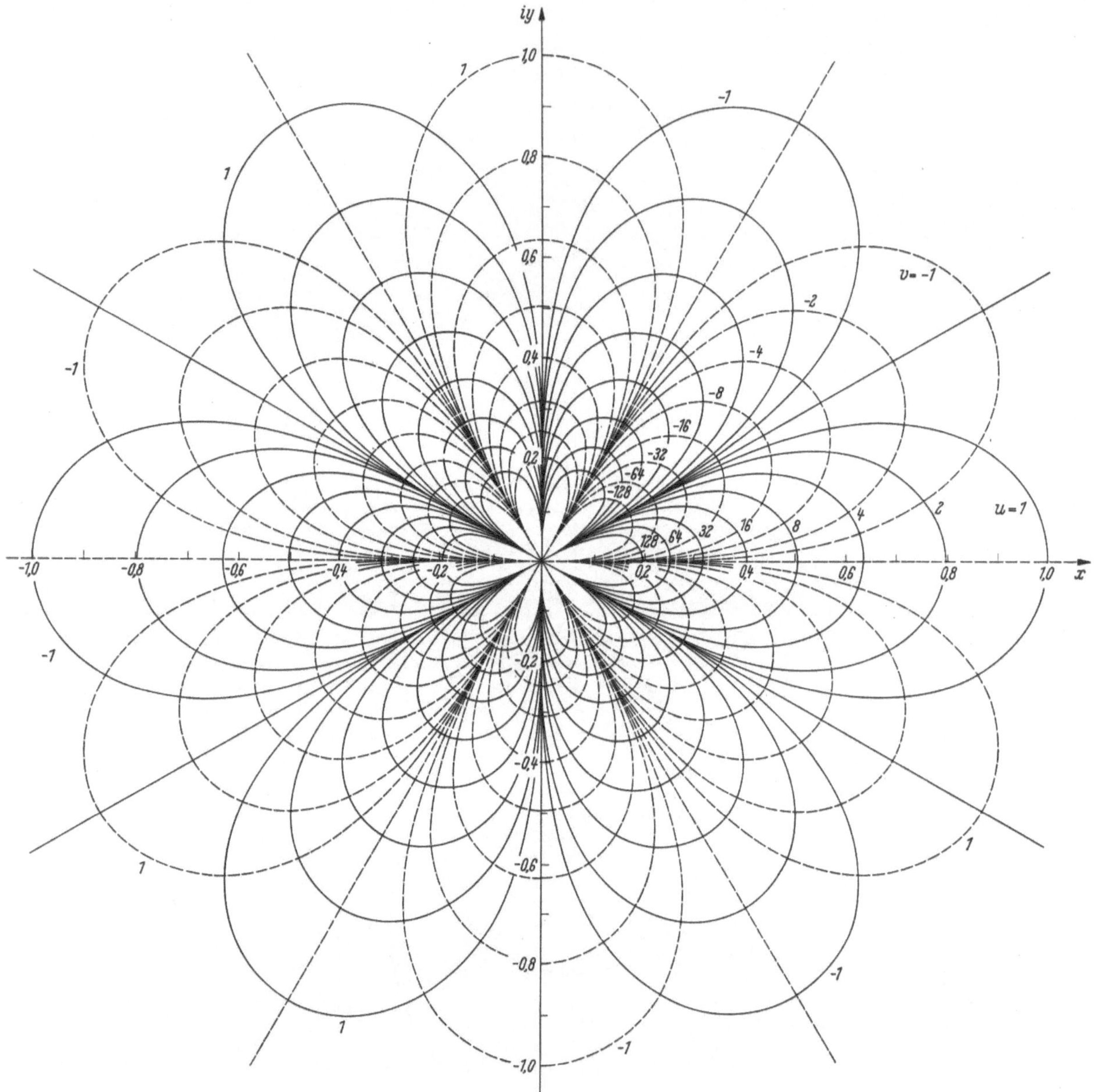

Abb. 57. Abbildung der Funktion $w = u + i\,v = 1/z^3$ auf die z-Ebene (Hexapol)

Polen erster Ordnung entsprechenden Dipolanordnung zwei Symmetrieachsen besitzt. Den Polen der $\wp'$-Funktionen als den Ableitungen der $\wp$-Funktionen entspricht dann die Hexapolanordnung. Die analytische Darstellung der drei in Frage stehenden Polanordnungen lautet

$$\left.\begin{aligned} w_1 &= u_1 + i\,v_1 = \frac{1}{z} = \frac{1}{x + i\,y}, & u_1 &= \frac{x}{x^2 + y^2}, & v_1 &= -\frac{y}{x^2 + y^2} & &\text{(Dipol)},\\ w_2 &= u_2 + i\,v_2 = \frac{1}{z^2} = \frac{1}{(x + i\,y)^2}, & u_2 &= \frac{x^2 - y^2}{(x^2 + y^2)^2}, & v_2 &= -\frac{2\,x\,y}{(x^2 + y^2)^2} & &\text{(Quadrupol)},\\ w_3 &= u_3 + i\,v_3 = \frac{1}{z^3} = \frac{1}{(x + i\,y)^3}; & u_3 &= \frac{x(x^2 - 3\,y^2)}{(x^2 + y^2)^3}; & v_3 &= \frac{y\,(y^2 - 3\,x^2)}{(x^2 + y^2)^3} & &\text{(Hexapol)}. \end{aligned}\right\} \quad (584)$$

Die zu (584) gehörigen Abbildungen der w-Ebene auf die z-Ebene sind aus den Abb. 55 bis 57 ersichtlich.

70. Konvergenzkreise zu den Entwicklungen der $\wp$- und $\wp'$-Funktionen

Nach Klärung des Polverhaltens lassen sich die Konvergenzkreise der LAURENT- bzw. MACLAURIN-Entwicklungen (520) bis (523) sofort angeben. Unter Bezugnahme auf Abb. 51 erhält man für die Entwicklungen von

$$\left.\begin{array}{llllll}
\wp_1 \text{ und } \wp_1': & \varkappa \geqq 1 & \text{bzw.} \quad k^2 \leqq \frac{1}{2}, & 0 < |\zeta| < 1 & \text{bzw.} & 0 < |z| < 2K, \\
& \varkappa \leqq 1 & \text{bzw.} \quad k^2 \geqq \frac{1}{2}, & 0 < |\zeta| < \varkappa & \text{bzw.} & 0 < |z| < 2K'; \\
\wp_2 \text{ und } \wp_2': & \varkappa \geqq \frac{1}{2} & \text{bzw.} \quad k^2 \leqq 0{,}97\ldots, & 0 \leqq |\zeta| < \frac{1}{2} & \text{bzw.} & 0 \leqq |z| < K, \\
& \varkappa \leqq \frac{1}{2} & \text{bzw.} \quad k^2 \geqq 0{,}97\ldots, & 0 \leqq |\zeta| < \varkappa & \text{bzw.} & 0 \leqq |z| < 2K'; \\
\wp_3 \text{ und } \wp_3': & \text{ohne Schranken,} & & 0 \leqq |\zeta| < \frac{1}{2}\sqrt{1+\varkappa^2} & \text{bzw.} & 0 \leqq |z| < \sqrt{K^2+K'^2}; \\
\wp_4 \text{ und } \wp_4': & \varkappa \geqq 2 & \text{bzw.} \quad k^2 \leqq 0{,}03, & 0 \leqq |\zeta| < \frac{\varkappa}{2} & \text{bzw.} & 0 \leqq |z| < K', \\
& \varkappa \leqq 2 & \text{bzw.} \quad k^2 \geqq 0{,}03, & 0 \leqq |\zeta| < 1 & \text{bzw.} & 0 \leqq |z| < 2K; \\
\wp_5 \text{ und } \wp_5': & \varkappa \geqq \sqrt{3} & \text{bzw.} \quad k^2 \leqq 0{,}07, & 0 < |\zeta| < 1 & \text{bzw.} & 0 < |z| < 2K, \\
& \sqrt{3} \geqq \varkappa \geqq 2-\sqrt{3} & \text{bzw.} \quad 0{,}07 \leqq k^2 \leqq 0{,}99, & 0 < |\zeta| < \frac{1}{2}\sqrt{1+\varkappa^2} & \text{bzw.} & 0 < |z| < \sqrt{K^2+K'^2}, \\
& \varkappa \leqq 2-\sqrt{3} & \text{bzw.} \quad k^2 \geqq 0{,}99, & 0 < |\zeta| < \varkappa & \text{bzw.} & 0 < |z| < 2K'; \\
\wp_6 \text{ und } \wp_6': & \varkappa \geqq 1 & \text{bzw.} \quad k^2 \leqq \frac{1}{2}, & 0 \leqq |\zeta| < \frac{1}{2} & \text{bzw.} & 0 \leqq |z| < K, \\
& \varkappa \leqq 1 & \text{bzw.} \quad k^2 \geqq \frac{1}{2}, & 0 \leqq |\zeta| < \frac{\varkappa}{2} & \text{bzw.} & 0 \leqq |z| < K'.
\end{array}\right\} \quad (585)$$

In (585) ergeben sich die Unterteilungen durch Gleichsetzen der konkurrierenden Polabstände vom Punkte $z = 0$, z. B. im Falle von $\wp_5$ und $\wp_5'$ durch Gleichsetzen von $\frac{1}{2}\sqrt{1+\varkappa^2}$ und 1 bzw. von $\frac{1}{2}\sqrt{1+\varkappa^2}$ und $\varkappa$, und Auflösen der so entstehenden quadratischen Gleichungen nach $\varkappa$.

71. Funktionswerte an den Stellen $0, \frac{1}{2}, \frac{i\varkappa}{2}, \frac{1}{2}+\frac{i\varkappa}{2}$ bzw. $0, K, iK', K+iK'$

Wird in den Substitutionsgleichungen (510) das Argument gleich Null gesetzt und werden hierbei die durch die Gln. (518) dargestellten Funktionswerte berücksichtigt, so ergeben sich die Funktionswerte in den charakteristischen Punkten des Grundperiodenbereiches wie folgt:

$$\left.\begin{array}{ll}
\wp_1(0,\varkappa) = \wp_1(0,k) = \infty, & \wp_1(\frac{1}{2},\varkappa) = \wp_1(K,k) = e_1, \\
\wp_2(0,\varkappa) = \wp_2(0,k) = e_1, & \wp_2(\frac{1}{2},\varkappa) = \wp_2(K,k) = \infty, \\
\wp_3(0,\varkappa) = \wp_3(0,k) = e_2, & \wp_3(\frac{1}{2},\varkappa) = \wp_3(K,k) = e_3, \\
\wp_4(0,\varkappa) = \wp_4(0,k) = e_3, & \wp_4(\frac{1}{2},\varkappa) = \wp_4(K,k) = e_2, \\
\wp_5(0,\varkappa) = \wp_5(0,k) = \infty, & \wp_5(\frac{1}{2},\varkappa) = \wp_5(K,k) = -2e_2, \\
\wp_6(0,\varkappa) = \wp_6(0,k) = -2e_2; & \wp_6(\frac{1}{2},\varkappa) = \wp_6(K,k) = \infty; \\
\wp_1\left(\frac{i\varkappa}{2},\varkappa\right) = \wp_1(iK',k) = e_3, & \wp_1\left(\frac{1}{2}+\frac{i\varkappa}{2},\varkappa\right) = \wp_1(K+iK',k) = e_2, \\
\wp_2\left(\frac{i\varkappa}{2},\varkappa\right) = \wp_2(iK',k) = e_2, & \wp_2\left(\frac{1}{2}+\frac{i\varkappa}{2},\varkappa\right) = \wp_2(K+iK',k) = e_3, \\
\wp_3\left(\frac{i\varkappa}{2},\varkappa\right) = \wp_3(iK',k) = e_1, & \wp_3\left(\frac{1}{2}+\frac{i\varkappa}{2},\varkappa\right) = \wp_3(K+iK',k) = \infty, \\
\wp_4\left(\frac{i\varkappa}{2},\varkappa\right) = \wp_4(iK',k) = \infty, & \wp_4\left(\frac{1}{2}+\frac{i\varkappa}{2},\varkappa\right) = \wp_4(K+iK',k) = e_1, \\
\wp_5\left(\frac{i\varkappa}{2},\varkappa\right) = \wp_5(iK',k) = -2e_2, & \wp_5\left(\frac{1}{2}+\frac{i\varkappa}{2},\varkappa\right) = \wp_5(K+iK',k) = \infty, \\
\wp_6\left(\frac{i\varkappa}{2},\varkappa\right) = \wp_6(iK',k) = \infty; & \wp_6\left(\frac{1}{2}+\frac{i\varkappa}{2},\varkappa\right) = \wp_6(K+iK',k) = -2e_2.
\end{array}\right\} \quad (586)$$

Für die Ableitung der $\wp$-Funktionen erhält man auf Grund der Entwicklungen (576) bis (579) in Verbindung mit den Substitutionsgleichungen (567) in den charakteristischen Punkten entweder den Wert $-\infty$ oder 0:

$$\left.\begin{aligned}
&\wp'_{\substack{1\\5}}(0,\varkappa)=\wp'_{\substack{1\\5}}(0,k)=-\infty, && \wp'_{\substack{2\\6}}(\tfrac{1}{2},\varkappa)=\wp'_{\substack{2\\6}}(K,k)=+\infty,\\
&\wp'_{\substack{2\\3\\4\\6}}(0,\varkappa)=\wp'_{\substack{2\\3\\4\\6}}(0,k)=0; && \wp'_{\substack{1\\3\\4\\5}}(\tfrac{1}{2},\varkappa)=\wp'_{\substack{1\\3\\4\\5}}(K,k)=0;\\
&\wp'_{\substack{4\\6}}\left(\frac{i\varkappa}{2},\varkappa\right)=\wp'_{\substack{4\\6}}(iK',k)=-\infty, && \wp'_{\substack{3\\5}}\left(\frac{1}{2}+\frac{i\varkappa}{2},\varkappa\right)=\wp'_{\substack{3\\5}}(K+iK',k)=-\infty,\\
&\wp'_{\substack{1\\2\\3\\5}}\left(\frac{i\varkappa}{2},\varkappa\right)=\wp'_{\substack{1\\2\\3\\5}}(iK',k)=0; && \wp'_{\substack{1\\2\\4\\6}}\left(\frac{1}{2}+\frac{i\varkappa}{2},\varkappa\right)=\wp'_{\substack{1\\2\\4\\6}}(K+iK',k)=0.
\end{aligned}\right\}\qquad(587)$$

72. Homogenitätstransformation für $\wp_1$ und $\wp_5$

Nach (520) und (522) ist die Abhängigkeit der beiden Funktionen $\wp_1(z,k)$ und $\wp_5(z,k)$ hinsichtlich des Moduls durch zwei Invarianten $g_2(k)$ und $g_3(k)$ bzw. $\bar{g}_2(k)$ und $\bar{g}_3(k)$ gekennzeichnet, d. h., es ist

$$\wp_1(z,k)\equiv\wp_1(z,g_2(k),g_3(k)),$$
$$\wp_5(z,k)\equiv\wp_5(z,\bar{g}_2(k),\bar{g}_3(k)).$$

Bezüglich der Abhängigkeit der Modulfunktion g_3 von g_2 bzw. der Modulfunktion $\bar{g}_3$ von $\bar{g}_2$ liefert (446)

$$\begin{aligned}
&g_3=\tfrac{1}{9}(4-g_2)\sqrt{3(g_2-1)}, && \bar{g}_3=\tfrac{1}{9}(4-2\bar{g}_2)\sqrt{3(1+\tfrac{1}{4}\bar{g}_2)}, && \infty>\varkappa\geqq 1, && 0\leqq k^2\leqq\tfrac{1}{2}, && \tfrac{4}{3}\geqq g_2\geqq 1;\\
&g_3=-\tfrac{1}{9}(4-g_2)\sqrt{3(g_2-1)}; && \bar{g}_3=-\tfrac{1}{9}(4-2\bar{g}_2)\sqrt{3(1+\tfrac{1}{4}\bar{g}_2)}; && 1\geqq\varkappa>0, && \tfrac{1}{2}\leqq k^2<1, && 1\leqq g_2\leqq\tfrac{4}{3}.
\end{aligned}\qquad(588)$$

In den Abb. 58 und 59 sind die beiden durch (588) gegebenen Abhängigkeiten dargestellt.

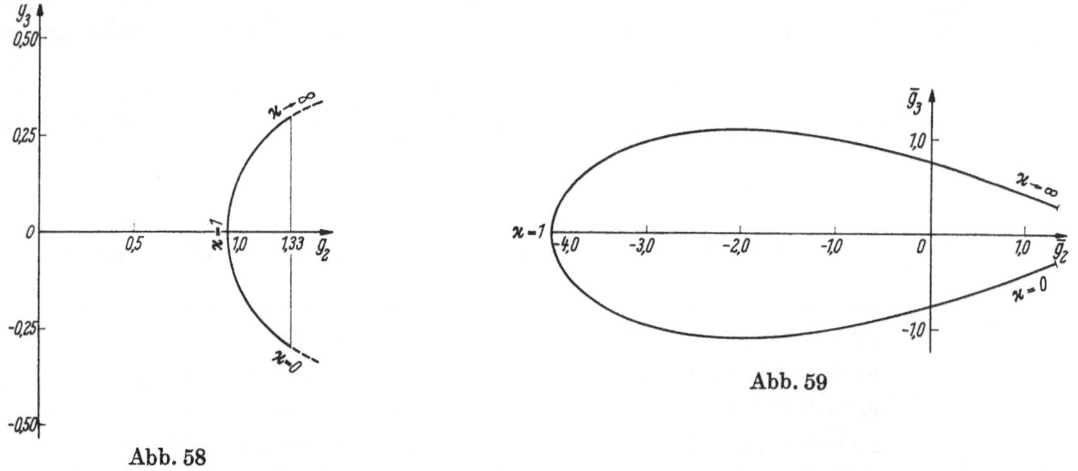

Abb. 58

Abb. 59

Bei den später zu betrachtenden allgemeinen WEIERSTRASSschen Funktionen entfällt die Abhängigkeit zwischen g_2 und g_3 bzw. $\bar{g}_2$ und $\bar{g}_3$, denn bei ihnen handelt es sich um zweiparametrige Funktionen.

Eine der bemerkenswertesten Eigenschaften der allgemeinen WEIERSTRASSschen $\wp$-Funktionen ist die Homogenitätstransformation, die unter Bezugnahme auf zwei voneinander unabhängige Invarianten $\mathfrak{g}_2$ und $\mathfrak{g}_3$ in der Form

$$\wp\left(tz,\frac{\mathfrak{g}_2}{t^4},\frac{\mathfrak{g}_3}{t^6}\right)=\frac{1}{t^2}\wp(z,\mathfrak{g}_2,\mathfrak{g}_3),\qquad\wp'\left(tz,\frac{\mathfrak{g}_2}{t^4},\frac{\mathfrak{g}_3}{t^6}\right)=\frac{1}{t^3}\wp'(z,\mathfrak{g}_2,\mathfrak{g}_3)$$

geschrieben werden kann.

Von den sechs den Gegenstand der Betrachtungen dieses Kapitels bildenden $\wp$-Funktionen gehören, wie später noch gezeigt werden wird, nur zwei zu der Gruppe der allgemeinen WEIERstrassschen Funktionen, nämlich $\wp_1$ und $\wp_5$. Für diese muß sich daher die Gültigkeit der Homogenitätstransformation bestätigen lassen. In der Tat folgt, wenn in den Entwicklungen (520), (522), (576), (578) z mit $t\,z$, g_2 mit g_2/t^4, g_3 mit g_3/t^6 bzw. $\bar{g}_2$ mit $\bar{g}_2/t^4$, $\bar{g}_3$ mit $\bar{g}_3/t^6$ vertauscht wird, durch Vergleich der entsprechenden Reihen

$$\begin{aligned} &\wp_1\left(t\,z,\frac{g_2}{t^4},\frac{g_3}{t^6}\right)=\frac{1}{t_2}\wp_1(z,g_2,g_3), \quad \wp_1'\left(t\,z,\frac{g_2}{t_4},\frac{g_3}{t^6}\right)=\frac{1}{t^3}\wp_1'(z,g_2,g_3),\\ &\wp_5\left(t\,z,\frac{\bar{g}_2}{t^4},\frac{\bar{g}_3}{t^6}\right)=\frac{1}{t^2}\wp_5(z,\bar{g}_2,\bar{g}_3), \quad \wp_5'\left(t\,z,\frac{\bar{g}_2}{t^4},\frac{\bar{g}_3}{t^6}\right)=\frac{1}{t^3}\wp_5'(z,\bar{g}_2,\bar{g}_3). \end{aligned} \tag{589}$$

Die Transformationsgleichungen (589) gestatten zahlreiche nützliche Anwendungen. Wird beispielsweise

$$t = i$$

gesetzt, so ergibt sich eine Paralleldarstellung zu den imaginären Transformationsgleichungen (513) und (568) der Funktionen $\wp_1$ und $\wp_5$, nämlich

$$\begin{aligned} &\wp_1(i\,z,g_2,-g_3)=-\wp_1(z,g_2,g_3), \quad \wp_1'(i\,z,g_2,-g_3)=i\,\wp_1'(z,g_2,g_3),\\ &\wp_5(i\,z,\bar{g}_2,-\bar{g}_3)=-\wp_5(z,\bar{g}_2,\bar{g}_3), \quad \wp_5'(i\,z,\bar{g}_2,-\bar{g}_3)=i\,\wp_5'(z,\bar{g}_2,\bar{g}_3). \end{aligned} \tag{590}$$

Hiernach vertauschen sich, von den Faktoren -1 bzw. i abgesehen, beim Übergang von z auf $i\,z$ nur g_3 mit $-g_3$ bzw. $\bar{g}_3$ mit $-\bar{g}_3$.

73. Gaußsche Transformation

Werden die beiden oberen der Gln. (117) logarithmiert und zweimal nach ζ abgeleitet, so folgt nach Division durch $4K^2$

$$\frac{1}{4K^2}\frac{\partial^2}{\partial\zeta^2}\ln\vartheta_{\substack{1\\2}}\left(\zeta,\frac{\varkappa}{2}\right)=\frac{1}{4K^2}\frac{\partial^2}{\partial\zeta^2}\ln\vartheta_{\substack{1\\2}}(\zeta,\varkappa)+\frac{1}{4K^2}\frac{\partial^2}{\partial\zeta^2}\ln\vartheta_{\substack{4\\3}}(\zeta,\varkappa),$$

und umgeformt, unter Beachtung von (357),

$$\frac{(1+k)^2}{4K^2\left(\frac{\varkappa}{2}\right)}\frac{\partial^2}{\partial\zeta^2}\ln\vartheta_{\substack{1\\2}}\left(\zeta\;\frac{\varkappa}{2}\right)=\frac{1}{4K^2}\frac{\partial^2}{\partial\zeta^2}\ln\vartheta_{\substack{1\\2}}(\zeta,\varkappa)+\frac{1}{4K^2}\frac{\partial^2}{\partial\zeta^2}\ln\vartheta_{\substack{4\\3}}(\zeta,\varkappa).$$

Nach (501)′ entsprechen hierin die $1/4K^2$-fachen zweiten Ableitungen nach ζ den zweifachen Ableitungen nach z. Man erhält daher in Verbindung mit (500)

$$(1+k)^2\left[\wp_{\substack{1\\2}}\left(\zeta.\frac{\varkappa}{2}\right)+\eta_1\left(\frac{\varkappa}{2}\right)\right]=2\eta_1+\wp_{\substack{1\\2}}(\zeta,\varkappa)+\wp_{\substack{4\\3}}(\zeta,\varkappa).$$

Nun ist aber nach (449) und (451)

$$\eta_1\left(\frac{\varkappa}{2}\right)=\frac{2\eta_1+e_3}{(1+k)^2}.$$

Hiermit ergibt sich

$$\wp_{\substack{1\\2}}\left(\zeta,\frac{\varkappa}{2}\right)=\frac{-e_3+\wp_{\substack{1\\2}}(\zeta,\varkappa)+\wp_{\substack{4\\3}}(\zeta,\varkappa)}{(1+k)^2}. \tag{591}$$

Wird in (591) ζ mit $\zeta + i\,\varkappa/4$ vertauscht und die mittlere Gruppe der Gln. (510) beachtet, so folgt entsprechend für $\wp_3$ und $\wp_4$

$$\wp_{\substack{4\\3}}\left(\zeta,\frac{\varkappa}{2}\right)=\frac{-e_3+\wp_{\substack{1\\2}}\left(\zeta+\frac{i\,\varkappa}{4},\varkappa\right)+\wp_{\substack{4\\3}}\left(\zeta+\frac{i\,\varkappa}{4},\varkappa\right)}{(1+k)^2}. \tag{592}$$

In Verbindung mit (591) und (592) und bei Beachtung von (445) und (442) liefern schließlich die für $\varkappa/2$ angesetzten Gln. (504)

$$\wp_{\substack{5\\6}}\left(\zeta,\frac{\varkappa}{2}\right)=\frac{(1-k)^2+\wp_{\substack{1\\2}}(\zeta,\varkappa)+\wp_{\substack{4\\3}}(\zeta,\varkappa)+\wp_{\substack{2\\1}}\left(\zeta+\frac{i\,\varkappa}{4},\varkappa\right)+\wp_{\substack{3\\4}}\left(\zeta+\frac{i\,\varkappa}{4},\varkappa\right)}{(1+k)^2}. \tag{593}$$

Die Gaussschen Transformationsgleichungen der entsprechenden $\wp'$-Funktionen ergeben sich durch Ableitung von (591) bis (593) nach $z(\varkappa/2) = (1+k)\,z(\varkappa)$:

$$\left.\begin{aligned} \wp'_{\substack{1\\2}}\left(\zeta, \frac{\varkappa}{2}\right) &= \frac{\wp'_{\substack{1\\2}}(\zeta,\varkappa) + \wp'_{\substack{4\\3}}(\zeta,\varkappa)}{(1+k)^3}, \\ \wp'_{\substack{3\\4}}\left(\zeta, \frac{\varkappa}{2}\right) &= \frac{\wp'_{\substack{2\\1}}\left(\zeta + \frac{i\varkappa}{4}, \varkappa\right) + \wp'_{\substack{3\\4}}\left(\zeta + \frac{i\varkappa}{4}, \varkappa\right)}{(1+k)^3}, \\ \wp'_{\substack{5\\6}}\left(\zeta, \frac{\varkappa}{2}\right) &= \frac{\wp'_{\substack{1\\2}}(\zeta,\varkappa) + \wp'_{\substack{4\\3}}(\zeta,\varkappa) + \wp'_{\substack{2\\1}}\left(\zeta + \frac{i\varkappa}{4}, \varkappa\right) + \wp'_{\substack{3\\4}}\left(\zeta + \frac{i\varkappa}{4}, \varkappa\right)}{(1+k)^3}. \end{aligned}\right\} \tag{594}$$

Die in (594) auftretenden Funktionen mit dem Argument $\zeta + i\varkappa/4$ sind reell und werden in Abschnitt 78 dargestellt werden. Die zugehörigen reellen Paralleldarstellungen der GAUSSschen Transformationsgleichungen sind in Abschnitt 77 aufgeführt.

74. Landensche Transformation

Die LANDENschen Transformationsgleichungen der $\wp$-Funktionen lassen sich durch Argument- und Parameter-Transformation aus den GAUSSschen Transformationsgleichungen entwickeln. Wird in (592) ζ mit $i\zeta$ vertauscht, so folgt in Verbindung mit (513) zunächst

$$\wp_{\substack{2\\3}}\left(\frac{2\zeta}{\varkappa}, \frac{2}{\varkappa}\right) = \frac{e_3 + \wp_{\substack{1\\4}}\left(\frac{\zeta}{\varkappa} + \frac{1}{4}, \frac{1}{\varkappa}\right) + \wp_{\substack{2\\3}}\left(\frac{\zeta}{\varkappa} + \frac{1}{4}, \frac{1}{\varkappa}\right)}{(1+k)^2}.$$

Hierin kann nun $\zeta/\varkappa$ mit ζ und $1/\varkappa$ mit $\varkappa$ vertauscht werden, wobei e_3 in e'_3 und k in k' übergeht. Dies ergibt mit (444)

$$\wp_{\substack{2\\3}}(2\zeta, 2\varkappa) = \frac{-e_1 + \wp_{\substack{1\\4}}(\zeta + \frac{1}{4}, \varkappa) + \wp_{\substack{2\\3}}(\zeta + \frac{1}{4}, \varkappa)}{(1+k')^2}. \tag{595}$$

Aus (595) folgt durch Vertauschen von ζ mit $\zeta + \frac{1}{4}$ bei Beachtung von (510)

$$\wp_{\substack{1\\4}}(2\zeta, 2\varkappa) = \frac{-e_1 + \wp_{\substack{2\\3}}(\zeta, \varkappa) + \wp_{\substack{1\\4}}(\zeta, \varkappa)}{(1+k')^2}. \tag{596}$$

In Verbindung mit (595) und (596) unter Beachtung von (445) und (442) liefert (504) für $\wp_5$ und $\wp_6$

$$\wp_{\substack{5\\6}}(2\zeta, 2\varkappa) = \frac{-(1-k')^2 + \wp_{\substack{2\\3}}(\zeta,\varkappa) + \wp_{\substack{1\\4}}(\zeta,\varkappa) + \wp_{\substack{4\\1}}(\zeta + \frac{1}{4}, \varkappa) + \wp_{\substack{3\\2}}(\zeta + \frac{1}{4}, \varkappa)}{(1+k')^2}. \tag{597}$$

Die LANDENschen Transformationsgleichungen der $\wp'$-Funktionen ergeben sich durch Ableitung nach $2z(2\varkappa) = (1+k')\,z(\varkappa)$. Sie lauten:

$$\left.\begin{aligned} &\wp'_{\substack{2\\3}}(2\zeta, 2\varkappa) = \frac{\wp'_{\substack{1\\4}}(\zeta + \frac{1}{4}, \varkappa) + \wp'_{\substack{2\\3}}(\zeta + \frac{1}{4}, \varkappa)}{(1+k')^3}, \qquad \wp'_{\substack{1\\4}}(2\zeta, 2\varkappa) = \frac{\wp'_{\substack{2\\3}}(\zeta,\varkappa) + \wp'_{\substack{1\\4}}(\zeta,\varkappa)}{(1+k')^3}, \\ &\wp'_{\substack{5\\6}}(2\zeta, 2\varkappa) = \frac{\wp'_{\substack{2\\3}}(\zeta,\varkappa) + \wp'_{\substack{1\\4}}(\zeta,\varkappa) + \wp'_{\substack{4\\1}}(\zeta + \frac{1}{4}, \varkappa) + \wp'_{\substack{3\\2}}(\zeta + \frac{1}{4}, \varkappa)}{(1+k')^3}. \end{aligned}\right\} \tag{598}$$

75. Doppelargument-Transformation

Durch die zweite der Gln. (508) ist die $\wp_1$-Funktion für doppeltes Argument als lineare Funktion von $\wp$-Funktionen einfachen Arguments dargestellt worden. Hieraus ergeben sich in Verbindung mit (503) und (504) entsprechende Beziehungen für die übrigen $\wp$-Funktionen. Diese lauten unter Zugrundelegung des (z, k)-Systems und bei Beachtung von (443)

$$\left.\begin{aligned} \wp_1(2z,k) &= \tfrac{1}{2}e_2 + \tfrac{1}{4}\wp_5(z,k) + \tfrac{1}{4}\wp_6(z,k), \\ \wp_{\substack{2\\3\\4}}(2z,k) &= e_{\substack{1\\2\\3}} + \frac{\left(e_{\substack{1\\2\\3}} - e_{\substack{2\\3\\1}}\right)\left(e_{\substack{1\\2\\3}} - e_{\substack{3\\1\\2}}\right)}{\tfrac{1}{2}e_2 - e_{\substack{1\\2\\3}} + \tfrac{1}{4}\wp_5(z,k) + \tfrac{1}{4}\wp_6(z,k)}, \\ \wp_5(2z,k) &= \frac{1}{2}e_2 + \frac{1}{4}\wp_5(z,k) + \frac{1}{4}\wp_6(z,k) + \frac{(e_2-e_3)(e_2-e_1)}{\tfrac{1}{2}e_2 - e_2 + \tfrac{1}{4}\wp_5(z,k) + \tfrac{1}{4}\wp_6(z,k)}, \\ \wp_6(2z,k) &= -2e_2 + \frac{(e_1-e_2)(e_1-e_3)}{\tfrac{1}{2}e_2 - e_1 + \tfrac{1}{4}\wp_5(z,k) + \tfrac{1}{4}\wp_6(z,k)} + \frac{(e_3-e_1)(e_3-e_2)}{\tfrac{1}{2}e_2 - e_3 + \tfrac{1}{4}\wp_5(z,k) + \tfrac{1}{4}\wp_6(z,k)}. \end{aligned}\right\} \tag{599}$$

Die Ableitung von (599) nach $2z$ liefert

$$\left.\begin{aligned}
&\wp_1'(2z,k)=\tfrac{1}{8}\,\wp_5'(z,k)+\tfrac{1}{8}\,\wp_6'(z,k),\\
&\wp_{\substack{2\\3\\4}}'(2z,k)=-\frac{\tfrac{1}{8}\Bigl(e_{\substack{1\\2\\3}}-e_{\substack{2\\3\\1}}\Bigr)\Bigl(e_{\substack{1\\2\\3}}-e_{\substack{3\\1\\2}}\Bigr)\bigl(\wp_5'(z,k)+\wp_6'(z,k)\bigr)}{\Bigl[\tfrac{1}{2}e_2-e_{\substack{1\\2\\3}}+\tfrac{1}{4}\wp_5(z,k)+\tfrac{1}{4}\wp_6(z,k)\Bigr]^2},\\
&\wp_5'(2z,k)=\frac{1}{8}\,[\wp_5'(z,k)+\wp_6'(z,k)]\left[1-\frac{(e_2-e_3)(e_2-e_1)}{[\tfrac{1}{2}e_2-e_2+\tfrac{1}{4}\wp_5(z,k)+\tfrac{1}{4}\wp_6(z,k)]^2}\right],\\
&\wp_6'(2z,k)=\frac{1}{8}\,[\wp_5'(z,k)+\wp_6'(z,k)]\left[\frac{-(e_1-e_2)(e_1-e_3)}{\tfrac{1}{2}[e_2-e_1+\tfrac{1}{4}\wp_5(z,k)+\tfrac{1}{4}\wp_6(z,k)]^2}+\frac{-(e_3-e_1)(e_3-e_2)}{[\tfrac{1}{2}e_2-e_3+\tfrac{1}{4}\wp_5(z,k)+\tfrac{1}{4}\wp_6(z,k)]^2}\right].
\end{aligned}\right\}\quad(600)$$

76. Halbargument-Transformation

Wird in (504) und in der mittleren der Gln. (508) z mit $\tfrac{1}{2}z$ vertauscht, so folgt

$$\wp_{\substack{5\\6}}\Bigl(\frac{z}{2},k\Bigr)=-2e_2+\frac{1}{2e_2+\wp_{\substack{6\\5}}\bigl(\frac{z}{2},k\bigr)},\qquad \wp_5\Bigl(\frac{z}{2},k\Bigr)+\wp_6\Bigl(\frac{z}{2},k\Bigr)=-2e_2+4\wp_1\Bigl(\frac{z}{k}\Bigr).$$

Hieraus erhält man durch Elimination von $\wp_6$ bzw. $\wp_5$

$$\wp_{\substack{5\\6}}\Bigl(\frac{z}{2},k\Bigr)=-e_2+2\wp_1(z,k)\pm 2\sqrt{[-e_1+\wp_1(z,k)]\,[-e_3+\wp_1(z,k)]}$$

bzw. (601)

$$\wp_{\substack{5\\6}}\Bigl(\frac{z}{2},k\Bigr)=-e_2+2\wp_1(z,k)\mp 2\sqrt{[-e_1+\wp_1(z,k)]\,[-e_3+\wp_1(z,k)]}\,.$$

Die Gültigkeit von (601) erstreckt sich mit dem oberen Vorzeichen für $\wp_5$ und dem unteren für $\wp_6$ auf die hinzugesetzten Dreiecksbereiche.

Geht man mit (601) in (507) hinein, so ergeben sich entsprechende Formeln für $\wp_{\substack{1\\2\\3\\4}}$, die jedoch Doppelwurzeln aufweisen. Diese lassen sich aber, wie man durch Quadrieren bestätigen kann, auf eine Summe mit drei Wurzeln umschreiben und es folgt:

$$\begin{aligned}
\wp_{\substack{1\\2\\3\\4}}\Bigl(\frac{z}{2},k\Bigr)=\wp_1(z,k)\,\substack{+\\-\\-\\+}\sqrt{[-e_1+\wp_1(z,k)]\,[-e_2+\wp_1(z,k)]}\,\substack{+\\+\\-\\-}\sqrt{[-e_2+\wp_1(z,k)]\,[-e_3+\wp_1(z,k)]}\,\substack{+\\-\\+\\-}\\
(0<|z|\leqq K)\qquad \substack{+\\-\\+\\-}\sqrt{[-e_3+\wp_1(z,k)]\,[-e_1+\wp_1(z,k)]}\,.
\end{aligned}\quad(602)$$

Aus (602) erhält man durch Summen- und Differenzenbildung

$$\left.\begin{aligned}
\wp_1\Bigl(\frac{z}{2},k\Bigr)+\wp_{\substack{2\\3\\4}}\Bigl(\frac{z}{2},k\Bigr)&=2\wp_1(z,k)+2\sqrt{\Bigl[-e_{\substack{2\\3\\1}}+\wp_1(z,k)\Bigr]\Bigl[-e_{\substack{3\\1\\2}}+\wp_1(z,k)\Bigr]},\\
\wp_{\substack{3\\2\\2}}\Bigl(\frac{z}{2},k\Bigr)+\wp_{\substack{4\\4\\3}}\Bigl(\frac{z}{2},k\Bigr)&=2\wp_1(z,k)-2\sqrt{\Bigl[-e_{\substack{2\\3\\1}}+\wp_1(z,k)\Bigr]\Bigl[-e_{\substack{3\\1\\2}}+\wp_1(z,k)\Bigr]}.
\end{aligned}\right\}\quad(603)$$

$$\left.\begin{aligned}
\wp_1\Bigl(\frac{z}{2},k\Bigr)-\wp_{\substack{2\\3\\4}}\Bigl(\frac{z}{2},k\Bigr)&=+2\sqrt{[-e_1+\wp_1(z,k)]\Bigl[-e_{\substack{2\\2\\3}}+\wp_1(z,k)\Bigr]}+2\sqrt{[-e_3+\wp_1(z,k)]\Bigl[-e_{\substack{1\\2\\2}}+\wp_1(z,k)\Bigr]},\\
\wp_{\substack{3\\2\\2}}\Bigl(\frac{z}{2},k\Bigr)-\wp_{\substack{4\\4\\3}}\Bigl(\frac{z}{2},k\Bigr)&=-2\sqrt{[-e_1+\wp_1(z,k)]\Bigl[-e_{\substack{2\\2\\3}}+\wp_1(z,k)\Bigr]}+2\sqrt{[-e_3+\wp_1(z,k)]\Bigl[-e_{\substack{1\\2\\2}}+\wp_1(z,k)\Bigr]}.
\end{aligned}\right\}\quad(604)$$

Die Ableitung der Gln. (601) und (602) liefert in Verbindung mit (443)

$$\wp_{\substack{5\\6}}'\Bigl(\frac{z}{2},k\Bigr)=4\wp_1'(z,k)\left[1\pm\frac{\tfrac{1}{2}e_2+\wp_1(z,k)}{\sqrt{[-e_1+\wp_1(z,k)]\,[-e_3+\wp_1(z,k)]}}\right]$$

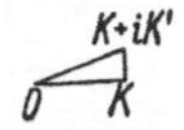

bzw. (605)

$$\wp_{\substack{5\\6}}'\Bigl(\frac{z}{2},k\Bigr)=4\wp_1'(z,k)\left[1\mp\frac{\tfrac{1}{2}e_2+\wp_1(z,k)}{\sqrt{[-e_1+\wp_1(z,k)]\,[-e_3+\wp_1(z,k)]}}\right].$$

$$\wp'_{\substack{1\\2\\3\\4}}\left(\frac{z}{2}, k\right) = 2\wp'_1(z,k)\left[1 \substack{+\\-\\-\\+} \frac{\frac{1}{2}e_3 + \wp_1(z,k)}{\sqrt{[-e_1+\wp_1(z,k)][-e_2+\wp_1(z,k)]}} \substack{+\\+\\-\\-} \frac{\frac{1}{2}e_1 + \wp_1(z,k)}{\sqrt{[-e_2+\wp_1(z,k)][-e_3+\wp_1(z,k)]}} \substack{+\\-\\+\\-}\right.$$

$$(0 < |z| \leqq K) \qquad \left. \substack{+\\-\\+\\-} \frac{\frac{1}{2}e_2 + \wp_1(z,k)}{\sqrt{[-e_3+\wp_1(z,k)][-e_1+\wp_1(z,k)]}}\right]. \tag{606}$$

Wird in der dritten der Gln. (603) z mit $2z + i\,K'$ vertauscht, so folgt mit (510)

$$\wp_{\substack{1\\2}}\left(z + \frac{i\,K'}{2}, k\right) + \wp_{\substack{4\\3}}\left(z + \frac{i\,K'}{2}, k\right) = 2\wp_4(2z,k) \pm 2\sqrt{[-e_1+\wp_4(2z,k)][-e_2+\wp_4(2z,k)]} \tag{607}$$

und abgeleitet in Verbindung mit (443)

$$\wp'_{\substack{1\\2}}\left(z + \frac{i\,K'}{2}, k\right) + \wp'_{\substack{4\\3}}\left(z + \frac{i\,K'}{2}, k\right) = 4\wp'_4(2z,k)\left[1 \pm \frac{\frac{1}{2}e_3 + \wp_4(2z,k)}{\sqrt{[-e_1+\wp_4(2z,k)][-e_2+\wp_4(2z,k)]}}\right]. \tag{608}$$

77. Reelle Darstellung der Gaußschen Transformation

Die Einführung von (607) und (608) in (591) bis (594) liefert für die $\wp$-Funktionen

$$\left.\begin{aligned}
\wp_{\substack{1\\2}}\left(\zeta, \frac{\varkappa}{2}\right) &= \frac{-e_3 + \wp_{\substack{1\\2}}(\zeta,\varkappa) + \wp_{\substack{4\\3}}(\zeta,\varkappa)}{(1+k)^2},\\
\wp_{\substack{3\\4}}\left(\zeta, \frac{\varkappa}{2}\right) &= \frac{-e_3 + 2\wp_4(2\zeta,\varkappa) \mp 2\sqrt{(-e_1+\wp_4(2\zeta,\varkappa))\,(-e_2+\wp_4(2\zeta,\varkappa))}}{(1+k)^2},\\
\wp_{\substack{5\\6}}\left(\zeta, \frac{\varkappa}{2}\right) &= \frac{(1-k)^2 + \wp_{\substack{1\\2}}(\zeta,\varkappa) + \wp_{\substack{4\\3}}(\zeta,\varkappa) + 2\wp_4(2\zeta,\varkappa) \mp 2\sqrt{(-e_1+\wp_4(2\zeta,\varkappa))\,(-e_2+\wp_4(2\zeta,\varkappa))}}{(1+k)^2}
\end{aligned}\right\} \tag{609}$$

bzw. für die nach z abgeleiteten $\wp$-Funktionen

$$\left.\begin{aligned}
\wp'_{\substack{1\\2}}\left(\zeta, \frac{\varkappa}{2}\right) &= \frac{\wp'_{\substack{1\\2}}(\zeta,\varkappa) + \wp'_{\substack{4\\3}}(\zeta,\varkappa)}{(1+k)^3},\\
\wp'_{\substack{3\\4}}\left(\zeta, \frac{\varkappa}{2}\right) &= \frac{4\wp'_4(2\zeta,\varkappa)}{(1+k)^3}\left[1 \mp \frac{\frac{1}{2}e_3 + \wp_4(2\zeta,\varkappa)}{\sqrt{(-e_1+\wp_4(2\zeta,\varkappa))\,(-e_2+\wp_4(2\zeta,\varkappa))}}\right],\\
\wp'_{\substack{5\\6}}\left(\zeta, \frac{\varkappa}{2}\right) &= \frac{\wp'_{\substack{1\\2}}(\zeta,\varkappa) + \wp'_{\substack{4\\3}}(\zeta,\varkappa)}{(1+k)^3} + \frac{4\wp'_4(2\zeta,\varkappa)}{(1+k)^3}\left[1 \mp \frac{\frac{1}{2}e_3 + \wp_4(2\zeta,\varkappa)}{\sqrt{(-e_1+\wp_4(2\zeta,\varkappa))\,(-e_2+\wp_4(2\zeta,\varkappa))}}\right].
\end{aligned}\right\} \tag{610}$$

78. Substitutionen für die Argumentwerte $z + \frac{K}{2}$, $z + \frac{i\,K'}{2}$, $z + \frac{K}{2} + \frac{i\,K'}{2}$

Durch Vertauschen von z mit $2z + K$ bzw. $2z + i\,K'$ bzw. $2z + K + i\,K'$ erhält man aus (602) in Verbindung mit (510) für $0 \leqq |z + K/2| \leqq K/2$

$$\wp_{\substack{1\\2\\3\\4}}\left(z + \frac{K}{2}, k\right) = \wp_2(2z,k) \substack{+\\-\\-\\+}\sqrt{(-e_1+\wp_2(2z,k))\,(-e_2+\wp_2(2z,k))} \substack{+\\+\\-\\-}$$

$$\substack{+\\+\\-\\-}\sqrt{(-e_2+\wp_2(2z,k))\,(-e_3+\wp_2(2z,k))} \substack{+\\-\\+\\-}\sqrt{(-e_3+\wp_2(2z,k))\,(-e_1+\wp_2(2z,k))}$$

bzw. für $0 \leqq \left|z + \frac{i\,K'}{2}\right| \leqq \frac{K'}{2}$

$$\wp_{\substack{1\\2\\3\\4}}\left(z + \frac{i\,K'}{2}, k\right) = \wp_4(2z,k) \substack{+\\-\\-\\+}\sqrt{(-e_1+\wp_4(2z,k))\,(-e_2+\wp_4(2z,k))} \substack{+\\+\\-\\-}$$

$$\substack{+\\+\\-\\-}\sqrt{(-e_2+\wp_4(2z,k))\,(-e_3+\wp_4(2z,k))} \substack{+\\-\\+\\-}\sqrt{(-e_3+\wp_4(2z,k))\,(-e_1+\wp_4(2z,k))} \tag{611}$$

bzw. für $0 \leqq \left|z+\frac{K}{2}+\frac{iK'}{2}\right| \leqq \frac{1}{2}\sqrt{K^2+K'^2}$

$$\begin{aligned}\wp_{\substack{1\\2\\3\\4}}\left(z+\frac{K}{2}+\frac{iK'}{2},k\right) &= \wp_3(2z,k) \substack{+\\-\\-\\+} \sqrt{(-e_1+\wp_3(2z,k))\,(-e_2+\wp_3(2z,k))} \substack{+\\+\\-\\-} \\ &\quad \substack{+\\+\\-\\-} \sqrt{(-e_2+\wp_3(2z,k))\,(-e_3+\wp_3(2z,k))} \substack{+\\-\\+\\-} \sqrt{(-e_3+\wp_3(2z,k))\,(-e_1+\wp_3(2z,k))}.\end{aligned}$$

Entsprechend liefert (601) innerhalb eines Dreiecks durch die Punkte 0, $K/2$, $K/2+iK'/2$

$$\left.\begin{aligned}\wp_{\substack{5\\6}}\left(z+\frac{K}{2},k\right) &= -e_2+2\wp_2(2z,k) \pm 2\sqrt{(-e_1+\wp_2(2z,k))\,(-e_3+\wp_2(2z,k))},\\ \wp_{\substack{5\\6}}\left(z+\frac{iK'}{2},k\right) &= -e_2+2\wp_4(2z,k) \pm 2\sqrt{(-e_1+\wp_4(2z,k))\,(-e_3+\wp_4(2z,k))},\\ \wp_{\substack{5\\6}}\left(z+\frac{K}{2}+\frac{iK'}{2},k\right) &= -e_2+2\wp_3(2z,k) \pm 2\sqrt{(-e_1+\wp_3(2z,k))\,(-e_3+\wp_3(2z,k))}.\end{aligned}\right\} \quad (612)$$

Die in (611) und (612) auftretenden $\wp$-Funktionen vom doppelten Argument können aus (599) als Funktionen der einfachen Argumente entnommen werden.

Die Ableitung von (611) und (612) nach z ergibt für die $\wp'$-Funktionen innerhalb der bei (611) und (612) genannten Bereichsgrenzen

$$\left.\begin{aligned}\wp'_{\substack{1\\2\\3\\4}}\left(z+\frac{K}{2},k\right) &= 2\wp'_2(2z,k)\Bigg[1 \substack{+\\-\\-\\+} \frac{\frac{1}{2}e_3+\wp_2(2z,k)}{\sqrt{(-e_1+\wp_2(2z,k))\,(-e_2+\wp_2(2z,k))}} \substack{+\\+\\-\\-} \\ &\quad \substack{+\\+\\-\\-} \frac{\frac{1}{2}e_1+\wp_2(2z,k)}{\sqrt{(-e_2+\wp_2(2z,k))\,(-e_3+\wp_2(2z,k))}} \substack{+\\-\\+\\-} \frac{\frac{1}{2}e_2+\wp_2(2z,k)}{\sqrt{(-e_3+\wp_2(2z,k))\,(-e_1+\wp_2(2z,k))}}\Bigg],\\ \wp'_{\substack{1\\2\\3\\4}}\left(z+\frac{iK'}{2},k\right) &= 2\wp'_4(2z,k)\Bigg[1 \substack{+\\-\\-\\+} \frac{\frac{1}{2}e_3+\wp_4(2z,k)}{\sqrt{(-e_1+\wp_4(2z,k))\,(-e_2+\wp_4(2z,k))}} \substack{+\\+\\-\\-} \\ &\quad \substack{+\\+\\-\\-} \frac{\frac{1}{2}e_1+\wp_4(2z,k)}{\sqrt{(-e_2+\wp_4(2z,k))\,(-e_3+\wp_4(2z,k))}} \substack{+\\-\\+\\-} \frac{\frac{1}{2}e_2+\wp_4(2z,k)}{\sqrt{(-e_3+\wp_4(2z,k))\,(-e_1+\wp_4(2z,k))}}\Bigg],\\ \wp'_{\substack{1\\2\\3\\4}}\left(z+\frac{K}{2}+\frac{iK'}{2},k\right) &= 2\wp'_3(2z,k)\Bigg[1 \substack{+\\-\\-\\+} \frac{\frac{1}{2}e_3+\wp_3(2z,k)}{\sqrt{(-e_1+\wp_3(2z,k))\,(-e_2+\wp_3(2z,k))}} \substack{+\\+\\-\\-} \\ &\quad \substack{+\\+\\-\\-} \frac{\frac{1}{2}e_1+\wp_3(2z,k)}{\sqrt{(-e_2+\wp_3(2z,k))\,(-e_3+\wp_3(2z,k))}} \substack{+\\-\\+\\-} \frac{\frac{1}{2}e_2+\wp_3(2z,k)}{\sqrt{(-e_3+\wp_3(2z,k))\,(-e_1+\wp_3(2z,k))}}\Bigg]\end{aligned}\right\} \quad (613)$$

und

$$\left.\begin{aligned}\wp'_{\substack{5\\6}}\left(z+\frac{K}{2},k\right) &= 4\wp'_2(2z,k)\left[1 \pm \frac{\frac{1}{2}e_2+\wp_2(2z,k)}{\sqrt{(-e_1+\wp_2(2z,k))\,(-e_3+\wp_2(2z,k))}}\right],\\ \wp'_{\substack{5\\6}}\left(z+\frac{iK'}{2},k\right) &= 4\wp'_4(2z,k)\left[1 \pm \frac{\frac{1}{2}e_2+\wp_4(2z,k)}{\sqrt{(-e_1+\wp_4(2z,k))\,(-e_3+\wp_4(2z,k))}}\right],\\ \wp'_{\substack{5\\6}}\left(z+\frac{K}{2}+\frac{iK'}{2},k\right) &= 4\wp'_3(2z,k)\left[1 \pm \frac{\frac{1}{2}e_2+\wp_3(2z,k)}{\sqrt{(-e_1+\wp_3(2z,k))\,(-e_3+\wp_3(2z,k))}}\right].\end{aligned}\right\} \quad (614)$$

79. Funktionswerte an den Stellen $\frac{1}{4}$, $\frac{i\varkappa}{4}$, $\frac{1}{4}+\frac{i\varkappa}{4}$ bzw. $\frac{1}{2}K$, $\frac{i}{2}K'$, $\frac{1}{2}(K+iK')$

Wird in den Gln. (611) bis (614) $z=0$ gesetzt, so folgt in Verbindung mit (586) und (587) und bei Beachtung von (443) für die $\wp$-Funktionen

$$\begin{aligned}\wp_1\left(\frac{1}{4},\varkappa\right) &= \wp_1\left(\frac{K}{2},k\right) = e_1+\sqrt{e_1-e_2} = e_1+k', & \wp_1\left(\frac{i\varkappa}{4},\varkappa\right) &= \wp_1\left(\frac{iK'}{2},k\right) = e_3-\sqrt{e_2-e_3} = e_3-k,\\ \wp_2\left(\frac{1}{4},\varkappa\right) &= \wp_2\left(\frac{K}{2},k\right) = e_1+\sqrt{e_1-e_2} = e_1+k', & \wp_2\left(\frac{i\varkappa}{4},\varkappa\right) &= \wp_2\left(\frac{iK'}{2},k\right) = e_3+\sqrt{e_2-e_3} = e_3+k,\end{aligned}$$

$$\left.\begin{aligned}
&\wp_3\left(\frac{1}{4},\varkappa\right)=\wp_3\left(\frac{K}{2},k\right)=e_1-\sqrt{e_1-e_2}=e_1-k', \quad \wp_3\left(\frac{i\varkappa}{4},\varkappa\right)=\wp_3\left(\frac{iK'}{2},k\right)=e_3+\sqrt{e_2-e_3}=e_3+k,\\
&\wp_4\left(\frac{1}{4},\varkappa\right)=\wp_4\left(\frac{K}{2},k\right)=e_1-\sqrt{e_1-e_2}=e_1-k', \quad \wp_4\left(\frac{i\varkappa}{4},\varkappa\right)=\wp_4\left(\frac{iK'}{2},k\right)=e_3-\sqrt{e_2-e_3}=e_3-k,\\
&\wp_5\left(\frac{1}{4},\varkappa\right)=\wp_5\left(\frac{K}{2},k\right)=2e_1-e_2=1-2e_2, \quad \wp_5\left(\frac{i\varkappa}{4},\varkappa\right)=\wp_5\left(\frac{iK'}{2},k\right)=2e_3-e_2=-1-2e_2,\\
&\wp_6\left(\frac{1}{4},\varkappa\right)=\wp_6\left(\frac{K}{2},k\right)=2e_1-e_2=1-2e_2; \quad \wp_6\left(\frac{i\varkappa}{4},\varkappa\right)=\wp_6\left(\frac{iK'}{2},k\right)=2e_3-e_2=-1-2e_2;\\
&\wp_1\left(\frac{1}{4}+\frac{i\varkappa}{4},\varkappa\right)=\wp_1\left(\frac{K}{2}+\frac{iK'}{2},k\right)=e_2+\sqrt{(e_2-e_1)(e_2-e_3)}=e_2-ikk',\\
&\wp_2\left(\frac{1}{4}+\frac{i\varkappa}{4},\varkappa\right)=\wp_2\left(\frac{K}{2}+\frac{iK'}{2},k\right)=e_2-\sqrt{(e_2-e_1)(e_2-e_3)}=e_2+ikk',\\
&\wp_3\left(\frac{1}{4}+\frac{i\varkappa}{4},\varkappa\right)=\wp_3\left(\frac{K}{2}+\frac{iK'}{2},k\right)=e_2+\sqrt{(e_2-e_1)(e_2-e_3)}=e_2-ikk',\\
&\wp_4\left(\frac{1}{4}+\frac{i\varkappa}{4},\varkappa\right)=\wp_4\left(\frac{K}{2}+\frac{iK'}{2},k\right)=e_2-\sqrt{(e_2-e_1)(e_2-e_3)}=e_2+ikk',\\
&\wp_5\left(\frac{1}{4}+\frac{i\varkappa}{4},\varkappa\right)=\wp_5\left(\frac{K}{2}+\frac{iK'}{2},k\right)=e_2+2\sqrt{(e_2-e_1)(e_2-e_3)}=e_2-2ikk',\\
&\wp_6\left(\frac{1}{4}+\frac{i\varkappa}{4},\varkappa\right)=\wp_6\left(\frac{K}{2}+\frac{iK'}{2},k\right)=e_2-2\sqrt{(e_2-e_1)(e_2-e_3)}=e_2+2ikk'
\end{aligned}\right\} \tag{615}$$

und für die Ableitungen nach z, wenn die unbestimmten Ausdrücke mit Hilfe der Entwicklungen (521) und (577) dargestellt und die Gln. (443) und (446), rechte Gruppe, beachtet werden,

$$\left.\begin{aligned}
&\wp_1'\left(\frac{1}{4},\varkappa\right)=\wp_1'\left(\frac{K}{2},k\right)=-2k'(1+k'), \quad \wp_1'\left(\frac{K}{2},\frac{\varkappa}{2}\right)=-\frac{4(1-k)}{(1+k)^2}, \quad \wp_1'\left(\frac{K}{2},2\varkappa\right)=-\frac{4\sqrt{k'}\,(1+\sqrt{k'})^2}{(1+k')^2},\\
&\wp_2'\left(\frac{1}{4},\varkappa\right)=\wp_2'\left(\frac{K}{2},k\right)=+2k'(1+k'), \quad \wp_2'\left(\frac{K}{2},\frac{\varkappa}{2}\right)=+\frac{4(1-k)}{(1+k)^2}, \quad \wp_2'\left(\frac{K}{2},2\varkappa\right)=+\frac{4\sqrt{k'}\,(1+\sqrt{k'})^2}{(1+k')^2},\\
&\wp_3'\left(\frac{1}{4},\varkappa\right)=\wp_3'\left(\frac{K}{2},k\right)=-2k'(1-k'), \quad \wp_3'\left(\frac{K}{2},\frac{\varkappa}{2}\right)=-\frac{4k(1-k)}{(1+k)^2}, \quad \wp_3'\left(\frac{K}{2},2\varkappa\right)=-\frac{4\sqrt{k'}\,(1-\sqrt{k'})^2}{(1+k')^2},\\
&\wp_4'\left(\frac{1}{4},\varkappa\right)=\wp_4'\left(\frac{K}{2},k\right)=+2k'(1-k'), \quad \wp_4'\left(\frac{K}{2},\frac{\varkappa}{2}\right)=+\frac{4k(1-k)}{(1+k)^2}, \quad \wp_4'\left(\frac{K}{2},2\varkappa\right)=+\frac{4\sqrt{k'}\,(1-\sqrt{k'})^2}{(1+k')^2},\\
&\wp_5'\left(\frac{1}{4},\varkappa\right)=\wp_5'\left(\frac{K}{2},k\right)=-4k', \quad \wp_5'\left(\frac{K}{2},\frac{\varkappa}{2}\right)=-4\frac{1-k}{1+k}, \quad \wp_5'\left(\frac{K}{2},2\varkappa\right)=-\frac{8\sqrt{k'}}{1+k'},\\
&\wp_6'\left(\frac{1}{4},\varkappa\right)=\wp_6'\left(\frac{K}{2},k\right)=+4k', \quad \wp_6'\left(\frac{K}{2},\frac{\varkappa}{2}\right)=+4\frac{1-k}{1+k}, \quad \wp_6'\left(\frac{K}{2},2\varkappa\right)=+\frac{8\sqrt{k'}}{1+k'},\\
&\wp_1'\left(\frac{i\varkappa}{4},\varkappa\right)=\wp_1'\left(\frac{iK'}{2},k\right)=-2k(1+k)i, \quad \wp_1'\left(\frac{iK'}{4},\frac{\varkappa}{2}\right)=-\frac{4\sqrt{k}(1+\sqrt{k})^2}{(1+k)^2}i, \quad \wp_1'(iK',2\varkappa)=-\frac{4(1-k')}{(1+k')^2}i,\\
&\wp_2'\left(\frac{i\varkappa}{4},\varkappa\right)=\wp_2'\left(\frac{iK'}{2},k\right)=+2k(1-k)i, \quad \wp_2'\left(\frac{iK'}{4},\frac{\varkappa}{2}\right)=+\frac{4\sqrt{k}(1-\sqrt{k})^2}{(1+k)^2}i, \quad \wp_2'(iK',2\varkappa)=+\frac{4k'(1-k')}{(1+k')^2}i,\\
&\wp_3'\left(\frac{i\varkappa}{4},\varkappa\right)=\wp_3'\left(\frac{iK'}{2},k\right)=-2k(1-k)i, \quad \wp_3'\left(\frac{iK'}{4},\frac{\varkappa}{2}\right)=-\frac{4\sqrt{k}(1-\sqrt{k})^2}{(1+k)^2}i, \quad \wp_3'(iK',2\varkappa)=-\frac{4k'(1-k')}{(1+k')^2}i,\\
&\wp_4'\left(\frac{i\varkappa}{4},\varkappa\right)=\wp_4'\left(\frac{iK'}{2},k\right)=+2k(1+k)i, \quad \wp_4'\left(\frac{iK'}{4},\frac{\varkappa}{2}\right)=+\frac{4\sqrt{k}(1+\sqrt{k})^2}{(1+k)^2}i, \quad \wp_4'(iK',2\varkappa)=+\frac{4(1-k')}{(1+k')^2}i,\\
&\wp_5'\left(\frac{i\varkappa}{4},\varkappa\right)=\wp_5'\left(\frac{iK'}{2},k\right)=-4ki, \quad \wp_5'\left(\frac{iK'}{4},\frac{\varkappa}{2}\right)=-\frac{8\sqrt{k}}{1+k}i, \quad \wp_5'(iK',2\varkappa)=-4\frac{1-k'}{1+k'}i,\\
&\wp_6'\left(\frac{i\varkappa}{4},\varkappa\right)=\wp_6'\left(\frac{iK'}{2},k\right)=+4ki, \quad \wp_6'\left(\frac{iK'}{4},\frac{\varkappa}{2}\right)=+\frac{8\sqrt{k}}{1+k}i, \quad \wp_6'(iK',2\varkappa)=+4\frac{1-k'}{1+k'}i,\\
&\wp_1'\left(\frac{1}{4}+\frac{i\varkappa}{4},\varkappa\right)=\wp_1'\left(\frac{K}{2}+\frac{iK'}{2},k\right)=+2kk'(k'+ik),\\
&\wp_2'\left(\frac{1}{4}+\frac{i\varkappa}{4},\varkappa\right)=\wp_2'\left(\frac{K}{2}+\frac{iK'}{2},k\right)=-2kk'(k'-ik),
\end{aligned}\right\} \tag{616}$$

$$\left.\begin{aligned}
\wp_3'\left(\frac{1}{4}+\frac{i\varkappa}{4},\varkappa\right) &= \wp_3'\left(\frac{K}{2}+\frac{iK'}{2},k\right) = -2kk'(k'+ik),\\
\wp_4'\left(\frac{1}{4}+\frac{i\varkappa}{4},\varkappa\right) &= \wp_4'\left(\frac{K}{2}+\frac{iK'}{2},k\right) = +2kk'(k'-ik),\\
\wp_5'\left(\frac{1}{4}+\frac{i\varkappa}{4},\varkappa\right) &= \wp_5'\left(\frac{K}{2}+\frac{iK'}{2},k\right) = 0,\\
\wp_6'\left(\frac{1}{4}+\frac{i\varkappa}{4},\varkappa\right) &= \wp_6'\left(\frac{K}{2}+\frac{iK'}{2},k\right) = 0.
\end{aligned}\right\}$$

In dem Sonderfalle $\varkappa = 1$ bzw. $k^2 = \frac{1}{2}$ wird

$$e_1 = \tfrac{1}{2},\quad e_2 = 0,\quad e_3 = -\tfrac{1}{2},\quad g_2 = 1,$$

wodurch die Formeln sich sehr vereinfachen. Man erhält:

$$\left.\begin{aligned}
&\wp_{\substack{1\\2\\3\\4}}\left(\frac{1}{4},1\right) = \wp_{\substack{1\\2\\3\\4}}\left(\frac{K}{2},\sqrt{\frac{1}{2}}\right) = \frac{1}{2}\substack{+\\+\\-\\-}\sqrt{\frac{1}{2}}, \quad \wp_{\substack{1\\2\\3\\4}}\left(\frac{i}{4},1\right) = \wp_{\substack{1\\2\\3\\4}}\left(\frac{iK'}{2},\sqrt{\frac{1}{2}}\right) = -\frac{1}{2}\substack{+\\-\\-\\+}\sqrt{\frac{1}{2}},\\
&\wp_{\substack{5\\6}}\left(\frac{1}{4},1\right) = \wp_{\substack{5\\6}}\left(\frac{K}{2},\sqrt{\frac{1}{2}}\right) = 1; \quad \wp_{\substack{5\\6}}\left(\frac{i}{4},1\right) = \wp_{\substack{5\\6}}\left(\frac{iK'}{2},\sqrt{\frac{1}{2}}\right) = -1;\\
&\wp_{\substack{1\\2\\3\\4}}\left(\frac{1}{4}+\frac{i}{4},1\right) = \wp_{\substack{1\\2\\3\\4}}\left(\frac{K}{2}+\frac{iK'}{2},\sqrt{\frac{1}{2}}\right) = \substack{-\\+\\-\\+}\frac{1}{2}i,\\
&\wp_{\substack{5\\6}}\left(\frac{1}{4}+\frac{i}{4},1\right) = \wp_{\substack{5\\6}}\left(\frac{K}{2}+\frac{iK'}{2},\sqrt{\frac{1}{2}}\right) = \substack{-\\+}i.
\end{aligned}\right\} \quad (617)$$

$$\left.\begin{aligned}
&\wp'_{\substack{1\\2\\3\\4}}\left(\frac{1}{4},1\right) = \wp'_{\substack{1\\2\\3\\4}}\left(\frac{K}{2},\sqrt{\frac{1}{2}}\right) = \substack{-\\+\\+\\-}1\substack{-\\+\\-\\+}\sqrt{2}, \quad \wp'_{\substack{1\\2\\3\\4}}\left(\frac{i}{4},1\right) = \wp'_{\substack{1\\2\\3\\4}}\left(\frac{iK'}{4},\sqrt{\frac{1}{2}}\right) = i\left[\substack{-\\-\\+\\+}1\substack{-\\+\\-\\+}\sqrt{2}\right],\\
&\wp'_{\substack{5\\6}}\left(\frac{1}{4},1\right) = \wp'_{\substack{5\\6}}\left(\frac{K}{2},\sqrt{\frac{1}{2}}\right) = \substack{-\\+}2\sqrt{2}; \quad \wp'_{\substack{5\\6}}\left(\frac{i}{4},1\right) = \wp'_{\substack{5\\6}}\left(\frac{iK'}{4},\sqrt{\frac{1}{2}}\right) = \substack{-\\+}2\sqrt{2}\,i;\\
&\wp'_{\substack{1\\2\\3\\4}}\left(\frac{1}{4}+\frac{i}{4},1\right) = \wp'_{\substack{1\\2\\3\\4}}\left(\frac{K}{2},\sqrt{\frac{1}{2}}\right) = \left(\substack{+\\-\\-\\+}1\substack{+\\+\\-\\-}i\right)\frac{1}{2}\sqrt{2},\\
&\wp'_{\substack{5\\6}}\left(\frac{1}{4}+\frac{i}{4},1\right) = \wp'_{\substack{5\\6}}\left(\frac{K}{2},\sqrt{\frac{1}{2}}\right) = 0.
\end{aligned}\right\} \quad (618)$$

80. Funktionsverlauf im Reellen. Ausartungen für $\varkappa \to 0$ und $\varkappa \to \infty$

Aus den Abb. 60 bis 65 ist der Verlauf der sechs $\wp$-Funktionen im Reellen ersichtlich. Sämtliche Funktionen besitzen die Periode 1 im ζ, $\varkappa$-System und $2K$ im z, k-System und sind gerade Funktionen in bezug auf ζ bzw. z. Die graphische Darstellung wurde wegen des großen Vorzugs der konstant bleibenden Periode auf das ζ, $\varkappa$-System abgestellt.

Die $\wp_1$-Funktion stellt nach Abb. 60 in Abhängigkeit vom Argument eine von den Polstellen zur Mitte monoton abfallende und in bezug auf diese symmetrische Funktion dar, bei der die dem veränderlichen Parameter entsprechende Kurvenschar sich nirgends überschneidet und in die zu den Grenzwerten $\varkappa \to 0$ und $\varkappa \to \infty$ gehörenden Kurven eingezwängt ist.

Die kleinsten Funktionswerte ergeben sich für den Grenzwert $\varkappa \to 0$ bzw. $k \to 1$, für den nach (299), (311), (442) und (449)

$$K' = \frac{\pi}{2},\quad E' = \frac{\pi}{2},\quad e_1 = e_2 = \frac{1}{3},\quad e_3 = -\frac{2}{3},\quad \eta_1' = \bar{\eta}_1' = \frac{1}{3} \quad (\varkappa \to 0,\ k \to 1) \quad (619)$$

wird und nach (517) $\wp_1$ die Werte

$$\wp_1(0,0) \to \infty,\quad \wp_1(\zeta,0) = \tfrac{1}{3},\quad \wp_1(1,0) \to \infty \qquad (\varkappa \to 0,\ k \to 1) \quad (620)$$

annimmt, die eine trogartige Ausartung für $0 \leqq \zeta \leqq 1$ erkennen lassen.

$\wp_1(\xi,\varkappa)$
$\wp_2(\xi,\varkappa)$
$\varkappa = 0$
0,25
0,50
1,00
2,00
$\to\infty$
ξ

Abb. 60

$\wp_3(\xi,\varkappa)$
$\wp_4(\xi,\varkappa)$
$\varkappa = 0$
0,10
0,25
0,50
0,75
1,00
1,25
1,50
2,00
$\to\infty$
ξ

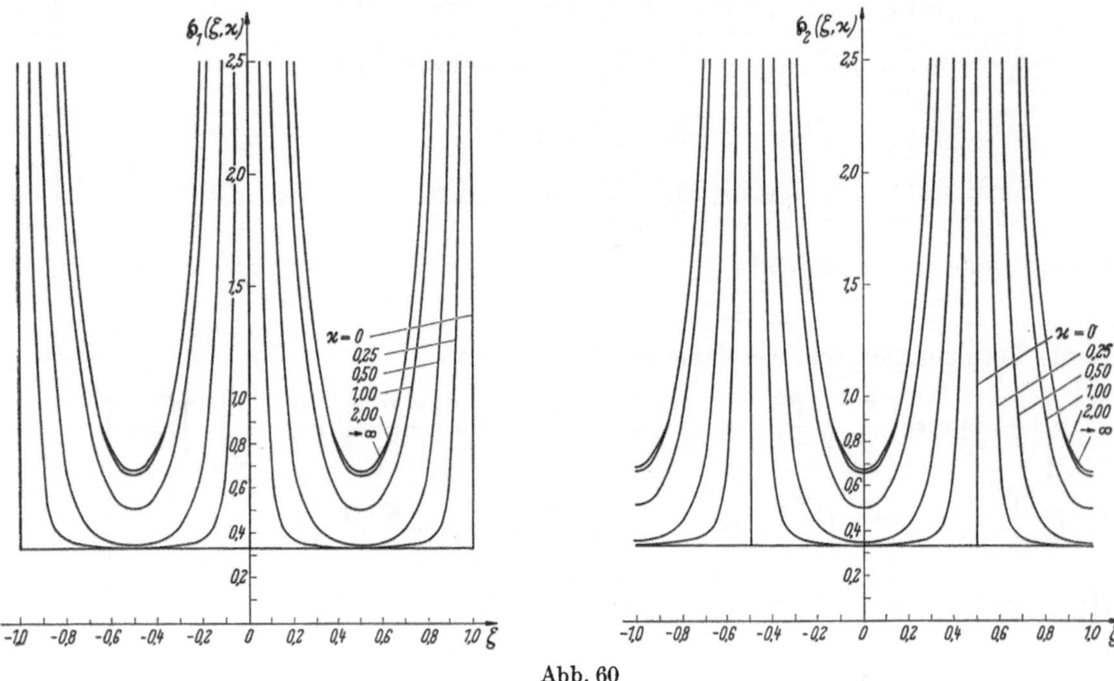

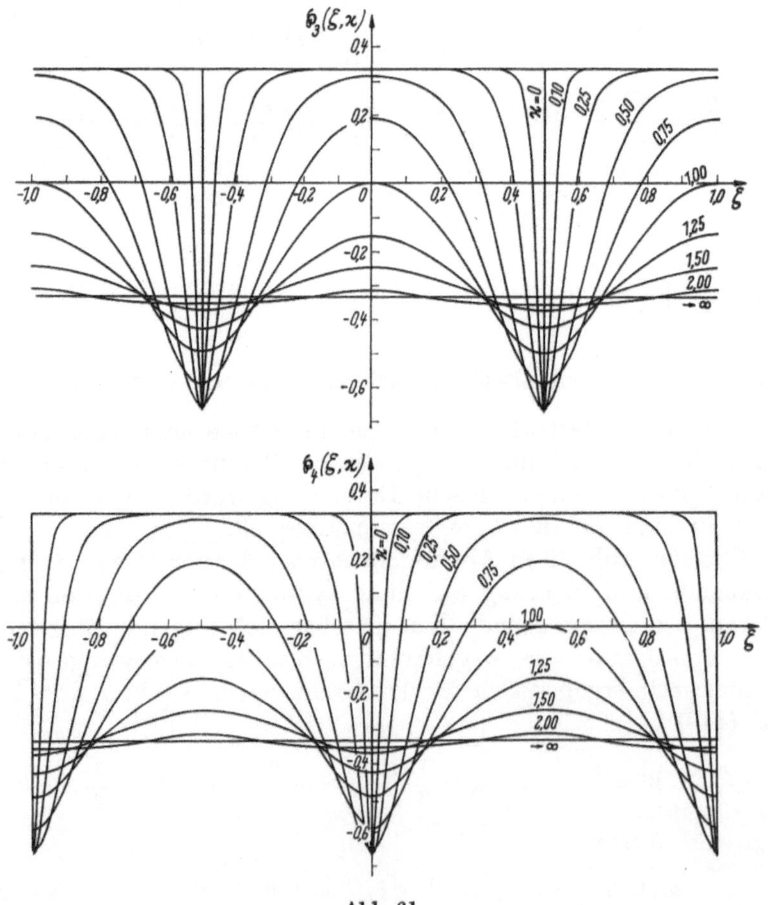

Abb. 61

Die größten Funktionswerte erhält man für den Grenzwert $\varkappa \to \infty$ bzw. $k \to 0$, für den nach (299), (311), (442) und (449) die Parameterfunktionen den Werten

$$K = \frac{\pi}{2}, \quad E = \frac{\pi}{2}, \quad e_1 = \frac{2}{3}, \quad e_2 = e_3 = -\frac{1}{3}, \quad \eta_1 = \bar{\eta}_1 = \frac{1}{3} \quad (\varkappa \to \infty,\ k \to 0) \quad (621)$$

zustreben und die $\wp_1$-Funktion nach (516) durch die trigonometrische Funktion

$$\wp_1(\zeta, \infty) = -\frac{1}{3} + \frac{1}{\sin^2 \pi \zeta} \quad (\varkappa \to \infty,\ k \to 0) \quad (622)$$

dargestellt wird.

Die $\wp_2$-Funktion entsteht nach (510) aus der $\wp_1$-Funktion durch eine Koordinatenverschiebung um das Maß $+\frac{1}{2}$ oder $-\frac{1}{2}$.

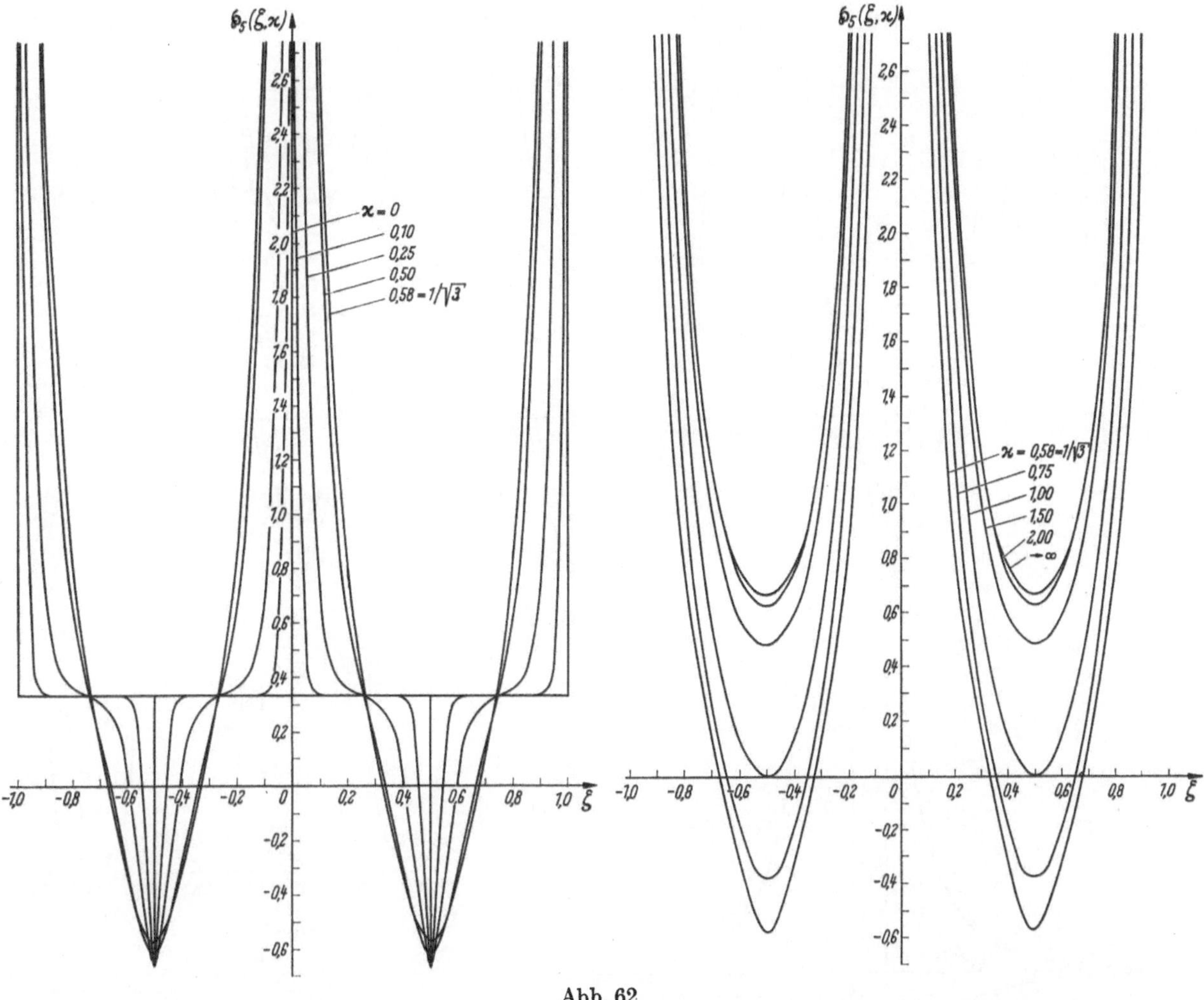

Abb. 62

Die $\wp_3$-Funktion besitzt nach Abb. 51 im Reellen keine Pole und bleibt daher überall endlich. Nach Abb. 61 nimmt sie in Abhängigkeit von ζ einen wellenartigen Verlauf mit einer zusätzlichen Symmetrieachse in der Mitte des Periodenfeldes, während die Parameterschar sich zufolge der Ausartung in eine Konstante für $\varkappa \to \infty$ in den über diese hinausgehenden Bereichen überschneidet.

Im Falle $\varkappa \to 0$ entsteht nach (517) und (619) wieder eine trogartige Ausartung, wobei der Ausartungswert an der Stelle $\zeta = \frac{1}{2}$ nach (586) und (619) durch $e_3 = -\frac{2}{3}$ gegeben ist. Somit folgt für das Feld $-\frac{1}{2} \leqq \zeta \leqq \frac{1}{2}$

$$\wp_3(-\tfrac{1}{2}, 0) = -\tfrac{2}{3}, \quad \wp_3(\zeta, 0) = \tfrac{1}{3}, \quad \wp_3(\tfrac{1}{2}, 0) = -\tfrac{2}{3} \quad (\varkappa \to 0,\ k \to 1). \quad (623)$$

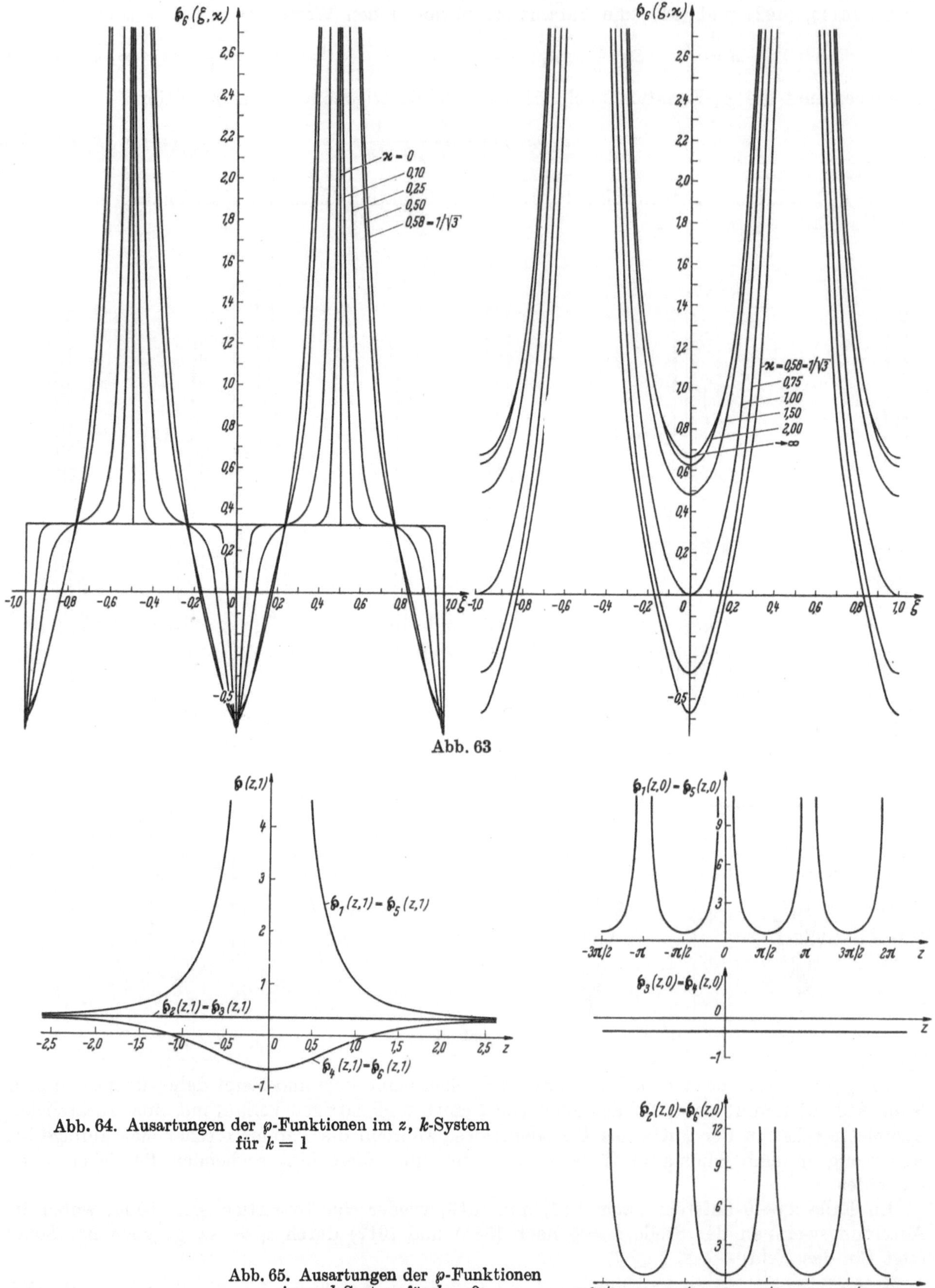

Abb. 63

Abb. 64. Ausartungen der ℘-Funktionen im z, k-System für $k = 1$

Abb. 65. Ausartungen der ℘-Funktionen im z, k-System für $k = 0$

Für $\varkappa \to \infty$ liefern (516) und (621) den überall konstanten Wert

$$\wp_3(\zeta, \infty) = -\tfrac{1}{3} \qquad (\varkappa \to \infty,\ k \to 0). \quad (624)$$

Die $\wp_4$-Funktion unterscheidet sich nach (510) von der $\wp_3$-Funktion lediglich durch eine Koordinatenverschiebung um das Maß $+\frac{1}{2}$ oder $-\frac{1}{2}$.

Die $\wp_5$-Funktion verläuft unterhalb des oberen äquianharmonischen Punktes, d. h. für $0° \leqq \alpha \leqq 75°$ bzw. $0 \leqq k^2 \leqq \frac{1}{2} + \frac{1}{4}\sqrt{3}$ bzw. $\infty > \varkappa \geqq 1/\sqrt{3}$ ganz ähnlich wie die $\wp_1$-Funktion,

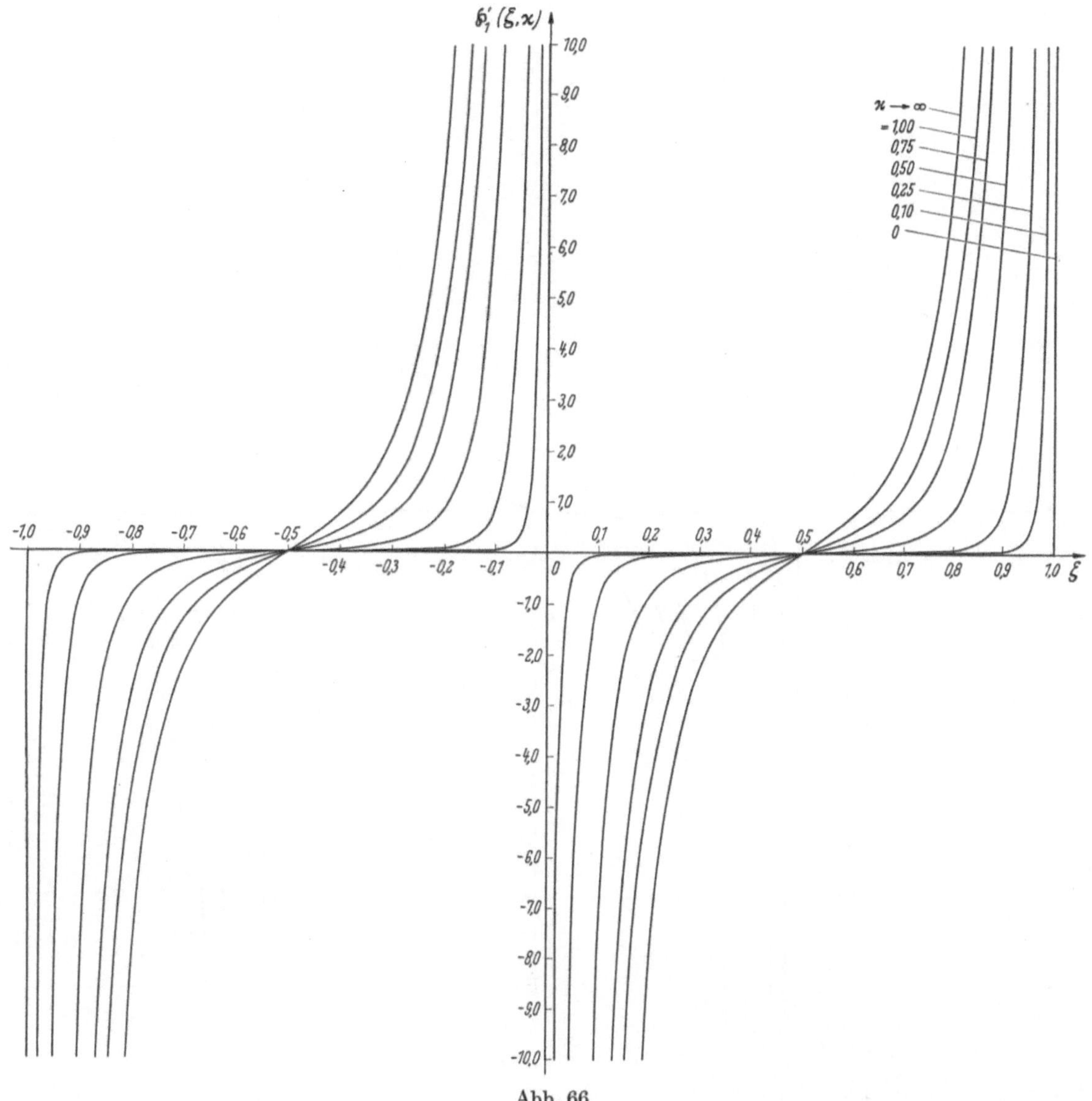

Abb. 66

lediglich mit dem Unterschiede, daß die Minima in der Mitte des Periodenfeldes tiefer heruntergezogen sind und sogar negative Werte annehmen (Abb. 62). Wie (516) zeigt, führt die Ausartung im Falle $\varkappa \to \infty$ auf die gleiche Funktion wie bei $\wp_1$, denn nach (621) werden in diesem Falle η_1 und $\bar{\eta}_1$ gleich groß. Es folgt daher

$$\wp_5(\zeta, \infty) = -\frac{1}{3} + \frac{1}{\sin^2 \pi \zeta} \qquad (\varkappa \to \infty,\ k \to 0). \quad (625)$$

Oberhalb des oberen äquianharmonischen Punktes, d. h., für $75° \leqq \alpha \leqq 90°$ bzw. $\frac{1}{2} + \frac{1}{4}\sqrt{3} \leqq k^2 \leqq 1$ bzw. $1/\sqrt{3} \geqq \varkappa > 0$ tritt eine grundsätzliche Änderung des Funktionscharakters in

Erscheinung, indem zwei symmetrisch gelegene Wendepunkte auftreten, die mit abnehmendem $\varkappa$ immer ausgeprägter werden und schließlich in einen in der Mitte des Periodenfeldes gelegenen Dorn ausarten (Abb. 63).

An sich ergibt sich im Falle $\varkappa \to 0$ die gleiche trogförmige Ausartung wie bei der $\wp_1$-Funktion wie (517) in Verbindung mit (619) erkennen läßt, vorausgesetzt, daß die Sprungstelle $\zeta = \frac{1}{2}$

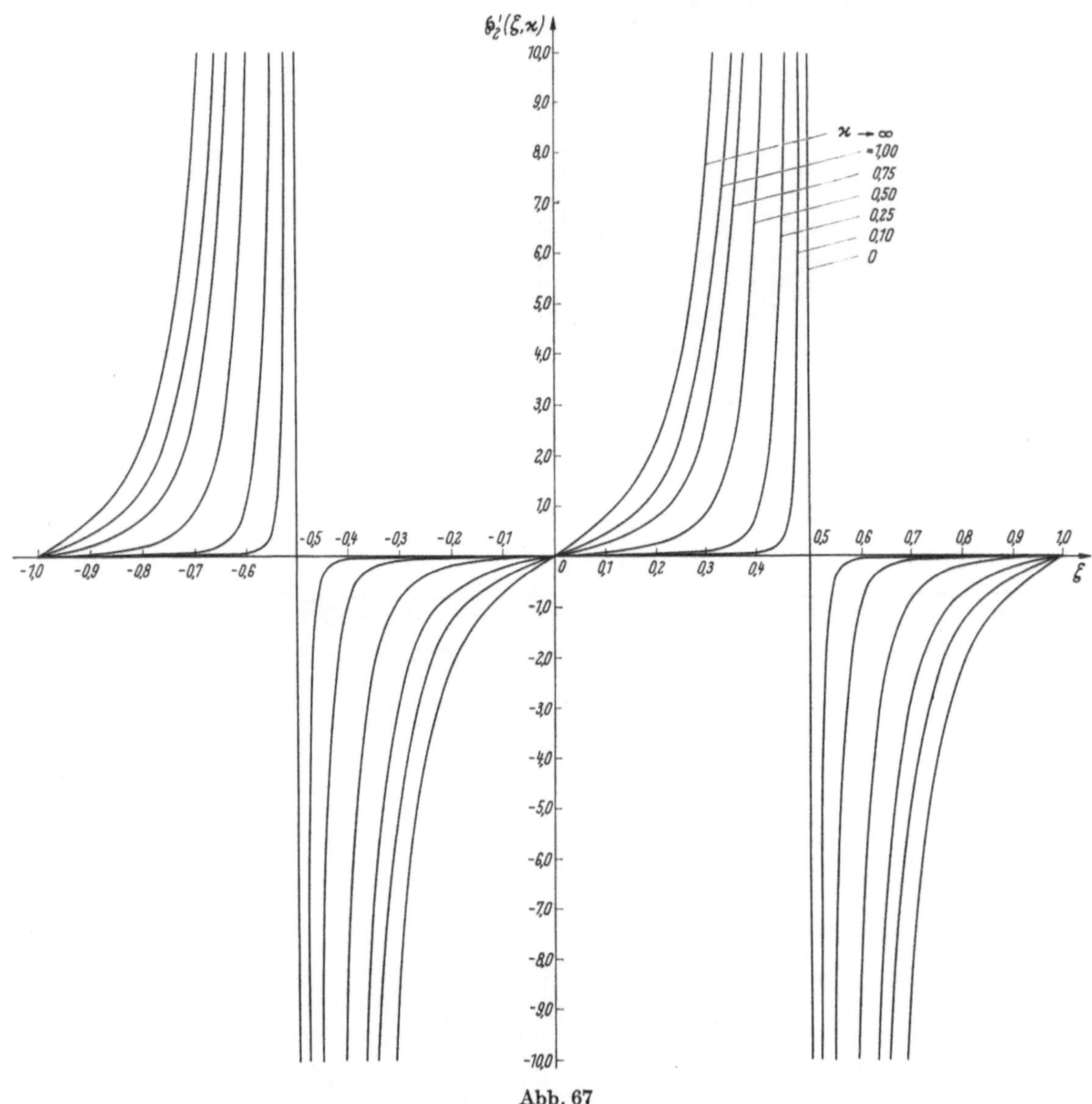

Abb. 67

ausgeschlossen wird. Hier erhält man nach (586) und (619) den Wert $e_1 = \frac{1}{3}$ im Falle der $\wp_1$-Funktion und den Wert $-2e_2 = -\frac{2}{3}$ im Falle der $\wp_5$-Funktion. Der Dorn besitzt also gerade die Länge 1. Die analytische Kennzeichnung dieses eigenartigen Ausartungsfalles ergibt

$$\wp_5(0,0) \to \infty, \quad \wp_5(\zeta,0) = \tfrac{1}{3}, \quad \wp_5(\tfrac{1}{2},0) = -\tfrac{2}{3}, \quad \wp_5(\zeta,0) = \tfrac{1}{3}, \quad \wp_5(1,0) \to \infty. \tag{626}$$

Die $\wp_6$-Funktion entsteht nach den Gln. (510) aus der $\wp_5$-Funktion durch eine Koordinatenverschiebung um das Maß $+\frac{1}{2}$ oder $-\frac{1}{2}$.

Bei den Ausartungen der $\wp$-Funktionen für $\varkappa \to 0$ ergeben sich nach dem Vorhergehenden im ζ, $\varkappa$-System entweder trogförmige Grenzkurven mit oder ohne Dorn oder Parallele zur Abszissenachse.

Die Ausartungen im z, k-System verlaufen grundsätzlich anders, da in diesem Falle die Periode $2K$ nach ∞ geht und die Funktionswerte sich als unbestimmte Ausdrücke ergeben. Unter Bezugnahme auf (619) und (621) kann man aus (516) und (517) die Ausartungen für $\varkappa \to 0$ und $\varkappa \to \infty$ bzw. $k = 1$ und $k = 0$ unmittelbar ablesen. Sie lauten:

$$\left.\begin{aligned} \wp_1(z,1) &= \wp_5(z,1) = \frac{1}{3} + \frac{1}{\sinh^2 z}, & \wp_1(z,0) &= \wp_5(z,0) = -\frac{1}{3} + \frac{1}{\sin^2 z}, \\ \wp_2(z,1) &= \wp_3(z,1) = \frac{1}{3}, & \wp_4(z,0) &= \wp_3(z,0) = -\frac{1}{3}, \\ \wp_4(z,1) &= \wp_6(z,1) = \frac{1}{3} - \frac{1}{\cosh^2 z}; & \wp_2(z,0) &= \wp_6(z,0) = -\frac{1}{3} + \frac{1}{\cos^2 z}. \end{aligned}\right\} \quad (627)$$

Der Verlauf dieser Ausartungen ist aus den Abb. 64 und 65 ersichtlich.

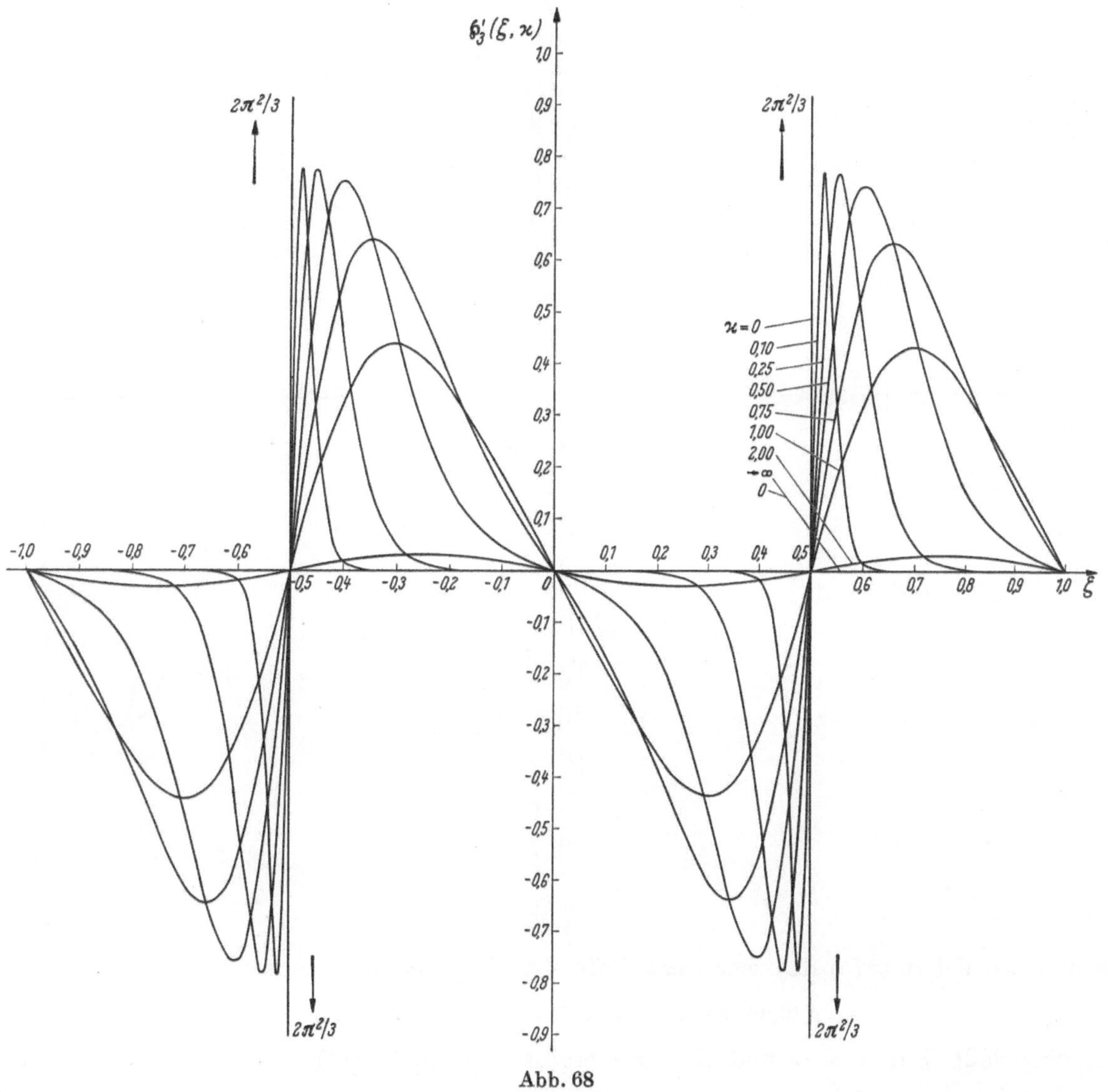

Abb. 68

81. Funktionsverlauf der Ableitungen im Reellen. Ausartungen für $\varkappa \to 0$ und $\varkappa \to \infty$

Die Abb. 66 bis 71 zeigen den Verlauf der sechs $\wp'$-Funktionen im Reellen mit dem gleichen Periodenverhalten wie die $\wp$-Funktionen aber ungeradem Funktionscharakter. Auch hier sollen alle Betrachtungen zunächst auf das ζ, $\varkappa$-System abgestellt werden.

Die $\wp_1'$-Funktion (Abb. 66) weist im Periodenfeld — entsprechend dem symmetrischen Charakter der $\wp_1$-Funktion — ein antimetrisches Verhalten auf. Die Kurven ähneln der trigonometrischen Tangensfunktion und werden mit abnehmenden $\varkappa$-Werten immer mehr gegen die Abszissenachse gedrückt, bis sie mit $\varkappa \to 0$ in ein Z mit unendlich langen Schenkeln ausarten. Eine Überschneidung der zu den veränderlichen Parameterwerten gehörenden Kurven findet nicht statt.

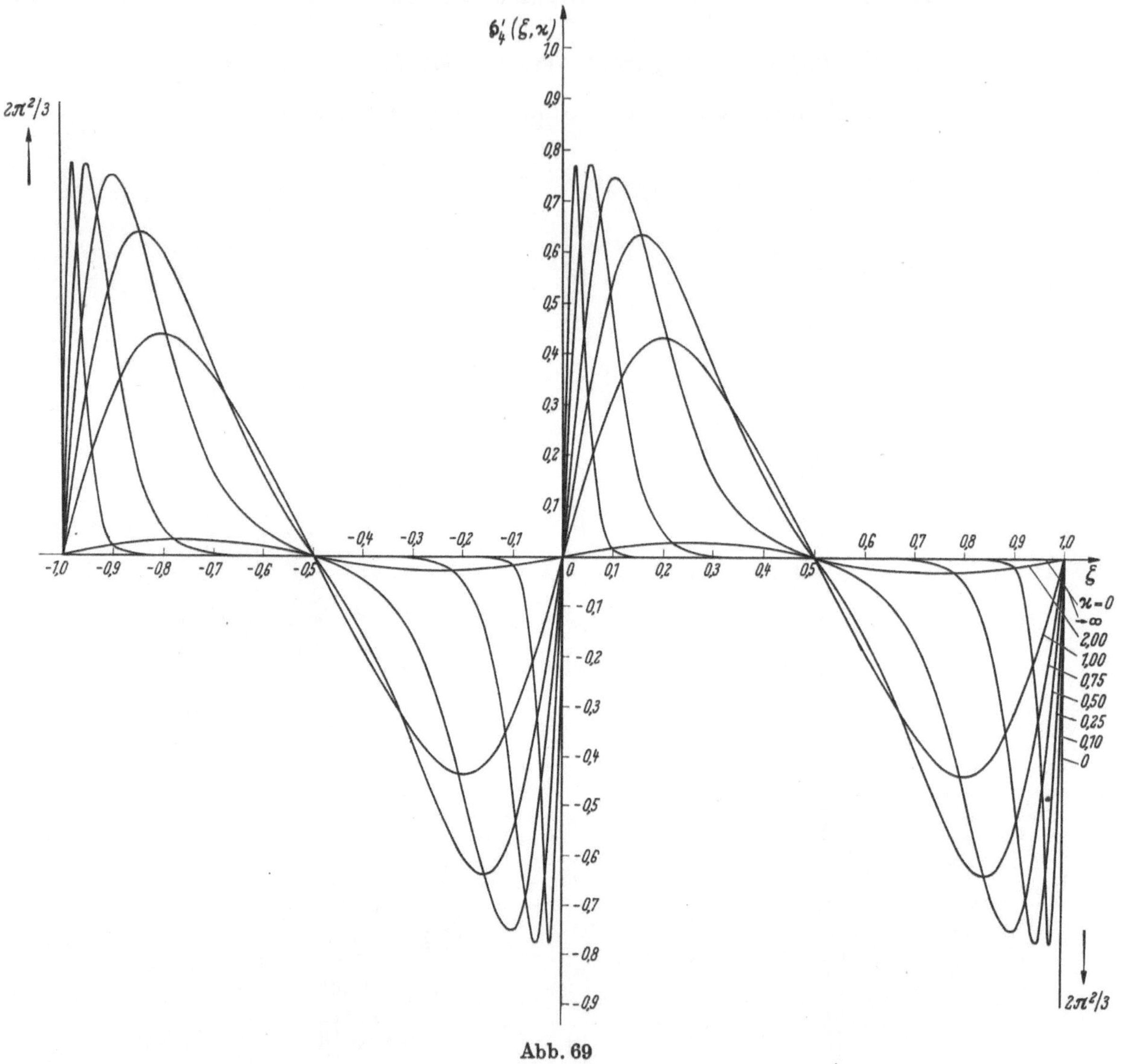

Abb. 69

Für $\varkappa \to 0$ liefert (575) das schon erwähnte Z-förmige Verhalten, das sich analytisch in der Form

$$\wp_1'(0, 0) \to -\infty, \quad \wp_1'(\zeta, 0) = 0, \quad \wp_1'(1, 0) \to +\infty \qquad (\varkappa \to 0,\ k \to 1) \quad (628)$$

ausdrücken läßt. Für $\varkappa \to \infty$ und $K = \pi/2$ ergibt sich nach (574)

$$\wp_1'(\zeta, \infty) = -2\,\frac{\cot \pi\,\zeta}{\sin^2 \pi\,\zeta} \qquad (\varkappa \to \infty,\ k \to 0). \quad (629)$$

Die $\wp_2'$-Funktion unterscheidet sich nach (567) von der $\wp_1'$-Funktion lediglich durch eine Koordinatenverschiebung um das Maß $+\frac{1}{2}$ oder $-\frac{1}{2}$, vgl. Abb. 67.

Die polfreie $\wp_3'$-Funktion (Abb. 68) stellt harmonische Schwingungen mit Knotenpunkten für ganzzahlige Vielfache von $\frac{1}{2}$ dar. Die sich überschneidenden Kurven besitzen eine Enveloppe, die an den Stellen ungerader Vielfacher von $\frac{1}{2}$ einen endlichen Sprung aufweist. Wird zur Berechnung der Sprunghöhe in (575) $\zeta = \frac{1}{2}$ gesetzt und beachtet, daß

$$\frac{e^{-n\pi/\varkappa}\sinh\dfrac{n\pi}{\varkappa}}{1-e^{-2n\pi/\varkappa}} = \frac{1}{2}\,\frac{e^{-n\pi/\varkappa}(e^{n\pi/\varkappa}-e^{-n\pi/\varkappa})}{1-e^{-2n\pi/\varkappa}} = \frac{1}{2}$$

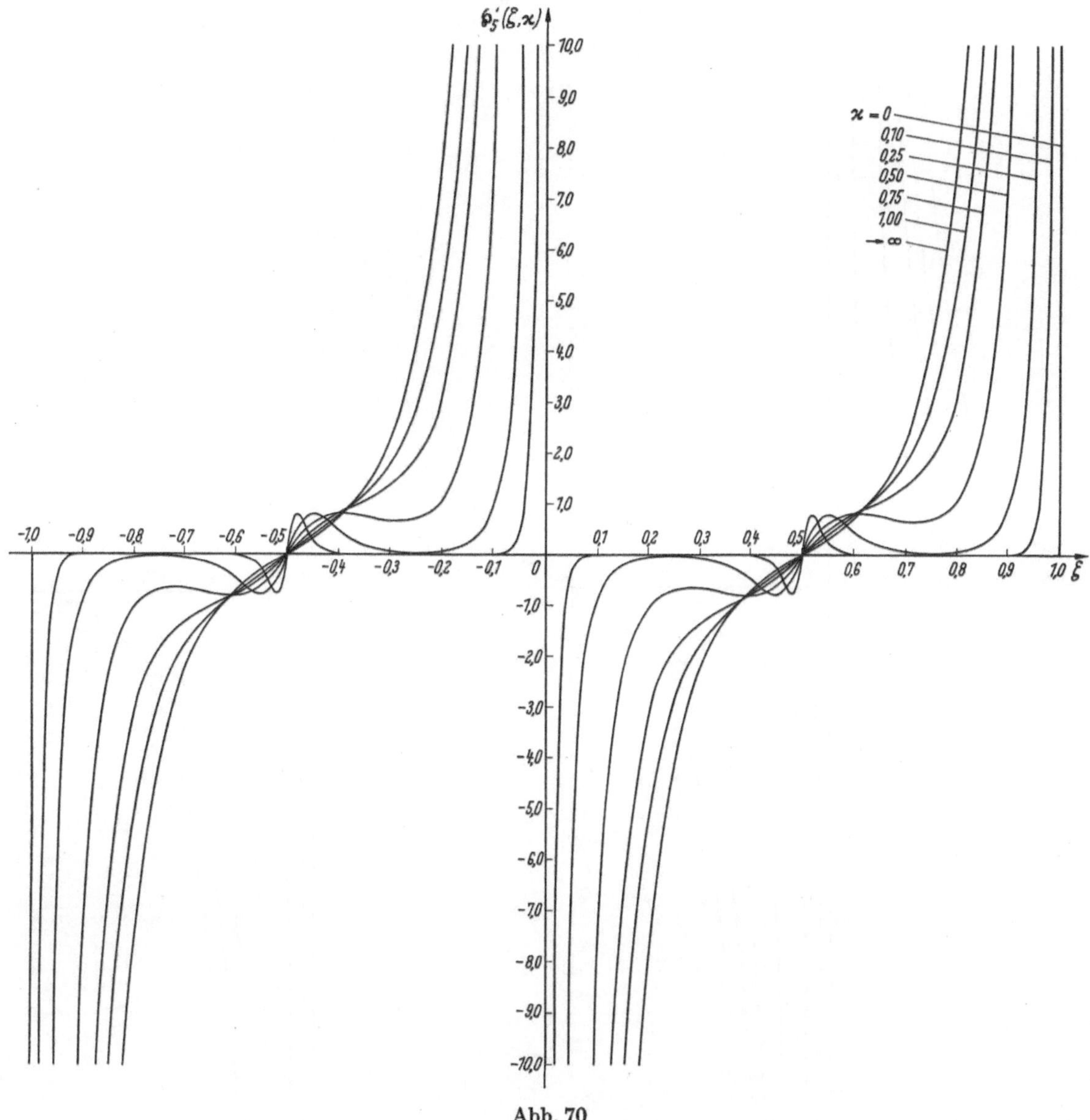

Abb. 70

wird, so folgt in Verbindung mit S. 364 und 365 des ersten Bandes

$$\lim_{\varkappa\to 0} \wp_3'\left(\frac{1}{2}, \varkappa\right) = \sum_{1}^{\infty}{}_n\, 8(-1)^n n^2 = \frac{2\pi^2}{3} \tag{630}$$

und damit die Sprunghöhe zu $4\pi^2/3$. Das Verhalten im Falle $\varkappa \to 0$ kann daher durch die Gleichungen

$$\wp_3'(\zeta, 0) = 0, \quad \lim_{\varepsilon\to 0} \wp_3'\left(\frac{1}{2} - \varepsilon, 0\right) = -\frac{2\pi^2}{3}, \quad \lim_{\varepsilon\to 0} \wp_3'\left(\frac{1}{2} + \varepsilon, 0\right) = +\frac{2\pi^2}{3}, \quad \wp_3'(\zeta, 0) = 0 \quad (\varkappa \to 0,\ k \to 1) \tag{631}$$

gekennzeichnet werden.

Für die Ausartung im Falle $\varkappa \to \infty$ liefert (574) überall

$$\wp_3'(\zeta, \infty) = 0 \qquad (\varkappa \to \infty,\ k \to 0). \quad (632)$$

Die $\wp_4'$-Funktion entsteht nach (567) aus der $\wp_3'$-Funktion durch eine Koordinatenverschiebung um das Maß $+\frac{1}{2}$ oder $-\frac{1}{2}$, vgl. Abb. 69.

Für das Verhalten der $\wp_5'$-Funktion (Abb. 70) unterhalb und oberhalb des oberen äquianharmonischen Wertes gelten sinngemäß die bezüglich des Verhaltens von $\wp_5$ gemachten Bemerkungen.

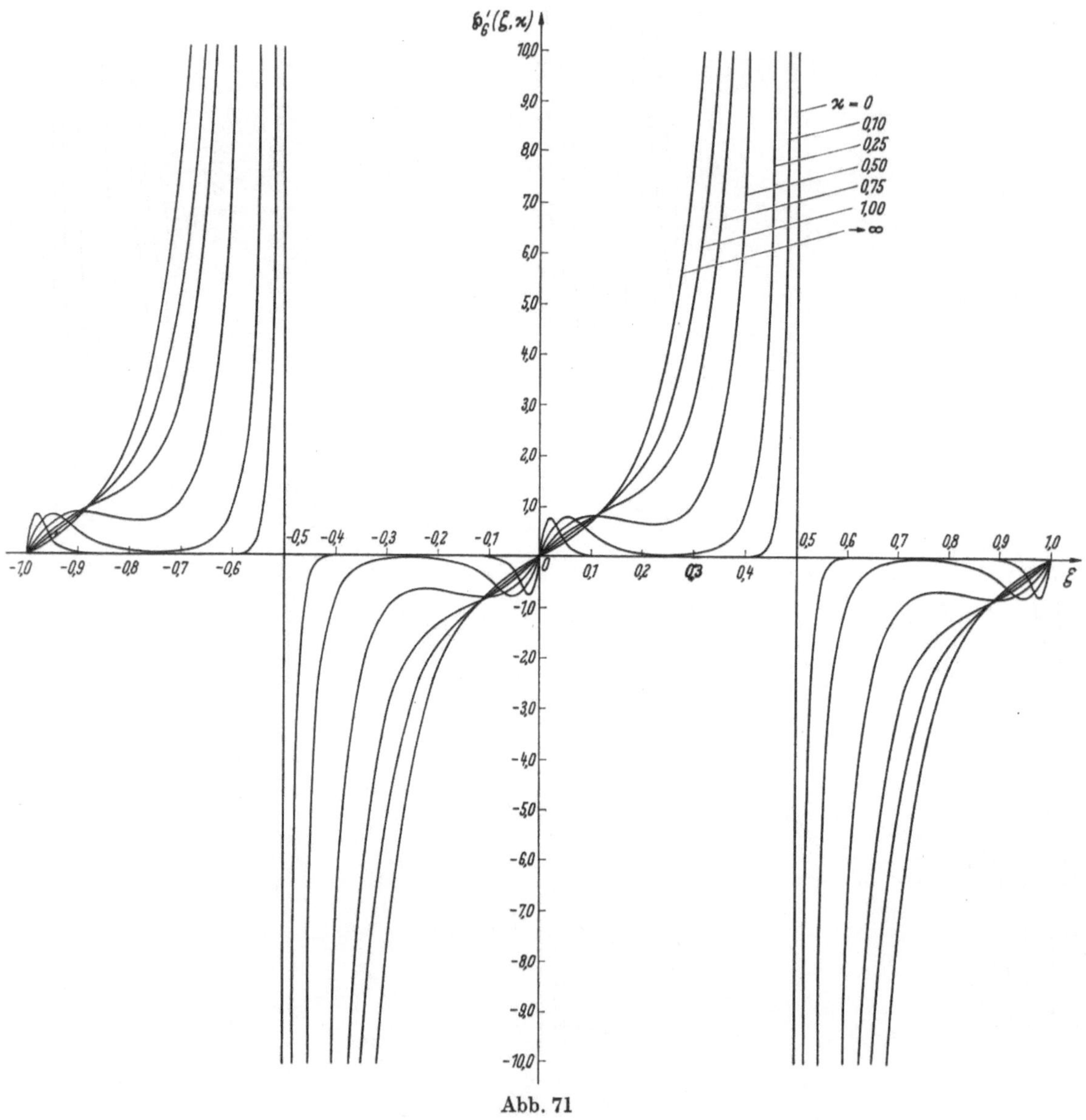

Abb. 71

An den Stellen der bei $\wp_5$ zusätzlich entstandenen Wendepunkte zeigen die $\wp_5'$-Funktionen zusätzliche Maxima und Minima. Das bei $\wp_5$ für $\varkappa \to 0$ hervorstechende Merkmal des auf den Trog aufgesetzten Dornes findet bei $\wp_5'$ kein Gegenstück, da sich an der Dornstelle gerade eine Antimetrieachse befindet. Die Ausartungen für $\varkappa \to 0$ und $\varkappa \to \infty$ stimmen daher bei $\wp_5'$ mit denen von $\wp_1'$ überein, so daß die Gln. (628) und (629) sinngemäß übernommen werden können:

$$\wp_5'(0, 0) \to -\infty, \quad \wp_5'(\zeta, 0) = 0, \quad \wp_5'(1, 0) \to +\infty \qquad (\varkappa \to 0,\ k \to 1), \quad (633)$$

$$\wp_5'(\zeta, \infty) = -2\,\frac{\cot \pi\zeta}{\sin^2 \pi\zeta} \qquad (\varkappa \to \infty,\ k \to 0). \quad (634)$$

Die $\wp_6'$-Funktion unterscheidet sich nach (567) von der $\wp_5'$-Funktion lediglich durch eine Koordinatenverschiebung um das Maß $+\frac{1}{2}$ oder $-\frac{1}{2}$, vgl. Abb. 71.

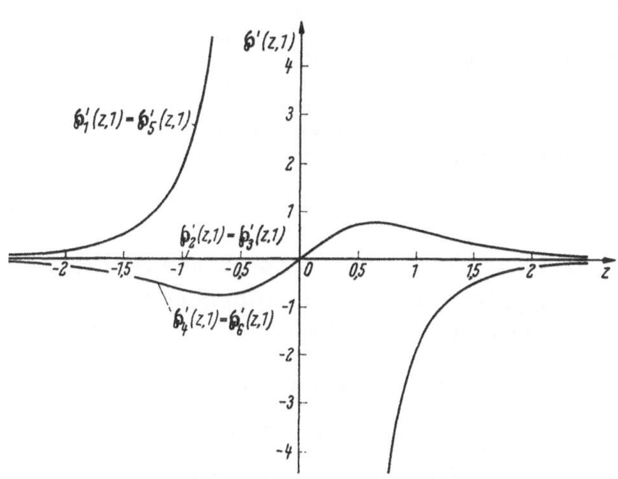

Abb. 72. Ausartungen der $\wp'$-Funktionen im z, k-System für $k = 1$

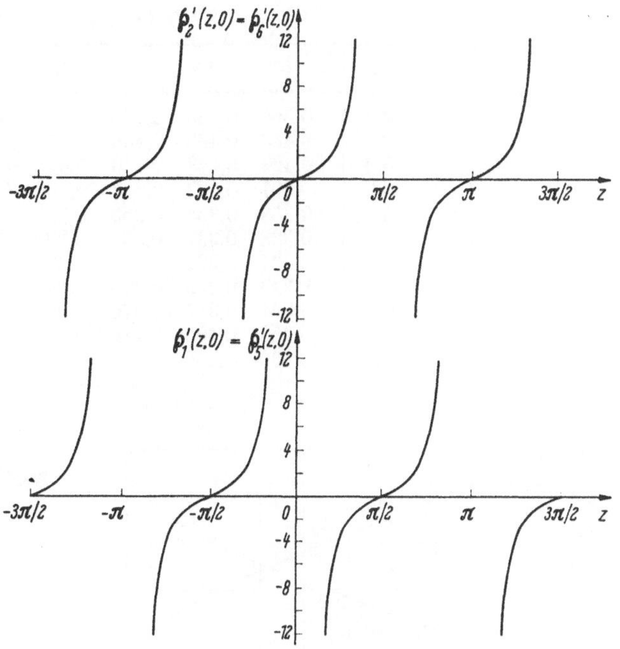

Abb. 73. Ausartungen der $\wp'$-Funktionen im z, k-System für $k = 0$

Ähnlich wie bei den $\wp$-Funktionen ergeben sich auch bei den $\wp'$-Funktionen im z, k-System teils andersartige Darstellungen der Ausartungen, die aus den Gln. (575) und (574) in Verbindung mit (619) und (621) unmittelbar entnommen werden können. Ihr Verlauf ist aus den Abb. 72 und 73 ersichtlich. Die zugehörigen Zusammenstellungen lauten:

$$\left.\begin{aligned} &\wp_1'(z,1) = \wp_5'(z,1) = -2\,\frac{\coth z}{\sinh^2 z}, && \wp_1'(z,0) = \wp_5'(z,0) = -2\,\frac{\cot z}{\sin^2 z},\\ &\wp_2'(z,1) = \wp_3'(z,1) = 0, && \wp_4'(z,0) = \wp_3'(z,0) = 0,\\ &\wp_4'(z,1) = \wp_6'(z,1) = +2\,\frac{\tanh z}{\cosh^2 z}, && \wp_2'(z,0) = \wp_6'(z,0) = +2\,\frac{\tan z}{\cos^2 z}. \end{aligned}\right\} \qquad (635)$$

82. Nullstellen im Reellen

Wie die Abb. 60 bis 63 erkennen lassen, besitzen von den sechs $\wp$-Funktionen nur die Funktionen

$$\wp_3(z,k), \quad \wp_4(z,k), \quad \wp_5(z,k), \quad \wp_6(z,k)$$

Nullstellen im Reellen. In Abhängigkeit vom Parameter zeigt sich, daß die vier genannten Funktionen nur innerhalb des Bereiches

$$0 < \varkappa \leqq 1 \quad \text{bzw.} \quad \tfrac{1}{2} \leqq k^2 \leqq 1 \quad \text{oder} \quad 0 < k'^2 \leqq \tfrac{1}{2}$$

Nullstellen aufweisen.

Aus den nachfolgend zusammengestellten Tafeln kann die explizite Lage der Nullstellen entnommen werden. Ihr Verlauf ist aus Abb. 74 ersichtlich.

ζ-Werte für $\wp_3(\zeta,\varkappa) = 0$ bzw. $\wp_4(\frac{1}{2}-\zeta,\varkappa) = 0$

$\varkappa$	0	1	2	3	4	5	6	7	8	9
0,0	0,500	0,496	0,492	0,488	0,484	0,480	0,477	0,474	0,471	0,467
0,1	0,463	0,460	0,456	0,452	0,449	0,445	0,442	0,438	0,434	0,431
0,2	0,427	0,423	0,420	0,416	0,412	0,408	0,405	0,401	0,398	0,394
0,3	0,391	0,387	0,384	0,380	0,376	0,372	0,369	0,365	0,361	0,358
0,4	0,354	0,350	0,347	0,343	0,339	0,336	0,332	0,329	0,325	0,321
0,5	0,318	0,314	0,310	0,307	0,303	0,299	0,295	0,292	0,288	0,284
0,6	0,281	0,277	0,273	0,270	0,260	0,262	0,258	0,254	0,250	0,246
0,7	0,242	0,238	0,234	0,230	0,226	0,221	0,217	0,213	0,209	0,205
0,8	0,199	0,194	0,189	0,183	0,178	0,173	0,167	0,162	0,155	0,149
0,9	0,142	0,135	0,128	0,120	0,111	0,101	0,091	0,079	0,065	0,046
1,0	0,000									

ζ-Werte für $\wp_5(\zeta, \varkappa) = 0$ bzw. $\wp_6(\frac{1}{2} - \zeta, \varkappa) = 0$

$\varkappa$	0	1	2	3	4	5	6	7	8	9
0,0	0,500	0,496	0,492	0,488	0,484	0,480	0,477	0,474	0,470	0,466
0,1	0,463	0,460	0,456	0,453	0,449	0,445	0,442	0,438	0,434	0,431
0,2	0,427	0,423	0,420	0,416	0,412	0,408	0,405	0,401	0,398	0,394
0,3	0,391	0,387	0,383	0,380	0,376	0,373	0,370	0,367	0,364	0,361
0,4	0,358	0,355	0,353	0,350	0,348	0,346	0,344	0,342	0,340	0,339
0,5	0,338	0,337	0,336	0,335	0,334	0,334	0,333	0,333	0,333	0,333
0,6	0,334	0,334	0,335	0,335	0,336	0,337	0,338	0,339	0,340	0,342
0,7	0,343	0,345	0,346	0,348	0,350	0,352	0,355	0,357	0,359	0,361
0,8	0,364	0,367	0,370	0,373	0,377	0,380	0,383	0,387	0,391	0,396
0,9	0,400	0,405	0,410	0,416	0,422	0,429	0,436	0,444	0,455	0,468
1,0	0,500									

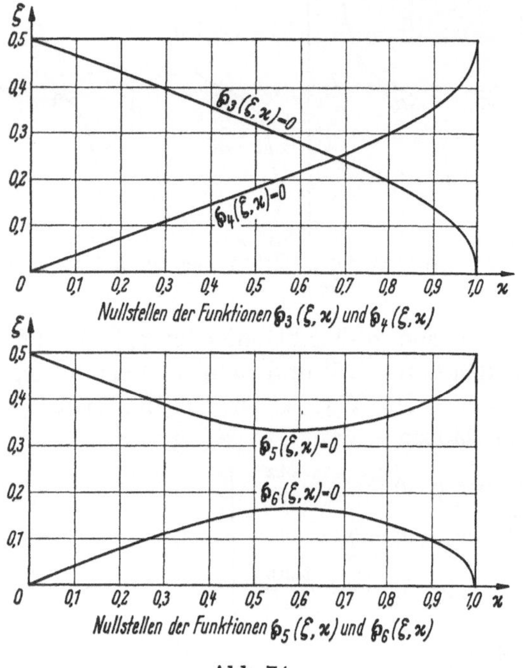

Abb. 74

Die sechs $\wp'$-Funktionen besitzen sämtlich Nullstellen im Reellen, und zwar unabhängig vom Parameter. In Verbindung mit Abb. 66, 68 und 70 folgt

$$\left.\begin{array}{lll}
\wp_1'(z,k) = 0 & \text{für} & \zeta = \pm\frac{1}{2}, \pm\frac{3}{2}, \pm\frac{5}{2}, \ldots \\
\wp_2'(z,k) = 0 & \text{für} & \zeta = 0, \pm 1, \pm 2, \pm 3, \ldots \\
\wp_3'(z,k) = 0 & \text{für} & \zeta = 0, \pm\frac{1}{2}, \pm 1, \pm\frac{3}{2}, \ldots \\
\wp_4'(z,k) = 0 & \text{für} & \zeta = 0, \pm\frac{1}{2}, \pm 1, \pm\frac{3}{2}, \ldots \\
\wp_5'(z,k) = 0 & \text{für} & \zeta = \pm\frac{1}{2}, \pm\frac{3}{2}, \pm\frac{5}{2}, \ldots \\
\wp_6'(z,k) = 0 & \text{für} & \zeta = 0, \pm 1, \pm 2, \pm 3, \ldots, \\
\text{bzw.} & & z = \pm K, \pm 3K, \pm 5K, \ldots, \\
& & z = 0, \pm 2K, \pm 4K, \pm 6K, \ldots, \\
& & z = 0, \pm K, \pm 2K, \pm 3K, \ldots, \\
& & z = 0, \pm K, \pm 2K, \pm 3K, \ldots, \\
& & z = \pm K, \pm 3K, \pm 5K, \ldots, \\
& & z = 0, \pm 2K, \pm 4K, \pm 6K, \ldots
\end{array}\right\} \quad (636)$$

83. Besonderheiten des quadratmaschigen Parameterfalles. $\left(\varkappa = 1 \text{ bzw. } k = k' = \sqrt{\frac{1}{2}}\right)$

Im quadratmaschigen Parameterfalle ist nach (442) und (446)

$$\varkappa = 1, \quad k = k' = \sqrt{\tfrac{1}{2}}, \quad e_1 = \tfrac{1}{2}, \quad e_2 = 0, \quad e_3 = -\tfrac{1}{2} \qquad (637)$$

und

$$g_2 = 1, \quad g_3 = 0, \quad \bar{g}_2 = -4, \quad \bar{g}_3 = 0. \qquad (638)$$

Durch das Verschwinden von e_2, g_3, $\bar{g}_3$ vereinfachen sich die Reihenentwicklungen der $\wp$- und $\wp'$-Funktionen beträchtlich. Bildet man unter Bezugnahme auf (520) und (522) mit (637) und (638) die beiden Funktionen

$$\wp_1\left(z\sqrt{i}, \sqrt{\frac{1}{2}}\right) \quad \text{und} \quad \wp_5\left(\frac{z}{\sqrt{2}}, \sqrt{\frac{1}{2}}\right),$$

so folgt

$$\wp_1\left(z\sqrt{i}, \sqrt{\frac{1}{2}}\right) = -i\left[\frac{1}{z^2} - \frac{1}{20}z^2 + \frac{1}{1200}z^6 - \frac{1}{156000}z^{10} + \cdots\right],$$

$$\wp_5\left(\frac{z}{\sqrt{2}}, \sqrt{\frac{1}{2}}\right) = +2\left[\frac{1}{z^2} - \frac{1}{20}z^2 + \frac{1}{1200}z^6 - \frac{1}{156000}z^{10} + \cdots\right],$$

d. h., es besteht bis auf eine multiplikative Konstante Übereinstimmung. Man erhält daher

$$\wp_1\left(z\sqrt{i}, \sqrt{\frac{1}{2}}\right) = -\frac{i}{2}\wp_5\left(\frac{z}{\sqrt{2}}, \sqrt{\frac{1}{2}}\right). \tag{639}$$

Wird hierin i mit $-i$ und dann z mit $z\sqrt{2}\sqrt{i}$ vertauscht, so lautet die entsprechende Beziehung für $\wp_5$

$$\wp_5\left(z\sqrt{i}, \sqrt{\tfrac{1}{2}}\right) = -2i\,\wp_1\left(z\sqrt{2}, \sqrt{\tfrac{1}{2}}\right). \tag{640}$$

Durch (639) und (640) sind die Funktionen $\wp_1$ und $\wp_5$ längs der 45°-Linien der komplexen Zahlenebene durch die Polstellen, imaginäre durch $\wp_5$ und $\wp_1$ ausdrückbare Funktionen. Dieses Ergebnis kann unter Bezugnahme auf (510) sinngemäß auf die übrigen $\wp$-Funktionen übertragen werden.

Paßt man die Darstellungen in Abb. 51 dem betrachteten Parameterfall an, so entsteht Abb. 75, in welcher die gestrichelten Geraden den Bereichen reeller, die ausgezogenen Geraden den Bereichen imaginärer Funktionswerte entsprechen.

Die Ableitung von (639) und (640) liefert

$$\wp_1'\left(z\sqrt{i}, \sqrt{\frac{1}{2}}\right) = -\frac{\sqrt{i}}{2\sqrt{2}}\wp_5'\left(\frac{z}{\sqrt{2}}, \sqrt{\frac{1}{2}}\right), \tag{641}$$

$$\wp_5'\left(z\sqrt{i}, \sqrt{\tfrac{1}{2}}\right) = -2\sqrt{2}\sqrt{i}\,\wp_1'\left(z\sqrt{2}, \sqrt{\tfrac{1}{2}}\right). \tag{642}$$

Hiernach sind die Funktionen $\wp_1'$ und $\wp_5'$ längs der 45°-Linien der komplexen Zahlenebene durch die Pole mit $\sqrt{i}$ multiplizierte reelle $\wp_5'$- bzw. $\wp_1'$-Funktionen, d. h., die Real- und Imaginärteile sind bis auf das Vorzeichen gleich. Werden in den $\wp_1'$ und $\wp_5'$ betreffenden Teilen von Abb. 54 die gewonnenen Erkenntnisse berücksichtigt, so gelangt man zu Abb. 76.

Man kann die Gln. (639) bis (642) auch als Darstellungen der Funktionen $\wp_5$ und $\wp_5'$ durch $\wp_1$ und $\wp_1'$ und umgekehrt auffassen. In diesem Falle ergibt sich, umgeschrieben auf z als Argument,

$$\begin{aligned} &\wp_5\left(z, \sqrt{\tfrac{1}{2}}\right) = 2i\,\wp_1\left(z\sqrt{2}\sqrt{i}, \sqrt{\tfrac{1}{2}}\right), && \wp_5'\left(z, \sqrt{\tfrac{1}{2}}\right) = +2\sqrt{2}\sqrt{-i}\,\wp_1'\left(z\sqrt{2}\sqrt{i}, \sqrt{\tfrac{1}{2}}\right), \\ &\wp_1\left(z, \sqrt{\frac{1}{2}}\right) = \frac{i}{2}\wp_5\left(\frac{z}{\sqrt{2}}\sqrt{i}, \sqrt{\frac{1}{2}}\right), && \wp_1'\left(z, \sqrt{\frac{1}{2}}\right) = -\frac{\sqrt{-i}}{2\sqrt{2}}\wp_5'\left(\frac{z}{\sqrt{2}}\sqrt{i}, \sqrt{\frac{1}{2}}\right). \end{aligned} \tag{643}$$

In Verbindung mit (637) und (638) nehmen die Gln. (504) die vereinfachte Form

$$\left.\begin{aligned} \wp_5 &= \wp_1 + \wp_3 = \wp_1 - \frac{1}{4\wp_1} = \wp_3 - \frac{1}{4\wp_3} = \frac{1}{\wp_6}, \\ \wp_6 &= \wp_2 + \wp_4 = \wp_2 - \frac{1}{4\wp_2} = \wp_4 - \frac{1}{4\wp_4} = \frac{1}{\wp_5}, \end{aligned}\right\} \quad \left(\varkappa = 1 \text{ bzw. } k = \sqrt{\tfrac{1}{2}}\right) \tag{644}$$

an. Werden die Gln. (644) zusammen mit (638) in (502) berücksichtigt, so folgt, wenn die Vorzeichen den Reihenentwicklungen entsprechend bestimmt werden,

$$\wp_{\substack{1\\2\\3\\4}}' = \substack{-\\+\\+\\-}2\wp_{\substack{1\\2\\3\\4}}\sqrt{\wp_{\substack{5\\6\\5\\6}}}, \quad \wp_{\substack{5\\6}}' = \mp 2\wp_{\substack{5\\6}}\sqrt{\wp_5 + \wp_6} \quad \left(\varkappa = 1 \text{ bzw. } k = \sqrt{\tfrac{1}{2}}\right). \tag{645}$$

Wird die unter der Wurzel von $\wp_{\substack{5\\6}}'$ auftretende Summe nach (644) gebildet und hierbei die erste der Gln. (508) beachtet, so erhält man

$$\wp_{\substack{5\\6}}'(\zeta, 1) = \mp 4\wp_{\substack{5\\6}}(\zeta, 1)\sqrt{\wp_1(2\zeta, 1)} \quad \text{bzw.} \quad \wp_{\substack{5\\6}}'\left(z, \sqrt{\tfrac{1}{2}}\right) = \mp 4\,\wp_{\substack{5\\6}}\left(z, \sqrt{\tfrac{1}{2}}\right)\sqrt{\wp_1\left(2z, \sqrt{\tfrac{1}{2}}\right)}\,. \tag{646}$$

Die Auflösung der Gln. (644) nach $\wp_1$, $\wp_2$, $\wp_3$, $\wp_4$ liefert

$$\left.\begin{aligned} 2\wp_{\substack{1\\3}} &= \wp_5 \pm \sqrt{\wp_5^2 + 1} = \frac{1}{\wp_6} \pm \sqrt{\frac{1}{\wp_6^2} + 1}, \\ 2\wp_{\substack{2\\4}} &= \wp_6 \pm \sqrt{\wp_6^2 + 1} = \frac{1}{\wp_5} \pm \sqrt{\frac{1}{\wp_5^2} + 1}, \end{aligned}\right\} \quad \left(\varkappa = 1 \text{ bzw. } k = \sqrt{\tfrac{1}{2}}\right). \tag{647}$$

Werden die Gln. (647) unter Bezugnahme auf das positive Wurzelvorzeichen logarithmiert, so folgt bei Beachtung der ersten der Gln. (143) des ersten Bandes

$$\ln 2\wp_{\substack{1\\2}} = \operatorname{ar\,sinh}\wp_{\substack{5\\6}}, \quad \ln 2\wp_{\substack{3\\4}} = \operatorname{ar\,sinh} 1/\wp_{\substack{6\\5}} \quad \left(\varkappa = 1 \text{ bzw. } k = \sqrt{\tfrac{1}{2}}\right). \tag{648}$$

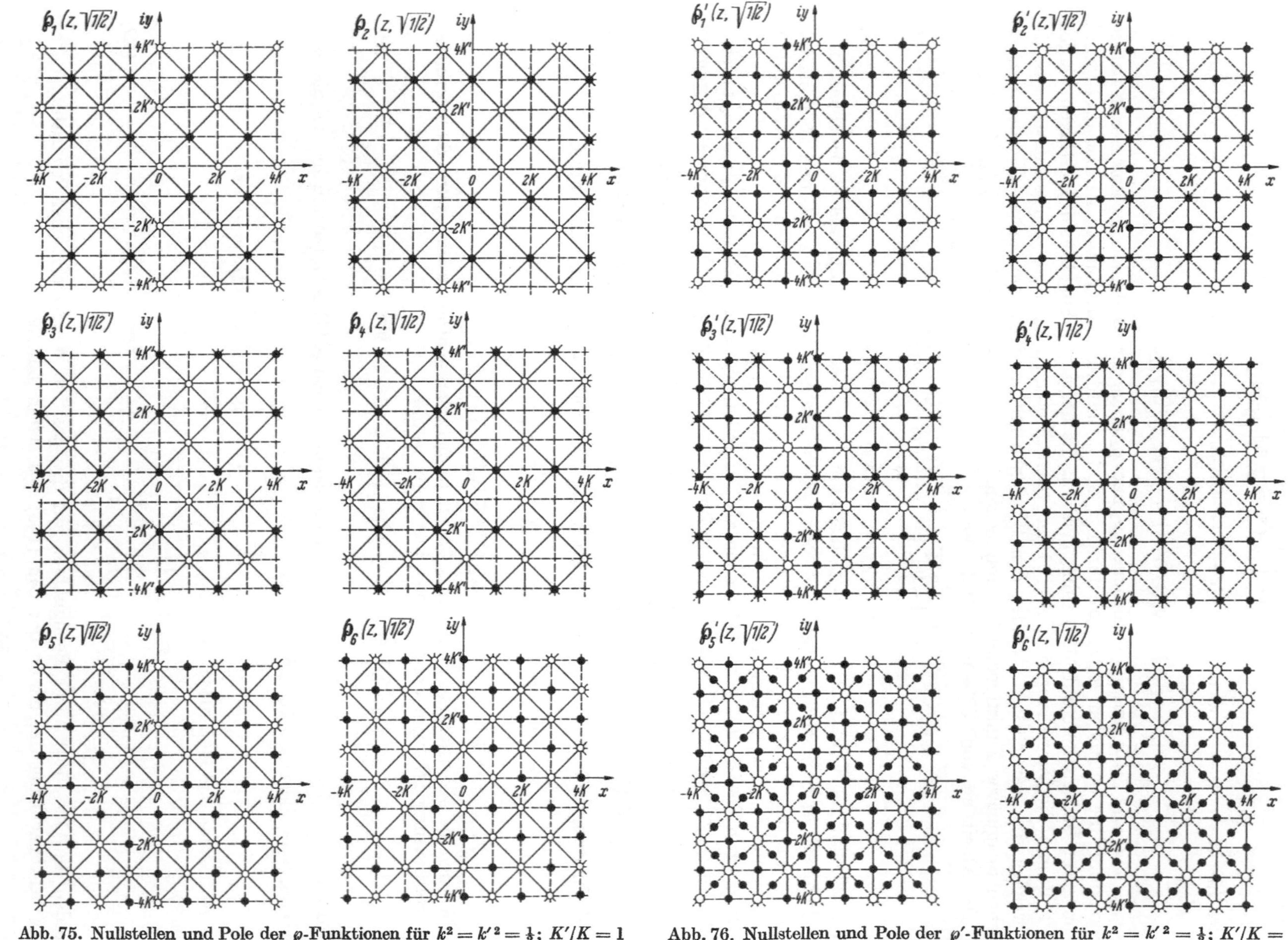

Abb. 75. Nullstellen und Pole der $\wp$-Funktionen für $k^2 = k'^2 = \frac{1}{2}$; $K'/K = 1$ (○ Doppelpole, ● Doppelnullstellen)

Abb. 76. Nullstellen und Pole der $\wp'$-Funktionen für $k^2 = k'^2 = \frac{1}{2}$; $K'/K = 1$ (○ Dreifache Pole, ● einfache Nullstellen)

In Verbindung mit (637) ziehen sich die Gln. (601) auf

$$\wp_{\substack{5\\6}}\left(\frac{z}{2}, \sqrt{\frac{1}{2}}\right) = 2\wp_1\left(z, \sqrt{\frac{1}{2}}\right) \pm \sqrt{\left[2\wp_1\left(z, \sqrt{\frac{1}{2}}\right)\right]^2 - 1} \tag{649}$$

zusammen. Die Gln. (649) gelten mit den hingeschriebenen Wechselvorzeichen innerhalb des Dreiecks durch die Punkte $z = 0$, $z = \frac{K}{2}$ und $z = \frac{K}{2} + \frac{iK}{2}$ und mit vertauschten Wechselvorzeichen innerhalb des Dreiecks durch die Punkte $z = 0$, $z = \frac{iK}{2}$ und $z = \frac{K}{2} + \frac{iK}{2}$. Werden auch die Gln. (649) logarithmiert, so erhält man unter Bezugnahme auf $\wp_6 = 1/\wp_5$ gemäß (644) und auf die zweite der Gln. (143) des ersten Bandes

$$\ln \wp_{\substack{5\\6}}(\zeta, 1) = \pm \operatorname{ar\,cosh}[2\wp_1(2\zeta, 1)] \quad \text{bzw.} \quad \ln \wp_{\substack{5\\6}}\left(z, \sqrt{\tfrac{1}{2}}\right) = \pm \operatorname{ar\,cosh}\left[2\wp_1\left(2z, \sqrt{\tfrac{1}{2}}\right)\right]. \tag{650}$$

84. Besonderheiten der äquianharmonischen Parameterfälle (Polmaschennetze unter 60° und 30°)

Zu den in Abschnitt 62 betrachteten äquianharmonischen Parameterfällen der Funktionen $\wp_5$ und $\wp_6$ gehören die Parameterfunktionen

$$\begin{aligned} &\varkappa = \sqrt{3}, \quad \bar{g}_2 = 0, \quad \bar{g}_3 = \frac{+4}{3\sqrt{3}}; \quad \alpha = 15°, \quad k^2 = \frac{1}{2} - \frac{1}{4}\sqrt{3}, \quad k'^2 = \frac{1}{2} + \frac{1}{4}\sqrt{3}, \quad k k' = \frac{1}{4}, \quad 2e_2 = -\frac{1}{\sqrt{3}}, \\ &\varkappa = \frac{1}{\sqrt{3}}, \quad \bar{g}_2 = 0, \quad \bar{g}_3 = \frac{-4}{3\sqrt{3}}; \quad \alpha = 75°, \quad k^2 = \frac{1}{2} + \frac{1}{4}\sqrt{3}, \quad k'^2 = \frac{1}{2} - \frac{1}{4}\sqrt{3}, \quad k k' = \frac{1}{4}, \quad 2e_2 = +\frac{1}{\sqrt{3}} \end{aligned} \tag{651}$$

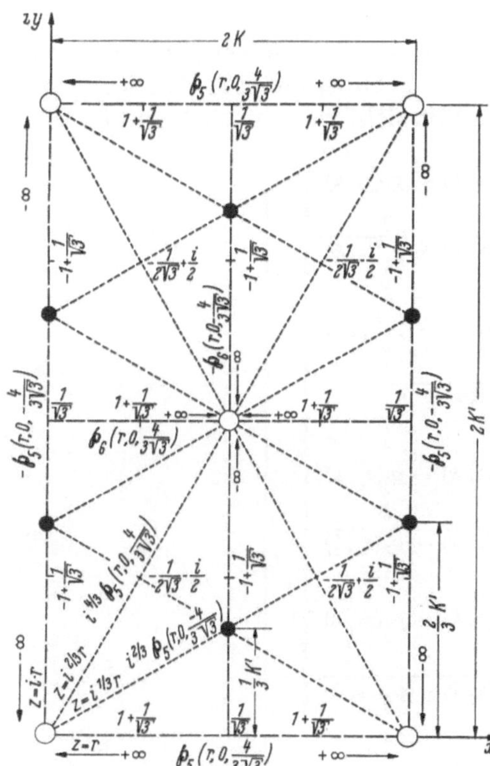

Abb. 77. Polmaschennetze von $\wp_5$ und $\wp_6$ für $K'/K = \sqrt{3}$ (○ Doppelpole, • einfache Nullstellen)

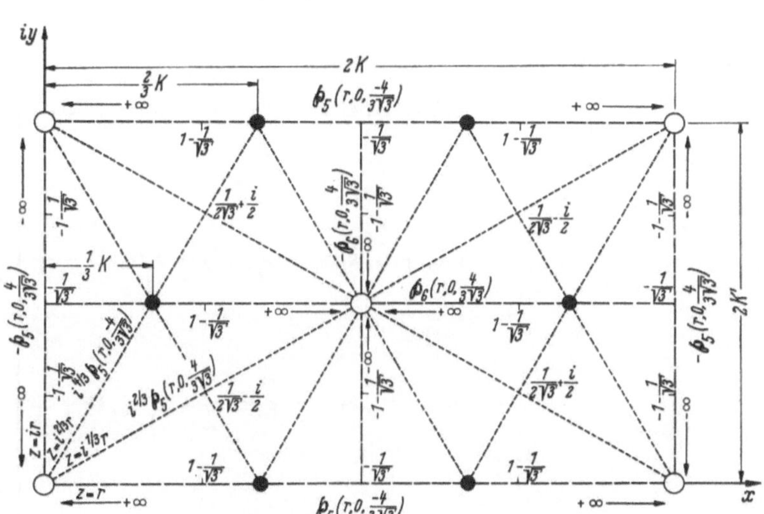

Abb. 78. Polmaschennetze von $\wp_5$ und $\wp_6$ für $K'/K = 1/\sqrt{3}$ (○ Doppelpole, • einfache Nullstellen)

und die aus Abb. 77 und 78 ersichtlichen Maschennetze der Pole. Führt man in die Homogenitätstransformation (589) die $\bar{g}_2$- und $\bar{g}_3$-Werte von (651) ein und läßt man t der Reihe nach die Werte

$$t = i^{0/3} = 1, \quad t = i^{1/3}, \quad t = i^{2/3}, \quad t = i^{3/3} = i$$

annehmen, so ergibt sich für $\wp_5$ in Invariantenschreibweise

$$\left.\begin{array}{lll}
\wp_5\left(z,0,\frac{+4}{3\sqrt{3}}\right) = +\,\wp_5\left(z,0,\frac{+4}{\sqrt{3}}\right) & & \wp_5\left(z,0,\frac{-4}{3\sqrt{3}}\right) = +\,\wp_5\left(z,0,\frac{-4}{3\sqrt{3}}\right), \\
\wp_5\left(z\,i^{1/3},0,\frac{+4}{3\sqrt{3}}\right) = i^{2/3}\wp_5\left(z,0,\frac{-4}{\sqrt{3}}\right) & & \wp_5\left(z\,i^{1/3},0,\frac{-4}{3\sqrt{3}}\right) = i^{2/3}\,\wp_5\left(z,0,\frac{+4}{3\sqrt{3}}\right), \\
 & \text{und} & \\
\wp_5\left(z\,i^{2/3},0,\frac{+4}{3\sqrt{3}}\right) = i^{4/3}\,\wp_5\left(z,0,\frac{+4}{\sqrt{3}}\right) & & \wp_5\left(z\,i^{2/3},0,\frac{-4}{3\sqrt{3}}\right) = i^{4/3}\,\wp_5\left(z,0,\frac{-4}{3\sqrt{3}}\right), \\
\wp_5\left(z\,i,0,\frac{+4}{3\sqrt{3}}\right) = -\,\wp_5\left(z,0,\frac{-4}{\sqrt{3}}\right) & & \wp_5\left(z\,i,0,\frac{-4}{3\sqrt{3}}\right) = -\,\wp_5\left(z,0,\frac{+4}{3\sqrt{3}}\right).
\end{array}\right\} \quad (652)$$

Nach (652) ist die Funktion $\wp_5$ für die beiden äquianharmonischen Parameterfälle auf denjenigen Strahlen der komplexen Zahlenebene durch den Nullpunkt, die sich durch Teilung des 360°-Winkels in 12 gleiche Teile ergeben, den zu $\varkappa = \sqrt{3}$ und $\varkappa = 1/\sqrt{3}$ gehörigen reellen Funktionen

$$\wp_5\left(z,0,\frac{+4}{3\sqrt{3}}\right) = \wp_5\left(z,\sqrt{\frac{1}{2}-\frac{1}{4}\sqrt{3}}\right) \quad \text{und} \quad \wp_5\left(z,0,\frac{-4}{3\sqrt{3}}\right) = \wp_5\left(z,\sqrt{\frac{1}{2}+\frac{1}{4}\sqrt{3}}\right)$$

abwechselnd proportional. Der im allgemeinen komplexe Proportionalitätsfaktor ist nur auf den Koordinatenachsen reell.

85. Additionstheoreme

Die $\wp$-Funktionen besitzen zwei Gruppen von Additionstheoremen. Die eine ergibt sich durch Umschreibung der Gln. (271) und (273) in Verbindung mit (286), die andere wird in Abschnitt 103 entwickelt werden. Auf der Basis der Gln. (271) und (273) ergibt sich, wenn noch ζ und ζ_0 miteinander vertauscht werden:

$$\left.\begin{aligned}
\wp_1(z+z_0,k) &= -\wp_{\substack{1\\2\\3\\4}}(z,k) - \wp_{\substack{1\\2\\3\\4}}(z_0,k) + \frac{1}{4}\left[\frac{\wp'_{\substack{1\\2\\3\\4}}(z,k) - \wp'_{\substack{1\\2\\3\\4}}(z_0,k)}{\wp_{\substack{1\\2\\3\\4}}(z,k) - \wp_{\substack{1\\2\\3\\4}}(z_0,k)}\right]^2, \\
\wp_2(z+z_0,k) &= -\wp_{\substack{1\\2\\3\\4}}(z,k) - \wp_{\substack{2\\1\\4\\3}}(z_0,k) + \frac{1}{4}\left[\frac{\wp'_{\substack{1\\2\\3\\4}}(z,k) - \wp'_{\substack{2\\1\\4\\3}}(z_0,k)}{\wp_{\substack{1\\2\\3\\4}}(z,k) - \wp_{\substack{2\\1\\4\\3}}(z_0,k)}\right]^2, \\
\wp_3(z+z_0,k) &= -\wp_{\substack{1\\2\\3\\4}}(z,k) - \wp_{\substack{3\\4\\1\\2}}(z_0,k) + \frac{1}{4}\left[\frac{\wp'_{\substack{1\\2\\3\\4}}(z,k) - \wp'_{\substack{3\\4\\1\\2}}(z_0,k)}{\wp_{\substack{1\\2\\3\\4}}(z,k) - \wp_{\substack{3\\4\\1\\2}}(z_0,k)}\right]^2, \\
\wp_4(z+z_0,k) &= -\wp_{\substack{1\\2\\3\\4}}(z,k) - \wp_{\substack{4\\3\\2\\1}}(z_0,k) + \frac{1}{4}\left[\frac{\wp'_{\substack{1\\2\\3}}(z,k) - \wp'_{\substack{4\\3\\2\\1}}(z_0,k)}{\wp_{\substack{1\\2\\3\\4}}(z,k) - \wp_{\substack{4\\3\\2\\1}}(z_0,k)}\right]^2, \\
\wp_5(z+z_0,k) &= -\wp_{\substack{5\\6}}(z,k) - \wp_{\substack{5\\6}}(z_0,k) + \frac{1}{4}\left[\frac{\wp'_{\substack{5\\6}}(z,k) - \wp'_{\substack{5\\6}}(z_0,k)}{\wp_{\substack{5\\6}}(z,k) - \wp_{\substack{5\\6}}(z_0,k)}\right]^2, \\
\wp_6(z+z_0,k) &= -\wp_{\substack{5\\6}}(z,k) - \wp_{\substack{6\\5}}(z_0,k) + \frac{1}{4}\left[\frac{\wp'_{\substack{5\\6}}(z,k) - \wp'_{\substack{6\\5}}(z_0,k)}{\wp_{\substack{5\\6}}(z,k) - \wp_{\substack{6\\5}}(z_0,k)}\right]^2.
\end{aligned}\right\} \quad (653)$$

Von den 20 in (653) enthaltenen Additionstheoremen fällt dem ersten und siebzehnten bzw. dem ersten von $\wp_1$ und dem ersten von $\wp_5$ eine besondere praktische Bedeutung zu.

86. Verhalten der $\wp$-Funktionen im Komplexen

Nach einem der LIOUVILLEschen Sätze der Funktionentheorie nimmt eine doppeltperiodische Funktion in einem Fundamentalbereich, wenn k die Summe der darinliegenden Pole erster Ordnung bezeichnet, jeden Funktionswert gerade k-mal an. Bei den $\wp$-Funktionen ist $k = 2$, da in einem Fundamentalbereich stets ein und nur ein Doppelpol liegt. Wird der LIOUVILLEsche Satz auf den Wert $\wp = 0$ angewendet, so folgt daher, daß die $\wp$-Funktionen entweder zwei einfache oder eine Doppelnullstelle im Fundamentalbereich besitzen müssen.

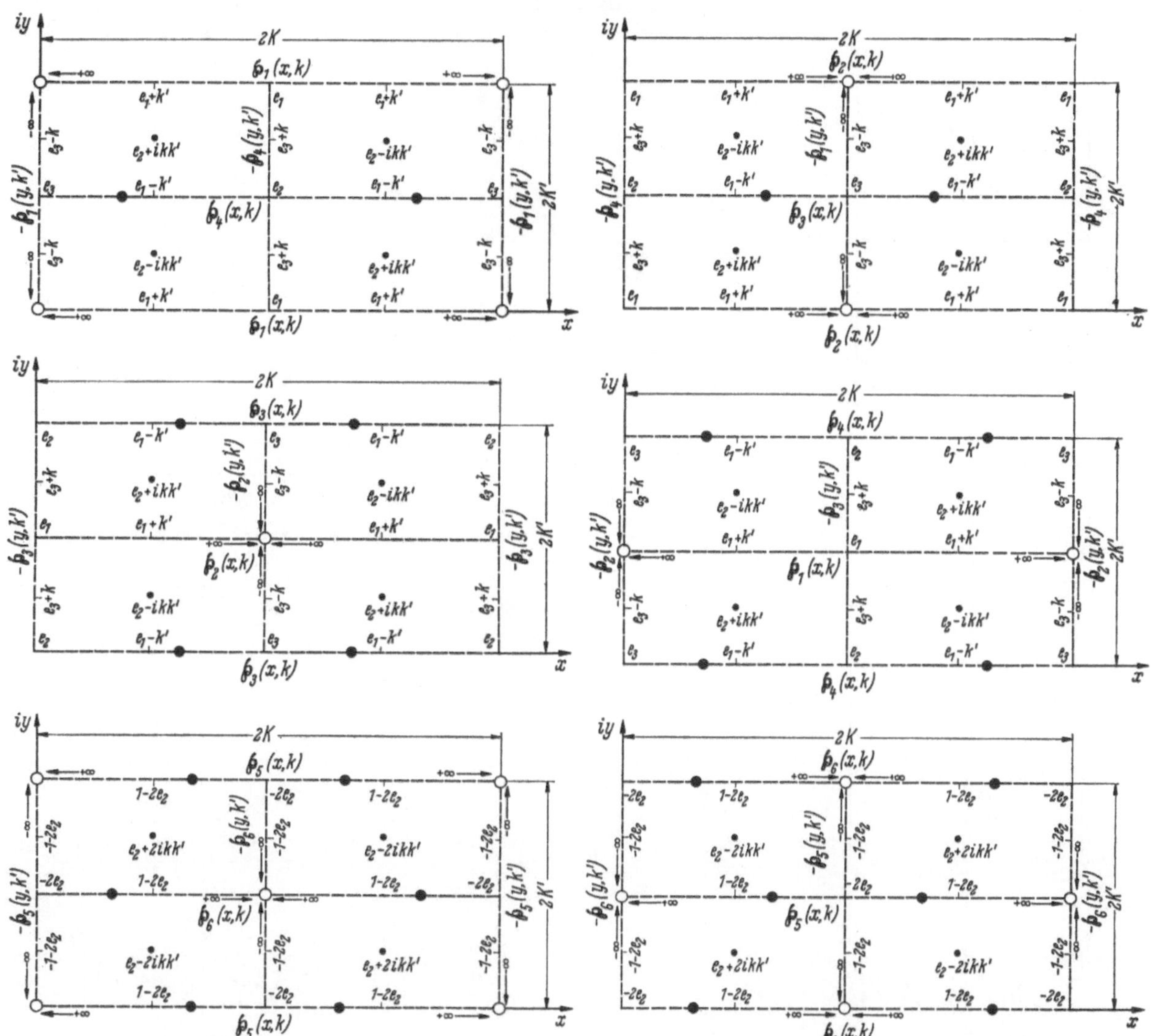

Abb. 79. Funktionsverhalten der $\wp$-Funktionen für $K'/K = \frac{1}{2}$ (○ Doppelpole, • Nullstellen)

In den Abb. 79 und 80 sind die Pol- und Nullstellen der sechs $\wp$-Funktionen in einem den Koordinatenursprung der komplexen Zahlenebene als Randpunkt enthaltenden achsenparallelen Fundamentalbereich dargestellt, und zwar einmal für

$$e_2 > 0 \quad \text{bzw.} \quad 0 < \varkappa < 1 \quad \text{bzw.} \quad \tfrac{1}{2} < k^2 < 1 \qquad \text{(Abb 79),}$$

und einmal für

$$e_2 < 0 \quad \text{bzw.} \quad 1 < \varkappa < \infty \quad \text{bzw.} \quad 0 < k^2 < \tfrac{1}{2} \qquad \text{(Abb. 80).}$$

Polstellen sind durch offene, Nullstellen durch angelegte Kreise markiert. Der Fall

$$e_2 = 0 \quad \text{bzw.} \quad \varkappa = 1 \quad \text{bzw.} \quad k^2 = \tfrac{1}{2}$$

mit Doppelnullstellen ist in Abb. 81 gesondert dargestellt. Aus Gründen einer bequemeren Vergleichsmöglichkeit wurde für die Funktionen $\wp_1$ bis $\wp_4$ ein einfacher, für die Funktionen $\wp_5$ und $\wp_6$ ein doppelter Fundamentalbereich gezeichnet. Von den vier Randlinien gehören entsprechend dem eingangs erwähnten LIOUVILLEschen Satz immer zwei zum Fundamentalbereich, z. B. die mit den Koordinatenachsen zusammenfallenden Randlinien.

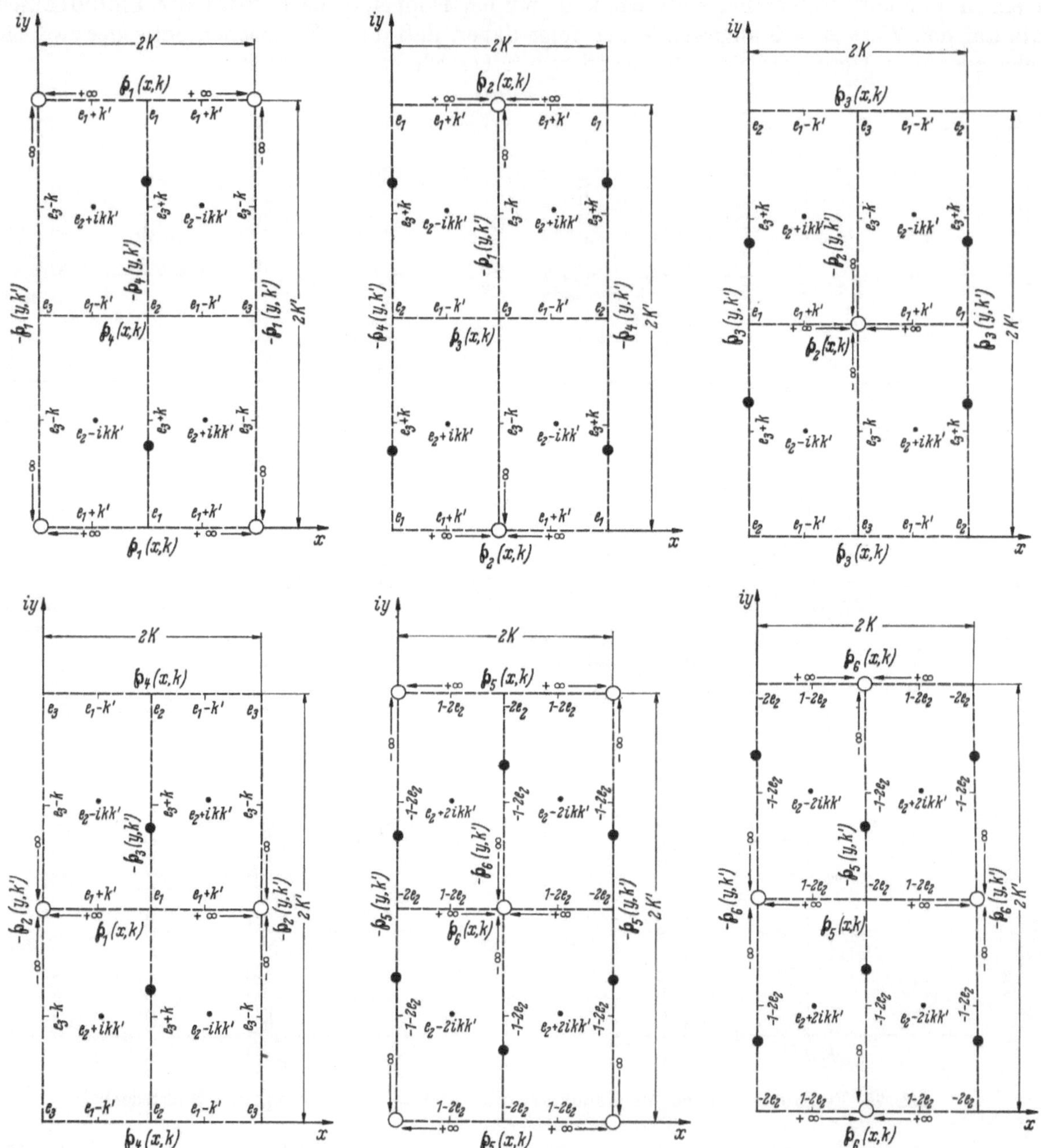

Abb. 80. Funktionsverhalten der ℘-Funktionen für $K'/K = 2$ (○ Doppelpole, • Nullstellen)

Das Funktionsverhalten in der Umgebung der Doppel- oder Quadrupole wurde bereits in Abschnitt 69 näher erörtert; es ist durch Abb. 56 gekennzeichnet. Nähert man sich einem Quadrupol auf der x-Achse oder einer zu dieser parallelen Achse, so geht die Funktion nach $+\infty$, nähert man sich auf der y-Achse oder einer zu dieser parallelen Achse, so geht sie nach $-\infty$, während auf den dazwischenliegenden Diagonalen unter 45° die Funktion dem Wert $-i\,\infty$ oder $+i\,\infty$ zustrebt, je nach Lage des Quadranten.

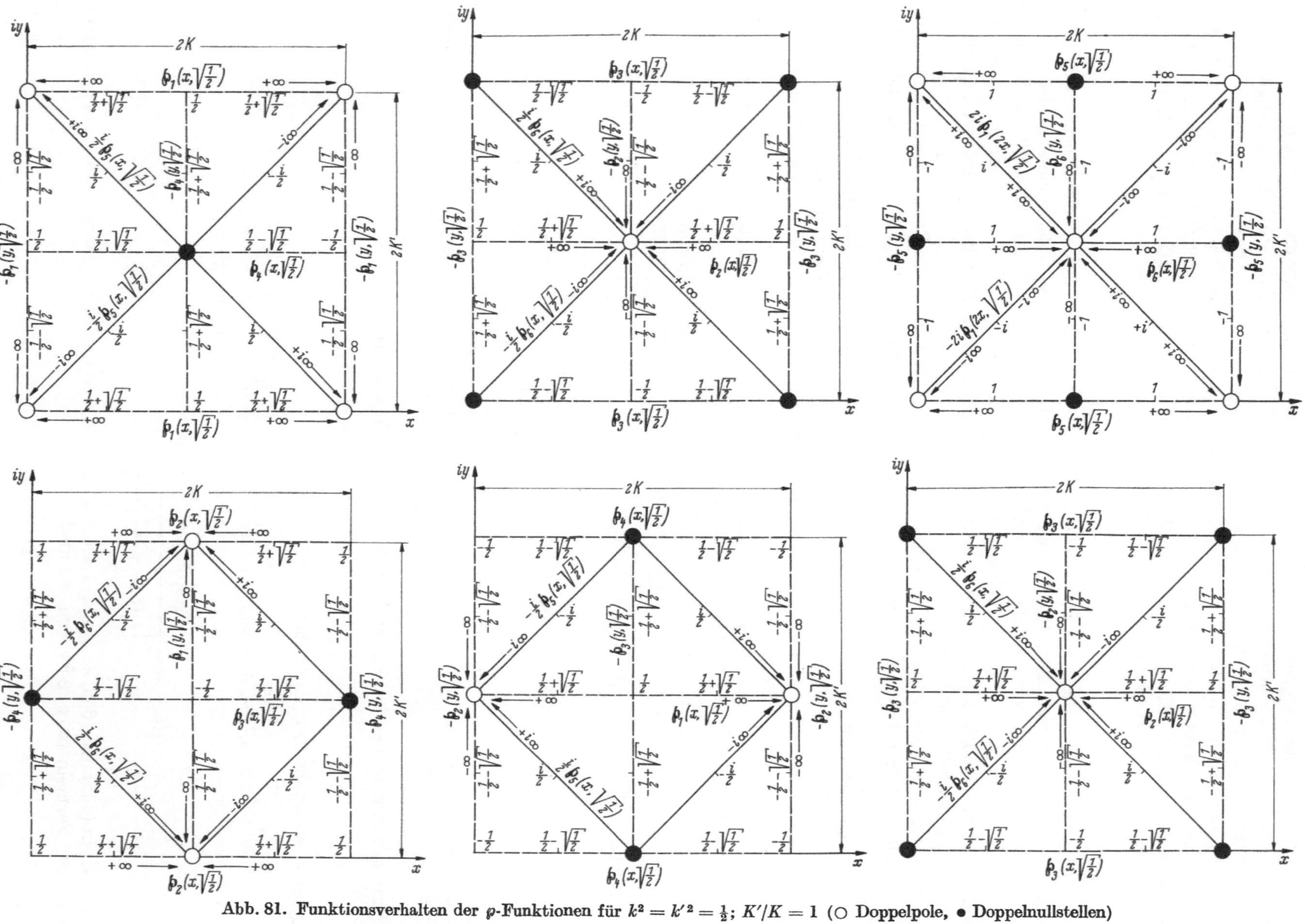

Abb. 81. Funktionsverhalten der $\wp$-Funktionen für $k^2 = k'^2 = \frac{1}{2}$; $K'/K = 1$ (○ Doppelpole, ● Doppelnullstellen)

Die Nullstellen müssen in den Bereichen reellen Funktionsverhaltens, die in Abb. 51 von Abschnitt 55 bereits dargestellt wurden, enthalten sein. Diesen Bereichen entsprechen in den Abb. 79 bis 81 die gestrichelten Geraden, auf denen mit Hilfe der Substitutionsgleichungen (510) der Funktionsverlauf angegeben werden kann. In die Abb. 79 bis 81 wurden darüber hinaus auch noch diejenigen Funktionswerte aufgenommen, die aus den Gln. (586) und (615) entnommen werden können. Berücksichtigt man noch den aus Abb. 60 bis 63 ersichtlichen monotonen Verlauf aller sechs $\wp$-Funktionen für reelle z-Werte zwischen 0 und K und das aus (442) ablesbare Verhalten der Parameterfunktionen, wonach e_1 stets positiv, e_3 stets negativ und

$$e_1 > e_2 > e_3$$

ist, so lassen sich die Bereiche, in welchen Nullstellen auftreten müssen, leicht feststellen. Ihre explizite Lage kann aus Abb. 74 und den Tafeln von Abschnitt 82 entnommen werden.

Nach Abb. 79 und 80 liegen die Nullstellen für $e_2 > 0$ auf Randlinien oder Mittellinien parallel zur x-Achse, für $e_2 < 0$ auf solchen parallel zur y-Achse. Im Falle $e_2 = 0$ vereinigen sich die Nullstellen zu Doppelnullstellen in den Randlinienmitten oder im Mittelpunkt des Fundamental- bzw. Doppelbereichs (Abb. 81).

Im Falle $e_2 = 0$ sind nach den Ausführungen in Abschnitt 83 auch die Bereiche rein imaginären Funktionsverhaltens bekannt, in Gestalt der in Abb. 81 ausgezogenen Verbindungsgeraden der Pole.

Nach den Abb. 79 bis 81 sowie auch schon nach den Substitutionsgleichungen (510) unterscheiden sich die Funktionen $\wp_1$ bis $\wp_4$ sowie $\wp_5$ und $\wp_6$ untereinander nur durch Koordinatenverschiebungen um K, $i\,K'$ und $K + i\,K'$. Die weiteren Betrachtungen können daher auf die Funktionen $\wp_1$ und $\wp_5$ beschränkt werden.

Wird in dem ersten und siebzehnten der Additionstheoreme (653) unter Zugrundelegung des ζ, $\varkappa$-Systems ζ mit ξ und ζ_0 mit $i\,\eta$ vertauscht, so folgt

$$\wp_{\frac{1}{5}}(\xi + i\,\eta, \varkappa) = -\wp_{\frac{1}{5}}(\xi, \varkappa) - \wp_{\frac{1}{5}}(i\,\eta, \varkappa) + \frac{1}{4}\left[\frac{\wp'_{\frac{1}{5}}(\xi,\varkappa) - \wp'_{\frac{1}{5}}(i\,\eta,\varkappa)}{\wp_{\frac{1}{5}}(\xi,\varkappa) - \wp_{\frac{1}{5}}(i\,\eta,\varkappa)}\right]^2$$

und bei Beachtung von (513) und (568)

$$\wp_{\frac{1}{5}}(\xi + i\,\eta, \varkappa) = \left[-\wp_{\frac{1}{5}}(\xi,\varkappa) + \wp_{\frac{1}{5}}\left(\frac{\eta}{\varkappa}, \frac{1}{\varkappa}\right) + \frac{1}{4}\,\frac{\wp'^2_{\frac{1}{5}}(\xi,\varkappa) - \wp'^2_{\frac{1}{5}}\left(\frac{\eta}{\varkappa}, \frac{1}{\varkappa}\right)}{\left[\wp_{\frac{1}{5}}(\xi,\varkappa) + \wp_{\frac{1}{5}}\left(\frac{\eta}{\varkappa}, \frac{1}{\varkappa}\right)\right]^2}\right] + \\ + i\left[\frac{-\frac{1}{2}\,\wp'_{\frac{1}{5}}(\xi,\varkappa)\,\wp'_{\frac{1}{5}}\left(\frac{\eta}{\varkappa}, \frac{1}{\varkappa}\right)}{\left[\wp_{\frac{1}{5}}(\xi,\varkappa) + \wp_{\frac{1}{5}}\left(\frac{\eta}{\varkappa}, \frac{1}{\varkappa}\right)\right]^2}\right]. \tag{654}$$

Wird mit den in der Funktionentheorie üblichen Bezeichnungen

$$\wp_{\frac{1}{5}}(\xi + i\,\eta, \varkappa) = u_{\frac{1}{5}}(\xi, \eta, \varkappa) + i\,v_{\frac{1}{5}}(\xi, \eta, \varkappa) \tag{655}$$

gesetzt, so ergibt sich nach (654)

$$\begin{aligned} u_{\frac{1}{5}}(\xi,\eta,\varkappa) &= -\wp_{\frac{1}{5}}(\xi,\varkappa) + \wp_{\frac{1}{5}}\left(\frac{\eta}{\varkappa}, \frac{1}{\varkappa}\right) + \frac{1}{4}\,\frac{\wp'^2_{\frac{1}{5}}(\xi,\varkappa) - \wp'^2_{\frac{1}{5}}\left(\frac{\eta}{\varkappa}, \frac{1}{\varkappa}\right)}{\left[\wp_{\frac{1}{5}}(\xi,\varkappa) + \wp_{\frac{1}{5}}\left(\frac{\eta}{\varkappa}, \frac{1}{\varkappa}\right)\right]^2}, \\ v_{\frac{1}{5}}(\xi,\eta,\varkappa) &= \frac{-\frac{1}{2}\,\wp'_{\frac{1}{5}}(\xi,\varkappa)\,\wp'_{\frac{1}{5}}\left(\frac{\eta}{\varkappa}, \frac{1}{\varkappa}\right)}{\left[\wp_{\frac{1}{5}}(\xi,\varkappa) + \wp_{\frac{1}{5}}\left(\frac{\eta}{\varkappa}, \frac{1}{\varkappa}\right)\right]^2}. \end{aligned} \tag{656}$$

Werden in (655) und (656) ξ, $\eta/\varkappa$, $\varkappa$, $1/\varkappa$ mit x, y, k, k' vertauscht, so gelangt man zu den entsprechenden Formeln im z, k-System, nämlich

$$\wp_{\frac{1}{5}}(x + i\,y, k) = u_{\frac{1}{5}}(x, y, k) + v_{\frac{1}{5}}(x, y, k) \tag{657}$$

mit

$$
\begin{aligned}
u_{\substack{1\\5}}(x,y,k) &= -\wp_{\substack{1\\5}}(x,k) + \wp_{\substack{1\\5}}(y,k') + \frac{1}{4}\,\frac{\wp_{\substack{1\\5}}'^{2}(x,k) - \wp_{\substack{1\\5}}'^{2}(y,k')}{\left[\wp_{\substack{1\\5}}(x,k) + \wp_{\substack{1\\5}}(y,k')\right]^2}\,,\\
v_{\substack{1\\5}}(x,y,k) &= \frac{-\tfrac{1}{2}\wp_{\substack{1\\5}}'(x_1,k)\,\wp_{\substack{1\\5}}'(y,k')}{\left[\wp_{\substack{1\\5}}(x,k) + \wp_{\substack{1\\5}}(y,k')\right]^2}\,.
\end{aligned}
\tag{658}
$$

Der Aufbau von (658) läßt erkennen, daß beim Vertauschen von x mit y und k mit k' lediglich bei u das Vorzeichen geändert wird. Es folgt also

$$
u_{\substack{1\\5}}(y,x,k') = -u_{\substack{1\\5}}(x,y,k), \qquad v_{\substack{1\\5}}(y,x,k') = v_{\substack{1\\5}}(x,y,k). \tag{659}
$$

Nach (659) ergeben sich für $\varkappa$ und $1/\varkappa$ bzw. k und k' für $u = \text{const}$ und $v = \text{const}$ die gleichen orthogonalen quadratmaschigen Kurvennetze in der z-Ebene. Es sind lediglich die Bezugsachsen miteinander zu vertauschen und die Vorzeichen von u zu ändern.

Nach Abb. 79 und 80 verschwinden die Imaginärteile v_1 und v_5 von $\wp_1$ und $\wp_5$ nicht nur längs der Ränder des Fundamental- bzw. Doppelbereiches, sondern auch längs der Mittellinien, wodurch diese Bereiche in vier Quadranten mit Nullrändern für v_1 und v_5 zerlegt werden. Innerhalb eines solchen Quadranten können v_1 und v_5 nur beständig positiv oder beständig negativ sein, da ihr Vorzeichen nach (658) durch dasjenige des Produktes $\wp_1'(x,k)\,\wp_1'(y,k')$ bzw. $\wp_5'(x,k)\,\wp_5'(y,k')$ bestimmt wird, das nach Abb. 60 und 62 innerhalb eines Quadranten nicht wechselt. Die Vorzeichen von v_1 und v_5 sind daher innerhalb eines Quadranten durch die in Abb. 79 und 80 aufgeführten Funktionswerte in den Quadrantenmitten festgelegt.

Nach den Erläuterungen über das Funktionsverhalten in der Umgebung eines Poles müssen $|v_1|$ und $|v_5|$ in einer Polecke eines Quadranten alle positiven reellen Zahlenwerte zweimal annehmen, da sie an den Bereichsrändern verschwinden und auf der Diagonalen unter 45° über alle Grenzen wachsen.

Hiernach stellen die v-Linien innerhalb eines Quadranten eine in einer Polecke zusammenlaufende Schar ineinandergeschachtelter Schleifenkurven dar, die für $v = 0$ in eine Rechteckskurve, nämlich den Rand, für $v \to \infty$ in einen Punkt, nämlich den Pol ausarten. Bei der $\wp_1$-Funktion, bei der nur ein Pol im Quadranten liegt, ergibt sich eine einfache Schar von Schleifen (Abb. 82). Bei der $\wp_5$-Funktion, bei der jeder Quadrant zwei Pole besitzt, sind nur zwischen dem Rand und einer lemniskatischen Ausartung, mit dem Quadrantmittelpunkt als Knotenpunkt, einfache Schleifen vorhanden. Für $|v| > 2k\,k'$ ergeben sich zwei Schleifen innerhalb der beiden Lemniskatenäste (Abb. 83).

Für die Realteilfunktion $u_{\substack{1\\5}}$ erfolgt die Betrachtung zweckmäßig für $\wp_1$ und $\wp_5$ getrennt. Wird der untere linke Quadrant des in Abb. 79 dargestellten Fundamentalbereiches von $\wp_1$ im Rechtssinne umfahren, so fällt wegen $e_1 > e_2 > e_3$ und angesichts des monotonen Verlaufs der $\wp$-Funktionen im Reellen die Funktion u_1 monoton von $+\infty$ auf $-\infty$. Der Quadrantenrand wird daher von jeder u_1-Linie einmal geschnitten, und zwar, da er eine v-Linie darstellt, orthogonal. In der Polecke müssen, da dort u_1 ebenfalls alle Werte zwischen $+\infty$ und $-\infty$ einmal annimmt, alle u_1-Linien zusammenlaufen. In den drei polfreien Ecken, in denen nach Abb. 79 u_1 die Werte e_1, e_2, e_3 annimmt, besitzen die u_1-Linien den Charakter lemniskatischer Kurven, da hier wegen $\wp_1' = 0$ nach (502) kein orthogonaler Schnitt erwartet werden kann.

Die Realteilfunktion u_5 weist entsprechend den beiden Polen in zwei gegenüberliegenden Quadrantenecken zwei in diesen zusammenlaufende und den Rand orthogonal kreuzende Kurvenbüschel auf. In den beiden polfreien Quadrantenecken, in denen $u_5 = -2e_2$ und nach (502) $\wp_5' = 0$ wird, zeigen auch die u_5-Linien lemniskatisches Verhalten. Ein weiterer singulärer Punkt ist der Quadrantenmittelpunkt, in welchem $u_5 = e_2 - 2k\,k'\,i$ wird und damit nach (502) ebenfalls $\wp_5'$ verschwindet.

Die Linien $u_1 = \text{const}$ und $u_5 = \text{const}$ lassen sich explizit darstellen, wenn $u_{\substack{1\\5}}$ nach (658) auf eine $\wp_{\substack{1\\5}}'$ nicht mehr enthaltende Form gebracht wird. Beachtet man, daß nach der Homogenitätstransformation (590) zu k' die Invarianten $-g_3$ und $-\bar{g}_3$ gehören. so folgt bei Elimination

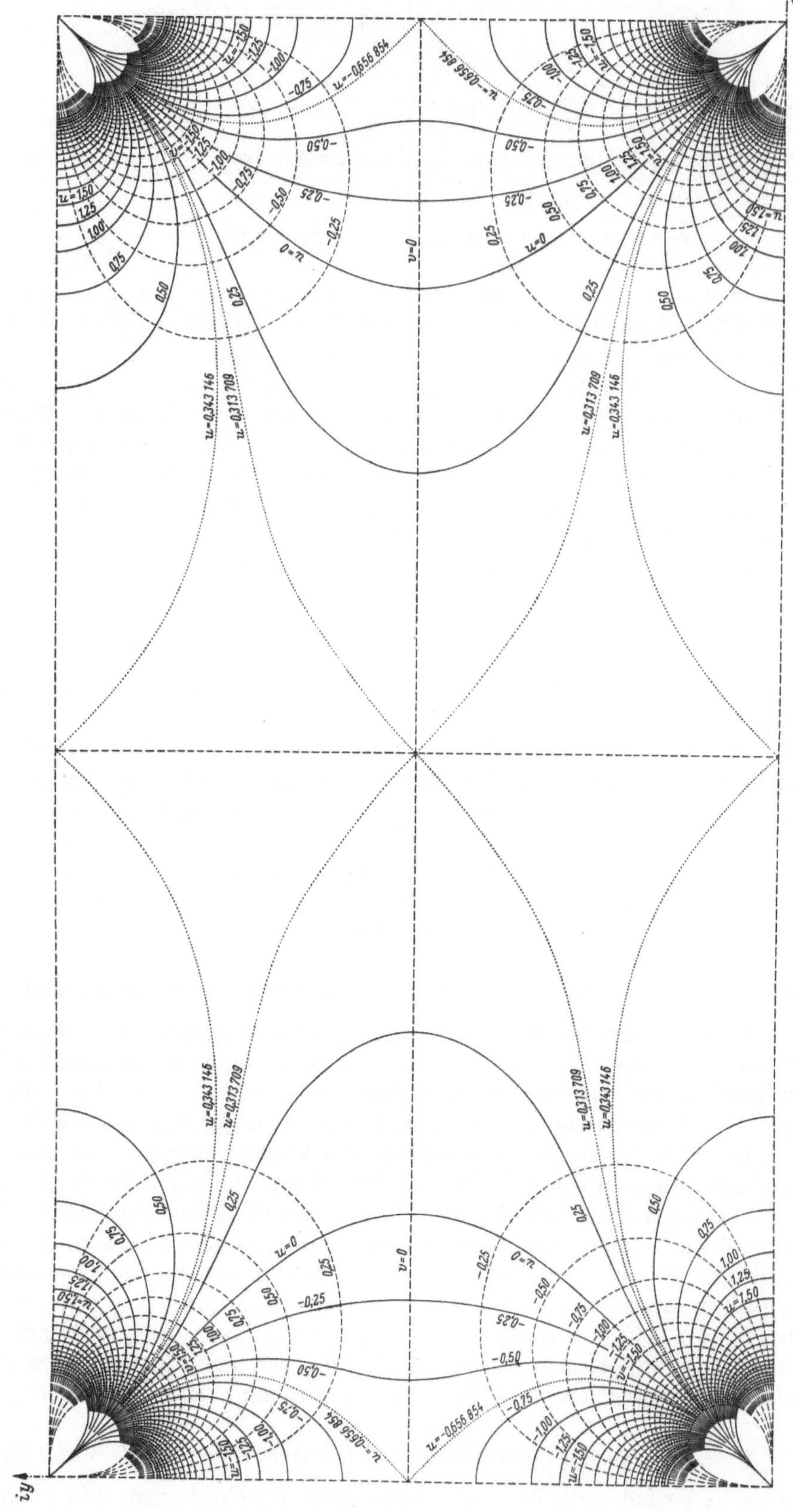

Abb. 82. Fundamentalbereich $\wp_1(z, k)$ in der z-Ebene; $u + i\,v = \wp_1(z, k)$, $(k = 0{,}985;\ \varkappa = 0{,}5)$

Abb. 83. Doppelter Fundamentalbereich $\wp_5(z, k)$ in der z-Ebene; $u + i\,v = \wp_5(z, k)$, $(k = 0{,}985;\ \varkappa = 0{,}5)$

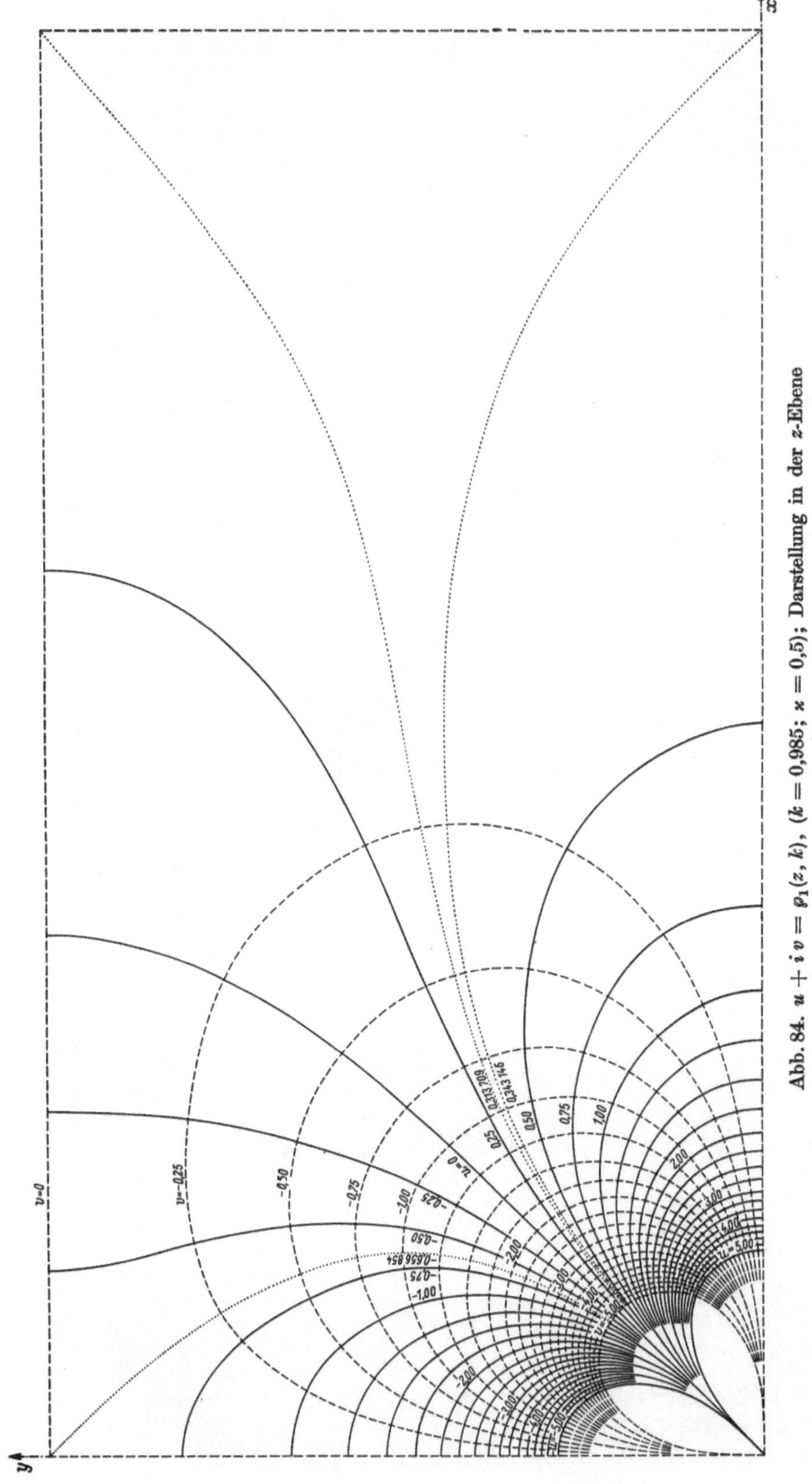

Abb. 84. $u + i v = \wp_1(z, k)$, $(k = 0{,}985;\ \varkappa = 0{,}5)$; Darstellung in der z-Ebene

von $\wp'_{\substack{1\\5}}(x, k)$ und $\wp'_{\substack{1\\5}}(y, k')$ gemäß (502)

$$\underset{(5)}{u_1}(x, y, k) = -\frac{\frac{1}{2}\overset{(-)}{g}_3 + \left[\wp_{\substack{1\\5}}(x, k) - \wp_{\substack{1\\5}}(y, k')\right]\left[\frac{1}{4}\overset{(-)}{g}_2 + \wp_{\substack{1\\5}}(x, k)\,\wp_{\substack{1\\5}}(y, k')\right]}{\left[\wp_{\substack{1\\5}}(x, k) + \wp_{\substack{1\\5}}(y, k')\right]^2}, \tag{660}$$

d. h. eine Beziehung, die nach $\wp_{\substack{1\\5}}(x, k)$ oder $\wp_{\substack{1\\5}}(y, k)$ auflösbar ist. Im ersteren Falle erhält man unter Beachtung von (502)

$$\underset{(5)}{\wp_1}(x, k) = \frac{1}{2}\,\frac{\left(\wp^2_{\substack{1\\5}}(y, k') - \frac{1}{4}\overset{(-)}{g}_2\right) - 2u_{\substack{1\\5}}\,\wp_{\substack{1\\5}}(y, k') \pm \sqrt{\left(\wp^2_{\substack{1\\5}}(y, k') + \frac{1}{4}\overset{(-)}{g}_2\right)^2 - 2u_{\substack{1\\5}}\,\wp'^2_{\substack{1\\5}}(y, k') - 2\overset{(-)}{g}_3\,\wp_{\substack{1\\5}}(y, k')}}{u_{\substack{1\\5}} + \wp_{\substack{1\\5}}(y, k')}. \tag{661}$$

Nach (661) kann nach Wahl von $u_1 = \text{const}$ bzw. $u_5 = \text{const}$ zu angenommenen y-Werten x durch Rückwärtsaufschlagen aus einer Funktionentafel für $\wp_1$ bzw. $\wp_5$ gewonnen werden.

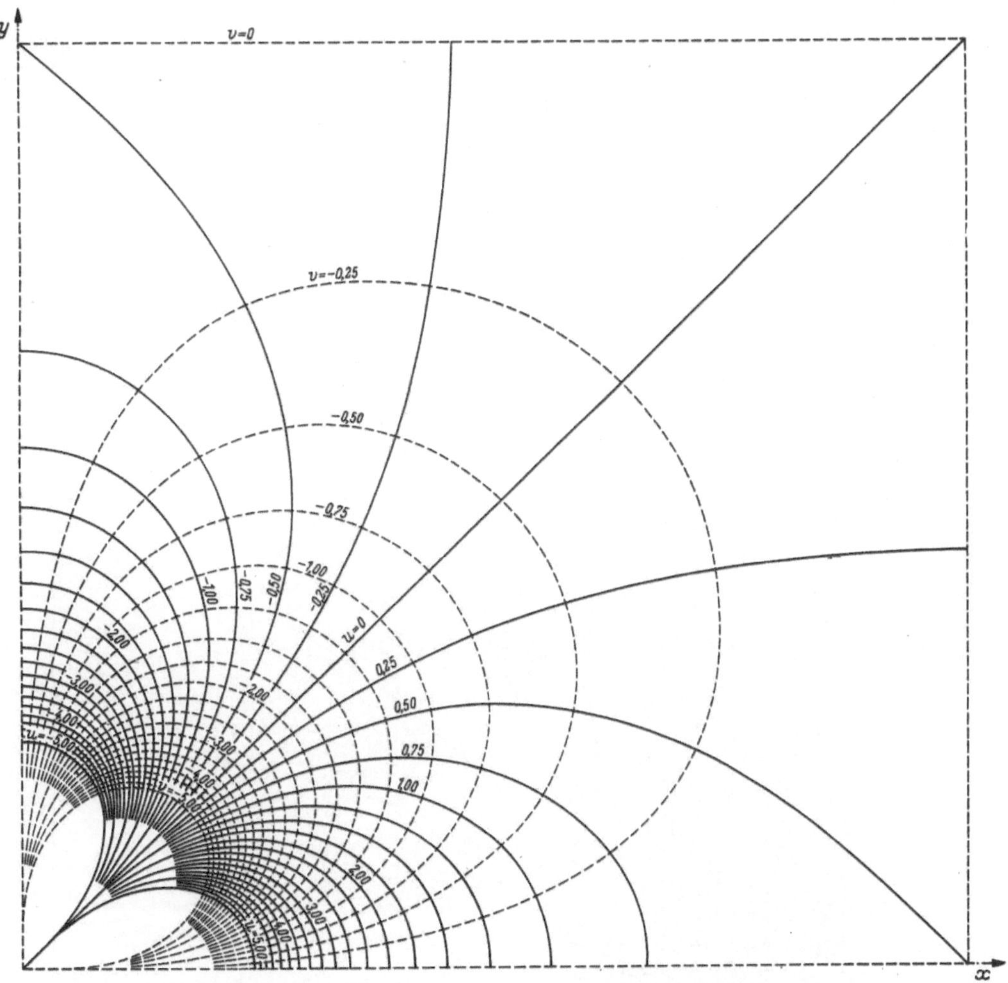

Abb. 85. $u + iv = \wp_1(z, k)$, ($k = 0{,}707$; $\varkappa = 1{,}0$); Darstellung in der z-Ebene

Nach Kenntnis der Linien $u = \text{const}$ ergeben sich die Linien $v = \text{const}$ als deren Orthogonaltrajektorien. Werden dabei gleich große Δu und Δv zugrunde gelegt, so entsteht ein quadratmaschiges Netz, das mit Hilfe der Rungeschen Diagonalnetzkontrolle sehr zuverlässig gezeichnet werden kann.

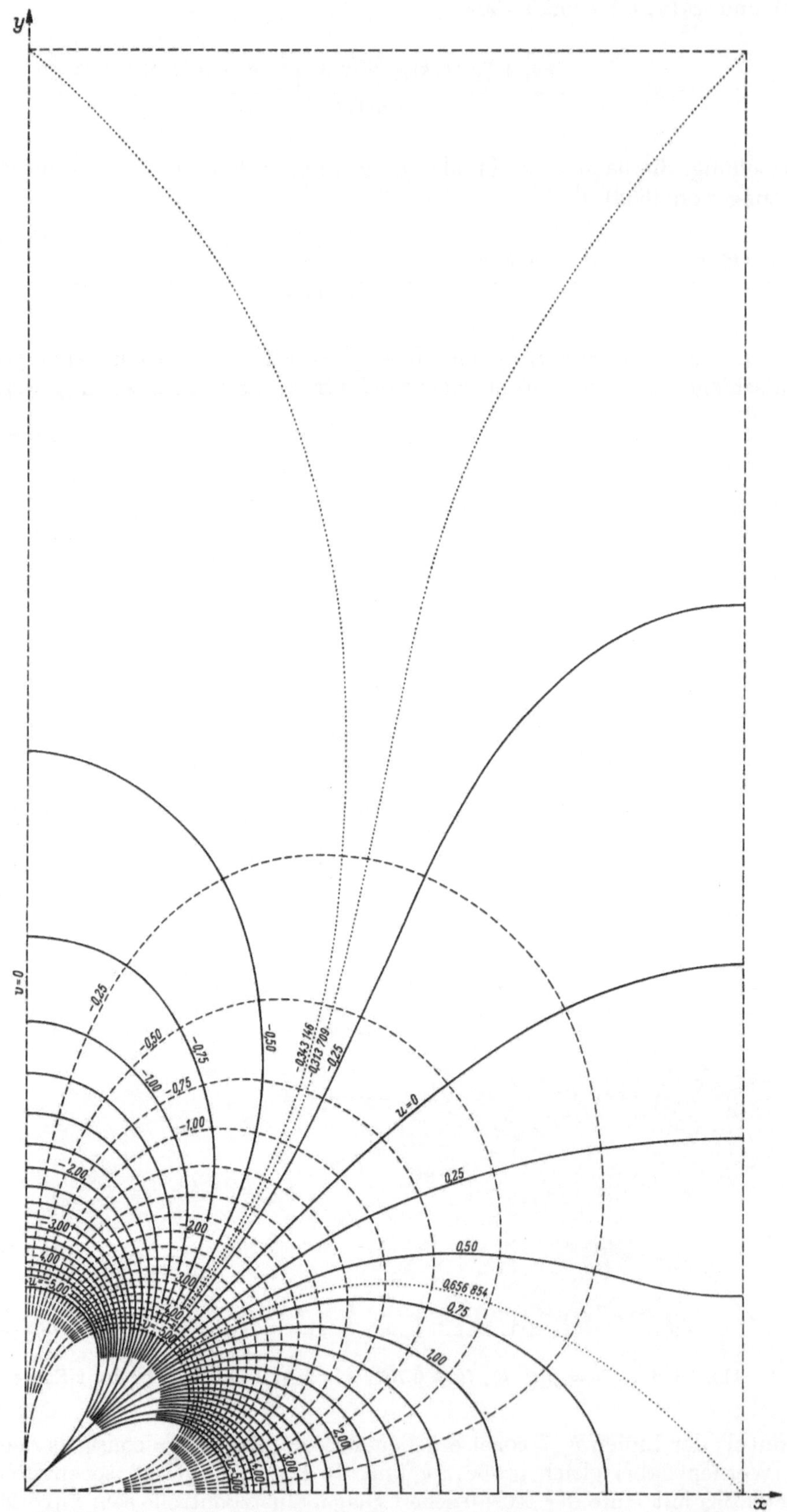

Abb. 86. $u + i\,v = \wp_1(z, k)$, $(k = 0{,}172;\ \varkappa = 2{,}0)$; Darstellung in der z-Ebene

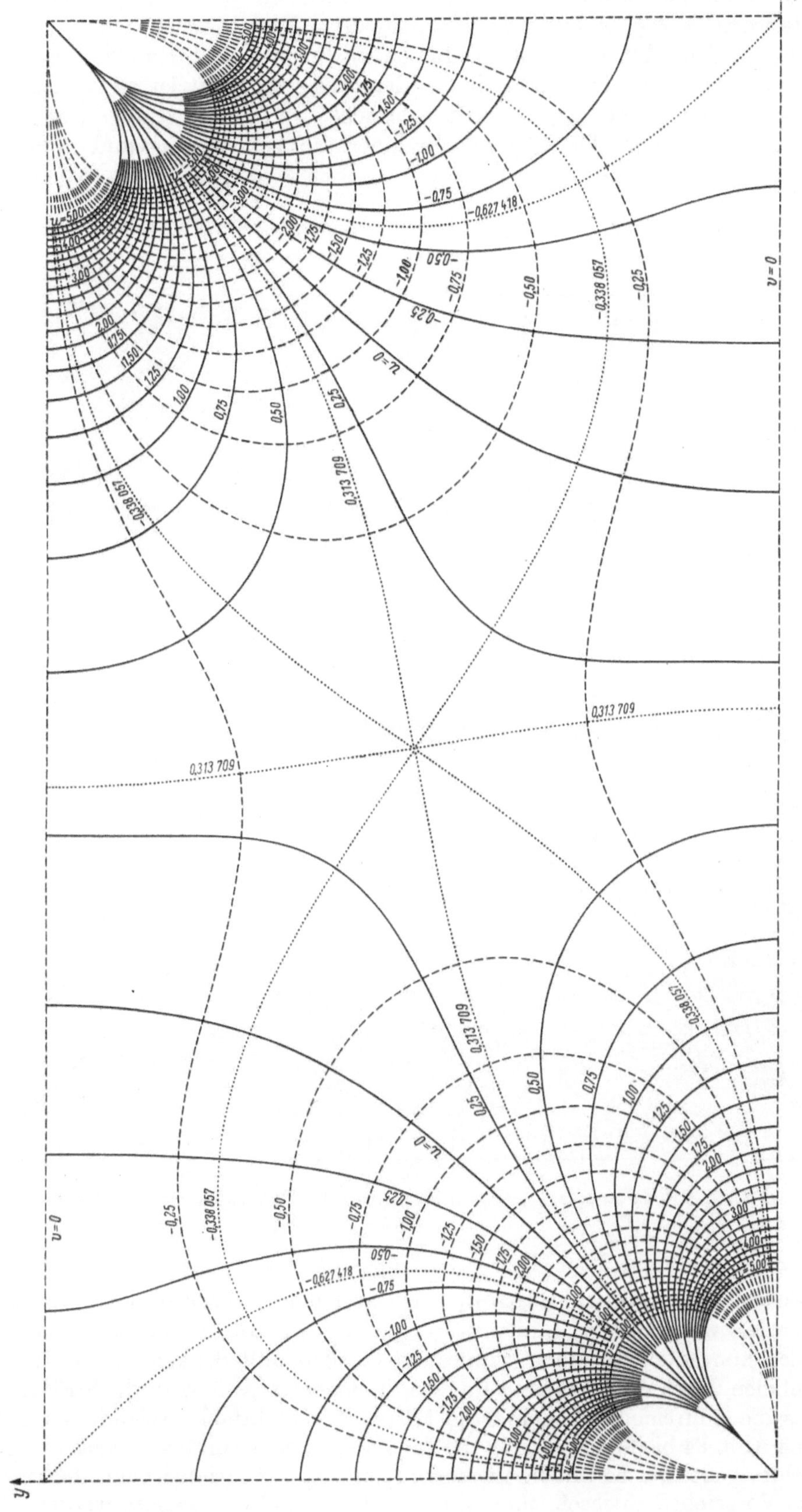

Abb. 87. $u + i\,v = \wp_5(z, k)$, $(k = 0{,}985;\ \varkappa = 0{,}5)$; Darstellung in der z-Ebene

Aus den Abb. 84 bis 89 ist die Abbildung der Funktionen $w = \wp_1(z, k)$ und $w = \wp_5(z, k)$ für die Parameterwerte $\varkappa = \frac{1}{2}$, $\varkappa = 1$ und $\varkappa = 2$ in der z-Ebene ersichtlich.

Betrachtet man in den Abb. 84 bis 86 die Linien $u_1 = \text{const}$ als Stromlinien eines Potentialfeldes, so wird das Strömungsbild durch die in den Polen konzentrierten Vierergruppen von Quellen und Senken gleich großer Ergiebigkeit behrrscht. Den Linien $u_1 = e_1$, $u_1 = e_2$, $u_1 = e_3$ entsprechen Strömungsscheiden. Die Stromlinien innerhalb von $u_1 = e_1$ und $u_1 = e_3$ beginnen

Abb. 88. $u + iv = \wp_5(z, k)$, $(k = 0{,}707;\ \varkappa = 1{,}0)$; **Darstellung in der z-Ebene**

und enden am gleichen Pol, während durch $u_1 = e_2$ das Hinüberwechseln der Stromlinien zu den Nachbarpolen geregelt wird. Bei den Linien $u_5 = \text{const}$ in den Abb. 87 bis 89 ist noch eine zweite in den Gegenpolen konzentrierte Vierergruppe von Quellen und Senken vorhanden. Auch hier stellen die Stromlinien durch die singulären Punkte, in denen $\wp_5' = 0$ wird, die Strömungsscheiden dar; es sind dies die polfreien Ecken und die Mitten der mehrfach erwähnten Quadranten.

Werden in den Abb. 84 bis 89 umgekehrt die Linien $v_1 = \text{const}$ und $v_5 = \text{const}$ als Stromlinien eines Potentialfeldes gedeutet, so bilden Vierergruppen von Potentialwirbeln, die von Quadrant zu Quadrant das Vorzeichen wechseln und in den Polen singulär ausgelöst werden, das hervortretende Merkmal des Strömungsbildes.

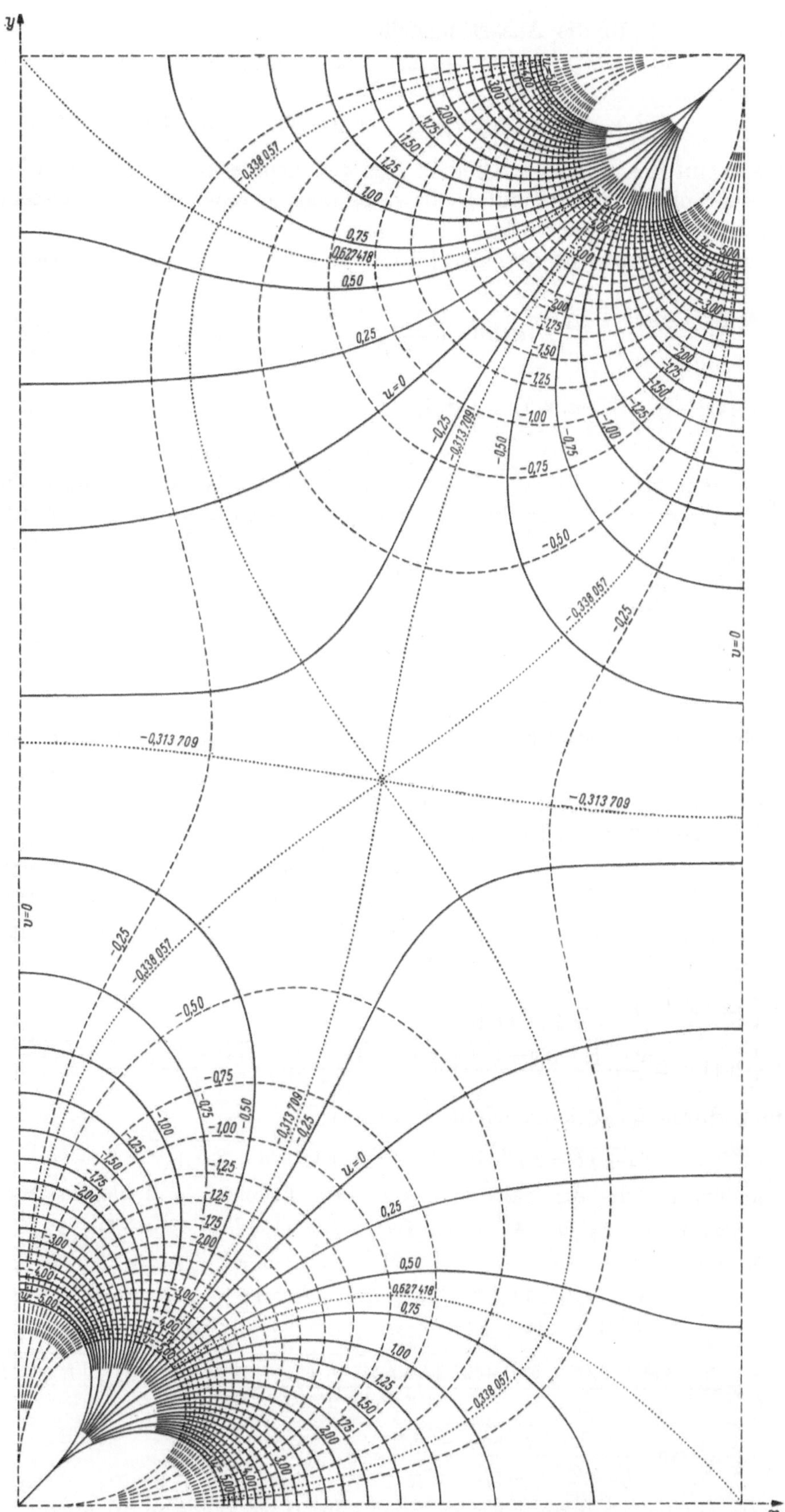

Abb. 89. $u + i\,v = \wp_5(z, k)$, $(k = 0{,}172;\ \varkappa = 2{,}0)$; Darstellung in der z-Ebene

87. Ausartungen im Komplexen

Werden die Gln. (659) auf die Ausartungsfälle

$$\varkappa \to 0 \quad \text{bzw.} \quad k = 1, \quad e_1 = e_2 = \tfrac{1}{3}, \quad e_3 = -\tfrac{2}{3} \quad \text{und} \quad \varkappa \to \infty \quad \text{bzw.} \quad k = 0, \quad e_1 = \tfrac{2}{3}, \quad e_2 = e_3 = -\tfrac{1}{3}$$

angewendet, so folgt

$$\underset{5}{u_1}(y, x, 0) = -\underset{5}{u_1}(x, y, 1), \quad \underset{5}{v_1}(y, x, 0) = \underset{5}{v_1}(x, y, 1); \tag{662}$$

man kann sich also auf den linken der beiden Ausartungsfälle und damit auf die linke Gruppe der Gln. (627) beschränken, von der nur $\wp_1$ bzw. $\wp_5$ und $\wp_4$ bzw. $\wp_6$ eine Darstellung im Komplexen besitzen.

Vertauscht man in der oberen der Gln. (627) z mit $z + i\pi/2$, so ergibt sich

$$\wp_1\left(z + \frac{i\pi}{2}, 1\right) = \wp_5\left(z + \frac{i\pi}{2}, 1\right) = \frac{1}{3} + \frac{1}{\sinh^2\left(z + \frac{i\pi}{2}\right)} = \frac{1}{3} + \frac{1}{\left[\sinh z \cos\frac{\pi}{2} + i \cosh z \sin\frac{\pi}{2}\right]^2} = \frac{1}{3} - \frac{1}{\cosh^2 z}$$

oder

$$\wp_1\left(z + \frac{i\pi}{2}, 1\right) = \wp_5\left(z + \frac{i\pi}{2}, 1\right) = \wp_4(z, 1) = \wp_6(z, 1). \tag{663}$$

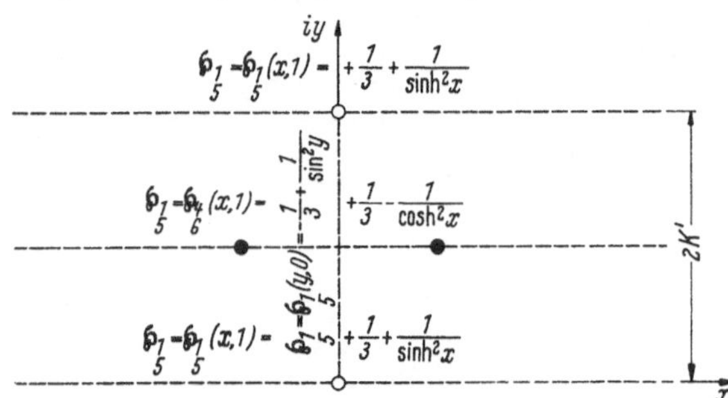

Abb. 90. Polverhalten der Funktion $\wp_1(z, k = 1) = \wp_5(z, k = 1)$

Nach (663) genügt eine Verschiebung der x-Achse um $\pi/2$, um die beiden restlichen Funktionen von (627) auch noch ineinander überzuführen. Es verbleibt daher als einzige zu betrachtende Ausartung

$$\underset{5}{\wp_1}(z, 1) = \frac{1}{3} + \frac{1}{\sinh^2 z} = \frac{1}{3} - \frac{2}{1 - \cosh 2z} = \frac{1}{3} - \frac{1}{1 - \cosh 2(x + iy)}, \tag{664}$$

deren Fundamentalbereich mit Polen und Nullstellen sowie den Geraden reellen und rein imaginären Funktionsverhaltens aus Abb. 90 ersichtlich ist.

Die Aufspaltung von (664) in Real- und Imaginärteil liefert

$$\underset{5}{\wp_1}(z, 1) = u(x, y) + i\,v(x, y); \quad u = \frac{1}{3} - 2\,\frac{1 - \cosh 2x \cos 2y}{(\cosh 2x - \cos 2y)^2}, \quad v = -\frac{2 \sinh 2x \sin 2y}{(\cosh 2x - \cos 2y)^2}. \tag{665}$$

Die Gln. (665) lassen sich nach x und y auflösen. Wird hierfür an (664) angeknüpft, so folgt in Verbindung mit Gln. (143) des ersten Bandes

$$x + iy = \frac{1}{2} \operatorname{ar\,cosh}\left[1 + \frac{2}{(u - \frac{1}{3}) + i v}\right]$$
$$= \frac{1}{2} \ln\left[1 + 2\,\frac{(u - \frac{1}{3}) - i v + \sqrt{(u + \frac{2}{3})(u - \frac{1}{3})^2 + (u - \frac{4}{3}) v^2 - i v\left((u - \frac{1}{3})(u + \frac{5}{3}) + v^2\right)}}{(u - \frac{1}{3})^2 + v^2}\right].$$

Nun ist, wie man durch Quadrieren leicht verifiziert,

$$\sqrt{a \pm i b} = \sqrt{\tfrac{1}{2}}\sqrt{a + \sqrt{a^2 + b^2}} \pm i \sqrt{\tfrac{1}{2}}\sqrt{-a + \sqrt{a^2 + b^2}}. \tag{666}$$

Wird diese Beziehung für die Aufspaltung des Zählers beachtet und gleichzeitig

$$f_1(u, v) = (u + \tfrac{2}{3})(u - \tfrac{1}{3})^2 + (u - \tfrac{4}{3}) v^2, \quad f_2(u, v) = (u - \tfrac{1}{3})(u + \tfrac{5}{3}) + v^2 \tag{667}$$

gesetzt, so erhält man

$$x + iy = \frac{1}{2} \ln\left[\frac{f_2 + \sqrt{2}\sqrt{f_1 + \sqrt{f_1^2 + v^2 f_2^2}}}{(u - \frac{1}{3})^2 + v^2} - i\,\frac{2v \mp \sqrt{2}\sqrt{-f_1 + \sqrt{f_1^2 + v^2 f_2^2}}}{(u - \frac{1}{3})^2 + v^2}\right] \tag{668}$$

und damit

$$\begin{aligned} x &= \frac{1}{4} \ln \frac{f_2^2 + 4v^2 + 4\sqrt{f_1^2 + v^2 f_2^2} + 2\sqrt{2}\, f_2 \sqrt{f_1 + \sqrt{f_1^2 + v^2 f_2^2}} \mp 4\sqrt{2}\, v \sqrt{-f_1 + \sqrt{f_1^2 + v^2 f_2^2}}}{[(u - \frac{1}{3})^2 + v^2]^2}, \\ y &= -\frac{1}{2} \operatorname{arc\,tan} \frac{2v \mp \sqrt{2}\sqrt{-f_1 + \sqrt{f_1^2 + v^2 f_2^2}}}{f_2 + \sqrt{2}\sqrt{f_1 + \sqrt{f_1^2 + v^2 f_2^2}}}. \end{aligned} \tag{669}$$

Die Abbildung der w-Ebene auf die z-Ebene gemäß (669) ist aus Abb. 91 ersichtlich. Vergleicht man sie mit denjenigen der nicht ausgearteten Funktionen (Abb. 84 bis 86), so sind nur noch die zu $u = e_3 = -\frac{2}{3}$ gehörigen Scheidelinien übriggeblieben. Ein Vergleich mit den Abb. 87 bis 89

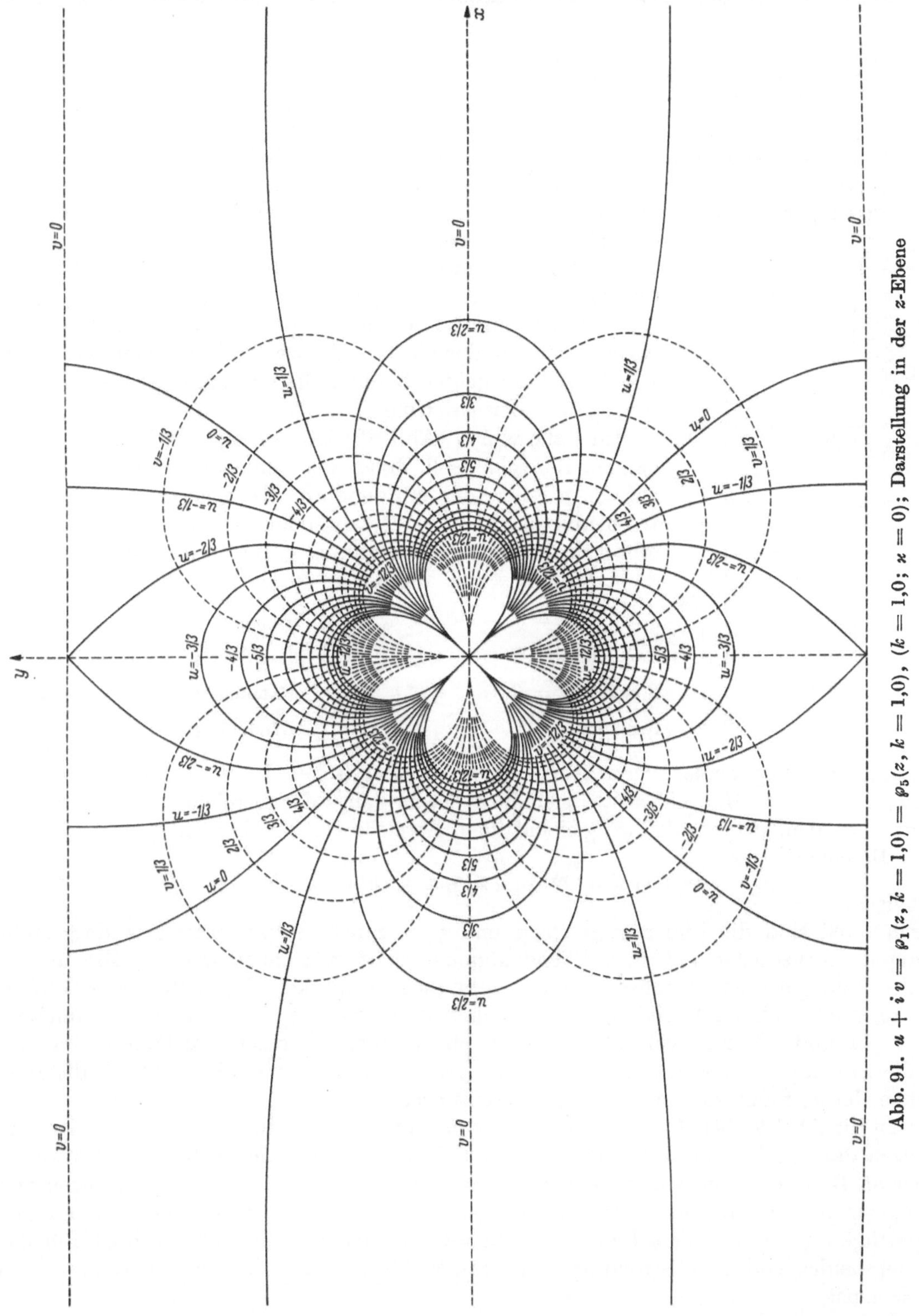

Abb. 91. $u + i\,v = \wp_1(z, k = 1{,}0) = \wp_5(z, k = 1{,}0)$, $(k = 1{,}0;\ \varkappa = 0)$; Darstellung in der z-Ebene

der $\wp_5$-Funktion ist nicht möglich, da mit $\varkappa \to 0$ und $K \to \infty$ auch die Vierergruppen in den Quadrantenmitten ins Unendliche gerückt sind.

88. Umkehrfunktionen von $\wp_1$ und $\wp_5$ im Komplexen und Ausartungen

Die zu $\wp_1$ und $\wp_5$ gehörigen Umkehrfunktionen, die gemäß (545) durch die Integrale

$$z_1 = \int_{\wp_1}^{\infty} \frac{dt}{\sqrt{4t^3 - g_2 t - g_3}} \quad \text{und} \quad z_5 = \int_{\wp_5}^{\infty} \frac{dt}{\sqrt{4t^3 - \bar{g}_2 t - \bar{g}_3}} \tag{670}$$

dargestellt werden können, sind entsprechend dem Periodenverhalten von $\wp_1$ und $\wp_5$ ∞^2-fach vieldeutig. Nach den Ausführungen in Abschnitt 86 wird der gesamte Wertevorrat von u und der negative von v gerade einmal verbraucht, wenn im Falle von z_1 ein Viertel, im Falle von z_5 ein Achtel des zu $\wp_1$ gehörigen Funtamentalbereiches — entsprechend den in Abb. 92 durch waagerechte Schraffur gekennzeichneten Bereichen der z-Ebene — abgebildet werden. In den daruntergelegenen, lotrecht schraffierten Bereichen der z-Ebene von gleicher Größe wird umgekehrt der positive Wertevorrat von v einmal verbraucht. Die Abbildung beider Bereiche liefert somit gerade ein RIEMANNsches Blatt der w-Ebene.

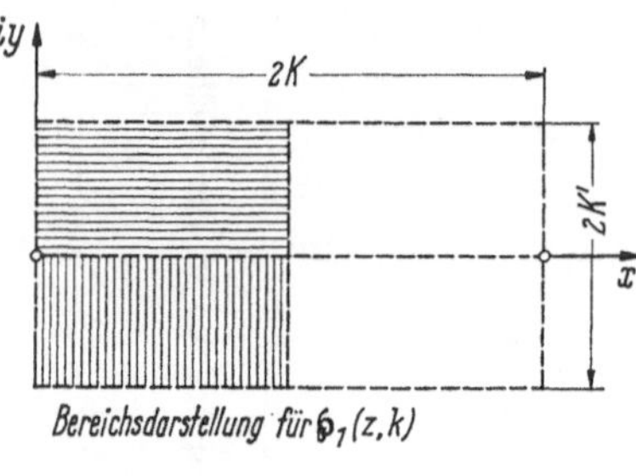

Bereichsdarstellung für $\wp_1(z,k)$

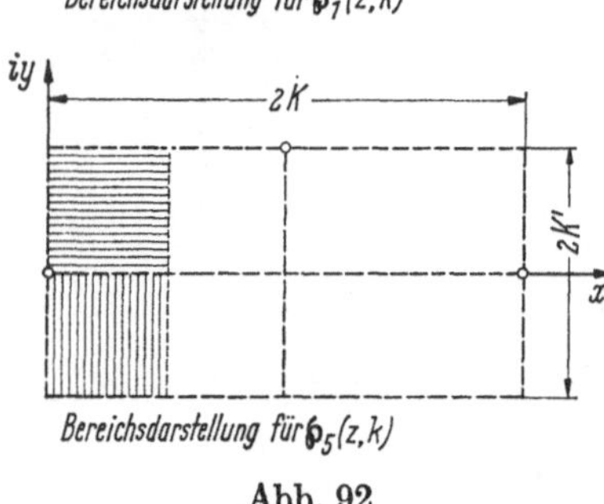

Bereichsdarstellung für $\wp_5(z,k)$

Abb. 92

Im Falle von z_1 (Abb. 92) ist $\wp_1$ längs des Randes der abzubildenden Bereiche reell. Jeder der beiden Ränder bildet sich daher auf die u-Achse der w-Ebene ab. Werden die Bereiche mit negativen und positiven v-Werten zunächst getrennt betrachtet, so ergibt sich die folgende Zuordnung zwischen den Randlinien und den Abbildungsstrecken auf der u_1-Achse (Abb. 79[1]):

Randlinie $x = 0$ $\rightarrow$	$-\infty < u_1 \leqq e_3$,	Randlinie $x = 0$ $\rightarrow$	$-\infty < u_1 \leqq e_3$,
Randlinie $y = K'$ $\rightarrow$	$e_3 \leqq u_1 \leqq e_2$,	Randlinie $y = -K'$ $\rightarrow$	$e_3 \leqq u_1 \leqq e_2$,
Randlinie $x = K$ $\rightarrow$	$e_2 \leqq u_1 \leqq e_1$,	Randlinie $x = K$ $\rightarrow$	$e_2 \leqq u_1 \leqq e_1$,
Randlinie $y = 0$ $\rightarrow$	$e_1 \leqq u_1 < \infty$.	Randlinie $y = 0$ $\rightarrow$	$e_1 \leqq u_1 < \infty$.

Bei Zusammenfügung beider Bereiche zu einem RIEMANNschen Blatt entfällt die Abbildungsstrecke $e_1 \leqq u_1 < \infty$. Man hat sich daher die w-Ebene längs des Bereiches $-\infty < u_1 \leqq e_1$ aufgeschnitten zu denken und alle ∞^2 gleichartigen Bereiche der z-Ebene entsprechend mit einem der drei Bereiche

$$-\infty < u_1 \leqq e_3 \quad \text{bzw.} \quad e_3 \leqq u_1 \leqq e_2 \quad \text{bzw.} \quad e_2 \leqq u_1 \leqq e_1$$

zu verheften.

Durch (658) sind die Linien $x_1 = \text{const}$ und $y_1 = \text{const}$ in Parameterform dargestellt. Die zugehörigen Kurvennetze in der w-Ebene können leicht gezeichnet werden. Die durch (659) in Erscheinung getretene Wechselseitigkeit bezüglich reziproker Parameter oder konjugierter Moduln zeichnet auch die Abbildungen der Umkehrfunktionen aus, wie die den Parameterwerten $\varkappa = \frac{1}{2}$, $\varkappa = 1$ und $\varkappa = 2$ zugeordneten Abb. 93 bis 95 erkennen lassen. Im Falle $\varkappa = 1$ (Abb. 94) stellen die Linien $y = \text{const}$ die an der v_1-Achse gespiegelten x-Linien dar, was auf die Diagonalsymmetrie der v_1-Funktion für $\varkappa = 1$ zurückzuführen ist.

Werden die Abb. 93 bis 95 als Potentialfelder gedeutet, so stellt die Funktion z_1 Kontinuumsströmungen dar. Deckt man z. B. die obere Halbebene ab, was einer Abbildung des waagerecht schraffierten Bereiches von Abb. 92 entspricht, so liegen Potentialfelder vor, bei denen zwei der oben aufgezeigten vier Bereiche der u_1-Achse gesperrt und zwei durchströmt sind. Es ist dabei völlig gleichgültig, ob man die u-Linien oder die v-Linien als Stromlinien betrachtet. Für das Verhältnis der beiden endlichen Strömungs- und Sperrschlitze ergibt sich bei den Linien $x = \text{const}$ bzw. $y = \text{const}$

$$\varepsilon_x = \frac{e_3 - e_2}{e_2 - e_1} \quad \text{bzw.} \quad \varepsilon_y = \frac{e_2 - e_1}{e_3 - e_2} \quad \text{mit} \quad \begin{matrix} \infty > \varepsilon_x > 0 \\ 0 < \varepsilon_y < \infty \end{matrix} \quad \text{für} \quad 0 < \varkappa < \infty, \quad 1 > \varkappa > 0. \tag{671}$$

Der zu (671) gehörige Verlauf von ε_x und ε_y ist aus Abb. 96 ersichtlich.

Im Ausartungsfalle $\varkappa \to 0$ geht $\varepsilon_y \to 0$, d. h., die endliche Durchtrittsöffnung verschwindet und wird zu einer logarithmischen Punktsenke, wie aus der zu $\varkappa = 0$ gehörigen Abb. 97 zu entnehmen ist. Anhand der Gln. (664) bis (669) läßt sich dies auch theoretisch zeigen.

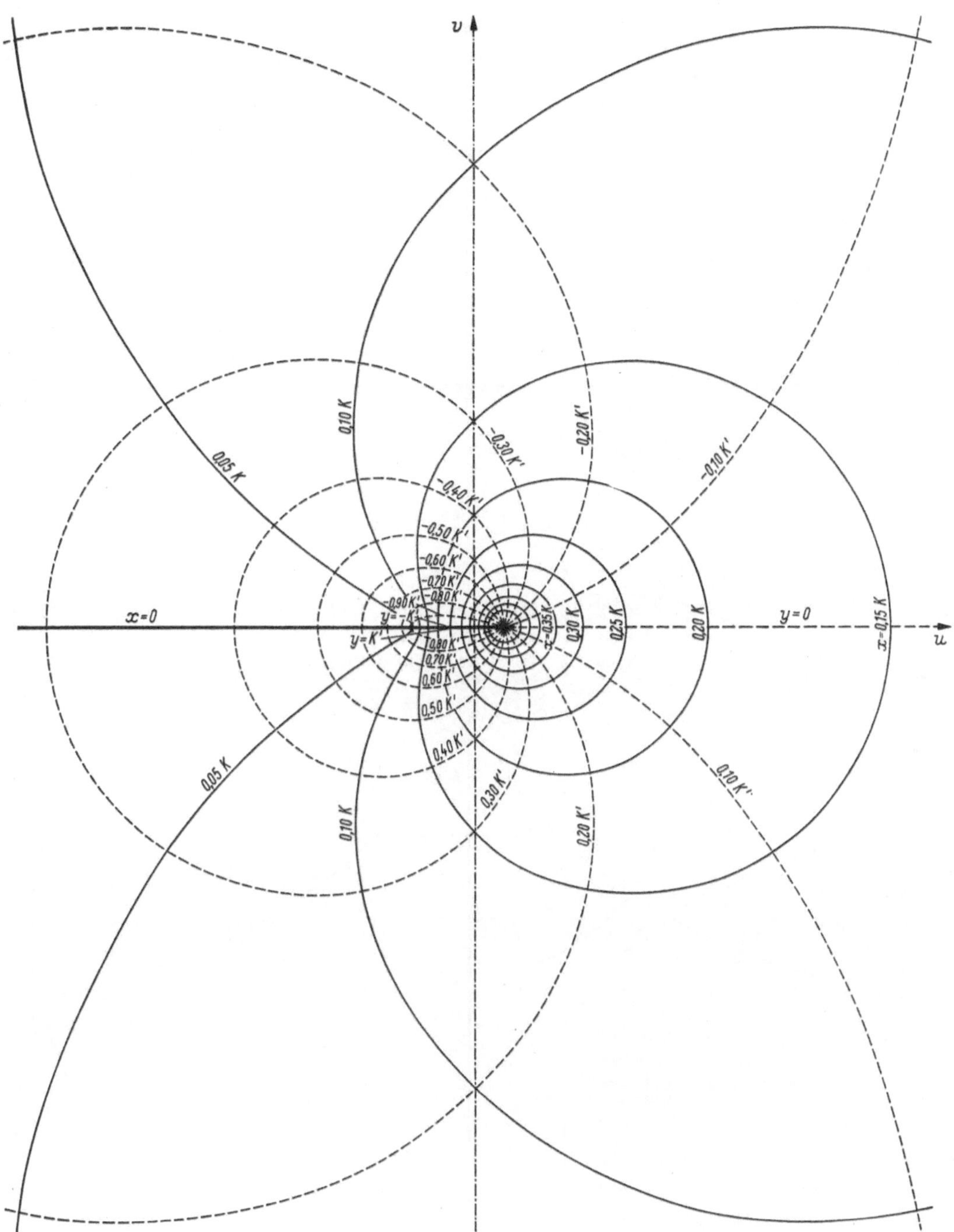

Abb. 93. $u + iv = \wp_1(z, k)$, ($k = 0{,}985$; $\varkappa = 0{,}5$); Darstellung in der w-Ebene

Nach (665) wird, wenn $x \to \infty$ geht, für alle y-Werte

$$u = e_1 = e_2 = \tfrac{1}{3}, \quad v = 0,$$

was nichts anderes bedeutet, als daß das unendlich Ferne der z-Ebene in den Punkt $u = \frac{1}{3}$, $v = 0$

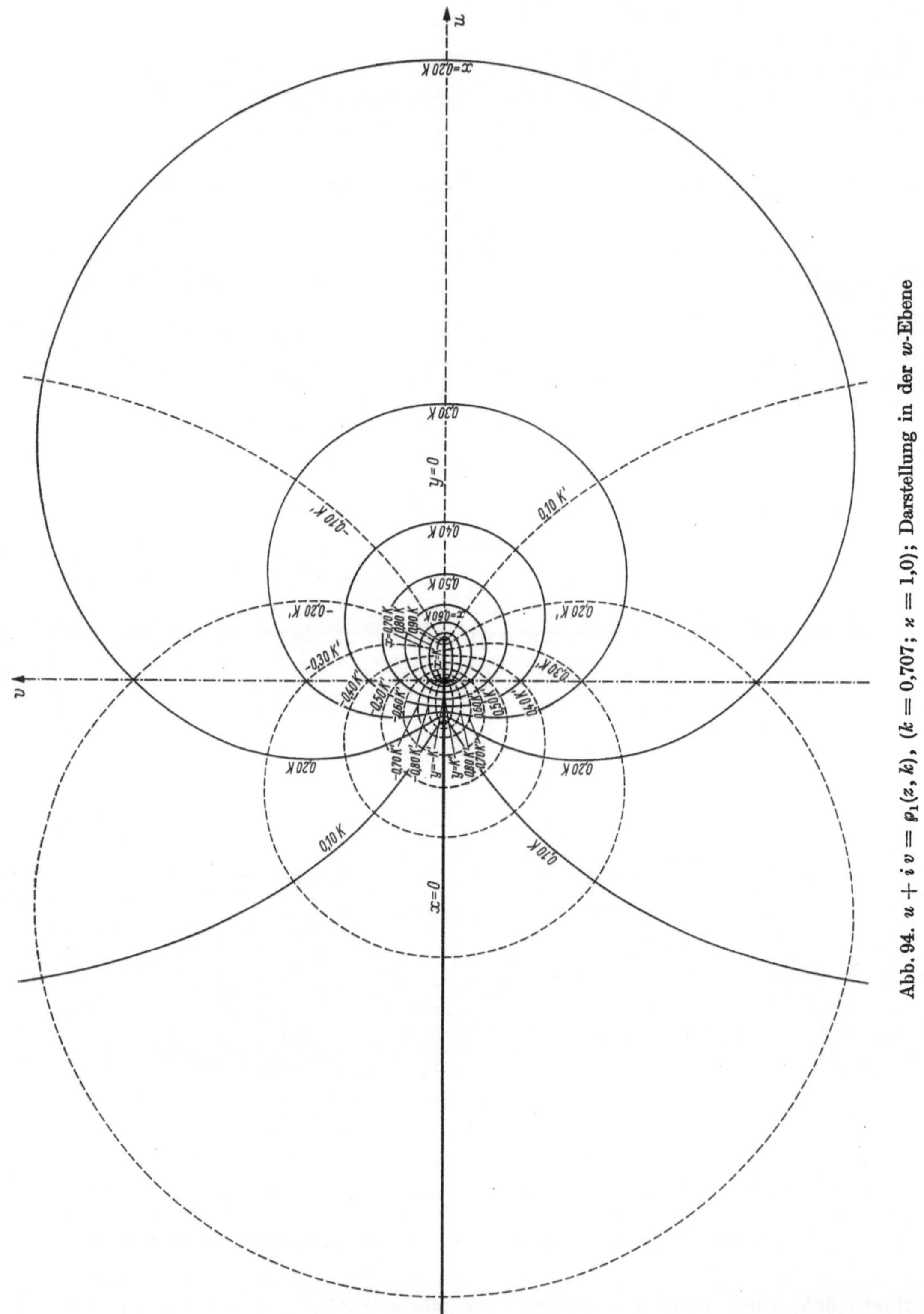

Abb. 94. $u + i\,v = \wp_1(z, k)$, $(k = 0{,}707;\ \varkappa = 1{,}0)$; Darstellung in der w-Ebene

der w-Ebene gespiegelt wird. Führt man diese Koordinaten in (667) ein, so ergibt sich

$$\begin{array}{l} u \to \tfrac{1}{3}: \\ v \to 0: \end{array} \quad f_1 \to \lim[(u - \tfrac{1}{3})^2 - v^2], \quad f_2 \to \lim[2(u - \tfrac{1}{3}) + v^2],$$

$$f_1 + v^2 f_2^2 \to \lim[(u - \tfrac{1}{3})^2 + v^2]^2, \quad \pm f_1 + \sqrt{f_1^2 + v^2 f_2^2} \begin{array}{l} \to (u - \tfrac{1}{3})^2 \\ \to v^2 \end{array}$$

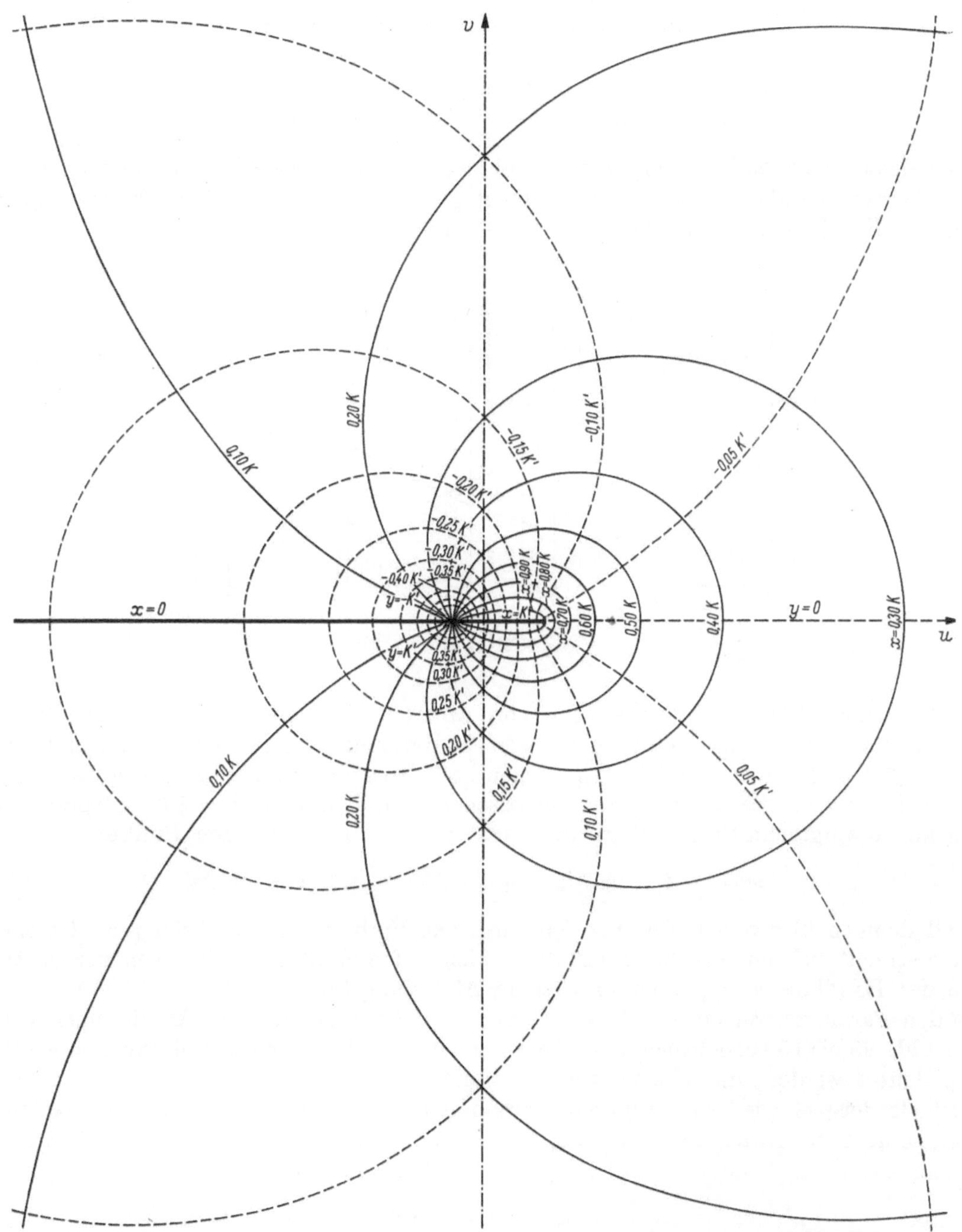

Abb. 95. $u + i\,v = \wp_1(z, k)$, $(k = 0{,}172;\ \varkappa = 2{,}0)$; Darstellung in der w-Ebene

Damit erhält man für x und y nach (669)

$$\begin{array}{l} u \to \tfrac{1}{3}: \\ v \to 0: \end{array} \quad x \to \frac{1}{2} \ln \frac{4}{\sqrt{(u - \frac{1}{3})^2 + v^2}}, \quad y \to -\frac{1}{2} \operatorname{arc\,tan} \frac{v}{u - \frac{1}{3}} \quad \text{für} \quad \varkappa \to 0. \qquad \text{(672)}$$

Nach (672) ist der Punkt $u = \frac{1}{3}$, $v = 0$ in der Tat ein logarithmischer Pol. Der zugehörige Hauptteil folgt zu $\frac{1}{2}$.

Im Falle von z_5 (Abb. 92) ist $\wp_5$ nur noch längs dreier Randlinien der abzubildenden Bereiche reell. Die Zuordnung zwischen den Randlinien und den Abbildungsstrecken auf der u_5-Achse ergibt hier zusammengefaßt (Abb. 79[5]):

$$\text{Randlinie } x = 0 \rightarrow -\infty < u_5 \leqq -2e_2,$$

$$\text{Randlinie } y = \pm K' \rightarrow -2e_2 \leqq u_5 \leqq 1 - 2e_2,$$

$$\text{Randlinie } x = \tfrac{1}{2}K \rightarrow \text{komplex},$$

$$\text{Randlinie } y = 0 \rightarrow 1 - 2e_2 \leqq u_5 < +\infty,$$

woraus ersichtlich ist, daß die komplexe Abbildung der Randlinie $\frac{1}{2}K$ beim oberen und $\frac{1}{2}K$ beim unteren Bereich singulär in die u_5-Achse eingefügt ist, d. h. ohne daß die Kontinuität der Abbildung der Randlinien mit reellen $\wp_5$-Werten unterbrochen wird.

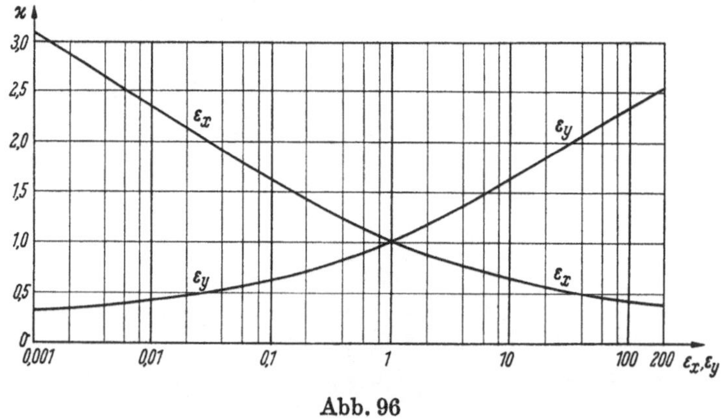

Abb. 96

Bei Zusammenfügung beider Bereiche von Abb. 92 zu einem RIEMANNschen Blatt entfällt wieder die zu $y = 0$ gehörige Abbildungsstrecke, so daß man sich die w-Ebene längs des Bereiches $-\infty < u_5 \leqq 1 - 2e_2$ aufgeschnitten zu denken hat. Darüber hinaus muß die w-Ebene auch noch längs der singulär an die u_5-Achse angeschlossenen, der Randlinie $x = \frac{1}{2}K$ entsprechenden Abbildungskurve aufgeschnitten werden, die nach Abb. 79[5] zwischen den Punkten

$$w = 1 - 2e_2 \quad \text{und} \quad w = +e_2 - 2ikk' \quad \text{und} \quad w = 1 - 2e_2$$

liegt und demgemäß zweimal durchlaufen wird. Die Verheftung der übrigen ∞^2 RIEMANNschen Blätter erstreckt sich entsprechend auf die beiden aufgeschnittenen Strecken der u_5-Achse und auf die der Randlinie $x = \frac{1}{2}K$ entsprechende Abbildungskurve.

Die den Parameterwerten $\varkappa = \frac{1}{2}$, $\varkappa = 1$ und $\varkappa = 2$ entsprechenden Abbildungen von z_5 sind aus den Abb. 98 bis 100 ersichtlich. Auch hier handelt es sich, wenn die Abbildungen als Potentialfelder gedeutet werden, um Kontinuumsströmungen.

Wird als Beispiel wiederum eine Kontinuumsströmung mit oben abgedeckter Halbebene betrachtet, so liegt eine Zwängungsströmung vor, für welche die der Randlinie $x = \frac{1}{2}K$ entsprechende Abbildungskurve die Hinderniskontur liefert. Am Umkehrpunkt

$$w = +e_2 - 2ikk'$$

muß sich die Geschwindigkeitsrichtung sprunghaft umkehren. Die Zwängung wird um so ausgeprägter, je mehr sich $\varkappa$ dem Wert Null nähert.

Im Falle $\varkappa = 1$ ist die zu $x = \frac{1}{2}K$ gehörige Abbildungskurve ein Halbkreis, dem ein Gegenhalbkreis bei der Linie $y = \frac{1}{2}K'$ entspricht (Abb. 99). Der Mittelpunkt der beiden Halbkreise fällt mit dem Koordinatenursprung zusammen, der Halbmesser ist gerade 1.

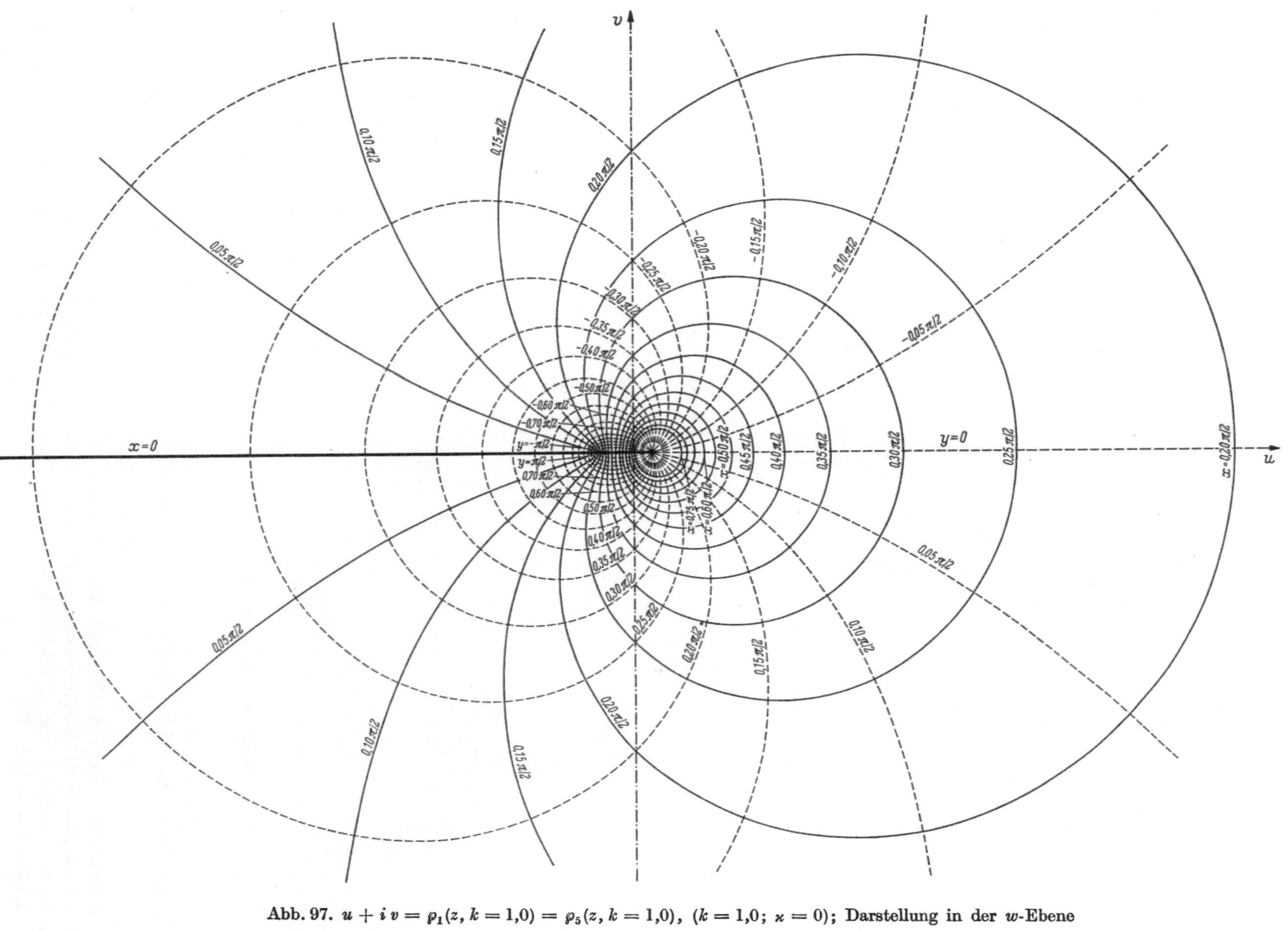

Abb. 97. $u + i v = \wp_1(z, k = 1{,}0) = \wp_5(z, k = 1{,}0)$, $(k = 1{,}0;\ \varkappa = 0)$; Darstellung in der w-Ebene

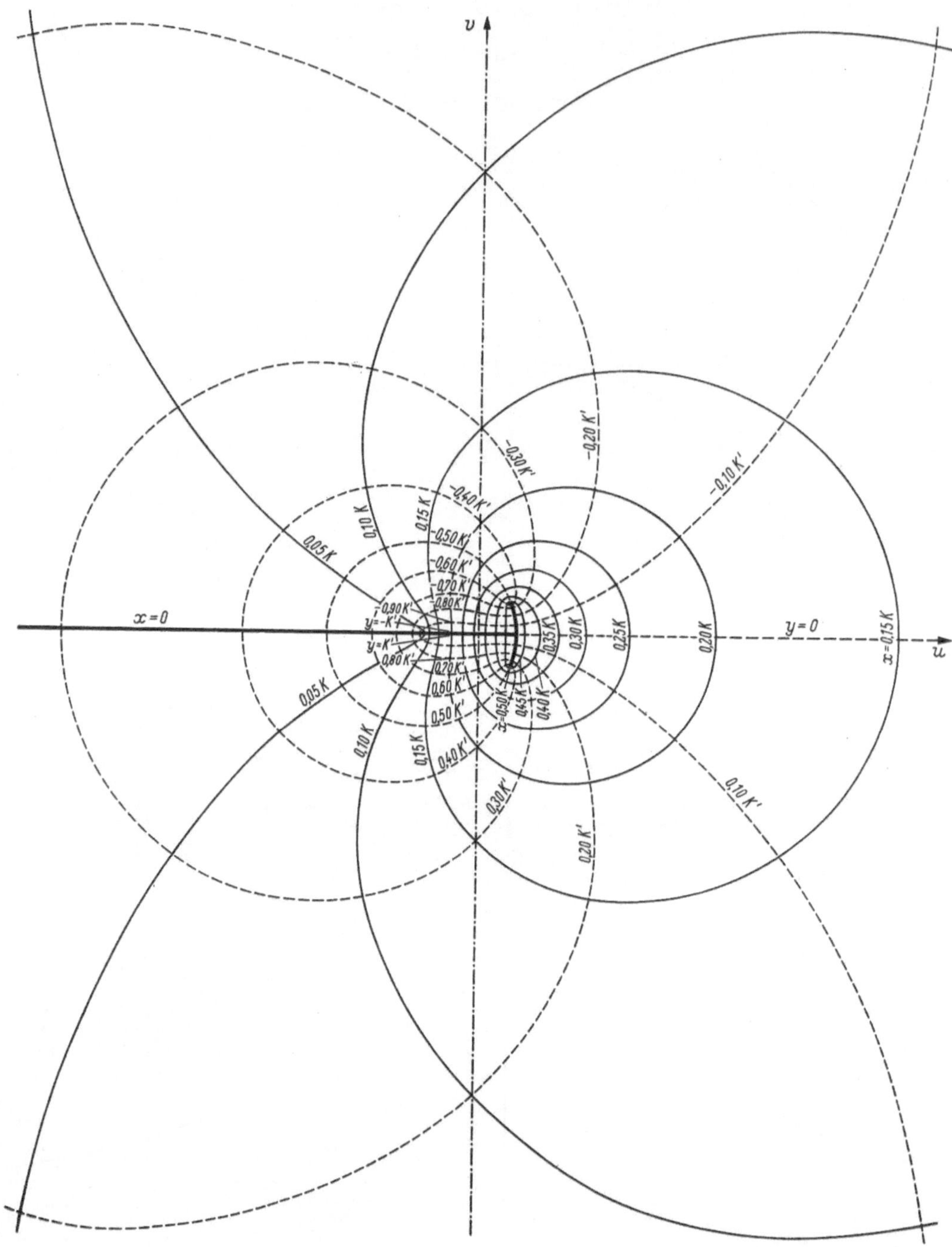

Abb. 98. $u + i\,v = \wp_5(z, k)$, $(k = 0{,}985;\ \varkappa = 0{,}5)$; Darstellung in der w-Ebene

Bei der Ausartung $\varkappa \to 0$ geht die zu $x = \frac{1}{2}K$ gehörige Abbildungskurve in einen Vollkreis über, ebenfalls mit dem Halbmesser 1, dessen Mittelpunkt mit der singulären Anschlußstelle

$$w = 1 - 2e_2 = \tfrac{1}{3}$$

zusammenfällt. Bei der Deutung der Abbildung als Potentialfeld verliert der Vollkreis jedoch seinen Charakter als Hinderniskontur, da, wie bereits bei Behandlung der identisch übereinstimmenden Ausartung von z_1 erläutert wurde, das Feld in dasjenige einer logarithmischen Punktsenke ausartet (Abb. 97).

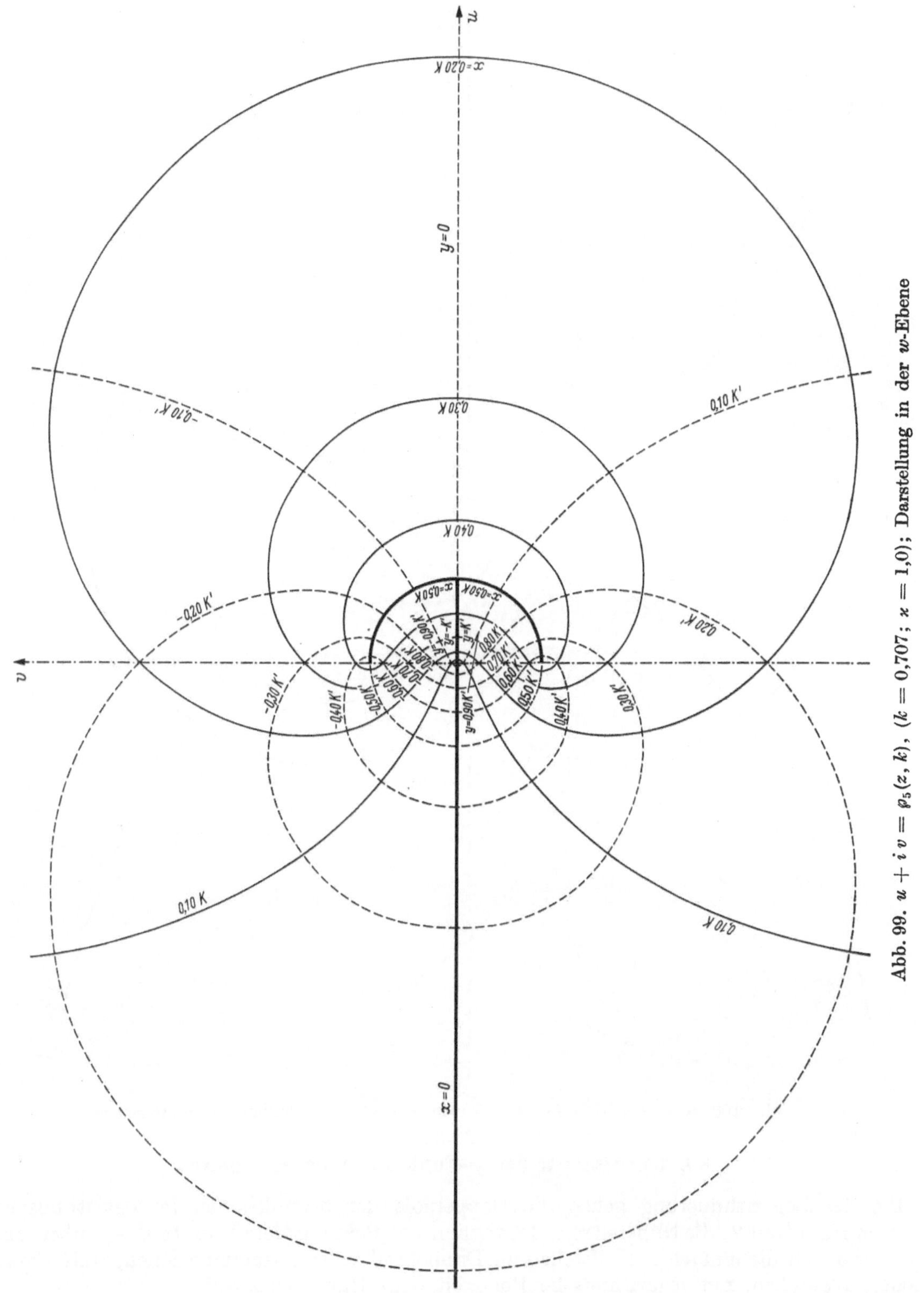

Abb. 99. $u + i\,v = \wp_5(z, k)$, $(k = 0{,}707;\ \varkappa = 1{,}0)$; Darstellung in der w-Ebene

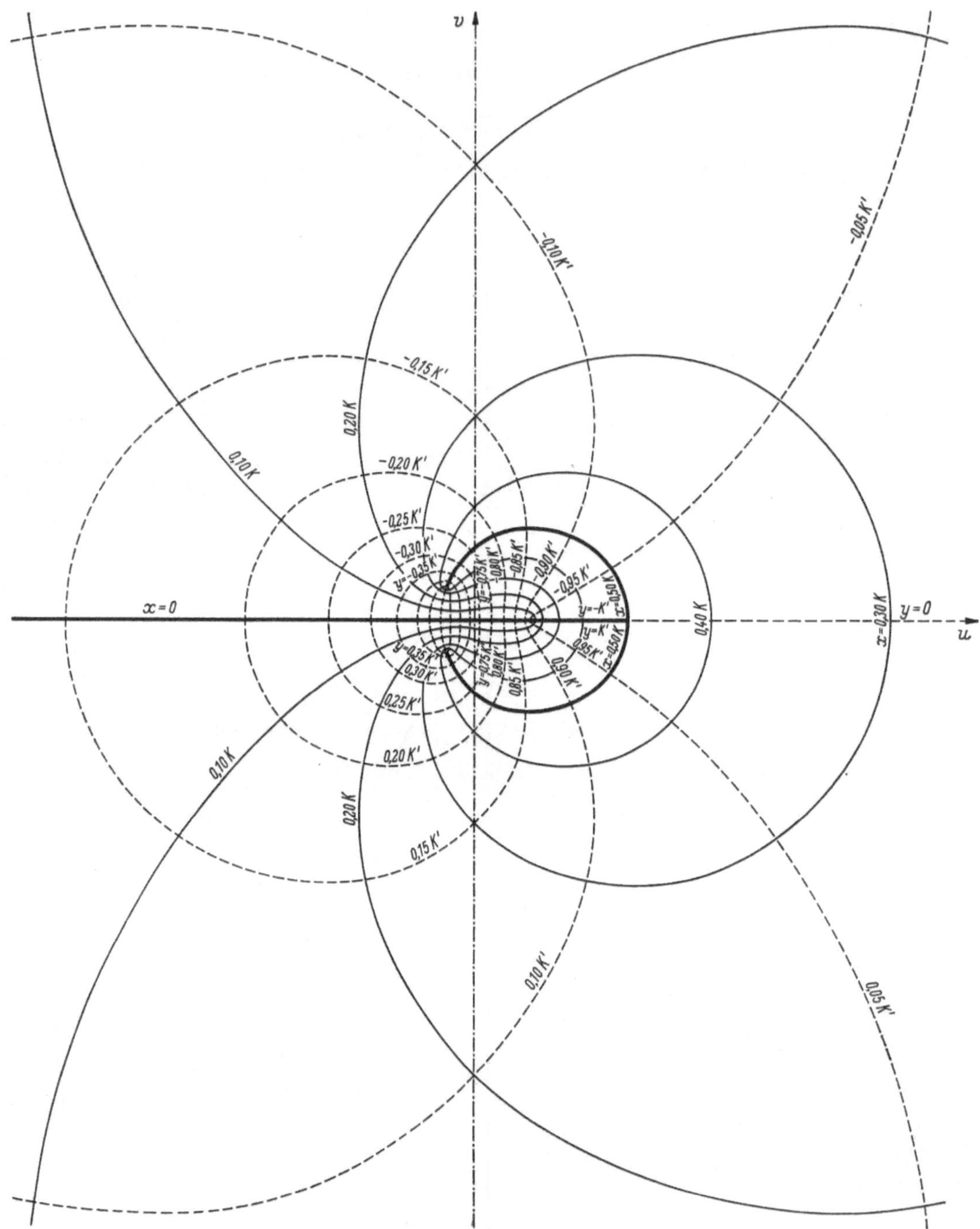

Abb. 100. $u + i\,v = \wp_5(z, k)$, ($k = 0{,}172$; $\varkappa = 2{,}0$); Darstellung in der w-Ebene

89. Logarithmen der $\wp$-Funktionen im Komplexen

Bei der Logarithmierung gehen die Doppelpole der $\wp$-Funktionen in logarithmische Pole mit dem Hauptteil 2, die Nullstellen in logarithmische Pole mit dem Hauptteil -1 über. Im Falle $\varkappa = 1$, wo sich die einfachen Nullstellen zu Doppelnullstellen zusammenziehen, treten vom Vorzeichen abgesehen, nur logarithmische Pole mit dem Hauptteil 2 auf.

Eine außerhalb der Polstellen analytische Funktion

$$w(z) = u(x, y) + i\,v(x, y) \tag{673}$$

geht durch Logarithmierung in eine außerhalb der Pol- und Nullstellen von w analytische Funktion

$$\ln w(z) = \Phi(x, y) + i\,\Psi(x, y) \tag{674}$$

über, in welcher $\Phi(x, y)$ und $\Psi(x, y)$ durch

$$\Phi(x, y) = \frac{1}{2}\ln\,[u^2(x, y) + v^2(x, y)], \quad \Psi(x, y) = \operatorname{arc\,tan}\frac{v(x, y)}{u(x, y)} \tag{675}$$

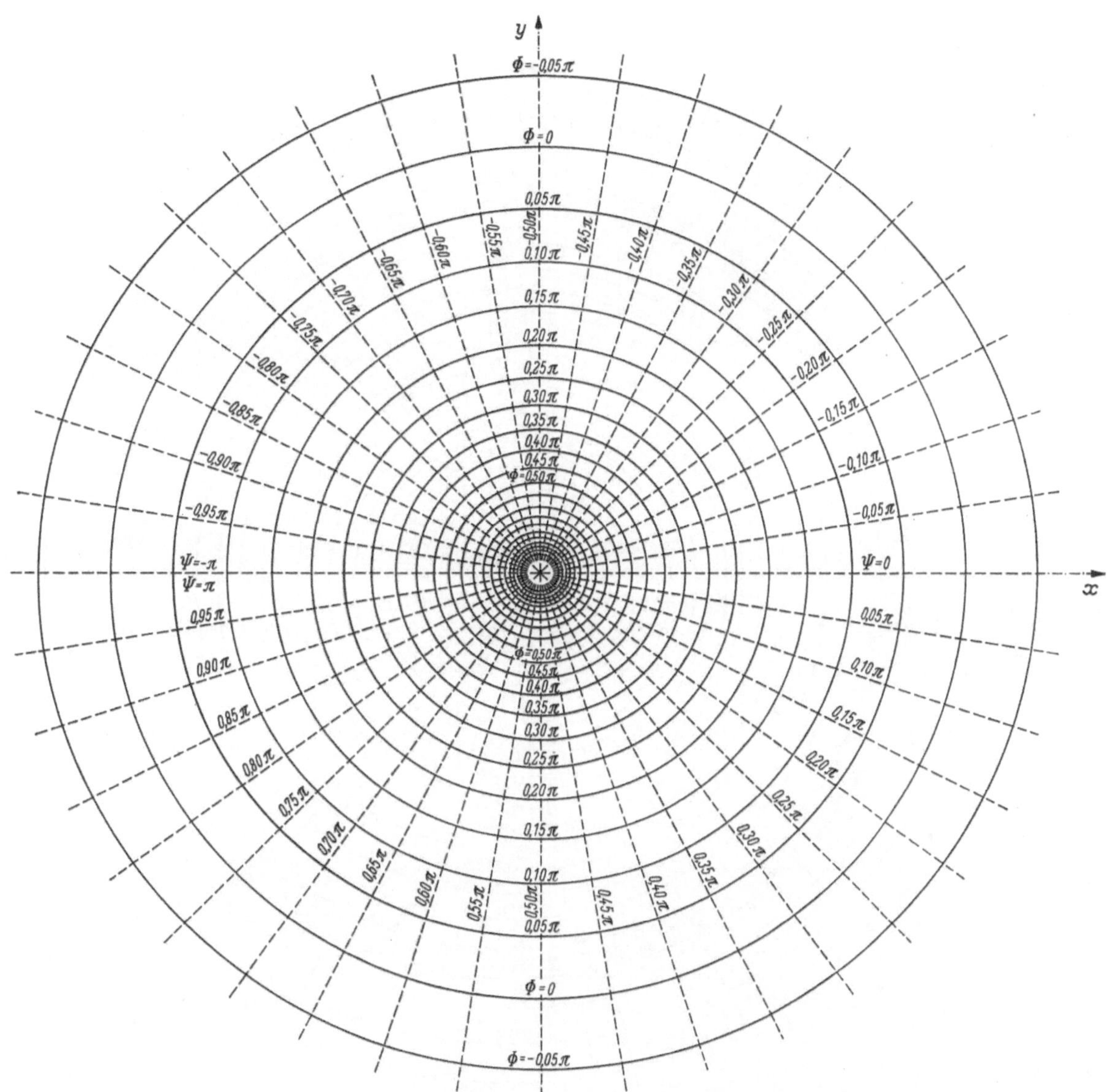

Abb. 101. $\Phi + i\,\Psi = \ln\dfrac{1}{x + i\,y}$; Logarithmus des Dipols, Darstellung in der z-Ebene

gegeben sind. Entsprechend der Vieldeutigkeit der arc tan-Funktion sind die Logarithmen der $\wp$-Funktionen unendlich vieldeutige Funktionen, die im folgenden auf den Hauptwert, dem der arc tan-Bereich

$$-\pi \leqq \Psi(x, y) \leqq \pi \tag{676}$$

zugeordnet sein möge, beschränkt werden sollen.

Nach (675) und (676) gehören zu einem reellen Bereich von w, d. h. zu $v = 0$ die Ψ-Werte

$$\Psi = -\pi, \quad \Psi = 0 \quad \text{und} \quad \Psi = \pi \qquad (v = 0) \tag{677}$$

und zu einem rein imaginären Bereich von w die Ψ-Werte

$$\Psi = -\frac{\pi}{2} \quad \text{und} \quad \Psi = \frac{\pi}{2} \qquad (u = 0). \tag{678}$$

Hiernach kann also ein reeller Bereich der Ausgangsfunktion w durch Logarithmierung komplex werden. Ist aber in einer polfreien Quadrantenecke $\ln w$ auf einer der beiden Kantenlinien reell, so gilt dies auch für die andere Kantenlinie.

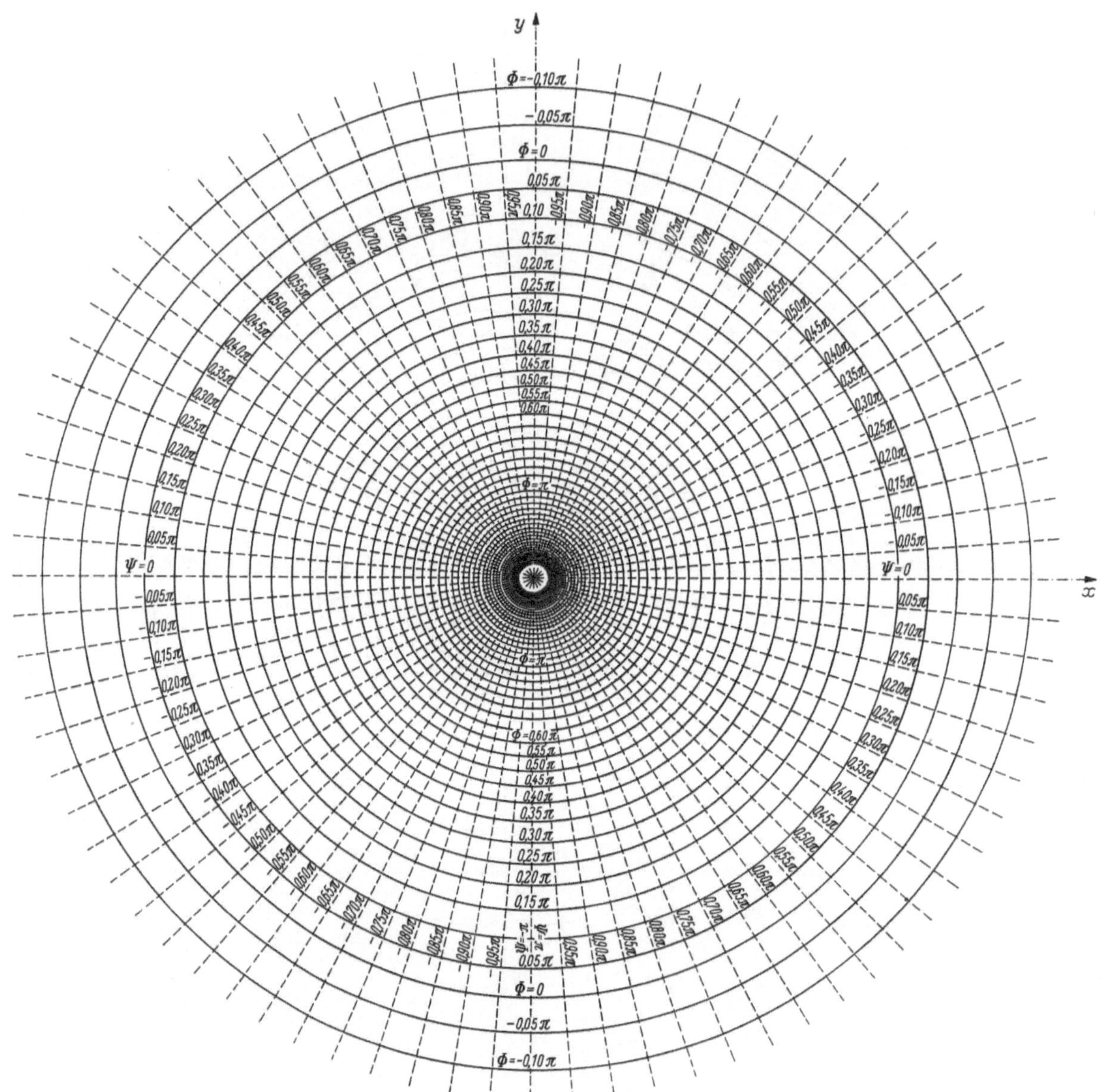

Abb. 102. $\Phi + i\,\Psi = \ln \dfrac{1}{(x + i\,y)^2}$; Logarithmus des Quadrupols, Darstellung in der z-Ebene

In einer Polecke mit dem Hauptteil k verhält sich $\ln w$ wie die Funktion

$$k \ln z = \frac{k}{2} \ln(x^2 + y^2) + i\,k \arctan \frac{y}{x},$$

die für die hier auftretenden Fälle $k = -2$, $k = -1$, $k = 2$ unter Zugrundelegung der positiven y-Achse als $\Psi = -\frac{\pi}{2}$ bzw. $\Psi = -\pi$-Achse bei Bezug auf den durch (676) festgelegten Hauptwert in den Abb. 101 und 102 dargestellt ist.

Die positive y-Achse wurde in den Abb. 101 bzw. 102 als $\Psi = -\frac{\pi}{2}$-Achse bzw. $\Psi = -\pi$-Achse gewählt, weil dieser bei den gemachten Festsetzungen im Falle der besonders herauszustellenden Funktionen $\ln w_1$ und $\ln w_5$ die Werte $\Psi = -\frac{\pi}{2}$ bzw. $\Psi = -\pi$ entsprechen.

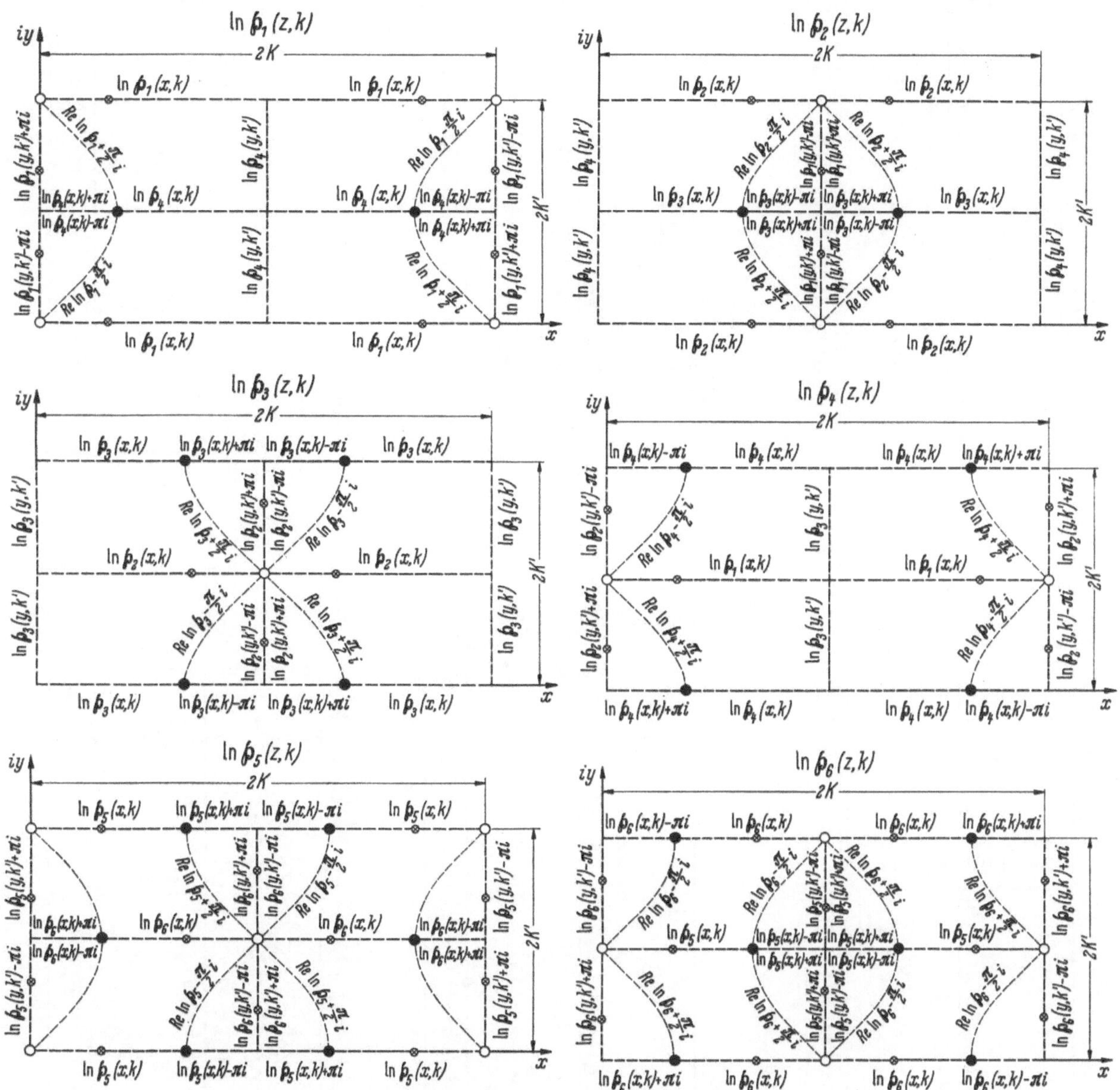

Abb. 103. Funktionsverhalten der Logarithmen der $\wp$-Funktionen für $K'/K = \frac{1}{2}$
(○ positive log. Pole, • negative log. Pole, ⊗ Nullstellen)

Für die Funktionen $\ln \wp_1$ bis $\ln \wp_6$ sind in den Abb. 103 und 104, bezogen auf einen Fundamentalbereich bzw. Doppelbereich, die Pole, die Φ- und Ψ-Werte auf den Rand- und Mittellinien und diejenigen Φ-Werte, die in Verbindung mit (586) und (615) durch e_1, e_2, e_3 und k, k' darstellbar sind, und zwar getrennt für die beiden Fälle $e_2 > 0$ und $e_2 < 0$, aufgetragen worden. Im Sonderfall $\varkappa = 1$ ergeben sich die aus Abb. 105 ersichtlichen Verhältnisse.

Die weiteren Betrachtungen können auf $\ln \wp_1$ und $\ln \wp_5$ beschränkt werden, da nach den Gln. (510) die Logarithmen der übrigen $\wp$-Funktionen durch eine Koordinatentransformation in $\ln \wp_1$ und $\ln \wp_5$ übergeführt werden können, wie die Abb. 103 bis 105 im einzelnen erkennen lassen.

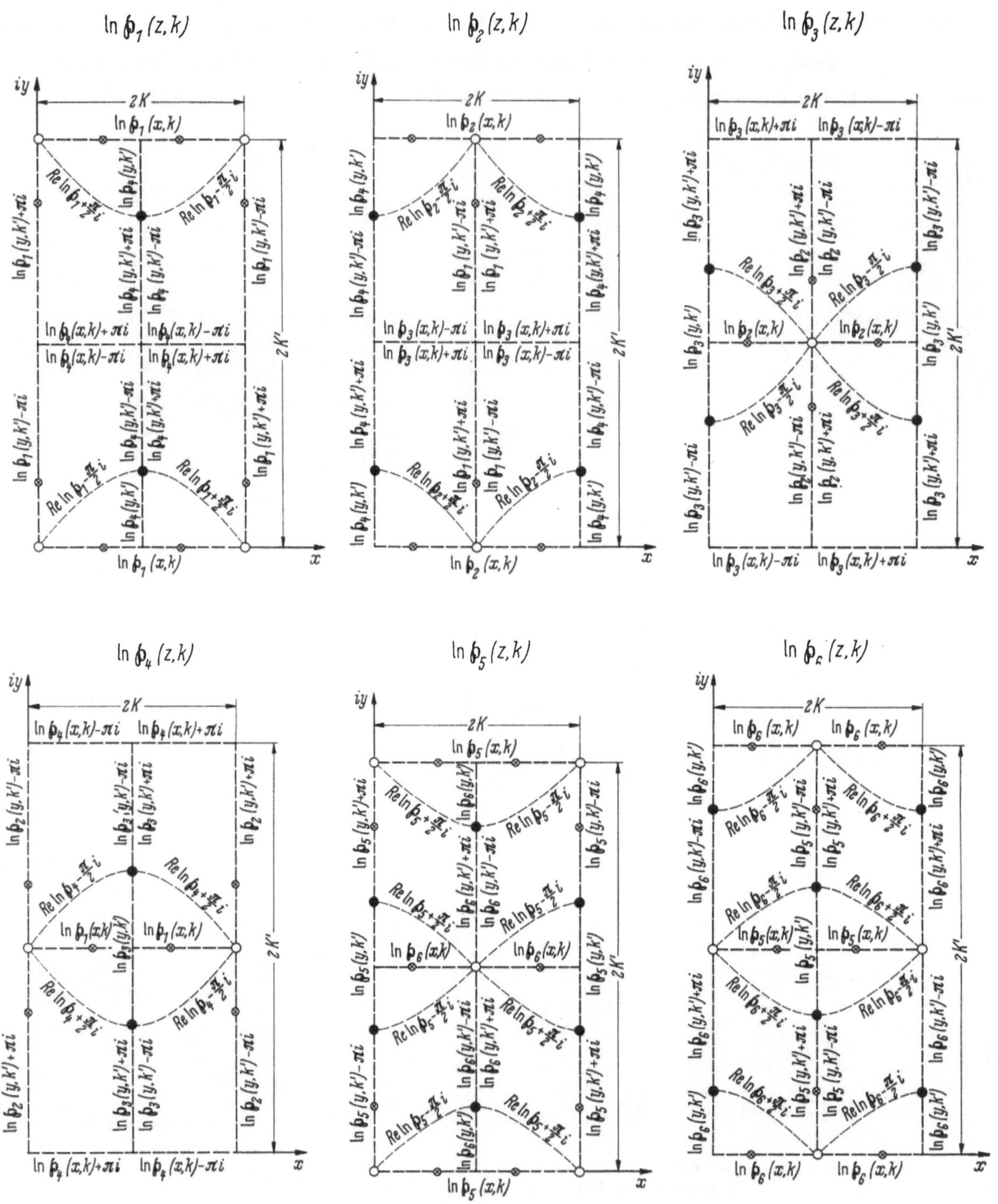

Abb. 104. Funktionsverhalten der Logarithmen der ℘-Funktionen für $K'/K = 2$
(∘ positive log. Pole, • negative log. Pole, ⊗ Nullstellen)

Wird in (673) und (674) $w = \wp_{\substack{1\\5}}(z, k)$ gesetzt, so folgt

$$\ln \mathfrak{p}_{\substack{1\\5}}(x + i\,y, k) = \Phi_{\substack{1\\5}}(x, y, k) + i\,\Psi_{\substack{1\\5}}(x, y, k) \tag{679}$$

mit

$$\Phi_{\substack{1\\5}}(x, y, k) = \frac{1}{2}\ln\left[u_{\substack{1\\5}}^2(x, y, k) + v_{\substack{1\\5}}^2(x, y, k)\right], \quad \Psi_{\substack{1\\5}}(x, y, k) = \operatorname{arc\,tan}\frac{v_{\substack{1\\5}}(x, y, k)}{u_{\substack{1\\5}}(x, y, k)}\,. \tag{680}$$

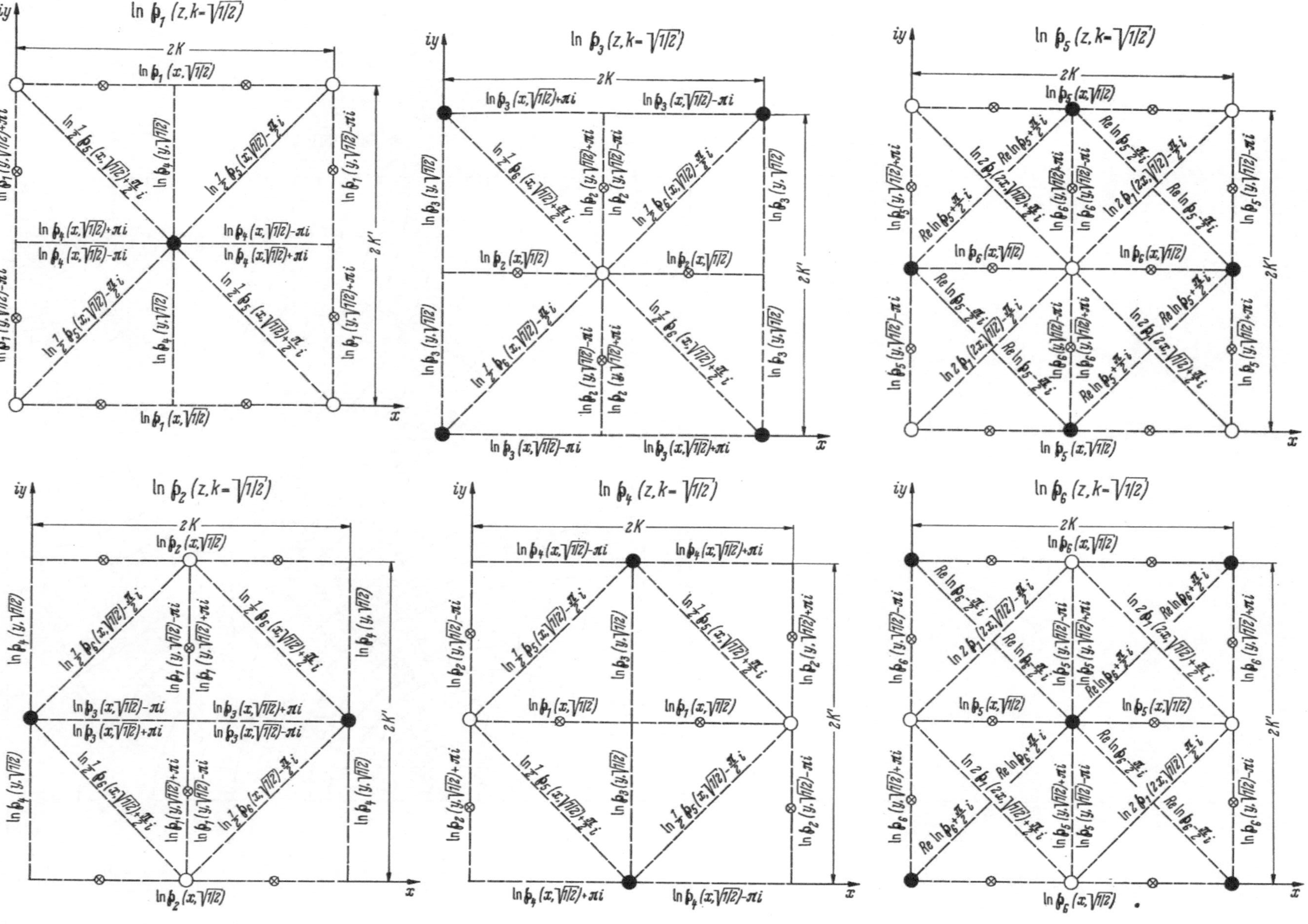

Abb. 105. Funktionsverhalten der Logarithmen der $\wp$-Funktionen für $k^2 = k'^2 = \frac{1}{2}$, $K'/K = 1$ (○ positive log. Pole, ● negative log. Pole, ⊗ Nullstellen)

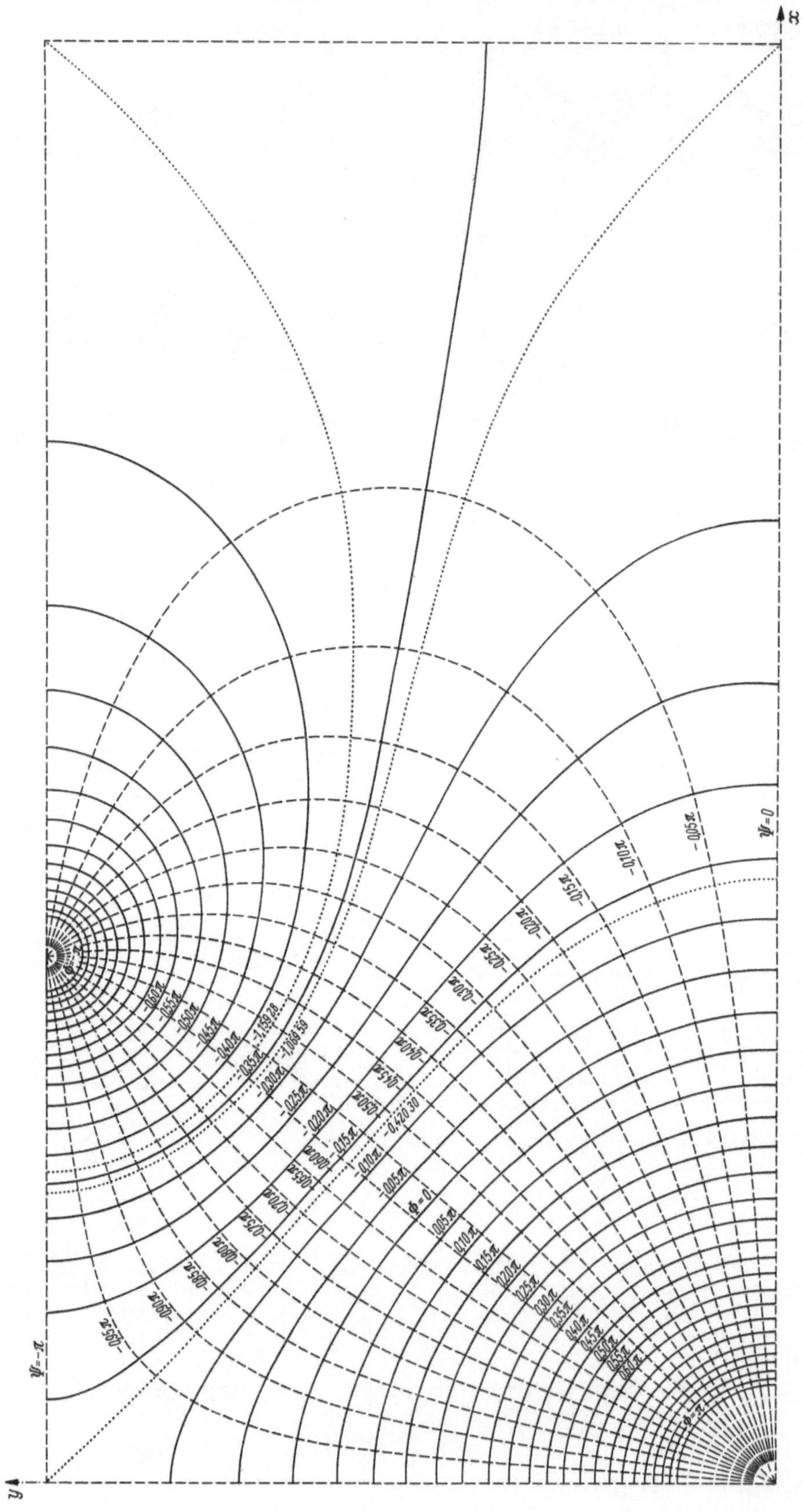

Abb. 106. $\Phi + i\,\Psi = \ln \wp_1(z, k)$, $(k = 0{,}985;\ \varkappa = 0{,}5)$; Darstellung in der z-Ebene

Werden in (680) $u_{\substack{1\\5}}$ nach (660) und $v_{\substack{1\\5}}$ nach (658) eingeführt, so entstehen für $\Phi_{\substack{1\\5}}$ zunächst sehr unübersichtliche Ausdrücke. Diese vereinfachen sich aber bei Berücksichtigung von (502), und man erhält

$$\begin{aligned} \Phi_{\substack{1\\(5)}}(x, y, k) &= \frac{1}{2}\ln\frac{\left[\frac{1}{4}\overset{(-)}{g}_2 - \wp_{\substack{1\\5}}(x,k)\,\wp_{\substack{1\\5}}(y,k')\right]^2 + \overset{(-)}{g}_3\left[\wp_{\substack{1\\5}}(x,k) - \wp_{\substack{1\\5}}(y,k')\right]}{\left[\wp_{\substack{1\\5}}(x,k) + \wp_{\substack{1\\5}}(y,k')\right]^2}, \\ \Psi_{\substack{1\\(5)}}(x, y, k) &= \operatorname{arc\,tan}\frac{\frac{1}{2}\wp'_{\substack{1\\5}}(x,k)\,\wp'_{\substack{1\\5}}(y,k')}{\frac{1}{2}\overset{(-)}{g}_3 + \left[\wp_{\substack{1\\5}}(x,k) - \wp_{\substack{1\\5}}(y,k')\right]\left[\frac{1}{4}\overset{(-)}{g}_2 + \wp_{\substack{1\\5}}(x,k)\,\wp_{\substack{1\\5}}(y,k')\right]} \end{aligned} \qquad (681)$$

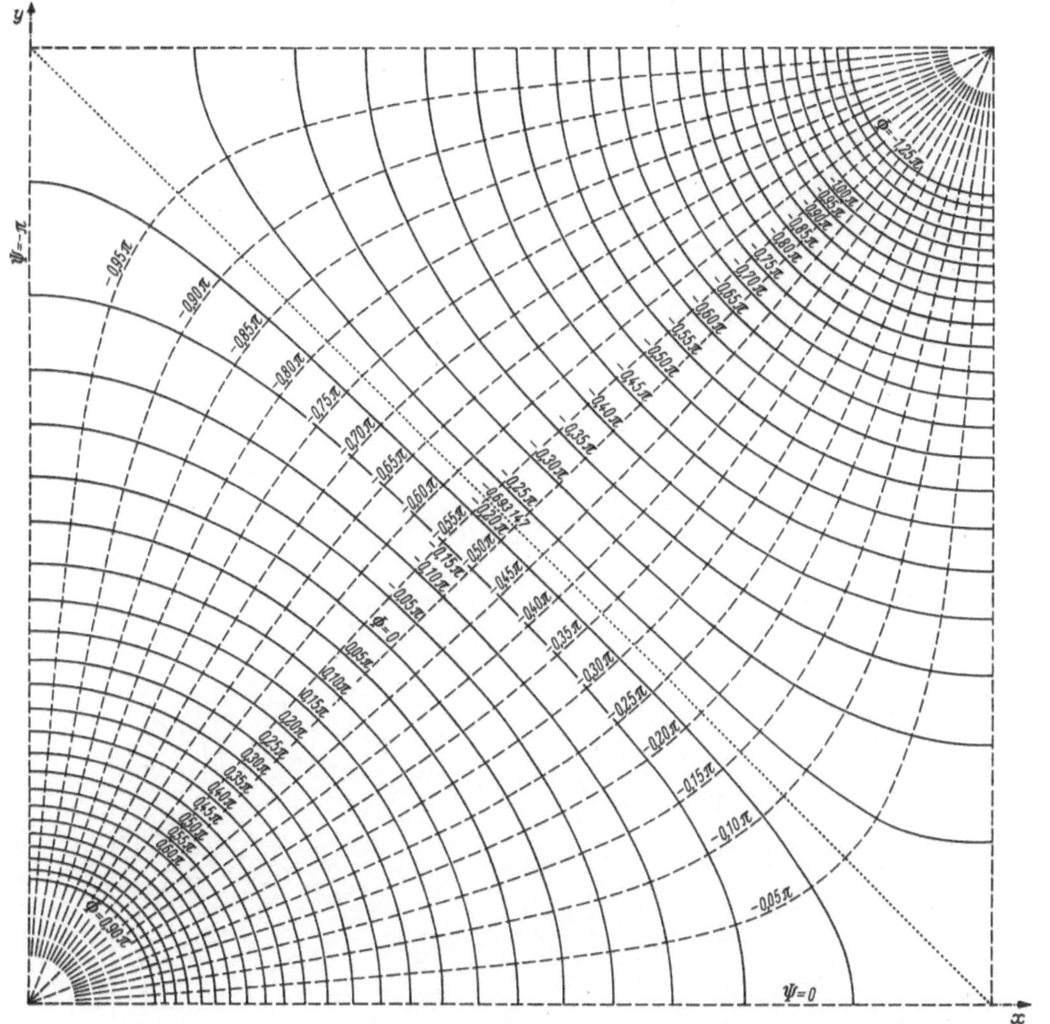

Abb. 107. $\Phi + i\,\Psi = \ln \wp_1(z, k)$, $(k = 0{,}707;\ \varkappa = 1{,}0)$; Darstellung in der z-Ebene

Die obere der Gln. (681) ist nach $\wp_{\substack{1\\5}}(x, k)$ oder $\wp_{\substack{1\\5}}(y, k')$ auflösbar. Im ersteren Falle ergibt sich bei Beachtung von (502)

$$\wp_{\substack{1\\(5)}}(x,k) = \frac{\left(e^{2\Phi_{\substack{1\\5}}} + \frac{1}{4}\overset{(-)}{g}_2\right)\wp_{\substack{1\\5}}(y,k') - \frac{1}{2}\overset{(-)}{g}_3 \pm \sqrt{\left(\frac{1}{4}\overset{(-)}{g}_2 + \wp^2_{\substack{1\\5}}(y,k')\right)^2 e^{2\Phi_{\substack{1\\5}}} + \overset{(-)}{g}_3\left(\frac{1}{4}\wp'^2_{\substack{1\\5}}(y,k') - 2e^{2\Phi_{\substack{1\\5}}}\wp_{\substack{1\\5}}(y,k')\right)}}{\wp^2_{\substack{1\\5}}(y,k') - e^{2\Phi_{\substack{1\\5}}}}. \qquad (682)$$

Bei dem quadratmaschigen Parameterfall $\varkappa = 1$ bzw. $k = k' = \sqrt{\frac{1}{2}}$ lassen sich in Verbindung mit (638) die Wurzeln ziehen, und es folgt nach Kürzung mit $\wp_{\substack{1\\5}}\left(y, \sqrt{\frac{1}{2}}\right) + e^{\Phi_{\substack{1\\5}}}$

$$\wp_1\left(x, \sqrt{\frac{1}{2}}\right) = \frac{\frac{1}{4} + e^{\Phi_1}\wp_1\left(y, \sqrt{\frac{1}{2}}\right)}{\wp_1\left(y, \sqrt{\frac{1}{2}}\right) - e^{\Phi_1}}, \quad \wp_5\left(x, \sqrt{\frac{1}{2}}\right) = \frac{-1 + e^{\Phi_5}\wp_5\left(y, \sqrt{\frac{1}{2}}\right)}{\wp_5\left(y, \sqrt{\frac{1}{2}}\right) - e^{\Phi_5}}, \qquad (683)$$

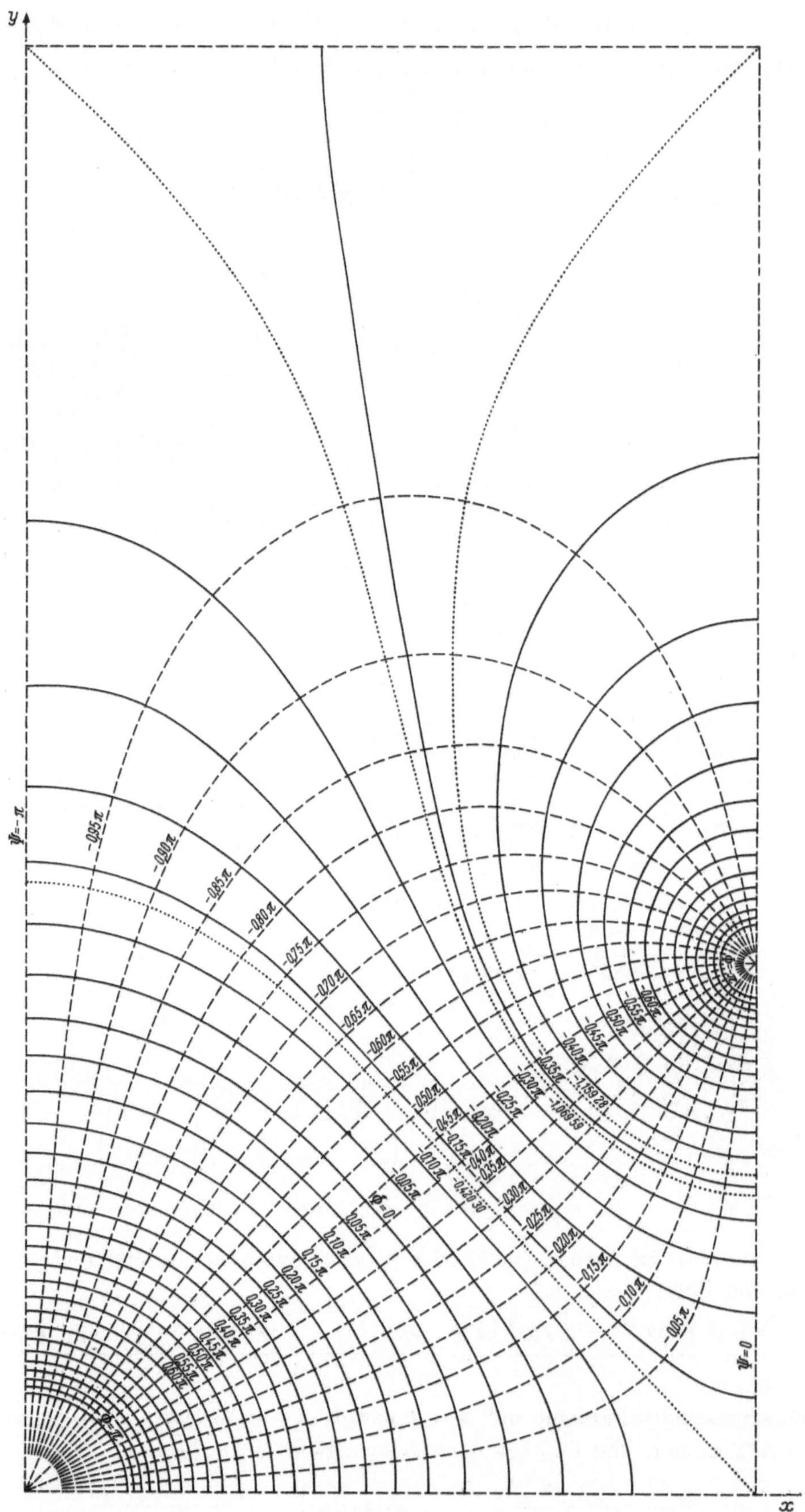

Abb. 108. $\Phi + i\,\Psi = \ln \wp_1(z, k)$, $(k = 0{,}172;\ \varkappa = 2{,}0)$; Darstellung in der z-Ebene

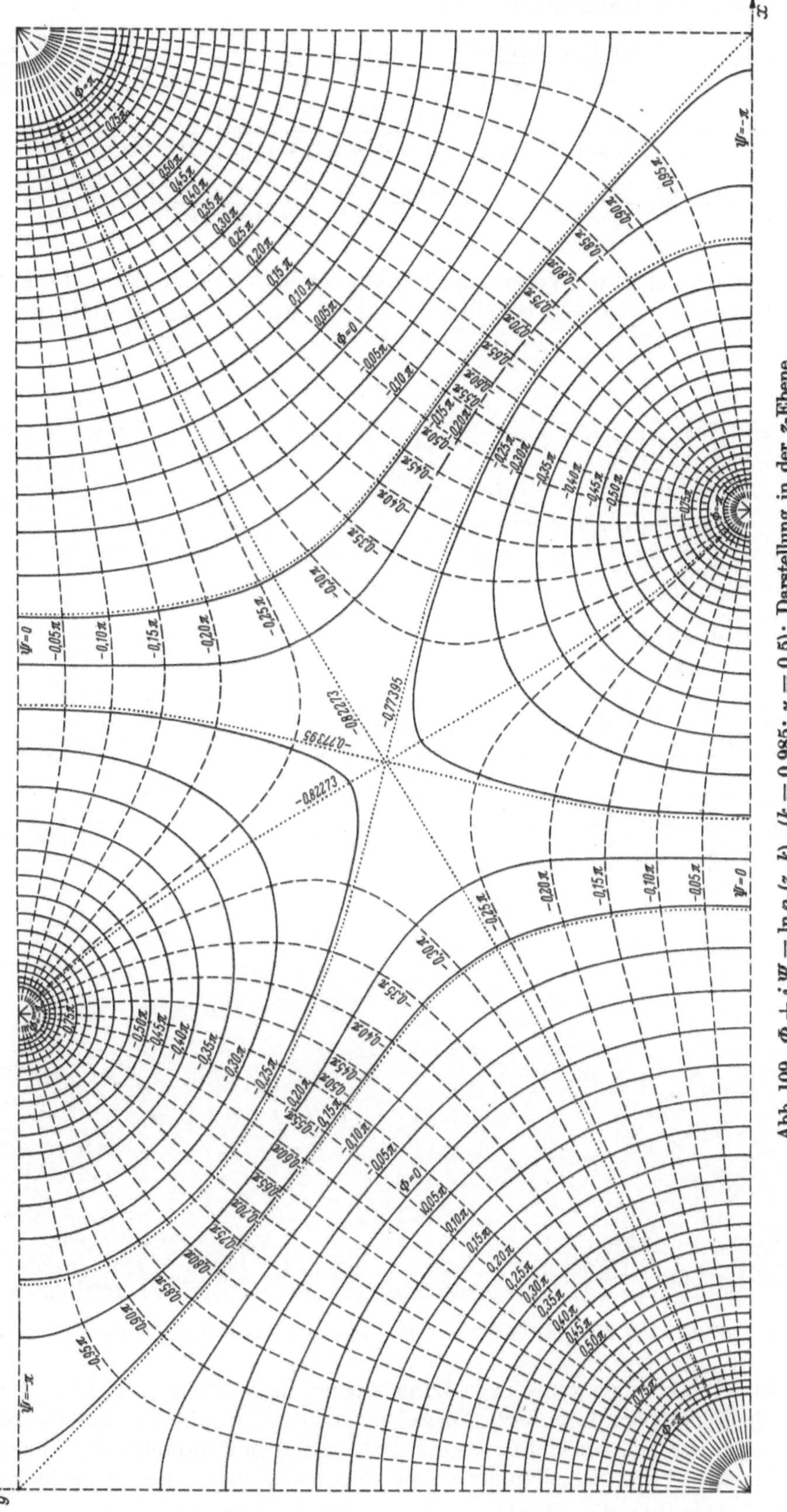

Abb. 109. $\Phi + i\,\Psi = \ln \wp_5(z, k)$, $(k = 0{,}985;\ \varkappa = 0{,}5)$; Darstellung in der z-Ebene

während die Gln. (681) die vereinfachte Form

$$\left.\begin{aligned}
&\Phi_1\left(x, y, \sqrt{\tfrac{1}{2}}\right) = \ln \frac{-\frac{1}{4} + \wp_1(x, \sqrt{\frac{1}{2}})\, \wp_1(y, \sqrt{\frac{1}{2}})}{\wp_1(x, \sqrt{\frac{1}{2}}) + \wp_1(y, \sqrt{\frac{1}{2}})}, \quad \Phi_5\left(x, y, \sqrt{\tfrac{1}{2}}\right) = \ln \frac{1 + \wp_5(x, \sqrt{\frac{1}{2}})\, \wp_5(y, \sqrt{\frac{1}{2}})}{\wp_5(x, \sqrt{\frac{1}{2}}) + \wp_5(y, \sqrt{\frac{1}{2}})}, \\
&\Psi_1\left(x, y, \sqrt{\tfrac{1}{2}}\right) = \operatorname{arc\,tan} \frac{\frac{1}{2}\wp_1'(x, \sqrt{\frac{1}{2}})\, \wp_1'(y, \sqrt{\frac{1}{2}})}{[\wp_1(x, \sqrt{\frac{1}{2}}) - \wp_1(y, \sqrt{\frac{1}{2}})]\, [\frac{1}{4} + \wp_1(x, \sqrt{\frac{1}{2}})\, \wp_1(y, \sqrt{\frac{1}{2}})]}, \\
&\Psi_5\left(x, y, \sqrt{\tfrac{1}{2}}\right) = \operatorname{arc\,tan} \frac{\frac{1}{2}\wp_5'(x, \sqrt{\frac{1}{2}})\, \wp_5'(y, \sqrt{\frac{1}{2}})}{[\wp_5(x, \sqrt{\frac{1}{2}}) - \wp_5(y, \sqrt{\frac{1}{2}})]\, [-1 + \wp_5(x, \sqrt{\frac{1}{2}})\, \wp_5(y, \sqrt{\frac{1}{2}})]}
\end{aligned}\right\} \quad (684)$$

annehmen.

Aus den Abb. 106 bis 111 ist der Verlauf der Funktionen $\ln \wp_1(z, k)$ und $\ln \wp_5(z, k)$ für die Parameterwerte $\varkappa = \frac{1}{2}$, $\varkappa = 1$ und $\varkappa = 2$ ersichtlich. Ähnlich wie bei den Grundfunktionen werden

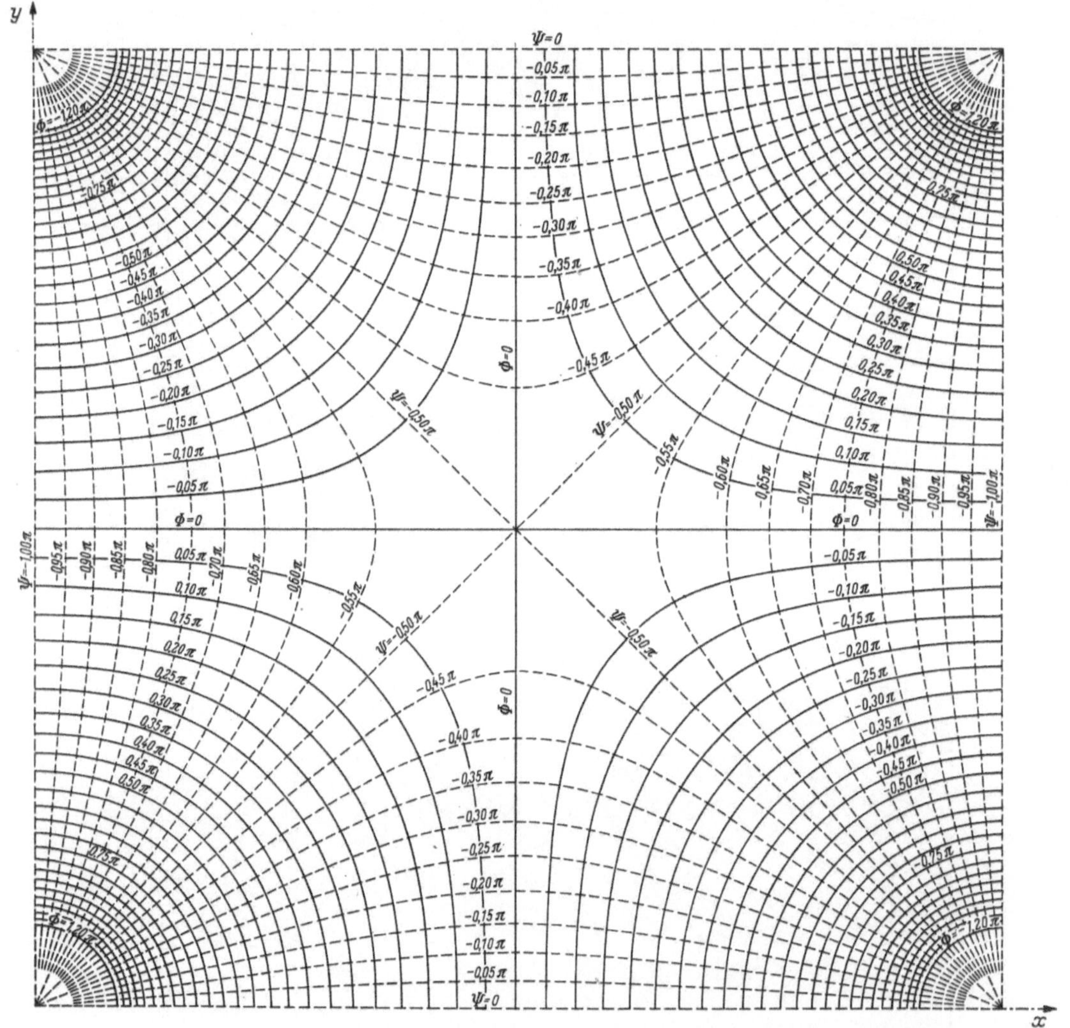

Abb. 110. $\Phi + i\Psi = \ln \wp_5(z, k)$, $(k = 0{,}707;\ \varkappa = 1{,}0)$; Darstellung in der z-Ebene

auch hier diejenigen Punkte der komplexen Zahlenebene, in welchen $\wp_1'(z, k)$ und $\wp_5'(z, k)$ verschwinden, von Schleifenkurven durchsetzt. Diese besitzen dort, wo die Pole von den Schleifen umfahren werden, lemniskatischen Charakter. Im quadratmaschigen Parameterfall (Abb. 107 und 110) arten die nichtlemniskatischen Schleifenkurven in ein quadratmaschiges, geradliniges Netz aus, das im Falle von $\ln \wp_5(z, \sqrt{\frac{1}{2}})$ die Abbildung der beiden Halbkreise

$$u_5^2 + v_5^2 = 1$$

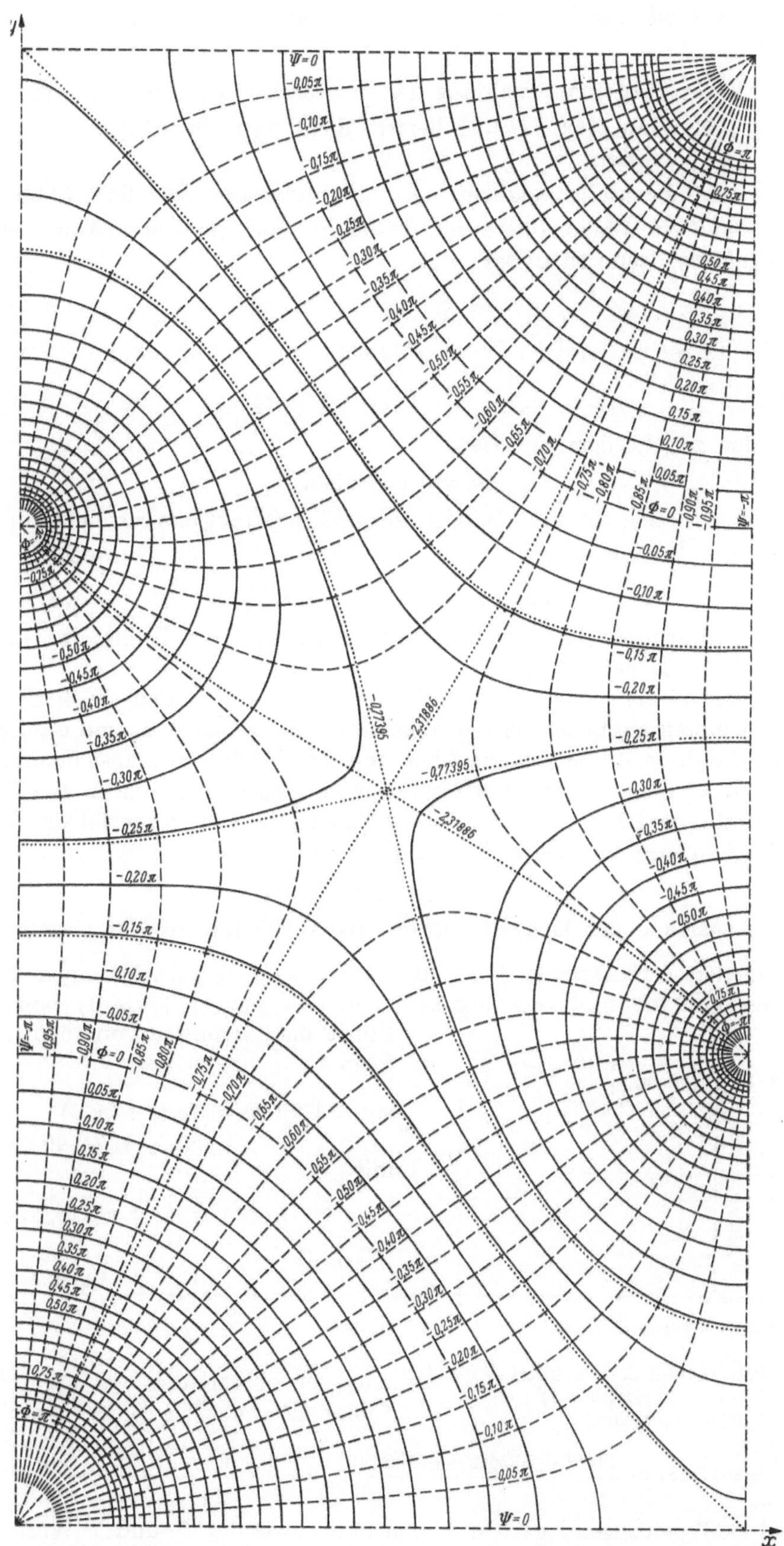

Abb. 111. $\Phi + i\,\Psi = \ln \wp_5(z, k)$, ($k = 0{,}172$; $\varkappa = 2{,}0$); Darstellung in der z-Ebene

von Abb. 99 darstellt, die den Werten $x = \frac{1}{2}K$ und $y = \frac{1}{2}K'$ entsprechen und bei der Logarithmierung den das Netz als Bereich imaginärer Funktionswerte kennzeichnenden Wert

$$\Phi_5 = \tfrac{1}{2}\ln 1 = 0$$

liefern. Dieses Verhalten liest man auch aus der rechten der Gln. (683) ab, die für $\Phi_5 = 0$ für jeden Wert von y den Wert $\wp_5(x, \sqrt{\frac{1}{2}}) = 1$ liefert, dem, wenn in (615) $e_2 = 0$ gesetzt wird, das Argument $x = \pm\frac{1}{2}K$ entspricht.

Während das Quadratmaschennetz bei $\ln\wp_5(z, \sqrt{\frac{1}{2}})$ achsenparallel liegt (Abb. 107), ist es im Falle von $\ln\wp_1(z, \sqrt{\frac{1}{2}})$ ein Diagonalnetz mit $\sqrt{2}$-facher Maschenweite (Abb. 110). Dies ersieht man auch aus Gl. (639), wenn in dieser

$$z = \pm\sqrt{2}\cdot\frac{1}{2}K \quad \text{bzw.} \quad \pm\sqrt{2}\frac{i}{2}K'$$

gesetzt wird, wofür die rechte Seite den Wert $-i/2$ annimmt; es folgt dann für das Diagonalennetz von $\ln\wp_1(z, \sqrt{\frac{1}{2}})$

$$\ln\wp_1(z\sqrt{2}\sqrt{i}, \sqrt{\tfrac{1}{2}}) = -i + \ln\tfrac{1}{2}$$

und hieraus für den zugehörigen Φ_1-Wert

$$\Phi_1 = \ln\tfrac{1}{2} = -\ln 2.$$

Soll das Diagonalennetz auch hier dem Bereich imaginärer Funktionswerte entsprechen, so müßte anstelle von $\ln\wp_1(z, \sqrt{\frac{1}{2}})$ die Funktion

$$\ln 2\wp_1(z, \sqrt{\tfrac{1}{2}}) = \ln 2 + \ln\wp_1(z, \sqrt{\tfrac{1}{2}})$$

den Betrachtungen zugrunde gelegt werden, eine Funktion, die bereits in Gl. (648) von Abschnitt 83 in Erscheinung getreten ist.

Werden die Abb. 106 bis 111 als Potentialfelder mit den Ψ-Linien als Stromlinien gedeutet, so hat man es mit einem einfachen bzw. Doppelnetz von ∞^2 Quellen und $2\infty^2$ Senken zu tun, wobei die Quellen die doppelte Ergiebigkeit besitzen, den Fall $\varkappa = 1$ ausgenommen, in welchem die $2\infty^2$ Senken zu ∞^2 Senken doppelter Ergiebigkeit verschmolzen sind. Bei Betrachtung der Φ-Linien als Stromlinien liegt ein Haupt- und Nebennetz von Potentialwirbeln vor, entsprechend den beiden Gruppen von Doppel- und Einzelpolen.

90. Ausartung der Logarithmen der $\wp$-Funktionen im Komplexen

In Analogie zu den $\wp$-Funktionen kann die Betrachtung der Ausartungen der Logarithmen der $\wp$-Funktionen auf die Funktion $\ln\wp_1(x + iy, 1) = \ln\wp_5(x + iy, 1)$ beschränkt werden.

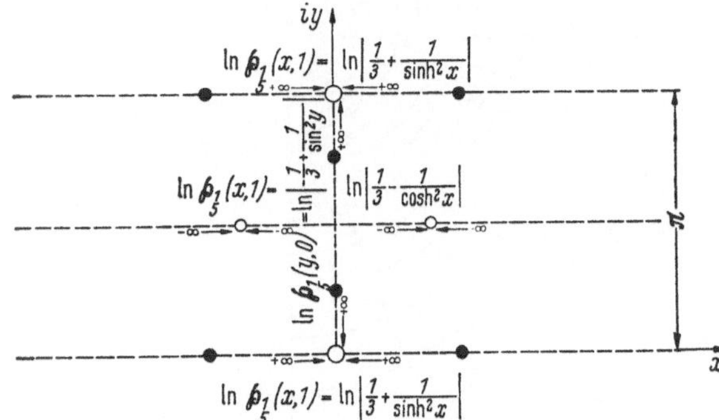

Abb. 112. Polverhalten der Funktion $\ln\wp_1(z, k = 1) = \ln\wp_5(z, k = 1)$ (○ Pole, ● Nullstellen)

Führt man u und v von (665) in (675) ein, so folgt

$$\begin{aligned}\ln\wp_1(x + iy, 1) &= \ln\wp_5(x + iy, 1) \\ &= \Phi(x, y, 1) + i\Psi(x, y, 1)\end{aligned} \tag{685}$$

mit

$$\Phi(x, y, 1) = \frac{1}{2}\ln\left[\frac{1}{9} + \frac{4}{3}\,\frac{2 + \cosh 2x\cos 2y}{(\cosh 2x - \cos 2y)^2}\right],$$

$$\begin{aligned}&\Psi(x, y, 1) \\ &= -\operatorname{arc\,tan}\frac{6\sinh 2x\sin 2y}{\sinh^2 2x - \sin^2 2y - 4(1 - \cosh 2x\cos 2y)}.\end{aligned} \tag{686}$$

Aus der oberen der Gln. (686) lassen sich die Linien $\Phi = \text{const}$ explizit darstellen. Man erhält

$$x = \frac{1}{2}\operatorname{ar\,cosh}\frac{(9e^{2\Phi} + 5)\cos 2y \pm 2\sqrt{3}\sqrt{(9e^{2\Phi} + 2)\cos^2 2y + 2(9e^{2\Phi} - 1)}}{9e^{2\Phi} - 1}. \tag{687}$$

Die zu (685) und (686) gehörigen logarithmischen Pole sowie die Φ- und Ψ-Werte auf den Rand- und Mittellinien sind für einen Fundamentalbereich aus Abb. 112 ersichtlich.

Der Funktionsverlauf (Abb. 113) wird neben dem Polverhalten durch die Linie $\Phi = \ln\frac{1}{3}$ charakterisiert, der sich nach (686) die Realteilfunktion mit wachsendem x asymptotisch nähert. Durch Nullsetzen des Zählers in der linken der Gln. (686) folgt

$$y = \frac{1}{2}\arccos\frac{-2}{\cosh 2x} \quad \left(\Phi = \ln\frac{1}{3}\right). \tag{688}$$

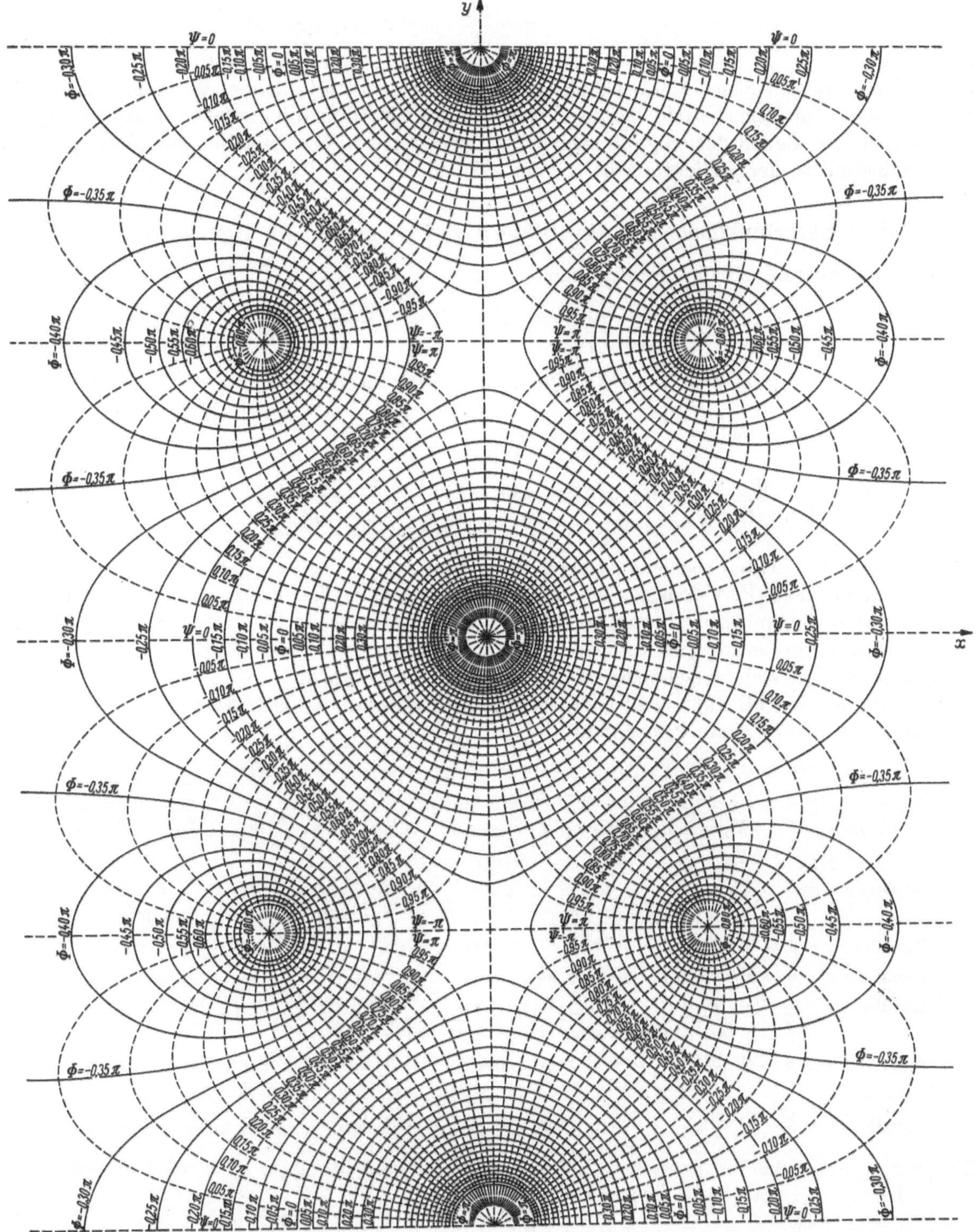

Abb. 113. $\Phi + i\Psi = \ln\wp_1(z, k = 1{,}0) = \ln\wp_5(z, k = 1{,}0)$, $(k = 1{,}0;\ \varkappa = 0)$; Darstellung in der z-Ebene

Da $\cosh 2x$ stets $\geqq 1$ bleibt, kann y nur Werte zwischen

$$n\pi + \frac{\pi}{4} \quad \text{und} \quad n\pi + \frac{3\pi}{4} \quad (n = 0, \pm 1, \pm 2, \pm 3, \ldots)$$

annehmen, d. h. die durch (688) dargestellte Kurvenschar verbleibt in den beiden mittleren Vierteln der Periodenstreifen und besitzt die Geraden

$$y = n\pi + \frac{\pi}{4} \quad \text{und} \quad y = n\pi + \frac{3\pi}{4} \quad (n = 0, \pm 1, \pm 2, \pm 3)$$

als Asymptoten.

Bei der Deutung von Abb. 113 als Potentiallinienfeld ist der Fall mit den Φ-Linien als Stromlinien interessant. Im Periodenfeld befinden sich dann drei durch die Linie $\Phi = \ln\frac{1}{3}$ getrennte Potentialwirbel, von denen derjenige innerhalb der letzteren einseitig ins Unendliche ausgedehnt ist. Ihr Polabstand in der y-Richtung besitzt den Wert π.

91. Umkehrfunktionen der Logarithmen von $\wp_1$ und $\wp_5$ im Komplexen

Die ∞^2 vieldeutigen, zu den Funktionen

$$\ln\wp_{\substack{1\\5}}(z, k) = X_{\substack{1\\5}}(z, k) = \Phi_{\substack{1\\5}}(x, y, k) + i\,\Psi_{\substack{1\\5}}(x, y, k) \tag{689}$$

bzw.

$$\wp_{\substack{1\\5}}(z, k) = e^{X_{\substack{1\\5}}(z,k)} = e^{\Phi_{\substack{1\\5}}(x,y,k)}\left(\cos\Psi_{\substack{1\\5}}(x, y, k) + i\sin\Psi_{\substack{1\\5}}(x, y, k)\right) \tag{690}$$

gehörigen Umkehrfunktionen

$$z = \int\limits_{\ln\wp_1}^{\infty} \frac{e^t\,dt}{\sqrt{4e^{3t} - g_2 e^t - g_3}} = \{\ln\wp_1(z, k)\}^{-1} \quad \text{und} \quad z = \int\limits_{\ln\wp_5}^{\infty} \frac{e^t\,dt}{\sqrt{4e^{3t} - \bar g_2 e^t - \bar g_3}} = \{\ln\wp_5(z, k)\}^{-1} \tag{691}$$

besitzen entsprechend dem Periodenverhalten der e-Funktion auf jedem der ∞^2 RIEMANNschen Blätter unendlich viele Periodenstreifen von der Breite $2\pi i$. Diesen $1 \cdot \infty$ Periodenstreifen entsprechen dabei die in Abb. 92 waagerecht und lotrecht schraffierten Bereiche der z-Ebene, da durch die Logarithmierung der Funktionen $\wp_1(z, k)$ und $\wp_5(z, k)$ der Wertevorrat von u und v gemäß (675) nur in sich verschoben, aber nicht verändert wurde.

In Verbindung mit Abb. 103 ergibt sich für $\ln\wp_1$, bezogen auf den Hauptwert der ln-Funktion gemäß (676), die nachfolgende Zuordnung:

$e_2 > 0$ oder $\varkappa < 1$,		$e_2 < 0$ oder $\varkappa > 1$,	
Randlinie $x = 0 \to \Psi_1 = -\pi$,	$+\infty > \Phi_1 \geqq \ln e_3$,	$\to \Psi_1 = -\pi$,	$+\infty > \Phi_1 \geqq \ln e_3$,
Randlinie $y = K' \to \Psi_1 = -\pi$,	$\ln e_3 \geqq \Phi_1 > -\infty$,	$\to \Psi_1 = -\pi$,	$\ln e_3 \geqq \Phi_1 \geqq \ln e_2$,
$\Psi_1 = 0$,	$-\infty < \Phi_1 \leqq \ln e_2$,		
Randlinie $x = K \to \Psi_1 = 0$,	$\ln e_2 \leqq \Phi_1 \leqq \ln e_1$,	$\to \Psi_1 = -\pi$,	$\ln e_2 \geqq \Phi_1 > -\infty$,
		$\Psi_1 = 0$,	$-\infty < \Phi_1 \leqq \ln e_1$,
Randlinie $y = 0 \to \Psi_1 = 0$,	$\ln e_1 \leqq \Phi_1 < +\infty$,	$\to \Psi_1 = 0$,	$\ln e_1 \leqq \Phi_1 < +\infty$;
Randlinie $x = 0 \to \Psi_1 = \pi$,	$+\infty > \Phi_1 \geqq \ln e_3$,	$\to \Psi_1 = \pi$,	$+\infty > \Phi_1 > \ln e_3$,
Randlinie $y = -K' \to \Psi_1 = \pi$,	$\ln e_3 \geqq \Phi_1 > -\infty$,	$\to \Psi_1 = \pi$,	$\ln e_3 \geqq \Phi_1 > \ln e_2$,
$\Psi_1 = 0$,	$-\infty < \Phi_1 \leqq \ln e_2$,		
Randlinie $x = K \to \Psi_1 = 0$,	$\ln e_2 \leqq \Phi_1 < \ln e_1$,	$\to \Psi_1 = \pi$;	$\ln e_2 \geqq \Phi_1 > -\infty$,
		$\Psi'_1 = 0$,	$-\infty < \Phi_1 \leqq \ln e_1$,
Randlinie $y = 0 \to \Psi_1 = 0$,	$\ln e_1 \leqq \Phi_1 < +\infty$,	$\to \Psi_1 = 0$,	$\ln e_1 \leqq \Phi_1 < +\infty$.

Bei Zusammenfügung beider Bereiche verliert die Abszissenachse ($y = 0$) ihren Charakter als Randlinie. In der w-Ebene muß längs der Strecken

$$-\infty < \Phi_1 \leqq \ln e_1 \quad \text{für} \quad \Psi_1 = 0, \pm 2\pi, \pm 4\pi, \ldots \quad \text{sowie} \quad -\infty < \Phi_1 < +\infty \quad \text{für} \quad \Psi = \pm\pi, \pm 3\pi, \pm 5\pi$$

aufgeschnitten werden.

Für $\ln \wp_5$ erhält man in Verbindung mit Abb. 103 die Zuordnung:

	$e_2 > 0$ oder $\varkappa < 1$		$e_2 < 0$ oder $\varkappa > 1$	
Randlinie $x = 0$	$\to \Psi_5 = -\pi,$	$+\infty > \Phi_5 \geqq \ln\|2e_2\|,$	$\to \Psi_5 = -\pi,$	$+\infty > \Phi_5 > -\infty,$
			$\to \Psi_5 = 0,$	$\ln\|2e_2\| \geqq \Phi_5 > -\infty,$
Randlinie $y = K'$	$\to \Psi_5 = -\pi,$	$\ln\|2e_2\| \geqq \Phi_5 > -\infty,$	$\to \Psi_5 = 0,$	$\ln\|2e_2\| \geqq \Phi_5 \geqq \ln\|1 - 2e_2\|,$
	$\Psi_5 = 0,$	$\ln\|1 - 2e_2\| \geqq \Phi_5 > -\infty,$		
Randlinie $x = \frac{1}{2}K$	$\to$ komplex,		$\to$ komplex,	
Randlinie $y = 0$	$\to \Psi_5 = 0,$	$\ln\|1 - 2e_2\| < \Phi_5 < +\infty,$	$\to \Psi_5 = 0,$	$+\infty > \Phi_5 \geqq \ln\|1 - 2e_2\|,$
Randlinie $x = 0$	$\to \Psi_5 = \pi,$	$+\infty > \Phi_5 \geqq \ln\|2e_2\|,$	$\to \Psi_5 = \pi,$	$+\infty > \Phi_5 > -\infty,$
			$\to \Psi_5 = 0,$	$\ln\|2e_2\| \geqq \Phi_5 > -\infty,$
Randlinie $y = -K'$	$\to \Psi_5 = \pi,$	$\ln\|2e_2\| \geqq \Phi_5 > -\infty,$	$\to \Psi_5 = 0,$	$\ln\|2e_2\| \geqq \Phi_5 \geqq \ln\|1 - 2e_2\|,$
	$\Psi_5 = 0,$	$\ln\|1 - 2e_2\| \geqq \Phi_5 > -\infty,$		
Randlinie $x = \frac{1}{2}K$	$\to$ komplex,		$\to$ komplex,	
Randlinie $y = 0$	$\to \Psi_5 = 0,$	$\ln\|1 - 2e_2\| \geqq \Phi_5 > -\infty,$	$\to \Psi_5 = 0,$	$+\infty > \Phi_5 \geqq \ln\|1 - 2e_2\|.$

Bei Zusammenfügung beider Bereiche verliert die Abszissenachse ($y = 0$) wieder ihren Charakter als Randlinie. In der w-Ebene muß außer an den Sprungstellen von y auch noch längs der den Randlinien $x = \frac{1}{2}K$ entsprechenden Abbildungskurven aufgeschnitten werden, da diese zweimal durchlaufen werden und daher Sprungstellen von y darstellen.

Durch (681) sind die Linien $\Phi_1 = \text{const}$ und $\Psi_1 = \text{const}$ bzw. $\Phi_5 = \text{const}$ und $\Psi_5 = \text{const}$ in Parameterform dargestellt, so daß die zugehörigen Kurvennetze leicht gezeichnet werden können. Wie die Abb. 114 bis 119, die den Parameterwerten $\varkappa = \frac{1}{2}$, $\varkappa = 1$ und $\varkappa = 2$ entsprechen, erkennen lassen, bleibt die bei den bisher betrachteten Funktionen in Erscheinung getretene und auf (659) zurückzuführende Wechselseitigkeit bezüglich reziproker Parameter auch für

$$\{\ln \wp_1(z, k)\}^{-1} \quad \text{und} \quad \{\ln \wp_5(z, k)\}^{-1}$$

erhalten. Es ist lediglich zu beachten, daß die Φ-Achse noch um die Strecke $\Psi = \pi$ verschoben werden muß, damit beim Vertauschen von $\varkappa$ mit $1/\varkappa$ die x-Linien in y-Linien und umgekehrt übergehen.

Im Falle $\varkappa = 1$ stellen die x-Linien nur noch bei $\{\ln \wp_1(z, k)\}^{-1}$ die an der Ψ-Achse gespiegelten y-Linien dar. Bei $\{\ln \wp_5(z, k)\}^{-1}$ gehen die x-Linien nicht durch Spiegelung, sondern durch Verschiebung um das Maß $\Psi = \pi$ in die y-Linien über.

Ein hervortretendes Merkmal beider Umkehrfunktionen ist neben dem singulären Verhalten der Abbildungen der Randbereiche die durch die logarithmischen Pole mit dem Hauptteil -1 bedingte und die Periode $\Psi = 2\pi$ aufweisende Kernbildung innerhalb der Linien $x = \text{const}$ für $\varkappa < 1$ und $y = \text{const}$ für $\varkappa > 1$. Die in den Abb. 114, 116, 117 und 119 durch Punktierung gekennzeichneten Begrenzungslinien der Kerne entsprechen für $\varkappa < 1$ den x-Werten, für $\varkappa > 1$ den y-Werten der vorerwähnten Pole. Nach Abb. 79 und 80 sind diese Abszissen bzw. Ordinatenwerte mit den Nullstellen von

$$\wp_4(x, \varkappa) \quad \text{und} \quad \wp_5(x, \varkappa) \quad \text{bzw.} \quad \wp_4\left(y, \frac{1}{\varkappa}\right) \quad \text{und} \quad \wp_5\left(y, \frac{1}{\varkappa}\right)$$

gleichbedeutend, die für $\zeta = x/2K$ und $\zeta = y/2K'$ aus den Tafeln in Abschnitt 82 entnommen werden können. Da die zugehörigen Geraden $x = \text{const}$ und $y = \text{const}$ in der z-Ebene im Bereich der Pole mit den Strahlen

$$\Psi = \pm\frac{\pi}{2}, \pm\frac{3\pi}{2}, \pm\frac{5\pi}{2}, \ldots$$

der Abbildungen von $\ln \wp_1(z, k)$ und $\ln \wp_5(z, k)$ zusammenfallen, besitzen die Kernbegrenzungslinien in Abb. 114 bis 119 jene Ψ-Werte als Asymptoten.

Für die Ausartungen, die nach früheren Betrachtungen auf den Parameterwert $\varkappa = 0$ und auf $\{\ln \wp_1(z, k)\}^{-1}$ beschränkt werden können, liegt für $x = \text{const}$ und $y = \text{const}$ in (686) eine Darstellung in Parameterform bereits vor. Nach Abb. 120 schrumpfen in diesem Falle die Abbildungsstrecken von $x = K$ und $x = -K$ auf einen Punkt zusammen.

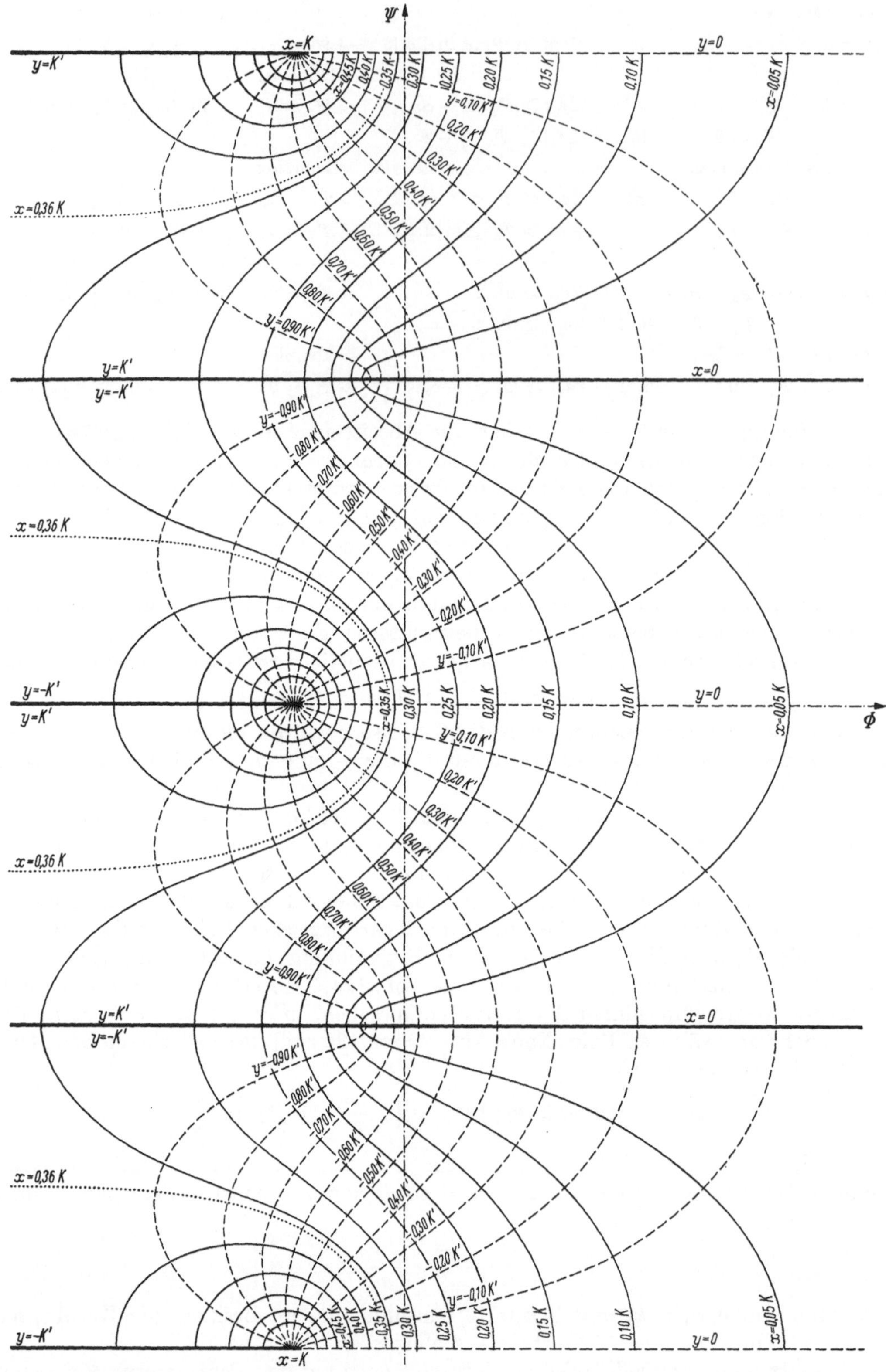

Abb. 114. $\Phi + i\Psi = \ln \wp_1(z, k)$, ($k = 0{,}985$; $\varkappa = 0{,}5$); Darstellung in der x-Ebene

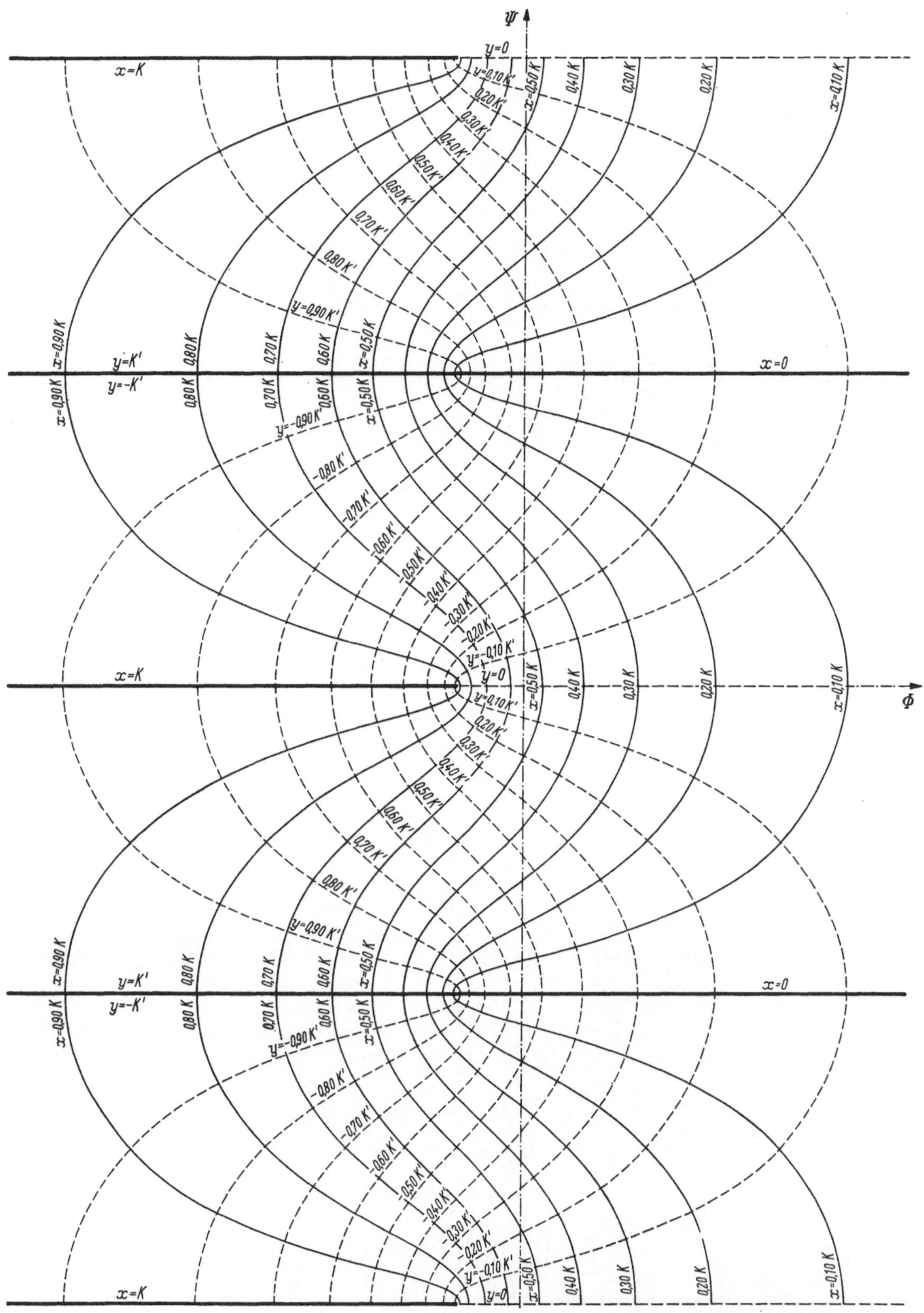

Abb. 115. $\Phi + i\Psi = \ln \wp_1(z, k)$, $(k = 0{,}707;\ \varkappa = 1{,}0)$; Darstellung in der x-Ebene

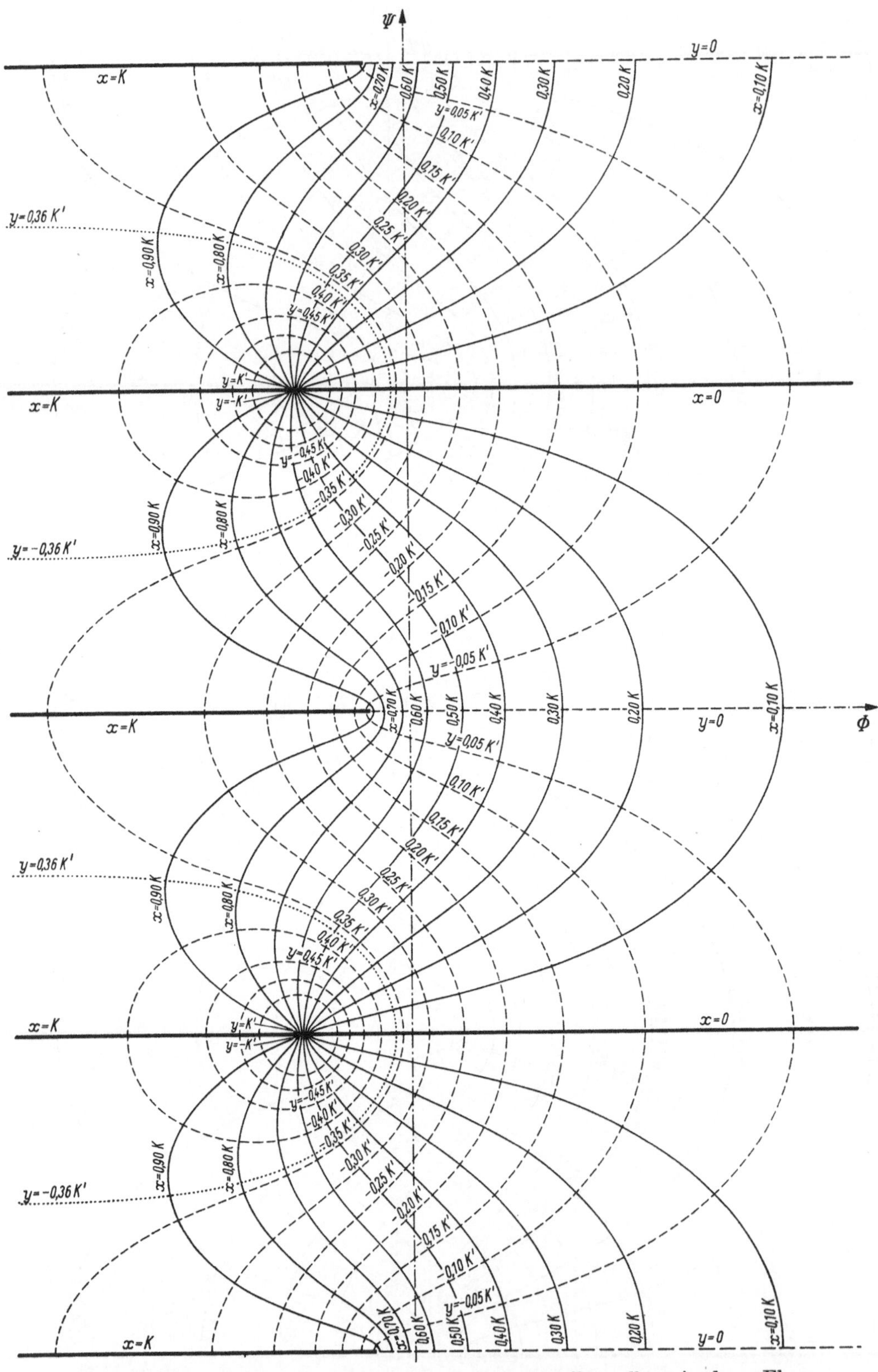

Abb. 116. $\Phi + i\Psi = \ln \wp_1(z, k)$, $k = 0{,}172$; $\varkappa = 2{,}0$); Darstellung in der x-Ebene

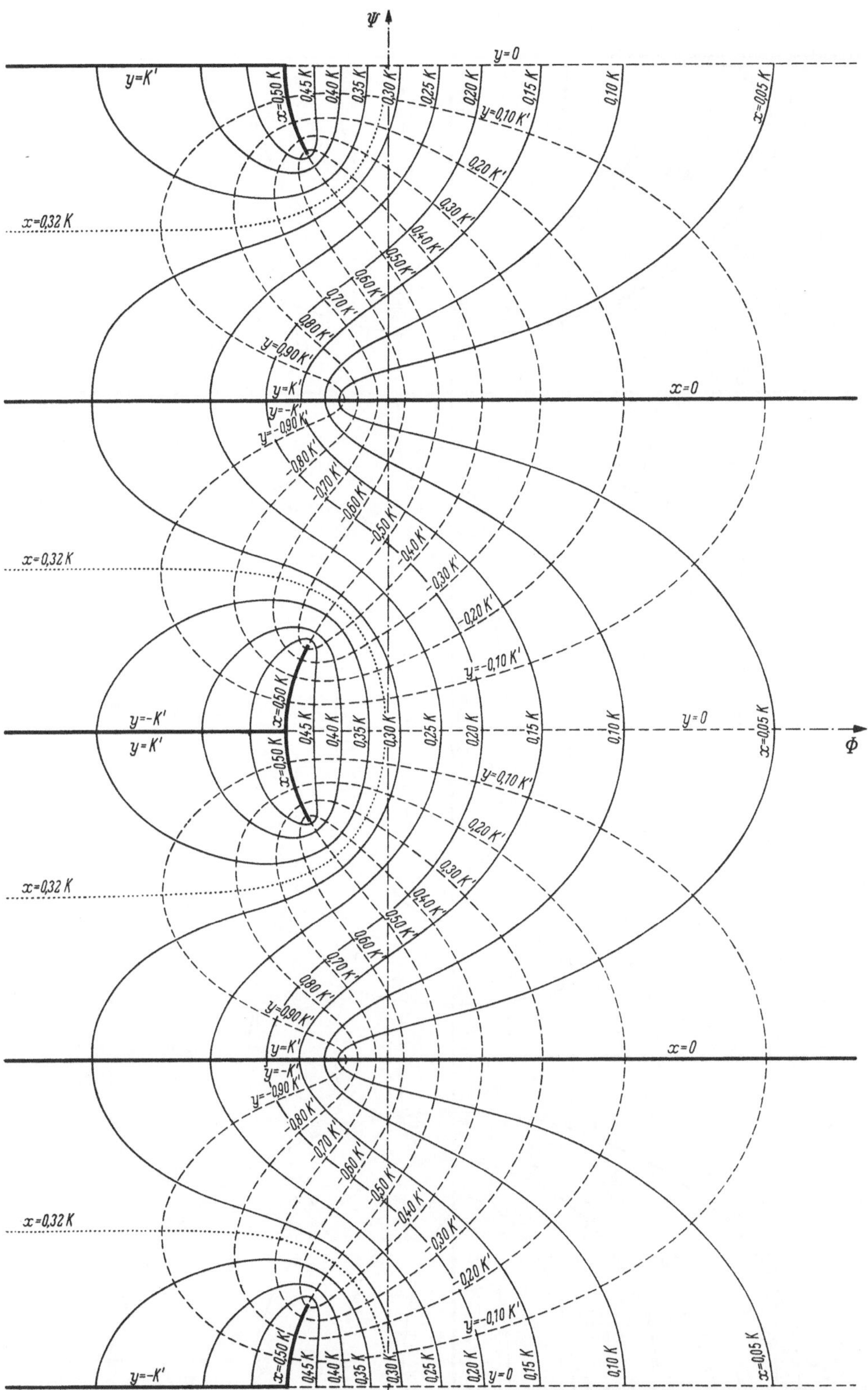

Abb. 117. $\Phi + i\,\Psi = \ln \wp_5(z, k)$, $(k = 0{,}985;\ \varkappa = 0{,}5)$; Darstellung in der x-Ebene

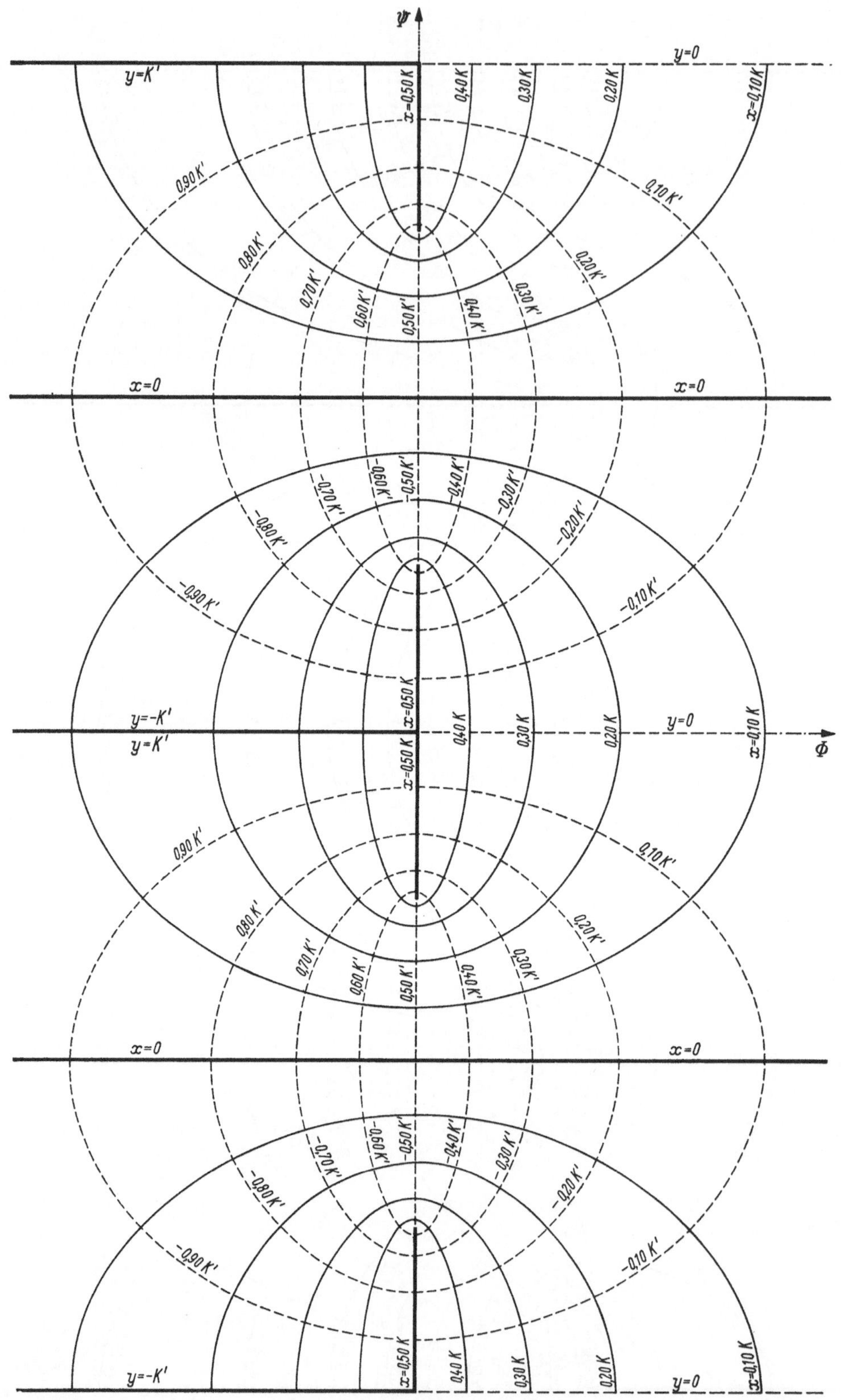

Abb. 118. $\Phi + i\,\Psi = \ln \wp_5(z, k)$, ($k = 0{,}707$; $\varkappa = 1{,}0$); Darstellung in der x-Ebene

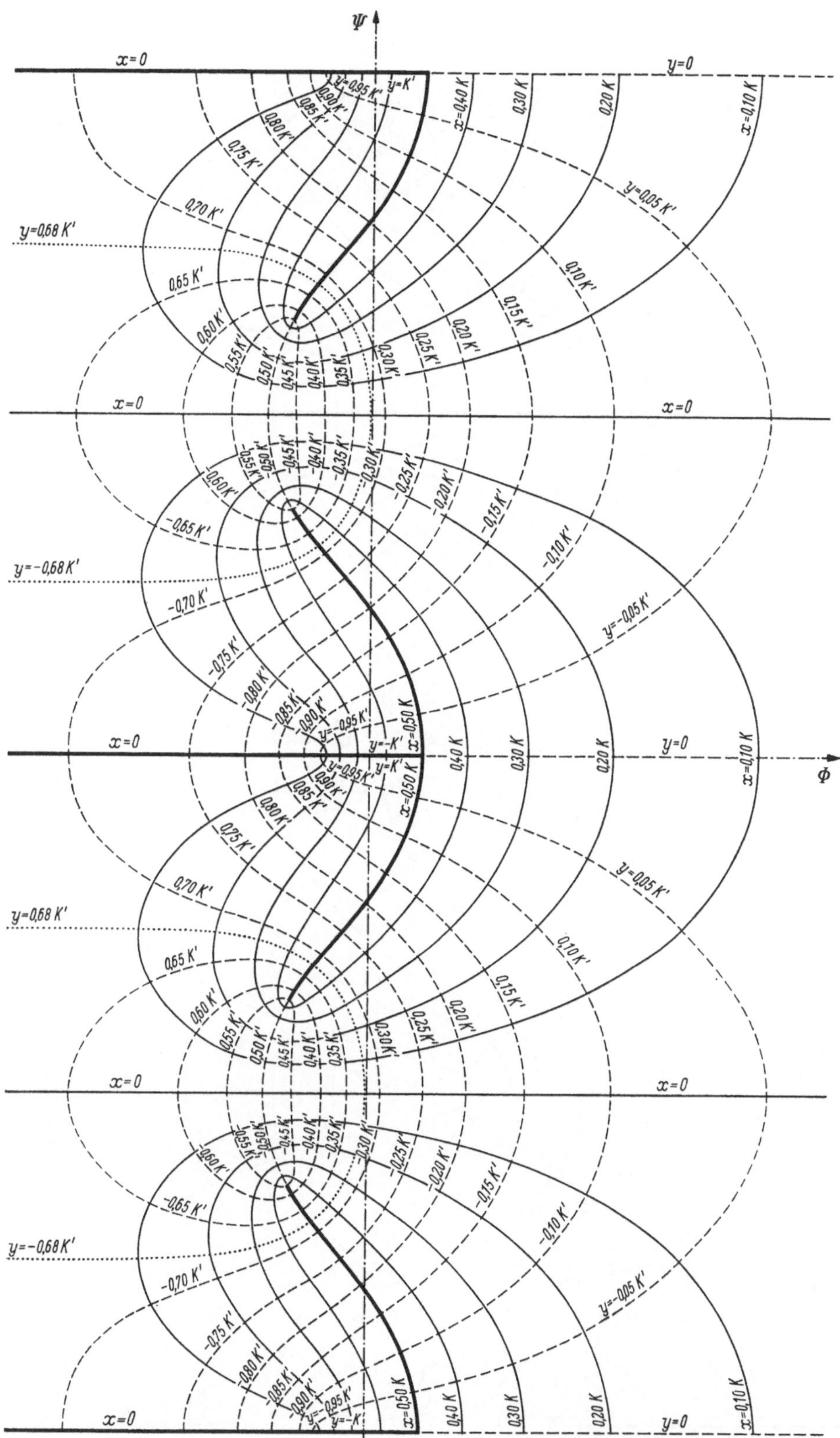

Abb. 119. $\Phi + i\Psi = \ln \wp_5(z, k)$, $(k = 0{,}172;\ \varkappa = 2{,}0)$; Darstellung in der x-Ebene

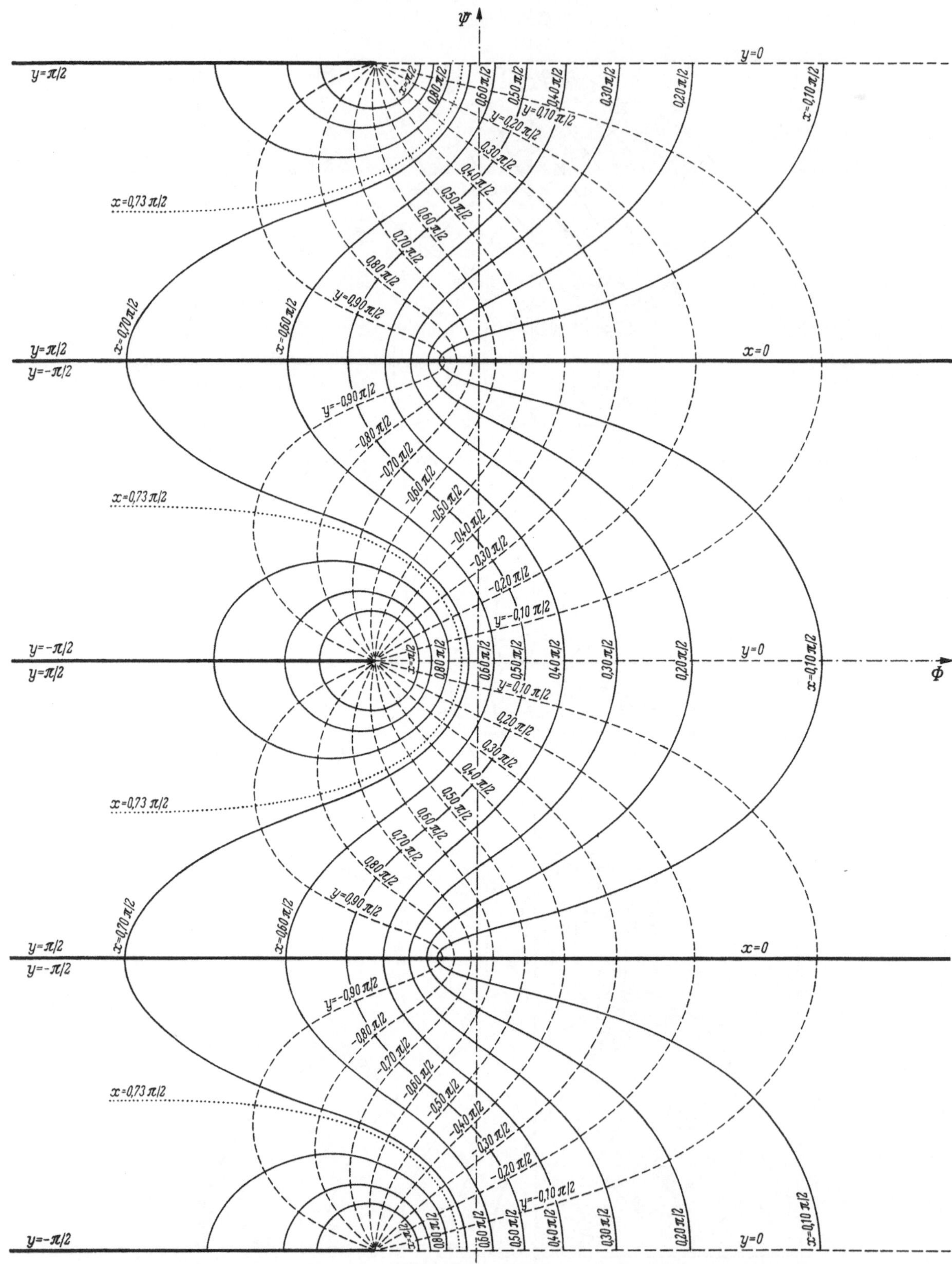

Abb. 120. $\Phi + i\,\Psi = \ln \wp_1(z, k = 1{,}0) = \ln \wp_5(z, k = 1{,}0)$, $(k = 1{,}0,\ \varkappa = 0)$; Darstellung in der x-Ebene

Werden die Abb. 114 bis 120 als Potentialfelder gedeutet, so liegen, wenn die durch Punktierung abgegrenzten Kerne ausgeklammert werden, Strömungen zwischen periodisch sich wiederholenden, teils linienhaften, teils kernartigen Hindernissen vor, die feldweise und als Ganzes betrachtet werden können. Innerhalb der Kerne befinden sich linienhafte Senken, die von der einseitig ins Unendliche ausgedehnten Kernbegrenzungslinie aus angeströmt werden. Im Falle $\varkappa = 1$ wandern die Kerne ins Unendliche ab. Demgemäß zeigt das Potentialfeld von $\{\ln \wp_1(z, \sqrt{\tfrac{1}{2}})\}^{-1}$ nur noch linienhafte Hindernisse. Bei $\{\ln \wp_5(z, \sqrt{\tfrac{1}{2}})\}^{-1}$ besteht es aus einer Kette voneinander unabhängiger Einzelfelder. Für $\varkappa \to 0$ artet die linienhafte Senke innerhalb der Kerne in eine punktförmige aus.

92. Darstellung der $\wp$-Funktionen durch Quotienten von Quadraten von Theta-Funktionen. Beziehungen zwischen den um $e_{\substack{1\\2\\3}}$ bzw. $-2e_2$ verminderten $\wp$-Funktionen

Werden die Gln. (187) durch $4K^2 = \pi^2\, \vartheta_3^4(0, \varkappa)$ unter Beachtung von (69) dividiert und berücksichtigt man hierbei die Gln. (194), (280), (281) und (442), so ergeben sich Darstellungen der um e_1 bzw. e_2 bzw. e_3 verminderten $\wp$-Funktionen als Quotienten von Quadraten von Theta-Funktionen. Bei Bezugnahme auf die Abhängigkeitsbezeichnung $(\zeta, \varkappa)$ lauten die Darstellungen

$$\left.\begin{aligned}
\wp_1(\zeta,\varkappa) - e_1 &= +k'\frac{\vartheta_2^2(\zeta,\varkappa)}{\vartheta_1^2(\zeta,\varkappa)}, & \wp_1(\zeta,\varkappa) - e_2 &= +k\,k'\frac{\vartheta_3^2(\zeta,\varkappa)}{\vartheta_1^2(\zeta,\varkappa)}, & \wp_1(\zeta,\varkappa) - e_3 &= +k\frac{\vartheta_4^2(\zeta,\varkappa)}{\vartheta_1^2(\zeta,\varkappa)},\\
\wp_2(\zeta,\varkappa) - e_1 &= +k'\frac{\vartheta_1^2(\zeta,\varkappa)}{\vartheta_2^2(\zeta,\varkappa)}, & \wp_2(\zeta,\varkappa) - e_2 &= +k\,k'\frac{\vartheta_4^2(\zeta,\varkappa)}{\vartheta_2^2(\zeta,\varkappa)}, & \wp_2(\zeta,\varkappa) - e_3 &= +k\frac{\vartheta_3^2(\zeta,\varkappa)}{\vartheta_2^2(\zeta,\varkappa)},\\
\wp_3(\zeta,\varkappa) - e_1 &= -k'\frac{\vartheta_4^2(\zeta,\varkappa)}{\vartheta_3^2(\zeta,\varkappa)}, & \wp_3(\zeta,\varkappa) - e_2 &= -k\,k'\frac{\vartheta_1^2(\zeta,\varkappa)}{\vartheta_3^2(\zeta,\varkappa)}, & \wp_3(\zeta,\varkappa) - e_3 &= +k\frac{\vartheta_2^2(\zeta,\varkappa)}{\vartheta_3^2(\zeta,\varkappa)},\\
\wp_4(\zeta,\varkappa) - e_1 &= -k'\frac{\vartheta_3^2(\zeta,\varkappa)}{\vartheta_4^2(\zeta,\varkappa)}, & \wp_4(\zeta,\varkappa) - e_2 &= -k\,k'\frac{\vartheta_2^2(\zeta,\varkappa)}{\vartheta_4^2(\zeta,\varkappa)}, & \wp_4(\zeta,\varkappa) - e_3 &= +k\frac{\vartheta_1^2(\zeta,\varkappa)}{\vartheta_4^2(\zeta,\varkappa)}.
\end{aligned}\right\} \qquad (692)$$

Werden in den vorderen der Gln. (504) die Gln. (692) derart berücksichtigt, daß auf den rechten Seiten die Parametergruppe

$$-e_2 + e_1 + e_3 = -2e_2 + (e_1 + e_2 + e_3) = -2e_2$$

auftritt, so ergeben sich die weiteren Beziehungen

$$\left.\begin{aligned}
\wp_5(\zeta,\varkappa) + 2e_2 &= k'\frac{\vartheta_2^2(\zeta,\varkappa)}{\vartheta_1^2(\zeta,\varkappa)} + k\frac{\vartheta_2^2(\zeta,\varkappa)}{\vartheta_3^2(\zeta,\varkappa)} = -k'\frac{\vartheta_4^2(\zeta,\varkappa)}{\vartheta_3^2(\zeta,\varkappa)} + k\frac{\vartheta_4^2(\zeta,\varkappa)}{\vartheta_1^2(\zeta,\varkappa)},\\
\wp_6(\zeta,\varkappa) + 2e_2 &= k'\frac{\vartheta_1^2(\zeta,\varkappa)}{\vartheta_2^2(\zeta,\varkappa)} + k\frac{\vartheta_1^2(\zeta,\varkappa)}{\vartheta_4^2(\zeta,\varkappa)} = -k'\frac{\vartheta_3^2(\zeta,\varkappa)}{\vartheta_4^2(\zeta,\varkappa)} + k\frac{\vartheta_3^2(\zeta,\varkappa)}{\vartheta_2^2(\zeta,\varkappa)}.
\end{aligned}\right\} \qquad (693)$$

Die sukzessive Division der Gln. (692) liefert unter Bezugnahme auf die Ausgangsgleichungen bei Unterdrückung der Abhängigkeitsbezeichnung

$$\left.\begin{aligned}
&\frac{\wp_1 - e_1}{\wp_1 - e_2} = +\frac{\wp_3 - e_3}{k^2}, && \frac{\wp_1 - e_2}{\wp_1 - e_1} = +(\wp_2 - e_3), && \frac{\wp_2 - e_1}{\wp_2 - e_2} = +\frac{\wp_4 - e_3}{k^2}, && \frac{\wp_2 - e_2}{\wp_2 - e_1} = +(\wp_1 - e_3),\\
&\frac{\wp_1 - e_2}{\wp_1 - e_3} = -(\wp_4 - e_1), && \frac{\wp_1 - e_3}{\wp_1 - e_2} = -\frac{\wp_3 - e_1}{k'^2}, && \frac{\wp_2 - e_2}{\wp_2 - e_3} = -(\wp_3 - e_1), && \frac{\wp_2 - e_3}{\wp_2 - e_2} = -\frac{\wp_4 - e_1}{k'^2},\\
&\frac{\wp_1 - e_3}{\wp_1 - e_1} = +\frac{\wp_2 - e_2}{k'^2}, && \frac{\wp_1 - e_1}{\wp_1 - e_3} = -\frac{\wp_4 - e_2}{k^2}, && \frac{\wp_2 - e_3}{\wp_2 - e_1} = +\frac{\wp_1 - e_2}{k'^2}, && \frac{\wp_2 - e_1}{\wp_2 - e_3} = -\frac{\wp_3 - e_2}{k^2},\\
&\frac{\wp_3 - e_1}{\wp_3 - e_2} = +\frac{\wp_1 - e_3}{k^2}, && \frac{\wp_3 - e_2}{\wp_3 - e_1} = +(\wp_4 - e_3), && \frac{\wp_4 - e_1}{\wp_4 - e_2} = +\frac{\wp_2 - e_3}{k^2}, && \frac{\wp_4 - e_2}{\wp_4 - e_1} = +(\wp_3 - e_3),\\
&\frac{\wp_3 - e_2}{\wp_3 - e_3} = -(\wp_2 - e_1), && \frac{\wp_3 - e_3}{\wp_3 - e_2} = -\frac{\wp_1 - e_1}{k'^2}, && \frac{\wp_4 - e_2}{\wp_4 - e_3} = -(\wp_1 - e_1), && \frac{\wp_4 - e_3}{\wp_4 - e_2} = -\frac{\wp_2 - e_1}{k'^2},\\
&\frac{\wp_3 - e_3}{\wp_3 - e_1} = +\frac{\wp_4 - e_2}{k'^2}, && \frac{\wp_3 - e_1}{\wp_3 - e_3} = -\frac{\wp_2 - e_2}{k^2}, && \frac{\wp_4 - e_3}{\wp_4 - e_1} = +\frac{\wp_3 - e_2}{k'^2}, && \frac{\wp_4 - e_1}{\wp_4 - e_3} = -\frac{\wp_1 - e_2}{k^2}.
\end{aligned}\right\} \qquad (694)$$

Werden die beiden linken Gruppen und die beiden rechten Gruppen der Gln. (694) jeweils miteinander multipliziert, so ergeben sich in umgeschriebener Form die Gln. (503). Nimmt man noch die Gl. (506) hinzu und werden gleichzeitig die Gln. (443) beachtet, so erhält man

$$(\wp_{\substack{3\\1}} - e_1)(\wp_{\substack{4\\2}} - e_1) = k'^2, \quad (\wp_{\substack{2\\1}} - e_2)(\wp_{\substack{4\\3}} - e_2) = -k^2 k'^2, \quad (\wp_{\substack{2\\1}} - e_3)(\wp_{\substack{3\\4}} - e_3) = k^2, \quad (\wp_5 + 2e_2)(\wp_6 + 2e_2) = 1. \qquad (695)$$

Für die um e_1, e_2, e_3 verminderten $\wp$-Funktionen bzw. für die zugehörigen reziproken Funktionen ergibt sich nach (443) bzw. nach (695) und (501)

$$\left.\begin{aligned}
&\left(\wp_{\substack{1\\1\\3\\4}} - e_1\right) = \left(\wp_{\substack{1\\2\\3\\4}} - e_2\right) - k'^2, \quad \frac{1}{\wp_{\substack{1\\2\\3\\4}} - e_1} = \frac{1}{k'^2}\left(\wp_{\substack{2\\1\\4\\3}} - e_1\right) = \frac{-1}{k'^2}\left[\eta_1 + e_1 + \frac{\partial^2}{\partial z^2}\ln\vartheta_{\substack{2\\1\\4\\3}}(\zeta,\varkappa)\right],\\
&\left(\wp_{\substack{1\\2\\3\\4}} - e_2\right) = \left(\wp_{\substack{1\\2\\3\\4}} - e_3\right) - k^2, \quad \frac{1}{\wp_{\substack{1\\2\\3\\4}} - e_2} = \frac{-1}{k^2 k'^2}\left(\wp_{\substack{3\\4\\1\\2}} - e_2\right) = \frac{1}{k^2 k'^2}\left[\eta_1 + e_2 + \frac{\partial^2}{\partial z^2}\ln\vartheta_{\substack{3\\4\\1\\2}}(\zeta,\varkappa)\right],\\
&\left(\wp_{\substack{1\\2\\3\\4}} - e_3\right) = \left(\wp_{\substack{1\\2\\3\\4}} - e_1\right) + 1, \quad \frac{1}{\wp_{\substack{1\\2\\3\\4}} - e_3} = \frac{1}{k^2}\left(\wp_{\substack{4\\3\\2\\1}} - e_3\right) = \frac{-1}{k^2}\left[\eta_1 + e_3 + \frac{\partial^2}{\partial z^2}\ln\vartheta_{\substack{4\\3\\2\\1}}(\zeta,\varkappa)\right].
\end{aligned}\right\} \tag{696}$$

Entsprechend liefert (504) mit $e_1 + e_2 + e_3 = 0$ und (695) in Verbindung mit (501) für $\wp_5$ und $\wp_6$

$$\begin{aligned}
&(\wp_5 + 2e_2) = \left(\wp_1 - e_{\substack{1\\3}}\right) + \left(\wp_3 + e_{\substack{3\\1}}\right),\\
&(\wp_6 + 2e_2) = \left(\wp_2 - e_{\substack{1\\3}}\right) + \left(\wp_4 - e_{\substack{3\\1}}\right),
\end{aligned} \quad \frac{1}{\wp_{\substack{5\\6}} + 2e_2} = \wp_{\substack{6\\5}} + 2e_2 = -\left[\bar{\eta}_1 - 2e_2 + \frac{\partial^2}{\partial z^2}\ln\vartheta_{\substack{6\\5}}(\zeta,\varkappa)\right]. \tag{697}$$

Ferner folgt aus den beiden mittleren der Gln. (504) mit $e_1 + e_2 + e_3 = 0$

$$(\wp_5 + 2e_2) = \frac{(\wp_1 - e_1)(\wp_1 - e_3)}{(\wp_1 - e_2)} = \frac{(\wp_3 - e_1)(\wp_3 - e_3)}{(\wp_3 - e_2)}, \quad (\wp_6 + 2e_2) = \frac{(\wp_2 - e_1)(\wp_2 - e_3)}{(\wp_2 - e_2)} = \frac{(\wp_4 - e_1)(\wp_4 - e_3)}{(\wp_4 - e_2)}. \tag{698}$$

Anstelle von (698) kann in Verbindung mit (694) auch

$$\begin{aligned}
(\wp_5 + 2e_2) &= \frac{(\wp_1 - e_3)(\wp_3 - e_3)}{k^2} = -\frac{(\wp_1 - e_1)(\wp_3 - e_1)}{k'^2},\\
(\wp_6 + 2e_2) &= \frac{(\wp_2 - e_3)(\wp_4 - e_3)}{k^2} = -\frac{(\wp_2 - e_1)(\wp_4 - e_1)}{k'^2}
\end{aligned} \tag{698'}$$

geschrieben werden.

Der Vergleich der linken Gruppe von (697) mit (698)′ liefert

$$\begin{aligned}
(\wp_1 - e_1) + (\wp_3 - e_3) = (\wp_1 - e_3) + (\wp_3 - e_1) &= \frac{(\wp_1 - e_3)(\wp_3 - e_3)}{k^2} = -\frac{(\wp_1 - e_1)(\wp_3 - e_1)}{k'^2},\\
(\wp_2 - e_1) + (\wp_4 - e_3) = (\wp_2 - e_3) + (\wp_4 - e_1) &= \frac{(\wp_2 - e_3)(\wp_4 - e_3)}{k^2} = -\frac{(\wp_2 - e_1)(\wp_4 - e_1)}{k'^2}.
\end{aligned} \tag{699}$$

93. Weitere Darstellungen der Ableitungen der $\wp$-Funktionen nach z. Logarithmische Ableitungen der Funktionen $\wp - e_{\substack{1\\2\\3}}$ und $\sqrt{\wp - e_{\substack{1\\2\\3}}}$

Werden in den oberen der Gln. (502) die Radikanden mit den Funktionen $\wp - e_2$ erweitert und diese anschließend vor die Wurzeln gezogen, so werden die unter diesen verbleibenden Ausdrücke nach (698) gleich $\wp_5 + 2e_2$ oder $\wp_6 + 2e_2$. Auf diese Weise entstehen für die $\wp'$-Funktionen anologe Darstellungen zu den auf $e_2 = 0$ beschränkten Gln. (645), linke Gruppe, für welche die von (502) teilweise abweichenden Wurzelvorzeichen den Gln. (645) entnommen werden können. Werden außerdem noch die Gln. (698)′ berücksichtigt, entstehen weitere Darstellungen für $\wp'$. Insgesamt erhält man, unter Einschluß von (502),

$$\wp'_{\substack{1\\2\\3\\4}} = \substack{-\\+\\-\\+}2\sqrt{\left(\wp_{\substack{1\\2\\3\\4}} - e_1\right)\left(\wp_{\substack{1\\2\\3\\4}} - e_2\right)\left(\wp_{\substack{1\\2\\3\\4}} - e_3\right)}, \tag{700}$$

$$\wp'_{\substack{1\\2\\3\\4}} = \substack{-\\+\\+\\-}2\left(\wp_{\substack{1\\2\\3\\4}} - e_2\right)\sqrt{\left(\wp_{\substack{5\\6\\5\\6}} + 2e_2\right)}, \tag{701}$$

$$\wp'_{\substack{1\\2\\3\\4}} = \substack{-\\+\\+\\-}\frac{2}{k}\left(\wp_{\substack{1\\2\\3\\4}} - e_2\right)\sqrt{\left(\wp_{\substack{1\\2\\1\\2}} - e_3\right)\left(\wp_{\substack{3\\4\\3\\4}} - e_3\right)}, \tag{702}$$

$$\wp'_{\substack{1\\2\\3\\4}} = \substack{-\\+\\+\\-}\frac{2}{k'}\left(\wp_{\substack{1\\2\\3\\4}} - e_2\right)\sqrt{-\left(\wp_{\substack{1\\2\\1\\2}} - e_1\right)\left(\wp_{\substack{3\\4\\3\\4}} - e_1\right)}. \tag{703}$$

Auf den linken Seiten von (701) bis (703) können die $\wp$-Funktionen mit $\wp - e_1$ bzw. $\wp - e_2$ bzw. $\wp - e_3$ vertauscht werden; die Division durch diese Funktionen liefert daher die entsprechenden logarithmischen Ableitungen. Unter Bezugnahme auf (701) ergibt sich, wenn $\wp_5 + 2e_2$ und $\wp_6 + 2e_2$ gemäß (698) ausgedrückt und gleichzeitig die Gln. (694) beachtet werden,

$$\left.\begin{aligned}
\frac{\partial}{\partial z}\ln(\wp_1 - e_1) &= -\frac{\partial}{\partial z}\ln(\wp_2 - e_1) = -2\sqrt{(\wp_1 - e_3)(\wp_2 - e_3)} = -\frac{2}{k'}\sqrt{(\wp_1 - e_2)(\wp_2 - e_2)},\\
\frac{\partial}{\partial z}\ln(\wp_1 - e_2) &= -\frac{\partial}{\partial z}\ln(\wp_3 - e_2) = -2\sqrt{\wp_5 + 2e_2} = -\frac{2}{k}\sqrt{(\wp_1 - e_3)(\wp_3 - e_3)},\\
\frac{\partial}{\partial z}\ln(\wp_1 - e_3) &= -\frac{\partial}{\partial z}\ln(\wp_4 - e_3) = -2\sqrt{-(\wp_1 - e_1)(\wp_4 - e_1)} = -\frac{2}{k}\sqrt{-(\wp_1 - e_2)(\wp_4 - e_2)},\\
\frac{\partial}{\partial z}\ln(\wp_2 - e_2) &= -\frac{\partial}{\partial z}\ln(\wp_4 - e_2) = +2\sqrt{\wp_6 + 2e_2} = +\frac{2}{k}\sqrt{(\wp_2 - e_3)(\wp_4 - e_3)},\\
\frac{\partial}{\partial z}\ln(\wp_2 - e_3) &= -\frac{\partial}{\partial z}\ln(\wp_3 - e_3) = +2\sqrt{-(\wp_2 - e_1)(\wp_3 - e_1)} = +\frac{2}{k}\sqrt{-(\wp_2 - e_2)(\wp_3 - e_2)},\\
\frac{\partial}{\partial z}\ln(\wp_3 - e_1) &= -\frac{\partial}{\partial z}\ln(\wp_4 - e_1) = +2\sqrt{(\wp_3 - e_3)(\wp_4 - e_3)} = +\frac{2}{k'}\sqrt{(\wp_3 - e_2)(\wp_4 - e_2)}.
\end{aligned}\right\}\quad(704)$$

In den Gln. (704) fällt der Multiplikator 2 heraus, wenn unter dem Logarithmus die Argumente durch die Wurzeln ersetzt werden. Die entsprechenden Gleichungen lauten in Verbindung mit (699)

$$\left.\begin{aligned}
\frac{\partial}{\partial z}\ln\sqrt{\wp_1 - e_1} &= -\frac{\partial}{\partial z}\ln\sqrt{\wp_2 - e_1} = -\sqrt{(\wp_1 - e_3)(\wp_2 - e_3)} = -\frac{1}{k'}\sqrt{(\wp_1 - e_2)(\wp_2 - e_2)},\\
\frac{\partial}{\partial z}\ln\sqrt{\wp_1 - e_2} &= -\frac{\partial}{\partial z}\ln\sqrt{\wp_3 - e_2} = -\sqrt{\wp_5 + 2e_2} = -\frac{1}{k}\sqrt{(\wp_1 - e_3)(\wp_3 - e_3)} = -\frac{1}{k'}\sqrt{(\wp_1 - e_1)(-\wp_3 + e_1)},\\
\frac{\partial}{\partial z}\ln\sqrt{\wp_1 - e_3} &= -\frac{\partial}{\partial z}\ln\sqrt{\wp_4 - e_3} = -\sqrt{-(\wp_1 - e_1)(\wp_4 - e_1)} = -\frac{1}{k}\sqrt{-(\wp_1 - e_2)(\wp_4 - e_2)},\\
\frac{\partial}{\partial z}\ln\sqrt{\wp_2 - e_2} &= -\frac{\partial}{\partial z}\ln\sqrt{\wp_4 - e_2} = +\sqrt{\wp_6 + 2e_2} = +\frac{1}{k}\sqrt{(\wp_2 - e_3)(\wp_4 - e_3)} = +\frac{1}{k'}\sqrt{(\wp_2 - e_1)(-\wp_4 + e_1)},\\
\frac{\partial}{\partial z}\ln\sqrt{\wp_2 - e_3} &= -\frac{\partial}{\partial z}\ln\sqrt{\wp_3 - e_3} = +\sqrt{-(\wp_2 - e_1)(\wp_3 - e_1)} = +\frac{1}{k}\sqrt{-(\wp_2 - e_2)(\wp_3 - e_2)},\\
\frac{\partial}{\partial z}\ln\sqrt{\wp_3 - e_1} &= -\frac{\partial}{\partial z}\ln\sqrt{\wp_4 - e_1} = +\sqrt{(\wp_3 - e_3)(\wp_4 - e_3)} = +\frac{1}{k'}\sqrt{(\wp_3 - e_2)(\wp_4 - e_2)}.
\end{aligned}\right\}\quad(705)$$

Durch Multiplikation der Gln. (705) mit den Argumenten der Logarithmen erhält man die Ableitungen der entsprechenden Wurzeln selbst. Beachtet man hierbei die Gln. (694), so folgt

$$\begin{aligned}
&\frac{\partial}{\partial z}\sqrt{\wp_1 - e_{\substack{1\\2\\3}}} = \substack{-\\-\\-}\sqrt{\left(\wp_1 - e_{\substack{2\\3\\1}}\right)\left(\wp_1 - e_{\substack{3\\1\\2}}\right)}, \quad
\frac{\partial}{\partial z}\sqrt{\wp_2 - e_{\substack{1\\2\\3}}} = \substack{+\\+\\+}\sqrt{\left(\wp_2 - e_{\substack{2\\3\\1}}\right)\left(\wp_2 - e_{\substack{3\\1\\2}}\right)},\\
&\frac{\partial}{\partial z}\sqrt{\wp_3 - e_{\substack{1\\2\\3}}} = \substack{+\\+\\-}\sqrt{\left(\wp_3 - e_{\substack{2\\3\\1}}\right)\left(\wp_3 - e_{\substack{3\\1\\2}}\right)}, \quad
\frac{\partial}{\partial z}\sqrt{\wp_4 - e_{\substack{1\\2\\3}}} = \substack{-\\-\\+}\sqrt{\left(\wp_4 - e_{\substack{2\\3\\1}}\right)\left(\wp_4 - e_{\substack{3\\1\\2}}\right)}.
\end{aligned}\quad(706)$$

Werden die Gln. (706) mit dem doppelten Wurzelwert der linken Seiten multipliziert, so stehen auf den linken Seiten die Ableitungen der um e_1, e_2, e_3 verminderten $\wp$-Funktionen und damit diejenigen der $\wp$-Funktionen selbst, während auf den rechten Seiten die bereits durch (502) dargestellten Wurzeln in Erscheinung treten.

Formt man die rechten Seiten von (706) so um, daß nur noch die Funktionen der jeweiligen linken Seite auftreten, so folgt mit (443)

$$\left.\begin{aligned}
\frac{\partial}{\partial z}\sqrt{\wp_{\substack{1\\2\\3\\4}} - e_1} &= \substack{-\\+\\+\\-}\sqrt{\left[\left(\wp_{\substack{1\\2\\3\\4}} - e_1\right) + k'^2\right]\left[\left(\wp_{\substack{1\\2\\3\\4}} - e_1\right) + 1\right]},\\
\frac{\partial}{\partial z}\sqrt{\wp_{\substack{1\\2\\3\\4}} - e_2} &= \substack{-\\+\\+\\-}\sqrt{\left[\left(\wp_{\substack{1\\2\\3\\4}} - e_2\right) + k^2\right]\left[\left(\wp_{\substack{1\\2\\3\\4}} - e_2\right) - k'^2\right]},\\
\frac{\partial}{\partial z}\sqrt{\wp_{\substack{1\\2\\3\\4}} - e_3} &= \substack{-\\+\\-\\+}\sqrt{\left[\left(\wp_{\substack{1\\2\\3\\4}} - e_3\right) - 1\right]\left[\left(\wp_{\substack{1\\2\\3\\4}} - e_3\right) - k^2\right]}.
\end{aligned}\right\}\quad(707)$$

Werden die Gln. (707) nochmals nach z abgeleitet, wobei die runden Klammern als Quadrate der Wurzeln betrachtet werden können, so folgt in Verbindung mit (707) und (442)

$$\left.\begin{aligned}
\frac{\partial^2}{\partial z^2}\sqrt{\wp_{\substack{1\\2\\3\\4}}-e_1} &= 3e_1\sqrt{\wp_{\substack{1\\2\\3\\4}}-e_1}+2\Big(\wp_{\substack{1\\2\\3\\4}}-e_1\Big)^{3/2},\\
\frac{\partial^2}{\partial z^2}\sqrt{\wp_{\substack{1\\2\\3\\4}}-e_2} &= 3e_2\sqrt{\wp_{\substack{1\\2\\3\\4}}-e_2}+2\Big(\wp_{\substack{1\\2\\3\\4}}-e_2\Big)^{3/2},\\
\frac{\partial^2}{\partial z^2}\sqrt{\wp_{\substack{1\\2\\3\\4}}-e_3} &= 3e_3\sqrt{\wp_{\substack{1\\2\\3\\4}}-e_3}+2\Big(\wp_{\substack{1\\2\\3\\4}}-e_3\Big)^{3/2}.
\end{aligned}\right\} \tag{708}$$

Wird (708) als Differentialgleichung geschrieben, so ergibt sich nach (442)

$$\begin{aligned}
\frac{d^2u}{dz^2} = \alpha u + 2u^3 \quad \text{mit} \quad & u = \sqrt{\wp_{\substack{1\\2\\3\\4}}-e_3}, & u &= \sqrt{\wp_{\substack{1\\2\\3\\4}}-e_2}, & u &= \sqrt{\wp_{\substack{1\\2\\3\\4}}-e_1},\\
& \text{für } -2\leqq\alpha\leqq-1, & \text{für } & -1\leqq\alpha\leqq+1, & \text{für } & +1\leqq\alpha\leqq+2.
\end{aligned} \tag{709}$$

94. Darstellung der Produkte $\dfrac{(\wp-e_i)(\wp-e_j)}{(\wp-e_k)}$ durch $\wp$-Funktionen

Nach (698) lassen sich die Produkte

$$\frac{(\wp-e_i)(\wp-e_j)}{(\wp-e_k)}$$

für $\wp = \wp_1, \wp_2, \wp_3, \wp_4$ und $i = 1, j = 3, k = 2$ linear durch $\wp_5$ und $\wp_6$ und in Verbindung mit (697) linear durch $\wp_1$ und $\wp_3$ bzw. $\wp_2$ und $\wp_4$ ausdrücken. Dieses Verhalten kann auf andere Kombinationen von i, j, k ausgedehnt werden. Man erhält zunächst

$$\frac{(\wp-e_i)(\wp-e_j)}{(\wp-e_k)} = \frac{\wp^2+\wp e_k+e_i e_j}{(\wp-e_k)} = \wp + 2e_k + \frac{2e_k^2+e_i e_j}{\wp-e_k} \quad \text{für} \quad i,j,k = 1,2,3.$$

Nun ist aber nach den mittleren der Gln. (443)

$$2e_k^2 + e_i e_j = k'^2 \quad \text{oder} \quad -k^2k'^2 \quad \text{oder} \quad k^2,$$

so daß sich nach (695)

$$\frac{2e_k^2+e_i e_j}{\wp-e_k} = \wp^* - e_k$$

ergibt, wobei $\wp^*$ eine der vier Funktionen $\wp_1, \wp_2, \wp_3, \wp_4$ bezeichnet. Somit folgt

$$\frac{(\wp-e_i)(\wp-e_j)}{(\wp-e_k)} = e_k + \wp + \wp^* \qquad (\wp^* \neq \wp). \tag{710}$$

Die in Gl. (710) unbestimmt gebliebene Funktion $\wp^*$ ergibt sich erst nach expliziter Wahl von $\wp$. Der zu $\wp = \wp_1, \wp_2, \wp_3, \wp_4$ gehörige Gleichungssatz lautet:

$$\left.\begin{aligned}
\frac{(\wp_1-e_2)(\wp_1-e_3)}{(\wp_1-e_1)} &= \frac{(\wp_2-e_2)(\wp_2-e_3)}{(\wp_2-e_1)} = e_1+\wp_1+\wp_2,\\
\frac{(\wp_1-e_3)(\wp_1-e_1)}{(\wp_1-e_2)} &= \frac{(\wp_3-e_3)(\wp_3-e_1)}{(\wp_3-e_2)} = e_2+\wp_1+\wp_3 = 2e_2+\wp_5,\\
\frac{(\wp_1-e_1)(\wp_1-e_2)}{(\wp_1-e_3)} &= \frac{(\wp_4-e_1)(\wp_4-e_2)}{(\wp_4-e_3)} = e_3+\wp_1+\wp_4,\\
\frac{(\wp_2-e_3)(\wp_2-e_1)}{(\wp_2-e_2)} &= \frac{(\wp_4-e_3)(\wp_4-e_1)}{(\wp_4-e_2)} = e_2+\wp_2+\wp_4 = 2e_2+\wp_6,\\
\frac{(\wp_2-e_1)(\wp_2-e_2)}{(\wp_2-e_3)} &= \frac{(\wp_3-e_1)(\wp_3-e_2)}{(\wp_3-e_3)} = e_3+\wp_2+\wp_3,\\
\frac{(\wp_3-e_2)(\wp_3-e_3)}{(\wp_3-e_1)} &= \frac{(\wp_4-e_2)(\wp_4-e_3)}{(\wp_4-e_1)} = e_1+\wp_3+\wp_4.
\end{aligned}\right\} \tag{711}$$

Werden zwei der drei Parameterfunktionen e_i, e_j, e_k gleich, so gelangt man durch Verbindung von (694), (503) und (443) zu dem Gleichungssatz

$$\left.\begin{aligned}
&\frac{\left(\wp_{\substack{1\\2\\3\\4}} - e_2\right)^2}{\left(\wp_{\substack{1\\2\\3\\4}} - e_1\right)} = 1 - 3e_3^2 + \wp_{\substack{1\\2\\3\\4}} + k'^2\,\wp_{\substack{2\\1\\4\\3}}, &&\frac{\left(\wp_{\substack{1\\2\\3\\4}} - e_3\right)^2}{\left(\wp_{\substack{1\\2\\3\\4}} - e_1\right)} = \frac{1}{k'^2}\left(1 - 3e_3^2 + \wp_{\substack{2\\1\\4\\3}} + k'^2\,\wp_{\substack{1\\2\\3\\4}}\right),\\
&\frac{\left(\wp_{\substack{1\\2\\3\\4}} - e_3\right)^2}{\left(\wp_{\substack{1\\2\\3\\4}} - e_2\right)} = \frac{1}{k'^2}\left(e_1 - 3e_2^2 + \wp_{\substack{1\\2\\3\\4}} - k^2\,\wp_{\substack{5\\6\\5\\6}}\right), &&\frac{\left(\wp_{\substack{1\\2\\3\\4}} - e_1\right)^2}{\left(\wp_{\substack{1\\2\\3\\4}} - e_2\right)} = -\frac{1}{k^2}\left(e_1 - 3e_2^2 + \wp_{\substack{3\\4\\1\\2}} - k^2\,\wp_{\substack{5\\6\\5\\6}}\right),\\
&\frac{\left(\wp_{\substack{1\\2\\3\\4}} - e_1\right)^2}{\left(\wp_{\substack{1\\2\\3\\4}} - e_3\right)} = \frac{1}{k^2}\left(-1 + 3e_1^2 + \wp_{\substack{4\\3\\2\\1}} + k^2\,\wp_{\substack{1\\2\\3\\4}}\right), &&\frac{\left(\wp_{\substack{1\\2\\3\\4}} - e_2\right)^2}{\left(\wp_{\substack{1\\2\\3\\4}} - e_3\right)} = \left(-1 + 3e_1^2 + \wp_{\substack{1\\2\\3\\4}} + k^2\,\wp_{\substack{4\\3\\2\\1}}\right).
\end{aligned}\right\} \quad (712)$$

Bei Heranziehung der Gln. (694) lassen sich in (711) und (712) die Nenner beseitigen. Die Umschreibung von (711) ergibt mit (443)

$$\left.\begin{aligned}
&\frac{1}{k'^2}(\wp_1 - e_2)(\wp_2 - e_2) = (\wp_1 - e_3)(\wp_2 - e_3) = e_1 + \wp_1 + \wp_2 = \wp_1 - e_2 + \wp_2 - e_3 = \wp_1 - e_3 + \wp_2 - e_2,\\
&\frac{-1}{k'^2}(\wp_1 - e_1)(\wp_3 - e_1) = \frac{1}{k^2}(\wp_1 - e_3)(\wp_3 - e_3) = e_2 + \wp_1 + \wp_3 = \wp_1 - e_3 + \wp_3 - e_1 = \wp_1 - e_1 + \wp_3 - e_3\\
&\qquad = 2e_2 + \wp_5,\\
&\frac{-1}{k^2}(\wp_1 - e_2)(\wp_4 - e_2) = -(\wp_1 - e_1)(\wp_4 - e_1) = e_3 + \wp_1 + \wp_4 = \wp_1 - e_1 + \wp_4 - e_2 = \wp_1 - e_2 + \wp_4 - e_1,\\
&\frac{-1}{k'^2}(\wp_2 - e_1)(\wp_4 - e_1) = \frac{1}{k^2}(\wp_2 - e_3)(\wp_4 - e_3) = e_2 + \wp_2 + \wp_4 = \wp_2 - e_1 + \wp_4 - e_3 = \wp_2 - e_3 + \wp_4 - e_1\\
&\qquad = 2e_2 + \wp_6,\\
&\frac{-1}{k^2}(\wp_2 - e_2)(\wp_3 - e_2) = -(\wp_2 - e_1)(\wp_3 - e_1) = e_3 + \wp_2 + \wp_3 = \wp_2 - e_2 + \wp_3 - e_1 = \wp_2 - e_1 + \wp_3 - e_2,\\
&\frac{1}{k'^2}(\wp_3 - e_2)(\wp_4 - e_2) = (\wp_3 - e_3)(\wp_4 - e_3) = e_1 + \wp_3 + \wp_4 = \wp_3 - e_3 + \wp_4 - e_2 = \wp_3 - e_2 + \wp_4 - e_3.
\end{aligned}\right\} \quad (713)$$

Bei der Umschreibung von (712) kann man die rechten Seiten als Quadrate darstellen, wie sich durch Ausquadrieren in Verbindung mit (443) und (696) bestätigen läßt. Der entsprechende Gleichungssatz lautet:

$$\left.\begin{aligned}
&\left(\wp_{\substack{1\\2\\3\\4}} - e_2\right)\left(\wp_{\substack{2\\1\\4\\3}} - e_3\right) = 1 - 3e_3^2 + \wp_{\substack{1\\2\\3\\4}} + k'^2\,\wp_{\substack{2\\1\\4\\3}} = \left[\sqrt{\wp_{\substack{1\\2\\3\\4}} - e_1} \mathbin{\substack{+\\+\\-\\-}} k'\sqrt{\wp_{\substack{2\\1\\4\\3}} - e_1}\right]^2,\\
&\left(\wp_{\substack{1\\2\\3\\4}} - e_3\right)\left(\wp_{\substack{3\\4\\1\\2}} - e_1\right) = -\left(e_1 - 3e_2^2 + \wp_{\substack{1\\2\\3\\4}} - k^2\,\wp_{\substack{5\\6\\5\\6}}\right) = \left[k\sqrt{\wp_{\substack{3\\4\\1\\2}} - e_2} \mathbin{\substack{+\\+\\-\\-}} k'\sqrt{-\left(\wp_{\substack{1\\2\\3\\4}} - e_2\right)}\right]^2,\\
&\left(\wp_{\substack{1\\2\\3\\4}} - e_1\right)\left(\wp_{\substack{4\\3\\2\\1}} - e_2\right) = 1 - 3e_1^2 - \wp_{\substack{4\\3\\2\\1}} - k^2\,\wp_{\substack{1\\2\\3\\4}} = -\left[\substack{+\\+\\-\\-}\left(k\sqrt{\wp_{\substack{1\\2\\3\\4}} - e_3} - \sqrt{\wp_{\substack{4\\3\\2\\1}} - e_3}\right)\right]^2.
\end{aligned}\right\} \quad (714)$$

95. Differentialgleichungen und ergänzende Darstellungen der logarithmischen Ableitungen der Funktionen $\sqrt{\wp - e_{\substack{1\\2\\3}}}$

Unter Bezugnahme auf (713) lassen sich die logarithmischen Ableitungen von (705) auch in der Form

$$\left.\begin{aligned}
&\frac{\partial}{\partial z}\ln\sqrt{\wp_{\substack{1\\2}} - e_1} = \mp\sqrt{e_1 + \wp_1 + \wp_2}, &&\frac{\partial}{\partial z}\ln\sqrt{\wp_{\substack{1\\3}} - e_2} = \mp\sqrt{e_2 + \wp_1 + \wp_3} = \mp\sqrt{2e_2 + \wp_5},\\
&\frac{\partial}{\partial z}\ln\sqrt{\wp_{\substack{1\\4}} - e_3} = \mp\sqrt{e_3 + \wp_1 + \wp_4}, &&\frac{\partial}{\partial z}\ln\sqrt{\wp_{\substack{2\\4}} - e_2} = \pm\sqrt{e_2 + \wp_2 + \wp_4} = \pm\sqrt{2e_2 + \wp_6},\\
&\frac{\partial}{\partial z}\ln\sqrt{\wp_{\substack{2\\3}} - e_3} = \pm\sqrt{e_3 + \wp_2 + \wp_3}, &&\frac{\partial}{\partial z}\ln\sqrt{\wp_{\substack{3\\4}} - e_1} = \pm\sqrt{e_1 + \wp_3 + \wp_4}
\end{aligned}\right\} \quad (715)$$

schreiben. In dieser lassen sich in Verbindung mit (695) die auf den rechten Seiten auftretenden $\wp$-Funktionen durch diejenigen der linken ausdrücken. Die Gln. (715) können dann als Differentialgleichungen für die ln-Funktionen bzw. für die aus ihnen substituierten Funktionen

$$\ln\frac{\sqrt{\pm(\wp-e_1)}}{\sqrt{k'}},\quad \ln\frac{\sqrt{\pm(\wp-e_2)}}{\sqrt{k\,k'}},\quad \ln\frac{\sqrt{\wp-e_3}}{\sqrt{k}}\quad \text{für}\quad \wp=\wp_1,\wp_2,\wp_3,\wp_4$$

angesehen werden. Nach Durchführung der mit den Substitutionen verbundenen Umformungen ergibt sich bei entsprechender Umstellung der Reihenfolge

$$\left.\begin{aligned}
\frac{du}{dz} &= -\sqrt{3e_1+2k'\cosh 2u} && \text{für}\quad u=\ln\frac{\sqrt{\wp_1-e_1}}{\sqrt{k'}}=-\ln\frac{\sqrt{\wp_2-e_1}}{\sqrt{k'}},\\
\frac{du}{dz} &= +\sqrt{3e_1-2k'\cosh 2u} && \text{für}\quad u=\ln\frac{\sqrt{-\wp_3+e_1}}{\sqrt{k'}}=-\ln\frac{\sqrt{-\wp_4+e_1}}{\sqrt{k'}},\\
\frac{du}{dz} &= -\sqrt{3e_2+2k\,k'\sinh 2u} && \text{für}\quad u=\ln\frac{\sqrt{\wp_1-e_2}}{\sqrt{k\,k'}}=-\ln\frac{\sqrt{-\wp_3+e_2}}{\sqrt{k\,k'}},\\
\frac{du}{dz} &= +\sqrt{3e_2+2k\,k'\sinh 2u} && \text{für}\quad u=\ln\frac{\sqrt{\wp_2-e_2}}{\sqrt{k\,k'}}=-\ln\frac{\sqrt{-\wp_4+e_2}}{\sqrt{k\,k'}},\\
\frac{du}{dz} &= -\sqrt{3e_3+2k\cosh 2u} && \text{für}\quad u=\ln\frac{\sqrt{\wp_1-e_3}}{\sqrt{k}}=-\ln\frac{\sqrt{\wp_4-e_3}}{\sqrt{k}},\\
\frac{du}{dz} &= +\sqrt{3e_3+2k\cosh 2u} && \text{für}\quad u=\ln\frac{\sqrt{\wp_2-e_3}}{\sqrt{k}}=-\ln\frac{\sqrt{\wp_3-e_3}}{\sqrt{k}}.
\end{aligned}\right\}\qquad(716)$$

Die nochmalige Ableitung nach z führt auf die für $\wp_1$, $\wp_2$, $\wp_3$, $\wp_4$ gleichzeitig geltenden Differentialgleichungen

$$\left.\begin{aligned}
\frac{d^2u}{dz^2} &= \pm 2k'\sinh 2u && \text{für}\quad u=\ln\frac{\sqrt{\pm\wp\mp e_1}}{\sqrt{k'}}, && \wp=\wp_1,\wp_2\ +\text{Zeichen},\\
\frac{d^2u}{dz^2} &= 2k\,k'\cosh 2u && \text{für}\quad u=\pm\ln\frac{\sqrt{\pm\wp\mp e_2}}{\sqrt{k\,k'}}, && \wp=\wp_3,\wp_4\ -\text{Zeichen},\\
\frac{d^2u}{dz^2} &= 2k\sinh 2u && \text{für}\quad u=\ln\frac{\sqrt{\wp-e_3}}{\sqrt{k}}. && \wp=\wp_1,\wp_2,\wp_3,\wp_4.
\end{aligned}\right\}\qquad(717)$$

Wird in (716) und (717)

$$v=\frac{du}{dz}$$

als neue Veränderliche substituiert, die sich nach (716) als logarithmische Ableitung darstellt, so folgt in Verbindung mit Gl. (108) des ersten Bandes

$$2k'\cosh 2u=v^2-3e_1,\qquad 2k\,k'\sinh 2u=v^2-3e_2,\qquad 2k\cosh 2u=v^2-3e_3,$$

$$2k'\sinh 2u=\sqrt{(v^2-3e_1)^2-4k'^2},\quad 2k\,k'\cosh 2u=\sqrt{(v^2-3e_2)^2+4k^2k'^2},\quad 2k\sinh 2u=\sqrt{(v^2-3e_3)^2-4k^2}$$

und damit bei Umschreibung von (717)

$$\left.\begin{aligned}
\frac{dv}{dz} &= +\sqrt{(v^2-3e_1)^2-4k'^2} && \text{für}\quad v=\frac{d}{dz}\ln\sqrt{\pm\wp_{\substack{1\\3}}\mp e_1}=-\frac{d}{dz}\ln\sqrt{\pm\wp_{\substack{2\\4}}\mp e_1},\\
\frac{dv}{dz} &= +\sqrt{(v^2-3e_2)^2+4k^2k'^2} && \text{für}\quad v=\frac{d}{dz}\ln\sqrt{\wp_{\substack{1\\2}}-e_2}=-\frac{d}{dz}\ln\sqrt{-\wp_{\substack{3\\4}}+e_2},\\
\frac{dv}{dz} &= +\sqrt{(v^2-3e_3)^2-4k^2} && \text{für}\quad v=\frac{d}{dz}\ln\sqrt{\wp_{\substack{3\\4}}-e_3}=-\frac{d}{dz}\ln\sqrt{\wp_{\substack{2\\1}}-e_3}.
\end{aligned}\right\}\qquad(718)$$

Werden die Radikanden in (718) als Produkt geschrieben und für die Parameterfunktionen die aus (442) folgenden Werte

$$3e_1=1+k'^2,\qquad 3e_2=k^2-k'^2,\qquad 3e_3=-(1+k^2)$$

eingesetzt, so nehmen die Gln. (718) die Form

$$\left.\begin{aligned}
\frac{dv}{dz} &= +\sqrt{(v^2-(1+k')^2)(v^2-(1-k')^2)} \quad &&\text{für}\quad v = \frac{d}{dz}\ln\sqrt{\pm\wp_{\substack{1\\3}} \mp e_1} = -\frac{d}{dz}\ln\sqrt{\pm\wp_{\substack{2\\4}} \mp e_1},\\
\frac{dv}{dz} &= +\sqrt{(v^2-(k+i\,k')^2)(v^2-(k-i\,k')^2)} \quad &&\text{für}\quad v = \frac{d}{dz}\ln\sqrt{\wp_{\substack{1\\2}} - e_2} = -\frac{d}{dz}\ln\sqrt{-\wp_{\substack{3\\4}} + e_2},\\
\frac{dv}{dz} &= +\sqrt{(v^2+(1+k)^2)(v^2+(1-k)^2)} \quad &&\text{für}\quad v = \frac{d}{dz}\ln\sqrt{\wp_{\substack{3\\4}} - e_3} = -\frac{d}{dz}\ln\sqrt{\wp_{\substack{2\\1}} - e_3}
\end{aligned}\right\} \tag{719}$$

an, die erkennen läßt, daß im mittleren Falle von (718) unter der Wurzel eine biquadratische Funktion mit konjugiert komplexen Wurzelwerten auftritt. Durch nochmalige Ableitung nach z gehen die Gln. (719) über in

$$\left.\begin{aligned}
\frac{d^2v}{dz^2} &= 2v(v^2-1-k'^2) \quad &&\text{für}\quad v = \pm\frac{d}{dz}\ln\sqrt{\pm\wp_{\substack{1\\3}} \mp e_1} = \mp\frac{d}{dz}\ln\sqrt{\pm\wp_{\substack{2\\4}} \mp e_1},\\
\frac{d^2v}{dz^2} &= 2v(v^2-k^2+k'^2) \quad &&\text{für}\quad v = \pm\frac{d}{dz}\ln\sqrt{-\wp_{\substack{3\\4}} + e_2} = \mp\frac{d}{dz}\ln\sqrt{\wp_{\substack{1\\2}} - e_2},\\
\frac{d^2v}{dz^2} &= 2v(v^2+1+k^2) \quad &&\text{für}\quad v = \pm\frac{d}{dz}\ln\sqrt{\wp_{\substack{3\\4}} - e_3} = \mp\frac{d}{dz}\ln\sqrt{\wp_{\substack{2\\1}} - e_3}.
\end{aligned}\right\} \tag{720}$$

Es sollen nun noch einige ergänzende Darstellungen der logarithmischen Ableitungen der Funktionen $\sqrt{\wp - e_{\substack{1\\2\\3}}}$ entwickelt werden, zu denen man durch Umformung der GAUSSschen bzw. LANDENschen Transformationsgleichungen (591) bzw. (596) gelangt.

Wird in (591) auf beiden Seiten $2e_3/(1+k)^2$ hinzugefügt, so geht die linke Seite in Verbindung mit (445) bei Bezugnahme auf das ζ, $\varkappa$-System in

$$\wp_{\substack{1\\2}}\left(\zeta, \frac{\varkappa}{2}\right) - e_1\left(\frac{\varkappa}{2}\right)$$

über. Werden auf den rechten Seiten die Gln. (715) berücksichtigt und wird anschließend auf beiden Seiten die Wurzel gezogen und (695) beachtet, so folgt

$$\sqrt{\wp_{\substack{1\\2}}\left(\zeta, \frac{\varkappa}{2}\right) - e_1\left(\frac{\varkappa}{2}\right)} = \mp\frac{1}{1+k}\,\frac{\partial}{\partial z}\ln\sqrt{\wp_{\substack{1\\2}}(\zeta,\varkappa) - e_3} = \pm\frac{1}{1+k}\,\frac{\partial}{\partial z}\ln\sqrt{\wp_{\substack{4\\3}}(\zeta,\varkappa) - e_3}. \tag{721}$$

In entsprechender Weise läßt sich (596) in

$$\sqrt{\wp_{\substack{1\\4}}(2\zeta, 2\varkappa) - e_3(2\varkappa)} = \mp\frac{1}{1+k'}\,\frac{\partial}{\partial z}\ln\sqrt{\wp_{\substack{1\\3}}(\zeta,\varkappa) - e_1} = \pm\frac{1}{1+k'}\,\frac{\partial}{\partial z}\ln\sqrt{\wp_{\substack{2\\4}}(\zeta,\varkappa) - e_1} \tag{722}$$

überführen. Durch Logarithmierung derjenigen der Gln. (694), welche auf den linken Seiten die in (721) und (722) auftretenden Funktionen enthalten, ergeben sich in Verbindung mit (721) und (722) die logarithmischen Ableitungen weiterer Funktionen. Der gesamte Formelsatz lautet:

$$\left.\begin{aligned}
\frac{\partial}{\partial z}\ln\sqrt{\wp_4(\zeta,\varkappa) - e_3} &= -\frac{\partial}{\partial z}\ln\sqrt{\wp_1(\zeta,\varkappa) - e_3} = (1+k)\sqrt{\wp_1\left(\zeta,\frac{\varkappa}{2}\right) - e_1\left(\frac{\varkappa}{2}\right)},\\
\frac{\partial}{\partial z}\ln\sqrt{\wp_2(\zeta,\varkappa) - e_3} &= -\frac{\partial}{\partial z}\ln\sqrt{\wp_3(\zeta,\varkappa) - e_3} = (1+k)\sqrt{\wp_2\left(\zeta,\frac{\varkappa}{2}\right) - e_1\left(\frac{\varkappa}{2}\right)},\\
\frac{\partial}{\partial z}\ln\sqrt{\wp_4(\zeta,\varkappa) - e_2} &= -\frac{\partial}{\partial z}\ln\sqrt{\wp_2(\zeta,\varkappa) - e_2}\\
&= -(1+k)\sqrt{\wp_2\left(\zeta,\frac{\varkappa}{2}\right) - e_1\left(\frac{\varkappa}{2}\right)} - (1+k')\sqrt{\wp_4(2\zeta,2\varkappa) - e_3(2\varkappa)},\\
\frac{\partial}{\partial z}\ln\sqrt{\wp_3(\zeta,\varkappa) - e_2} &= -\frac{\partial}{\partial z}\ln\sqrt{\wp_1(\zeta,\varkappa) - e_2}\\
&= -(1+k)\sqrt{\wp_2\left(\zeta,\frac{\varkappa}{2}\right) - e_1\left(\frac{\varkappa}{2}\right)} + (1+k')\sqrt{\wp_1(2\zeta,2\varkappa) - e_3(2\varkappa)},\\
\frac{\partial}{\partial z}\ln\sqrt{\wp_2(\zeta,\varkappa) - e_1} &= -\frac{\partial}{\partial z}\ln\sqrt{\wp_1(\zeta,\varkappa) - e_1} = (1+k')\sqrt{\wp_1(2\zeta,2\varkappa) - e_3(2\varkappa)},\\
\frac{\partial}{\partial z}\ln\sqrt{\wp_3(\zeta,\varkappa) - e_1} &= -\frac{\partial}{\partial z}\ln\sqrt{\wp_4(\zeta,\varkappa) - e_1} = (1+k')\sqrt{\wp_4(2\zeta,2\varkappa) - e_3(2\varkappa)}.
\end{aligned}\right\} \tag{723}$$

96. Darstellung der Funktionen $\sqrt{\wp - e_{\substack{1\\2\\3}}}$ als Ableitungen von Area-Tangens- bzw. Area-Cotangens-Funktionen nach z. Weitere Produktdarstellungen

In Verbindung mit (443), (694), (706) und (136) des ersten Bandes erhält man

$$\frac{\partial}{\partial z}\,\text{ar tanh}\sqrt{-(\wp_4 - e_1)} = -\frac{\sqrt{-(\wp_4 - e_2)(\wp_4 - e_3)}}{|1 + \wp_4 - e_1|} = -\sqrt{-\frac{\wp_4 - e_2}{\wp_4 - e_3}} = -\sqrt{\wp_1 - e_1},$$

$$\frac{\partial}{\partial z}\,\text{ar tanh}\sqrt{\wp_3 - e_3} = -\frac{\sqrt{(\wp_3 - e_1)(\wp_3 - e_2)}}{|1 - \wp_3 + e_3|} = -\sqrt{\frac{\wp_3 - e_2}{\wp_3 - e_1}} = -\sqrt{\wp_4 - e_3},$$

$$\frac{\partial}{\partial z}\,\text{ar tanh}\frac{1}{k}\sqrt{-(\wp_4 - e_2)} = -\frac{\frac{1}{k}\sqrt{-(\wp_4 - e_3)(\wp_4 - e_1)}}{\left|1 + \frac{\wp_4 - e_2}{k^2}\right|} = -k\sqrt{-\frac{\wp_4 - e_1}{\wp_4 - e_3}} = -\sqrt{\wp_1 - e_2}.$$

Durch zyklische Vertauschung der $\wp$-Funktionen in Verbindung mit (511) folgen hieraus entsprechend gebaute Ausdrücke für die restlichen Funktionen. Der gesamte Formelsatz, unter Einschluß der Ableitungen der ar coth-Funktionen, lautet

$$\left.\begin{aligned}
&\sqrt{\wp_{\substack{1\\2\\3\\4}} - e_1} = \mp\frac{\partial}{\partial z}\,\text{ar tanh}\sqrt{-\left(\wp_{\substack{4\\3\\2\\1}} - e_1\right)}, &&\sqrt{\wp_{\substack{1\\2\\3\\4}} - e_1} = \mp\frac{\partial}{\partial z}\,\text{ar coth}\sqrt{-\left(\wp_{\substack{4\\3\\2\\1}} - e_1\right)},\\
&\sqrt{\wp_{\substack{1\\2\\3\\4}} - e_2} = \mp\frac{\partial}{\partial z}\,\text{ar tanh}\frac{1}{k}\sqrt{-\left(\wp_{\substack{4\\3\\2\\1}} - e_2\right)}, &&\sqrt{\wp_{\substack{1\\2\\3\\4}} - e_2} = \mp\frac{\partial}{\partial z}\,\text{ar coth}\frac{1}{k}\sqrt{-\left(\wp_{\substack{4\\3\\2\\1}} - e_2\right)},\\
&\sqrt{\wp_{\substack{1\\2\\3\\4}} - e_3} = \mp\frac{\partial}{\partial z}\,\text{ar tanh}\sqrt{\wp_{\substack{2\\1\\4\\3}} - e_3}, &&\sqrt{\wp_{\substack{1\\2\\3\\4}} - e_3} = \mp\frac{\partial}{\partial z}\,\text{ar coth}\sqrt{\wp_{\substack{2\\1\\4\\3}} - e_3}.
\end{aligned}\right\} \qquad (724)$$

In (724) ist für Argumente zwischen -1 und $+1$ die ar tanh-Funktion, im übrigen die ar coth-Funktion zugrunde zu legen. Für imaginäre Argumentwerte können beide Formeln verwendet werden. Das Vorzeichen ist von Fall zu Fall zu bestimmen. Bei Bezugnahme auf reelle Funktionswerte ergibt sich:

$$\left.\begin{aligned}
&\sqrt{+(\wp_1 - e_1)} = -\frac{\partial}{\partial z}\,\text{ar tanh}\sqrt{-(\wp_4 - e_1)}, &&\sqrt{-(\wp_3 - e_2)} = -\frac{\partial}{\partial z}\,\text{arc cot}\frac{1}{k}\sqrt{\wp_2 - e_2},\\
&\sqrt{+(\wp_2 - e_1)} = +\frac{\partial}{\partial z}\,\text{ar tanh}\sqrt{-(\wp_3 - e_1)}, &&\sqrt{-(\wp_4 - e_2)} = +\frac{\partial}{\partial z}\,\text{arc cot}\frac{1}{k}\sqrt{\wp_1 - e_2},\\
&\sqrt{-(\wp_3 - e_1)} = -\frac{\partial}{\partial z}\,\text{arc cot}\sqrt{+(\wp_2 - e_1)}, &&\sqrt{+(\wp_1 - e_3)} = -\frac{\partial}{\partial z}\,\text{ar coth}\sqrt{\wp_2 - e_3},\\
&\sqrt{-(\wp_4 - e_1)} = -\frac{\partial}{\partial z}\,\text{arc tan}\sqrt{+(\wp_1 - e_1)}, &&\sqrt{+(\wp_2 - e_3)} = +\frac{\partial}{\partial z}\,\text{ar coth}\sqrt{\wp_1 - e_3},\\
&\sqrt{+(\wp_1 - e_2)} = -\frac{\partial}{\partial z}\,\text{ar tanh}\frac{1}{k}\sqrt{-(\wp_4 - e_2)}, &&\sqrt{+(\wp_3 - e_3)} = +\frac{\partial}{\partial z}\,\text{ar tanh}\sqrt{\wp_4 - e_3},\\
&\sqrt{+(\wp_2 - e_2)} = +\frac{\partial}{\partial z}\,\text{ar tanh}\frac{1}{k}\sqrt{-(\wp_3 - e_2)}, &&\sqrt{+(\wp_4 - e_3)} = -\frac{\partial}{\partial z}\,\text{ar tanh}\sqrt{\wp_3 - e_3}.
\end{aligned}\right\} \qquad (725)$$

Durch (704) und (706) wurden bereits zwei Gruppen von Produkten der Form

$$\sqrt{(\wp_i - e_j)(\wp_k - e_l)}$$

als Ableitungen nach z dargestellt. Mit Hilfe von (725) kann eine weitere Gruppe auf die Form einer Ableitung nach z gebracht werden. Es handelt sich hierbei um diejenigen Produkte, die aus (714) durch Ziehen der positiven Wurzel entstehen. Die entsprechenden Formeln lauten:

$$\begin{aligned}
&\sqrt{+(\wp_1 - e_2)(\wp_2 - e_3)} = \frac{\partial}{\partial z}\left[-\text{ar tanh}\sqrt{-(\wp_4 - e_1)} + k'\,\text{ar tanh}\sqrt{-(\wp_3 - e_1)}\right],\\
&\sqrt{+(\wp_2 - e_2)(\wp_1 - e_3)} = \frac{\partial}{\partial z}\left[+\text{ar tanh}\sqrt{-(\wp_3 - e_1)} - k'\,\text{ar tanh}\sqrt{-(\wp_4 - e_1)}\right],\\
&\sqrt{-(\wp_3 - e_2)(\wp_4 - e_3)} = \frac{\partial}{\partial z}\left[-\text{arc cot}\sqrt{+(\wp_2 - e_1)} + k'\,\text{arc tan}\sqrt{+(\wp_1 - e_1)}\right],
\end{aligned}$$

$$\left.\begin{aligned}
\sqrt{-(\wp_4-e_2)(\wp_3-e_3)} &= \frac{\partial}{\partial z}\left[-\operatorname{arc\,tan}\sqrt{+(\wp_1-e_1)} + k' \operatorname{arc\,cot}\sqrt{+(\wp_2-e_1)}\right],\\
\sqrt{-(\wp_1-e_3)(\wp_3-e_1)} &= \frac{\partial}{\partial z}\left[-k \operatorname{arc\,cot}\frac{1}{k}\sqrt{+(\wp_2-e_2)} - k' \operatorname{ar\,tanh}\frac{1}{k}\sqrt{-(\wp_4-e_2)}\right],\\
\sqrt{-(\wp_2-e_3)(\wp_4-e_1)} &= \frac{\partial}{\partial z}\left[+k \operatorname{arc\,cot}\frac{1}{k}\sqrt{+(\wp_1-e_2)} + k' \operatorname{ar\,tanh}\frac{1}{k}\sqrt{-(\wp_3-e_2)}\right],\\
\sqrt{+(\wp_3-e_3)(\wp_1-e_1)} &= \frac{\partial}{\partial z}\left[-k \operatorname{ar\,tanh}\frac{1}{k}\sqrt{-(\wp_4-e_2)} + k' \operatorname{arc\,cot}\frac{1}{k}\sqrt{+(\wp_2-e_2)}\right],\\
\sqrt{+(\wp_4-e_3)(\wp_2-e_1)} &= \frac{\partial}{\partial z}\left[+k \operatorname{ar\,tanh}\frac{1}{k}\sqrt{-(\wp_3-e_2)} - k' \operatorname{arc\,cot}\frac{1}{k}\sqrt{+(\wp_1-e_2)}\right],\\
\sqrt{-(\wp_1-e_1)(\wp_4-e_2)} &= \frac{\partial}{\partial z}\left[+\operatorname{ar\,tanh}\sqrt{\wp_3-e_3} - k \operatorname{ar\,coth}\sqrt{\wp_2-e_3}\right],\\
\sqrt{-(\wp_2-e_1)(\wp_3-e_2)} &= \frac{\partial}{\partial z}\left[-\operatorname{ar\,tanh}\sqrt{\wp_4-e_3} + k \operatorname{ar\,coth}\sqrt{\wp_1-e_3}\right],\\
\sqrt{-(\wp_3-e_1)(\wp_2-e_2)} &= \frac{\partial}{\partial z}\left[+\operatorname{ar\,coth}\sqrt{\wp_1-e_3} - k \operatorname{ar\,tanh}\sqrt{\wp_4-e_3}\right],\\
\sqrt{-(\wp_4-e_1)(\wp_1-e_2)} &= \frac{\partial}{\partial z}\left[-\operatorname{ar\,coth}\sqrt{\wp_2-e_3} + k \operatorname{ar\,tanh}\sqrt{\wp_3-e_3}\right].
\end{aligned}\right\} \quad (726)$$

Bringt man die Gln. (708) durch Bezugnahme auf (706) auf die Form

$$\left.\begin{aligned}
\left(\sqrt{\wp_{\substack{1\\2\\3\\4}}-e_1}\right)^3 &= -\frac{1}{2}\left[3e_1\sqrt{\wp_{\substack{1\\2\\3\\4}}-e_1} \substack{+\\-\\-\\+} \frac{\partial}{\partial z}\sqrt{\left(\wp_{\substack{1\\2\\3\\4}}-e_2\right)\left(\wp_{\substack{1\\2\\3\\4}}-e_3\right)}\right],\\
\left(\sqrt{\wp_{\substack{1\\2\\3\\4}}-e_2}\right)^3 &= -\frac{1}{2}\left[3e_2\sqrt{\wp_{\substack{1\\2\\3\\4}}-e_2} \substack{+\\-\\-\\+} \frac{\partial}{\partial z}\sqrt{\left(\wp_{\substack{1\\2\\3\\4}}-e_3\right)\left(\wp_{\substack{1\\2\\3\\4}}-e_1\right)}\right],\\
\left(\sqrt{\wp_{\substack{1\\2\\3\\4}}-e_3}\right)^3 &= -\frac{1}{2}\left[3e_3\sqrt{\wp_{\substack{1\\2\\3\\4}}-e_3} \substack{+\\-\\+\\-} \frac{\partial}{\partial z}\sqrt{\left(\wp_{\substack{1\\2\\3\\4}}-e_1\right)\left(\wp_{\substack{1\\2\\3\\4}}-e_2\right)}\right]
\end{aligned}\right\} \quad (727)$$

und schreibt man die vorderen Glieder der rechten Seiten unter Bezugnahme auf (725) um, so liegt auch für die dritten Potenzen der Funktionen $\sqrt{\wp - e_{\substack{1\\2\\3}}}$ eine Darstellung durch Ableitungen nach z vor.

Werden die linken Seiten von (727) als Produkt von $\sqrt{\wp - e_{\substack{1\\2\\3}}}$ mit $\wp - e_{\substack{1\\2\\3}}$ betrachtet, so können die $\wp - e_{\substack{1\\2\\3}}$ nach (696) durcheinander ausgedrückt werden. Dies führt bei Beachtung von (442) zu den Beziehungen

$$\left.\begin{aligned}
\sqrt{\wp_{\substack{1\\2\\3\\4}}-e_1}\left(\wp_{\substack{1\\2\\3\\4}}-e_2\right) &= -\frac{1}{2}\left[+k^2\sqrt{\wp_{\substack{1\\2\\3\\4}}-e_1} \substack{+\\-\\-\\+} \frac{\partial}{\partial z}\sqrt{\left(\wp_{\substack{1\\2\\3\\4}}-e_2\right)\left(\wp_{\substack{1\\2\\3\\4}}-e_3\right)}\right],\\
\sqrt{\wp_{\substack{1\\2\\3\\4}}-e_1}\left(\wp_{\substack{1\\2\\3\\4}}-e_3\right) &= -\frac{1}{2}\left[-k^2\sqrt{\wp_{\substack{1\\2\\3\\4}}-e_1} \substack{+\\-\\-\\+} \frac{\partial}{\partial z}\sqrt{\left(\wp_{\substack{1\\2\\3\\4}}-e_2\right)\left(\wp_{\substack{1\\2\\3\\4}}-e_3\right)}\right],\\
\sqrt{\wp_{\substack{1\\2\\3\\4}}-e_2}\left(\wp_{\substack{1\\2\\3\\4}}-e_3\right) &= -\frac{1}{2}\left[-\sqrt{\wp_{\substack{1\\2\\3\\4}}-e_2} \substack{+\\-\\-\\+} \frac{\partial}{\partial z}\sqrt{\left(\wp_{\substack{1\\2\\3\\4}}-e_3\right)\left(\wp_{\substack{1\\2\\3\\4}}-e_1\right)}\right],\\
\sqrt{\wp_{\substack{1\\2\\3\\4}}-e_2}\left(\wp_{\substack{1\\2\\3\\4}}-e_1\right) &= -\frac{1}{2}\left[+\sqrt{\wp_{\substack{1\\2\\3\\4}}-e_2} \substack{+\\-\\-\\+} \frac{\partial}{\partial z}\sqrt{\left(\wp_{\substack{1\\2\\3\\4}}-e_3\right)\left(\wp_{\substack{1\\2\\3\\4}}-e_1\right)}\right],\\
\sqrt{\wp_{\substack{1\\2\\3\\4}}-e_3}\left(\wp_{\substack{1\\2\\3\\4}}-e_1\right) &= -\frac{1}{2}\left[+k'^2\sqrt{\wp_{\substack{1\\2\\3\\4}}-e_3} \substack{+\\-\\+\\-} \frac{\partial}{\partial z}\sqrt{\left(\wp_{\substack{1\\2\\3\\4}}-e_1\right)\left(\wp_{\substack{1\\2\\3\\4}}-e_2\right)}\right],\\
\sqrt{\wp_{\substack{1\\2\\3\\4}}-e_3}\left(\wp_{\substack{1\\2\\3\\4}}-e_2\right) &= -\frac{1}{2}\left[-k'^2\sqrt{\wp_{\substack{1\\2\\3\\4}}-e_3} \substack{+\\-\\+\\-} \frac{\partial}{\partial z}\sqrt{\left(\wp_{\substack{1\\2\\3\\4}}-e_1\right)\left(\wp_{\substack{1\\2\\3\\4}}-e_2\right)}\right],
\end{aligned}\right\} \quad (728)$$

die, wenn man die vorderen Glieder der rechten Seiten gemäß (725) ausdrückt, wiederum Darstellungen der linken Seiten in der Form von Ableitungen nach z ergeben.

Zu einer weiteren Gruppe von Produkten der in (728) vorliegenden Art gelangt man, wenn die Gln. (713) durch die Wurzeln eines der vor oder nach dem vorderen Gleichheitszeichen stehenden Faktoren dividiert werden und aus den Gleichungsketten jeweils diejenige Gruppe ausgewählt wird, bei der sich eine Gleichung von der Form

$$c\sqrt{\wp_i - e_k}\,(\wp_j - e_k) = \sqrt{\wp_i - e_k} + \frac{\wp_i - e_l}{\sqrt{\wp_i - e_k}} = \sqrt{\wp_i - e_k} + \frac{\sqrt{\wp_j - e_l}}{\sqrt{\wp_i - e_k}}\sqrt{\wp_j - e_l}$$

ergibt, in welcher c eine der positiv oder negativ zu nehmenden Größen 1 bzw. $1/k^2$ bzw. $1/k'^2$ bezeichnet. In diesen Gleichungen läßt sich das zweite Glied der rechten Seiten mit Hilfe einer der Gln. (694) gerade so umformen, daß die Gleichungen in

$$c\sqrt{\wp_i - e_k}\,(\wp_j - e_k) = \sqrt{\wp_i - e_k} \pm \sqrt{|c|}\sqrt{(\wp_j - e_l)\,(\wp_j - e_m)}$$

mit zunächst unbestimmt bleibendem Wurzelvorzeichen übergehen. Stellt man die letzte Wurzel gemäß (706) noch als Ableitung nach z dar, so ergibt sich schließlich

$$c\sqrt{\wp_i - e_k}\,(\wp_j - e_k) = \sqrt{\wp_i - e_k} \pm \sqrt{|c|}\,\frac{\partial}{\partial z}\sqrt{\wp_j - e_k},$$

d. h., es treten die links stehenden Funktionen auch rechts auf. Hierdurch wird eine einwandfreie Bestimmung des Wurzelvorzeichens aus dem Funktionsverhalten von $\sqrt{\wp_j - e_k}$ möglich.

Entsprechend den 6 Gleichungen (705) erhält man 12 Gleichungen der bezeichneten Art. Diese lassen sich durch Vertauschen von

$$\zeta \quad \text{mit} \quad \zeta + \frac{1}{2}, \quad \zeta + \frac{1}{2} + \frac{i\varkappa}{2}, \quad \zeta + \frac{i\varkappa}{2}$$

unter Beachtung von (510) in 36 weitere Gleichungen überführen. Der gesamte Formelsatz mit 48 Produktdarstellungen lautet:

$$\left.\begin{aligned}
&\frac{1}{k'^2}\sqrt{\wp_{\substack{1\\2\\3\\4}} - e_2}\left(\wp_{\substack{2\\1\\4\\3}} - e_2\right) = \sqrt{\wp_{\substack{1\\2\\3\\4}} - e_2}\,{\substack{+\\-\\+\\-}}\,\frac{1}{k'}\frac{\partial}{\partial z}\sqrt{\wp_{\substack{2\\1\\4\\3}} - e_2}, &&\sqrt{\wp_{\substack{1\\2\\3\\4}} - e_3}\left(\wp_{\substack{2\\1\\4\\3}} - e_3\right) = \sqrt{\wp_{\substack{1\\2\\3\\4}} - e_3}\,{\substack{+\\-\\-\\+}}\,\frac{\partial}{\partial z}\sqrt{\wp_{\substack{2\\1\\4\\3}} - e_3},\\
-&\frac{1}{k'^2}\sqrt{\wp_{\substack{1\\2\\3\\4}} - e_1}\left(\wp_{\substack{3\\4\\1\\2}} - e_1\right) = \sqrt{\wp_{\substack{1\\2\\3\\4}} - e_1}\,{\substack{+\\-\\+\\-}}\,\frac{1}{k'}\frac{\partial}{\partial z}\sqrt{-\left(\wp_{\substack{3\\4\\1\\2}} - e_1\right)}, &&\frac{1}{k^2}\sqrt{\wp_{\substack{1\\2\\3\\4}} - e_3}\left(\wp_{\substack{3\\4\\1\\2}} - e_3\right) = \sqrt{\wp_{\substack{1\\2\\3\\4}} - e_3}\,{\substack{+\\ \\ \\+}}\,\frac{1}{k}\frac{\partial}{\partial z}\sqrt{\wp_{\substack{3\\4\\1\\2}} - e_3},\\
-&\frac{1}{k^2}\sqrt{\wp_{\substack{1\\2\\3\\4}} - e_2}\left(\wp_{\substack{4\\3\\2\\1}} - e_2\right) = \sqrt{\wp_{\substack{1\\2\\3\\4}} - e_2}\,{\substack{+\\-\\-\\+}}\,\frac{1}{k}\frac{\partial}{\partial z}\sqrt{-\left(\wp_{\substack{4\\3\\2\\1}} - e_2\right)}, -&&\sqrt{\wp_{\substack{1\\2\\3\\4}} - e_1}\left(\wp_{\substack{4\\3\\2\\1}} - e_1\right) = \sqrt{\wp_{\substack{1\\2\\3\\4}} - e_1}\,{\substack{+\\-\\-\\+}}\,\frac{\partial}{\partial z}\sqrt{-\left(\wp_{\substack{4\\3\\2\\1}} - e_1\right)},\\
-&\frac{1}{k'^2}\sqrt{\wp_{\substack{2\\1\\4\\3}} - e_1}\left(\wp_{\substack{4\\3\\2\\1}} - e_1\right) = \sqrt{\wp_{\substack{2\\1\\4\\3}} - e_1}\,{\substack{-\\+\\-\\+}}\,\frac{1}{k'}\frac{\partial}{\partial z}\sqrt{-\left(\wp_{\substack{4\\3\\2\\1}} - e_1\right)}, &&\frac{1}{k^2}\sqrt{\wp_{\substack{2\\1\\4\\3}} - e_3}\left(\wp_{\substack{4\\3\\2\\1}} - e_3\right) = \sqrt{\wp_{\substack{2\\1\\4\\3}} - e_3}\,{\substack{-\\+\\+\\-}}\,\frac{1}{k}\frac{\partial}{\partial z}\sqrt{\wp_{\substack{4\\3\\2\\1}} - e_3},\\
-&\frac{1}{k^2}\sqrt{\wp_{\substack{2\\1\\4\\3}} - e_2}\left(\wp_{\substack{3\\4\\1\\2}} - e_2\right) = \sqrt{\wp_{\substack{2\\1\\4\\3}} - e_2}\,{\substack{-\\+\\+\\-}}\,\frac{1}{k}\frac{\partial}{\partial z}\sqrt{-\left(\wp_{\substack{3\\4\\1\\2}} - e_2\right)}, -&&\sqrt{\wp_{\substack{2\\1\\4\\3}} - e_1}\left(\wp_{\substack{3\\4\\1\\2}} - e_1\right) = \sqrt{\wp_{\substack{2\\1\\4\\3}} - e_1}\,{\substack{-\\+\\+\\-}}\,\frac{\partial}{\partial z}\sqrt{-\left(\wp_{\substack{3\\4\\1\\2}} - e_1\right)},\\
&\frac{1}{k'^2}\sqrt{\wp_{\substack{3\\4\\1\\2}} - e_2}\left(\wp_{\substack{4\\3\\2\\1}} - e_2\right) = \sqrt{\wp_{\substack{3\\4\\1\\2}} - e_2}\,{\substack{+\\-\\+\\-}}\,\frac{1}{k'}\frac{\partial}{\partial z}\sqrt{\left(\wp_{\substack{4\\3\\2\\1}} - e_2\right)}, &&\sqrt{\wp_{\substack{3\\4\\1\\2}} - e_3}\left(\wp_{\substack{4\\3\\2\\1}} - e_3\right) = \sqrt{\wp_{\substack{3\\4\\1\\2}} - e_3}\,{\substack{-\\+\\+\\-}}\,\frac{\partial}{\partial z}\sqrt{\wp_{\substack{4\\3\\2\\1}} - e_3}.
\end{aligned}\right\}\quad(729)$$

Auch die durch (729) dargestellten Produkte lassen sich in Verbindung mit (725) als Ableitungen nach z schreiben.

97. Weitere ergänzende Darstellungen der logarithmischen Ableitungen der Funktionen $\sqrt{\wp - e_{\substack{1\\2\\3}}}$. Weitere Funktionalgleichungen

Bei Division der Gln. (729) durch die nach z abgeleiteten Funktionen folgen in Verbindung mit (695) weitere Darstellungen der logarithmischen Ableitungen der Funktionen $\sqrt{\wp - e_{\substack{1\\2\\3}}}$. Da die Gln. (695) nicht unmittelbar, sondern nach Wurzelziehung Verwendung finden, muß das einzusetzende Wurzelvorzeichen dem Funktionsverlauf entsprechend gewählt werden. Die Darstellungen, die sich sowohl aus den drei oberen als auch aus den drei unteren der Gln. (729) ergeben, lauten

$$\left.\begin{aligned}
&\frac{\partial}{\partial z}\ln\sqrt{\wp_{\substack{2\\1\\4\\3}}-e_2}=\pm\sqrt{\wp_{\substack{1\\2\\3\\4}}-e_2}\left[\frac{1}{k'}\sqrt{\wp_{\substack{2\\1\\4\\3}}-e_2}-\frac{1}{k}\sqrt{-\left(\wp_{\substack{4\\3\\2\\1}}-e_2\right)}\right],\\
&\frac{\partial}{\partial z}\ln\sqrt{\wp_{\substack{2\\1\\4\\3}}-e_3}=\pm\sqrt{\wp_{\substack{1\\2\\3\\4}}-e_3}\left[\sqrt{\wp_{\substack{2\\1\\4\\3}}-e_3}-\frac{1}{k}\sqrt{\wp_{\substack{3\\4\\1\\2}}-e_3}\right],\\
&\frac{\partial}{\partial z}\ln\sqrt{-\left(\wp_{\substack{3\\4\\1\\2}}-e_1\right)}=\mp\sqrt{\wp_{\substack{1\\2\\3\\4}}-e_1}\left[\frac{1}{k'}\sqrt{-\left(\wp_{\substack{3\\4\\1\\2}}-e_1\right)}+\sqrt{-\left(\wp_{\substack{4\\3\\2\\1}}-e_1\right)}\right],\\
&\frac{\partial}{\partial z}\ln\sqrt{\wp_{\substack{3\\4\\1\\2}}-e_3}=\pm\sqrt{\wp_{\substack{1\\2\\3\\4}}-e_3}\left[\frac{1}{k}\sqrt{\wp_{\substack{3\\4\\1\\2}}-e_3}-\sqrt{\wp_{\substack{2\\1\\4\\3}}-e_3}\right],\\
&\frac{\partial}{\partial z}\ln\sqrt{-\left(\wp_{\substack{4\\3\\2\\1}}-e_2\right)}=\mp\sqrt{\wp_{\substack{1\\2\\3\\4}}-e_2}\left[\frac{1}{k}\sqrt{-\left(\wp_{\substack{4\\3\\2\\1}}-e_2\right)}-\frac{1}{k'}\sqrt{\wp_{\substack{2\\1\\4\\3}}-e_2}\right],\\
&\frac{\partial}{\partial z}\ln\sqrt{-\left(\wp_{\substack{4\\3\\2\\1}}-e_1\right)}=\pm\sqrt{\wp_{\substack{1\\2\\3\\4}}-e_1}\left[\sqrt{-\left(\wp_{\substack{4\\3\\2\\1}}-e_1\right)}+\frac{1}{k'}\sqrt{-\left(\wp_{\substack{3\\4\\1\\2}}-e_1\right)}\right].
\end{aligned}\right\}\tag{730}$$

In den Gln. (730) tritt jede logarithmische Ableitung zweimal auf. Werden die entsprechenden Funktionen einander gleichgesetzt, so entstehen weitere Funktionalgleichungen zunächst zwischen den Funktionen $\sqrt{\wp-e_{\substack{1\\2\\3}}}$, die sich aber in Verbindung mit (695) in solche zwischen den $\wp$-Funktionen selbst umschreiben lassen und damit unabhängig vom Wurzelvorzeichen werden. Man erhält zunächst 12 Funktionalgleichungen, zu denen bei Heranziehung von (695) in Verbindung mit Erweiterungen auf den rechten Seiten weitere 12 hinzukommen. Der Gleichungssatz lautet:

$$\begin{aligned}
&\wp_{\substack{1\\2\\3\\4}}-e_1=-\frac{k'^2+\left(\wp_{\substack{4\\3\\2\\1}}-e_1\right)}{1+\left(\wp_{\substack{4\\3\\2\\1}}-e_1\right)},\quad
\wp_{\substack{1\\2\\3\\4}}-e_2=k^2\frac{k'^2-\left(\wp_{\substack{4\\3\\2\\1}}-e_2\right)}{k^2+\left(\wp_{\substack{4\\3\\2\\1}}-e_2\right)},\quad
\wp_{\substack{1\\2\\3\\4}}-e_3=k^2\frac{1-\left(\wp_{\substack{3\\4\\1\\2}}-e_3\right)}{k^2-\left(\wp_{\substack{3\\4\\1\\2}}-e_3\right)},\\
&\wp_{\substack{1\\2\\3\\4}}-e_1=-k'^2\frac{1+\left(\wp_{\substack{3\\4\\1\\2}}-e_1\right)}{k'^2+\left(\wp_{\substack{3\\4\\1\\2}}-e_1\right)},\quad
\wp_{\substack{1\\2\\3\\4}}-e_2=k'^2\frac{k^2+\left(\wp_{\substack{2\\1\\4\\3}}-e_2\right)}{-k'^2+\left(\wp_{\substack{2\\1\\4\\3}}-e_2\right)},\quad
\wp_{\substack{1\\2\\3\\4}}-e_3=\frac{k^2-\left(\wp_{\substack{2\\1\\4\\3}}-e_3\right)}{1-\left(\wp_{\substack{2\\1\\4\\3}}-e_3\right)}.
\end{aligned}\tag{731}$$

Mit Hilfe der Gln. (694), (695), (696) und (731) ist es möglich, jede der 12 Funktionen

$$\wp_{\substack{1\\2\\3\\4}}-e_{\substack{1\\2\\3}}$$

durch die 11 übrigen auszudrücken.

98. Die Quadrate der $\wp$-Funktionen und der Funktionen $\wp_{\substack{1\\2\\3\\4}}-e_{\substack{1\\2\\3}}$ und $\wp_{\substack{5\\6}}+2e_2$. Die Produkte $\left(\wp-e_{\substack{1\\2\\3}}\right)\left(\wp-e_{\substack{2\\3\\1}}\right)$

Durch Auflösen der beiden zweiten der Gln. (580) erhält man

$$\wp^2_{\substack{1\\2\\3\\4}}=\frac{1}{6}\wp''_{\substack{1\\2\\3\\4}}+\frac{1}{12}g_2,\qquad \wp^2_{\substack{5\\6}}=\frac{1}{6}\wp''_{\substack{5\\6}}+\frac{1}{12}\bar g_2. \tag{732}$$

Hieraus folgt

$$\left(\wp_{\substack{1\\2\\3\\4}}-e_{\substack{1\\2\\3}}\right)^2=\frac{1}{6}\wp''_{\substack{1\\2\\3\\4}}-2e_{\substack{1\\2\\3}}\wp_{\substack{1\\2\\3\\4}}+\left(\frac{1}{12}g_2+e^2_{\substack{1\\2\\3}}\right),\qquad \left(\wp_{\substack{5\\6}}+2e_2\right)^2=\frac{1}{6}\wp''_{\substack{5\\6}}+4e_2\wp_{\substack{5\\6}}+\left(\frac{1}{12}\bar g_2+4e_2^2\right) \tag{733}$$

und

$$\left(\wp_{\substack{1\\2\\3\\4}} - e_{\substack{1\\2\\3}}\right)\left(\wp_{\substack{1\\2\\3\\4}} - e_{\substack{2\\3\\1}}\right) = \frac{1}{6}\wp''_{\substack{1\\2\\3\\4}} + e_{\substack{3\\1\\2}}\wp_{\substack{1\\2\\3\\4}} + \left(\frac{1}{12}g_2 + e_{\substack{1\\2\\3}}e_{\substack{2\\3\\1}}\right). \tag{734}$$

Nach der letzten der Gln. (695) war

$$\left(\wp_{\substack{5\\6}} + 2e_2\right)\left(\wp_{\substack{6\\5}} + 2e_2\right) = 1. \tag{735}$$

99. Die Differenzen der $\wp$-Funktionen als zweite logarithmische Ableitungen

Werden in (717) die als Lösungen der Differentialgleichungen gefundenen u-Werte eingeführt und dabei die Hyperbelfunktionen durch Exponentialfunktionen ausgedrückt, so ergibt sich zunächst

$$\left.\begin{aligned}
\frac{\partial^2}{\partial z^2}\ln\sqrt{\substack{+\\+\\-\\-}\,\wp_{\substack{1\\2\\3\\4}}\substack{-\\-\\+\\+}\,e_1} &= \wp_{\substack{1\\2\\3\\4}} - e_1 - \frac{k'^2}{\wp_{\substack{1\\2\\3\\4}} - e_1},\\
\frac{\partial^2}{\partial z^2}\ln\sqrt{\substack{+\\+\\-\\-}\,\wp_{\substack{1\\2\\3\\4}}\substack{-\\-\\+\\+}\,e_2} &= \wp_{\substack{1\\2\\3\\4}} - e_2 + \frac{k^2 k'^2}{\wp_{\substack{1\\2\\3\\4}} - e_2},\\
\frac{\partial^2}{\partial z^2}\ln\sqrt{\wp_{\substack{1\\2\\3\\4}} - e_3} &= \wp_{\substack{1\\2\\3\\4}} - e_3 - \frac{k^2}{\wp_{\substack{1\\2\\3\\4}} - e_3}.
\end{aligned}\right\} \tag{736}$$

Hierin können nun die Brüche nach (695) umgeschrieben werden. Dadurch fallen die Parameterfunktionen heraus, und man erhält

$$\left.\begin{aligned}
\frac{\partial^2}{\partial z^2}\ln\sqrt{\substack{+\\+\\-\\-}\,\wp_{\substack{1\\2\\3\\4}}\substack{-\\-\\+\\+}\,e_1} &= \wp_{\substack{1\\2\\3\\4}} - \wp_{\substack{2\\1\\4\\3}} = \left(\wp_{\substack{1\\2\\3\\4}} - e_1\right) - \left(\wp_{\substack{2\\1\\4\\3}} - e_1\right) = \left(\wp_{\substack{1\\2\\3\\4}} - e_2\right) - \left(\wp_{\substack{2\\1\\4\\3}} - e_2\right) = \left(\wp_{\substack{1\\2\\3\\4}} - e_3\right) - \left(\wp_{\substack{2\\1\\4\\3}} - e_3\right),\\
\frac{\partial^2}{\partial z^2}\ln\sqrt{\substack{+\\+\\-\\-}\,\wp_{\substack{1\\2\\3\\4}}\substack{-\\-\\+\\+}\,e_2} &= \wp_{\substack{1\\2\\3\\4}} - \wp_{\substack{3\\4\\1\\2}} = \left(\wp_{\substack{1\\2\\3\\4}} - e_1\right) - \left(\wp_{\substack{3\\4\\1\\2}} - e_1\right) = \left(\wp_{\substack{1\\2\\3\\4}} - e_2\right) - \left(\wp_{\substack{3\\4\\1\\2}} - e_2\right) = \left(\wp_{\substack{1\\2\\3\\4}} - e_3\right) - \left(\wp_{\substack{3\\4\\1\\2}} - e_3\right),\\
\frac{\partial^2}{\partial z^2}\ln\sqrt{\wp_{\substack{1\\2\\3\\4}} - e_3} &= \wp_{\substack{1\\2\\3\\4}} - \wp_{\substack{4\\3\\2\\1}} = \left(\wp_{\substack{1\\2\\3\\4}} - e_1\right) - \left(\wp_{\substack{4\\3\\2\\1}} - e_1\right) = \left(\wp_{\substack{1\\2\\3\\4}} - e_2\right) - \left(\wp_{\substack{4\\3\\2\\1}} - e_2\right) = \left(\wp_{\substack{1\\2\\3\\4}} - e_3\right) - \left(\wp_{\substack{4\\3\\2\\1}} - e_3\right).
\end{aligned}\right\} \tag{737}$$

100. Produkte und Quadrate logarithmischer Ableitungen der Funktionen $\sqrt{\wp - e_{\substack{1\\2\\3}}}$

Werden die Gln. (715) miteinander multipliziert und die Wurzelausdrücke gemäß (711) umgeformt, so erhält man in Verbindung mit (695) und teilweise auch (694)

$$\left.\begin{aligned}
&\left(\frac{\partial}{\partial z}\ln\sqrt{\wp_{\substack{1\\2\\3\\4}} - e_1}\right)\left(\frac{\partial}{\partial z}\ln\sqrt{\wp_{\substack{1\\2\\3\\4}} - e_2}\right) = -\left(\frac{\partial}{\partial z}\ln\sqrt{\wp_{\substack{2\\1\\4\\3}} - e_1}\right)\left(\frac{\partial}{\partial z}\ln\sqrt{\wp_{\substack{1\\2\\3\\4}} - e_2}\right) =\\
&= -\left(\frac{\partial}{\partial z}\ln\sqrt{\wp_{\substack{1\\2\\3\\4}} - e_1}\right)\left(\frac{\partial}{\partial z}\ln\sqrt{\wp_{\substack{3\\4\\1\\2}} - e_2}\right) = \left(\frac{\partial}{\partial z}\ln\sqrt{\wp_{\substack{2\\1\\4\\3}} - e_1}\right)\left(\frac{\partial}{\partial z}\ln\sqrt{\wp_{\substack{3\\4\\1\\2}} - e_2}\right) = \wp_{\substack{1\\2\\3\\4}} - e_3,\\
&\left(\frac{\partial}{\partial z}\ln\sqrt{\wp_{\substack{1\\2\\3\\4}} - e_2}\right)\left(\frac{\partial}{\partial z}\ln\sqrt{\wp_{\substack{1\\2\\3\\4}} - e_3}\right) = -\left(\frac{\partial}{\partial z}\ln\sqrt{\wp_{\substack{3\\4\\1\\2}} - e_2}\right)\left(\frac{\partial}{\partial z}\sqrt{\wp_{\substack{1\\2\\3\\4}} - e_3}\right) =\\
&= -\left(\frac{\partial}{\partial z}\ln\sqrt{\wp_{\substack{1\\2\\3\\4}} - e_2}\right)\left(\frac{\partial}{\partial z}\ln\sqrt{\wp_{\substack{4\\3\\2\\1}} - e_3}\right) = \left(\frac{\partial}{\partial z}\ln\sqrt{\wp_{\substack{3\\4\\1\\2}} - e_2}\right)\left(\frac{\partial}{\partial z}\ln\sqrt{\wp_{\substack{4\\3\\2\\1}} - e_3}\right) = \wp_{\substack{1\\2\\3\\4}} - e_1,\\
&\left(\frac{\partial}{\partial z}\ln\sqrt{\wp_{\substack{1\\2\\3\\4}} - e_3}\right)\left(\frac{\partial}{\partial z}\ln\sqrt{\wp_{\substack{1\\2\\3\\4}} - e_1}\right) = -\left(\frac{\partial}{\partial z}\ln\sqrt{\wp_{\substack{4\\3\\2\\1}} - e_3}\right)\left(\frac{\partial}{\partial z}\ln\sqrt{\wp_{\substack{1\\2\\3\\4}} - e_1}\right) =\\
&= -\left(\frac{\partial}{\partial z}\ln\sqrt{\wp_{\substack{1\\2\\3\\4}} - e_3}\right)\left(\frac{\partial}{\partial z}\ln\sqrt{\wp_{\substack{2\\1\\4\\3}} - e_1}\right) = \left(\frac{\partial}{\partial z}\ln\sqrt{\wp_{\substack{4\\3\\2\\1}} - e_3}\right)\left(\frac{\partial}{\partial z}\ln\sqrt{\wp_{\substack{2\\1\\4\\3}} - e_1}\right) = \wp_{\substack{1\\2\\3\\4}} - e_2.
\end{aligned}\right\} \tag{738}$$

$$\left.\begin{aligned}
&-\left(\frac{\partial}{\partial z}\ln\sqrt{\wp_{\substack{1\\2\\3\\4}}-e_1}\right)\left(\frac{\partial}{\partial z}\ln\sqrt{\wp_{\substack{2\\1\\4\\3}}-e_1}\right)=\left(\frac{\partial}{\partial z}\ln\sqrt{\wp_{\substack{1\\2\\3\\4}}-e_1}\right)^2=\left(\frac{\partial}{\partial z}\ln\sqrt{\wp_{\substack{2\\1\\4\\3}}-e_1}\right)^2=\\
&\qquad=\left(\wp_{\substack{1\\2\\3\\4}}-e_2\right)+\left(\wp_{\substack{2\\1\\4\\3}}-e_3\right)=\left(\wp_{\substack{1\\2\\3\\4}}-e_3\right)+\left(\wp_{\substack{2\\1\\4\\3}}-e_2\right),\\
&-\left(\frac{\partial}{\partial z}\ln\sqrt{\wp_{\substack{1\\2\\3\\4}}-e_2}\right)\left(\frac{\partial}{\partial z}\ln\sqrt{\wp_{\substack{3\\4\\1\\2}}-e_2}\right)=\left(\frac{\partial}{\partial z}\ln\sqrt{\wp_{\substack{1\\2\\3\\4}}-e_2}\right)^2=\left(\frac{\partial}{\partial z}\ln\sqrt{\wp_{\substack{3\\4\\1\\2}}-e_2}\right)^2=\\
&\qquad=\left(\wp_{\substack{1\\2\\3\\4}}-e_3\right)+\left(\wp_{\substack{3\\4\\1\\2}}-e_1\right)=\left(\wp_{\substack{1\\2\\3\\4}}-e_1\right)+\left(\wp_{\substack{3\\4\\1\\2}}-e_3\right)=\wp_{\substack{5\\6\\5\\6}}+2e_2,\\
&-\left(\frac{\partial}{\partial z}\ln\sqrt{\wp_{\substack{1\\2\\3\\4}}-e_3}\right)\left(\frac{\partial}{\partial z}\ln\sqrt{\wp_{\substack{4\\3\\2\\1}}-e_3}\right)=\left(\frac{\partial}{\partial z}\ln\sqrt{\wp_{\substack{1\\2\\3\\4}}-e_3}\right)^2=\left(\frac{\partial}{\partial z}\ln\sqrt{\wp_{\substack{4\\3\\1\\2}}-e_3}\right)^2=\\
&\qquad=\left(\wp_{\substack{1\\2\\3\\4}}-e_1\right)+\left(\wp_{\substack{4\\3\\2\\1}}-e_2\right)=\left(\wp_{\substack{1\\2\\3\\4}}-e_2\right)+\left(\wp_{\substack{4\\3\\2\\1}}-e_1\right),\\
&-\left(\frac{\partial}{\partial z}\ln\sqrt{\wp_{\substack{2\\1\\4\\3}}-e_3}\right)\left(\frac{\partial}{\partial z}\ln\sqrt{\wp_{\substack{3\\4\\1\\2}}-e_3}\right)=\left(\frac{\partial}{\partial z}\ln\sqrt{\wp_{\substack{2\\1\\4\\3}}-e_3}\right)^2=\left(\frac{\partial}{\partial z}\ln\sqrt{\wp_{\substack{3\\4\\1\\2}}-e_3}\right)^2=\\
&\qquad=\left(\wp_{\substack{2\\1\\4\\3}}-e_1\right)+\left(\wp_{\substack{3\\4\\1\\2}}-e_2\right)=\left(\wp_{\substack{2\\1\\4\\3}}-e_2\right)+\left(\wp_{\substack{3\\4\\1\\2}}-e_1\right),\\
&-\left(\frac{\partial}{\partial z}\ln\sqrt{\wp_{\substack{2\\1\\4\\3}}-e_2}\right)\left(\frac{\partial}{\partial z}\ln\sqrt{\wp_{\substack{4\\3\\2\\1}}-e_2}\right)=\left(\frac{\partial}{\partial z}\ln\sqrt{\wp_{\substack{2\\1\\4\\3}}-e_2}\right)^2=\left(\frac{\partial}{\partial z}\ln\sqrt{\wp_{\substack{4\\3\\2\\1}}-e_2}\right)^2=\\
&\qquad=\left(\wp_{\substack{2\\1\\4\\3}}-e_3\right)+\left(\wp_{\substack{4\\3\\2\\1}}-e_1\right)=\left(\wp_{\substack{2\\1\\4\\3}}-e_1\right)+\left(\wp_{\substack{4\\3\\2\\1}}-e_3\right)=\wp_{\substack{6\\5\\6\\5}}+2e_2,\\
&-\left(\frac{\partial}{\partial z}\ln\sqrt{\wp_{\substack{3\\4\\1\\2}}-e_1}\right)\left(\frac{\partial}{\partial z}\ln\sqrt{\wp_{\substack{4\\3\\2\\1}}-e_1}\right)=\left(\frac{\partial}{\partial z}\ln\sqrt{\wp_{\substack{3\\4\\1\\2}}-e_1}\right)^2=\left(\frac{\partial}{\partial z}\ln\sqrt{\wp_{\substack{4\\3\\2\\1}}-e_1}\right)^2=\\
&\qquad=\left(\wp_{\substack{3\\4\\1\\2}}-e_2\right)+\left(\wp_{\substack{4\\3\\2\\1}}-e_3\right)=\left(\wp_{\substack{3\\4\\1\\2}}-e_3\right)+\left(\wp_{\substack{4\\3\\2\\1}}-e_2\right).
\end{aligned}\right\}\tag{739}$$

$$\left.\begin{aligned}
&\left(\frac{\partial}{\partial z}\ln\sqrt{\wp_{\substack{1\\2}}-e_1}\right)\left(\frac{\partial}{\partial z}\ln\sqrt{\wp_{\substack{3\\4}}-e_1}\right)=-\left(\frac{\partial}{\partial z}\ln\sqrt{\wp_{\substack{2\\1}}-e_1}\right)\left(\frac{\partial}{\partial z}\ln\sqrt{\wp_{\substack{3\\4}}-e_1}\right)=-k^2,\\
&\left(\frac{\partial}{\partial z}\ln\sqrt{\wp_{\substack{1\\3}}-e_2}\right)\left(\frac{\partial}{\partial z}\ln\sqrt{\wp_{\substack{2\\4}}-e_2}\right)=-\left(\frac{\partial}{\partial z}\ln\sqrt{\wp_{\substack{3\\1}}-e_2}\right)\left(\frac{\partial}{\partial z}\ln\sqrt{\wp_{\substack{2\\4}}-e_2}\right)=-1,\\
&\left(\frac{\partial}{\partial z}\ln\sqrt{\wp_{\substack{1\\4}}-e_3}\right)\left(\frac{\partial}{\partial z}\ln\sqrt{\wp_{\substack{2\\3}}-e_3}\right)=-\left(\frac{\partial}{\partial z}\ln\sqrt{\wp_{\substack{4\\1}}-e_3}\right)\left(\frac{\partial}{\partial z}\ln\sqrt{\wp_{\substack{2\\3}}-e_3}\right)=-k'^2.
\end{aligned}\right\}\tag{740}$$

101. Einiges über das Verhalten der Funktionen $\wp_{\substack{1\\2\\3\\4}}-e_{\substack{1\\2\\3}}$ und $\wp_{\substack{5\\6}}+2e_2$ sowie der Funktionen $\ln\left(\wp_{\substack{1\\2\\3\\4}}-e_{\substack{1\\2\\3}}\right)$ und $\ln\left(\wp_{\substack{5\\6}}+2e_2\right)$ bzw. $2\ln\sqrt{\wp_{\substack{1\\2\\3\\4}}-e_{\substack{1\\2\\3}}}$ und $2\ln\sqrt{\wp_{\substack{5\\6}}+2e_2}$ im Komplexen. Pole, Nullstellen und Randwerte im Grundperiodenbereich

Die in den Abschnitten 93 bis 100 durchgeführten Untersuchungen haben gezeigt, daß den um die Parameterfunktionen

$$-e_1,\ -e_2,\ -e_3 \quad \text{bzw.} \quad +2e_2$$

vermehrten Funktionen $\wp_1$, $\wp_2$, $\wp_3$, $\wp_4$ bzw. $\wp_5$, $\wp_6$ eine besondere Bedeutung zufällt. Dies rührt daher, daß die aus den Abb. 79 und 80 ersichtlichen Nullstellen der sechs $\wp$-Funktionen in der komplexen Zahlenebene nach Überlagerung der Parameterfunktionen durch $\varkappa$ bzw. k nicht mehr beeinflußt werden und in zwei gegenüberliegende Randpunkte bzw. den Mittelpunkt und vier gegenüberliegende Randpunkte des Grundperioden- bzw. Doppelbereiches zu liegen kommen. Hierdurch werden sämtliche Nullstellen zu Doppelnullstellen, so daß in einem Fundamentalbereich nur noch Doppelpole und Doppelnullstellen in Erscheinung treten. Werden die um die Parameterfunktionen vermehrten $\wp$-Funktionen logarithmiert, so lassen sie sich bis auf

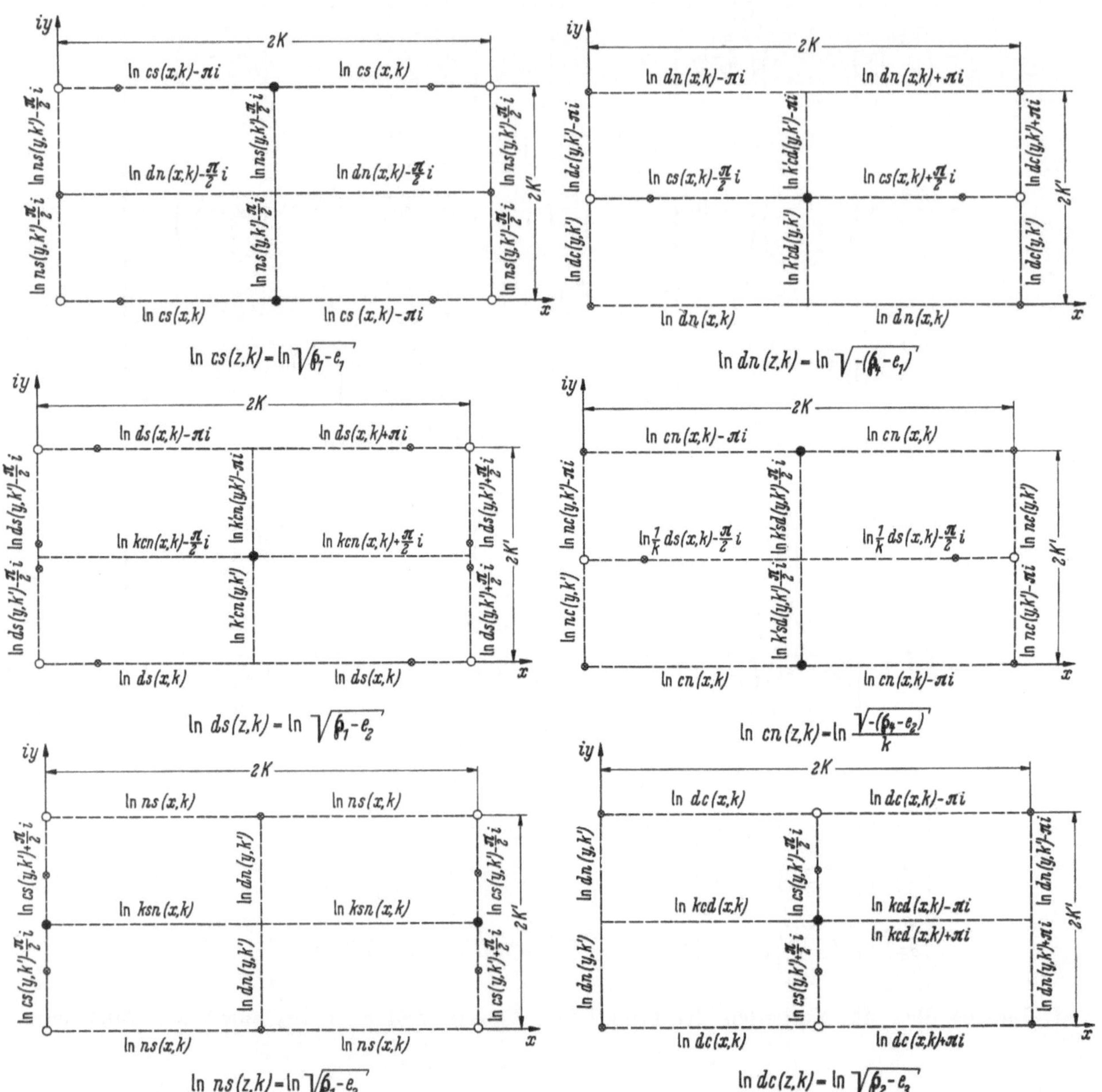

Abb. 121. Funktionsverhalten der Logarithmen der in Band III näher betrachteten elliptischen Funktionen $\mathrm{cs}(z, k)$, $\mathrm{ds}(z, k)$, $\mathrm{ns}(z, k)$, $\mathrm{dn}(z, k)$, $\mathrm{cn}(z, k)$ und $\mathrm{dc}(z, k)$ für $K'/K = \frac{1}{2}$ (○ positive log. Pole, • negative log. Pole, ⊗ Nullstellen)

das Vorzeichen und eine additive Konstante paarweise aufeinander zurückführen, denn aus (695) folgt

$$\ln\left(\wp_{\substack{3\\1}} - e_1\right) = \ln k'^2 - \ln\left(\wp_{\substack{4\\2}} - e_1\right), \qquad \ln\left(\wp_{\substack{2\\1}} - e_2\right) = \ln k^2 k'^2 - \ln\left(\wp_{\substack{4\\3}} - e_2\right),$$

$$\ln\left(\wp_{\substack{2\\1}} - e_3\right) = \ln k^2 - \ln\left(\wp_{\substack{3\\4}} - e_3\right), \qquad \ln(\wp_5 + 2e_2) = -\ln(\wp_6 + 2e_2).$$

Bei der Logarithmierung gehen die Pole und Nullstellen in logarithmische Pole mit den Hauptteilen $+2$ und -2 über, und man erhält für die mit dem Faktor $\frac{1}{2}$ multiplizierten Funktionen beziehungsweise die Logarithmen der Wurzeln das aus den Abb. 121 und 122 ersichtliche Pol-, Nullstellen- und Randverhalten, bezogen auf den Grundperioden- bzw. Doppelbereich. Wie der Vergleich mit den Abb. 103 und 104 der Grundfunktionen erkennen läßt, ist der Funktionscharakter durch eine größere Gleichmäßigkeit, insbesondere bezüglich der Imaginärteile, gekennzeichnet. Diese besitzen jetzt auf allen Randlinien eines Grundquadranten konstante Werte.

Bei den Funktionen $\ln\left(\wp_1 - e_{\substack{1\\2\\3\\4}}\right)$ und $\ln\left(\wp_{\substack{1\\2\\3\\4}} - e_3\right)$ weisen drei Randlinien, bei den Funktionen $\ln\left(\wp_{\substack{1\\2\\3\\4}} - e_2\right)$ zwei Randlinien paarweise den gleichen Ψ-Wert auf. Im Falle der Funktionen $\ln\left(\wp_{\substack{5\\6}} + 2e_2\right)$ alternieren die Ψ-Werte längs der Randlinien.

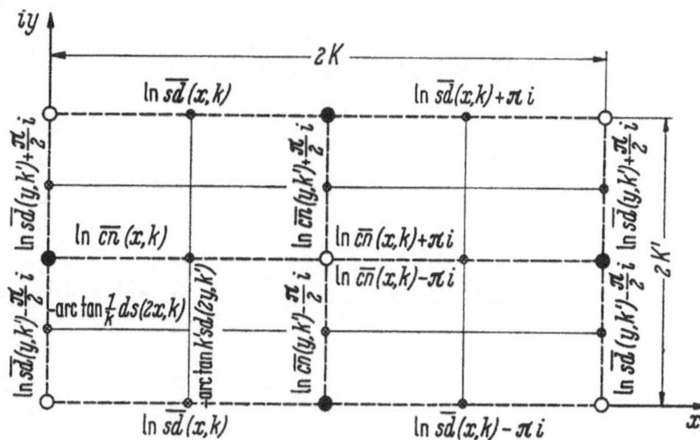

Abb. 122. Verhalten der in Band III näher betrachteten Funktion $\ln \overline{\mathrm{sd}}(z, k) = \ln\sqrt{\wp_5 - 2e_2}$ für $K'/K = \frac{1}{2}$ (○ positive log. Pole, • negative log. Pole, ⊗ Nullstellen)

Eine ausführlichere Behandlung des Verlaufs der Funktionen

$$\ln\left(\wp_{\substack{1\\2\\3\\4}} - e_{\substack{1\\2\\3}}\right) = 2\ln\sqrt{\wp_{\substack{1\\2\\3\\4}} - e_{\substack{1\\2\\3}}} \quad \text{und} \quad \ln\left(\wp_{\substack{5\\6}} + 2e_2\right) = 2\ln\sqrt{\wp_{\substack{5\\6}} + 2e_2}$$

im Komplexen wird im Rahmen der JACOBIschen elliptischen Funktionen in Kapitel 5 erfolgen.

102. Additionstheoreme der logarithmischen Ableitungen der Theta-Funktionen

Werden die Gln. (274) und (277) logarithmiert und nach $z_0 = 2K\,\zeta_0$ differenziert und dabei die Beziehungen

$$\frac{\partial}{\partial z_0}\ln\vartheta_{\substack{1\\2\\3\\4\\5\\6}}(\zeta+\zeta_0,\varkappa) + \frac{\partial}{\partial z_0}\ln\vartheta_{\substack{1\\2\\3\\4\\5\\6}}(\zeta-\zeta_0,\varkappa) = \frac{\partial}{\partial z}\ln\vartheta_{\substack{1\\2\\3\\4\\5\\6}}(\zeta+\zeta_0,\varkappa) - \frac{\partial}{\partial z}\ln\vartheta_{\substack{1\\2\\3\\4\\5\\6}}(\zeta-\zeta_0,\varkappa) \tag{741}$$

beachtet, so folgt mit $z = 2K\,\zeta$, $z_0 = 2K\,\zeta_0$

$$\left.\begin{aligned}
\frac{\partial}{\partial z}\ln\frac{\vartheta_1(\zeta+\zeta_0,\varkappa)}{\vartheta_1(\zeta-\zeta_0,\varkappa)} &= 2\frac{\partial}{\partial z_0}\ln\vartheta_{\substack{1\\2\\3\\4}}(\zeta_0,\varkappa) - \frac{1}{\wp_{\substack{1\\2\\3\\4}}(z,k) - \wp_{\substack{1\\2\\3\\4}}(z_0,k)}\,\wp'_{\substack{1\\2\\3\\4}}(z_0,k),\\
\frac{\partial}{\partial z}\ln\frac{\vartheta_2(\zeta+\zeta_0,\varkappa)}{\vartheta_2(\zeta-\zeta_0,\varkappa)} &= 2\frac{\partial}{\partial z_0}\ln\vartheta_{\substack{2\\1\\4\\3}}(\zeta_0,\varkappa) - \frac{1}{\wp_{\substack{1\\2\\3\\4}}(z,k) - \wp_{\substack{2\\1\\4\\3}}(z_0,k)}\,\wp'_{\substack{2\\1\\4\\3}}(z_0,k),\\
\frac{\partial}{\partial z}\ln\frac{\vartheta_3(\zeta+\zeta_0,\varkappa)}{\vartheta_3(\zeta-\zeta_0,\varkappa)} &= 2\frac{\partial}{\partial z_0}\ln\vartheta_{\substack{3\\4\\1\\2}}(\zeta_0,\varkappa) - \frac{1}{\wp_{\substack{1\\2\\3\\4}}(z,k) - \wp_{\substack{3\\4\\1\\2}}(z_0,k)}\,\wp'_{\substack{3\\4\\1\\2}}(z_0,k),\\
\frac{\partial}{\partial z}\ln\frac{\vartheta_4(\zeta+\zeta_0,\varkappa)}{\vartheta_4(\zeta-\zeta_0,\varkappa)} &= 2\frac{\partial}{\partial z_0}\ln\vartheta_{\substack{4\\3\\2\\1}}(\zeta_0,\varkappa) - \frac{1}{\wp_{\substack{1\\2\\3\\4}}(z,k) - \wp_{\substack{4\\3\\2\\1}}(z_0,k)}\,\wp'_{\substack{4\\3\\2\\1}}(z_0,k),\\
\frac{\partial}{\partial z}\ln\frac{\vartheta_5(\zeta+\zeta_0,\varkappa)}{\vartheta_5(\zeta-\zeta_0,\varkappa)} &= 2\frac{\partial}{\partial z_0}\ln\vartheta_{\substack{5\\6}}(\zeta_0,\varkappa) - \frac{1}{\wp_{\substack{5\\6}}(z,k) - \wp_{\substack{5\\6}}(z_0,k)}\,\wp'_{\substack{5\\6}}(z_0,k),\\
\frac{\partial}{\partial z}\ln\frac{\vartheta_6(\zeta+\zeta_0,\varkappa)}{\vartheta_6(\zeta-\zeta_0,\varkappa)} &= 2\frac{\partial}{\partial z_0}\ln\vartheta_{\substack{6\\5}}(\zeta_0,\varkappa) - \frac{1}{\wp_{\substack{5\\6}}(z,k) - \wp_{\substack{6\\5}}(z_0,k)}\,\wp'_{\substack{6\\5}}(z_0,k).
\end{aligned}\right\} \tag{742}$$

Entsprechend erhält man bei Logarithmierung und Differentiation nach z

$$\left.\begin{aligned}
\frac{\partial}{\partial z}\ln[\vartheta_1(\zeta+\zeta_0,\varkappa)\,\vartheta_1(\zeta-\zeta_0,\varkappa)] &= 2\frac{\partial}{\partial z}\ln\vartheta_{\substack{1\\2\\3\\4}}(\zeta,\varkappa)+\frac{1}{\wp_{\substack{1\\2\\3\\4}}(z,k)-\wp_{\substack{1\\2\\3\\4}}(z_0,k)}\,\wp'_{\substack{1\\2\\3\\4}}(z,k),\\
\frac{\partial}{\partial z}\ln[\vartheta_2(\zeta+\zeta_0,\varkappa)\,\vartheta_2(\zeta-\zeta_0,\varkappa)] &= 2\frac{\partial}{\partial z}\ln\vartheta_{\substack{1\\2\\3\\4}}(\zeta,\varkappa)+\frac{1}{\wp_{\substack{1\\2\\3\\4}}(z,k)-\wp_{\substack{2\\1\\4\\3}}(z_0,k)}\,\wp'_{\substack{1\\2\\3\\4}}(z,k),\\
\frac{\partial}{\partial z}\ln[\vartheta_3(\zeta+\zeta_0,\varkappa)\,\vartheta_3(\zeta-\zeta_0,\varkappa)] &= 2\frac{\partial}{\partial z}\ln\vartheta_{\substack{1\\2\\3\\4}}(\zeta,\varkappa)+\frac{1}{\wp_{\substack{1\\2\\3\\4}}(z,k)-\wp_{\substack{3\\4\\1\\2}}(z_0,k)}\,\wp'_{\substack{1\\2\\3\\4}}(z,k),\\
\frac{\partial}{\partial z}\ln[\vartheta_4(\zeta+\zeta_0,\varkappa)\,\vartheta_4(\zeta-\zeta_0,\varkappa)] &= 2\frac{\partial}{\partial z}\ln\vartheta_{\substack{1\\2\\3\\4}}(\zeta,\varkappa)+\frac{1}{\wp_{\substack{1\\2\\3\\4}}(z,k)-\wp_{\substack{4\\3\\2\\1}}(z_0,k)}\,\wp'_{\substack{1\\2\\3\\4}}(z,k),\\
\frac{\partial}{\partial z}\ln[\vartheta_5(\zeta+\zeta_0,\varkappa)\,\vartheta_5(\zeta-\zeta_0,\varkappa)] &= 2\frac{\partial}{\partial z}\ln\vartheta_{\substack{5\\6}}(\zeta,\varkappa)+\frac{1}{\wp_{\substack{5\\6}}(z,k)-\wp_{\substack{5\\6}}(z_0,k)}\,\wp'_{\substack{5\\6}}(z,k),\\
\frac{\partial}{\partial z}\ln[\vartheta_6(\zeta+\zeta_0,\varkappa)\,\vartheta_6(\zeta-\zeta_0,\varkappa)] &= 2\frac{\partial}{\partial z}\ln\vartheta_{\substack{5\\6}}(\zeta,\varkappa)+\frac{1}{\wp_{\substack{5\\6}}(z,k)-\wp_{\substack{6\\5}}(z_0,k)}\,\wp'_{\substack{5\\6}}(z,k).
\end{aligned}\right\}\tag{743}$$

Aus den Additionstheoremen (742) und (743) ergibt sich das Additionstheorem der logarithmischen Ableitungen selbst, indem man die entsprechenden Gleichungen superponiert und hierbei die Beziehung

$$\frac{\partial}{\partial z}\ln\frac{\vartheta(\zeta+\zeta_0,\varkappa)}{\vartheta(\zeta-\zeta_0,\varkappa)}+\frac{\partial}{\partial z}\ln[\vartheta(\zeta+\zeta_0,\varkappa)\,\vartheta(\zeta-\zeta_0,\varkappa)]=2\frac{\partial}{\partial z}\ln\vartheta(\zeta+\zeta_0,\varkappa)\quad\text{für}\quad\vartheta=\vartheta_1,\vartheta_2,\ldots,\vartheta_6$$

beachtet. Werden die so sich ergebenden Gleichungen noch durch 2 dividiert, so folgt

$$\left.\begin{aligned}
\frac{\partial}{\partial z}\ln\vartheta_1(\zeta+\zeta_0,\varkappa) &= \frac{\partial}{\partial z}\ln\vartheta_{\substack{1\\2\\3\\4}}(\zeta,\varkappa)+\frac{\partial}{\partial z_0}\ln\vartheta_{\substack{1\\2\\3\\4}}(\zeta_0,\varkappa)+\frac{1}{2}\,\frac{\wp'_{\substack{1\\2\\3\\4}}(z,k)-\wp'_{\substack{1\\2\\3\\4}}(z_0,k)}{\wp_{\substack{1\\2\\3\\4}}(z,k)-\wp_{\substack{1\\2\\3\\4}}(z_0,k)},\\
\frac{\partial}{\partial z}\ln\vartheta_2(\zeta+\zeta_0,\varkappa) &= \frac{\partial}{\partial z}\ln\vartheta_{\substack{1\\2\\3\\4}}(\zeta,\varkappa)+\frac{\partial}{\partial z_0}\ln\vartheta_{\substack{2\\1\\4\\3}}(\zeta_0,\varkappa)+\frac{1}{2}\,\frac{\wp'_{\substack{1\\2\\3\\4}}(z,k)-\wp'_{\substack{2\\1\\4\\3}}(z_0,k)}{\wp_{\substack{1\\2\\3\\4}}(z,k)-\wp_{\substack{2\\1\\4\\3}}(z_0,k)},\\
\frac{\partial}{\partial z}\ln\vartheta_3(\zeta+\zeta_0,\varkappa) &= \frac{\partial}{\partial z}\ln\vartheta_{\substack{1\\2\\3\\4}}(\zeta,\varkappa)+\frac{\partial}{\partial z_0}\ln\vartheta_{\substack{3\\4\\1\\2}}(\zeta_0,\varkappa)+\frac{1}{2}\,\frac{\wp'_{\substack{1\\2\\3\\4}}(z,k)-\wp'_{\substack{3\\4\\1\\2}}(z_0,k)}{\wp_{\substack{1\\2\\3\\4}}(z,k)-\wp_{\substack{3\\4\\1\\2}}(z_0,k)},\\
\frac{\partial}{\partial z}\ln\vartheta_4(\zeta+\zeta_0,\varkappa) &= \frac{\partial}{\partial z}\ln\vartheta_{\substack{1\\2\\3\\4}}(\zeta,\varkappa)+\frac{\partial}{\partial z_0}\ln\vartheta_{\substack{4\\3\\2\\1}}(\zeta_0,\varkappa)+\frac{1}{2}\,\frac{\wp'_{\substack{1\\2\\3\\4}}(z,k)-\wp'_{\substack{4\\3\\2\\1}}(z_0,k)}{\wp_{\substack{1\\2\\3\\4}}(z,k)-\wp_{\substack{4\\3\\2\\1}}(z_0,k)},\\
\frac{\partial}{\partial z}\ln\vartheta_5(\zeta+\zeta_0,\varkappa) &= \frac{\partial}{\partial z}\ln\vartheta_{\substack{5\\6}}(\zeta,\varkappa)+\frac{\partial}{\partial z_0}\ln\vartheta_{\substack{5\\6}}(\zeta_0,\varkappa)+\frac{1}{2}\,\frac{\wp'_{\substack{5\\6}}(z,k)-\wp'_{\substack{5\\6}}(z_0,k)}{\wp_{\substack{5\\6}}(z,k)-\wp_{\substack{5\\6}}(z_0,k)},\\
\frac{\partial}{\partial z}\ln\vartheta_6(\zeta+\zeta_0,\varkappa) &= \frac{\partial}{\partial z}\ln\vartheta_{\substack{5\\6}}(\zeta,\varkappa)+\frac{\partial}{\partial z_0}\ln\vartheta_{\substack{6\\5}}(\zeta_0,\varkappa)+\frac{1}{2}\,\frac{\wp'_{\substack{5\\6}}(z,k)-\wp'_{\substack{6\\5}}(z_0,k)}{\wp_{\substack{5\\6}}(z,k)-\wp_{\substack{6\\5}}(z_0,k)}.
\end{aligned}\right\}\tag{744}$$

103. 36 zweiparametrige Integrale. Identitätsgleichungen

In Abschnitt 85 wurde bereits darauf hingewiesen, daß außer der dort zusammengestellten Gruppe von Additionstheoremen der ℘-Funktionen noch eine zweite Gruppe existiert. Zu dieser gelangt man durch nochmalige Ableitung der Gln. (744) nach z, wenn gleichzeitig die Gln. (501)

beachtet werden. Bei Beachtung der Vertauschbarkeit von z und z_0 folgt bei Bezugnahme auf die erste der Gln. (744)

$$\wp_1(z+z_0,k)=\wp_{\substack{1\\2\\3\\4}}(z,k)-\frac{1}{2}\frac{\partial}{\partial z}\left[\frac{\wp'_{\substack{1\\2\\3\\4}}(z,k)-\wp'_{\substack{1\\2\\3\\4}}(z_0,k)}{\wp_{\substack{1\\2\\3\\4}}(z,k)-\wp_{\substack{1\\2\\3\\4}}(z_0,k)}\right]=\wp_{\substack{1\\2\\3\\4}}(z_0,k)-\frac{1}{2}\frac{\partial}{\partial z_0}\left[\frac{\wp'_{\substack{1\\2\\3\\4}}(z,k)-\wp'_{\substack{1\\2\\3\\4}}(z_0,k)}{\wp_{\substack{1\\2\\3\\4}}(z,k)-\wp_{\substack{1\\2\\3\\4}}(z_0,k)}\right]$$

oder, wenn die eckigen Klammern mit Hilfe von (653) durch $\wp$-Funktionen ausgedrückt werden,

$$\wp_1(z+z_0,k)=\wp_{\substack{1\\2\\3\\4}}(z,k)+\frac{\partial}{\partial z}\sqrt{\wp_1(z+z_0,k)+\wp_{\substack{1\\2\\3\\4}}(z,k)+\wp_{\substack{1\\2\\3\\4}}(z_0,k)}\,.$$

Wird in gleicher Weise mit dem Rest von (744) verfahren, so ergibt sich, wenn noch nach z integriert wird,

$$\left.\begin{aligned}
\int\left[\wp_1(z+z_0,k)-\wp_{\substack{1\\2\\3\\4}}(z,k)\right]dz&=\sqrt{\wp_1(z+z_0,k)+\wp_{\substack{1\\2\\3\\4}}(z,k)+\wp_{\substack{1\\2\\3\\4}}(z_0,k)},\\
\int\left[\wp_2(z+z_0,k)-\wp_{\substack{1\\2\\3\\4}}(z,k)\right]dz&=\sqrt{\wp_2(z+z_0,k)+\wp_{\substack{1\\2\\3\\4}}(z,k)+\wp_{\substack{2\\1\\4\\3}}(z_0,k)},\\
\int\left[\wp_3(z+z_0,k)-\wp_{\substack{1\\2\\3\\4}}(z,k)\right]dz&=\sqrt{\wp_3(z+z_0,k)+\wp_{\substack{1\\2\\3\\4}}(z,k)+\wp_{\substack{3\\4\\1\\2}}(z_0,k)},\\
\int\left[\wp_4(z+z_0,k)-\wp_{\substack{1\\2\\3\\4}}(z,k)\right]dz&=\sqrt{\wp_4(z+z_0,k)+\wp_{\substack{1\\2\\3\\4}}(z,k)+\wp_{\substack{4\\3\\2\\1}}(z_0,k)},\\
\int\left[\wp_5(z+z_0,k)-\wp_{\substack{5\\6}}(z,k)\right]dz&=\sqrt{\wp_5(z+z_0,k)+\wp_{\substack{5\\6}}(z,k)+\wp_{\substack{5\\6}}(z_0,k)},\\
\int\left[\wp_6(z+z_0,k)-\wp_{\substack{5\\6}}(z,k)\right]dz&=\sqrt{\wp_6(z+z_0,k)+\wp_{\substack{5\\6}}(z,k)+\wp_{\substack{6\\5}}(z_0,k)}.
\end{aligned}\right\}\qquad(745)$$

Dividiert man, nach Umschreibung auf das $(z,\,k)$-System und unter Berücksichtigung von (280), die vierte, fünfte und dritte der Gln. (124) durch die vierte der Gln. (128) und drückt man die dabei anfallenden Quotienten von Theta-Funktionen nach (692) durch spezielle WEIERSTRASSsche $\wp$-Funktionen aus, so erhält man, wenn die so entstehenden Gleichungen beziehungsweise mit

$$\sqrt{\left[\wp_4(z,k)-e_{\substack{1\\2\\3}}\right]\left[\wp_4(z_0,k)-e_{\substack{1\\2\\3}}\right]}$$

multipliziert und in den letzten Gliedern die $\wp'$-Funktionen nach (502) eingeführt werden

$$\left.\begin{aligned}
\sqrt{-[\wp_4(z+z_0,k)-e_1][\wp_4(z,k)-e_1][\wp_4(z_0,k)-e_1]}&=\frac{k^2[\wp_4(z,k)-e_1][\wp_4(z_0,k)-e_1]-\frac{1}{4}\wp'_4(z,k)\,\wp'_4(z_0,k)}{k^2-[\wp_4(z,k)-e_3][\wp_4(z_0,k)-e_3]},\\
\sqrt{-[\wp_4(z+z_0,k)-e_2][\wp_4(z,k)-e_2][\wp_4(z_0,k)-e_2]}&=\frac{k[\wp_4(z,k)-e_2][\wp_4(z_0,k)-e_2]-\frac{k}{4}\wp'_4(z,k)\,\wp'_4(z_0,k)}{k^2-[\wp_4(z,k)-e_3][\wp_4(z_0,k)-e_3]},\\
\sqrt{+[\wp_4(z+z_0,k)-e_3][\wp_4(z,k)-e_3][\wp_4(z_0,k)-e_3]}&=\frac{\frac{k}{2}[\wp_4(z,k)-e_3]\,\wp'_4(z_0,k)+\frac{k}{2}[\wp_4(z_0,k)-e_3]\,\wp'_4(z,k)}{k^2-[\wp_4(z,k)-e_3][\wp_4(z_0,k)-e_3]}.
\end{aligned}\right\}\qquad(746)$$

Multipliziert man die untere Gleichung mit

$$\frac{1}{2k}\,\frac{\wp'_4(z_0,k)}{\wp_4(z_0,k)-e_3}=\frac{1}{k}\sqrt{\frac{[\wp_4(z_0,k)-e_1][\wp_4(z_0,k)-e_2]}{[\wp_4(z_0,k)-e_3]}}$$

und addiert man sie zu der oberen und der $1/k$-fachen mittleren Gleichung und subtrahiert man die $1/k$-fache mittlere Gleichung von der oberen Gleichung, so entstehen drei Gleichungen, in welchen die Glieder mit $\wp'_4(z,k)$ eliminiert sind. Faßt man die rechten Seiten noch zusammen, indem $\wp_4'^2(z_0,k)$ nach (502) durch $\wp_4(z_0,k)$ ausgedrückt und (443) beachtet wird, so lassen sie sich durch den Nenner kürzen, und es folgt

$$\left.\begin{aligned}
&\sqrt{-[\wp_4(z+z_0,k)-e_1][\wp_4(z,k)-e_1][\wp_4(z_0,k)-e_1]}\,+\\
&+\frac{1}{k}\sqrt{[\wp_4(z+z_0,k)-e_3][\wp_4(z,k)-e_3][\wp_4(z_0,k)-e_2][\wp_4(z_0,k)-e_1]}=-[\wp_4(z_0,k)-e_1],\\
&\sqrt{-[\wp_4(z+z_0,k)-e_2][\wp_4(z,k)-e_2][\wp_4(z_0,k)-e_2]}\,+\\
&+\sqrt{[\wp_4(z+z_0,k)-e_3][\wp_4(z,k)-e_3][\wp_4(z_0,k)-e_2][\wp_4(z_0,k)-e_1]}=-k[\wp_4(z_0,k)-e_2],\\
&\sqrt{-[\wp_4(z+z_0,k)-e_1][\wp_4(z,k)-e_1][\wp_4(z_0,k)-e_1]}\,-\\
&-\frac{1}{k}\sqrt{-[\wp_4(z+z_0,k)-e_2][\wp_4(z,k)-e_2][\wp_4(z_0,k)-e_2]}=k'^2.
\end{aligned}\right\}\qquad(747)$$

Wird, unter Beachtung von (510), z der Reihe nach durch $z+K$, $z+K+i\,K'$, $z+i\,K'$ ersetzt, so weitet sich (747) zu einem Satz von zwölf Identitätsgleichungen aus.

Vertauscht man in der oberen der Gln. (747) z mit $-z$ und z_0 mit $z+z_0$ — wobei zu beachten ist, daß die zweite Wurzel im Hinblick auf den ungeraden Charakter von $\sqrt{\wp_4(z,k)-e_3}$ auch das Vorzeichen wechselt — und zieht man die so entstehende Gleichung von der Ausgangsgleichung ab, so ergibt sich

$$\begin{aligned}
&\sqrt{[\wp_4(z+z_0,k)-e_3][\wp_4(z,k)-e_3][\wp_4(z_0,k)-e_2][\wp_4(z_0,k)-e_1]}\,+\\
&+\sqrt{[\wp_4(z,k)-e_3][\wp_4(z_0,k)-e_3][\wp_4(z+z_0,k)-e_2][\wp_4(z+z_0,k)-e_1]}=k[\wp_4(z+z_0,k)-\wp_4(z_0,k)].
\end{aligned}$$

Nun ist nach (706)

$$\frac{\partial}{\partial z_0}\sqrt{\wp_4(z_0,k)-e_3}=\sqrt{[\wp_4(z_0,k)-e_2][\wp_4(z_0,k)-e_1]},$$

$$\frac{\partial}{\partial z_0}\sqrt{\wp_4(z+z_0,k)-e_3}=\sqrt{[\wp_4(z+z_0,k)-e_2][\wp_4(z+z_0,k)-e_1]},$$

$$\begin{aligned}
\frac{\partial}{\partial z_0}\sqrt{[\wp_4(z+z_0,k)-e_3][\wp_4(z_0,k)-e_3]}&=\sqrt{[\wp_4(z+z_0,k)-e_3][\wp_4(z_0,k)-e_2][\wp_4(z_0,k)-e_1]}\,+\\
&+\sqrt{[\wp_4(z_0,k)-e_3][\wp_4(z+z_0,k)-e_2][\wp_4(z+z_0,k)-e_1]}.
\end{aligned}$$

Wird der von z_0 unabhängige Faktor $\sqrt{\wp_4(z,k)-e_3}$ noch in den Differentialquotienten mit hineingenommen, so kann hiernach die linke Seite der betrachteten Gleichung als Differentialquotient nach z_0 geschrieben werden, und es folgt

$$\frac{\partial}{\partial z_0}\sqrt{[\wp_4(z+z_0,k)-e_3][\wp_4(z,k)-e_3][\wp_4(z_0,k)-e_3]}=k[\wp_4(z+z_0,k)-\wp_4(z_0,k)].$$

Wird hierin z mit z_0 vertauscht, so erhält man die Paralleldarstellung

$$\frac{\partial}{\partial z}\sqrt{[\wp_4(z+z_0,k)-e_3][\wp_4(z,k)-e_3][\wp_4(z_0,k)-e_3]}=k[\wp_4(z+z_0,k)-\wp_4(z,k)],$$

die sich auf 16 Differentialbeziehungen ausweiten läßt, wenn in Verbindung mit (510) zunächst z der Reihe nach mit $z+K$, $z+K+i\,K'$, $z+i\,K'$ und anschließend z_0 mit z_0+K, $z_0+K+i\,K'$, $z_0+i\,K'$ vertauscht wird. Integriert man noch zum Schluß, so ergibt sich als Paralleldarstellung zu den vier oberen der Integrale (745)

$$\left.\begin{aligned}
&\int\left[\wp_{\substack{1\\2\\3\\4}}(z+z_0,k)-\wp_{\substack{1\\2\\3\\4}}(z,k)\right]dz=\frac{1}{k}\sqrt{\left[\wp_{\substack{1\\2\\3\\4}}(z+z_0,k)-e_3\right]\left[\wp_{\substack{1\\2\\3\\4}}(z,k)-e_3\right][\wp_4(z_0,k)-e_3]},\\
&\int\left[\wp_{\substack{2\\1\\4\\3}}(z+z_0,k)-\wp_{\substack{1\\2\\3\\4}}(z,k)\right]dz=\frac{1}{k}\sqrt{\left[\wp_{\substack{2\\1\\4\\3}}(z+z_0,k)-e_3\right]\left[\wp_{\substack{1\\2\\3\\4}}(z,k)-e_3\right][\wp_3(z_0,k)-e_3]},\\
&\int\left[\wp_{\substack{3\\4\\1\\2}}(z+z_0,k)-\wp_{\substack{1\\2\\3\\4}}(z,k)\right]dz=\frac{1}{k}\sqrt{\left[\wp_{\substack{3\\4\\1\\2}}(z+z_0,k)-e_3\right]\left[\wp_{\substack{1\\2\\3\\4}}(z,k)-e_3\right][\wp_2(z_0,k)-e_3]},\\
&\int\left[\wp_{\substack{4\\3\\2\\1}}(z+z_0,k)-\wp_{\substack{1\\2\\3\\4}}(z,k)\right]dz=\frac{1}{k}\sqrt{\left[\wp_{\substack{4\\3\\2\\1}}(z+z_0,k)-e_3\right]\left[\wp_{\substack{1\\2\\3\\4}}(z,k)-e_3\right][\wp_1(z_0,k)-e_3]}.
\end{aligned}\right\}\qquad(748)$$

Nach (745) und (748) können sich die zusammengehörigen rechten Seiten nur durch eine von z_0 und k abhängige Funktion unterscheiden.

104. Produktgruppen von Theta-Funktionen und $\wp$-Funktionen

Die durch (274) und (277) gegebenen Produktdarstellungen, in welchen die Quotienten der Theta-Nullwerte nach (280), (281) und (286) durch k, k' und K ausgedrückt werden können, sollen noch durch Produktdarstellungen ergänzt werden, die man erhält, wenn die Gln. (274) und (277) für ζ_0 und $\bar{\zeta}_0$ angesetzt und danach miteinander multipliziert werden. Unter Bezugnahme auf das (z, k)-System ergibt sich:

$$\left.\begin{aligned}
&\frac{\vartheta_1(z+z_0,k)\,\vartheta_1(z-z_0,k)\,\vartheta_1(z+\bar{z}_0,k)\,\vartheta_1(z-\bar{z}_0,k)}{\vartheta^4_{\substack{1\\2\\3\\4}}(z,k)\,\vartheta^2_{\substack{1\\2\\3\\4}}(z_0,k)\,\vartheta^2_{\substack{1\\2\\3\\4}}(\bar{z}_0,k)} = \frac{\pi^2}{4K^2k^2k'^2}\left[\wp_{\substack{1\\2\\3\\4}}(z,k)-\wp_{\substack{1\\2\\3\\4}}(z_0,k)\right]\left[\wp_{\substack{1\\2\\3\\4}}(z,k)-\wp_{\substack{1\\2\\3\\4}}(\bar{z}_0,k)\right],\\
&\frac{\vartheta_2(z+z_0,k)\,\vartheta_2(z-z_0,k)\,\vartheta_2(z+\bar{z}_0,k)\,\vartheta_2(z-\bar{z}_0,k)}{\vartheta^4_{\substack{1\\2\\3\\4}}(z,k)\,\vartheta^2_{\substack{2\\1\\4\\3}}(z_0,k)\,\vartheta^2_{\substack{2\\1\\4\\3}}(\bar{z}_0,k)} = \frac{\pi^2}{4K^2k^2k'^2}\left[\wp_{\substack{1\\2\\3\\4}}(z,k)-\wp_{\substack{2\\1\\4\\3}}(z_0,k)\right]\left[\wp_{\substack{1\\2\\3\\4}}(z,k)-\wp_{\substack{2\\1\\4\\3}}(\bar{z}_0,k)\right],\\
&\frac{\vartheta_3(z+z_0,k)\,\vartheta_3(z-z_0,k)\,\vartheta_3(z+\bar{z}_0,k)\,\vartheta_3(z-\bar{z}_0,k)}{\vartheta^4_{\substack{1\\2\\3\\4}}(z,k)\,\vartheta^2_{\substack{3\\4\\1\\2}}(z_0,k)\,\vartheta^2_{\substack{3\\4\\1\\2}}(\bar{z}_0,k)} = \frac{\pi^2}{4K^2k^2k'^2}\left[\wp_{\substack{1\\2\\3\\4}}(z,k)-\wp_{\substack{3\\4\\1\\2}}(z_0,k)\right]\left[\wp_{\substack{1\\2\\3\\4}}(z,k)-\wp_{\substack{3\\4\\1\\2}}(\bar{z}_0,k)\right],\\
&\frac{\vartheta_4(z+z_0,k)\,\vartheta_4(z-z_0,k)\,\vartheta_4(z+\bar{z}_0,k)\,\vartheta_4(z-\bar{z}_0,k)}{\vartheta^4_{\substack{1\\2\\3\\4}}(z,k)\,\vartheta^2_{\substack{4\\3\\2\\1}}(z_0,k)\,\vartheta^2_{\substack{4\\3\\2\\1}}(\bar{z}_0,k)} = \frac{\pi^2}{4K^2k^2k'^2}\left[\wp_{\substack{1\\2\\3\\4}}(z,k)-\wp_{\substack{4\\3\\2\\1}}(z_0,k)\right]\left[\wp_{\substack{1\\2\\3\\4}}(z,k)-\wp_{\substack{4\\3\\2\\1}}(\bar{z}_0,k)\right],\\
&\frac{\vartheta_5(z+z_0,k)\,\vartheta_5(z-z_0,k)\,\vartheta_5(z+\bar{z}_0,k)\,\vartheta_5(z-\bar{z}_0,k)}{\vartheta^4_{\substack{5\\6}}(z,k)\,\vartheta^2_{\substack{5\\6}}(z_0,k)\,\vartheta^2_{\substack{5\\6}}(\bar{z}_0,k)} = \frac{\pi^2}{64K^2k\,k'}\left[\wp_{\substack{5\\6}}(z,k)-\wp_{\substack{5\\6}}(z_0,k)\right]\left[\wp_{\substack{5\\6}}(z,k)-\wp_{\substack{5\\6}}(\bar{z}_0,k)\right],\\
&\frac{\vartheta_6(z+z_0,k)\,\vartheta_6(z-z_0,k)\,\vartheta_6(z+\bar{z}_0,k)\,\vartheta_6(z-\bar{z}_0,k)}{\vartheta^4_{\substack{5\\6}}(z,k)\,\vartheta^2_{\substack{6\\5}}(z_0,k)\,\vartheta^2_{\substack{6\\5}}(\bar{z}_0,k)} = \frac{\pi^2}{64K^2k\,k'}\left[\wp_{\substack{5\\6}}(z,k)-\wp_{\substack{6\\5}}(z_0,k)\right]\left[\wp_{\substack{5\\6}}(z,k)-\wp_{\substack{6\\5}}(\bar{z}_0,k)\right].
\end{aligned}\right\}\quad(749)$$

Werden die Gln. (274) und (277) einmal für ζ_0 und einmal für die zu ζ_0 konjugiert komplexe Größe $\bar{\zeta}_0$ angesetzt und die so entstehenden Gleichungen durcheinander dividiert, so heben sich im Nenner der linken Seiten die von ζ abhängigen Theta-Funktionen und die Faktoren auf den rechten Seiten heraus, und man erhält, bezogen auf z, z_0 und k,

$$\left.\begin{aligned}
&\frac{\vartheta_1(z+z_0,k)\,\vartheta_1(z-z_0,k)}{\vartheta_1(z+\bar{z}_0,k)\,\vartheta_1(z-\bar{z}_0,k)} = \frac{\vartheta^2_{\substack{1\\2\\3\\4}}(z_0,k)}{\vartheta^2_{\substack{1\\2\\3\\4}}(\bar{z}_0,k)}\;\frac{\wp_{\substack{1\\2\\3\\4}}(z,k)-\wp_{\substack{1\\2\\3\\4}}(z_0,k)}{\wp_{\substack{1\\2\\3\\4}}(z,k)-\wp_{\substack{1\\2\\3\\4}}(\bar{z}_0,k)},\\
&\frac{\vartheta_2(z+z_0,k)\,\vartheta_2(z-z_0,k)}{\vartheta_2(z+\bar{z}_0,k)\,\vartheta_2(z-\bar{z}_0,k)} = \frac{\vartheta^2_{\substack{2\\1\\4\\3}}(z_0,k)}{\vartheta^2_{\substack{2\\1\\4\\3}}(\bar{z}_0,k)}\;\frac{\wp_{\substack{1\\2\\3\\4}}(z,k)-\wp_{\substack{2\\1\\4\\3}}(z_0,k)}{\wp_{\substack{1\\2\\3\\4}}(z,k)-\wp_{\substack{2\\1\\4\\3}}(\bar{z}_0,k)},\\
&\frac{\vartheta_3(z+z_0,k)\,\vartheta_3(z-z_0,k)}{\vartheta_3(z+\bar{z}_0,k)\,\vartheta_3(z-\bar{z}_0,k)} = \frac{\vartheta^2_{\substack{3\\4\\1\\2}}(z_0,k)}{\vartheta^2_{\substack{3\\4\\1\\2}}(\bar{z}_0,k)}\;\frac{\wp_{\substack{1\\2\\3\\4}}(z,k)-\wp_{\substack{3\\4\\1\\2}}(z_0,k)}{\wp_{\substack{1\\2\\3\\4}}(z,k)-\wp_{\substack{3\\4\\1\\2}}(\bar{z}_0,k)},\\
&\frac{\vartheta_4(z+z_0,k)\,\vartheta_4(z-z_0,k)}{\vartheta_4(z+\bar{z}_0,k)\,\vartheta_4(z-\bar{z}_0,k)} = \frac{\vartheta^2_{\substack{4\\3\\2\\1}}(z_0,k)}{\vartheta^2_{\substack{4\\3\\2\\1}}(\bar{z}_0,k)}\;\frac{\wp_{\substack{1\\2\\3\\4}}(z,k)-\wp_{\substack{4\\3\\2\\1}}(z_0,k)}{\wp_{\substack{1\\2\\3\\4}}(z,k)-\wp_{\substack{4\\3\\2\\1}}(\bar{z}_0,k)},\\
&\frac{\vartheta_5(z+z_0,k)\,\vartheta_5(z-z_0,k)}{\vartheta_5(z+\bar{z}_0,k)\,\vartheta_5(z-\bar{z}_0,k)} = \frac{\vartheta^2_{\substack{5\\6}}(z_0,k)}{\vartheta^2_{\substack{5\\6}}(\bar{z}_0,k)}\;\frac{\wp_{\substack{5\\6}}(z,k)-\wp_{\substack{5\\6}}(z_0,k)}{\wp_{\substack{5\\6}}(z,k)-\wp_{\substack{5\\6}}(\bar{z}_0,k)},\\
&\frac{\vartheta_6(z+z_0,k)\,\vartheta_6(z-z_0,k)}{\vartheta_6(z+\bar{z}_0,k)\,\vartheta_6(z-\bar{z}_0,k)} = \frac{\vartheta^2_{\substack{6\\5}}(z_0,k)}{\vartheta^2_{\substack{6\\5}}(\bar{z}_0,k)}\;\frac{\wp_{\substack{5\\6}}(z,k)-\wp_{\substack{6\\5}}(z_0,k)}{\wp_{\substack{5\\6}}(z,k)-\wp_{\substack{6\\5}}(\bar{z}_0,k)}.
\end{aligned}\right\}\quad(750)$$

Wenn man die Gln. (750) logarithmiert und anschließend die Realteilbildung durchführt, so fallen die auf den rechten Seiten verbliebenen Theta-Funktionen auch noch heraus, da in dem zugehörigen Quotienten Zähler und Nenner den gleichen absoluten Betrag aufweisen, wodurch nach der Logarithmierung der Realteil gerade ln 1 und damit Null wird. Die auf z, z_0 und k bezogenen Darstellungen lauten, wenn $\bar{z}_0$ zu z_0 konjugiert komplex vorausgesetzt wird:

$$\left.\begin{aligned}
\Re\mathrm{e}\ln\frac{\vartheta_1(z+z_0,k)\,\vartheta_1(z-z_0,k)}{\vartheta_1(z+\bar{z}_0,k)\,\vartheta_1(z-\bar{z}_0,k)} &= \Re\mathrm{e}\ln\left[\wp_{\substack{1\\2\\3\\4}}(z,k)-\wp_{\substack{1\\2\\3\\4}}(z_0,k)\right]-\Re\mathrm{e}\ln\left[\wp_{\substack{1\\2\\3\\4}}(z,k)-\wp_{\substack{1\\2\\3\\4}}(\bar{z}_0,k)\right],\\
\Re\mathrm{e}\ln\frac{\vartheta_2(z+z_0,k)\,\vartheta_2(z-z_0,k)}{\vartheta_2(z+\bar{z}_0,k)\,\vartheta_2(z-\bar{z}_0,k)} &= \Re\mathrm{e}\ln\left[\wp_{\substack{1\\2\\3\\4}}(z,k)-\wp_{\substack{2\\1\\4\\3}}(z_0,k)\right]-\Re\mathrm{e}\ln\left[\wp_{\substack{1\\2\\3\\4}}(z,k)-\wp_{\substack{2\\1\\4\\3}}(\bar{z}_0,k)\right],\\
\Re\mathrm{e}\ln\frac{\vartheta_3(z+z_0,k)\,\vartheta_3(z-z_0,k)}{\vartheta_3(z+\bar{z}_0,k)\,\vartheta_3(z-\bar{z}_0,k)} &= \Re\mathrm{e}\ln\left[\wp_{\substack{1\\2\\3\\4}}(z,k)-\wp_{\substack{3\\4\\1\\2}}(z_0,k)\right]-\Re\mathrm{e}\ln\left[\wp_{\substack{1\\2\\3\\4}}(z,k)-\wp_{\substack{3\\4\\1\\2}}(\bar{z}_0,k)\right],\\
\Re\mathrm{e}\ln\frac{\vartheta_4(z+z_0,k)\,\vartheta_4(z-z_0,k)}{\vartheta_4(z+\bar{z}_0,k)\,\vartheta_4(z-\bar{z}_0,k)} &= \Re\mathrm{e}\ln\left[\wp_{\substack{1\\2\\3\\4}}(z,k)-\wp_{\substack{4\\3\\2\\1}}(z_0,k)\right]-\Re\mathrm{e}\ln\left[\wp_{\substack{1\\2\\3\\4}}(z,k)-\wp_{\substack{4\\3\\2\\1}}(\bar{z}_0,k)\right],\\
\Re\mathrm{e}\ln\frac{\vartheta_5(z+z_0,k)\,\vartheta_5(z-\bar{z}_0,k)}{\vartheta_5(z+\bar{z}_0,k)\,\vartheta_5(z-\bar{z}_0,k)} &= \Re\mathrm{e}\ln\left[\wp_{\substack{5\\6}}(z,k)-\wp_{\substack{5\\6}}(z_0,k)\right]-\Re\mathrm{e}\ln\left[\wp_{\substack{5\\6}}(z,k)-\wp_{\substack{5\\6}}(\bar{z}_0,k)\right],\\
\Re\mathrm{e}\ln\frac{\vartheta_6(z+z_0,k)\,\vartheta_6(z-\bar{z}_0,k)}{\vartheta_6(z+\bar{z}_0,k)\,\vartheta_6(z-\bar{z}_0,k)} &= \Re\mathrm{e}\ln\left[\wp_{\substack{5\\6}}(z,k)-\wp_{\substack{6\\5}}(z_0,k)\right]-\Re\mathrm{e}\ln\left[\wp_{\substack{5\\6}}(z,k)-\wp_{\substack{6\\5}}(\bar{z}_0,k)\right].
\end{aligned}\right\} \tag{751}$$

Setzt man die Gln. (276) und (279) einmal für ζ_0 und einmal für $\bar{\zeta}_0$ an, so heben sich bei Division der zusammengehörigen Gleichungen die Quadrate der linken Seiten heraus, und es entstehen Produktgruppen der Funktionen

$$\wp_2-e_1,\ \wp_3-e_2,\ \wp_4-e_3,\ \wp_3-e_3,\ \wp_4-e_2,\ \wp_4-e_1\quad\text{sowie}\quad \wp_5+2e_2,\ \wp_6+2e_2.$$

Unter Bezugnahme auf (510) lassen sich hieraus durch Vertauschen von z mit $z+K$, $z+K+i\,K'$, $z+i\,K'$ Darstellungen für die noch fehlenden sechs Produktgruppen entwickeln. Der vollständige Satz, bezogen auf z und k, lautet bei waagerechter Anordnung der gleichzeitig geltenden Indizes:

$$\left.\begin{aligned}
\frac{[\wp_1(z+z_0,k)-e_1]\,[\wp_1(z-z_0,k)-e_1]}{[\wp_1(z+\bar{z}_0,k)-e_1]\,[\wp_1(z-\bar{z}_0,k)-e_1]} &= \left[\frac{[\wp_{2,1,4,3}(z,k)-\wp_{1,2,3,4}(z_0,k)]\,[\wp_{1,2,3,4}(z,k)-\wp_{1,2,3,4}(\bar{z}_0,k)]}{[\wp_{1,2,3,4}(z,k)-\wp_{1,2,3,4}(z_0,k)]\,[\wp_{2,1,4,3}(z,k)-\wp_{1,2,3,4}(\bar{z}_0,k)]}\right]^2,\\
\frac{[\wp_2(z+z_0,k)-e_1]\,[\wp_2(z-z_0,k)-e_1]}{[\wp_2(z+\bar{z}_0,k)-e_1]\,[\wp_2(z-\bar{z}_0,k)-e_1]} &= \left[\frac{[\wp_{1,2,3,4}(z,k)-\wp_{1,2,3,4}(z_0,k)]\,[\wp_{2,1,4,3}(z,k)-\wp_{1,2,3,4}(\bar{z}_0,k)]}{[\wp_{2,1,4,3}(z,k)-\wp_{1,2,3,4}(z_0,k)]\,[\wp_{1,2,3,4}(z,k)-\wp_{1,2,3,4}(\bar{z}_0,k)]}\right]^2,\\
\frac{[\wp_3(z+z_0,k)-e_1]\,[\wp_3(z-z_0,k)-e_1]}{[\wp_3(z+\bar{z}_0,k)-e_1]\,[\wp_3(z-\bar{z}_0,k)-e_1]} &= \left[\frac{[\wp_{4,3,2,1}(z,k)-\wp_{1,2,3,4}(z_0,k)]\,[\wp_{3,4,1,2}(z,k)-\wp_{1,2,3,4}(\bar{z}_0,k)]}{[\wp_{3,4,1,2}(z,k)-\wp_{1,2,3,4}(z_0,k)]\,[\wp_{4,3,2,1}(z,k)-\wp_{1,2,3,4}(\bar{z}_0,k)]}\right]^2,\\
\frac{[\wp_4(z+z_0,k)-e_1]\,[\wp_4(z-z_0,k)-e_1]}{(\wp_4(z+\bar{z}_0,k)-e_1]\,[\wp_4(z-\bar{z}_0,k)-e_1]} &= \left[\frac{[\wp_{3,4,1,2}(z,k)-\wp_{1,2,3,4}(z_0,k)]\,[\wp_{4,3,2,1}(z,k)-\wp_{1,2,3,4}(\bar{z}_0,k)]}{[\wp_{4,3,2,1}(z,k)-\wp_{1,2,3,4}(z_0,k)]\,[\wp_{3,4,1,2}(z,k)-\wp_{1,2,3,4}(\bar{z}_0,k)]}\right]^2,\\
\frac{[\wp_1(z+z_0,k)-e_2]\,[\wp_1(z-z_0,k)-e_2]}{[\wp_1(z+\bar{z}_0,k)-e_2]\,[\wp_1(z-\bar{z}_0,k)-e_2]} &= \left[\frac{[\wp_{3,4,1,2}(z,k)-\wp_{1,2,3,4}(z_0,k)]\,[\wp_{1,2,3,4}(z,k)-\wp_{1,2,3,4}(\bar{z}_0,k)]}{[\wp_{1,2,3,4}(z,k)-\wp_{1,2,3,4}(z_0,k)]\,[\wp_{3,4,1,2}(z,k)-\wp_{1,2,3,4}(\bar{z}_0,k)]}\right]^2,\\
\frac{[\wp_2(z+z_0,k)-e_2]\,[\wp_2(z-z_0,k)-e_2]}{[\wp_2(z+\bar{z}_0,k)-e_2]\,[\wp_2(z-\bar{z}_0,k)-e_2]} &= \left[\frac{[\wp_{4,3,2,1}(z,k)-\wp_{1,2,3,4}(z_0,k)]\,[\wp_{2,1,4,3}(z,k)-\wp_{1,2,3,4}(\bar{z}_0,k)]}{[\wp_{2,1,4,3}(z,k)-\wp_{1,2,3,4}(z_0,k)]\,[\wp_{4,3,2,1}(z,k)-\wp_{1,2,3,4}(\bar{z}_0,k)]}\right]^2,\\
\frac{[\wp_3(z+z_0,k)-e_2]\,[\wp_3(z-z_0,k)-e_2]}{[\wp_3(z+\bar{z}_0,k)-e_2]\,[\wp_3(z-\bar{z}_0,k)-e_2]} &= \left[\frac{[\wp_{1,2,3,4}(z,k)-\wp_{1,2,3,4}(z_0,k)]\,[\wp_{3,4,1,2}(z,k)-\wp_{1,2,2,4}(\bar{z}_0,k)]}{[\wp_{3,4,1,2}(z,k)-\wp_{1,2,3,4}(z_0,k)]\,[\wp_{1,2,3,4}(z,k)-\wp_{1,2,3,4}(\bar{z}_0,k)]}\right]^2,\\
\frac{[\wp_4(z+z_0,k)-e_2]\,[\wp_4(z-z_0,k)-e_2]}{[\wp_4(z+\bar{z}_0,k)-e_2]\,[\wp_4(z-\bar{z}_0,k)-e_2]} &= \left[\frac{[\wp_{2,1,4,3}(z,k)-\wp_{1,2,3,4}(z_0,k)]\,[\wp_{4,3,2,1}(z,k)-\wp_{1,2,3,4}(\bar{z}_0,k)]}{[\wp_{4,3,2,1}(z,k)-\wp_{1,2,3,4}(z_0,k)]\,[\wp_{2,1,4,3}(z,k)-\wp_{1,2,3,4}(\bar{z}_0,k)]}\right]^2,\\
\frac{[\wp_1(z+z_0,k)-e_3]\,[\wp_1(z-z_0,k)-e_3]}{[\wp_1(z+\bar{z}_0,k)-e_3]\,[\wp_1(z-\bar{z}_0,k)-e_3]} &= \left[\frac{[\wp_{4,3,2,1}(z,k)-\wp_{1,2,3,4}(z_0,k)]\,[\wp_{1,2,3,4}(z,k)-\wp_{1,2,3,4}(\bar{z}_0,k)]}{[\wp_{1,2,3,4}(z,k)-\wp_{1,2,3,4}(z_0,k)]\,[\wp_{4,3,2,1}(z,k)-\wp_{1,2,3,4}(\bar{z}_0,k)]}\right]^2,\\
\frac{[\wp_2(z+z_0,k)-e_3]\,[\wp_2(z-z_0,k)-e_3]}{[\wp_2(c+\bar{z}_0,k)-e_3]\,[\wp_2(z-\bar{z}_0,k)-e_3]} &= \left[\frac{[\wp_{3,4,1,2}(z,k)-\wp_{1,2,3,4}(z_0,k)]\,[\wp_{2,1,4,3}(z,k)-\wp_{1,2,3,4}(\bar{z}_0,k)]}{[\wp_{2,1,4,3}(z,k)-\wp_{1,2,3,4}(z_0,k)]\,[\wp_{3,4,1,2}(z,k)-\wp_{1,2,3,4}(\bar{z}_0,k)]}\right]^2,\\
\frac{[\wp_3(z+z_0,k)-e_3]\,[\wp_3(z-z_0,k)-e_3]}{[\wp_3(z+\bar{z}_0,k)-e_3]\,[\wp_3(z-\bar{z}_0,k)-e_3]} &= \left[\frac{[\wp_{2,1,4,3}(z,k)-\wp_{1,2,3,4}(z_0,k)]\,[\wp_{3,4,1,2}(z,k)-\wp_{1,2,3,4}(\bar{z}_0,k)]}{[\wp_{3,4,1,2}(z,k)-\wp_{1,2,3,4}(z_0,k)]\,[\wp_{2,1,4,3}(z,k)-\wp_{1,2,3,4}(\bar{z}_0,k)]}\right]^2,
\end{aligned}\right\} \tag{752}$$

$$\left.\begin{aligned}
\frac{[\wp_4(z+z_0,k)-e_3]\,[\wp_4(z-z_0,k)-e_3]}{[\wp_4(z+\bar z_0,k)-e_3]\,[\wp_4(z-\bar z_0,k)-e_3]} &= \left[\frac{[\wp_{1,2,3,4}(z,k)-\wp_{1,2,3,4}(z_0,k)]\,[\wp_{4,3,2,1}(z,k)-\wp_{1,2,3,4}(\bar z_0,k)]}{[\wp_{4,3,2,1}(z,k)-\wp_{1,2,3,4}(z_0,k)]\,[\wp_{1,2,3,4}(z,k)-\wp_{1,2,3,4}(\bar z_0,k)]}\right]^2,\\
\frac{[\wp_5(z+z_0,k)+2e_2]\,[\wp_5(z-z_0,k)+2e_2]}{[\wp_5(z+\bar z_0,k)+2e_2]\,[\wp_5(z-\bar z_0,k)+2e_2]} &= \left[\frac{[\wp_{6,5}(z,k)-\wp_{5,6}(z_0,k)]\,[\wp_{5,6}(z,k)-\wp_{5,6}(\bar z_0,k)]}{[\wp_{5,6}(z,k)-\wp_{5,6}(z_0,k)]\,[\wp_{6,5}(z,k)-\wp_{5,6}(\bar z_0,k)]}\right]^2,\\
\frac{[\wp_6(z+z_0,k)+2e_2]\,[\wp_6(z-z_0,k)+2e_2]}{[\wp_6(z+\bar z_0,k)+2e_2]\,[\wp_6(z-\bar z_0,k)+2e_2]} &= \left[\frac{[\wp_{5,6}(z,k)-\wp_{5,6}(z_0,k)]\,[\wp_{6,5}(z,k)-\wp_{5,6}(\bar z_0,k)]}{[\wp_{6,5}(z,k)-\wp_{5,6}(z_0,k)]\,[\wp_{5,6}(z,k)-\wp_{5,6}(\bar z_0,k)]}\right]^2.
\end{aligned}\right|$$

Bezeichnet z eine reelle und z_0 eine rein imaginäre Zahl, so werden nach den Gln. (513) die rechten Seiten von (752) reell. Die Produktgruppen der linken Seiten sind daher in diesem Falle nur scheinbar komplex.

105. Die 12 elliptischen Normalintegrale zweiter Gattung in der Weierstraßschen Form

Den sechs speziellen WEIERSTRASSschen Funktionen entsprechen zwölf elliptische Normalintegrale zweiter Gattung, die sich durch Integration der Gln. (501) ergeben. Werden dabei an-

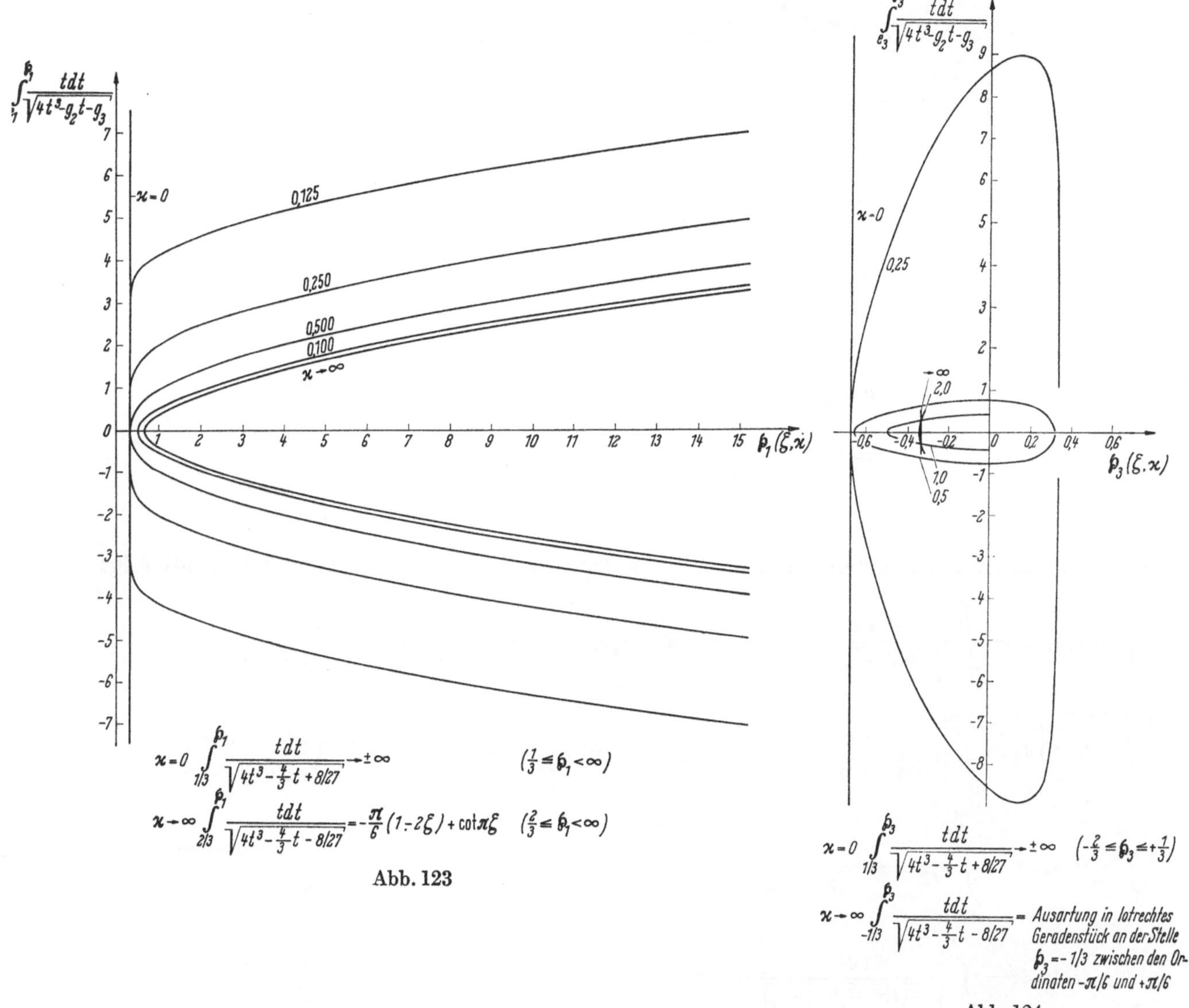

Abb. 123

Abb. 124

stelle von z die $\wp$-Funktionen selbst als Integrationsveränderliche substituiert, so erscheinen die Integrale in algebraischer Form. Diese unterscheidet sich von derjenigen der Integrale erster

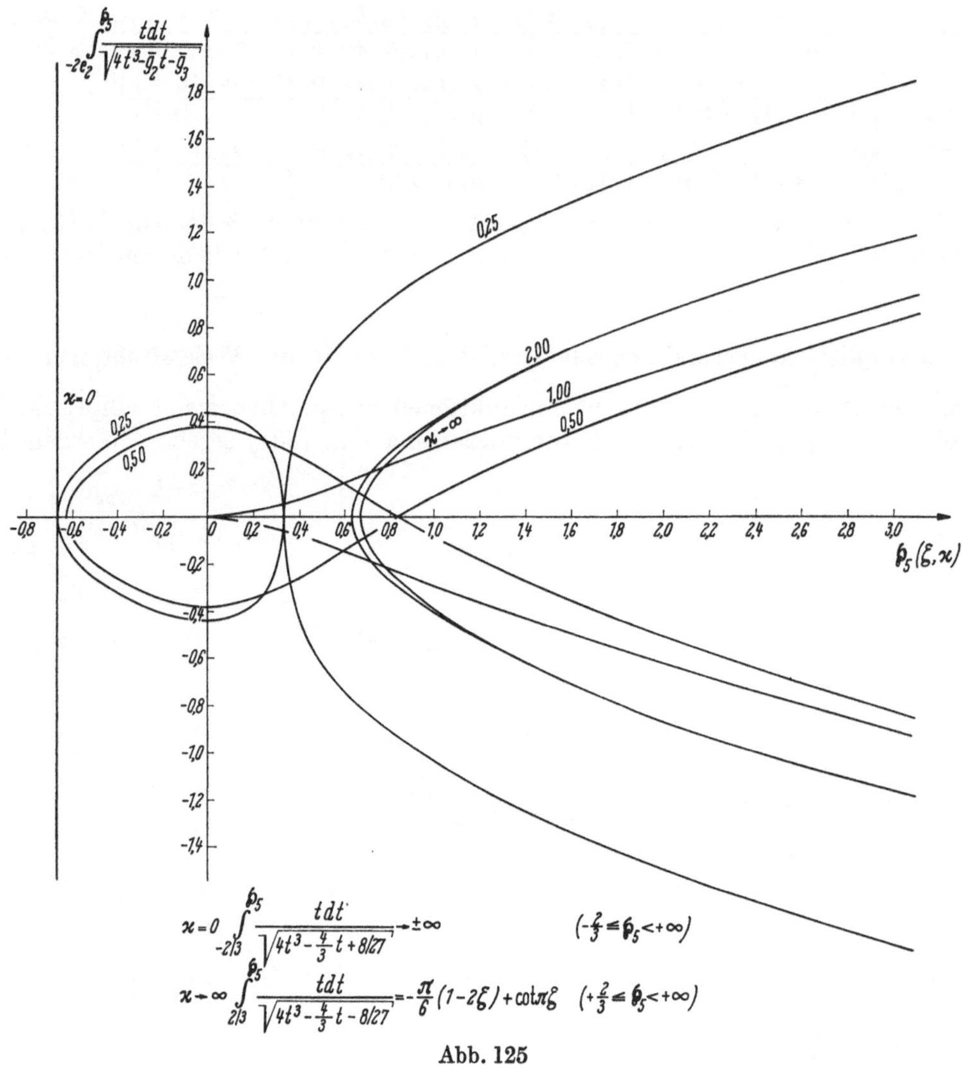

Abb. 125

Gattung durch Hinzutreten des Faktors t im Integranden. In Verbindung mit (544) folgt

$$\left.\begin{aligned}
&\int_z^K \wp_{\substack{1\\3}}(\bar{z}, k)\,d\bar{z} = \int_{e_{\substack{1\\3}}}^{\wp_{\substack{1\\3}}} \frac{t\,dt}{\sqrt{+(4t^3-g_2 t-g_3)}} = -\eta_1\left[K - z\left(\wp_{\substack{1\\3}}, k\right)\right] + \frac{\partial}{\partial z}\ln\vartheta_{\substack{1\\3}}(z, k) && \begin{aligned}(e_1 &\leqq +\wp_1 < \infty,\\ e_3 &\leqq +\wp_3 \leqq e_2),\end{aligned}\\
&\int_z^{K'} \wp_{\substack{1\\3}}(\bar{z}, k')\,d\bar{z} = \int_{e_{\substack{3\\1}}}^{-\wp_{\substack{1\\3}}} \frac{t\,dt}{\sqrt{-(4t^2-g_2 t-g_3)}} = -\eta_1'\left[K' - z\left(\wp_{\substack{1\\3}}, k'\right)\right] + \frac{\partial}{\partial z}\ln\vartheta_{\substack{1\\3}}(z, k') && \begin{aligned}(e_3 &\geqq -\wp_1 > -\infty,\\ e_1 &\geqq -\wp_3 \geqq e_2),\end{aligned}\\
&\int_0^z \wp_{\substack{2\\4}}(\bar{z}, k)\,d\bar{z} = \int_{e_{\substack{1\\3}}}^{\wp_{\substack{2\\4}}} \frac{t\,dt}{\sqrt{+(4t^3-g_2 t-g_3)}} = -\eta_1\, z\left(\wp_{\substack{2\\4}}, k\right) - \frac{\partial}{\partial z}\ln\vartheta_{\substack{2\\4}}(z, k) && \begin{aligned}(e_1 &\leqq +\wp_2 < \infty,\\ e_3 &\leqq +\wp_4 \leqq e_2),\end{aligned}\\
&\int_0^z \wp_{\substack{2\\4}}(\bar{z}, k')\,d\bar{z} = \int_{e_{\substack{3\\1}}}^{-\wp_{\substack{2\\4}}} \frac{t\,dt}{\sqrt{-(4t^3-g^2 t-g_3)}} = -\eta_1'\, z\left(\wp_{\substack{2\\4}}, k'\right) - \frac{\partial}{\partial z}\ln\vartheta_{\substack{2\\4}}(z, k') && \begin{aligned}(e_3 &\geqq -\wp_2 > -\infty,\\ e_1 &\geqq -\wp_4 \geqq e_2),\end{aligned}\\
&\int_z^K \wp_5(\bar{z}, k)\,d\bar{z} = \int_{-2e_2}^{\wp_5} \frac{t\,dt}{\sqrt{+(4t^3-\bar{g}_2 t-\bar{g}_3)}} = -\bar{\eta}_1[K - z(\wp_5, k)] + \frac{\partial}{\partial z}\ln\vartheta_5(z, k) && (-2e_2 \leqq +\wp_5 < \infty),
\end{aligned}\right\} \quad (753)$$

$$\left.\begin{aligned}
&\int\limits_{z}^{K'} \wp_5(\bar z, k')\, d\bar z = \int\limits_{-2e_2}^{-\wp_5} \frac{t\,dt}{\sqrt{-(4t^3-\bar g_2 t-\bar g_3)}} = -\bar\eta_1'[K'-z(\wp_5,k')] + \frac{\partial}{\partial z}\ln\vartheta_5(z,k') \quad (-2e_2 \geqq -\wp_5 > -\infty),\\
&\int\limits_{0}^{z} \wp_6(\bar z, k)\, d\bar z = \int\limits_{-2e_2}^{\wp_6} \frac{t\,dt}{\sqrt{+(4t^3-\bar g_2 t-\bar g_3)}} = -\bar\eta_1 z(\wp_6,k) - \frac{\partial}{\partial z}\ln\vartheta_6(z,k) \quad (-2e_2 \leqq +\wp_6 < \infty),\\
&\int\limits_{0}^{z} \wp_6(\bar z, k')\, d\bar z = \int\limits_{-2e_2}^{-\wp_6} \frac{t\,dt}{\sqrt{-(4t^3-\bar g_2 t-\bar g_3)}} = -\bar\eta_1' z(\wp_6,k') - \frac{\partial}{\partial z}\ln\vartheta_6(z,k') \quad (-2e_2 \geqq -\wp_6 > -\infty),\\
&\int\limits_{0}^{K} \wp_{\frac{3}{4}}(\bar z, k)\, d\bar z = \int\limits_{e_3}^{e_2} \frac{t\,dt}{\sqrt{+(4t^3-g_2 t-g_3)}} = -\eta_1 K, \quad \int\limits_{0}^{K'} \wp_{\frac{3}{4}}(\bar z, k')\, d\bar z = \int\limits_{e_1}^{e_2} \frac{t\,dt}{\sqrt{-(4t^3-g_2 t-g_3)}} = -\eta_1' K',
\end{aligned}\right|$$

wobei die beiden zuletzt aufgeführten Integrale die vollständigen elliptischen Integrale zweiter Gattung darstellen.

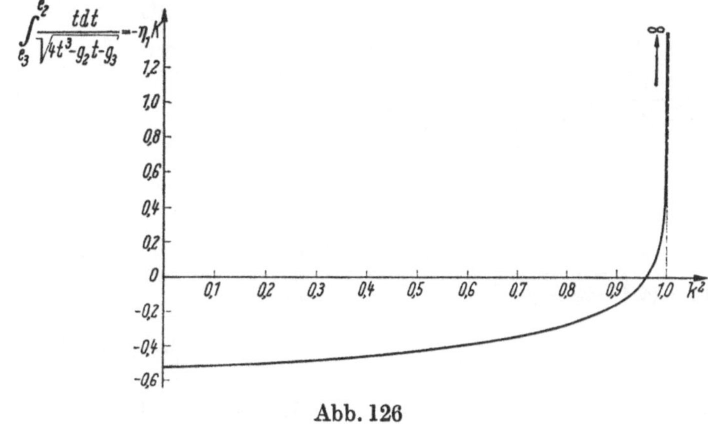

Abb. 126

Aus den Abb. 123 bis 125 ist der Verlauf der zu $\wp_1$, $\wp_3$, $\wp_5$ gehörigen Normalintegrale zweiter Gattung, aus Abb. 126 derjenige des linken vollständigen Integrals ersichtlich.

106. Die 40 elliptischen Normalintegrale dritter Gattung in der Weierstraßschen Form und die zugehörigen 28 Sonderintegrale. Rekursionsformeln für verwandte Integrale

Werden die Gln. (742) durch die Ableitungen der $\wp$-Funktionen nach z_0 dividiert und zwischen 0 und z integriert, so stellen die auf den rechten Seiten anfallenden Integrale Normalintegrale dritter Gattung in der WEIERSTRASSschen Form dar, wobei diese einmal auf k und einmal auf k' bezogen werden können. Werden dabei anstelle von z die $\wp$-Funktionen als Integrationsveränderliche substituiert, so erscheinen die Integrale in algebraischer Form. Diese unterscheidet sich von derjenigen der Integrale erster Gattung durch das Hinzutreten des Faktors $\frac{1}{t-t_0}$ bzw. $\frac{1}{t+t_0}$. Eine zweite Gruppe von Integralen folgt durch Vertauschen von z_0 mit $i\,z_0$ unter Beachtung von (444) sowie (510), (513) und (568). Dadurch wird der gesamte t_0-Bereich zwischen $-\infty$ und $+\infty$ durch die Integrale beider Gruppen erfaßt, vorausgesetzt, daß die Stellen

$$t_0 = e_1,\ t_0 = e_2,\ t_0 = e_3 \quad \text{für} \quad \wp_1,\ \wp_2,\ \wp_3,\ \wp_4 \quad \text{und} \quad t_0 = -2e_2 \quad \text{für} \quad \wp_5,\ \wp_6$$

ausgenommen werden, für welche die Formeln nicht zu gebrauchen sind. Für diese Parameterwerte werden später noch Sonderformeln entwickelt werden. Für die in den Integraldarstellungen auftretenden logarithmierten Quotienten der Theta-Funktionen stehen die Entwicklungen (175) bis (178) zur Verfügung. Werden die einzelnen Integralgruppen nach dem Parameter und der

Wurzel im Integranden geordnet, so erhält man:

$$\int_0^z \frac{d\bar z}{\wp_1(\bar z,k)-t_0}=\int_{\wp_1}^{\infty}\frac{dt}{(t-t_0)\sqrt{+(4t^3-g_2t-g_3)}}=\frac{1}{\wp_1'(z_0,k')}\left[\frac{1}{i}\ln\frac{\vartheta_1(\zeta-i\varkappa\zeta_0,\varkappa)}{\vartheta_1(\zeta+i\varkappa\zeta_0,\varkappa)}+\pi(1-4\zeta\zeta_0)-\frac{2\zeta}{\varkappa}\frac{\partial\ln\vartheta_1(z_0,k')}{\partial\zeta_0}\right]$$
$$[t_0=-\wp_1(z_0,k');\ -\infty<t_0<+e_3],$$

$$\int_0^z \frac{d\bar z}{\wp_1(\bar z,k)-t_0}=\int_{\wp_1}^{\infty}\frac{dt}{(t-t_0)\sqrt{+(4t^3-g_2t-g_3)}}=\frac{1}{\wp_3'(z_0,k)}\left[\ln\frac{\vartheta_3(\zeta-\zeta_0,\varkappa)}{\vartheta_3(\zeta+\zeta_0,\varkappa)}+2\zeta\frac{\partial\ln\vartheta_3(z_0,k)}{\partial\zeta_0}\right]$$
$$[t_0=+\wp_3(z_0,k);\ +e_3<t_0<+e_2],$$

$$\int_0^z \frac{d\bar z}{\wp_1(\bar z,k)-t_0}=\int_{\wp_1}^{\infty}\frac{dt}{(t-t_0)\sqrt{+(4t^3-g_2t-g_3)}}=\frac{1}{\wp_3'(z_0,k')}\left[\frac{1}{i}\ln\frac{\vartheta_3(\zeta-i\varkappa\zeta_0,\varkappa)}{\vartheta_3(\zeta+i\varkappa\zeta_0,\varkappa)}-4\pi\zeta\zeta_0-\frac{2\zeta}{\varkappa}\frac{\partial\ln\vartheta_3(z_0,k')}{\partial\zeta_0}\right]$$
$$[t_0=-\wp_3(z_0,k');\ +e_2<t_0<+e_1],$$

$$\int_0^z \frac{d\bar z}{\wp_1(\bar z,k)-t_0}=\int_{\wp_1}^{\infty}\frac{dt}{(t-t_0)\sqrt{+(4t^3-g_2t-g_3)}}=\frac{1}{\wp_1'(z_0,k)}\left[\ln\frac{\vartheta_1(\zeta-\zeta_0,\varkappa)}{\vartheta_1(\zeta+\zeta_0,\varkappa)}+2\zeta\frac{\partial\ln\vartheta_1(z_0,k)}{\partial\zeta_0}\right]$$
$$[t_0=+\wp_1(z_0,k);\ +e_1<t_0<+\infty],$$

$$\int_0^z \frac{d\bar z}{\wp_1(\bar z,k')-t_0}=\int_{-\wp_1}^{-\infty}\frac{dt}{(t+t_0)\sqrt{-(4t^3-g_2t-g_3)}}=\frac{1}{\wp_1'(z_0,k)}\left[\frac{1}{i}\ln\frac{\vartheta_1\left(\zeta-i\frac{\zeta_0}{\varkappa},\frac{1}{\varkappa}\right)}{\vartheta_1\left(\zeta+i\frac{\zeta_0}{\varkappa},\frac{1}{\varkappa}\right)}+\pi(1-4\zeta\zeta_0)-2\varkappa\zeta\frac{\partial\ln\vartheta_1(z_0,k)}{\partial\zeta_0}\right]$$
$$[t_0=-\wp_1(z_0,k);\ -\infty<t_0<-e_1],$$

$$\int_0^z \frac{d\bar z}{\wp_1(\bar z,k')-t_0}=\int_{-\wp_1}^{-\infty}\frac{dt}{(t+t_0)\sqrt{-(4t^3-g_2t-g_3)}}=\frac{1}{\wp_3'(z_0,k')}\left[\ln\frac{\vartheta_3\left(\zeta-\zeta_0,\frac{1}{\varkappa}\right)}{\vartheta_3\left(\zeta+\zeta_0,\frac{1}{\varkappa}\right)}+2\zeta\frac{\partial\ln\vartheta_3(z_0,k')}{\partial\zeta_0}\right]$$
$$[t_0=+\wp_3(z_0,k');\ -e_1<t_0<-e_2],$$

$$\int_0^z \frac{d\bar z}{\wp_1(\bar z,k')-t_0}=\int_{-\wp_1}^{-\infty}\frac{dt}{(t+t_0)\sqrt{-(4t^3-g_2t-g_3)}}=\frac{1}{\wp_3'(z_0,k)}\left[\frac{1}{i}\ln\frac{\vartheta_3\left(\zeta-i\frac{\zeta_0}{\varkappa},\frac{1}{\varkappa}\right)}{\vartheta_3\left(\zeta+i\frac{\zeta_0}{\varkappa},\frac{1}{\varkappa}\right)}-4\pi\zeta\zeta_0-2\varkappa\zeta\frac{\partial\ln\vartheta_3(z_0,k)}{\partial\zeta_0}\right]$$
$$[t_0=-\wp_3(z_0,k);\ -e_2<t_0<-e_3],$$

$$\int_0^z \frac{d\bar z}{\wp_1(\bar z,k')-t_0}=\int_{-\wp_1}^{-\infty}\frac{dt}{(t+t_0)\sqrt{-(4t^3-g_2t-g_3)}}=\frac{1}{\wp_1'(z_0,k')}\left[\ln\frac{\vartheta_1\left(\zeta-\zeta_0,\frac{1}{\varkappa}\right)}{\vartheta_1\left(\zeta+\zeta_0,\frac{1}{\varkappa}\right)}+2\zeta\frac{\partial\ln\vartheta_1(z_0,k')}{\partial\zeta_0}\right]$$
$$[t_0=+\wp_1(z_0,k');\ -e_3<t_0<+\infty]. \tag{754}$$

$$\int_0^z \frac{d\bar z}{\wp_2(\bar z,k)-t_0}=\int_{e_1}^{\wp_2}\frac{dt}{(t-t_0)\sqrt{+(4t^3-g_2t-g_3)}}=\frac{1}{\wp_2'(z_0,k')}\left[\frac{1}{i}\ln\frac{\vartheta_3(\zeta-i\varkappa\zeta_0,\varkappa)}{\vartheta_3(\zeta+i\varkappa\zeta_0,\varkappa)}-4\pi\zeta\zeta_0-\frac{2\zeta}{\varkappa}\frac{\partial\ln\vartheta_2(z_0,k')}{\partial\zeta_0}\right]$$
$$[t_0=-\wp_2(z_0,k');\ -\infty<t_0<+e_3],$$

$$\int_0^z \frac{d\bar z}{\wp_2(\bar z,k)-t_0}=\int_{e_1}^{\wp_2}\frac{dt}{(t-t_0)\sqrt{+(4t^3-g_2t-g_3)}}=\frac{1}{\wp_4'(z_0,k)}\left[\ln\frac{\vartheta_3(\zeta-\zeta_0,\varkappa)}{\vartheta_3(\zeta+\zeta_0,\varkappa)}+2\zeta\frac{\partial\ln\vartheta_4(z_0,k)}{\partial\zeta_0}\right]$$
$$[t_0=+\wp_4(z_0,k);\ +e_3<t_0<+e_2],$$

$$\int_0^z \frac{d\bar z}{\wp_2(\bar z,k)-t_0}=\int_{e_1}^{\wp_2}\frac{dt}{(t-t_0)\sqrt{+(4t^3-g_2t-g_3)}}=\frac{1}{\wp_4'(z_0,k')}\left[\frac{1}{i}\ln\frac{\vartheta_1(\zeta-i\varkappa\zeta_0,\varkappa)}{\vartheta_1(\zeta+i\varkappa\zeta_0,\varkappa)}+\pi(1-4\zeta\zeta_0)-\frac{2\zeta}{\varkappa}\frac{\partial\ln\vartheta_4(z_0,k')}{\partial\zeta_0}\right]$$
$$[t_0=-\wp_4(z_0,k');\ +e_2<t_0<+e_1],$$

$$\int_0^z \frac{d\bar z}{\wp_2(\bar z,k)-t_0}=\int^{\wp_2}\frac{dt}{(t-t_0)\sqrt{+(4t^3-g_2t-g_3)}}=\frac{1}{\wp_2'(z_0,k)}\left[\ln\frac{\vartheta_1(\zeta-\zeta_0,\varkappa)}{\vartheta_1(\zeta+\zeta_0,\varkappa)}+2\zeta\frac{\partial\ln\vartheta_2(z_0,k)}{\partial\zeta_0}\right]$$
$$[t_0=+\wp_2(z_0,k);\ +e_1<t_0<+\infty],$$

$$\left.\begin{aligned}
&\int_0^{z}\frac{d\bar z}{\wp_2(\bar z,k')-t_0}=\int_{e_3}^{-\wp_2}\frac{dt}{(t+t_0)\sqrt{-(4t^3-g_2t-g_3)}}=\frac{1}{\wp_2'(z_0,k)}\left[\frac{1}{i}\ln\frac{\vartheta_3\left(\zeta-i\frac{\zeta_0}{\varkappa},\frac{1}{\varkappa}\right)}{\vartheta_3\left(\zeta+i\frac{\zeta_0}{\varkappa},\frac{1}{\varkappa}\right)}-4\pi\zeta\zeta_0-2\varkappa\zeta\frac{\partial\ln\vartheta_2(z_0,k)}{\partial\zeta_0}\right]\\
&\qquad\qquad[t_0=-\wp_2(z_0,k);\ -\infty<t_0<-e_1],\\
&\int_0^{z}\frac{d\bar z}{\wp_2(\bar z,k')-t_0}=\int_{e_3}^{-\wp_2}\frac{dt}{(t+t_0)\sqrt{-(4t^3-g_2t-g_3)}}=\frac{1}{\wp_4'(z_0,k')}\left[\ln\frac{\vartheta_3\left(\zeta-\zeta_0,\frac{1}{\varkappa}\right)}{\vartheta_3\left(\zeta+\zeta_0,\frac{1}{\varkappa}\right)}+2\zeta\frac{\partial\ln\vartheta_4(z_0,k')}{\partial\zeta_0}\right]\\
&\qquad\qquad[t_0=+\wp_4(z_0,k');\ -e_1<t_0<-e_2],\\
&\int_0^{z}\frac{d\bar z}{\wp_2(\bar z,k')-t_0}=\int_{e_3}^{-\wp_2}\frac{dt}{(t+t_0)\sqrt{-(4t^3-g_2t-g_3)}}=\frac{1}{\wp_4'(z_0,k)}\left[\frac{1}{i}\ln\frac{\vartheta_1\left(\zeta-i\frac{\zeta_0}{\varkappa},\frac{1}{\varkappa}\right)}{\vartheta_1\left(\zeta+i\frac{\zeta_0}{\varkappa},\frac{1}{\varkappa}\right)}+\pi(1-4\zeta\zeta_0)-2\varkappa\zeta\frac{\partial\ln\vartheta_4(z_0,k)}{\partial\zeta_0}\right]\\
&\qquad\qquad[t_0=-\wp_4(z_0,k);\ -e_2<t_0<-e_3],\\
&\int_0^{z}\frac{d\bar z}{\wp_2(\bar z,k'-t_0)}=\int_{3}^{-\wp_2}\frac{dt}{(t+t_0)\sqrt{-(4t^3-g_2t-g_3)}}=\frac{1}{\wp_2'(z_0,k')}\left[\ln\frac{\vartheta_1\left(\zeta-\zeta_0,\frac{1}{\varkappa}\right)}{\vartheta_1\left(\zeta+\zeta_0,\frac{1}{\varkappa}\right)}+2\zeta\frac{\partial\ln\vartheta_2(z_0,k')}{\partial\zeta_0}\right]\\
&\qquad\qquad[t_0=+\wp_2(z_0,k');\ -e_3<t_0<+\infty].
\end{aligned}\right\}\quad(755)$$

$$\left.\begin{aligned}
&\int_0^{z}\frac{d\bar z}{\wp_3(\bar z,k)-t_0}=\int_{\wp_3}^{e_2}\frac{dt}{(t-t_0)\sqrt{+(4t^3-g_2t-g_3)}}=\frac{1}{\wp_1'(z_0,k')}\left[\frac{1}{i}\ln\frac{\vartheta_3(\zeta-i\varkappa\zeta_0,\varkappa)}{\vartheta_3(\zeta+i\varkappa\zeta_0,\varkappa)}-4\pi\zeta\zeta_0-\frac{2\zeta}{\varkappa}\frac{\partial\ln\vartheta_1(z_0,k')}{\partial\zeta_0}\right]\\
&\qquad\qquad[t_0=-\wp_1(z_0,k');\ -\infty<t_0<+e_3],\\
&\int_0^{z}\frac{d\bar z}{\wp_3(\bar z,k)-t_0}=\int_{\wp_3}^{e_2}\frac{dt}{(t-t_0)\sqrt{+(4t^3-g_2t-g_3)}}=\frac{1}{\wp_3'(z_0,k)}\left[\ln\frac{\vartheta_1(\zeta-\zeta_0,\varkappa)}{\vartheta_1(\zeta+\zeta_0,\varkappa)}+2\zeta\frac{\partial\ln\vartheta_3(z_0,k)}{\partial\zeta_0}\right]\\
&\qquad\qquad[t_0=+\wp_3(z_0,k);\ +e_3<t_0<+e_2],\\
&\int_0^{z}\frac{dz}{\wp_3(\bar z,k)-t_0}=\int_{\wp_3}^{e_2}\frac{dt}{(t-t_0)\sqrt{+(4t^3-g_2t-g_3)}}=\frac{1}{\wp_3'(z_0,k')}\left[\frac{1}{i}\ln\frac{\vartheta_1(\zeta-i\varkappa\zeta_0,\varkappa)}{\vartheta_1(\zeta+i\varkappa\zeta_0,\varkappa)}+\pi(1-4\zeta\zeta_0)-\frac{2\zeta}{\varkappa}\frac{\partial\ln\vartheta_3(z_0,k')}{\partial\zeta_0}\right]\\
&\qquad\qquad[t_0=-\wp_3(z_0,k');\ +e_2<t_0<+e_1],\\
&\int_0^{z}\frac{dz}{\wp_3(\bar z,k)-t_0}=\int_{\wp_3}^{e_2}\frac{dt}{(t-t_0)\sqrt{+(4t^3-g_2t-g_3)}}=\frac{1}{\wp_1'(z_0,k)}\left[\ln\frac{\vartheta_3(\zeta-\zeta_0,\varkappa)}{\vartheta_3(\zeta+\zeta_0,\varkappa)}+2\zeta\frac{\partial\ln\vartheta_1(z_0,k)}{\partial\zeta_0}\right]\\
&\qquad\qquad[t_0=+\wp_1(z_0,k);\ +e_1<t_0<+\infty],\\
&\int_0^{z}\frac{d\bar z}{\wp_3(\bar z,k')-t_0}=\int_{-\wp_3}^{e_2}\frac{dt}{(t+t_0)\sqrt{-(4t^3-g_2t-g_3)}}=\frac{1}{\wp_1'(z_0,k)}\left[\frac{1}{i}\ln\frac{\vartheta_3\left(\zeta-i\frac{\zeta_0}{\varkappa},\frac{1}{\varkappa}\right)}{\vartheta_3\left(\zeta+i\frac{\zeta_0}{\varkappa},\frac{1}{\varkappa}\right)}-4\pi\zeta\zeta_0-2\varkappa\zeta\frac{\partial\ln\vartheta_1(z_0,k)}{\partial\zeta_0}\right]\\
&\qquad\qquad[t_0=-\wp_1(z_0,k);\ -\infty<t_0<-e_1],\\
&\int_0^{z}\frac{d\bar z}{\wp_3(\bar z,k')-t_0}=\int_{-\wp_3}^{e_2}\frac{dt}{(t+t_0)\sqrt{-(4t^3-g_2t-g_3)}}=\frac{1}{\wp_3'(z_0,k')}\left[\ln\frac{\vartheta_1\left(\zeta-\zeta_0,\frac{1}{\varkappa}\right)}{\vartheta_1\left(\zeta+\zeta_0,\frac{1}{\varkappa}\right)}+2\zeta\frac{\partial\ln\vartheta_3(z_0,k')}{\partial\zeta_0}\right]\\
&\qquad\qquad[t_0=+\wp_3(z_0,k');\ -e_1<t_0<-e_2],\\
&\int_0^{z}\frac{d\bar z}{\wp_3(\bar z,k')-t_0}=\int_{-\wp_3}^{e_2}\frac{dt}{(t+t_0)\sqrt{-(4t^3-g_2t-g_3)}}=\frac{1}{\wp_3'(z_0,k)}\left[\frac{1}{i}\ln\frac{\vartheta_1\left(\zeta-i\frac{\zeta_0}{\varkappa},\frac{1}{\varkappa}\right)}{\vartheta_1\left(\zeta+i\frac{\zeta_0}{\varkappa},\frac{1}{\varkappa}\right)}+\pi(1-4\zeta\zeta_0)-2\varkappa\zeta\frac{\partial\ln\vartheta_3(z_0,k)}{\partial\zeta_0}\right]\\
&\qquad\qquad[t_0=-\wp_3(z_0,k);\ -e_2<t_0<-e_3],\\
&\int_0^{z}\frac{d\bar z}{\wp_3(\bar z,k')-t_0}=\int_{-\wp_3}^{e_2}\frac{dt}{(t+t_0)\sqrt{-(4t^3-g_2t-g_3)}}=\frac{1}{\wp_1'(z_0,k')}\left[\ln\frac{\vartheta_3\left(\zeta-\zeta_0,\frac{1}{\varkappa}\right)}{\vartheta_3\left(\zeta+\zeta_0,\frac{1}{\varkappa}\right)}+2\zeta\frac{\partial\ln\vartheta_1(z_0,k')}{\partial\zeta_0}\right]\\
&\qquad\qquad[t_0=+\wp_1(z_0,k');\ -e_3<t_0<+\infty].
\end{aligned}\right\}\quad(756)$$

$$\int_0^z \frac{d\bar z}{\wp_4(\bar z,k)-t_0}=\int_{e_3}^{\wp_4}\frac{dt}{(t-t_0)\sqrt{+(4t^3-g_2t-g_3)}}=\frac{1}{\wp_2'(z_0,k')}\left[\frac{1}{i}\ln\frac{\vartheta_1(\zeta-i\varkappa\zeta_0,\varkappa)}{\vartheta_1(\zeta+i\varkappa\zeta_0,\varkappa')}+\pi(1-4\zeta\zeta_0)-\frac{2\zeta}{\varkappa}\frac{\partial\ln\vartheta_2(z_0,k')}{\partial\zeta_0}\right]$$
$$[t_0=-\wp_2(z_0,k');\ -\infty<t_0<+e_3],$$

$$\int_0^z \frac{d\bar z}{\wp_4(\bar z,k)-t_0}=\int_{e_3}^{\wp_4}\frac{dt}{(t-t_0)\sqrt{+(4t^3-g_2t-g_3)}}=\frac{1}{\wp_4'(z_0,k)}\left[\ln\frac{\vartheta_1(\zeta-\zeta_0,\varkappa)}{\vartheta_1(\zeta+\zeta_0,\varkappa)}+2\zeta\frac{\partial\ln\vartheta_4(z_0,k)}{\partial\zeta_0}\right]$$
$$[t_0=+\wp_4(z_0,k);\ +e_3<t_0<+e_2],$$

$$\int_0^z \frac{d\bar z}{\wp_4(\bar z,k)-t_0}=\int_{e_3}^{\wp_4}\frac{dt}{(t-t_0)\sqrt{+(4t^3-g_2t-g_3)}}=\frac{1}{\wp_4'(z_0,k')}\left[\frac{1}{i}\ln\frac{\vartheta_3(\zeta-i\varkappa\zeta_0,\varkappa)}{\vartheta_3(\zeta+i\varkappa\zeta_0,\varkappa)}-4\pi\zeta\zeta_0-\frac{2\zeta}{\varkappa}\frac{\partial\ln\vartheta_4(z_0,k')}{\partial\zeta_0}\right]$$
$$[t_0=-\wp_4(z_0,k');\ +e_2<t_0<+e_1],$$

$$\int_0^z \frac{d\bar z}{\wp_4(\bar z,k)-t_0}=\int_{e_3}^{\wp_4}\frac{dt}{(t-t_0)\sqrt{+(4t^3-g_2t-g_3)}}=\frac{1}{\wp_2'(z_0,k)}\left[\ln\frac{\vartheta_3(\zeta-\zeta_0,\varkappa)}{\vartheta_3(\zeta+\zeta_0,\varkappa)}+2\zeta\frac{\partial\ln\vartheta_2(z_0,k)}{\partial\zeta_0}\right]$$
$$[t_0=+\wp_2(z_0,k);\ +e_1<t_0<+\infty],$$

$$\int_0^z \frac{d\bar z}{\wp_4(\bar z,k')-t_0}=\int_{e_1}^{-\wp_4}\frac{dt}{(t+t_0)\sqrt{-(4t^3-g_2t-g_3)}}=\frac{1}{\wp_2'(z_0,k)}\left[\frac{1}{i}\ln\frac{\vartheta_1\left(\zeta-i\frac{\zeta_0}{\varkappa},\frac{1}{\varkappa}\right)}{\vartheta_1\left(\zeta+i\frac{\zeta_0}{\varkappa},\frac{1}{\varkappa}\right)}+\pi(1-4\zeta\zeta_0)-2\varkappa\zeta\frac{\partial\ln\vartheta_2(z_0,k)}{\partial\zeta_0}\right]$$
$$[t_0=-\wp_2(z_0,k);\ -\infty<t_0<-e_1],$$

$$\int_0^z \frac{d\bar z}{\wp_4(\bar z,k')-t_0}=\int_{e_1}^{-\wp_4}\frac{dt}{(t+t_0)\sqrt{-(4t^3-g_2t-g_3)}}=\frac{1}{\wp_4'(z_0,k')}\left[\ln\frac{\vartheta_1\left(\zeta-\zeta_0,\frac{1}{\varkappa}\right)}{\vartheta_1\left(\zeta+\zeta_0,\frac{1}{\varkappa}\right)}+2\zeta\frac{\partial\ln\vartheta_4(z_0,k')}{\partial\zeta_0}\right]$$
$$[t_0=+\wp_4(z_0,k');\ -e_1<t_0<-e_2],$$

$$\int_0^z \frac{d\bar z}{\wp_4(\bar z,k')-t_0}=\int_{e_1}^{-\wp_4}\frac{dt}{(t+t_0)\sqrt{-(4t^3-g_2t-g_3)}}=\frac{1}{\wp_4'(z_0,k)}\left[\frac{1}{i}\ln\frac{\vartheta_3\left(\zeta-i\frac{\zeta_0}{\varkappa},\frac{1}{\varkappa}\right)}{\vartheta_3\left(\zeta+i\frac{\zeta_0}{\varkappa},\frac{1}{\varkappa}\right)}-4\pi\zeta\zeta_0-2\varkappa\zeta\frac{\partial\ln\vartheta_4(z_0,k)}{\partial\zeta_0}\right]$$
$$[t_0=-\wp_4(z_0,k);\ -e_2<t_0<-e_3],$$

$$\int_0^z \frac{d\bar z}{\wp_4(\bar z,k')-t_0}=\int_{e_1}^{-\wp_4}\frac{dt}{(t+t_0)\sqrt{-(4t^3-g_2t-g_3)}}=\frac{1}{\wp_2'(z_0,k')}\left[\ln\frac{\vartheta_3\left(\zeta-\zeta_0,\frac{1}{\varkappa}\right)}{\vartheta_3\left(\zeta+\zeta_0,\frac{1}{\varkappa}\right)}+2\zeta\frac{\partial\ln\vartheta_2(z_0,k')}{\partial\zeta_0}\right]$$
$$[t_0=+\wp_2(z_0,k');\ -e_2<t_0<+\infty].$$

(757)

$$\int_0^z \frac{d\bar z}{\wp_5(\bar z,k)-t_0}=\int_{\wp_5}^{\infty}\frac{dt}{(t-t_0)\sqrt{+(4t^3-\bar g_2t-\bar g_3)}}=\frac{1}{\wp_5'(z_0,k')}\left[\frac{1}{i}\ln\frac{\vartheta_5(\zeta-i\varkappa\zeta_0,\varkappa)}{\vartheta_5(\zeta+i\varkappa\zeta_0,\varkappa)}+\pi(1-8\zeta\zeta_0)-\frac{2\zeta}{\varkappa}\frac{\partial\ln\vartheta_5(z_0,k')}{\partial\zeta_0}\right]$$
$$[t_0=-\wp_5(z_0,k');\ -\infty<t_0<-2e_2],$$

$$\int_0^z \frac{d\bar z}{\wp_5(\bar z,k)-t_0}=\int_{\wp_5}^{\infty}\frac{dt}{(t-t_0)\sqrt{+(4t^3-\bar g_2t-\bar g_3)}}=\frac{1}{\wp_5'(z_0,k)}\left[\ln\frac{\vartheta_5(\zeta-\zeta_0,\varkappa)}{\vartheta_5(\zeta+\zeta_0,\varkappa)}+2\zeta\frac{\partial\ln\vartheta_5(z_0,k)}{\partial\zeta_0}\right]$$
$$[t_0=+\wp_5(z_0,k);\ -2e_2<t_0<+\infty],$$

$$\int_0^z \frac{d\bar z}{\wp_5(\bar z,k')-t_0}=\int_{-\wp_5}^{-\infty}\frac{dt}{(t+t_0)\sqrt{-(4t^3-\bar g_2t-\bar g_3)}}=\frac{1}{\wp_5'(z_0,k)}\left[\frac{1}{i}\ln\frac{\vartheta_5\left(\zeta-i\frac{\zeta_0}{\varkappa},\frac{1}{\varkappa}\right)}{\vartheta_5\left(\zeta+i\frac{\zeta_0}{\varkappa},\frac{1}{\varkappa}\right)}+\pi(1-8\zeta\zeta_0)-2\varkappa\zeta\frac{\partial\ln\vartheta_5(z_0,k)}{\partial\zeta_0}\right]$$
$$[t_0=-\wp_5(z_0,k);\ -\infty<t_0<+2e_2],$$

$$\int_0^z \frac{dz}{\wp_5(\bar z,k')-t_0}=\int_{-\wp_5}^{-\infty}\frac{dt}{(t+t_0)\sqrt{-(4t^3-\bar g_2t-\bar g_3)}}=\frac{1}{\wp_5'(z_0,k')}\left[\ln\frac{\vartheta_5\left(\zeta-\zeta_0,\frac{1}{\varkappa}\right)}{\vartheta_5\left(\zeta+\zeta_0,\frac{1}{\varkappa}\right)}+2\zeta\frac{\partial\ln\vartheta_5(z_0,k')}{\partial\zeta_0}\right]$$
$$[t_0=+\wp_5(z_0,k');\ +2e_2<t_0<+\infty].$$

(758)

$$\int_0^z \frac{d\bar z}{\wp_6(\bar z,k)-t_0} = \int_{-2e_2}^{\wp_6} \frac{dt}{(t-t_0)\sqrt{+(4t^3-\bar g_2 t-\bar g_3)}} = \frac{1}{\wp_6'(z_0,k')}\left[\frac{1}{i}\ln\frac{\vartheta_5(\zeta-i\varkappa\zeta_0,\varkappa)}{\vartheta_5(\zeta+i\varkappa\zeta_0,\varkappa)}+\pi(1-8\zeta\zeta_0)-\frac{2\zeta}{\varkappa}\frac{\partial\ln\vartheta_6(z_0,k')}{\partial\zeta_0}\right]$$
$$[t_0=-\wp_6(z_0,k');\ -\infty<t_0<-2e_2],$$

$$\int_0^z \frac{d\bar z}{\wp_6(\bar z,k)-t_0} = \int_{-2e_2}^{\wp_6} \frac{dt}{(t-t_0)\sqrt{+(4t^3-\bar g_2 t-\bar g_3)}} = \frac{1}{\wp_6'(z_0,k)}\left[\ln\frac{\vartheta_5(\zeta-\zeta_0,\varkappa)}{\vartheta_5(\zeta+\zeta_0,\varkappa)}+2\zeta\frac{\partial\ln\vartheta_6(z_0,k)}{\partial\zeta_0}\right]$$
$$[t_0=+\wp_6(z_0,k);\ -2e_2<t_0<+\infty],$$

$$\int_0^z \frac{d\bar z}{\wp_6(\bar z,k')-t_0} = \int_{-2e_2}^{-\wp_6} \frac{dt}{(t+t_0)\sqrt{-(4t^3-\bar g_2 t-\bar g_3)}} = \frac{1}{\wp_6'(z_0,k)}\left[\frac{1}{i}\ln\frac{\vartheta_5\left(\zeta-i\frac{\zeta_0}{\varkappa},\frac{1}{\varkappa}\right)}{\vartheta_5\left(\zeta+i\frac{\zeta_0}{\varkappa},\frac{1}{\varkappa}\right)}+\pi(1-8\zeta\zeta_0)-2\varkappa\zeta\frac{\partial\ln\vartheta_6(z_0,k)}{\partial\zeta_0}\right] \quad (759)$$
$$[t_0=-\wp_6(z_0,k);\ -\infty<t_0<+2e_2],$$

$$\int_0^z \frac{dz}{\wp_6(\bar z,k')-t_0} = \int_{-2e_2}^{-\wp_6} \frac{dt}{(t+t_0)\sqrt{-(4t^3-\bar g_2 t-\bar g_3)}} = \frac{1}{\wp_6'(z_0,k')}\left[\ln\frac{\vartheta_5\left(\zeta-\zeta_0,\frac{1}{\varkappa}\right)}{\vartheta_5\left(\zeta+\zeta_0,\frac{1}{\varkappa}\right)}+2\zeta\frac{\partial\ln\vartheta_6(z_0,k')}{\partial\zeta_0}\right]$$
$$[t_0=+\wp_6(z_0,k');\ +2e_2<t_0<+\infty].$$

Für $z=K$, $\wp_1=e_1$, $\wp_2=\infty$, $\wp_3=e_3$, $\wp_4=e_2$, $\wp_5=-2e_2$, $\wp_6=\infty$ bzw. $z=K'$, $\wp_1=-e_3$, $\wp_2=\infty$, $\wp_3=-e_1$, $\wp_4=-e_2$, $\wp_5=2e_2$, $\wp_6=\infty$ gehen die Integrale (754) bis (759) in die vollständigen elliptischen Normalintegrale dritter Gattung über. Sie lauten:

$$\int_0^K \frac{dz}{\wp_1(z,k)-t_0} = \int_{e_1}^{\infty} \frac{dt}{(t-t_0)\sqrt{+(4t^3-g_2t-g_3)}} = \frac{2K}{\wp_1'(z_0,k')}\left[\pi\frac{K'-z_0}{2KK'}-\frac{\partial\ln\vartheta_1(z_0,k')}{\partial z_0}\right],\ (t_0=-\wp_1(z_0,k'),\ -\infty<t_0<e_3),$$

$$\int_0^K \frac{dz}{\wp_1(z,k)-t_0} = \int_{e_1}^{\infty} \frac{dt}{(t-t_0)\sqrt{+(4t^3-g_2t-g_3)}} = \frac{2K}{\wp_3'(z_0,k)}\frac{\partial\ln\vartheta_3(z_0,k)}{\partial z_0},\quad (t_0=+\wp_3(z_0,k),\ e_3<t_0<e_2),$$

$$\int_0^K \frac{dz}{\wp_1(z,k)-t_0} = \int_{e_1}^{\infty} \frac{dt}{(t-t_0)\sqrt{+(4t^3-g_2t-g_3)}} = \frac{-2K}{\wp_3'(z_0,k')}\left[\frac{\pi z_0}{2KK'}+\frac{\partial\ln\vartheta_3(z_0,k')}{\partial z_0}\right],\quad (t_0=-\wp_3(z_0,k'),\ e_2<t_0<e_1),$$

$$\int_0^K \frac{dz}{\wp_1(z,k)-t_0} = \int_{e_1}^{\infty} \frac{dt}{(t-t_0)\sqrt{+(4t^3-g_2t-g_3)}} = \frac{2K}{\wp_1'(z_0,k)}\frac{\partial\ln\vartheta_1(z_0,k)}{\partial z_0},\quad (t_0=+\wp_1(z_0,k),\ e_1<t_0<\infty),$$

$$\int_0^{K'} \frac{dz}{\wp_1(z,k')-t_0} = \int_{e_3}^{-\infty} \frac{dt}{(t+t_0)\sqrt{-(4t^3-g_2t-g_3)}} = \frac{2K'}{\wp_1'(z_0,k)}\left[\pi\frac{K-z_0}{2KK'}-\frac{\partial\ln\vartheta_1(z_0,k)}{\partial z_0}\right],\ (t_0=-\wp_1(z_0,k),\ -\infty<t_0<-e_1), \quad (754)'$$

$$\int_0^{K'} \frac{d\bar z}{\wp_1(z,k')-t_0} = \int_{e_3}^{-\infty} \frac{dt}{(t+t_0)\sqrt{-(4t^3-g_2t-g_3)}} = \frac{2K'}{\wp_3'(z_0,k')}\frac{\partial\ln\vartheta_3(z_0,k')}{\partial z_0},\quad (t_0=+\wp_3(z_0,k'),\ -e_1<t_0<-e_2),$$

$$\int_0^{K'} \frac{dz}{\wp_1(z,k')-t_0} = \int_{e_3}^{-\infty} \frac{dt}{(t+t_0)\sqrt{-(4t^3-g_2t-g_3)}} = \frac{-2K'}{\wp_3'(z_0,k)}\left[\frac{\pi z_0}{2KK'}+\frac{\partial\ln\vartheta_3(z_0,k)}{\partial z_0}\right],\quad (t_0=-\wp_3(z_0,k),\ -e_2<t_0<-e_3),$$

$$\int_0^{K'} \frac{dz}{\wp_1(z,k')-t_0} = \int_{e_3}^{-\infty} \frac{dt}{(t+t_0)\sqrt{-(4t^3-g_2t-g_3)}} = \frac{2K'}{\wp_1'(z_0,k')}\frac{\partial\ln\vartheta_1(z_0,k')}{\partial z_0}.\quad (t_0=+\wp_1(z_0,k'),\ -e_3<t_0<\infty).$$

$$\int_0^K \frac{dz}{\wp_2(z,k)-t_0} = \int_{e_1}^{\infty} \frac{dt}{(t-t_0)\sqrt{+(4t^3-g_2t-g_3)}} = \frac{-2K}{\wp_2'(z_0,k')}\left[\frac{\pi z_0}{2KK'}+\frac{\partial\ln\vartheta_2(z_0,k')}{\partial z_0}\right],\quad (t_0=-\wp_2(z_0,k'),\ -\infty<t_0<e_3),$$

$$\int_0^K \frac{dz}{\wp_2(z,k)-t_0} = \int_{e_1}^{\infty} \frac{dt}{(t-t_0)\sqrt{+(4t^3-g_2t-g_3)}} = \frac{2K}{\wp_4'(z_0,k)}\frac{\partial\ln\vartheta_4(z_0,k)}{\partial z_0},\quad (t_0=+\wp_4(z_0,k),\ e_3<t_0<e_2),$$

$$\int_0^K \frac{dz}{\wp_2(z,k)-t_0} = \int_{e_1}^{\infty} \frac{dt}{(t-t_0)\sqrt{+(4t^3-g_2t-g_3)}} = \frac{2K}{\wp_4'(z_0,k')}\left[\pi\frac{K'-z_0}{2KK'}-\frac{\partial\ln\vartheta_4(z_0,k')}{\partial z_0}\right],\quad (t_0=-\wp_4(z_0,k'),\ e_2<t_0<e_1),$$

$$\left.\begin{aligned}
&\int_0^K \frac{dz}{\wp_2(z,k)-t_0}=\int_{e_1}^{\infty}\frac{dt}{(t-t_0)\sqrt{+(4t^3-g_2t-g_3)}}=\frac{2K}{\wp_2'(z_0,k)}\,\frac{\partial\ln\vartheta_2(z_0,k)}{\partial z_0}, && (t_0=+\wp_2(z_0,k),\ e_1<t_0<\infty),\\
&\int_0^{K'} \frac{dz}{\wp_2(z,k')-t_0}=\int_{e_3}^{-\infty}\frac{dt}{(t+t_0)\sqrt{-(4t^3-g_2t-g_3)}}=\frac{-2K'}{\wp_2'(z_0,k)}\left[\frac{\pi z_0}{2KK'}+\frac{\partial\ln\vartheta_2(z_0,k)}{\partial z_0}\right], && (t_0=-\wp_2(z_0,k),\ -\infty<t_0<-e_1),\\
&\int_0^{K'} \frac{dz}{\wp_2(z,k')-t_0}=\int_{e_3}^{-\infty}\frac{dt}{(t+t_0)\sqrt{-(4t^3-g_2t-g_3)}}=\frac{2K'}{\wp_4'(z_0,k')}\,\frac{\partial\ln\vartheta_4(z_0,k')}{\partial z_0}, && (t_0=+\wp_4(z_0,k'),\ -e_1<t_0<-e_2),\\
&\int_0^{K'} \frac{dz}{\wp_2(z,k')-t_0}=\int_{e_3}^{-\infty}\frac{dt}{(t+t_0)\sqrt{-(4t^3-g_2t-g_3)}}=\frac{2K'}{\wp_4'(z_0,k)}\left[\pi\frac{K-z_0}{2KK'}-\frac{\partial\ln\vartheta_4(z_0,k)}{\partial z_0}\right], && (t_0=-\wp_4(z_0,k),\ -e_2<t_0<-e_3),\\
&\int_0^{K'} \frac{dz}{\wp_2(z,k')-t_0}=\int_{e_3}^{-\infty}\frac{dt}{(t+t_0)\sqrt{-(4t^3-g_2t-g_3)}}=\frac{2K'}{\wp_2'(z_0,k')}\,\frac{\partial\ln\vartheta_2(z_0,k')}{\partial z_0}. && (t_0=+\wp_2(z_0,k'),\ -e_3<t_0<\infty).
\end{aligned}\right\}(755)'$$

$$\left.\begin{aligned}
&\int_0^K \frac{dz}{\wp_3(z,k)-t_0}=\int_{e_3}^{e_2}\frac{dt}{(t-t_0)\sqrt{+(4t^3-g_2t-g_3)}}=\frac{-2K}{\wp_1'(z_0,k')}\left[\frac{\pi z_0}{2KK'}+\frac{\partial\ln\vartheta_1(z_0,k')}{\partial z_0}\right], && (t_0=-\wp_1(z_0,k'),\ -\infty<t_0<e_3),\\
&\int_0^K \frac{dz}{\wp_3(z,k)-t_0}=\int_{e_3}^{e_2}\frac{dt}{(t-t_0)\sqrt{+(4t^3-g_2t-g_3)}}=\frac{2K}{\wp_3'(z_0,k)}\,\frac{\partial\ln\vartheta_3(z_0,k)}{\partial z_0}, && (t_0=+\wp_3(z_0,k),\ e_3<t_0<e_2),\\
&\int_0^K \frac{dz}{\wp_3(z,k)-t_0}=\int_{e_3}^{e_2}\frac{dt}{(t-t_0)\sqrt{+(4t^3-g_2t-g_3)}}=\frac{2K}{\wp_3'(z_0,k')}\left[\pi\frac{K'-z_0}{2KK'}-\frac{\partial\ln\vartheta_3(z_0,k')}{\partial z_0}\right], && (t_0=-\wp_3(z_0,k'),\ e_2<t_0<e_1),\\
&\int_0^K \frac{dz}{\wp_3(z,k)-t_0}=\int_{e_3}^{e_3}\frac{dt}{(t-t_0)\sqrt{+(4t^3-g_2t-g_3)}}=\frac{2K}{\wp_1'(z_0,k)}\,\frac{\partial\ln\vartheta_1(z_0,k)}{\partial z_0}, && (t_0=+\wp_1(z_0,k),\ e_1<t_0<\infty),\\
&\int_0^{K'} \frac{dz}{\wp_3(z,k')-t_0}=\int_{e_1}^{e_2}\frac{dt}{(t+t_0)\sqrt{-(4t^3-g_2t-g_3)}}=\frac{-2K'}{\wp_1'(z_0,k)}\left[\frac{\pi z_0}{2KK'}+\frac{\partial\ln\vartheta_1(z_0,k)}{\partial z_0}\right], && (t_0=-\wp_1(z_0,k),\ -\infty<t_0<-e_1),\\
&\int_0^{K'} \frac{dz}{\wp_3(z,k')-t_0}=\int_{e_1}^{e_2}\frac{dt}{(t+t_0)\sqrt{-(4t^3-g_2t-g_3)}}=\frac{2K'}{\wp_3'(z_0,k')}\,\frac{\partial\ln\vartheta_3(z_0,k')}{\partial z_0}, && (t_0=+\wp_3(z_0,k'),\ -e_1<t_0<-e_2),\\
&\int_0^{K'} \frac{dz}{\wp_3(z,k')-t_0}=\int_{e_1}^{e_2}\frac{dt}{(t+t_0)\sqrt{-(4t^3-g_2t-g_3)}}=\frac{2K'}{\wp_3'(z_0,k)}\left[\pi\frac{K-z_0}{2KK'}-\frac{\partial\ln\vartheta_3(z_0,k)}{\partial z_0}\right], && (t_0=-\wp_3(z_0,k),\ -e_2<t_0<-e_3),\\
&\int_0^{K'} \frac{dz}{\wp_3(z,k')-t_0}=\int_{e_1}^{e_3}\frac{dt}{(t+t_0)\sqrt{-(4t^3-g_2t-g_3)}}=\frac{2K'}{\wp_1'(z_0,k')}\,\frac{\partial\ln\vartheta_1(z_0,k')}{\partial z_0}. && (t_0=+\wp_1(z_0,k'),\ -e_3<t_0<\infty).
\end{aligned}\right\}(756)'$$

$$\left.\begin{aligned}
&\int_0^K \frac{dz}{\wp_4(z,k)-t_0}=\int_{e_3}^{e_2}\frac{dt}{(t-t_0)\sqrt{+(4t^3-g_2t-g_3)}}=\frac{2K}{\wp_2'(z_0,k')}\left[\pi\frac{K'-z_0}{2KK'}-\frac{\partial\ln\vartheta_2(z_0,k')}{\partial z_0}\right], && (t_0=-\wp_2(z_0,k'),\ -\infty<t_0<e_3),\\
&\int_0^K \frac{dz}{\wp_4(z,k)-t_0}=\int_{e_3}^{e_2}\frac{dt}{(t-t_0)\sqrt{+(4t^3-g_2t-g_3)}}=\frac{2K}{\wp_4'(z_0,k)}\,\frac{\partial\ln\vartheta_4(z_0,k)}{\partial z_0}, && (t_0=+\wp_4(z_0,k),\ e_3<t_0<e_2),\\
&\int_0^K \frac{dz}{\wp_4(z,k)-t_0}=\int_{e_3}^{e_2}\frac{dt}{(t-t_0)\sqrt{+(4t^3-g_2t-g_3)}}=\frac{-2K}{\wp_4'(z_0,k')}\left[\frac{\pi z_0}{2KK'}+\frac{\partial\ln\vartheta_4(z_0,k')}{\partial z_0}\right], && (t_0=-\wp_4(z_0,k'),\ e_2<t_0<e_1),\\
&\int_0^K \frac{dz}{\wp_4(z,k)-t_0}=\int_{e_3}^{e_2}\frac{dt}{(t-t_0)\sqrt{+(4t^3-g_2t-g_3)}}=\frac{2K}{\wp_2'(z_0,k)}\,\frac{\partial\ln\vartheta_2(z_0,k)}{\partial z_0}, && (t_0=+\wp_2(z_0,k),\ e_1<t_0<\infty),\\
&\int_0^{K'} \frac{dz}{\wp_4(z,k')-t_0}=\int_{e_1}^{e_2}\frac{dt}{(t+t_0)\sqrt{-(4t^3-g_2t-g_3)}}=\frac{2K'}{\wp_2'(z_0,k)}\left[\pi\frac{K-z_0}{2KK'}-\frac{\partial\ln\vartheta_2(z_0,k)}{\partial z_0}\right], && (t_0=-\wp_2(z_0,k),\ -\infty<t_0<-e_1),\\
&\int_0^{K'} \frac{dz}{\wp_4(z,k')-t_0}=\int_{e_1}^{e_2}\frac{dt}{(t+t_0)\sqrt{-(4t^3-g_2t-g_3)}}=\frac{2K'}{\wp_4'(z_0,k')}\,\frac{\partial\ln\vartheta_4(z_0,k')}{\partial z_0}, && (t_0=+\wp_4(z_0,k'),\ -e_1<t_0<-e_2),
\end{aligned}\right\}(757)'$$

$$\int_0^{K'} \frac{dz}{\wp_4(z,k')-t_0} = \int_{e_1}^{e_2} \frac{dt}{(t+t_0)\sqrt{-(4t^3-g_2t-g_3)}} = \frac{-2K'}{\wp_4'(z_0,k)}\left[\frac{\pi z_0}{2KK'}+\frac{\partial \ln \vartheta_4(z_0,k)}{\partial z_0}\right], \quad (t_0=-\wp_4(z_0,k),\ -e_2<t_0<-e_3),$$

$$\int_0^{K'} \frac{dz}{\wp_4(z,k')-t_0} = \int_{e_1}^{e_2} \frac{dt}{(t+t_0)\sqrt{-(4t^3-g_2t-g_3)}} = \frac{2K'}{\wp_2'(z_0,k')}\,\frac{\partial \ln \vartheta_2(z_0,k')}{\partial z_0}. \quad (t_0=+\wp_2(z_0,k'),\ -e_3<t_0<\infty).$$

$$\left.\begin{aligned}
&\int_0^{K} \frac{dz}{\wp_5(z,k)-t_0} = \int_{-2e_2}^{\infty} \frac{dt}{(t-t_0)\sqrt{+(4t^3-\bar g_2t-\bar g_3)}} = \frac{2K}{\wp_5'(z_0,k')}\left[\pi\frac{K'-2z_0}{2KK'}-\frac{\partial \ln \vartheta_5(z_0,k')}{\partial z_0}\right],\\
&\qquad\qquad (t_0=-\wp_5(z_0,k'),\ -\infty<t_0<-2e_2),\\
&\int_0^{K} \frac{dz}{\wp_5(z,k)-t_0} = \int_{-2e_2}^{\infty} \frac{dt}{(t-t_0)\sqrt{+(4t^3-\bar g_2t-\bar g_3)}} = \frac{2K}{\wp_5'(z_0,k)}\,\frac{\partial \ln \vartheta_5(z_0,k)}{\partial z_0}, \quad (t_0=+\wp_5(z_0,k),\ -2e_2<t_0<\infty),\\
&\int_0^{K'} \frac{dz}{\wp_5(z,k')-t_0} = \int_{-2e_2}^{-\infty} \frac{dt}{(t+t_0)\sqrt{-(4t^3-\bar g_2t-\bar g_3)}} = \frac{2K'}{\wp_5'(z_0,k)}\left[\pi\frac{K-2z_0}{2KK'}-\frac{\partial \ln \vartheta_5(z_0,k)}{\partial z_0}\right],\\
&\qquad\qquad (t_0=-\wp_5(z_0,k),\ -\infty<t_0<+2e_2),\\
&\int_0^{K'} \frac{dz}{\wp_5(z,k')-t_0} = \int_{-2e_2}^{-\infty} \frac{dt}{(t+t_0)\sqrt{-(4t^3-\bar g_2t-\bar g_3)}} = \frac{2K'}{\wp_5'(z_0,k')}\,\frac{\partial \ln \vartheta_5(z_0,k')}{\partial z_0}. \quad (t_0=+\wp_5(z_0,k'),\ +2e_2<t_0<\infty).
\end{aligned}\right\}(758)'$$

$$\left.\begin{aligned}
&\int_0^{K} \frac{dz}{\wp_6(z,k)-t_0} = \int_{-2e_2}^{\infty} \frac{dt}{(t-t_0)\sqrt{+(4t^3-\bar g_2t-\bar g_3)}} = \frac{2K}{\wp_6'(z_0,k')}\left[\pi\frac{K'-2z_0}{2KK'}-\frac{\partial \ln \vartheta_6(z_0,k')}{\partial z_0}\right],\\
&\qquad\qquad (t_0=-\wp_6(z_0,k'),\ -\infty<t_0<-2e_2),\\
&\int_0^{K} \frac{dz}{\wp_6(z,k)-t_0} = \int_{-2e_2}^{\infty} \frac{dt}{(t-t_0)\sqrt{+(4t^3-\bar g_2t-\bar g_3)}} = \frac{2K}{\wp_6'(z_0,k)}\,\frac{\partial \ln \vartheta_6(z_0,k)}{\partial z_0}, \quad (t_0=+\wp_6(z_0,k),\ -2e_2<t_0<\infty),\\
&\int_0^{K'} \frac{dz}{\wp_6(z,k')-t_0} = \int_{-2e_2}^{-\infty} \frac{dt}{(t+t_0)\sqrt{-(4t^3-\bar g_2t-\bar g_3)}} = \frac{2K'}{\wp_6'(z_0,k)}\left[\pi\frac{K-2z_0}{2KK'}-\frac{\partial \ln \vartheta_6(z_0,k)}{\partial z_0}\right],\\
&\qquad\qquad (t_0=-\wp_6(z_0,k),\ -\infty<t_0<+2e_2),\\
&\int_0^{K'} \frac{dz}{\wp_6(z,k')-t_0} = \int_{-2e_2}^{-\infty} \frac{dt}{(t+t_0)\sqrt{-(4t^3-\bar g_2t-\bar g_3)}} = \frac{2K'}{\wp_6'(z_0,k')}\,\frac{\partial \ln \vartheta_6(z_0,k')}{\partial z_0}. \quad (t_0=+\wp_6(z_0,k'),\ +2e_2<t_0<\infty).
\end{aligned}\right\}(759)'$$

Wie eingangs bereits bemerkt wurde, werden die Gln. (754) bis (759) und (754)′ bis (759)′ unbrauchbar, wenn t_0 in den Integralen mit $\wp_1$ bis $\wp_4$ einen der Werte

$$t_0=e_1 \quad \text{bzw.} \quad t_0=e_2 \quad \text{bzw.} \quad t_0=e_3$$

und in den Integralen mit $\wp_5$ und $\wp_6$ den Wert

$$t_0=-2e_2$$

annimmt. Die zu den ausgeschlossenen t_0-Werten gehörigen elliptischen Normalintegrale dritter Gattung folgen durch Integration der rechten Gruppen der Gln. (696) und (697). Hierbei lassen sich die $t_0=e_1$ bzw. $t_0=e_2$ bzw. $t_0=e_3$ betreffenden Integrale jeweils gruppenweise zusammenfassen, wenn k'^2, $-k^2k'^2$ und k^2 durch Bezugnahme auf die mittlere Gruppe der Gln. (443) in Produktform dargestellt werden. Der so sich ergebende Formelsatz lautet:

$$\int_0^{z} \frac{d\bar z}{\wp_1(\bar z,k)-e_{\substack{1\\2\\3}}} = \int_{\wp_1}^{\infty} \frac{dt}{\left(t-e_{\substack{1\\2\\3}}\right)\sqrt{+(4t^3-g_2t-g_3)}} = -\frac{1}{\left(e_{\substack{1\\2\\3}}-e_{\substack{2\\3\\1}}\right)\left(e_{\substack{1\\2\\3}}-e_{\substack{3\\1\\2}}\right)}\left[\left(\eta_1+e_{\substack{1\\2\\3}}\right)z+\frac{\partial}{\partial z}\ln\vartheta_{\substack{2\\3\\4}}(z,k)\right],$$

$$\int_0^{z} \frac{d\bar z}{\wp_1(\bar z,k')+e_{\substack{3\\2\\1}}} = \int_{-\wp_1}^{-\infty} \frac{dt}{\left(t-e_{\substack{3\\2\\1}}\right)\sqrt{-(4t^3-g_2t-g_3)}} = -\frac{1}{\left(e_{\substack{3\\2\\1}}-e_{\substack{2\\1\\3}}\right)\left(e_{\substack{3\\2\\1}}-e_{\substack{1\\3\\2}}\right)}\left[\left(\eta_1'-e_{\substack{3\\2\\1}}\right)z+\frac{\partial}{\partial z}\ln\vartheta_{\substack{2\\3\\4}}(z,k')\right],$$

$$\int_z^{K} \frac{d\bar z}{\wp_2(\bar z,k)-e_{\substack{1\\2\\3}}} = \int_{\wp_2}^{\infty} \frac{dt}{\left(t-e_{\substack{1\\2\\3}}\right)\sqrt{+(4t^3-g_2t-g_3)}} = -\frac{1}{\left(e_{\substack{1\\2\\3}}-e_{\substack{2\\3\\1}}\right)\left(e_{\substack{1\\2\\3}}-e_{\substack{3\\1\\2}}\right)}\left[\left(\eta_1+e_{\substack{1\\2\\3}}\right)(K-z)-\frac{\partial}{\partial z}\ln\vartheta_{\substack{1\\4\\3}}(z,k)\right],$$

$$\int\limits_z^{K'} \frac{d\bar z}{\wp_2(\bar z, k') + e_{\substack{3\\2\\1}}} = \int\limits_{-\wp_2}^{-\infty} \frac{dt}{\left(t - e_{\substack{3\\2\\1}}\right)\sqrt{-(4t^3 - g_2 t - g_3)}} = -\frac{1}{\left(e_{\substack{3\\2\\1}} - e_{\substack{2\\1\\3}}\right)\left(e_{\substack{3\\2\\1}} - e_{\substack{1\\3\\2}}\right)}\left[\left(\eta_1' - e_{\substack{3\\2\\1}}\right)(K' - z) - \frac{\partial}{\partial z}\ln\vartheta_{\substack{1\\4\\3}}(z, k')\right],$$

$$\int\limits_0^{z} \frac{d\bar z}{\wp_{\substack{3\\4\\3}}(\bar z, k) - e_{\substack{1\\2\\3}}} = \substack{+\\-\\+}\int\limits_{\wp_{\substack{3\\4\\3}}}^{e_{\substack{2\\3\\2}}} \frac{dt}{\left(t - e_{\substack{1\\2\\3}}\right)\sqrt{+(4t^3 - g_2 t - g_3)}} = -\frac{1}{\left(e_{\substack{1\\2\\3}} - e_{\substack{2\\3\\1}}\right)\left(e_{\substack{1\\2\\3}} - e_{\substack{3\\1\\2}}\right)}\left[\left(\eta_1 + e_{\substack{1\\2\\3}}\right)z + \frac{\partial}{\partial z}\ln\vartheta_{\substack{4\\2\\2}}(z, k)\right],$$

$$\int\limits_0^{z} \frac{d\bar z}{\wp_{\substack{3\\4\\3}}(\bar z, k') + e_{\substack{3\\2\\1}}} = \substack{+\\-\\+}\int\limits_{-\wp_{\substack{3\\4\\3}}}^{e_{\substack{2\\1\\2}}} \frac{dt}{\left(t - e_{\substack{3\\2\\1}}\right)\sqrt{-(4t^3 - g_2 t - g_3)}} = -\frac{1}{\left(e_{\substack{3\\2\\1}} - e_{\substack{2\\1\\3}}\right)\left(e_{\substack{3\\2\\1}} - e_{\substack{1\\3\\2}}\right)}\left[\left(\eta_1' - e_{\substack{3\\2\\1}}\right)z + \frac{\partial}{\partial z}\ln\vartheta_{\substack{4\\2\\2}}(z, k')\right],$$

$$\int\limits_z^{K} \frac{d\bar z}{\wp_{\substack{4\\3\\4}}(\bar z, k) - e_{\substack{1\\2\\3}}} = \substack{+\\-\\+}\int\limits_{\wp_{\substack{4\\3\\4}}}^{e_{\substack{2\\3\\2}}} \frac{dt}{\left(t - e_{\substack{1\\2\\3}}\right)\sqrt{+(4t^3 - g_2 t - g_3)}} = -\frac{1}{\left(e_{\substack{1\\2\\3}} - e_{\substack{2\\3\\1}}\right)\left(e_{\substack{1\\2\\3}} - e_{\substack{3\\1\\2}}\right)}\left[\left(\eta_1 + e_{\substack{1\\2\\3}}\right)(K - z) - \frac{\partial}{\partial z}\ln\vartheta_{\substack{3\\1\\1}}(z, k)\right],$$

$$\int\limits_z^{K'} \frac{d\bar z}{\wp_{\substack{4\\3\\4}}(\bar z, k') + e_{\substack{3\\2\\1}}} = \substack{+\\-\\+}\int\limits_{-\wp_{\substack{4\\3\\4}}}^{e_{\substack{2\\1\\2}}} \frac{dt}{\left(t - e_{\substack{3\\2\\1}}\right)\sqrt{-(4t^3 - g_2 t - g_3)}} = -\frac{1}{\left(e_{\substack{3\\2\\1}} - e_{\substack{2\\1\\3}}\right)\left(e_{\substack{3\\2\\1}} - e_{\substack{1\\3\\2}}\right)}\left[\left(\eta_1' - e_{\substack{3\\2\\1}}\right)(K' - z) - \frac{\partial}{\partial z}\ln\vartheta_{\substack{3\\1\\1}}(z, k')\right],$$

$$\int\limits_0^{z} \frac{d\bar z}{\wp_5(\bar z, k) + 2e_2} = \int\limits_{\wp_5}^{\infty} \frac{dt}{(t + 2e_2)\sqrt{+(4t^3 - \bar g_2 t - \bar g_3)}} = -\left[(\bar\eta_1 - 2e_2)\,z + \frac{\partial}{\partial z}\ln\vartheta_6(z, k)\right],$$

$$\int\limits_0^{z} \frac{d\bar z}{\wp_5(\bar z, k') - 2e_2} = \int\limits_{-\wp_5}^{-\infty} \frac{dt}{(t + 2e_2)\sqrt{-(4t^3 - \bar g_2 t - \bar g_3)}} = -\left[(\bar\eta_1' + 2e_2)\,z + \frac{\partial}{\partial z}\ln\vartheta_6(z, k')\right],$$

$$\int\limits_z^{K} \frac{d\bar z}{\wp_6(\bar z, k) + 2e_2} = \int\limits_{\wp_6}^{\infty} \frac{dt}{(t + 2e_2)\sqrt{+(4t^3 - \bar g_2 t - \bar g_3)}} = -\left[(\bar\eta_1 - 2e_2)(K - z) - \frac{\partial}{\partial z}\ln\vartheta_5(z, k)\right],$$

$$\int\limits_z^{K'} \frac{d\bar z}{\wp_6(\bar z, k') - 2e_2} = \int\limits_{-\wp_6}^{-\infty} \frac{dt}{(t + 2e_2)\sqrt{-(4t^3 - \bar g_2 t - \bar g_3)}} = -\left[(\bar\eta_1' + 2e_2)(K' - z) - \frac{\partial}{\partial z}\ln\vartheta_5(z, k')\right]. \qquad (760)$$

Wird in (760) $z = K$ bzw. $z = K'$ bzw. $z = 0$ gesetzt, so ergeben sich die vollständigen Integrale. Von diesen wachsen zwölf über alle Grenzen. Für die 16 endlich bleibenden Integrale erhält man bei Beachtung von (443)

$$\int\limits_0^{K} \frac{dz}{\wp_{\substack{1\\2}}(z, k) - e_2} = \int\limits_{e_1}^{\infty} \frac{dt}{(t - e_2)\sqrt{+(4t^3 - g_2 t - g_3)}} = +\frac{(\eta_1 + e_2)\,K}{k^2\,k'^2},$$

$$\int\limits_0^{K'} \frac{dz}{\wp_{\substack{1\\2}}(z, k') + e_2} = \int\limits_{e_3}^{-\infty} \frac{dt}{(t - e_2)\sqrt{-(4t^3 - g_2 t - g_3)}} = +\frac{(\eta_1' - e_2)\,K'}{k^2\,k'^2},$$

$$\int\limits_0^{K} \frac{dz}{\wp_{\substack{1\\2}}(z, k) - e_3} = \int\limits_{e_1}^{\infty} \frac{dt}{(t - e_3)\sqrt{+(4t^3 - g_2 t - g_3)}} = -\frac{(\eta_1 + e_3)\,K}{k^2},$$

$$\int\limits_0^{K'} \frac{dz}{\wp_{\substack{1\\2}}(z, k') + e_1} = \int\limits_{e_3}^{-\infty} \frac{dt}{(t - e_1)\sqrt{-(4t^3 - g_2 t - g_3)}} = -\frac{(\eta_1' - e_1)\,K'}{k'^2}, \qquad (760)'$$

$$\left.\begin{aligned}
\int_0^K \frac{dz}{\wp_{\frac{3}{4}}(z,k)-e_1} &= \int_{e_3}^{e_3} \frac{dt}{(t-e_1)\sqrt{+(4t^3-g_2t-g_3)}} = -\frac{(\eta_1+e_1)K}{k'^2},\\
\int_0^{K'} \frac{dz}{\wp_{\frac{3}{4}}(z,k')+e_3} &= \int_{e_1}^{e_2} \frac{dt}{(t-e_3)\sqrt{-(4t^3-g_2t-g_3)}} = -\frac{(\eta_1'-e_3)K'}{k^2},\\
\int_0^K \frac{dz}{\wp_{\frac{5}{6}}(z,k)+2e_2} &= \int_{-2e_2}^{\infty} \frac{dt}{(t+2e_2)\sqrt{+(4t^3-\bar{g}_2t-\bar{g}_3)}} = -(\bar{\eta}_1-2e_2)K,\\
\int_0^{K'} \frac{dz}{\wp_{\frac{5}{6}}(z,k')-2e_2} &= \int_{-2e_2}^{-\infty} \frac{dt}{(t+2e_2)\sqrt{-(4t^3-\bar{g}_2t-\bar{g}_2)}} = -(\bar{\eta}_1'+2e_2)K'.
\end{aligned}\right|$$

In den Gleichungen dieses Abschnittes ist für z immer diejenige Umkehrfunktion einzusetzen, welche den in den Integralgrenzen auftretenden speziellen WEIERSTRASSschen Funktionen entspricht. Hierbei ist darauf zu achten, ob k oder k' für den Modul einzusetzen ist.

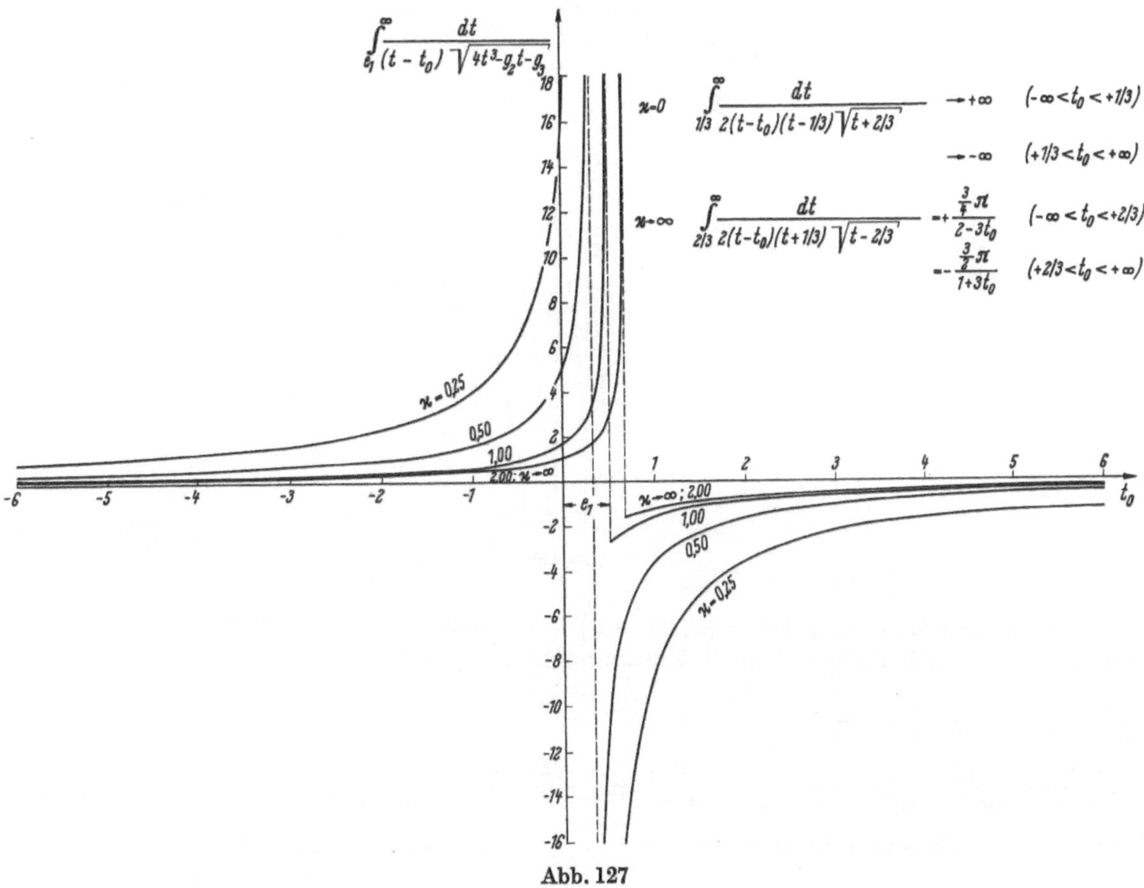

Abb. 127

Die Abb. 127 bis 129 zeigen den Verlauf der zu $\wp_1$, $\wp_3$, $\wp_5$ gehörigen Normalintegrale dritter Gattung unter Bezugnahme auf die Integranden mit

$$\sqrt{+(4t^3-g_2t-g_3)} \quad \text{und} \quad \sqrt{+(4t^3-\bar{g}_2t-\bar{g}_3)}$$

in Abhängigkeit von t_0 für die Parameter $\varkappa = 0, \frac{1}{4}, \frac{1}{2}, 1, 2$ und ∞. Wie die Abbildungen erkennen lassen, ist der Funktionscharakter an den Stellen $t_0 = e_1$, $t_0 = e_2$, $t_0 = e_3$ bzw. $t_0 = -2e_2$ nur teilweise singulär.

Es sollen nun noch Rekursionsformeln entwickelt werden, die es gestatten, Integrale, in welchen die Integranden der Normalintegrale dritter Gattung potenziert sind, auf die letzteren zurückzuführen.

Unter Bezugnahme auf die zweite der Gln. (580) und die erste der Gln. (502) folgt zunächst, wenn $\wp_i$ eine der vier Funktionen $\wp_1, \wp_2, \wp_3, \wp_4$ bezeichnet,

$$\frac{\partial}{\partial z}\left[\frac{\wp_i'(z)}{(\wp_i(z)-t_0)^{n-1}}\right] = \frac{\wp_i''(z)}{(\wp_i(z)-t_0)^{n-1}} - \frac{(n-1)\,\wp_i'^{\,2}(z)}{(\wp_i(z)-t_0)^{n}} = \frac{6\wp_i^2(z)-\frac{1}{2}g_2}{(\wp_i(z)-t_0)^{n-1}} - (n-1)\,\frac{4\wp_i^3(z)-g_2\wp_i(z)-g_3}{(\wp_i(z)-t_0)^{n}}$$

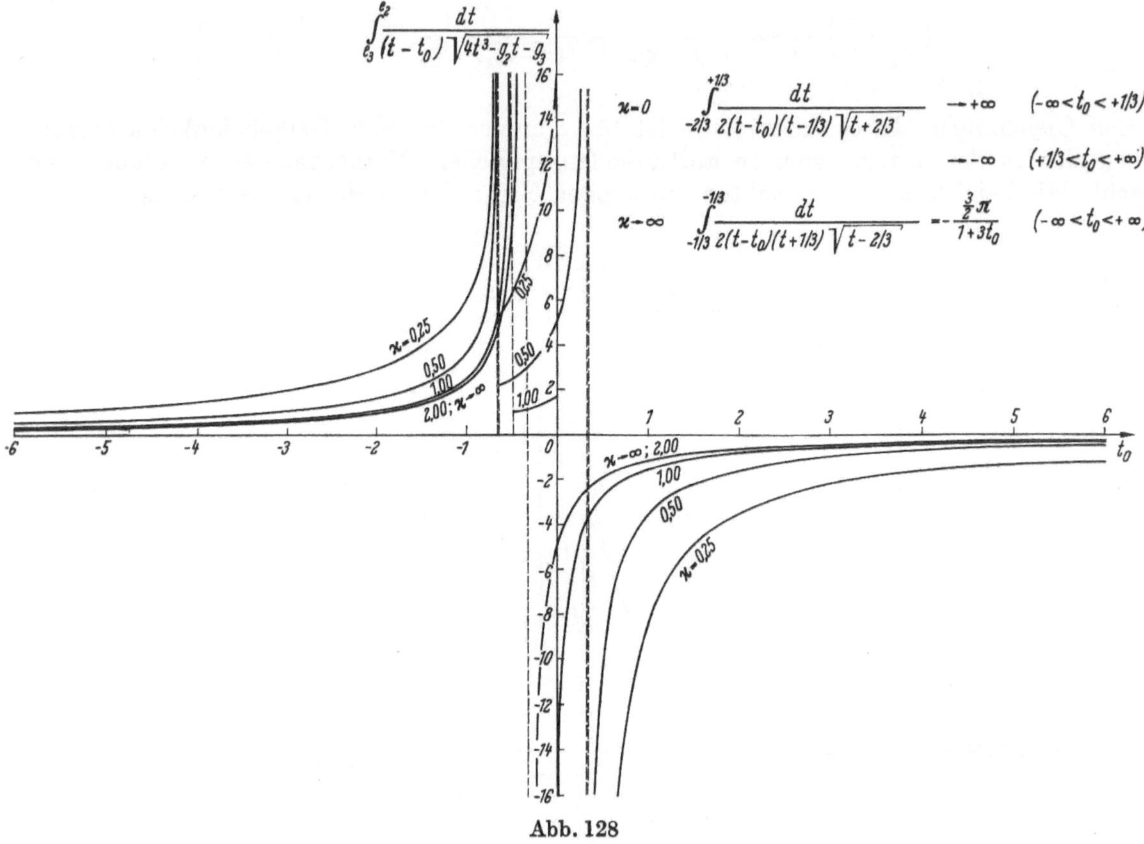

Abb. 128

oder, wenn in den Zählern $\wp_i(z) = (\wp_i(z) - t_0) + t_0$ gesetzt und nach Potenzen von $\wp_i(z) - t_0$ entwickelt wird, nach entsprechender Zusammenfassung und Umstellung

$$\frac{1}{(\wp_i(z)-t_0)^n} = -\frac{1}{4t_0^3-g_2t_0-g_3}\times$$
$$\times\left\{\frac{n-\frac{3}{2}}{n-1}\,\frac{12t_0^2-g_2}{(\wp_i(z)-t_0)^{n-1}} + \frac{n-2}{n-1}\,\frac{12t_0}{(\wp_i(z)-t_0)^{n-2}} + \frac{n-\frac{5}{2}}{n-1}\,\frac{1}{(\wp_i(z)-t_0)^{n-3}} + \frac{1}{n-1}\,\frac{\partial}{\partial z}\left[\frac{\wp_i'(z)}{(\wp_i(z)-t_0)^{n-1}}\right]\right\}.$$

Hieraus ergibt sich durch Integration für $i = 1, 2, 3, 4$ und $n = 2, 3, 4, \ldots$

$$\int\frac{dz}{\left(\wp_{\substack{1\\2\\3\\4}}(z)-t_0\right)^n} = -\frac{1}{4t_0^3-g_2t_0-g_3}\left[\frac{n-\frac{3}{2}}{n-1}(12t_0^2-g_2)\int\frac{dz}{\left(\wp_{\substack{1\\2\\3\\4}}(z)-t_0\right)^{n-1}} + \right.$$
$$\left. + 12\,\frac{n-2}{n-1}\,t_0\int\frac{dz}{\left(\wp_{\substack{1\\2\\3\\4}}(z)-t_0\right)^{n-2}} + 4\,\frac{n-\frac{5}{2}}{n-1}\int\frac{dz}{\left(\wp_{\substack{1\\2\\3\\4}}(z)-t_0\right)^{n-3}} + \frac{1}{n-1}\,\frac{\wp_{\substack{1\\2\\3\\4}}'(z)}{\left(\wp_{\substack{1\\2\\3\\4}}(z)-t_0\right)^{n-1}}\right]. \qquad (761)$$

Die entsprechende Rekursionsformel für $\wp_5$ und $\wp_6$ unterscheidet sich lediglich dadurch, daß

g_2 und g_3 Querstriche aufweisen. Sie lautet für $n = 2, 3, 4, \ldots$

$$\int \frac{dz}{\left(\wp_{\substack{5\\6}}(z) - t_0\right)^n} = -\frac{1}{4t_0^3 - \bar{g}_2 t_0 - \bar{g}_3}\left[\frac{2n-3}{n-1}\left(6t_0^2 - \frac{1}{2}\bar{g}_2\right)\int \frac{dz}{\left(\wp_{\substack{5\\6}}(z) - t_0\right)^{n-1}} + \right.$$

$$\left. + 12\frac{n-2}{n-1}t_0 \int \frac{dz}{\left(\wp_{\substack{5\\6}}(z) - t_0\right)^{n-2}} + 2\frac{2n-5}{n-1}\int \frac{dz}{\left(\wp_{\substack{5\\6}}(z) - t_0\right)^{n-3}} + \frac{1}{n-1}\frac{\wp'_{\substack{5\\6}}(z)}{\left(\wp_{\substack{5\\6}}(z) - t_0\right)^{n-1}}\right]. \tag{762}$$

Die Rekursionsformeln (761) und (762) werden unbrauchbar, wenn der vor der eckigen Klammer stehende Faktor über alle Grenzen wächst, d. h. für $t_0 = e_{\substack{1\\2\\3}}$ im Falle von (761) und für $t_0 = -2e_2$

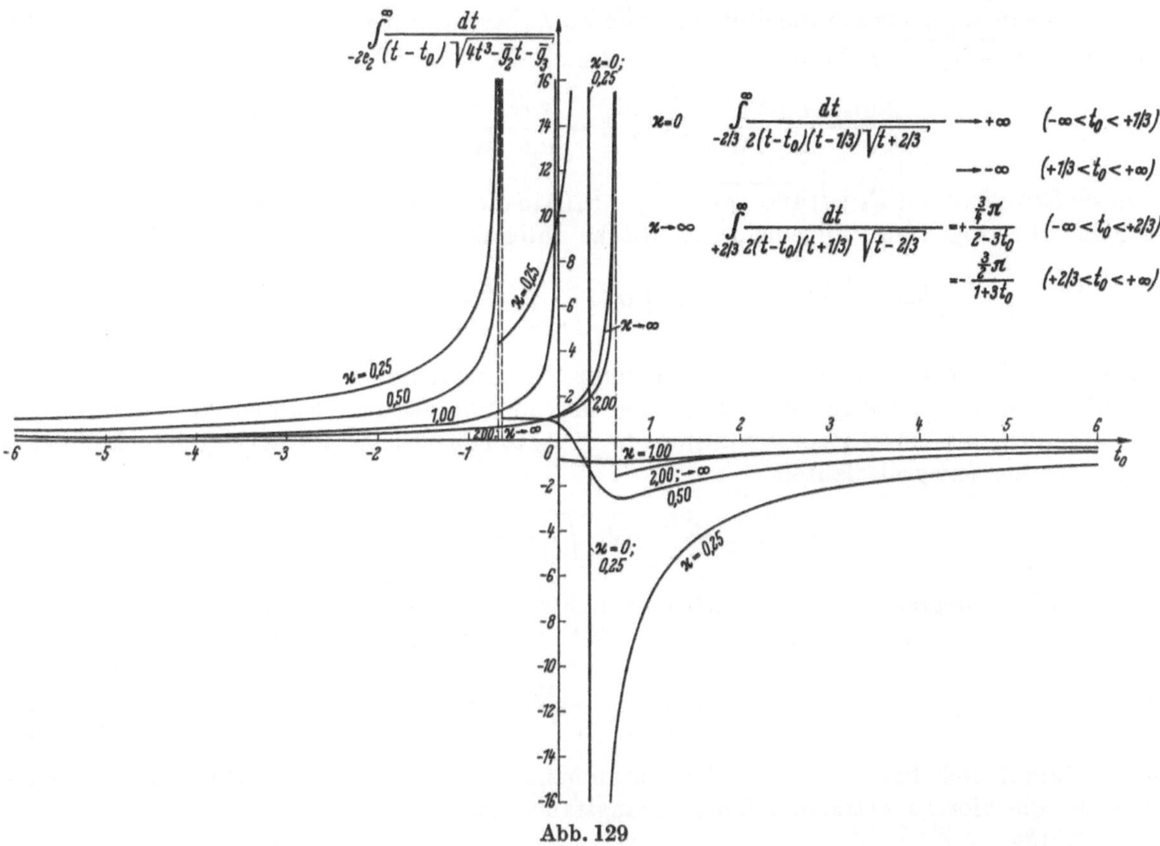

Abb. 129

im Falle von (762). Nach der L'HOSPITALschen Regel ergeben sich die entsprechenden Sonderformeln durch Ableitung der eckigen Klammern und der vor diesen stehenden Nenner nach t_0 unter Einsetzen von $e_{\substack{1\\2\\3}}$ bzw. $-2e_2$ für t_0. Nach entsprechender Zusammenfassung folgt

$$\left.\begin{aligned}
&\int \frac{dz}{\left(\wp_{\substack{1\\2\\3\\4}}(z) - t_0\right)^n} = -\frac{1}{3t_0^2 - \frac{1}{4}g_2}\left[6t_0\frac{n-1}{2n-1}\int \frac{dz}{\left(\wp_{\substack{1\\2\\3\\4}}(z) - t_0\right)^{n-1}} + \right.\\
&\qquad \left. + \frac{2n-3}{2n-1}\int \frac{dz}{\left(\wp_{\substack{1\\2\\3\\4}}(z) - t_0\right)^{n-2}} + \frac{\frac{1}{2}}{2n-1}\frac{\wp'_{\substack{1\\2\\3\\4}}(z)}{\left(\wp_{\substack{1\\2\\3\\4}}(z) - t_0\right)^n}\right] \quad \text{für} \quad t_0 = e_{\substack{1\\2\\3}},\ (n = 2, 3, 4, \ldots)\\
&\int \frac{dz}{\left(\wp_{\substack{5\\6}}(z) - t_0\right)^n} = -\frac{1}{3t_0^2 - \frac{1}{4}\bar{g}_2}\left[6t_0\frac{n-1}{2n-1}\int \frac{dz}{\left(\wp_{\substack{5\\6}}(z) - t_0\right)^{n-1}} + \right.\\
&\qquad \left. + \frac{2n-3}{2n-1}\int \frac{dz}{\left(\wp_{\substack{5\\6}}(z) - t_0\right)^{n-2}} + \frac{\frac{1}{2}}{2n-1}\frac{\wp'_{\substack{5\\6}}(z)}{\left(\wp_{\substack{5\\6}}(z) - t_0\right)^n}\right] \quad \text{für} \quad t_0 = -2e_2.
\end{aligned}\right\} \tag{763}$$

107. Zurückführung des allgemeinen elliptischen Integrals in der Weierstraßschen Form auf Normalintegrale erster, zweiter und dritter Gattung

Das Integral einer rationalen Funktion R von u und $\sqrt{\pm(4u^3 + a_2 u^2 + a_1 u + a_0)}$ nach u wird als allgemeines elliptisches Integral in der WEIERSTRASSschen Form bezeichnet. Durch Anwendung des in Abschnitt 64 erläuterten Verfahrens kann es bezüglich der Wurzel stets auf eine der vier Formen

$$\int R(t, \sqrt{4t^3 - g_2 t - g_3})\,dt, \quad \int R(t, \sqrt{-(4t^3 - g_2 t - g_3)})\,dt, \quad \int R(t, \sqrt{4t^3 - \bar{g}_2 t - \bar{g}_3})\,dt, \quad \int R(t, \sqrt{-(4t^3 - \bar{g}_2 t - \bar{g}_3)})\,dt$$

gebracht werden. Da nun das Reduktionsverfahren für alle vier Integralformen das gleiche ist, kann der Rechnungsgang auf die linksstehende Form beschränkt werden. Eine rationale Funktion von t und $\sqrt{t^3 - g_2 t - g_3}$ besitzt im allgemeinsten Falle die Form

$$\frac{R_1(t) + R_2(t)\sqrt{4t^3 - g_2 t - g_3}}{R_3(t) + R_4(t)\sqrt{4t^3 - g_2 t - g_3}} = \frac{R_1(t)/\sqrt{4t^3 - g_2 t - g_3} + R_2(t)}{R_3(t)/\sqrt{4t^3 - g_2 t - g_3} + R_4(t)},$$

die durch Erweitern mit $R_3(t)/\sqrt{4t^3 - g_2 t - g_3} - R_4(t)$ in die rationale Funktion $\frac{R_I(t)}{\sqrt{4t^3 - g_2 t - g_3}} + R_{II}(t)$ übergeht. Das zugehörige allgemeine elliptische Integral lautet

$$\int\left[\frac{R_I(t)}{\sqrt{4t^3 - g_2 t - g_3}} + R_{II}(t)\right]dt = \int\frac{R_I(t)}{\sqrt{4t^3 - g_2 t - g_3}}\,dt + \int R_{II}(t)\,dt.$$

In diesem ist das rechte Integral durch elementare Funktionen darstellbar. In dem linken Integral kann $R_I(t)$ in eine ganze rationale Funktion und in eine endliche Summe von Partialbrüchen zerlegt werden, als deren Repräsentanten die Funktionen t^n und $(t - t_0)^{-n}$ gelten können. Die entsprechenden Integrale lauten

$$\int\frac{t^n\,dt}{\sqrt{4t^3 - g_2 t - g_3}} \quad \text{und} \quad \int\frac{dt}{(t - t_0)^n\sqrt{4t^3 - g_2 t - g_3}}.$$

Für das linke Integral mit t^n läßt sich eine Rekursionsformel entwickeln, durch welche es auf Integrale mit t^{n-2} und t^{n-3} zurückgeführt wird. Es folgt nämlich durch partielle Integration

$$\int t^{n-3}\sqrt{4t^3 - g_2 t - g_3}\,dt = \int\frac{4t^n - g_2 t^{n-2} - g_3 t^{n-3}}{\sqrt{4t^3 - g_2 t - g_3}}\,dt = \frac{t^{n-2}}{n-2}\sqrt{4t^3 - g_2 t - g_3} - \frac{1}{n-2}\int\frac{t^{n-2}(6t^2 - \frac{1}{2}g_2)}{\sqrt{4t^3 - g_2 t + g_3}}\,dt.$$

Hieraus ergibt sich bei entsprechender Zusammenfassung die gesuchte Rekursionsformel. Sie lautet für die vier zu betrachtenden Ausgangsfälle mit $n = 2, 3, 4, \ldots$

$$\left.\begin{aligned}
&\int\frac{t^n\,dt}{\sqrt{+(4t^3 - g_2 t - g_3)}}\\
&= +\frac{t^{n-2}}{4n-2}\sqrt{+(4t^3 - g_2 t - g_3)} + \frac{n-\frac{3}{2}}{4n-2}g_2\int\frac{t^{n-2}\,dt}{\sqrt{+(4t^3 - g_2 t - g_3)}} + \frac{n-2}{4n-2}g_3\int\frac{t^{n-3}\,dt}{\sqrt{+(4t^3 - g_2 t - g_3)}},\\
&\int\frac{t^n\,dt}{\sqrt{-(4t^3 - g_2 t - g_3)}}\\
&= -\frac{t^{n-2}}{4n-2}\sqrt{-(4t^3 - g_2 t - g_3)} + \frac{n-\frac{3}{2}}{4n-2}g_2\int\frac{t^{n-2}\,dt}{\sqrt{-(4t^3 - g_2 t - g_3)}} + \frac{n-2}{4n-2}g_3\int\frac{t^{n-3}\,dt}{\sqrt{-(4t^3 - g_2 t - g_3)}},\\
&\int\frac{t^n\,dt}{\sqrt{+(4t^3 - \bar{g}_2 t - \bar{g}_3)}}\\
&= +\frac{t^{n-2}}{4n-2}\sqrt{+(4t^3 - \bar{g}_2 t - \bar{g}_3)} + \frac{n-\frac{3}{2}}{4n-2}\bar{g}_2\int\frac{t^{n-2}\,dt}{\sqrt{+(4t^3 - \bar{g}_2 t - \bar{g}_3)}} + \frac{n-2}{4n-2}\bar{g}_3\int\frac{t^{n-3}\,dt}{\sqrt{+(4t^3 - \bar{g}_2 t - \bar{g}_3)}},\\
&\int\frac{t^n\,dt}{\sqrt{-(4t^3 - \bar{g}_2 t - \bar{g}_3)}}\\
&= -\frac{t^{n-2}}{4n-2}\sqrt{-(4t^3 - \bar{g}_2 t - \bar{g}_3)} + \frac{n-\frac{3}{2}}{4n-2}\bar{g}_2\int\frac{t^{n-2}\,dt}{\sqrt{-(4t^3 - \bar{g}_2 t - \bar{g}_3)}} + \frac{n-2}{4n-2}\bar{g}_3\int\frac{t^{n-3}\,dt}{\sqrt{-(4t^3 - \bar{g}_2 t - \bar{g}_3)}}.
\end{aligned}\right\} \quad (763)$$

Durch sukzessive Anwendung der Rekursionsformel (763) können alle Integrale der t^n-Gruppe durch rationale Funktionen von t und die beiden Integrale

$$\int \frac{t\,dt}{\sqrt{\pm(4t^3 - g_2 t - g_3)}} \quad \text{und} \quad \int \frac{dt}{\sqrt{\pm(4t^3 - g_2 t - g_3)}} \quad \text{bzw.} \quad \int \frac{t\,dt}{\sqrt{\pm(4t^3 - \bar{g}_2 t - \bar{g}_3)}} \quad \text{und} \quad \int \frac{dt}{\sqrt{\pm(4t^3 - \bar{g}_2 t - \bar{g}_3)}}$$

ausgedrückt und damit auf Normalintegrale erster und zweiter Gattung zurückgeführt werden.

Für das Integral mit $(t - t_0)^{-n}$ läßt sich ebenfalls durch partielle Integration eine Rekursionsformel entwickeln. Es ergibt sich zunächst

$$\int \frac{\sqrt{4t^3 - g_2 t - g_3}}{(t - t_0)^n}\,dt = \int \frac{4t^3 - g_2 t - g_3}{(t - t_0)^n \sqrt{4t^3 - g_2 t - g_3}}\,dt$$
$$= -\frac{\sqrt{4t^3 - g_2 t - g_3}}{(n-1)(t - t_0)^{n-1}} + \frac{1}{n-1} \int \frac{6t^2 - \frac{1}{2} g_2}{(t - t_0)^{n-1} \sqrt{4t^3 - g_2 t - g_3}}\,dt.$$

Nun liefert der binomische Satz

$$4t^3 - g_2 t - g_3 = 4(t - t_0)^3 + 12 t_0 (t - t_0)^2 + (12 t_0^2 - g_2)(t - t_0) + 4 t_0^3 - g_2 t_0 - g_3,$$
$$6t^2 - \tfrac{1}{2} g_2 = 6(t - t_0)^2 + 12 t_0 (t - t_0) + 6 t_0^2 - \tfrac{1}{2} g_2.$$

Werden diese Ausdrücke in den Zählern der beiden Integranden berücksichtigt, so steht nach entsprechender Zusammenfassung die Rekursionsformel da. Für die vier zu betrachtenden Ausgangsfälle erhält man mit $n = 2, 3, 4, \ldots$

$$\left.\begin{aligned}
&\int \frac{dt}{(t - t_0)^n \sqrt{+(4t^3 - g_2 t - g_3)}} \\
&\quad = -\frac{1}{4t_0^3 - g_2 t_0 - g_3} \left[\frac{\sqrt{+(4t^3 - g_2 t - g_3)}}{(n-1)(t - t_0)^{n-1}} + \frac{n - \frac{3}{2}}{n-1} (12 t_0^2 - g_2) \int \frac{dt}{(t - t_0)^{n-1} \sqrt{+(4t^3 - g_2 t - g_3)}} + \right. \\
&\quad \left. + 12 t_0 \frac{n-2}{n-1} \int \frac{dt}{(t - t_0)^{n-2} \sqrt{+(4t^3 - g_2 t - g_3)}} + 4 \frac{n - \frac{5}{2}}{n-1} \int \frac{dt}{(t - t_0)^{n-3} \sqrt{+(4t^3 - g_2 t - g_3)}} \right], \\
&\int \frac{dt}{(t + t_0)^n \sqrt{-(4t^3 - g_2 t - g_3)}} \\
&\quad = -\frac{1}{4t_0^3 - g_2 t_0 + g_3} \left[\frac{\sqrt{-(4t^3 - g_2 t - g_3)}}{(n-1)(t + t_0)^{n-1}} - \frac{n - \frac{3}{2}}{n-1} (12 t_0^2 - g_2) \int \frac{dt}{(t + t_0)^{n-1} \sqrt{-(4t^3 - g_2 t - g_3)}} + \right. \\
&\quad \left. + 12 t_0 \frac{n-2}{n-1} \int \frac{dt}{(t + t_0)^{n-2} \sqrt{-(4t^3 - g_2 t - g_3)}} - 4 \frac{n - \frac{5}{2}}{n-1} \int \frac{dt}{(t + t_0)^{n-3} \sqrt{-(4t^3 - g_2 t - g_3)}} \right], \\
&\int \frac{dt}{(t - t_0)^n \sqrt{+(4t^3 - \bar{g}_2 t - \bar{g}_3)}} \\
&\quad = -\frac{1}{4t_0^3 - \bar{g}_2 t_0 - \bar{g}_3} \left[\frac{\sqrt{+(4t^3 - \bar{g}_2 t - \bar{g}_3)}}{(n-1)(t - t_0)^{n-1}} + \frac{n - \frac{3}{2}}{n-1} (12 t_0^2 - \bar{g}_2) \int \frac{dt}{(t - t_0)^{n-1} \sqrt{+(4t^3 - \bar{g}_2 t - \bar{g}_3)}} + \right. \\
&\quad \left. + 12 t_0 \frac{n-2}{n-1} \int \frac{dt}{(t - t_0)^{n-2} \sqrt{+(4t^3 - \bar{g}_2 t - \bar{g}_3)}} + 4 \frac{n - \frac{5}{2}}{n-1} \int \frac{dt}{(t - t_0)^{n-3} \sqrt{+(4t^3 - \bar{g}_2 t - \bar{g}_3)}} \right], \\
&\int \frac{dt}{(t + t_0)^n \sqrt{-(4t^3 - \bar{g}_2 t - \bar{g}_3)}} \\
&\quad = -\frac{1}{4t_0^3 - \bar{g}_2 t_0 + \bar{g}_3} \left[\frac{\sqrt{-(4t^3 - \bar{g}_2 t - \bar{g}_3)}}{(n-1)(t + t_0)^{n-1}} - \frac{n - \frac{3}{2}}{n-1} (12 t_0^2 - \bar{g}_2) \int \frac{dt}{(t + t_0)^{n-1} \sqrt{-(4t^3 - \bar{g}_2 t - \bar{g}_3)}} + \right. \\
&\quad \left. + 12 t_0 \frac{n-2}{n-1} \int \frac{dt}{(t + t_0)^{n-2} \sqrt{-(4t^3 - \bar{g}_2 t - \bar{g}_3)}} - 4 \frac{n - \frac{5}{2}}{n-1} \int \frac{dt}{(t + t_0)^{n-3} \sqrt{-(4t^3 - \bar{g}_2 t - \bar{g}_3)}} \right].
\end{aligned}\right\} \quad (764)$$

Die Integrale (764) hätte man auch aus (761) durch Einführung der WEIERSTRASSschen $\wp$-Funktionen als Integrationsveränderliche entwickeln können, denn aus $\wp_i(z, k) = t$ folgt $\wp_i'(z) = dt/dz$

oder $dz = dt/\wp_i'(z)$ und hieraus gemäß (502) unter Außerachtlassung des Wurzelvorzeichens

$$dz = \frac{dt}{\sqrt{+(4t^3 - g_2 t - g_3)}} \quad \text{bzw.} \quad dz = \frac{-dt}{\sqrt{-(4t^3 - g_2' t - g_3')}}$$

und

$$dz = \frac{dt}{\sqrt{+(4t^3 - \bar{g}_2 t - \bar{g}_3)}} \quad \text{bzw.} \quad dz = \frac{-dt}{\sqrt{-(4t^3 - \bar{g}_2' t - \bar{g}_3')}}.$$

Für diejenigen t_0-Fälle, in welchen die rechten Seiten von (764) die Form unbestimmter Ausdrücke annehmen, folgt durch Umschreibung von (762) unter Einführung der WEIERSTRASSschen $\wp$-Funktionen als Integrationsveränderliche mit den im Anschluß an (764) aufgeführten Substitutionen für dz bei Bezugnahme auf $n = 2, 3, 4, \ldots$

$$\left.\begin{aligned}
&\int \frac{dt}{(t-t_0)^n \sqrt{+(4t^3 - g_2 t - g_3)}} = -\frac{1}{3t_0^2 - \frac{1}{4}g_2}\left[\frac{\sqrt{+(4t^3 - g_2 t - g_3)}}{2(2n-1)(t-t_0)^n} + \right.\\
&\qquad \left. + 6t_0\frac{n-1}{2n-1}\int\frac{dt}{(t-t_0)^{n-1}\sqrt{+(4t^3 - g_2 t - g_3)}} + \frac{2n-3}{2n-1}\int\frac{dt}{(t-t_0)^{n-2}\sqrt{+(4t^3 - g_2 t - g_3)}}\right],\\
&\hspace{25em} (t_0 = e_1, e_2, e_3),\\
&\int \frac{dt}{(t+t_0)^n \sqrt{-(4t^3 - g_2 t - g_3)}} = +\frac{1}{3t_0^2 - \frac{1}{4}g_2}\left[\frac{\sqrt{-(4t^3 - g_2 t - g_3)}}{2(2n-1)(t+t_0)^n} + \right.\\
&\qquad \left. + 6t_0\frac{n-1}{2n-1}\int\frac{dt}{(t+t_0)^{n-1}\sqrt{-(4t^3 - g_2 t - g_3)}} - \frac{2n-3}{2n-1}\int\frac{dt}{(t+t_0)^{n-2}\sqrt{-(4t^3 - g_2 t - g_3)}}\right],\\
&\hspace{15em} (t_0 = -e_1, -e_2, -e_3 \quad \text{bzw.} \quad t_0 = e_3', e_2', e_1'),\\
&\int \frac{dt}{(t-t_0)^n \sqrt{+(4t^3 - \bar{g}_2 t - \bar{g}_3)}} = -\frac{1}{3t_0^2 - \frac{1}{4}\bar{g}_2}\left[\frac{\sqrt{+(4t^3 - \bar{g}_2 t - \bar{g}_3)}}{2(2n-1)(t-t_0)^n} + \right.\\
&\qquad \left. + 6t_0\frac{n-1}{2n-1}\int\frac{dt}{(t-t_0)^{n-1}\sqrt{+(4t^3 - \bar{g}_2 t - \bar{g}_3)}} + \frac{2n-3}{2n-1}\int\frac{dt}{(t-t_0)^{n-2}\sqrt{+(4t^3 - \bar{g}_2 t - \bar{g}_3)}}\right],\\
&\hspace{25em} (t_0 = -2e_2),\\
&\int \frac{dt}{(t+t_0)^n \sqrt{-(4t^3 - \bar{g}_2 t - \bar{g}_3)}} = +\frac{1}{3t_0^2 - \frac{1}{4}\bar{g}_2}\left[\frac{\sqrt{-(4t^3 - \bar{g}_2 t - \bar{g}_3)}}{2(2n-1)(t+t_0)^n} + \right.\\
&\qquad \left. + 6t_0\frac{n-1}{2n-1}\int\frac{dt}{(t+t_0)^{n-1}\sqrt{-(4t^3 - \bar{g}_2 t - \bar{g}_3)}} - \frac{2n-3}{2n-1}\int\frac{dt}{(t+t_0)^{n-2}\sqrt{-(4t^3 - \bar{g}_2 t - \bar{g}_3)}}\right].\\
&\hspace{20em} (t_0 = +2e_2 \quad \text{bzw.} \quad t_0 = -2e_2')
\end{aligned}\right\} \quad (765)$$

Durch sukzessive Anwendung der Rekursionsformeln (764) bzw. (765) können alle Integrale der $(t - t_0)^{-n}$-Gruppe durch rationale Funktionen von t und die Integrale

$$\int\frac{dt}{(t \mp t_0)\sqrt{\pm(4t^3 - g_2 t - g_3)}}, \quad \int\frac{t\,dt}{\sqrt{\pm(4t^3 - g_2 t - g_3)}}, \quad \int\frac{dt}{\sqrt{\pm(4t^3 - g_2 t - g_3)}}$$

bzw.

$$\int\frac{dt}{(t \mp t_0)\sqrt{\pm(4t^3 - \bar{g}_2 t - \bar{g}_3)}}, \quad \int\frac{t\,dt}{\sqrt{\pm(4t^3 - \bar{g}_2 t - \bar{g}_3)}}, \quad \int\frac{dt}{\sqrt{\pm(4t^3 - \bar{g}_2 t - \bar{g}_3)}}$$

ausgedrückt und damit auf Normalintegrale dritter, zweiter und erster Gattung zurückgeführt werden. Beispielsweise folgt

$$\begin{aligned}
\int\frac{dt}{(t-t_0)^2\sqrt{4t^3 - g_2 t - g_3}} = &-\frac{1}{4t_0^3 - g_2 t_0 - g_3}\left[\frac{\sqrt{4t^3 - g_2 t - g_3}}{t - t_0} + \right.\\
&\left. + \left(6t_0^2 - \frac{1}{2}g_2\right)\int\frac{dt}{(t-t_0)\sqrt{4t^3 - g_2 t - g_3}} - 2\int\frac{t\,dt}{\sqrt{4t^3 - g_2 t - g_3}} + 2t_0\int\frac{dt}{\sqrt{4t^3 - g_2 t - g_3}}\right].
\end{aligned}$$

$$\begin{aligned}
\int\frac{dt}{(t^2 - t_0^2)\sqrt{4t^3 - g_2 t - g_3}} &= \int\frac{dt}{(t-t_0)(t+t_0)\sqrt{4t^3 - g_2 t - g_3}} = \frac{1}{2t_0}\int\frac{(t+t_0)-(t-t_0)}{(t-t_0)(t+t_0)\sqrt{4t^3 - g_2 t - g_3}}\,dt\\
&= \frac{1}{2t_0}\int\frac{dt}{(t-t_0)\sqrt{4t^3 - g_2 t - g_3}} - \frac{1}{2t_0}\int\frac{dt}{(t+t_0)\sqrt{4t^3 - g_2 t - g_3}}.
\end{aligned}$$

Literaturverzeichnis

1. Elliptische Funktionen im allgemeinen

[1] Appell, P., et E. Lacour: Principes de la théorie des fonctions elliptiques et applications. Paris: Gauthier-Villars 1897; 2. Ed. 1922.

[2] Bachmann, E.: Die elliptischen Funktionen, welche Umkehrungen des Quotienten zweier Integrale der hypergeometrischen Gleichungen sind. Konstanz: Reuss & Jtta 1923.

[3] Baumert, P.: Zur Theorie der elliptischen Funktionen. Diss. Breslau 1879.

[4] Bianchi, L.: Lezioni sulla teoria delle funzioni die variabile complessa e delle funzioni ellittiche. 2. Ed. Pisa: Spoerri 1916.

[5] Bianchi, L.: Teorica delle funzioni di variabile complessa e delle funzioni ellittiche. Teil I. Pisa 1899.

[6] Bobek, K.: Einleitung in die Theorie der elliptischen Funktionen. Leipzig: 1884.

[7] Boehm, K.: Elliptische Funktionen. Berlin: de Gruyter 1930.

[8] Bowman, F.: Introduction to elliptic functions with applications. London: Engl. Univ. Press 1953.

[9] Brandenberger, Cd.: Anwendung der elliptischen Funktionen auf durch algebraische Funktionen vermittelte konforme Abbildungen. Diss. Z. ZF. Dr. 1899.

[10] Briot, C.: Theorie der doppelt-periodischen Funktionen und insbesondere der elliptischen Transcendenten. Dargestellt von H. Fischer. Halle 1862.

[11] Briot, C., et J. C. Bouquet: Théorie des fonctions doublement périodiques et, en particulier, des fonctions elliptiques. Paris 1859.

[12] Briot, C., et J. C. Bouquet: Théorie des fonctions elliptiques. Paris 1875.

[13] Broch, O. J.: Om de elliptiske Funktioners Rakkeudvikling. Stockholm 1864.

[14] Broch, O. J.: Traité élémentaire des fonctions elliptiques. Christianica 1867.

[15] Burkhardt, H., u. G. Faber: Elliptische Funktionen. 3. Aufl. Berlin: de Gruyter 1920.

[16] Cayley, A.: Elliptic functions. London 1895.

[17] Deuring, M.: Zur Transformationstheorie der elliptischen Funktionen. (Abhandlungen der Math.-naturwiss. Klasse, Akad. d. Wiss. u. d. Lit.) Wiesbaden 1954.

[18] Durége, H.: Theorie der elliptischen Funktionen. Leipzig 1861.

[19] Durége, H., u. L. Maurer: Theorie der elliptischen Funktionen. 5. Aufl. Leipzig: Teubner 1908.

[20] Duschek, A.: Höhere Mathematik. Bd. 3, 2. Aufl. Wien: Springer 1960, 414—63.

[21] Eagle, A.: The elliptic functions as they should be. An account, with applications of the functions in a new canonica form. With extensive tables. Cambridge: Galloway & Parter 1958.

[22] Enneper, A.: Elliptische Funktionen. Halle 1876. 2. Aufl. bearb. u. hrsg. v. F. Mueller. Halle: Louis Nebert 1890.

[23] Enriques, F., et O. Chisini: Funzioni ellittiche ed abeliane. Vol. IV della Teoria geometrica delle equazioni, ecc. Bologna: Zanichelli 1934.

[24] Erdélyi, A., W. Magnus, F. Oberhettinger and F. Tricomi: Higher transcendental functions. (Based, in part, on notes left by Harry Bateman). New York: McGraw-Hill Book Co. Inc. 1953. Chapter 13.

[25] Fricke, R.: Artikel II B 3: Elliptische Funktionen. Encyklopädie der Math. Wiss. Bd. 2, 1913, 177—348.

[26] Fricke, R.: Über Systeme elliptischer Modulfunktionen von niederer Stufenzahl. Diss. Braunschweig 1886.

[27] Fricke, R.: Die elliptischen Funktionen und ihre Anwendungen. Bd. 1 und 2. Leipzig: Teubner 1916—1922. 2. Aufl. 1930.

[28] Fueter, R.: Vorlesungen über die singulären Moduln und die komplexe Multiplikation der elliptischen Funktionen. 2 Teile. Leipzig: Teubner 1924—1927.

[29] Graeser, E.: Einführung in die Theorie der elliptischen Funktionen und deren Anwendungen. München: Oldenbourg 1950.

[30] Gravelius, H.: Die Anwendbarkeit elliptischer Funktionen bei Berechnung absoluter Störungen. Diss. Marburg 1893.

[31] Greenhill, A. G.: The application of elliptic functions. New York: Macmillan 1892; Neudruck 1959.

[32] Gronau, E.: Einleitung in die Theorie der elliptischen Funktionen. Stollberg 1879.

[33] Halphen, G. H.: Traité des fonctions elliptiques et de leurs applications. Vol. I, II, III. Paris: Gauthier-Villars 1886—1891.

[34] Hancock, H.: Lectures on the theory of elliptic functions. Vol. 1 (no more published). New York: Wiley 1910; reprint 1958.

[35] Hanel, J.: Reduktion hyperelliptischer Funktionen auf elliptische. Breslau 1882.

[36] Harnack, A.: Über die Verwertung der elliptischen Funktionen für die Geometrie der Kurven 3. Grades. Leipzig 1875.

[37] HARPRECHT, A.: De computationibus functionum ellipticarum quarum moduli sunt reales. Berolini 1862.

[38] HEINZE, L.: Beiträge zur Anwendung der Dreiteilung der elliptischen Funktionen auf die Theorie der Wendepunkte einer Kurver dritter Ordnung. Greifswald 1883.

[39] HERRMANN, O.: Geometrische Untersuchungen über den Verlauf der elliptischen Transzendenten im komplexen Gebiet. Dresden 1883.

[40] HURWITZ, A.: Grundlagen einer independenten Theorie der elliptischen Modulfunktionen. Leipzig 1881.

[41] HURWITZ, A., u. R. COURANT: Funktionentheorie. 3. Aufl. Berlin: Springer 1929.

[42] HURWITZ, A., u. R. COURANT: Vorlesungen über allgemeine Funktionentheorie und elliptische Funktionen. 2. Aufl. ergänzt durch einen Abschnitt über geometrische Funktionen. Berlin: Springer 1929.

[43] INSICHEN, R.: Zur allgemeinen komplexen Multiplikation elliptischer Funktionen. Diss. phil. II. Zürich 1950.

[44] ISENKRAHE, C.: Zur Theorie der elliptischen Modulfunktion. Bonn 1886.

[45] JAHNKE, E., u. A. BERNECK: Elliptische Funktionen und Integrale aus E. Pascal, Repertorium d. höheren Mathematik. 1. Bd., 2. Teilbd., Kapitel 16. 2. Aufl. Leipzig-Berlin: Teubner 1927.

[46] KAMKE, E.: Differentialgleichungen. Lösungsmethoden und Lösungen. Leipzig: Akad. Verlagsges. 1942.

[47] KING, L. V.: On the direct numerical calculation of elliptic functions and integrals. Cambridge 1924.

[48] KLEIN, Ch. F.: Über die elliptischen Normalcurven der n-ten Ordnung und zugehörigen Modulfunctionen der n-ten Stufe. Leipzig: Hirzel 1885, 337—399.

[49] KLEIN, F.: Vorlesungen über die Theorie der elliptischen Modulfunktionen. Ausgearbeitet und vervollständigt von R. Fricke. Bd. 2. Leipzig-Berlin: Teubner 1890 und 1892.

[50] KOENIGSBERGER, L.: Die Transformation der elliptischen Funktionen. Leipzig 1868.

[51] KOENIGSBERGER, L.: Vorlesungen über die Theorie der elliptischen Funktionen nebst einer Einleitung in die allgemeine Funktionenlehre. 2 Teile. Leipzig-Berlin: Teubner 1874.

[52] KOENIGSBERGER, L.: Zur Geschichte der elliptischen Transzendenten in den Jahren 1826—1829. Leipzig 1879.

[53] KÖNIG, J.: Zur Theorie der Modulargleichungen der elliptischen Funktionen. Heidelberg 1870.

[54] KÖNIG, R., u. M. KRAFFT: Elliptische Funktionen. Berlin: de Gruyter 1927.

[55] KRAUSE, M.: Theorie der doppeltperiodischen Funktionen einer veränderlichen Größe. Bd. 2. Leipzig: Teubner 1897.

[56] KRAUSE, M.: Theorie der elliptischen Funktionen. Leipzig-Berlin: Teubner 1912.

[57] LEGENDRE, A. M.: Traité des fonctions elliptiques et des intégrales eulériennes. Vol. 1, 2, 3. Paris: Huzard-Courcier 1825—1828.

[58] LEGENDRE, R.: Les fonctions et intégrales elliptiques à module réel en mécanique des fluides. Chatillon-sous-Bagneux Office 1954 (Office national d'études et de recherches aéronautiques. Publ. 71).

[59] LÉVY: Précis élémentaire de la théorie des fonctions elliptiques avec tables numériques et applications. Paris 1898.

[60] LOW, A. R.: Normal elliptic functions. Toronto: University of Toronto Press 1950.

[61] MAGNUS, W., u. F. OBERHETTINGER: Anwendung der elliptischen Funktionen in Physik und Technik. Berlin/Göttingen/Heidelberg: Springer 1949.

[62] MACROBERT, T. M.: Functions of a complex variable. London: 3th Ed. Macmillan 1947; 5th Ed. Macmillan 1962. 160—207.

[63] MANNING, H. P.: Developments obtained by Cauchy's theorem with application to the elliptic functions. Diss. Baltimore 1891.

[64] MANSION, P.: Théorie de la multiplication et de la transformation des fonctions elliptiques. Diss. Paris et Gand 1870.

[65] MELANDER, K.: En studie öfver de elliptiska funktionerna. Diss. Stockholm 1883.

[66] MOLIEN, T.: Über die lineare Transformation der elliptischen Funktionen. Diss. Dorpat 1885.

[67] MONTESSUS DE BALLORE, R.: Leçons sur les fonctions elliptiques en vue de leurs applications. Paris: Gauthier-Villars 1917.

[68] MYRBERG, P. J.: Darstellung automorpher Funktionen durch Zusammensetzung von elliptischen und fuchsoiden Funktionen. Helsinki Tiedeakatemia. Wiesbaden: Harassowitz 1955.

[69] MYRBERG, P. J.: Einige Anwendungen der Kettenbrüche in der Theorie der binären quadratischen Formen und der elliptischen Modulfunktionen. Helsinki: Tiedeakatemia 1924.

[70] MYRBERG, P. J.: Über subelliptische Funktionen. Helsinki: Suomalainen Tiedeakatemia 1960.

[71] OSGOOD, W. F.: Lehrbuch der Funktionentheorie. 5. Aufl. Leipzig: Teubner 1928.

[72] PASCAL, E.: Le funzioni ellittiche. 2. Ed. Milano: Heopli 1924.

[73] PETERS, P.: Darstellung elliptischer Funktionen durch Flächen. Königsberg 1883.

[74] PRASAD, G.: An introduction to the theory of elliptic functions and higher transcendentals. Calcutta: Univ. Calcutta 1928.

[75] RICHELOT, F.: Die Landensche Transformation in ihrer Anwendung auf die Entwicklung der elliptischen Funktionen. Königsberg 1868.

[76] RIEMANN, B.: Vorlesungen über elliptische Funktionen. Mit Zusätzen herausgeg. von H. Stahl. Leipzig-Berlin: Teubner 1899.

[77] SCHLÖMILCH, O. X.: Über einige allgemeine Reihenentwicklungen und deren Anwendung auf die elliptischen Funktionen. Leipzig: Hirzel 1854, 395—430.

[78] SCHLÖMILCH, O. X.: Compendium der höheren Analysis. Bd. 2, 4. Aufl. Braunschweig: Vieweg 1895, 289—508.

[79] SEIFFERT, L.: Über eine neue geometrische Einführung in die Theorie der elliptischen Funktionen. Berlin 1896.

[80] SMIRNOW: Lehrgang der Höheren Mathematik. Teil III/2. Berlin: VEB Deutscher Verlag d. Wissenschaften 1961. 506—560.

[81] STUDY, E.: Sphärische Trigonometrie, orthogonale Substitutionen und elliptische Funktionen. Eine analytische geometrische Untersuchung. Leipzig: Hirzel 1893, 85–231.

[82] TALLQVIST, H.: Untersuchungen über rollende Bewegung. Anwendung der elliptischen Funktionen. Helsingfors: Acta Societatis Scientiarum Fennicae 1926.

[83] TALLQVIST, H.: Anwendung der elliptischen Funktionen auf die geradlinige Bewegung eines Massenpunktes in einigen Zweizentrenproblemen. Helsingfors: Soc. Scient. Fenn., Comm. Phys.-Math., Vol. 8, 1935.

[84] TALLQVIST, H.: Anwendung der elliptischen Funktionen auf die gezwungene Bewegung eines Punktes in einer Ebene unter dem Einfluß einer Zentralkraft. Soc. Scient. Fenn., Comm. Phys.-Math., Vol. 8, 1935.

[85] TANNERY, J., et J. MOLK: Eléments de la théorie des fonctions elliptiques. Vol. 1–4. Paris: Gauthier-Villars 1893 bis 1902.

[86] TRICOMI, F. G.: Funzioni ellittiche. 2. Ed. Bologna: Zanichelli 1951 (Übersetzung von M. Krafft. Leipzig: Akadem. Verlagsges. 1948).

[87] VELTEN, A. W.: Einführung in die Theorie der elliptischen Funktionen. Teil 1. Hannover 1922.

[88] VERHULST, P. F.: Traité élémentaire des fonctions elliptiques. Brussels 1841.

[89] WEBER, H.: Elliptische Funktionen und algebraische Zahlen. Brunswick 1891.

[90] WEIERSTRASS, K.: Zur Gebrauche der elliptischen Funktionen. Monatsbericht der Akad. d. Wissenschaften. Berlin 1882.

[91] WHITTAKER, E. T., and C. N. WATSON: A course of modern analysis. 4th Ed. Cambridge: University Press 1962, 429–535.

[92] WINZER, R.: Zur Transformation der elliptischen Funktion insbesondere der Transformation 3. und 9. Grades. Rostock 1886.

[93] ZHURAVSKII, A.: Spravochnik po ellipticheskim funktsiiam. Moscow-Leningrad: Academy of Science 1941.

2. *Theta-Funktionen*

[1] BAKER, H. F.: Abels theorem and the allied theory including the theory of the theta-functions. Cambridge 1897.

[2] BELLMANN, R.: A brief introduction to theta functions. New York: Holt, Rinehart & Winston 1961.

[3] BUCHNER, P.: Theta-Funktionen im reellen quadratischen Körper. Basel: Birkhäuser & Co. 1919.

[4] COBLE, A. B.: Algebraic geometry and theta functions. American Math. Soc., Colloquium Publ. 10. New York 1929.

[5] COBLE, A. B.: Algebraic geometry and theta functions. American Math. Soc., Colloquium lectures. New York 1947.

[6] DALWIGK, F.: Beiträge zur Theorie der Theta-Funktionen von p Variablen. Z. USN 113, Halle 1892.

[7] DALWIGK, F.: Beiträge zur Theorie der Theta-Funktionen von mehreren Veränderlichen. Marburg 1891.

[8] ENDERS, M. A.: Über die Darstellung der Raumkurve vierter Ordnung vom Geschlecht 1 durch Thetafunktionen. Leipzig: Engelmann in Komm. 1906.

[9] HERSTOWSKI, F.: Zur Theorie der Jacobischen Thetafunktionen. Leipzig 1876.

[10] JACOBI, K. G.: Gesammelte Werke. Bd. 1, 1881, Bd. 2, 1882, Bd. 3, 1884.

[11] JUNG, H. W. E.: Die Thetafunktionen und die Abelschen Funktionen. Aus E. Pascal, Repertorium der höheren Mathematik. 1. Bd., 2. Teilbd., Kapitel 18. 2. Aufl. Leipzig-Berlin: Teubner 1927.

[12] KRAZER, A.: Über Thetafunktionen, deren Charakteristiken aus Dritteln ganzer Zahlen gebildet sind. Leipzig 1883.

[13] KRAZER, A.: Lehrbuch der Thetafunktionen. Leipzig-Berlin: Teubner 1903.

[14] LANDFRIEDT, E.: Thetafunktionen und hyperelliptische Funktionen. Leipzig: Göschen 1902.

[15] MÖLLER, F.: Zur Transformation der Thetafunktionen. Diss. Greifswald 1884.

[16] MYRBERG, P. J.: Über automorphe Thetafunktionen. Helsinki: Tiedeakatemia 1952.

[17] P. DAVID, L.: Das Gaußsche arithmetisch-geometrische Mittel und allgemein theoretisch die Grundlage der Jacobischen Theta-Funktionen. Diss. Budapest 1903.

[18] PFEIFFER, J.: Über die Fouriersche Integration der Gleichung $\frac{dv}{dt} = K \frac{d^2v}{dx^2}$. Augsburg 1858.

[19] PRYM, F.: Untersuchungen über die Riemannsche Thetaformel und die Riemannsche Charakteristikentheorie. Leipzig 1882.

[20] ROHDE, F.: Zur Transformation der Thetafunktionen. Diss. Greifswald 1885.

[21] ROST, G.: Theorie der Riemannschen Thetafunktionen. Leipzig 1901.

[22] THOMAE, J.: Abriß einer Theorie der komplexen Funktionen und der Thetafunktionen einer Veränderlichen. Halle 1870, 3. Aufl. 1890.

[23] SCHELLBACH, K. H.: Die Lehre von den elliptischen Integralen und den Theta-Funktionen. Berlin: Georg Reimer 1864.

[24] SCHLÄFLI, L.: Über die partielle Differentialgleichung $\frac{\partial w}{\partial t} = \frac{\partial^2 w}{\partial x^2}$. Zentralblatt der Deutschen Wissenschaft. Berlin 1870.

[25] SIEVERT, H.: Über Thetafunktionen; 1, 2. Nürnberg 1891, Bayreuth 1895.

[26] TRAYNARD, C.: Fonctions abéliennes et fonctions theta de deux variables par C. E. Traynard d'après un cours de Paul Painlevé. Paris: Gauthier-Villars 1962.

[27] VOSS, R.: Theorie der Thetafunktionen einer Veränderlichen der Charakteristiken, die sich aus gebrochenen Zahlen zusammensetzen lassen. Diss. Greifswald 1886.

[28] WIRTINGER, W.: Untersuchungen über Thetafunktionen. Leipzig-Berlin: Teubner 1895.

3. *Weierstraßsche elliptische Funktionen*

[1] DANIELS, A. L.: Notes on Weierstraß' methods. Amer. J. Math. 6 (1884), 177—182 und 253—269; 7 (1885), 82—99.

[2] NAGELL, T.: Sur la division des périodes de la fonction et les points exceptionnels des cubiques. Upsala: Almqvist & Wiksell 1953.

[3] SCHWARZ, H. A.: Formeln und Lehrsätze zum Gebrauche der elliptischen Funktionen. Nach Vorlesungen und Aufzeichnungen des Herrn K. Weierstraß bearbeitet. 2. Aufl. Berlin 1893; Neudruck Würzburg: Physica-Verlag 1962.

[4] WEIERSTRASS, K.: Werke, Bd. 1, 1894, Bd. 2, 1895.

4. *Formelzusammenstellungen*

[1] ADAMS, E. P., and R. L. HIPPISLEY: Smithsonian mathematical formulae and tables of elliptic functions. Vol. 74 of Smithsonian miscellaneous collections. Washington 1922; reprint Washington 1939.

[2] HOÜEL, G. J.: Recueil de formules et de tables numériques. Paris: Gauthier-Villars 1901, 7—59.

[3] JAHNKE, E., u. F. EMDE: Tables of functions with formulas and curves. New York: Dover 1945, 41—106.

[4] JAHNKE-EMDE-LÖSCH: Tafeln höherer Funktionen. 6. Aufl. Stuttgart: Teubner 1960. 43—95.

[5] LÁSKA, W.: Sammlung von Formeln der reinen und angewandten Mathematik, Teil 2. Braunschweig: Vieweg 1889, 336—383.

[6] LOW, A. R.: Normal elliptic functions. A normalized form of Weierstraß's elliptic functions. Toronto: Univ. Press 1950.

[7] MAGNUS, W., u. F. OBERHETTINGER: Formeln und Sätze für die speziellen Funktionen der mathematischen Physik. 2. Aufl. Berlin/Göttingen/Heidelberg: Springer 1948, 128—159.

[8] PLANA, J.: Nouvelles formules pour réduire l'intégrale $V = \int T\,dx/\sqrt{X}$ à la forme trigonométrique des transcendantes elliptiques. J. reine angew. Math. 36 (1848), 1—74.

[9] POTIN, L.: Formules et tables numériques relatives aux fonctions circulaires hyperboliques et elliptiques. No. 713 bis 716. Paris 1925.

[10] SCHWARZ, H. A.: Formeln und Lehrsätze zum Gebrauche der elliptischen Funktionen. Nach Vorlesungen und Aufzeichnungen des Herrn K. Weierstraß bearbeitet. 2. Aufl. Berlin 1893. Neudruck Würzburg 1962.

[11] THOMAE, J.: Sammlung von Formeln, welche bei Anwendung der elliptischen und Rosenheinschen Funktionen gebraucht werden. Halle/S. 1876.

[12] THOMAE, J.: Sammlung von Formeln und Sätzen aus dem Gebiete der elliptischen Funktionen nebst Anwendungen. Leipzig-Berlin: Teubner 1905.